DIE GRUNDLEHREN DER

MATHEMATISCHEN WISSENSCHAFTEN

IN EINZELDARSTELLUNGEN MIT BESONDERER
BERÜCKSICHTIGUNG DER ANWENDUNGSGEBIETE

HERAUSGEGEBEN VON

R. GRAMMEL · E. HOPF · H. HOPF · F. RELLICH
F. K. SCHMIDT · B. L. VAN DER WAERDEN

BAND LXXI

MATHIEUSCHE FUNKTIONEN
UND SPHÄROIDFUNKTIONEN

MIT ANWENDUNGEN
AUF PHYSIKALISCHE UND TECHNISCHE PROBLEME

VON

JOSEF MEIXNER

UND

FRIEDRICH WILHELM SCHÄFKE

SPRINGER-VERLAG BERLIN HEIDELBERG GMBH

1954

MATHIEUSCHE FUNKTIONEN UND SPHÄROIDFUNKTIONEN

MIT ANWENDUNGEN AUF PHYSIKALISCHE UND TECHNISCHE PROBLEME

VON

DR. JOSEF MEIXNER

ORD. PROFESSOR DER THEORETISCHEN PHYSIK
AN DER TECHNISCHEN HOCHSCHULE IN AACHEN

UND

DR. FRIEDRICH WILHELM SCHÄFKE

DOZENT DER MATHEMATIK
AN DER UNIVERSITÄT IN MAINZ

MIT 29 ABBILDUNGEN

SPRINGER-VERLAG BERLIN HEIDELBERG GMBH

1954

ISBN 978-3-540-01806-3   ISBN 978-3-662-00941-3 (eBook)
DOI 10.1007/978-3-662-00941-3

MATHIEUSCHE FUNKTIONEN UND SPHÄROIDFUNKTIONEN

MIT ANWENDUNGEN AUF PHYSIKALISCHE UND TECHNISCHE PROBLEME

VON

DR. JOSEF MEIXNER

ORD. PROFESSOR DER THEORETISCHEN PHYSIK
AN DER TECHNISCHEN HOCHSCHULE IN AACHEN

UND

DR. FRIEDRICH WILHELM SCHÄFKE

DOZENT DER MATHEMATIK
AN DER UNIVERSITÄT IN MAINZ

MIT 29 ABBILDUNGEN

SPRINGER-VERLAG BERLIN HEIDELBERG GMBH

1954

ISBN 978-3-540-01806-3   ISBN 978-3-662-00941-3 (eBook)
DOI 10.1007/978-3-662-00941-3

Vorwort.

Die MATHIEUschen Funktionen und die Sphäroidfunktionen treten unter anderem bei der Separation der Schwingungsgleichung $\Delta u + k^2 u = 0$ in elliptischen Zylinderkoordinaten bzw. in rotationselliptischen Koordinaten auf und stellen, von dieser Seite aus betrachtet, Verallgemeinerungen der trigonometrischen Funktionen, Zylinderfunktionen, Kugelfunktionen und konfluenten hypergeometrischen Funktionen dar. Ist es schon vom mathematischen Standpunkt aus interessant, die MATHIEUschen Funktionen und die Sphäroidfunktionen als Interpolation zwischen ihren wohlvertrauten Spezialfällen bzw. Ausartungen zu studieren, so darf man auf der anderen Seite erwarten, daß sie auch für die Behandlung vieler physikalischer und technischer Probleme von ähnlichem Nutzen sein werden, wie es die einfacheren speziellen Funktionen der mathematischen Physik sind. Tatsächlich haben die MATHIEUschen Funktionen und die Sphäroidfunktionen gerade in den letzten Jahren viele wichtige und interessante Anwendungen gefunden, vor allem natürlich bei Problemen, die auf die Schwingungsgleichung mit Rand- und Grenzbedingungen auf elliptischen Zylindern und auf Rotationsellipsoiden führen, darunter Probleme der Wärmeleitung, der akustischen oder elektromagnetischen Wellenausbreitung, insbesondere Abstrahlungs- und Beugungsprobleme. Auch eine Reihe von wellenmechanischen Problemen konnte mit Hilfe dieser Funktionen gelöst werden. Von besonderer Bedeutung sind schließlich die zahlreichen Anwendungen speziell der MATHIEUschen Funktionen auf Systeme mit periodisch veränderlichen Parametern.

Ziel des vorliegenden Werkes ist es, eine mathematisch befriedigende, abgerundete Darstellung der Theorie der MATHIEUschen Funktionen und der Sphäroidfunktionen zu geben, die eine brauchbare, vielseitige Grundlage sowohl für die weitere mathematische Erforschung dieser Funktionen als auch für ihre Anwendung auf neue physikalische und technische Probleme bietet, und damit eine Lücke in der derzeitigen Literatur über diesen Gegenstand zu schließen. Der gegenwärtige Zeitpunkt für das Erscheinen dieses Werkes scheint insofern nicht ungünstig, als ein gewisser Beharrungspunkt in der Entwicklung der Theorie dieser Funktionen erreicht sein dürfte und damit eine zusammenfassende Darstellung in besonderem Maße gerechtfertigt ist.

Das Buch gliedert sich in vier Hauptteile. Die mathematischen Grundlagen sind in einem ersten Kapitel, das vielleicht auch anderweitig von Interesse ist (z. B. für die Theorie der HILLschen Differentialgleichung), zusammengefaßt. Aus der dort entwickelten umfassenden und durchsichtigen Theorie zweiparametriger Eigenwertprobleme und den Sätzen über die Integralrelationen zwischen den Faktoren separierter Lösungen der Schwingungsgleichung ergeben sich im zweiten und dritten Kapitel in natürlicher Weise der Reihe nach Definitionen, Haupteigenschaften, Entwicklungssätze, Additionstheoreme, Reihenentwicklungen und Integralrelationen für die MATHIEUschen Funktionen und Sphäroidfunktionen, und zwar in voller Allgemeinheit bezüglich der Werte der Variablen und der Parameter. Das umfangreiche Schlußkapitel behandelt zahlreiche, zum Teil neue Anwendungen dieser Funktionen.

Weiter dürfen wohl einige kurze Bemerkungen über die Anteile der beiden Verfasser — im folgenden M. und S. abgekürzt — nicht fehlen, zumal das Werk zahlreiche Beiträge enthält, die bisher nicht veröffentlicht wurden.

Auf M. geht neben den im Literaturverzeichnis aufgezählten Beiträgen zu Theorie und Anwendungen die Sammlung und Sichtung der umfangreichen Literatur, sowie eine erste, für alles weitere als Grundlage dienende Fassung der Kapitel **2.** und **3.** zurück. M. zeichnet im übrigen als Alleinverfasser für das Kapitel **4.** (Anwendungen). Schließlich sind an bisher unveröffentlichten Beiträgen von M. in **2.** und **3.** u. a. zu nennen: Die Entwicklungen der Nullstellen der MATHIEUschen Funktionen und Sphäroidfunktionen (**2.85.**, **3.92.**), die Entwicklung **2.25.**, (44), einige Ergebnisse zur Parameterasymptotik (**2.84.**, **3.91.**).

Von S. her rühren u. a. die Anwendungen der Theorie der ganzen Funktionen von endlicher Ordnung und, zum größten Teil bisher unveröffentlicht, die Untersuchungen über Eigenwertprobleme mit zwei Parametern, die vereinfachte Theorie dreigliedriger linearer Rekursionen in **1.8.**, der kurze Beweis eines Satzes von M. in **1.9.**, die Entwicklungssätze nach Biorthogonalsystemen analytischer Funktionen (Zylinder- und Kugelfunktionen, MATHIEUsche Funktionen, Sphäroidfunktionen), die darauf begründeten Additionstheoreme und damit die Grundlagen des hier gegebenen Aufbaus der Theorie der MATHIEUschen Funktionen und Sphäroidfunktionen. Die Darstellung von Kapitel **1.** und — unter Zugrundelegung der oben genannten ersten Fassung von M. — eines großen Teils von Kapitel **2.** und **3.** stammt aus seiner Feder.

Im übrigen durchdringen sich die Beiträge beider Verfasser und sind vielfältig miteinander verknüpft. Sie können daher oft kaum voneinander getrennt werden.

Der Plan zu diesem Buch entstand vor rund zehn Jahren, als der eine von uns (M.) vom Problem der Beugung akustischer und elektromagnetischer Wellen an der Kreisscheibe und gleichzeitig Professor Dr. H. L. Schmid (Würzburg) von den elektromagnetischen Eigenschwingungen im rotationselliptischen Hohlraumresonator her zur Beschäftigung mit den Sphäroidfunktionen kamen. Die von beiden beabsichtigte Zusammenarbeit wurde durch die Zeitumstände letzten Endes verhindert. Immerhin kam es — seit 1947 auch unter Beteiligung des anderen von uns (S.) — zu zahlreichen Diskussionen über die Gestalt dieses Buches, in denen auch das Programm für die Weiterentwicklung der Theorie der Mathieuschen Funktionen und der Sphäroidfunktionen weitgehend festgelegt wurde. Heute, da dieses Programm durchgeführt und das Buch abgeschlossen ist, möchten wir für die vielen wertvollen Anregungen Herrn Professor H. L. Schmid unseren herzlichen Dank aussprechen.

Wesentliche Anregungen hat der eine von uns (M.) in der ersten Zeit seiner Beschäftigung mit den Sphäroidfunktionen aus der gehaltvollen Dissertation von Bouwkamp empfangen. Die spätere persönliche Bekanntschaft mit Herrn Dr. C. J. Bouwkamp (Eindhoven) führte zu vielen ergiebigen Diskussionen, für die M. ihm auch hier seinen herzlichen Dank sagen möchte. Beide Verfasser haben ihm überdies für die sorgfältige und kritische Durchsicht der Korrekturen zu danken.

Zu danken haben wir ferner Herrn Professor Dr. A. Erdélyi (USA.) für wertvolle Bemerkungen zur Frage der Bezeichnung der Sphäroidfunktionen, Herrn cand. phys. E. Weidemann (Aachen) für die Durchführung numerischer Rechnungen und die Anfertigung der meisten Zeichnungen, Herrn Dipl.-Phys. A. Mann (Aachen) für die Unterstützung bei den Korrekturen und bei der Herstellung des Literaturverzeichnisses und Sachregisters und Herrn Dr. K. Krickeberg (Würzburg) für eine Reihe von Beiträgen zu den Korrekturen. Schließlich danken wir dem Springer-Verlag für die vorzügliche Ausstattung dieses Werkes und für die verständnisvolle Geduld, mit der er die Verzögerungen in der Fertigstellung des Manuskriptes hingenommen hat.

Die Verfasser.

Inhaltsverzeichnis.

Inhaltsverzeichnis.

IX

Einleitung.

I. Mathieusche Funktionen. Historisches.

Die Theorie der Mathieuschen Differentialgleichung

$$\frac{d^2 y}{d z^2} + (\lambda - 2h^2 \cos 2z)\, y = 0 \tag{1}$$

hat ihren Ausgangspunkt in einer Untersuchung von Mathieu [1] aus dem Jahr 1868 über die Eigenschwingungen einer homogenen, gleichmäßig gespannten elliptischen Membran. Die Separation der zweidimensionalen Schwingungsgleichung, welcher diese Eigenschwingungen genügen, führt auf die Mathieusche Differentialgleichung (1) und auf die modifizierte Mathieusche Differentialgleichung, welche aus (1) durch die Substitution $z \to iz$ entsteht. Fast zur selben Zeit (1869) begegnete Weber [1] dieser Differentialgleichung bei der Analyse der Koordinatensysteme, in welchen die zweidimensionale Schwingungsgleichung separierbar ist.

Es war zunächst die Hauptaufgabe, die Parameterwerte λ zu finden, für welche Lösungen von (1) mit der Periode 2π existieren und diese Lösungen[1] numerisch aus geeigneten Reihenentwicklungen zu berechnen. Während Mathieu die Eigenwerte λ und die 2π-periodischen Lösungen von (1) durch Potenzreihen nach h^2 darstellt und ihre ersten Entwicklungskoeffizienten berechnet, gibt Heine [1] in seinem 1878 erschienenen Handbuch der Kugelfunktionen die Reihenentwicklungen der 2π-periodischen Lösungen von (1) nach den Funktionen $\cos 2r\, x$, $\cos(2r+1)\, x$, $\sin 2r\, x$, $\sin(2r+1)\, x$ und gewinnt für die Entwicklungskoeffizienten eine dreigliedrige Rekursion, aus der sich eine transzendente Kettenbruchgleichung für die Eigenwerte λ ergibt. Sie hat sich für die numerische Berechnung der Eigenwerte und Entwicklungskoeffizienten als besonders brauchbar erwiesen und ist von Goldstein [1] und Ince [18, 19] zur Berechnung der ersten größeren Tafeln für Eigenwerte und Entwicklungskoeffizienten angewandt worden. Entwicklungen der Lösungen von (1) nach Zylinderfunktionen finden sich zuerst bei Heine [1]; sie sind später ausführlich studiert worden.

---

[1] Sie allein hat man früher Mathieusche Funktionen genannt (z. B. in Humbert [2], Whittaker-Watson [1]). Heute versteht man unter Mathieuschen Funktionen alle Lösungen von (1) bei beliebigen Werten von λ, h^2, ausgenommen $h^2 = 0$.

Eine wesentliche Weiterentwicklung findet die Theorie der MATHIEU-schen Funktionen in der Arbeit von SIEGER [1] über die Beugung elektromagnetischer Wellen am elliptischen Zylinder. Sie enthält die Orthogonalitätseigenschaften der 2π-periodischen MATHIEUschen Funktionen, den wichtigen Satz über die Integralbeziehungen zwischen MATHIEUschen Funktionen, die durch Lösungen der zweidimensionalen Schwingungsgleichung als Kerne vermittelt werden — später auf andere Koordinatensysteme verallgemeinert von INCE [4] und KOTANI [1] — und auch die Entwicklungen der MATHIEUschen Funktionen nach Produkten von Zylinderfunktionen — von DOUGALL [1] wiedergefunden und erweitert —, die wegen ihrer ausgezeichneten Konvergenzeigenschaften für viele Zwecke besonders geeignet sind. Mit ihnen ist auch eines der Hauptprobleme, die Funktionswerte und Ableitungen an der Stelle $z = 0$ für Lösungen von (1) mit gegebenem z-asymptotischen Verhalten anzugeben, in vollem Umfang gelöst.

Neben dieser Entwicklung der Theorie, welche sich vornehmlich mit den 2π-periodischen Lösungen und ihren Eigenwerten beschäftigt, läuft eine andere Entwicklung lange parallel, die die MATHIEUsche Differentialgleichung als eine spezielle HILLsche Differentialgleichung (HILL [1]), d.h. als Spezialfall einer linearen homogenen Differentialgleichung zweiter Ordnung mit periodischen Koeffizienten auffaßt. Als solche spielt sie für viele Anwendungen, für die sich Beispiele in **4.1.**, **4.2.** finden, eine wichtige Rolle. Der grundlegende Satz für diese Entwicklung ist das Theorem von FLOQUET [1] aus dem Jahre 1883 mit dem Begriff des charakteristischen Exponenten v. Näherungen für v, die bei hinreichend kleinen h^2 und beliebigen λ brauchbar sind, gibt bereits TISSERAND [1, 2] auf dem Weg über eine transzendente Kettenbruchgleichung zwischen v, h^2 und λ. Eine andere Formulierung dieses Zusammenhangs findet in der HILLschen Determinante (HILL [1]) ihren Ausdruck; sie hängt eng mit den Produktrelationen aus **2.36.** zusammen. Zur Struktur der Stabilitätskarte mit den Eigenwertkurven $\cos \pi\, v = \pm 1$ und den charakteristischen Kurven $\cos \pi v = \mathrm{const.}$ ist zunächst der Satz zu nennen, wonach sich zwei Eigenwertkurven $\lambda(h^2)$ für $h^2 \neq 0$ nicht schneiden können. Beweise hierfür haben INCE [5], HILLE [1], BREMEKAMP [1], MARKOVIČ [2] und BOUWKAMP [4] gegeben. Eine eingehende Diskussion der Abhängigkeit zwischen $\cos \pi v$ und λ bei festem h^2 findet sich bei KRAMERS [1], für große $|\lambda| + |h^2|$ auch bei LANGER [2] und STRUTT [16]. Allgemeine Eigenschaften der Stabilitätskarte behandelt SCHÄFKE [2].

Die beiden genannten Entwicklungen laufen schließlich in der Untersuchung der Lösungen von (1) und ihrer Eigenschaften für beliebige Werte des charakteristischen Exponenten zusammen. Ohne uns in Einzelheiten zu verlieren, geben wir im folgenden zu verschiedenen Problemen einige der wichtigeren Arbeiten an.

MATHIEUsche Funktionen zweiter Art: INCE [1, 13], DHAR [1, 2, 3, 7], GOLDSTEIN [1, 4], MARKOVIČ [3].

MATHIEUsche Funktionen gebrochener Ordnung: YOUNG [1], WHITTAKER [2], POOLE [1], VAN DER POL und STRUTT [1], BRAINERD und WEYGANDT [1], McLACHLAN [1, 5, 8].

Integralbeziehungen: SIEGER [1], WHITTAKER [1, 3], POOLE [1], INCE [4], DHAR [3, 5 ,7], GOLDSTEIN [1], ERDÉLYI [5, 6], BYULER [1], MILES [1], MEIXNER [11], SIPS [1, 5, 6], SCHÄFKE [5], DÖRR [1], MATSUMOTO [1].

Reihen nach Zylinderfunktionen und z-Asymptotik: SÄRCHINGER [1], SCHUBERT [1], MACLAURIN [1], MARSHALL [1, 2], DOUGALL [2, 3], DHAR [5, 8, 9], JEFFREYS [3], GOLDSTEIN [1], MEIXNER [7].

h^2-Asymptotik: JEFFREYS [1, 2], INCE [11, 15, 16], GOLDSTEIN [1, 5], MULHOLLAND und GOLDSTEIN [1], LANGER [2], MEIXNER [3], SIPS [1].

Verfahren sukzessiver Approximationen zur Gewinnung der Funktionen ce_m, se_m und der Eigenwerte a_m, b_m: WHITTAKER-WATSON [1], SIPS [3].

Konvergenz der Potenzreihen in h^2 für $\lambda_v(h^2)$ und für die Lösungen $ce_m z$ und $se_{m+1} z$ von (1): WATSON [1], SCHÄFKE [4].

Verzweigungspunkte von $\lambda_n(h^2)$: MACDONALD [1], MULHOLLAND und GOLDSTEIN [1], BOUWKAMP [4], SCHÄFKE [4].

Nullstellen der MATHIEUschen Funktionen: HILLE [1], INCE [19], MARSHALL [1].

Additionstheorem: ERDÉLYI [7], MEIXNER [8], SCHÄFKE [5].

Verknüpfungsrelationen: MACLAURIN [1], SIEGER [1], MARSHALL [2], GOLDSTEIN [1], CHU und STRATTON [1], BICKLEY [1].

Zusammenfassende Darstellungen: HUMBERT [2], WHITTAKER-WATSON [1], DHAR [8], GOLDSTEIN [1], STRUTT [10], KUPRADZE [1], STRATTON, MORSE, CHU und HUTNER [1], McLACHLAN [5], BLANCH [2] in *Tables* [3].

II. Sphäroidfunktionen. Historisches.

Auch die Theorie der Sphäroidfunktionen ging von einem Problem der mathematischen Physik, der Wärmeleitung im homogenen Rotationsellipsoid, aus. NIVEN [1] hat im Jahre 1881 zu seiner Behandlung die dreidimensionale Schwingungsgleichung in rotationselliptischen Koordinaten separiert und die dabei sich ergebende Differentialgleichung der Sphäroidfunktionen

$$(1 - z^2)\frac{d^2 y}{dz^2} - 2z\frac{dy}{dz} + \left[\lambda - \frac{m^2}{1 - z^2} + \gamma^2(1 - z^2)\right] y = 0 \qquad (2)$$

eingehend untersucht. Während HEINE [1] etwa zur selben Zeit die Lösungen der Sphäroiddifferentialgleichung ohne Erfolg in FOURIERsche Reihen zu entwickeln versucht, hat NIVEN die richtige Analogie zu den

Entwicklungen der MATHIEUschen Funktionen nach trigonometrischen Funktionen in der Entwicklung der Sphäroidfunktionen nach Kugelfunktionen erkannt. So finden sich bei ihm bereits die Reihenentwicklungen **3.62.**, (7), aber auch die Reihenentwicklungen nach Zylinderfunktionen **3.64.**, (42), **3.82.**, (15), (16) für $v = n$, $\mu = m$; $n, m = $ ganz; $n \geq m \geq 0$. NIVEN gibt ferner die ersten Koeffizienten der Entwicklung der Eigenwerte $\lambda_n^m(\gamma^2)$ und der Entwicklungskoeffizienten nach Potenzen von γ^2 an. Auch MACLAURIN [1] beschäftigt sich mit den Reihenentwicklungen nach Kugelfunktionen und Zylinderfunktionen und mit der Berechnung der Eigenwerte und wendet seine Ergebnisse auf eine Reihe praktischer Probleme an. ABRAHAM [1, 2] stößt bei seinen Untersuchungen über elektromagnetische Schwingungen um einen stabförmigen Leiter auf die Sphäroidfunktionen mit $m = 1$ und auf Spezialfälle der Integralbeziehung **3.83.**, (26). Bei HERZFELD [1] finden sich die richtigen Entwicklungen **3.62.**, (8) nach Kugelfunktionen zweiter Art für $v = n$, $\mu = m$; $n \geq m \geq 0$, die später von verschiedenen Autoren in unrichtiger Form wieder entdeckt wurden. Einen neuen Anstoß für die Weiterentwicklung der Theorie der Sphäroidfunktionen gab die Wellenmechanik, insbesondere mit dem Problem des Wasserstoffmolekülions.

Aber erst mit der erfolgreichen Behandlung gewisser Beugungsprobleme (vgl. **4.52.** und **4.6.**), beginnend mit der Dissertation von BOUWKAMP [1], und mit der Theorie der Schlitzantennen auf Rotationsellipsoiden von CHU und STRATTON [2] (vgl. **4.53.**) und den daran anknüpfenden mathematischen Untersuchungen rundete sich die Theorie der Sphäroidfunktionen ab.

Zu den Integralbeziehungen zwischen Sphäroidfunktionen sind neben ABRAHAM noch INCE [4], MÖGLICH [1], KOTANI [1], BOUWKAMP [1, 8] zu nennen. Das Verknüpfungsproblem, d.h. der Zusammenhang der Sphäroidfunktionen von gegebenem z-asymptotischen Verhalten mit den Funktionen $\mathrm{Ps}_v^\mu(z; \gamma^2)$ und $\mathrm{Qs}_v^\mu(z; \gamma^2)$ ist in speziellen Fällen von MÖGLICH [1], BOUWKAMP [1, 7], GEPPERT und SCHMID [1], allgemein mit Ausnahme des Falls $v \equiv \frac{1}{2} \pmod 1$ von CHU und STRATTON [1] gelöst worden. Spezielle Fälle der wegen ihrer günstigen Konvergenzeigenschaften wichtigen Reihen **3.82.**, (7), (8), (12) kommen bei HANSON [1], bei BABER und HASSÉ [1], bei GEPPERT und SCHMID [1] und bei BOUWKAMP [8] vor.

Beiträge zu den asymptotischen Entwicklungen der Eigenwerte und Eigenfunktionen der Sphäroiddifferentialgleichung für große positive oder negative γ^2 haben BABER und HASSÉ [1], SVARTHOLM [1], A. H. WILSON [1], BOUWKAMP [1], MEIXNER [3] und EBERLEIN [1] gegeben; sie sind im wesentlichen formaler Art; eine strengere Begründung verdanken wir SIPS [1]. Asymptotische Entwicklungen für große m leitet ABRAMOWITZ [1] her.

Viele bekannte Reihenentwicklungen der Sphäroidfunktionen konnten von Meixner [9] als Spezialfälle allgemeiner Reihenentwicklungen von Produkten zweier Sphäroidfunktionen nach Produkten von Zylinder- und Kugelfunktionen hergeleitet werden. Die Reihenentwicklungen 3.85., (41), welche sich nicht als Spezialfälle der oben genannten gewinnen lassen, gehen auf Fisher [1] zurück und sind von Leitner und Spence [3] wiedergefunden und auf Beugungsprobleme angewandt worden.

Maclaurin [1] und Möglich [1] haben die Entwicklungen der ebenen Welle, Morse [1] hat die der Kugelwelle nach Produkten von Sphäroidfunktionen hergeleitet.

Abschätzungen der Konvergenzradien der Entwicklungen von $\lambda_\nu^\mu(\gamma^2)$ und $a_{\nu,2r}^\mu(\gamma^2)$ nach Potenzen von γ^2 finden sich bei Schmid [1, 2] und Schäfke [4].

In ihrer trigonometrischen Form 3.14., (26) wird (2) auch als assoziierte Mathieusche Differentialgleichung bezeichnet. Ihre Lösungen heißen dann assoziierte Mathieusche Funktionen oder Mathieusche Funktionen höherer Ordnung. Diese Form legen z.B. Ince [4, 7], Humbert [1], M. R. Campbell [1 bis 12] ihren Untersuchungen zugrunde.

Übersichten oder zusammenfassende Darstellungen zur Theorie der Sphäroidfunktionen haben Strutt [10], Bouwkamp [1, 8], Chu und Stratton [1], Meixner [1, 10], Leitner und Spence [3] und Flammer [1] gegeben.

III. Anwendungen der Mathieu- und Sphäroidfunktionen.

Das vierte Kapitel bringt nur einen Ausschnitt aus der Fülle der bereits durchgeführten Anwendungen der Sphäroidfunktionen. Neben der dort angegebenen Literatur erwähnen wir noch folgende Arbeiten, über deren Inhalt die vollen Titel im Literaturverzeichnis meist genaueren Aufschluß geben.

Mechanische Integration der Mathieuschen Differentialgleichung: Neusinger [1].

Stabilität und Instabilität von Schwingungen, Frequenzmodulation, Schwingungskreise mit harmonisch veränderlichen Parametern: W. Thomson [1, 2], Stephenson [1, 2], Raman [1], Carson [1], Barrow [1, 2], Barrow, Smith und Baumann [1], Bödewadt [1], Brainerd [1, 2], McLachlan [9], Cunningham [1], Braunbek [1].

Windkanal mit elliptischem Querschnitt: Sanuki und Tani [1], Rosenhead [1], Lotz [1].

Theorie des Rollens von Schiffen: Vedeler [1].

Bewegung von elliptischen Zylindern, Rotationsellipsoiden, Kreisscheiben in zäher Flüssigkeit: HARRISON [1], RAY [1], MEKSYN [1], LEWIS [1], DAVIES [1], SOWERBY [1], TOMOTIKA und AOI [1], HASIMOTO [1].

Elastische Schwingungen und Wellen: ARAKAWA [1], WOINOWSKY-KRIEGER [1, 2], REISSNER und SAGOCI [1], SAGOCI [1], VOGTS [1].

Skin-Effekt, magnetische Feldverdrängung und Eigenzeitkonstanten: MACLAURIN [1], STRUTT [1, 6, 7], McLACHLAN [1].

Elektromagnetische Wellen, Antennen: G. A. CAMPBELL [1], STRATTON [2], PAPAS und KING [1], SCHELKUNOFF [1].

Wärmeleitungsprobleme: NIVEN [1], McLACHLAN [3].

Wellenmechanische Theorie des Wasserstoffmolekülions: TELLER [1], HYLLERAAS [1], A. H. WILSON [1], JAFFÉ [1], BABER und HASSÉ [1], STEENSHOLT [1], FISHER [1], SVARTHOLM [1], CHAKRAVARTY [1], JOHNSON [1].

Weitere wellenmechanische Probleme: STIER [1], SANDEMAN [1], RAINWATER [1], GRANGER und SPENCE [1], BRILLOUIN [3].

IV. Zur Darstellung.

Eine befriedigende Theorie spezieller Funktionen ist nur möglich, wenn man beliebige komplexe Werte der Variablen und der Parameter zuläßt, sich also von vornherein auf den funktionentheoretischen Standpunkt stellt und damit auch die Hilfsmittel der Funktionentheorie in vollem Umfang nutzbar machen kann. Wir glauben, daß dies hier für die MATHIEUschen Funktionen und Sphäroidfunktionen erstmals in mathematischer Strenge durchgeführt worden ist.

Ein Hauptproblem hierbei war die Untersuchung des Zusammenhangs zwischen den Parametern der betreffenden Differentialgleichung und ihrem charakteristischen Exponenten ν.

Bezüglich der Abhängigkeit des charakteristischen Exponenten ν von den Parametern λ, h^2 bzw. λ, γ^2, μ^2 konnten hier der Satz von POINCARÉ [1] über die Parameterabhängigkeit der Lösungen homogener linearer Differentialgleichungen und seine von PLEMELJ [1] und SCHÄFKE [1, 3] bewiesenen Verschärfungen in bezug auf die Wachstumseigenschaften der Lösungen herangezogen werden; diese Sätze ergaben unter anderem Produkt- oder Partialbruchformeln für $\cos \pi \nu$ bzw. $\sin \pi \nu$.

Zur Untersuchung des Zusammenhangs zwischen den Parametern bei gegebenem ν waren weitgehend neue Überlegungen notwendig. Wir haben versucht, einen allgemeinen Weg zur Behandlung derartiger Probleme aufzuzeigen und daher große Teile der Theorie der MATHIEUschen

Funktionen und Sphäroidfunktionen als Spezialfälle einer weit umfassenderen Theorie zweiparametriger Eigenwertprobleme aufgefaßt. Sie liefert die Definitionen und Haupteigenschaften der Parameterfunktionen $\lambda_\nu(h^2)$ bzw. $\lambda_\nu^\mu(\gamma^2)$, sowie die eindeutige Festlegung der MATHIEUschen Funktionen $\mathrm{me}_\nu(z;h^2)$ und der Sphäroidfunktionen $\widetilde{\mathrm{Q}}\mathrm{s}_\nu^\mu(z;\gamma^2)$. Diese Theorie zweiparametriger Eigenwertprobleme enthält ferner eine naturgemäße Begründung weitgehender — zum großen Teil neuer — Entwicklungssätze für die biorthogonalen Funktionensysteme $\mathrm{me}_{\nu+2r}(z;h^2)$, $\mathrm{me}_{\nu+2r}(-z;h^2)$, bzw. $\widetilde{\mathrm{Q}}\mathrm{s}_{\nu+2r}^\mu(z;\gamma^2)$, $\widetilde{\mathrm{Q}}\mathrm{s}_{-\nu-2r-1}^\mu(z;\gamma^2)$, $(r=\cdots,-1,0,1,2,\ldots)$, die sich einerseits auf willkürliche Funktionen einer reellen Variablen, andererseits auf analytische Funktionen im komplexen Gebiet beziehen.

Auf diesen Entwicklungssätzen aufbauend ließen sich sowohl für die MATHIEUschen Funktionen als auch für die Sphäroidfunktionen sehr allgemeine sog. Additionstheoreme beweisen. Aus ihnen haben wir durch Spezialisierung fast alle wichtigen bekannten Reihenentwicklungen von und nach diesen Funktionen hergeleitet und so versucht, eine vertiefte Einsicht in die Zusammenhänge der verschiedenen derartigen Entwicklungen zu vermitteln.

Auf diese Weise konnten wir stets die Methode des Reihenansatzes und der nachträglichen Verifikation vermeiden und an ihre Stelle den allgemeinen Entwicklungssatz setzen.

Die Theorie der MATHIEUschen Funktionen ist ein Spezialfall der Theorie der Sphäroidfunktionen; sie ergibt sich für $\mu=\tfrac{1}{2}$. Wir haben jedoch aus zwei Gründen darauf verzichtet, die Eigenschaften der MATHIEUschen Funktionen aus der Theorie der Sphäroidfunktionen zu gewinnen und vorgezogen, die Theorien dieser beiden Funktionsarten unabhängig voneinander zu entwickeln. Der erste Grund liegt darin, daß insbesondere die häufig gebrauchten MATHIEUschen Funktionen ganzer Ordnung sich als singulärer Grenzfall der noch wenig untersuchten Sphäroidfunktionen mit halbzahligen charakteristischen Exponenten ergeben. Der zweite Grund ist, dem nur an MATHIEUschen Funktionen interessierten Leser eine Darstellung zu bieten, bei der er nicht erst die Theorie der Sphäroidfunktionen studieren muß.

Auf diese Weise entwickelte sich naturgemäß die folgende Gliederung.

Die wichtigeren Grundlagen und Methoden der Theorie der MATHIEUschen Funktionen und Sphäroidfunktionen sind in einem umfangreichen Kap. **1.** vorangestellt.

1.1. gibt eine Zusammenstellung der Resultate über die Separation der Schwingungsgleichung für die elliptischen Koordinatensysteme und ihre Ausartungen. Auf die jeweils angegebenen Sätze über Integralrelationen wird später an verschiedenen Stellen zurückgegriffen.

1.2. enthält einen Abriß der Theorie der ganzen Funktionen von endlicher Ordnung. Sie ist vor allem im Zusammenhang mit **1.3.** für die Theorie der Parameterabhängigkeit der Lösungen von homogenen linearen Differentialgleichungen von wesentlicher Bedeutung. Daher erschien eine einfache Herleitung der benötigten Resultate zweckmäßig. Die sonstigen Darstellungen sind für diesen Zweck unnötig umfangreich.

In **1.4.** geben wir einen Abriß einer Eigenwerttheorie für Probleme mit einem Parameter unter Voraussetzungen, die für reguläre Eigenwertprobleme bei gewöhnlichen Differentialgleichungen meist unmittelbar zu bestätigen sind. Sie findet Anwendungen vor allem beim Studium der Stabilitätstheorie der Mathieuschen Differentialgleichung.

1.5. bis **1.7.** geben eine Theorie zweiparametriger Eigenwertprobleme unter teilweise verschiedenen Voraussetzungen. Auf ihre Bedeutung für die Mathieuschen Funktionen und Sphäroidfunktionen wurde schon oben hingewiesen.

In der Theorie der Mathieuschen und der Sphäroiddifferentialgleichung treten häufig dreigliedrige Rekursionen auf. **1.8.** enthält eine überaus einfache Theorie solcher Rekursionen, insbesondere ihres Zusammenhangs mit Kettenbrüchen unter Voraussetzungen, die bei unseren Anwendungen stets erfüllt sind. Besonders nützlich ist, daß bei Auftreten von Parametern in der dreigliedrigen Rekursion die Resultate sofort gleichmäßig im Parameter erhalten werden. Diese Eigenschaft ist für schwächere Voraussetzungen und für mehr als dreigliedrige Rekursionen, für welche Kreuser [1] wichtige Sätze hergeleitet hat, noch nicht bewiesen.

Schließlich wird in **1.9.** ein für Theorie und Anwendungen sehr nützlicher Satz über die asymptotische Reihe einer Funktion, die selbst als Reihe nach Zylinder-, Mathieu-, Sphäroid- usw. Funktionen gegeben ist, bewiesen.

Die in diesem Kapitel wiedergegebenen Grundlagen lassen auch manche Anwendungen außerhalb des Rahmens dieses Buches zu. Wir nennen etwa die Hillsche Differentialgleichung, aufgefaßt als zwei- oder mehrparametriges Eigenwertproblem (hierzu **1.2.** bis **1.8.**), die Entwicklung analytischer Funktionen nach vollständigen Biorthogonalsystemen (hierzu **1.7.**; für Zylinder- und Kugelfunktionen finden sich Sätze dieser Art schon in **3.3.**), die Herleitung mannigfacher Integralrelationen zwischen den Faktoren separierter Lösungen der Schwingungsgleichung (hierzu **1.1.**) und die Behandlung dreigliedriger Rekursionen mit Parametern (hierzu **1.8.**).

Die Kapitel **2.** und **3.**, welche die Theorie der Mathieu- und Sphäroidfunktionen entwickeln, haben den Charakter eines Lehrbuches. Es kam uns hier vor allem auf einen mathematisch sauberen Aufbau der Grundlagen an. Später sind aus Gründen des Umfangs und wegen der vielfach ähnlichen Methoden — ohne Verzicht auf Strenge — die Beweise zum Teil sehr kurz gefaßt. Der Gesamtaufbau — wir haben ihn schon oben skizziert — ist im wesentlichen von früheren Darstellungen der Theorie dieser Funktionen völlig unabhängig. Vieles ist hier erstmals dargestellt, unter anderem **1.6.**, **1.7.** mit Anwendungen, **1.8.**, das Additionstheorem der Sphäroidfunktionen **3.7.** Neu ist auch vieles, was hier nicht aus dem Zusammenhang gelöst werden soll. Aus diesem Grunde und wegen des angestrebten Lehrbuchcharakters fehlen in **2.** und **3.** fast alle Literaturangaben, außer dort, wo wir Ergebnisse ohne Beweise übernommen haben. Eine kurze Darstellung der wichtigsten Beiträge findet sich oben; im übrigen dürfte das Literaturverzeichnis am Ende des Buches die über MATHIEU- und Sphäroidfunktionen und ihre Anwendungen erschienenen Arbeiten ziemlich vollständig berücksichtigen.

Das Kapitel **4.** gibt aus der Fülle von Anwendungen der MATHIEU- und Sphäroidfunktionen einen Ausschnitt, der insbesondere die Anwendungen aus dem Gebiet der Schwingungsgleichung berücksichtigt, während auf Anwendungen der MATHIEUschen Differentialgleichung, in denen sie mehr oder weniger als Spezialfall der allgemeineren HILLschen Differentialgleichung anzusehen ist, nur kurz eingegangen ist.

Den Weg bis zum numerischen Resultat sind wir selten zu Ende gegangen. Meist dürfte er unter Zugrundelegung von **2.** und **3.** klar sein. In jedem der angegebenen Beispiele ist die Herleitung numerischer Ergebnisse nur eine Frage der Geduld, aber nicht noch zu lösender grundsätzlicher Probleme.

Die wichtigeren Eigenschaften der Kugelfunktionen[1] und Zylinderfunktionen, an einzelnen Stellen auch der Funktionen des parabolischen Zylinders und WHITTAKERschen Funktionen werden als bekannt vorausgesetzt. Bezüglich ihrer und der verwandten Bezeichnungen verweisen wir auf MAGNUS-OBERHETTINGER [1].

V. Beschränkungen.

Teils aus Gründen der Umfangsbeschränkung, teils wegen geringerer Wichtigkeit, teils weil uns manches noch nicht genügend abgeschlossen erschien, mußten viele Dinge unberücksichtigt bleiben.

1. Bei der Parameterasymptotik haben wir uns in **2.84.** und **3.91.** auf die Wiedergabe der wichtigsten Ergebnisse beschränkt. Eine Vollständigkeit im funktionentheoretischen Sinne hinsichtlich der Variablen und der Parameter ist zur Zeit noch nicht erreicht; aber auch eine Beschränkung auf die Herleitung der Ergebnisse von LANGER [2] und STRUTT [16] hätte zu viel Raum beansprucht.

---

[1] Eine sehr knappe Herleitung der Haupteigenschaften der Kugelfunktionen findet sich auch in **3.32.**

2. Die Methoden zur numerischen Berechnung von Eigenwerten, charakteristischen Exponenten, Lösungen der MATHIEUschen oder der Sphäroiddifferentialgleichung konnten nur skizziert werden. Der Verzicht fiel jedoch um so leichter, als gerade dieser Punkt in dem McLACHLANschen Buch über MATHIEUsche Funktionen ausführlich behandelt wird. Auch kann hierzu etwa auf die Arbeiten von BOUWKAMP [1, 3, 8] und BLANCH [1] verwiesen werden. Die bereits vorliegenden und die in Vorbereitung befindlichen Tabellenwerke lassen eine ausführlichere Behandlung der numerischen Methoden weniger notwendig erscheinen.

3. Eine Wiedergabe von Tabellen haben wir nicht als im Sinne dieses Buches liegend angesehen. Vielleicht hätte eine größere Zahl von Abbildungen über den Verlauf der MATHIEU- und Sphäroidfunktionen gebracht werden können. Die damit verbundenen numerischen Rechnungen würden jedoch die Fertigstellung dieses Buches zu sehr verzögert haben. Im übrigen verweisen wir auf die zahlreichen Abbildungen in JAHNKE-EMDE [1].

4. Die WHITTAKERschen σ-Reihen (WHITTAKER [2]), die LINDEMANNsche Behandlung der MATHIEUschen Differentialgleichung (LINDEMANN [1]) und die HILLsche Determinante (HILL [1]) blieben unberücksichtigt, weil für das, was sie leisten, zugkräftigere Methoden zur Verfügung stehen. Insbesondere sind die Produkt- und Partialbruchformeln für den charakteristischen Exponenten mehr als ein Ersatz für die HILLsche Determinante, mit der sie übrigens eng zusammenhängen.

5. Eine Übertragung des FOURIERschen bzw. HANKELschen Integraltheorems auf die MATHIEUschen und Sphäroidfunktionen (analog den Entwicklungssätzen) scheint uns grundsätzlich möglich; doch haben wir auch hierauf aus Zeitgründen verzichtet.

6. Die Systeme von gekoppelten MATHIEUschen Differentialgleichungen mit ihren interessanten Eigenschaften mußten ebenfalls aus Umfangsgründen unberücksichtigt bleiben; hierzu sei auf die Untersuchungen von METTLER [3, 4, 5], HAACKE [5 bis 9] und WEIDENHAMMER [1, 2] verwiesen.

7. Nur am Rande konnte auf die Sphäroidfunktionen mit dem charakteristischen Exponenten $\frac{1}{2}$ (mod 1) eingegangen werden. Einige weitere Ergebnisse hierzu sollen an anderer Stelle mitgeteilt werden.

VI. Zur Bezeichnung.

Ebensowenig wie bei den MATHIEU-Funktionen hat sich bei den Sphäroidfunktionen eine einheitliche Bezeichnung durchgesetzt. Zweifellos bereitet es keine Schwierigkeit, von einer Bezeichnungsweise in eine andere umzuschreiben; doch wäre es aus praktischen Gründen, teils zur

Vermeidung von Fehlern beim Vergleich und beim Umschreiben von Formeln und schließlich auch für das Lesen von Arbeiten über diese Funktionen vorteilhaft, zu einer einheitlichen Bezeichnung zu kommen, so wie es bei Zylinderfunktionen, Kugelfunktionen usw. schon lange der Fall ist.

Bei den von uns gewählten Bezeichnungen haben wir uns von folgenden Überlegungen leiten lassen.

Die MATHIEUsche Differentialgleichung sollte in ihrer klassischen und bewährten Normalform (1) beibehalten werden. Ebenso sollte von den Bezeichnungen ce_m und se_{m+1} für die Funktionen ganzer Ordnung nicht abgegangen werden. Damit sind die Bezeichnungen ce_ν, se_ν für die Funktionen gebrochener Ordnung praktisch festgelegt. Für die Funktionen ganzer Ordnung zweiter Art haben wir ebenfalls die Bezeichnungen fe_m, ge_{m+1} übernommen. Alle übrigen MATHIEUschen Funktionen haben wir durch den Buchstaben m bzw. M gekennzeichnet. So haben wir die Bezeichnung

$$me_{\pm \nu} z = ce_\nu z \pm i\, se_\nu z \tag{3}$$

eingeführt, da es sich als zweckmäßig erwies, für diese Kombination von ce_ν und se_ν ein besonderes Symbol zu haben. Alle modifizierten MATHIEUschen Funktionen, die den eben genannten zugeordnet sind, haben als ersten einen großen Buchstaben, also Ce_m, Se_{m+1}, Ce_ν, Se_ν, Fe_m, Ge_{m+1}, $Me_{\pm \nu}$. Parallel dazu haben wir dann konsequent auch die hyperbolischen Funktionen als „modifizierte Funktionen" zu cos, sin, tan, cot mit Cos, Sin, Tan, Cot bezeichnet. Die Funktionen me_ν sind für beliebige Komplexe ν und h^2, abgesehen von Ausnahmestellen der Funktion $\lambda = \lambda_\nu(h^2)$, durch **2.23.**, (12) normiert. Alle Formeln und Beziehungen, die homogen in den MATHIEUschen Funktionen und ihren Entwicklungskoeffizienten sind, gelten unabhängig von dieser speziellen Normierung.

Als weitere Lösungen der MATHIEUschen Differentialgleichungen haben wir solche eingeführt, deren asymptotisches Verhalten für große $\Re z$ mit dem der vier Arten von Zylinderfunktionen vom Argument $2h\,\mathrm{Cos}\,z$ übereinstimmt, für die also gilt [vgl. **2.41.** und **2.42.**, (17)]

$$M_\nu^{(j)}(z;h) \sim \mathfrak{Z}_\nu^{(j)}(2h\,\mathrm{Cos}\,z), \tag{4}$$

wenn $\mathfrak{Z}_\nu^{(j)}$ für $j = 1, 2, 3, 4$ der Reihe nach die BESSELsche, die NEUMANNsche und die erste und zweite HANKELsche Funktion bedeutet. Diese Definition erweist sich als besonders zweckmäßig, da viele Eigenschaften dieser Funktionen unmittelbar aus entsprechenden Eigenschaften der Zylinderfunktionen folgen (vgl. insbesondere **2.42.**), und da sich viele Eigenschaften, die für alle j gelten, in jeweils einer einzigen Formel zusammenfassen lassen.

Alle eingeführten MATHIEUschen Funktionen sind für beliebig komplexe z, λ, h^2 höchstens mit Ausschluß gewisser Ausnahmestellen der Funktion $\lambda = \lambda_\nu(h^2)$ definiert.

Jede Lösung von (2) mit $\gamma^2 \neq 0$ nennen wir Sphäroidfunktion in Anlehnung an die für das Rotationsellipsoid ebenfalls übliche Bezeichnung Sphäroid. Das vielfach gebrauchte Wort Sphäroidwellenfunktion ist unnötig schwerfällig, da ihr Gegenstück, die Sphäroid„potential"-funktionen mit $\gamma^2 = 0$ Kugelfunktionen sind, also keinen neuen Namen brauchen. Das Wort Sphäroidwellenfunktion möchten wir für eine in den rotationselliptischen Koordinaten **1.133.** separierte Lösung der Schwingungsgleichung vorbehalten.

Die Bezeichnung der Sphäroidfunktionen läßt sich in mancher Hinsicht analog zu der der MATHIEUschen Funktionen wählen. Man kann ähnlich den MATHIEUschen Funktionen die Sphäroidfunktionen mit einem Verzweigungsschnitt längs der reellen Achse von $z = -\infty$ bis $z = 1$ als Modifizierte der Sphäroidfunktionen mit einem Verzweigungsschnitt längs der reellen Achse von $z = -\infty$ bis $z = -1$ und von $z = +1$ bis $z = +\infty$ ansehen und die einen mit einem großen, die anderen mit einem kleinen Anfangsbuchstaben des Funktionssymbols bezeichnen. Verlangt man noch, daß jedes Funktionssymbol den Buchstaben s enthält, so liegt es nahe, für die Entwicklungen **3.62.**, (7) und (8) von Sphäroidfunktionen nach den Kugelfunktionen $\mathfrak{P}^\mu_{\nu+2r}$, $P^\mu_{\nu+2r}$, $\mathfrak{Q}^\mu_{\nu+2r}$, $Q^\mu_{\nu+2r}$, die Funktionssymbole Ps^μ_ν, ps^μ_ν, Qs^μ_ν, qs^μ_ν zu verwenden. Die Inkonsequenz in der Zuordnung der Buchstaben $\mathfrak{P}$, P, $\mathfrak{Q}$, Q zu den Symbolen Ps, ps, Qs, qs ist nicht ein Mangel unserer Bezeichnungsweise, sondern eher ein Mangel in der bisher üblichen Bezeichnung der Kugelfunktionen; wir haben aber davon abgesehen, die Kugelfunktionen statt wie oben zweckmäßiger P^μ_ν, $\mathfrak{p}^\mu_\nu$, Q^μ_ν, q^μ_ν zu nennen, damit Verwechslungen mit den üblichen Bezeichnungen vermieden werden. Die Entwicklungskoeffizienten $\alpha^\mu_{\nu,2r}(\gamma^2)$ und damit die Funktionen $\mathrm{Ps}^\mu_\nu(z;\gamma^2)$ usw. sind für beliebig komplexe ν, μ, γ^2, abgesehen von Ausnahmestellen der Funktionen $\lambda^\mu_\nu(\gamma^2)$ und von $\nu \equiv \tfrac{1}{2}(\mathrm{mod}\ 1)$, durch **3.543.**, Satz 1 bzw. (24*) normiert. Beziehungen, die homogen in den Sphäroidfunktionen bzw. ihren Entwicklungskoeffizienten sind, gelten unabhängig von dieser speziellen Normierung.

Den MATHIEUschen Funktionen $M^{(j)}_\nu$ entsprechend charakterisieren wir ebenfalls weitere vier Lösungen der Sphäroiddifferentialgleichung durch ihr asymptotisches Verhalten in der Weise, daß für große z

$$S^{\mu(j)}_\nu(z;\gamma) \sim \sqrt{\frac{\pi}{2\gamma z}}\, \mathfrak{Z}^{(j)}_{\nu+\frac{1}{2}}(\gamma z) = \psi^{(j)}_\nu(\gamma z) \tag{5}$$

[vgl. **3.64.**, (43)]. $\psi^{(j)}_\nu(z)$ ist als zweckmäßige Abkürzung für die in (5) links davon stehende Funktion eingeführt; $\psi^{(1)}_\nu(z)$ ist die sonst mit $\psi_\nu(z)$

bezeichnete, sog. Kugel-Bessel-Funktion. Auch für diese Sphäroidfunktionen $S_\nu^{\mu(j)}$ folgen viele Eigenschaften unmittelbar aus entsprechenden Eigenschaften der mit $\sqrt{\dfrac{\pi}{2z}}$ multiplizierten Zylinderfunktionen.

Die volle Bezeichnung der Sphäroidfunktionen mit zwei oder drei Indices ist etwas schwerfällig, läßt sich aber nicht immer vermeiden, da die Sphäroiddifferentialgleichung eben drei Parameter enthält, die irgendwie im vollständigen Funktionssymbol zum Ausdruck kommen müssen. In vielen Fällen ist eine Vereinfachung möglich, ohne daß dadurch Mißverständnisse auftreten können. So kann man meist das zweite Argument γ bzw. γ^2 weglassen, ebenso den oberen Index μ, falls $\mu = 0$ ist. Ferner kann man die bei der Separation der Wellengleichung in abgeplattet-rotationselliptischen Koordinaten auftretenden Sphäroidfunktionen vereinfachend etwa so schreiben

$$S_\nu^{\mu(j)}(-i\xi; i\gamma) = \mathrm{Si}_\nu^{\mu(j)}(\xi; \gamma) \quad (j = 1, 2, 3, 4),$$
$$\mathrm{ps}_\nu^{\mu}(\eta; i\gamma) = \mathrm{psi}_\nu^{\mu}(\eta; \gamma),$$
$$\mathrm{qs}_\nu^{\mu}(\eta; i\gamma) = \mathrm{qsi}_\nu^{\mu}(\eta; \gamma).$$

Doch haben wir von dieser Schreibweise keinen Gebrauch gemacht.

Die von uns eingeführten Sphäroidfunktionen sind für beliebig komplexe z, ν, μ, γ, abgesehen höchstens von gewissen Ausnahmestellen der Funktionen $\lambda = \lambda_\nu^{\mu}(\gamma^2)$ und von $\nu \equiv \tfrac{1}{2}(\mathrm{mod}\ 1)$ definiert.

1. Grundlagen.

1.1. Die Separation der Schwingungsgleichung in elliptischen Koordinaten und ihren Grenzfällen.

1.11. grad, div, $\triangle$ und rot in orthogonalen Koordinatensystemen. Seien x_1, x_2, x_3 kartesische Koordinaten im Raume, und denken wir uns in einem Bereiche $\mathfrak{B}_x$ beliebige krummlinige Koordinaten ξ_1, ξ_2, ξ_3 durch eine umkehrbar eindeutige, in beiden Richtungen zweimal stetig differenzierbare Abbildung von $\mathfrak{B}_x$ auf einen Bereich $\mathfrak{B}_\xi$ des (ξ_1, ξ_2, ξ_3)-Raumes eingeführt. Dann sind die Funktionalmatrizen der Abbildung und ihrer Umkehrung zueinander reziprok. Setzen wir also

$$\frac{\partial x_i}{\partial \xi_k} = \alpha_k^i, \qquad \frac{\partial \xi_i}{\partial x_k} = \beta_k^i \qquad (i, k = 1, 2, 3), \tag{1}$$

so gelten die Biorthogonalitätsrelationen

$$\alpha_j^i \beta_k^j = \beta_j^i \alpha_k^j = \delta_k^i = \begin{cases} 1 \ (i = k) \\ 0 \ (i \neq k). \end{cases} \tag{2}$$

Hier wie im folgenden wird, falls nicht ausdrücklich anders vermerkt, über jeden Index von 1 bis 3 summiert, der in einem Produkt mehr als einmal vorkommt, falls dieser Index auf der anderen Seite der betreffenden Gleichung nicht auftritt. Wegen (2) sind die Funktionaldeterminanten

$$\frac{\partial (x_1, x_2, x_3)}{\partial (\xi_1, \xi_2, \xi_3)} \neq 0, \qquad \frac{\partial (\xi_1, \xi_2, \xi_3)}{\partial (x_1, x_2, x_3)} \neq 0 \tag{3}$$

zueinander reziprok.

Wir führen den Ortsvektor

$$\boldsymbol{x} = \{x_1, x_2, x_3\} \tag{4}$$

ein und schreiben für seine Ableitungen

$$\frac{\partial \boldsymbol{x}}{\partial \xi_j} = \boldsymbol{x}_j \qquad (j = 1, 2, 3). \tag{5}$$

Sie sind von $\boldsymbol{0}$ verschieden und Tangentenvektoren an die Koordinatenlinien, d.h. an die Kurven in $\mathfrak{B}_x$, auf denen nur ein ξ_j variiert. Die

Quadrate ihrer Länge bzw. ihre inneren Produkte bezeichnen wir mit

$$\boldsymbol{x}_i \boldsymbol{x}_k = \alpha_i^j \alpha_k^j = g_{ik} = g_{ki}. \tag{6}$$

Sie bilden den metrischen Fundamentaltensor unseres krummlinigen Koordinatensystems. Es gilt

$$ds^2 = d x_j d x_j = \alpha_i^j d\xi_i \alpha_k^j d\xi_k = g_{ik} d\xi_i d\xi_k \tag{7}$$

und wegen (6)

$$g = \mathrm{Det}\,|g_{ik}| = \left(\frac{\partial(x_1, x_2, x_3)}{\partial(\xi_1, \xi_2, \xi_3)}\right)^2 > 0. \tag{8}$$

Im folgenden betrachten wir nur orthogonale Koordinatensysteme, nehmen also

$$g_{12} = g_{13} = g_{23} = 0 \tag{9}$$

an. Wir kürzen in diesem Falle

$$g_{ii} = g_i \tag{10}$$

ab. Dann gilt nach (8)

$$g = g_1 g_2 g_3. \tag{11}$$

Nun stellen wir uns die Aufgabe, die Ausdrücke für die Vektoroperationen grad, div, $\triangle = $ div grad und rot in unserem krummlinigen orthogonalen Koordinatensystem zu finden. Wir wollen dies rein als ein Problem der Differentialrechnung auffassen und auf die Anwendung der Integralsätze und der auf ihnen begründeten koordinatenunabhängigen Formeln für die Vektoroperationen verzichten.

Wir bezeichnen dazu mit $\boldsymbol{e}_i$ die Koordinateneinheitsvektoren des kartesischen Systems und mit

$$\boldsymbol{\epsilon}_j = \frac{\boldsymbol{x}_j}{\sqrt{g_j}} = \frac{\alpha_j^i}{\sqrt{g_j}} \boldsymbol{e}_i \tag{12}$$

— hier ist natürlich über j nicht zu summieren — die Tangenteneinheitsvektoren an die ξ_j-Koordinatenlinien. Umgekehrt hat man wegen (6), (9) und (10)

$$\boldsymbol{e}_i = \frac{\alpha_j^i}{\sqrt{g_j}} \boldsymbol{\epsilon}_j. \tag{13}$$

Wir vermerken ferner, daß nach (1)

$$\frac{\partial}{\partial x_i} = \beta_i^k \frac{\partial}{\partial \xi_k}. \tag{14}$$

(13) und (14) liefern dann mit (2) die Formel für den ∇-Operator:

$$\nabla = \boldsymbol{e}_i \frac{\partial}{\partial x_i} = \boldsymbol{\epsilon}_j \frac{1}{\sqrt{g_j}} \frac{\partial}{\partial \xi_j}. \tag{15}$$

Ist daher u eine differenzierbare Ortsfunktion, so haben wir

$$\operatorname{grad} u \equiv \nabla u = \frac{1}{\sqrt{g_1}} \frac{\partial u}{\partial \xi_1} \boldsymbol{\epsilon}_1 + \frac{1}{\sqrt{g_2}} \frac{\partial u}{\partial \xi_2} \boldsymbol{\epsilon}_2 + \frac{1}{\sqrt{g_3}} \frac{\partial u}{\partial \xi_3} \boldsymbol{\epsilon}_3 . \tag{16}$$

Zur Ableitung der Formel für die Divergenz benötigen wir (hier nach unserer Vereinbarung also ohne Summation über j)

$$\boldsymbol{\epsilon}_j \frac{\partial}{\partial \xi_j} \boldsymbol{\epsilon}_k = \left\{ \begin{array}{ll} \dfrac{1}{\sqrt{g_k}} \dfrac{\partial}{\partial \xi_k} \sqrt{g_j} & (j \neq k), \\[2ex] 0 & (j = k). \end{array} \right\} \tag{17}$$

Das ist für $j = k$ wegen $\boldsymbol{\epsilon}_j^2 = 1$ trivial. Für $j \neq k$ erhält man (17) wegen $\boldsymbol{x}_j \boldsymbol{x}_k = 0$, $\dfrac{\partial}{\partial \xi_j} \boldsymbol{x}_k = \dfrac{\partial}{\partial \xi_k} \boldsymbol{x}_j$ und (6):

$$\boldsymbol{\epsilon}_j \frac{\partial}{\partial \xi_j} \boldsymbol{\epsilon}_k = \frac{1}{\sqrt{g_j}} \boldsymbol{x}_j \frac{\partial}{\partial \xi_j} \frac{\boldsymbol{x}_k}{\sqrt{g_k}} = \frac{1}{\sqrt{g_j g_k}} \boldsymbol{x}_j \frac{\partial}{\partial \xi_j} \boldsymbol{x}_k = \frac{1}{2\sqrt{g_j g_k}} \frac{\partial}{\partial \xi_k} g_j .$$

Ist nun $\boldsymbol{a} = a_k \boldsymbol{\epsilon}_k$ ein differenzierbares Vektorfeld, so wird mit (15)

$$\operatorname{div} \boldsymbol{a} \equiv \nabla \boldsymbol{a} = \boldsymbol{e}_i \frac{\partial}{\partial x_i} \boldsymbol{a} = \boldsymbol{\epsilon}_j \frac{1}{\sqrt{g_j}} \frac{\partial}{\partial \xi_j} a_k \boldsymbol{\epsilon}_k$$

$$= \boldsymbol{\epsilon}_j \boldsymbol{\epsilon}_k \frac{1}{\sqrt{g_j}} \frac{\partial}{\partial \xi_j} a_k + \frac{a_k}{\sqrt{g_j}} \boldsymbol{\epsilon}_j \frac{\partial}{\partial \xi_j} \boldsymbol{\epsilon}_k ,$$

also wegen (17) nach geringer Umformung

$$\operatorname{div} \boldsymbol{a} \equiv \nabla \boldsymbol{a} = \frac{1}{\sqrt{g}} \left\{ \frac{\partial}{\partial \xi_1} \left(\sqrt{g_2 g_3} \, a_1 \right) + \frac{\partial}{\partial \xi_2} \left(\sqrt{g_3 g_1} \, a_2 \right) + \frac{\partial}{\partial \xi_3} \left(\sqrt{g_1 g_2} \, a_3 \right) \right\} . \tag{18}$$

Ist die Ortsfunktion u zweimal differenzierbar, so erhalten wir aus (16) und (18)

$$\triangle u \equiv \operatorname{div} \operatorname{grad} u$$
$$= \frac{1}{\sqrt{g}} \left\{ \frac{\partial}{\partial \xi_1} \left(\sqrt{\frac{g_2 g_3}{g_1}} \frac{\partial u}{\partial \xi_1} \right) + \frac{\partial}{\partial \xi_2} \left(\sqrt{\frac{g_3 g_1}{g_2}} \frac{\partial u}{\partial \xi_2} \right) + \frac{\partial}{\partial \xi_3} \left(\sqrt{\frac{g_1 g_2}{g_3}} \frac{\partial u}{\partial \xi_3} \right) \right\} . \tag{19}$$

Zur Ableitung der Formel für die Rotation muß die Orientierung des Dreibeins $\boldsymbol{\epsilon}_j$ festgelegt sein: Wir nehmen es ohne Beschränkung der Allgemeinheit als rechtsorientiert, also die Determinante

$$(\boldsymbol{\epsilon}_1, \boldsymbol{\epsilon}_2, \boldsymbol{\epsilon}_3) = +1 \tag{20}$$

an. Sei dann $\boldsymbol{a} = a_k \boldsymbol{\epsilon}_k$ ein differenzierbares Vektorfeld, so haben wir etwa

$$\boldsymbol{\epsilon}_1 \operatorname{rot} \boldsymbol{a} \equiv \boldsymbol{\epsilon}_1 \left(\nabla \times \boldsymbol{a} \right) = \boldsymbol{\epsilon}_1 \left(\boldsymbol{\epsilon}_j \frac{1}{\sqrt{g_j}} \frac{\partial}{\partial \xi_j} \times a_k \boldsymbol{\epsilon}_k \right)$$

$$= \left(\boldsymbol{\epsilon}_1 \times \boldsymbol{\epsilon}_j \right) \frac{1}{\sqrt{g_j}} \frac{\partial}{\partial \xi_j} a_k \boldsymbol{\epsilon}_k$$

$$= \frac{1}{\sqrt{g_j}} \frac{\partial a_k}{\partial \xi_j} \left(\boldsymbol{\epsilon}_1, \boldsymbol{\epsilon}_j, \boldsymbol{\epsilon}_k \right) + \left(\boldsymbol{\epsilon}_1 \times \boldsymbol{\epsilon}_j \right) \frac{a_k}{\sqrt{g_j}} \frac{\partial}{\partial \xi_j} \boldsymbol{\epsilon}_k$$

$$= \left(\frac{1}{\sqrt{g_2}} \frac{\partial a_3}{\partial \xi_2} - \frac{1}{\sqrt{g_3}} \frac{\partial a_2}{\partial \xi_3} \right) + a_1 \left(\boldsymbol{\epsilon}_3 \frac{1}{\sqrt{g_2}} \frac{\partial}{\partial \xi_2} \boldsymbol{\epsilon}_1 - \boldsymbol{\epsilon}_2 \frac{1}{\sqrt{g_3}} \frac{\partial}{\partial \xi_3} \boldsymbol{\epsilon}_1 \right) -$$

$$- a_3 \boldsymbol{\epsilon}_2 \frac{1}{\sqrt{g_3}} \frac{\partial}{\partial \xi_3} \boldsymbol{\epsilon}_3 + a_2 \boldsymbol{\epsilon}_3 \frac{1}{\sqrt{g_2}} \frac{\partial}{\partial \xi_2} \boldsymbol{\epsilon}_2$$

$$= \left(\frac{1}{\sqrt{g_2}} \frac{\partial a_3}{\partial \xi_2} - \frac{1}{\sqrt{g_3}} \frac{\partial a_2}{\partial \xi_3} \right) - a_1 \boldsymbol{\epsilon}_1 \left(\frac{1}{\sqrt{g_2}} \frac{\partial}{\partial \xi_2} \frac{x_3}{\sqrt{g_3}} - \frac{1}{\sqrt{g_3}} \frac{\partial}{\partial \xi_3} \frac{x_2}{\sqrt{g_2}} \right) +$$

$$+ a_3 \boldsymbol{\epsilon}_3 \frac{1}{\sqrt{g_3}} \frac{\partial}{\partial \xi_3} \boldsymbol{\epsilon}_2 - a_2 \boldsymbol{\epsilon}_2 \frac{1}{\sqrt{g_2}} \frac{\partial}{\partial \xi_2} \boldsymbol{\epsilon}_3$$

$$= \left(\frac{1}{\sqrt{g_2}} \frac{\partial a_3}{\partial \xi_2} + \frac{a_3}{\sqrt{g_2 g_3}} \frac{\partial}{\partial \xi_2} \sqrt{g_3} \right) - \left(\frac{1}{\sqrt{g_3}} \frac{\partial a_2}{\partial \xi_3} + \frac{a_2}{\sqrt{g_2 g_3}} \frac{\partial}{\partial \xi_3} \sqrt{g_2} \right).$$

Dabei haben wir im ersten Schritt (15), im fünften Schritt

$$\frac{\partial}{\partial \xi_\lambda} \boldsymbol{\epsilon}_\mu \boldsymbol{\epsilon}_\nu = \boldsymbol{\epsilon}_\nu \frac{\partial}{\partial \xi_\lambda} \boldsymbol{\epsilon}_\mu + \boldsymbol{\epsilon}_\mu \frac{\partial}{\partial \xi_\lambda} \boldsymbol{\epsilon}_\nu = 0$$

und beim letzten $\dfrac{\partial}{\partial \xi_\lambda} x_\mu = \dfrac{\partial}{\partial \xi_\mu} x_\lambda$ sowie (17) benutzt. Wir erhalten die übrigen Komponenten durch zyklische Vertauschung und somit

$$\left. \begin{aligned} \operatorname{rot} \boldsymbol{a} \equiv \nabla \times \boldsymbol{a} = \frac{\boldsymbol{\epsilon}_1}{\sqrt{g_2 g_3}} \left[\frac{\partial}{\partial \xi_2} \left(\sqrt{g_3}\, a_3 \right) - \frac{\partial}{\partial \xi_3} \left(\sqrt{g_2}\, a_2 \right) \right] + \frac{\boldsymbol{\epsilon}_2}{\sqrt{g_3 g_1}} \times \\ \times \left[\frac{\partial}{\partial \xi_3} \left(\sqrt{g_1}\, a_1 \right) - \frac{\partial}{\partial \xi_1} \left(\sqrt{g_3}\, a_3 \right) \right] + \frac{\boldsymbol{\epsilon}_3}{\sqrt{g_1 g_2}} \left[\frac{\partial}{\partial \xi_1} \left(\sqrt{g_2}\, a_2 \right) - \frac{\partial}{\partial \xi_2} \left(\sqrt{g_1}\, a_1 \right) \right]. \end{aligned} \right\} \quad (21)$$

1.12. Die elliptischen Koordinaten und ihre Grenzfälle.

1.121. Die elliptischen Koordinaten. Wir gehen aus von der Flächenschar

$$\frac{x_1^2}{a_1^2 + \varrho} + \frac{x_2^2}{a_2^2 + \varrho} + \frac{x_3^2}{a_3^2 + \varrho} = 1. \tag{1}$$

Wir setzen dabei

$$a_1^2 > a_2^2 > a_3^2$$

voraus und beschränken den Scharparameter ϱ auf die Intervalle

$$- a_1^2 < \varrho < - a_2^2, \quad - a_2^2 < \varrho < - a_3^2, \quad - a_3^2 < \varrho < \infty.$$

Wir erhalten im ersten Intervall zweischalige Hyperboloide, im zweiten einschalige Hyperboloide, im dritten Ellipsoide mit dem Ursprung als Mittelpunkt und den Halbachsen

$$\sqrt{a_1^2 + \varrho}, \qquad \sqrt{a_2^2 + \varrho}, \qquad \sqrt{a_3^2 + \varrho}.$$

Die Brennpunkte des Hauptschnittes $x_3 = 0$ liegen auf der x_1-Achse im Abstand $\sqrt{a_1^2 - a_2^2}$ vom Mittelpunkt, die Brennpunkte des Hauptschnittes $x_2 = 0$ auf der x_1-Achse im Abstand $\sqrt{a_1^2 - a_3^2}$ vom Mittelpunkt, die Brennpunkte des Hauptschnittes $x_1 = 0$ schließlich auf der x_2-Achse im Abstand $\sqrt{a_2^2 - a_3^2}$ vom Mittelpunkt. Sie sind vom Scharparameter unabhängig. Es handelt sich also um eine Schar konfokaler Flächen zweiten Grades.

Stellen wir die Frage, welche dieser Flächen durch einen gegebenen Punkt x_1, x_2, x_3, der auf keiner Koordinatenebene liegt, gehen mögen, so wird (1) zu einer kubischen Gleichung für ϱ. Wir setzen zur Abkürzung

$$F(\varrho) \equiv \frac{x_1^2}{a_1^2 + \varrho} + \frac{x_2^2}{a_2^2 + \varrho} + \frac{x_3^2}{a_3^2 + \varrho} - 1, \tag{2}$$

$$f(\varrho) \equiv (a_1^2 + \varrho)(a_2^2 + \varrho)(a_3^2 + \varrho) \tag{3}$$

und betrachten

$$f(\varrho) \cdot F(\varrho).$$

Wir erhalten für $\varrho = -a_1^2$ den positiven Wert $x_1^2(a_1^2 - a_2^2)(a_1^2 - a_3^2)$, für $\varrho = -a_2^2$ den negativen Wert $-x_2^2(a_1^2 - a_2^2)(a_2^2 - a_3^2)$, für $\varrho = -a_3^2$ den positiven Wert $x_3^2(a_1^2 - a_3^2)(a_2^2 - a_3^2)$ und schließlich für $\varrho \to +\infty$ den Grenzwert $-\infty$. Es existieren daher drei verschiedene reelle Nullstellen

$$\varrho_1 > \varrho_2 > \varrho_3,$$

zu denen je ein Ellipsoid, ein einschaliges Hyperboloid und ein zweischaliges Hyperboloid gehören, die durch den gegebenen Punkt (x_1, x_2, x_3) gehen:

$$\sum_{j=1}^{3} \frac{x_j^2}{a^2 + \varrho_i} = 1 \qquad (i = 1, 2, 3), \tag{4}$$

$$+\infty > \varrho_1 > -a_3^2, \quad -a_3^2 > \varrho_2 > -a_2^2, \quad -a_2^2 > \varrho_3 > -a_1^2.$$

ϱ_1, ϱ_2, ϱ_3 werden als die elliptischen Koordinaten des Punktes x_1, x_2, x_3 bezeichnet.

Umgekehrt gehört zu jedem Tripel ϱ_1, ϱ_2, ϱ_3 aus den bei (4) angegebenen Intervallen genau ein Punkt x_1, x_2, x_3 in jedem der acht Oktanten des Raumes, dessen elliptische Koordinaten ϱ_1, ϱ_2, ϱ_3 sind. Das ist zu erkennen, wenn man mit Hilfe von (4) x_1^2, x_2^2, x_3^2 berechnet.

Dazu beachtet man, daß das Polynom dritten Grades $f(\varrho) \cdot F(\varrho)$ die Wurzeln ϱ_1, ϱ_2, ϱ_3 und den höchsten Koeffizienten -1 hat und mithin

$$\frac{x_1^2}{a_1^2 + \varrho} + \frac{x_2^2}{a_2^2 + \varrho} + \frac{x_3^2}{a_3^2 + \varrho} - 1 \equiv \frac{-(\varrho - \varrho_1)(\varrho - \varrho_2)(\varrho - \varrho_3)}{(a_1^2 + \varrho)(a_2^2 + \varrho)(a_3^2 + \varrho)} \tag{5}$$

gilt. Multipliziert man hier mit $(a_i^2 + \varrho)$ und setzt danach $\varrho = -a_i^2$ usw., so folgt

$$\left.\begin{aligned} x_1^2 &= \frac{(a_1^2 + \varrho_1)(a_1^2 + \varrho_2)(a_1^2 + \varrho_3)}{(a_1^2 - a_2^2)(a_1^2 - a_3^2)}, \\[2mm] x_2^2 &= \frac{(a_2^2 + \varrho_1)(a_2^2 + \varrho_2)(a_2^2 + \varrho_3)}{(a_2^2 - a_3^2)(a_2^2 - a_1^2)}, \\[2mm] x_3^2 &= \frac{(a_3^2 + \varrho_1)(a_3^2 + \varrho_2)(a_3^2 + \varrho_3)}{(a_3^2 - a_1^2)(a_3^2 - a_2^2)}. \end{aligned}\right\} \tag{6}$$

Da (6) umgekehrt (5) und damit (4) nach sich zieht, ist somit jeder Oktant des (x_1, x_2, x_3)-Raumes umkehrbar eindeutig und in beiden Richtungen analytisch auf den „Quader" des $(\varrho_1, \varrho_2, \varrho_3)$-Raumes $\infty > \varrho_1 > -a_3^2$, $-a_3^2 > \varrho_2 > -a_2^2$, $-a_2^2 > \varrho_3 > -a_1^2$ abgebildet.

Wir wollen nunmehr gemäß **1.11.** den metrischen Fundamentaltensor g_{ik} unserer Abbildung berechnen, daran nachweisen, daß wir ein orthogonales Koordinatensystem vor uns haben und schließlich Δu in unseren elliptischen Koordinaten ausdrücken.

Dazu erhalten wir aus (6)

$$\frac{\partial x_j}{\partial \varrho_i} = \frac{1}{2} \frac{x_j}{a_j^2 + \varrho_i},$$

also

$$g_{ik} = \frac{1}{4} \sum_{j=1}^{3} \frac{x_j^2}{(a_j^2 + \varrho_i)(a_j^2 + \varrho_k)}. \tag{7}$$

Daß nun

$$g_{ik} = 0 \quad (i \neq k) \tag{8}$$

gilt, erkennen wir sofort aus (4), indem wir die Differenzen je zweier Gleichungen bilden und $\varrho_i \neq \varrho_k$ $(i \neq k)$ beachten.

Um schließlich die

$$g_{ii} = g_i$$

allein durch die elliptischen Koordinaten auszudrücken, differenzieren wir (5) nach ϱ:

$$\sum_{j=1}^{3} \frac{x_j^2}{(a_j^2 + \varrho)^2} = \frac{(\varrho - \varrho_1)(\varrho - \varrho_2)(\varrho - \varrho_3)}{(a_1^2 + \varrho)(a_2^2 + \varrho)(a_3^2 + \varrho)} \sum_{j=1}^{3} \left\{ \frac{1}{\varrho - \varrho_j} - \frac{1}{a_j^2 + \varrho} \right\}. \tag{9}$$

Für $\varrho = \varrho_i$ folgt daraus mit (7):

$$g_1 = \frac{(\varrho_1 - \varrho_2)(\varrho_1 - \varrho_3)}{4 f(\varrho_1)}\,,$$

$$g_2 = \frac{(\varrho_2 - \varrho_3)(\varrho_2 - \varrho_1)}{4 f(\varrho_2)}\,, \qquad (10)$$

$$g_3 = \frac{(\varrho_3 - \varrho_1)(\varrho_3 - \varrho_2)}{4 f(\varrho_3)}\,.$$

Einsetzen in **1.11.**, (19) liefert schließlich

$$\Delta u = \frac{4}{(\varrho_1 - \varrho_2)(\varrho_2 - \varrho_3)(\varrho_1 - \varrho_3)} \times$$
$$\times \left\{ (\varrho_2 - \varrho_3)\, \sqrt{f(\varrho_1)}\, \frac{\partial}{\partial \varrho_1}\left(\sqrt{f(\varrho_1)}\, \frac{\partial u}{\partial \varrho_1}\right) + (\varrho_3 - \varrho_1)\, \sqrt{f(\varrho_2)}\, \frac{\partial}{\partial \varrho_2}\left(\sqrt{f(\varrho_2)}\, \frac{\partial u}{\partial \varrho_2}\right) + \right.$$
$$\left. + (\varrho_1 - \varrho_2)\, \sqrt{f(\varrho_3)}\, \frac{\partial}{\partial \varrho_3}\left(\sqrt{f(\varrho_3)}\, \frac{\partial u}{\partial \varrho_3}\right)\right\}. \qquad (11)$$

1.122. Parabolische Koordinaten. Wählt man in (6) $a_3 = 0$ und führt die Bezeichnungen

$$a_1^2 - a_2^2 = C^2, \quad C > 0; \quad a_1 = C + c, \quad c > 0; \quad a_2^2 = 2cC + c^2;$$

$$\varrho_1 = (2cC + c^2)\operatorname{Sin}^2\frac{\alpha}{2}; \quad \varrho_2 = -(2cC + c^2)\sin^2\frac{\beta}{2}; \quad \varrho_3 = -(2cC + c^2)\operatorname{Cos}^2\frac{\gamma}{2};$$

$$x_1^* = x_1 - (C + \tfrac{1}{2}c); \quad x_2^* = x_2; \quad x_3^* = x_3$$

ein, so ist c der Abstand der beiden Brennpunkte auf der positiven x_1-Achse und der Mittelpunkt der von ihnen gebildeten Strecke der Ursprung des (x_1^*, x_2^*, x_3^*)-Koordinatensystems. Macht man jetzt den Grenzübergang $C \to + \infty$, so entstehen die Gleichungen

$$x_1^* = \tfrac{1}{2}c\,(\operatorname{Cos}\alpha + \cos\beta - \operatorname{Cos}\gamma),$$
$$x_2^* = 2c\,\operatorname{Cos}\frac{\alpha}{2}\cos\frac{\beta}{2}\operatorname{Sin}\frac{\gamma}{2}, \qquad (12)$$
$$x_3^* = 2c\,\operatorname{Sin}\frac{\alpha}{2}\sin\frac{\beta}{2}\operatorname{Cos}\frac{\gamma}{2}.$$

Durch sie sind die parabolischen Koordinaten α, β, γ eingeführt. Der gesamte (x_1^*, x_2^*, x_3^*)-Raum ohne die beiden Parabelgebiete

$$x_2^* = 0, \quad 4\frac{x_1^*}{c} \geq \frac{x_3^{*2}}{c^2} - 2; \quad x_3^* = 0, \quad 4\frac{x_1^*}{c} \leq 2 - \frac{x_2^{*2}}{c^2}$$

wird eineindeutig analytisch auf

$$0 < \alpha < \infty, \quad 0 \leq \beta < 4\pi, \quad 0 < \gamma < \infty$$

abgebildet.

Man erhält

$$g_{12} = g_{13} = g_{23} = 0$$

und

$$g_{11} = g_\alpha = \frac{c^2}{4}\,(\mathrm{Cos}\,\alpha + \mathrm{Cos}\,\gamma)\,(\mathrm{Cos}\,\alpha - \cos\beta)\,,$$

$$g_{22} = g_\beta = \frac{c^2}{4}\,(\mathrm{Cos}\,\gamma + \cos\beta)\,(\mathrm{Cos}\,\alpha - \cos\beta)\,,$$

$$g_{33} = g_\gamma = \frac{c^2}{4}\,(\mathrm{Cos}\,\gamma + \cos\beta)\,(\mathrm{Cos}\,\gamma + \mathrm{Cos}\,\alpha)$$

und daraus nach **1.11.**, (19)

$$\left.\begin{aligned}
\Delta u = {} & \frac{4}{c^2\,(\mathrm{Cos}\,\gamma + \cos\beta)\,(\mathrm{Cos}\,\gamma + \mathrm{Cos}\,\alpha)\,(\mathrm{Cos}\,\alpha - \cos\beta)} \times \\
& \times \left\{(\mathrm{Cos}\,\gamma + \cos\beta)\,\frac{\partial^2 u}{\partial \alpha^2} + (\mathrm{Cos}\,\gamma + \mathrm{Cos}\,\alpha)\,\frac{\partial^2 u}{\partial \beta^2} + (\mathrm{Cos}\,\alpha - \cos\beta)\,\frac{\partial^2 u}{\partial \gamma^2}\right\}.
\end{aligned}\right\} \quad (13)$$

1.123. Gestreckt-rotationselliptische Koordinaten. Setzt man in
1.121.

$$a_1^2 - a_2^2 = c^2\,, \qquad a_2^2 - a_3^2 = \varepsilon^2\,,$$

$$\varrho_1 + a_1^2 = \xi^2 c^2\,, \qquad \varrho_2 + a_2^2 = \varepsilon^2 \sin^2\varphi\,, \qquad \varrho_3 + a_1^2 = \eta^2 c^2\,,$$

so gilt unter den dortigen Voraussetzungen

$$\xi^2 > 1\,, \qquad 0 < \eta^2 < 1\,, \qquad \varphi \ \text{reell} \ \neq n\,\frac{\pi}{2}\,.$$

Machen wir den Grenzübergang $\varepsilon^2 \to 0$, so entstehen aus (6) nach Vertauschung von x_1 und x_3 die Gleichungen[1]

$$\left.\begin{aligned}
x_1 &= c\,\sqrt{(\xi^2 - 1)(1 - \eta^2)}\,\cos\varphi\,, \\
x_2 &= c\,\sqrt{(\xi^2 - 1)(1 - \eta^2)}\,\sin\varphi\,, \\
x_3 &= c\,\xi\,\eta\,.
\end{aligned}\right\} \quad (14)$$

Wir können dabei $c > 0$ und die Wurzel nicht-negativ annehmen.

Durch (14) werden die gestreckt-rotationselliptischen Koordinaten ξ, η, φ eingeführt. Der gesamte (x_1, x_2, x_3)-Raum ohne die x_3-Achse

---

[1] Die Definition der Koordinaten ξ, η, φ stimmt dann mit der in MAGNUS-OBERHETTINGER [1] überein.

wird mittels (14) umkehrbar eindeutig und analytisch auf den Quader

$$1 < \xi < \infty,$$

$$-1 < \eta < 1,$$

$$0 \leq \varphi < 2\pi$$

abgebildet: $\xi = 1$ liefert für $-1 \leq \eta \leq 1$ und beliebiges φ die Strecke $-c \leq x_3 \leq c$, $x_1 = x_2 = 0$ und $\eta = \pm 1$, $1 \leq \xi < \infty$ bei beliebigem φ die Strahlen $x_3 \geq c$ bzw. $x_3 \leq -c$, $x_1 = x_2 = 0$. Die Koordinatenflächen $1 < \xi = \text{const}$ sind gestreckte Rotationsellipsoide mit den Brennpunkten

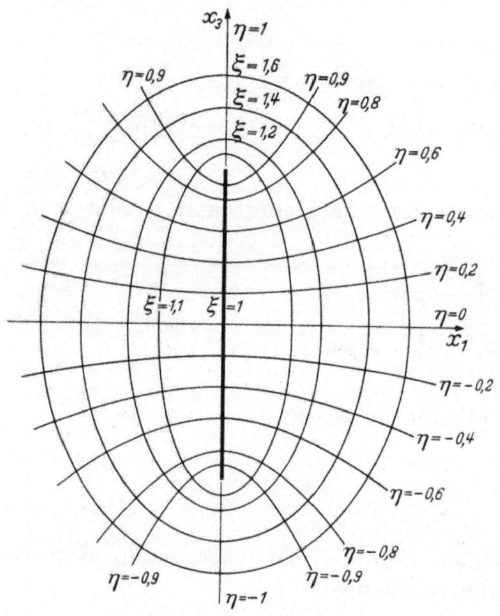

Abb. 1. Schnitt des gestreckt-rotationselliptischen Koordinatensystems 1.123., (14) mit der x_1, x_3-Ebene. Die gemeinsamen Brennpunkte der Koordinatenflächen liegen bei $x_1 = 0$, $x_2 = 0$, $x_3 = \pm c$.

$x_3 = \pm c$, $x_1 = x_2 = 0$; die Koordinatenflächen $-1 < \eta = \text{const} < 1$ sind Schalen zweischaliger Rotationshyperboloide mit denselben Brennpunkten bzw. für $\eta = 0$ die Ebene $x_3 = 0$. $\varphi = \text{const}$ liefert die gemeinsamen Meridianebenen (vgl. Abb. 1).

In direkter Berechnung erhält man

$$g_{12} = g_{13} = g_{23} = 0,$$

$$g_{11} = g_\xi = \frac{c^2 (\xi^2 - \eta^2)}{\xi^2 - 1},$$

$$g_{22} = g_\eta = \frac{c^2 (\xi^2 - \eta^2)}{1 - \eta^2},$$

$$g_{33} = g_\varphi = c^2 (\xi^2 - 1)(1 - \eta^2)$$

und damit nach 1.11., (19)

$$\Delta u = \frac{1}{c^2 (\xi^2 - \eta^2)} \left\{ \frac{\partial}{\partial \xi} \left((\xi^2 - 1) \frac{\partial u}{\partial \xi} \right) + \frac{\partial}{\partial \eta} \left((1 - \eta^2) \frac{\partial u}{\partial \eta} \right) + \frac{\xi^2 - \eta^2}{(\xi^2 - 1)(1 - \eta^2)} \frac{\partial^2 u}{\partial \varphi^2} \right\}. \tag{15}$$

Wir notieren zur Erleichterung späterer Anwendungen noch die weiteren aus **1.11.** durch Einsetzen zu erhaltenen Formeln für die Transformation der Koordinaten eines Vektors, für grad, div und rot. Für die Rotation haben wir zu bemerken, daß bei Zugrundelegung von (14)

e_ξ, e_η, e_φ im (x_1, x_2, x_3)-Raum ein *link*sorientiertes, also e_η, e_ξ, e_φ ein rechtsorientiertes Dreibein bilden.

$$\left.\begin{aligned}
a_\xi &= a_{x_1}\,\xi\,\sqrt{\frac{1-\eta^2}{\xi^2-\eta^2}}\cos\varphi + a_{x_2}\,\xi\,\sqrt{\frac{1-\eta^2}{\xi^2-\eta^2}}\sin\varphi + a_{x_3}\,\eta\,\sqrt{\frac{\xi^2-1}{\xi^2-\eta^2}}\,,\\[2mm]
a_\eta &= -a_{x_1}\,\eta\,\sqrt{\frac{\xi^2-1}{\xi^2-\eta^2}}\cos\varphi - a_{x_2}\,\eta\,\sqrt{\frac{\xi^2-1}{\xi^2-\eta^2}}\sin\varphi + a_{x_3}\,\xi\,\sqrt{\frac{1-\eta^2}{\xi^2-\eta^2}}\,,\\[2mm]
a_\varphi &= -a_{x_1}\sin\varphi + a_{x_2}\cos\varphi\,;\\[3mm]
\operatorname{grad} u &= \frac{e_\xi}{c}\sqrt{\frac{\xi^2-1}{\xi^2-\eta^2}}\,\frac{\partial u}{\partial \xi} + \frac{e_\eta}{c}\sqrt{\frac{1-\eta^2}{\xi^2-\eta^2}}\,\frac{\partial u}{\partial \eta} + \frac{e_\varphi}{c\sqrt{(\xi^2-1)(1-\eta^2)}}\,\frac{\partial u}{\partial \varphi}\,;\\[3mm]
\operatorname{div} a &= \frac{1}{c(\xi^2-\eta^2)}\left\{\frac{\partial}{\partial\xi}\left[\sqrt{(\xi^2-\eta^2)(\xi^2-1)}\,a_\xi\right] + \right.\\[2mm]
&\quad + \frac{\partial}{\partial\eta}\left[\sqrt{(\xi^2-\eta^2)(1-\eta^2)}\,a_\eta\right] + \left.\frac{\xi^2-\eta^2}{\sqrt{(\xi^2-1)(1-\eta^2)}}\,\frac{\partial a_\varphi}{\partial\varphi}\right\}\,;\\[3mm]
\operatorname{rot} a &= \frac{e_\xi}{c\sqrt{(\xi^2-\eta^2)(\xi^2-1)}}\left\{\sqrt{\frac{\xi^2-\eta^2}{1-\eta^2}}\,\frac{\partial a_\eta}{\partial\varphi} - \frac{\partial}{\partial\eta}\left[\sqrt{(\xi^2-1)(1-\eta^2)}\,a_\varphi\right]\right\} +\\[2mm]
&\quad + \frac{e_\eta}{c\sqrt{(\xi^2-\eta^2)(1-\eta^2)}}\left\{\frac{\partial}{\partial\xi}\left[\sqrt{(\xi^2-1)(1-\eta^2)}\,a_\varphi\right] - \sqrt{\frac{\xi^2-\eta^2}{\xi^2-1}}\,\frac{\partial a_\xi}{\partial\varphi}\right\} +\\[2mm]
&\quad + e_\varphi\,\frac{\sqrt{(\xi^2-1)(1-\eta^2)}}{c(\xi^2-\eta^2)}\left\{\frac{\partial}{\partial\eta}\left[\sqrt{\frac{\xi^2-\eta^2}{\xi^2-1}}\,a_\xi\right] - \frac{\partial}{\partial\xi}\left[\sqrt{\frac{\xi^2-\eta^2}{1-\eta^2}}\,a_\eta\right]\right\}\,.
\end{aligned}\right\} \quad (15^*)$$

1.124. Abgeplattet-rotationselliptische Koordinaten. Setzt man in **1.121.**

$$a_1^2 - a_2^2 = \varepsilon^2, \qquad a_1^2 - a_3^2 = c^2,$$
$$\varrho_1 + a_3^2 = \xi^2 c^2, \qquad \varrho_2 + a_3^2 = -\eta^2 c^2, \qquad \varrho_3 + a_1^2 = \varepsilon^2\cos^2\varphi,$$

so gilt nach Voraussetzung

$$0 < \xi^2 < \infty, \quad 0 < \eta^2 < 1, \quad \varphi \text{ reell} \neq n\,\frac{\pi}{2}\,.$$

Nach dem Grenzübergang $\varepsilon \to 0$ wird aus (6)

$$\left.\begin{aligned}
x_1 &= c\sqrt{(\xi^2+1)(1-\eta^2)}\cos\varphi,\\
x_2 &= c\sqrt{(\xi^2+1)(1-\eta^2)}\sin\varphi,\\
x_3 &= c\,\xi\,\eta.
\end{aligned}\right\} \qquad (16)$$

Wir nehmen dabei wieder $c > 0$ und die Wurzeln nicht-negativ an.

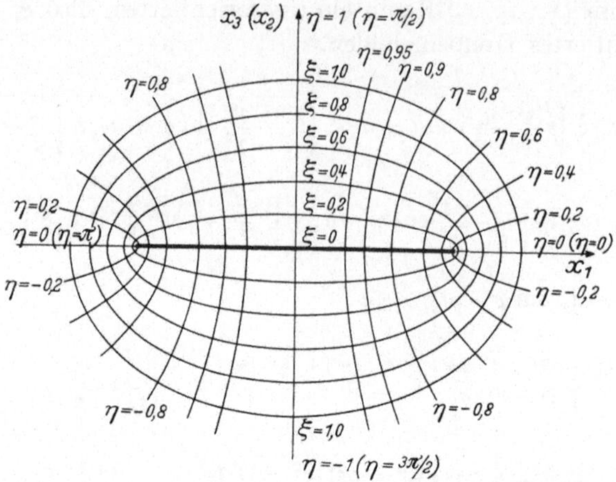

Abb. 2.　Schnitt des abgeplattet-rotationselliptischen Koordinatensystems **1.124.**, (16), Fall a, mit der x_1, x_3-Ebene. Dieselbe Abbildung gilt für jeden Schnitt x_3 = konstant der Koordinaten des elliptischen Zylinders **1.125.**, (18), Fall a; die angegebenen Zahlenwerte bedeuten dann Sin ξ, sin η statt ξ, η. Auf diese Koordinaten beziehen sich die in Klammern gesetzten η-Werte und die in Klammern gesetzte x_2-Achse. Die gemeinsamen Brennpunkte der Koordinatenlinien in diesem Schnitt liegen bei $x_1 = \pm c$, x_3 (bzw. x_2) $= 0$.

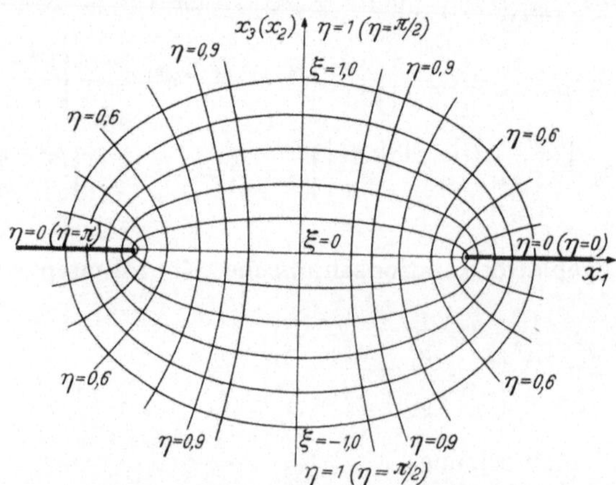

Abb. 3.　Schnitt des abgeplattet-rotationselliptischen Koordinatensystems **1.124.**, (16), Fall b, mit der x_1, x_3-Ebene. Die ξ, η-Werte der Koordinatenflächen unterscheiden sich von denen in Abb. 2 höchstens im Vorzeichen. Dieselbe Abbildung gilt für jeden Schnitt x_3 = konstant der Koordinaten des elliptischen Zylinders **1.125.**, (18), Fall b; die angegebenen Zahlenwerte bedeuten dann Sin ξ, sin η statt ξ, η. Auf diese Koordinaten beziehen sich die in Klammern gesetzten η-Werte und die in Klammern gesetzte x_2-Achse. Die gemeinsamen Brennpunkte der Koordinatenlinien in diesem Schnitt liegen bei $x_1 = \pm c$, x_3 (bzw. x_2) $= 0$.

Durch (16) werden die abgeplattet-rotationselliptischen Koordinaten ξ, η, φ definiert. Für eine eineindeutige analytische Abbildung eines möglichst großen Bereiches des (x_1, x_2, x_3)-Raumes auf einen Bereich des (ξ, η, φ)-Raumes hat man hier zwei Möglichkeiten:

a) Der gesamte (x_1, x_2, x_3)-Raum außer der x_3-Achse und der Kreisfläche $x_3 = 0$, $x_1^2 + x_2^2 \leq c^2$ wird umkehrbar eindeutig und analytisch auf den Quader des (ξ, η, φ)-Raumes

$$0 < \xi < \infty, \quad -1 < \eta < 1, \quad 0 \leq \varphi < 2\pi$$

abgebildet. Hier sind die Flächen $\xi = \text{const}$ abgeplattete Rotationsellipsoide mit dem Fokalkreis $x_3 = 0$, $x_1^2 + x_2^2 = c^2$, die Flächen $\eta = \text{const} \neq 0$ offene Hälften einschaliger Rotationshyperboloide mit demselben Fokalkreis bzw. $x_3 = 0$, $x_1^2 + x_2^2 > c^2$ für $\eta = 0$. $\xi = 0$ liefert die genannte Kreisfläche auf der das Vorzeichen von η unbestimmt wird, und $\eta = +1$ bzw. $\eta = -1$ die beiden Hälften der Rotationsachse, auf der φ nicht bestimmt ist (vgl. Abb. 2).

b) Der gesamte (x_1, x_2, x_3)-Raum außer der x_3-Achse und der Kreisaußenfläche $x_3 = 0$, $x_1^2 + x_2^2 \geq c^2$ wird umkehrbar eindeutig und analytisch auf den Quader des (ξ, η, φ)-Raumes

$$-\infty < \xi < +\infty, \quad 0 < \eta < 1, \quad 0 \leq \varphi < 2\pi$$

abgebildet. Hier sind die Flächen $\xi = \text{const} \neq 0$ offene Hälften abgeplatteter Rotationsellipsoide mit dem Fokalkreis $x_3 = 0$, $x_1^2 + x_2^2 = c^2$, bzw. $\xi = 0$ die Kreisfläche $x_3 = 0$, $x_1^2 + x_2^2 < c^2$, die Flächen $\eta = \text{const}$ ganze einschalige Rotationshyperboloide mit demselben Fokalkreis. $\eta = 1$ liefert die Rotationsachse mit unbestimmtem φ und $\eta = 0$ die genannte Kreisaußenfläche mit unbestimmtem Vorzeichen von ξ (vgl. Abb. 3).

Wir erhalten in direkter Berechnung

$$g_{12} = g_{13} = g_{23} = 0,$$

$$g_{11} = g_\xi = \frac{c^2(\xi^2 + \eta^2)}{1 + \xi^2},$$

$$g_{22} = g_\eta = \frac{c^2(\xi^2 + \eta^2)}{1 - \eta^2},$$

$$g_{33} = g_\varphi = c^2(\xi^2 + 1)(1 - \eta^2)$$

und damit nach **1.11.**, (19)

$$\Delta u = \frac{1}{c^2(\xi^2 + \eta^2)} \times$$

$$\times \left\{ \frac{\partial}{\partial \xi}\left((\xi^2 + 1)\frac{\partial u}{\partial \xi}\right) + \frac{\partial}{\partial \eta}\left((1 - \eta^2)\frac{\partial u}{\partial \eta}\right) + \frac{\xi^2 + \eta^2}{(\xi^2 + 1)(1 - \eta^2)}\frac{\partial^2 u}{\partial \varphi^2} \right\}. \left. \right\} \quad (17)$$

Wir notieren analog zu **1.123.**:

$$
\begin{aligned}
a_\xi &= a_{x_1}\,\xi\sqrt{\frac{1-\eta^2}{\xi^2+\eta^2}}\cos\varphi + a_{x_2}\,\xi\sqrt{\frac{1-\eta^2}{\xi^2+\eta^2}}\sin\varphi + a_{x_3}\,\eta\sqrt{\frac{1+\xi^2}{\xi^2+\eta^2}}\,,\\[4pt]
a_\eta &= -a_{x_1}\,\eta\sqrt{\frac{1+\xi^2}{\xi^2+\eta^2}}\cos\varphi - a_{x_2}\,\eta\sqrt{\frac{1+\xi^2}{\xi^2+\eta^2}}\sin\varphi + a_{x_3}\,\xi\sqrt{\frac{1-\eta^2}{\xi^2+\eta^2}}\,,\\[4pt]
a_\varphi &= -a_{x_1}\sin\varphi + a_{x_2}\cos\varphi\,;\\[6pt]
\operatorname{grad} u &= \frac{\boldsymbol{e}_\xi}{c}\sqrt{\frac{1+\xi^2}{\xi^2+\eta^2}}\,\frac{\partial u}{\partial\xi} + \frac{\boldsymbol{e}_\eta}{c}\sqrt{\frac{1-\eta^2}{\xi^2+\eta^2}}\,\frac{\partial u}{\partial\eta} + \frac{\boldsymbol{e}_\varphi}{c\sqrt{(1+\xi^2)(1-\eta^2)}}\,\frac{\partial u}{\partial\varphi}\,;\\[6pt]
\operatorname{div}\boldsymbol{a} &= \frac{1}{c(\xi^2+\eta^2)}\left\{\frac{\partial}{\partial\xi}\left[\sqrt{(1+\xi^2)(\xi^2+\eta^2)}\,a_\xi\right] + \right.\\[4pt]
&\quad + \frac{\partial}{\partial\eta}\left[\sqrt{(1-\eta^2)(\xi^2+\eta^2)}\,a_\eta\right] + \frac{\xi^2+\eta^2}{\sqrt{(1+\xi^2)(1-\eta^2)}}\,\frac{\partial a_\varphi}{\partial\varphi}\left.\right\}\,;\\[6pt]
\operatorname{rot}\boldsymbol{a} &= \frac{\boldsymbol{e}_\xi}{c\sqrt{(1+\xi^2)(\xi^2+\eta^2)}}\left\{\sqrt{\frac{\xi^2+\eta^2}{1-\eta^2}}\,\frac{\partial a_\eta}{\partial\varphi} - \frac{\partial}{\partial\eta}\left[\sqrt{(1+\xi^2)(1-\eta^2)}\,a_\varphi\right]\right\} + \\[4pt]
&\quad + \frac{\boldsymbol{e}_\eta}{c\sqrt{(1-\eta^2)(\xi^2+\eta^2)}}\left\{\frac{\partial}{\partial\xi}\left[\sqrt{(1+\xi^2)(1-\eta^2)}\,a_\varphi\right] - \sqrt{\frac{\xi^2+\eta^2}{1+\xi^2}}\,\frac{\partial a_\xi}{\partial\varphi}\right\} + \\[4pt]
&\quad + \boldsymbol{e}_\varphi\frac{\sqrt{(1+\xi^2)(1-\eta^2)}}{c(\xi^2+\eta^2)}\left\{\frac{\partial}{\partial\eta}\left[\sqrt{\frac{\xi^2+\eta^2}{1+\xi^2}}\,a_\xi\right] - \frac{\partial}{\partial\xi}\left[\sqrt{\frac{\xi^2+\eta^2}{1-\eta^2}}\,a_\eta\right]\right\}.
\end{aligned}
\tag{17*}
$$

Hier ist wieder für die Rotation zu beachten, daß $\boldsymbol{e}_\xi$, $\boldsymbol{e}_\eta$, $\boldsymbol{e}_\varphi$ ein links-orientiertes, also $\boldsymbol{e}_\eta$, $\boldsymbol{e}_\xi$, $\boldsymbol{e}_\varphi$ ein rechtsorientiertes Dreibein bilden, falls das Koordinatensystem x_1, x_2, x_3 aus (16) rechtsorientiert ist.

1.125. Elliptische Zylinderkoordinaten. Setzt man in **1.121.**

$$a_2^2 - a_3^2 = c^2, \qquad \varrho_1 + a_2^2 = c^2\operatorname{Cos}^2\xi, \qquad \varrho_2 + a_2^2 = c^2\cos^2\eta,$$

so entsteht beim Grenzübergang $a_1 \to +\infty$ aus (6) bei zyklischer Vertauschung $x_1 \to x_3 \to x_2 \to x_1$ (vgl. Fußnote 1, S. 21)

$$x_1 = c\operatorname{Cos}\xi\cos\eta, \qquad x_2 = c\operatorname{Sin}\xi\sin\eta, \qquad x_3 = x_3. \tag{18}$$

Durch (18) werden im Raume elliptische Zylinderkoordinaten ξ, η, x_3 bzw. in der (x_1, x_2)-Ebene elliptische Koordinaten ξ, η eingeführt.

Analog zu **1.124.** gibt es zwei Möglichkeiten, um einen möglichst großen Bereich der (x_1, x_2)-Ebene eineindeutig und analytisch auf einen Bereich der (ξ, η)-Ebene abzubilden:

a) Die gesamte (x_1, x_2)-Ebene außer der Strecke $x_1^2 \leq c^2$, $x_2 = 0$ wird umkehrbar eindeutig und analytisch auf den Halbstreifen der (ξ, η)-Ebene

$$0 < \xi < \infty, \qquad -\pi < \eta \leq \pi$$

abgebildet. Die Kurven $\xi = \text{const}$ sind Ellipsen mit den Brennpunkten $x_1 = \pm c$, $x_2 = 0$, die Kurven $\eta = \text{const}$ sind offene Hälften von Hyperbelästen mit denselben Brennpunkten bzw. Halbgeraden. Für $\xi = 0$

erhält man die genannte Strecke, auf der das Vorzeichen von η unbestimmt wird (vgl. Abb. 2).

b) Die gesamte (x_1, x_2)-Ebene außer $x_1^2 \geq c^2$, $x_2 = 0$ wird umkehrbar eindeutig und analytisch auf den Streifen der (ξ, η)-Ebene

$$-\infty < \xi < +\infty, \quad 0 < \eta < \pi$$

abgebildet. Die Kurven $\xi = \text{const}$ sind offene Hälften von Ellipsen mit den Brennpunkten $x_1 = \pm c$, $x_2 = 0$ bzw. die Strecke zwischen diesen für $\xi = 0$, die Kurven $\eta = \text{const}$ Hyperbeläste mit denselben Brennpunkten. Für $\eta = 0$ erhält man $x_1 > +c$, $x_2 = 0$, für $\eta = \pi$ dann $x_1 < -c$, $x_2 = 0$, wo das Vorzeichen von ξ unbestimmt wird (vgl. Abb. 3).

Direkte Rechnung liefert

$$g_{12} = g_{13} = g_{23} = 0,$$
$$g_{11} = g_\xi = c^2(\text{Cos}^2\,\xi - \cos^2\eta),$$
$$g_{22} = g_\eta = c^2(\text{Cos}^2\,\xi - \cos^2\eta),$$
$$g_{33} = g_{x_3} = 1$$

und damit nach **1.11.**, (19)

$$\Delta u = \frac{1}{c^2(\text{Cos}^2\,\xi - \cos^2\eta)}\left\{\frac{\partial^2 u}{\partial \xi^2} + \frac{\partial^2 u}{\partial \eta^2} + c^2(\text{Cos}^2\,\xi - \cos^2\eta)\frac{\partial^2 u}{\partial x_3^2}\right\}. \quad (19)$$

Aus **1.11.** erhalten wir ferner die Formeln für die Transformation von Vektorkomponenten, für grad, div, rot. Dabei beachten wir, daß hier $\boldsymbol{e}_\xi$, $\boldsymbol{e}_\eta$, $\boldsymbol{e}_{x_3}$ ein rechtsorientiertes System bilden.

$$
\left.
\begin{aligned}
a_\xi &= a_{x_1}\frac{\text{Sin}\,\xi \cos\eta}{\sqrt{\text{Sin}^2\,\xi + \sin^2\eta}} + a_{x_2}\frac{\text{Cos}\,\xi \sin\eta}{\sqrt{\text{Sin}^2\,\xi + \sin^2\eta}}, \\[2mm]
a_\eta &= -a_{x_1}\frac{\text{Cos}\,\xi \sin\eta}{\sqrt{\text{Sin}^2\,\xi + \sin^2\eta}} + a_{x_2}\frac{\text{Sin}\,\xi \cos\eta}{\sqrt{\text{Sin}^2\,\xi + \sin^2\eta}}, \\[2mm]
a_{x_3} &= \qquad\qquad\qquad\qquad\qquad\qquad\qquad\qquad a_{x_3}; \\[2mm]
\text{grad}\,u &= \frac{\boldsymbol{e}_\xi}{c\sqrt{\text{Sin}^2\,\xi + \sin^2\eta}}\frac{\partial u}{\partial \xi} + \frac{\boldsymbol{e}_\eta}{c\sqrt{\text{Sin}^2\,\xi + \sin^2\eta}}\frac{\partial u}{\partial \eta} + \boldsymbol{e}_{x_3}\frac{\partial u}{\partial x_3}; \\[2mm]
\text{div}\,\boldsymbol{a} &= \frac{1}{c(\text{Sin}^2\,\xi + \sin^2\eta)}\left\{\frac{\partial}{\partial \xi}\left[\sqrt{\text{Sin}^2\,\xi + \sin^2\eta}\,a_\xi\right] + \right. \\[2mm]
&\quad \left. + \frac{\partial}{\partial \eta}\left[\sqrt{\text{Sin}^2\,\xi + \sin^2\eta}\,a_\eta\right] + c(\text{Sin}^2\,\xi + \sin^2\eta)\frac{\partial a_{x_3}}{\partial x_3}\right\}; \\[2mm]
\text{rot}\,\boldsymbol{a} &= \frac{\boldsymbol{e}_\xi}{c\sqrt{\text{Sin}^2\,\xi + \sin^2\eta}}\left\{\frac{\partial a_{x_3}}{\partial \eta} - c\sqrt{\text{Sin}^2\,\xi + \sin^2\eta}\,\frac{\partial a_\eta}{\partial x_3}\right\} + \\[2mm]
&\quad + \frac{\boldsymbol{e}_\eta}{c\sqrt{\text{Sin}^2\,\xi + \sin^2\eta}}\left\{c\sqrt{\text{Sin}^2\,\xi + \sin^2\eta}\,\frac{\partial a_\xi}{\partial x_3} - \frac{\partial a_{x_3}}{\partial \xi}\right\} + \\[2mm]
&\quad + \frac{\boldsymbol{e}_{x_3}}{c(\text{Sin}^2\,\xi + \sin^2\eta)}\left\{\frac{\partial}{\partial \xi}\left[\sqrt{\text{Sin}^2\,\xi + \sin^2\eta}\,a_\eta\right] - \frac{\partial}{\partial \eta}\left[\sqrt{\text{Sin}^2\,\xi + \sin^2\eta}\,a_\xi\right]\right\}.
\end{aligned}
\right\} (19^*)
$$

1.126. Kugelkoordinaten. Setzt man in **1.123.** oder **1.124.**

$$c\,\xi = r, \qquad \eta = \cos\vartheta$$

und macht den Grenzübergang $c \to 0$, so erhält man

$$x_1 = r \sin\vartheta \cos\varphi, \qquad x_2 = r \sin\vartheta \sin\varphi, \qquad x_3 = r \cos\vartheta, \qquad (20)$$

also die Kugelkoordinaten r, ϑ, φ. Der gesamte (x_1, x_2, x_3)-Raum außer der x_3-Achse $(r \sin\vartheta = 0)$ ist hier eineindeutig und analytisch auf den Quader

$$0 < r < \infty, \quad 0 < \vartheta < \pi, \quad 0 \leq \varphi < 2\pi$$

abgebildet.

Man hat

$$g_r = 1, \qquad g_\vartheta = r^2, \qquad g_\varphi = r^2 \sin^2\vartheta,$$

also

$$\Delta u = \frac{1}{r^2 \sin\vartheta} \left\{ \sin\vartheta \frac{\partial}{\partial r}\left(r^2 \frac{\partial u}{\partial r}\right) + \frac{\partial}{\partial \vartheta}\left(\sin\vartheta \frac{\partial u}{\partial \vartheta}\right) + \frac{1}{\sin\vartheta} \frac{\partial^2 u}{\partial \varphi^2} \right\}. \qquad (21)$$

1.127. Zylinderkoordinaten. Setzt man in **1.125.**

$$\varrho = c \, \mathrm{Cos}\, \xi, \qquad \eta = \varphi$$

und macht den Grenzübergang $c \to 0$ oder setzt man in **1.123.**

$$\varrho = c \sqrt{\xi^2 - 1}$$

und macht den Grenzübergang $c \to \infty$ (dabei gilt notwendig $\xi \to 1$, $\eta \to 0$), so erhält man in beiden Fällen

$$\left. \begin{aligned} x_1 &= \varrho \cos\varphi, \\ x_2 &= \varrho \sin\varphi, \\ x_3 &= x_3, \end{aligned} \right\} \qquad (22)$$

also die Zylinderkoordinaten ϱ, φ, x_3, bzw. die Polarkoordinaten ϱ, φ der (x_1, x_2)-Ebene. Diese wird abgesehen vom Ursprung eineindeutig und analytisch auf

$$0 < \varrho < \infty, \qquad 0 \leq \varphi < 2\pi$$

abgebildet.

Mit

$$g_\varrho = 1, \qquad g_\varphi = \varrho^2, \qquad g_{x_3} = 1$$

wird

$$\Delta u = \frac{1}{\varrho} \left\{ \frac{\partial}{\partial \varrho}\left(\varrho \frac{\partial u}{\partial \varrho}\right) + \frac{1}{\varrho} \frac{\partial^2 u}{\partial \varphi^2} + \varrho \frac{\partial^2 u}{\partial x_3^2} \right\}. \qquad (23)$$

1.128. Rotationsparabolische Koordinaten. Setzt man in **1.123.**

$$x_1 = x_1^*, \quad x_2 = x_2^*, \quad x_3 - c = x_3^*,$$

$$\sqrt{c}\,\sqrt{\xi^2 - 1} = \xi^*, \quad \sqrt{c}\,\sqrt{1 - \eta^2} = \eta^*,$$

hält also einen Brennpunkt als neuen Ursprung fest und läßt mit $c \to \infty$ den anderen ins Unendliche rücken, so erhält man

$$\left.\begin{aligned}
x_1^* &= \xi^*\,\eta^*\cos\varphi, \\
x_2^* &= \xi^*\,\eta^*\sin\varphi, \\
x_3^* &= \tfrac{1}{2}(\xi^{*2} - \eta^{*2}).
\end{aligned}\right\} \tag{24}$$

Hierdurch sind die rotationsparabolischen Koordinaten ξ^*, η^*, φ eingeführt. Der (x_1^*, x_2^*, x_3^*)-Raum ohne x_3^*-Achse $(\xi^*\eta^* = 0)$ wird eineindeutig analytisch auf

$$0 < \xi^* < \infty, \quad 0 < \eta^* < \infty, \quad 0 \leq \varphi < 2\pi$$

abgebildet.

Man erhält

$$g_{\xi^*} = g_{\eta^*} = \xi^{*2} + \eta^{*2}, \quad g_\varphi = \xi^{*2}\,\eta^{*2}$$

und somit

$$\left.\begin{aligned}
\Delta u = \frac{1}{\xi^*\,\eta^*(\xi^{*2} + \eta^{*2})} \times \\
\times \left\{\eta^*\,\frac{\partial}{\partial\xi^*}\left(\xi^*\,\frac{\partial u}{\partial\xi^*}\right) + \xi^*\,\frac{\partial}{\partial\eta^*}\left(\eta^*\,\frac{\partial u}{\partial\eta^*}\right) + \frac{\xi^{*2} + \eta^{*2}}{\xi^*\,\eta^*}\,\frac{\partial^2 u}{\partial\varphi^2}\right\}.
\end{aligned}\right\} \tag{25}$$

1.129. Parabolische Zylinderkoordinaten. Setzt man in **1.124.**

$$x_1 - c = x_1^*, \quad x_2 = x_3^*, \quad x_3 = x_2^*,$$

hält also einen Punkt des Fokalkreises als neuen Ursprung fest, oder setzt man in **1.125.**

$$x_1 - c = x_1^*, \quad x_2 = x_2^*, \quad x_3 = x_3^*,$$

hält also einen Brennpunkt der (x_1, x_2)-Ebene als Ursprung fest, führt man in beiden Fällen

$$\sqrt{c}\,\xi = \xi^*, \quad \sqrt{c}\,\eta = \eta^*$$

ein und macht den Grenzübergang $c \to +\infty$, so folgt beide Male

$$\left.\begin{aligned}
x_1^* &= \tfrac{1}{2}(\xi^{*2} - \eta^{*2}), \\
x_2^* &= \xi^*\,\eta^*, \\
x_3^* &= x_3^*.
\end{aligned}\right\} \tag{26}$$

Hierdurch sind die parabolischen Zylinderkoordinaten ξ^*, η^*, x_3^* bzw. parabolischen Koordinaten ξ^*, η^* in der (x_1^*, x_2^*)-Ebene gegeben. Diese wird entweder bei Ausschluß von $x_2^* = 0$, $x_1^* \leq 0$ $(\xi^* = 0)$ auf $0 < \xi^* < \infty$, $-\infty < \eta^* < \infty$ oder bei Ausschluß von $x_2^* = 0$, $x_1^* \geq 0$ $(\eta^* = 0)$ auf $-\infty < \xi^* < \infty$, $0 < \eta^* < \infty$ eineindeutig und analytisch abgebildet.

Man erhält

$$g_{\xi^*} = g_{\eta^*} = \xi^{*2} + \eta^{*2}, \qquad g_{x_3^*} = 1,$$

also

$$\Delta u = \frac{1}{\xi^{*2} + \eta^{*2}} \left\{ \frac{\partial^2 u}{\partial \xi^{*2}} + \frac{\partial^2 u}{\partial \eta^{*2}} + (\xi^{*2} + \eta^{*2}) \frac{\partial^2 u}{\partial x_3^{*2}} \right\}. \tag{27}$$

1.13. Separation von $\Delta u + k^2 u = 0$.

1.131. Elliptische Koordinaten.
In den elliptischen Koordinaten ϱ_1, ϱ_2, ϱ_3 erhält nach **1.121.**, (11) die Schwingungsgleichung

$$\Delta u + k^2 u = 0$$

die Form

$$(\varrho_2 - \varrho_3) \sqrt{f(\varrho_1)} \frac{\partial}{\partial \varrho_1} \sqrt{f(\varrho_1)} \frac{\partial u}{\partial \varrho_1} + (\varrho_3 - \varrho_1) \sqrt{f(\varrho_2)} \frac{\partial}{\partial \varrho_2} \sqrt{f(\varrho_2)} \frac{\partial u}{\partial \varrho_2} + \\ + (\varrho_1 - \varrho_2)\sqrt{f(\varrho_3)} \frac{\partial}{\partial \varrho_3} \sqrt{f(\varrho_3)} \frac{\partial u}{\partial \varrho_3} + \frac{k^2}{4} (\varrho_1 - \varrho_2)(\varrho_2 - \varrho_3)(\varrho_1 - \varrho_3) u = 0. \tag{1}$$

Machen wir den Produktansatz

$$u = u_1(\varrho_1)\, u_2(\varrho_2)\, u_3(\varrho_3), \tag{2}$$

so entsteht nach Division durch u für

$$\varphi_i(\varrho_i) = \frac{\sqrt{f(\varrho_i)} \dfrac{d}{d\varrho_i} \sqrt{f(\varrho_i)} \dfrac{du_i}{d\varrho_i}}{u_i} \qquad (i = 1, 2, 3)$$

in Determinantenform die Relation

$$\begin{vmatrix} \varphi_1(\varrho_1) + \dfrac{k^2}{4} \varrho_1^2 & \varphi_2(\varrho_2) + \dfrac{k^2}{4} \varrho_2^2 & \varphi_3(\varrho_3) + \dfrac{k^2}{4} \varrho_3^2 \\[2mm] \varrho_1 & \varrho_2 & \varrho_3 \\[2mm] 1 & 1 & 1 \end{vmatrix} = 0.$$

Da jede der drei Spalten nur von einer der Variablen abhängt, muß die erste Zeile Linearkombination der beiden letzten mit konstanten Koeffizienten sein. Daher erhält man aus (1), (2) mit zwei Separationsparametern g, h die drei gewöhnlichen Differentialgleichungen

$$\sqrt{f(\varrho_i)} \frac{d}{d\varrho_i} \sqrt{f(\varrho_i)} \frac{du_i}{d\varrho_i} + \left[\frac{k^2}{4} \varrho_i^2 + g \varrho_i + h \right] u_i = 0 \qquad (i = 1, 2, 3); \tag{3}$$

und umgekehrt folgt aus (2) und (3) das Bestehen von (1). Die Lösungen von (3) bezeichnen wir als Ellipsoidfunktionen, die Produktlösungen (2) von (1) als LAMÉsche Wellenfunktionen.

1.132. Parabolische Koordinaten. Hier lautet nach **1.122.**, (13) die Schwingungsgleichung — wir setzen $\dfrac{kc}{2} = \varkappa$ —

$$\left.\begin{array}{l} (\text{Cos}\,\gamma + \cos\beta)\,\dfrac{\partial^2 u}{\partial\alpha^2} + (\text{Cos}\,\gamma + \text{Cos}\,\alpha)\,\dfrac{\partial^2 u}{\partial\beta^2} + (\text{Cos}\,\alpha - \cos\beta)\,\dfrac{\partial^2 u}{\partial\gamma^2} + \\[2mm] \qquad + (\text{Cos}\,\gamma + \cos\beta)(\text{Cos}\,\gamma + \text{Cos}\,\alpha)(\text{Cos}\,\alpha - \cos\beta)\,\varkappa^2\,u = 0. \end{array}\right\} \quad (4)$$

Wie in **1.131.** schließt man, daß diese bei Forderung von

$$u = u_1(\alpha)\,u_2(\beta)\,u_3(\gamma)$$

den durch die beiden Separationsparameter $\sigma,\ \tau$ verbundenen gewöhnlichen Differentialgleichungen

$$\left.\begin{array}{l} u_1''(\alpha) + (\sigma + \tau\,\text{Cos}\,\alpha + \varkappa^2\,\text{Cos}^2\,\alpha)\,u_1(\alpha) = 0, \\[1mm] u_2''(\beta) + (-\sigma - \tau\cos\beta - \varkappa^2\cos^2\beta)\,u_2(\beta) = 0, \\[1mm] u_3''(\gamma) + (\sigma - \tau\,\text{Cos}\,\gamma + \varkappa^2\,\text{Cos}^2\,\gamma)\,u_3(\gamma) = 0 \end{array}\right\} \quad (5)$$

äquivalent ist. Sie gehen durch die Substitutionen

$$\alpha = \pm\,i\,\beta, \qquad \alpha = \gamma \pm i\,\pi$$

ineinander über. Für $\tau = 0$ oder für $\varkappa^2 = 0$ (Potentialfall) erhält man in abgeänderter Form die MATHIEUsche bzw. modifizierte MATHIEUsche Differentialgleichung (vgl. **1.135.**).

1.133. Gestreckt-rotationselliptische Koordinaten. Nach **1.123.**, (15) wird mit

$$\gamma^2 = k^2\,c^2$$

die Schwingungsgleichung zu

$$\left.\begin{array}{l} \dfrac{\partial}{\partial\xi}\,(1 - \xi^2)\,\dfrac{\partial u}{\partial\xi} + \gamma^2(1 - \xi^2)\,u + \dfrac{1}{1 - \xi^2}\,\dfrac{\partial^2 u}{\partial\varphi^2} \\[3mm] \qquad = \dfrac{\partial}{\partial\eta}\,(1 - \eta^2)\,\dfrac{\partial u}{\partial\eta} + \gamma^2(1 - \eta^2)\,u + \dfrac{1}{1 - \eta^2}\,\dfrac{\partial^2 u}{\partial\varphi^2}. \end{array}\right\} \quad (6)$$

Fordern wir

$$u = u_1(\xi)\,u_2(\eta)\,u_3(\varphi), \qquad (7)$$

so entstehen aus (6) die drei gewöhnlichen Differentialgleichungen mit den Separationsparametern $\lambda,\ \mu^2$:

$$[(1 - \xi^2)\,u_1'(\xi)]' + \left[\dfrac{-\mu^2}{1 - \xi^2} + \lambda + \gamma^2(1 - \xi^2)\right] u_1(\xi) = 0, \qquad (8)$$

$$[(1 - \eta^2)\,u_2'(\eta)]' + \left[\dfrac{-\mu^2}{1 - \eta^2} + \lambda + \gamma^2(1 - \eta^2)\right] u_2(\eta) = 0, \qquad (9)$$

$$u_3''(\varphi) + \mu^2\,u_3(\varphi) = 0. \qquad (10)$$

(8) bzw. (9) werden als Sphäroiddifferentialgleichung, ihre Lösungen als Sphäroidfunktionen bezeichnet.

Aus (6) lesen wir ferner leicht ab:

Satz 1. *Ist $\mathfrak{C}$ ein Weg der komplexen η-Ebene, $\mathfrak{B}$ ein Bereich der ξ-Ebene, sind $u_3(\varphi)$, $u_2(\eta)$ Lösungen von (10) bzw. (9), ist ferner*

$$u(\xi,\eta,\varphi) = v(\xi,\eta)\, u_3(\varphi)$$

eine für ξ in $\mathfrak{B}$ und η auf $\mathfrak{C}$ regulär analytische Lösung von (6), so ist

$$u_1(\xi) = \int_{\mathfrak{C}} v(\xi,\eta)\, u_2(\eta)\, d\eta$$

in $\mathfrak{B}$ eine Lösung von (8), falls

$$(1-\eta^2)\left[\frac{\partial v}{\partial \eta}\, u_2 - v\, u_2'\right]$$

an den Enden von $\mathfrak{C}$ denselben Wert hat und bei uneigentlichem Integral dieses für ξ in $\mathfrak{B}$ gleichmäßig konvergiert.

Denn setzen wir

$$L_\xi F = \frac{\partial}{\partial \xi}\,(1-\xi^2)\,\frac{\partial F}{\partial \xi} + \left[\gamma^2(1-\xi^2) + \frac{-\mu^2}{1-\xi^2}\right]F,$$

$$L_\eta F = \frac{\partial}{\partial \eta}\,(1-\eta^2)\,\frac{\partial F}{\partial \eta} + \left[\gamma^2(1-\eta^2) + \frac{-\mu^2}{1-\eta^2}\right]F,$$

so gilt, auf Grund der Forderungen an v und u_2

$$L_\xi v = L_\eta v, \qquad L_\eta u_2 = -\lambda u_2$$

und daher mit Hilfe der weiteren Voraussetzungen und partieller Integration

$$L_\xi u_1 = \int_{\mathfrak{C}} (L_\xi v)\, u_2\, d\eta = \int_{\mathfrak{C}} (L_\eta v)\, u_2\, d\eta = \int_{\mathfrak{C}} v\,(L_\eta u_2)\, d\eta = -\lambda u_1.$$

1.134. Abgeplattet-rotationselliptische Koordinaten. Mit

$$\gamma^2 = k^2 c^2$$

wird nach **1.124.** die Schwingungsgleichung zu

$$\left.\begin{aligned}
-\frac{\partial}{\partial \xi}\,(1+\xi^2)\,\frac{\partial u}{\partial \xi} - \gamma^2(1+\xi^2)\,u + \frac{1}{1+\xi^2}\,\frac{\partial^2 u}{\partial \varphi^2} \\
= \frac{\partial}{\partial \eta}\,(1-\eta^2)\,\frac{\partial u}{\partial \eta} - \gamma^2(1-\eta^2)\,u + \frac{1}{1-\eta^2}\,\frac{\partial^2 u}{\partial \varphi^2}.
\end{aligned}\right\} \quad (11)$$

Die Separation

$$u = u_1(\xi)\, u_2(\eta)\, u_3(\varphi) \tag{12}$$

gibt daher

$$-\left[(1+\xi^2)\,u_1'(\xi)\right]' + \left[\frac{-\mu^2}{1+\xi^2} + \lambda - \gamma^2(1+\xi^2)\right]u_1(\xi) = 0,$$
$$[(1-\eta^2)\,u_2'(\eta)]' + \left[\frac{-\mu^2}{1-\eta^2} + \lambda - \gamma^2(1-\eta^2)\right]u_2(\eta) = 0,$$
$$u_3''(\varphi) + \mu^2\,u_3(\varphi) = 0. \tag{13}$$

Offenbar gehen (13) bzw. (11) in (8), (9), (10) bzw. (6) über, wenn man ξ durch $\pm\,i\xi$, γ^2 durch $-\gamma^2$ ersetzt. Entsprechend überträgt sich daher Satz 1.

1.135. Elliptische Zylinderkoordinaten. Wir können uns hier auf die ebene Schwingungsgleichung beschränken. Sie erhält nach **1.125.**, (19) die Form

$$-\frac{\partial^2 u}{\partial\xi^2} - 2h^2\,\mathrm{Cos}\,2\xi\cdot u = \frac{\partial^2 u}{\partial\eta^2} - 2h^2\cos 2\eta\cdot u. \tag{14}$$

Dabei haben wir

$$h^2 = \tfrac{1}{4}\,k^2\,c^2$$

gesetzt.

Fordert man

$$u = u_1(\xi)\,u_2(\eta), \tag{15}$$

so geht (14) über in die beiden gewöhnlichen Differentialgleichungen mit dem Separationsparameter λ

$$-u_1''(\xi) + (\lambda - 2h^2\,\mathrm{Cos}\,2\xi)\,u_1(\xi) = 0, \tag{16}$$

$$u_2''(\eta) + (\lambda - 2h^2\cos 2\eta)\,u_2(\eta) = 0. \tag{17}$$

Sie hängen über die Transformation $\eta = \pm\,i\xi$ zusammen. (17) und (16) werden als MATHIEUsche Differentialgleichung bzw. modifizierte MATHIEUsche Differentialgleichung, ihre Lösungen als MATHIEUsche bzw. modifizierte MATHIEUsche Funktionen bezeichnet.

Analog zu **1.133.**, Satz 1 gilt hier

Satz 2. *Ist $\mathfrak{C}$ ein Weg der komplexen η-Ebene, $\mathfrak{B}$ ein Bereich der ξ-Ebene, $u_2(\eta)$ eine Lösung von (17), $u(\xi,\eta)$ eine für ξ in $\mathfrak{B}$, η auf $\mathfrak{C}$ regulär analytische Lösung von (14), so ist*

$$u_1(\xi) = \int_{\mathfrak{C}} u(\xi,\eta)\,u_2(\eta)\,d\eta$$

in $\mathfrak{B}$ eine Lösung von (16), falls

$$\frac{\partial u}{\partial\eta}\,u_2 - u\,u_2'$$

an den Enden von $\mathfrak{C}$ denselben Wert hat und bei uneigentlichem Integral dieses für ξ in $\mathfrak{B}$ gleichmäßig konvergiert.

1.136. Kugelkoordinaten. Führen wir sogleich

$$\eta = \cos\vartheta$$

ein, so lautet die Schwingungsgleichung nach **1.126.**, (21)

$$\frac{\partial}{\partial r}\left(r^2\,\frac{\partial u}{\partial r}\right) + k^2\,r^2\,u = -\frac{\partial}{\partial \eta}\left[(1-\eta^2)\,\frac{\partial u}{\partial \eta}\right] - \frac{1}{1-\eta^2}\,\frac{\partial^2 u}{\partial \varphi^2}. \qquad (18)$$

Setzt man

$$u = u_1(r)\,u_2(\eta)\,u_3(\varphi),$$

so geht (18) über in die durch die Separationsparameter $\nu(\nu+1)$ und μ^2 verbundenen gewöhnlichen Differentialgleichungen

$$[r^2\,u_1'(r)]' + \big(k^2\,r^2 - \nu(\nu+1)\big)\,u_1(r) = 0, \qquad (19)$$

$$[(1-\eta^2)\,u_2'(\eta)]' + \Big(\frac{-\mu^2}{1-\eta^2} + \nu(\nu+1)\Big)\,u_2(\eta) = 0, \qquad (20)$$

$$u_3''(\varphi) + \mu^2\,u_3(\varphi) = 0. \qquad (21)$$

(19) wird durch die Funktionen

$$\psi_\nu^{(j)}(kr) = \Big(\frac{\pi}{2\,kr}\Big)^{\frac{1}{2}}\,\mathfrak{Z}_{\nu+\frac{1}{2}}^{(j)}(kr) \qquad (j = 1, 2, 3, 4)$$

gelöst, wobei $\mathfrak{Z}^{(j)}$ der Reihe nach die BESSELsche, NEUMANNsche, erste und zweite HANKELsche Zylinderfunktion bedeuten.

Analog zu **1.133.**, Satz 1 gelten

Satz 3. *Ist $\mathfrak{C}$ ein Weg der komplexen η-Ebene, $\mathfrak{B}$ ein Bereich der r-Ebene, $u_3(\varphi)$ eine Lösung von (21), $u_2(\eta)$ eine Lösung von (20), $u(r,\eta,\varphi) = v(r,\eta)\,u_3(\varphi)$ eine für r in $\mathfrak{B}$, η auf $\mathfrak{C}$ regulär analytische Lösung von (18), so ist*

$$u_1(r) = \int_{\mathfrak{C}} v(r,\eta)\,u_2(\eta)\,d\eta$$

in $\mathfrak{B}$ eine Lösung von (19), falls

$$(1-\eta^2)\left[\frac{\partial v}{\partial \eta}\,u_2 - v\,u_2'\right]$$

an den Enden von $\mathfrak{C}$ denselben Wert hat und bei uneigentlichem Integral dieses für r in $\mathfrak{B}$ gleichmäßig konvergiert.

Satz 4. *Ist $\mathfrak{C}$ ein Weg der komplexen r-Ebene, $\mathfrak{B}$ ein Bereich der η-Ebene, $u_3(\varphi)$ eine Lösung von (21), $u_1(r)$ eine Lösung von (19), $u(r,\eta,\varphi) = v(r,\eta)\,u_3(\varphi)$ eine für η in $\mathfrak{B}$, r auf $\mathfrak{C}$ regulär analytische Lösung von (18), so ist*

$$u_2(\eta) = \int_{\mathfrak{C}} v(r,\eta)\,u_1(r)\,dr$$

in $\mathfrak{B}$ eine Lösung von (20), *falls*

$$r^2 \left[\frac{\partial v}{\partial r} u_1 - v\, u_1' \right]$$

an den Enden von $\mathfrak{C}$ denselben Wert hat und bei uneigentlichem Integral dieses für η in $\mathfrak{B}$ gleichmäßig konvergiert.

Der Vollständigkeit halber sei bemerkt, daß man analoge Sätze über Integralrelationen zwischen Lösungen von (20) und (21) erhält, wenn man zunächst $u(r, \eta, \varphi) = u_1(r)\, v(\eta, \varphi)$ separiert und $v(\eta, \varphi)$ als Kern benutzt. Man gewinnt so, insbesondere mit $k = 0$, einen einfachen Zugang zu den elementaren Integraldarstellungen der Kugelfunktionen.

1.137. Zylinderkoordinaten. Nach **1.127.**, (23) haben wir die ebene Schwingungsgleichung in der Form

$$\varrho \frac{\partial}{\partial \varrho}\, \varrho \frac{\partial u}{\partial \varrho} + k^2 \varrho^2 u = - \frac{\partial^2 u}{\partial \varphi^2}. \tag{22}$$

Die Separation

$$u(\varrho, \varphi) = u_1(\varrho)\, u_2(\varphi)$$

liefert mit (22)

$$\varrho \left[\varrho\, u_1'(\varrho) \right]' + (k^2 \varrho^2 - \mu^2)\, u_1(\varrho) = 0, \tag{23}$$

$$u_2''(\varphi) + \mu^2\, u_2(\varphi) = 0. \tag{24}$$

Führt man in (23) $k\varrho$ als Variable ein, so erhält man die BESSELsche Differentialgleichung bzw. Differentialgleichung der Zylinderfunktionen. (23) hat also die Lösungen

$$u_1(\varrho) = \mathfrak{Z}_\mu^{(j)}(k\varrho).$$

Analog zu **1.135.**, Satz 2 gilt

Satz 5. *Ist $\mathfrak{C}$ ein Weg der komplexen φ-Ebene, $\mathfrak{B}$ ein Bereich der ϱ-Ebene, $u_2(\varphi)$ eine Lösung von* (24), *$u(\varrho, \varphi)$ eine für ϱ in $\mathfrak{B}$, φ auf $\mathfrak{C}$ reguläre Lösung von* (22), *so ist*

$$u_1(\varrho) = \int\limits_{\mathfrak{C}} u(\varrho, \varphi)\, u_2(\varphi)\, d\varphi$$

in $\mathfrak{B}$ eine Lösung von (23), *falls*

$$\frac{\partial u}{\partial \varphi}\, u_2 - u\, u_2'$$

an den Enden von $\mathfrak{C}$ denselben Wert hat und bei uneigentlichem Integral dieses für ϱ in $\mathfrak{B}$ gleichmäßig konvergiert.

3*

Satz 6. *Ist $\mathfrak{C}$ ein Weg der komplexen ϱ-Ebene, $\mathfrak{B}$ ein Bereich der φ-Ebene, $u_1(\varrho)$ eine Lösung von (23), $u(\varrho,\varphi)$ eine für φ in $\mathfrak{B}$, ϱ auf $\mathfrak{C}$ reguläre Lösung von (22), so ist*

$$u_2(\varphi) = \int_{\mathfrak{C}} u(\varrho,\varphi)\, u_1(\varrho)\, \frac{1}{\varrho}\, d\varrho$$

in $\mathfrak{B}$ eine Lösung von (24), falls

$$\varrho\left[\frac{\partial u}{\partial \varrho}\, u_1 - u\, u_1'\right]$$

an den Enden denselben Wert hat und bei uneigentlichem Integral dieses für φ in $\mathfrak{B}$ gleichmäßig konvergiert.

1.138. Rotationsparabolische Koordinaten. Die Schwingungsgleichung lautet nach **1.128.** — wir schreiben hier ξ, η statt ξ^*, η^* —

$$\frac{1}{\xi}\frac{\partial}{\partial\xi}\,\xi\,\frac{\partial u}{\partial\xi} + k^2\,\xi^2\,u + \frac{1}{\xi^2}\frac{\partial^2 u}{\partial\varphi^2} = -\frac{1}{\eta}\frac{\partial}{\partial\eta}\,\eta\,\frac{\partial u}{\partial\eta} - k^2\,\eta^2\,u - \frac{1}{\eta^2}\frac{\partial^2 u}{\partial\varphi^2}. \quad (25)$$

Wählt man

$$u = u_1(\xi)\,u_2(\eta)\,u_3(\varphi),$$

so erhält man aus (25)

$$\frac{1}{\xi}\,[\xi\,u_1'(\xi)]' + \left(k^2\,\xi^2 - \frac{\mu^2}{\xi^2} + \lambda\right)u_1(\xi) = 0, \quad\quad (26)$$

$$\frac{1}{\eta}\,[\eta\,u_2'(\eta)]' + \left(k^2\,\eta^2 - \frac{\mu^2}{\eta^2} - \lambda\right)u_2(\eta) = 0, \quad\quad (27)$$

$$u_3''(\varphi) + \mu^2\,u_3(\varphi) = 0. \quad\quad (28)$$

Dem Satz 1 in **1.133.** entspricht hier

Satz 7. *Ist $\mathfrak{C}$ ein Weg der η-Ebene, $\mathfrak{B}$ ein Bereich der ξ-Ebene, $u_3(\varphi)$ Lösung von (28), $u_2(\eta)$ Lösung von (27), $u(\xi,\eta,\varphi) = v(\xi,\eta)\,u_3(\varphi)$ eine für ξ in $\mathfrak{B}$, η auf $\mathfrak{C}$ regulär analytische Lösung von (25), so ist*

$$u_1(\xi) = \int_{\mathfrak{C}} v(\xi,\eta)\, u_2(\eta)\, \eta\, d\eta$$

in $\mathfrak{B}$ Lösung von (26), falls

$$\eta\left[\frac{\partial v}{\partial\eta}\, u_2 - v\, u_2'\right]$$

an den Enden von $\mathfrak{C}$ denselben Wert hat und bei uneigentlichem Integral dieses für ξ in $\mathfrak{B}$ gleichmäßig konvergiert.

1.139. Parabolische Zylinderkoordinaten. Die ebene Schwingungsgleichung lautet nach **1.129.** — wir schreiben wieder ξ, η statt ξ^*, η^* —

$$\frac{\partial^2 u}{\partial\xi^2} + k^2\,\xi^2\,u = -\frac{\partial^2 u}{\partial\eta^2} - k^2\,\eta^2\,u. \quad\quad (29)$$

Die Separation

$$u = u_1(\xi)\, u_2(\eta)$$

liefert

$$u_1''(\xi) + (\lambda + k^2\,\xi^2)\, u_1(\xi) = 0, \tag{30}$$

$$u_2''(\eta) + (-\lambda + k^2\,\eta^2)\, u_2(\eta) = 0. \tag{31}$$

Analog zu **1.135.**, Satz 2 gilt wieder

Satz 8. *Ist $\mathfrak{C}$ ein Weg der komplexen η-Ebene, $\mathfrak{B}$ ein Bereich der ξ-Ebene, ist $u_2(\eta)$ Lösung von (31), $u(\xi,\eta)$ eine für ξ in $\mathfrak{B}$, η auf $\mathfrak{C}$ regulär-analytische Lösung von (29), so ist*

$$u_1(\xi) = \int\limits_{\mathfrak{C}} u(\xi,\eta)\, u_2(\eta)\, d\eta$$

in $\mathfrak{B}$ eine Lösung von (30), falls

$$\frac{\partial u}{\partial \eta}\, u_2 - u\, u_2'$$

an den Enden von $\mathfrak{C}$ denselben Wert hat und bei uneigentlichem Integral dieses für ξ in $\mathfrak{B}$ gleichmäßig konvergiert.

1.2. Aus der Theorie der ganzen Funktionen endlicher Ordnung.

1.21. Definition. Einfache Folgerungen. Wir betrachten im folgenden ganze, d.h. eindeutige, im Endlichen überall reguläre analytische Funktionen einer komplexen Veränderlichen.

Zur Untersuchung des Wachstums einer ganzen Funktion $f(z)$ vergleichen wir

$$M(r) = \max_{|z|=r} |f(z)|$$

mit Exponentialfunktionen e^{r^a}. Wir nennen die untere Grenze α der Zahlen $a > 0$, mit denen für alle hinreichend großen r eine Abschätzung

$$M(r) < e^{r^a}$$

gilt, bzw. $\alpha = +\infty$, falls eine solche Abschätzung nicht möglich ist, die „Ordnung" von $f(z)$. Allgemein ist mithin für $f(z) \not\equiv 0$

$$\alpha = \limsup_{r \to \infty} \frac{\log \log M(r)}{\log r}.$$

Im folgenden richtet sich unser Interesse vornehmlich auf die ganzen Funktionen von endlicher Ordnung ($\infty > \alpha \geqq 0$).

Unmittelbar aus der Definition der Ordnung fließen die folgenden Aussagen:

Satz 1. *Ist die ganze Funktion $f(z)$ von der Ordnung $\alpha < \infty$, so ist $b \cdot f(c\,\zeta^d)$, wo $b \neq 0$, $c \neq 0$ beliebige komplexe Zahlen und d eine natürliche Zahl sein mögen, als ganze Funktion von ζ von der Ordnung $d \cdot \alpha$ und umgekehrt.*

Der Vergleich von $\max\limits_{|z|=r} |f(z)|$ mit Funktionen e^{r^α} entspricht nämlich genau dem Vergleich von $\max\limits_{|\zeta|=\varrho} |b \cdot f(c\,\zeta^d)|$ mit $|b|\, e^{(|c|\varrho^d)^\alpha}$, und mit jedem $\varepsilon > 0$ ist für alle hinreichend großen ϱ

$$e^{\varrho^{d\,a-\varepsilon}} < |b|\, e^{(|c|\,\varrho^d)^a} < e^{\varrho^{d\,a+\varepsilon}}.$$

Satz 2. *Ist die ganze Funktion $f(z)$ von der Ordnung α, so auch $f(z+h)$, wo h beliebig komplex.*

Es genügt zu zeigen, daß die Ordnung sich nicht erhöht. Derselbe Schluß von $\zeta = z + h$ auf $\zeta - h = z$ beweist dann die Gleichheit. Daß die Ordnung nicht größer wird, liegt darin, daß mit jedem $\varepsilon > 0$ für alle hinreichend großen r

$$\max_{|z|=r} |f(z+h)| \leq \max_{|z|=r+|h|} |f(z)| < e^{(r+|h|)^{\alpha+\varepsilon}} < e^{r^{\alpha+2\varepsilon}}$$

wird. Dabei folgt die erste Ungleichung aus dem Prinzip vom Maximum, die zweite nach Voraussetzung, die letzte wegen $\dfrac{r+|h|}{r} \to 1$.

Satz 3. *Hat $f_1(z)$ größere Ordnung als $f_2(z)$, so hat $f_1(z) + f_2(z)$ die Ordnung von $f_1(z)$. Sind die Ordnungen von $f_1(z)$, $f_2(z)$ gleich, so hat die Summe keine größere.*

Wir unterscheiden die auf $f_1(z)$ und $f_2(z)$ bezüglichen Größen $M(r)$ und α durch die Indizes 1, 2.

Es ist sicher

$$M_1(r) - M_2(r) \leq \max_{|z|=r} |f_1(z) + f_2(z)| \leq M_1(r) + M_2(r).$$

Sei $\infty > \alpha_1 \geq \alpha_2$, $\varepsilon > 0$. Dann ist für alle hinreichend großen r

$$M_1(r) + M_2(r) < e^{r^{\alpha_1+\varepsilon}} + e^{r^{\alpha_2+\varepsilon}} \leq 2\,e^{r^{\alpha_1+\varepsilon}} < e^{r^{\alpha_1+2\varepsilon}}.$$

Ist speziell $\infty \geq \alpha_1 > \alpha_2$ und $\alpha_1 > a > \alpha_2 + \varepsilon > \alpha_2$, so wird für gewisse beliebig große r immer wieder einmal $M_1(r) > e^{r^a}$, also

$$M_1(r) - M_2(r) > e^{r^a} - e^{r^{\alpha_2+\varepsilon}} > e^{r^a}\left(1 - e^{-r^a + r^{\alpha_2+\varepsilon}}\right) > e^{r^{a-\varepsilon}}.$$

Darin liegen die Behauptungen.

Satz 4. *Das Produkt zweier ganzer Funktionen $f_1(z)$ und $f_2(z)$ der Ordnungen $\alpha_1 \geq \alpha_2$ hat höchstens die Ordnung α_1. Ist $f_2(z)$ ein Polynom, so hat $f_1(z)\,f_2(z)$ genau die Ordnung α_1 von $f_1(z)$.*

Der erste Teil beruht darauf, daß bei $\varepsilon > 0$ für alle hinreichend großen r

$$\max_{|z|=r} |f_1(z)\,f_2(z)| \leq M_1(r)\,M_2(r) < e^{r^{\alpha_1+\varepsilon}+r^{\alpha_2+\varepsilon}} < e^{r^{\alpha_1+2\varepsilon}}$$

wird.

Der zweite Teil benötigt zusätzlich, daß — n bezeichne den genauen Grad des Polynoms — mit einer Konstanten $C > 0$ für alle z von hinreichend großem Betrage $|z| = r$

$$C\,r^n < |f_2(z)|$$

wird. Demnach gilt — nur für $\alpha_1 > 0$ ist noch etwas zu beweisen — bei $a' < a < \alpha_1$ für gewisse hinreichend große r immer wieder einmal

$$\max_{|z|=r} |f_1(z)\,f_2(z)| > C\,r^n\,M_1(r) > C\,r^n\,e^{r^a} > e^{r^{a'}}.$$

Darin liegt die Behauptung.

1.22. Zwei Beispiele. a) Für das Maximum, das der Realteil eines Polynoms $g(z)$ vom genauen Grade $n > 0$ für $|z| = r$ annimmt, gilt offenbar bei hinreichend großem r immer

$$0 < C_1\,r^n < \max_{|z|=r} \Re\,g(z) < C_2\,r^n.$$

Daher ist

$$f(z) = e^{g(z)}$$

eine ganze Funktion von der Ordnung n.

b) Wir untersuchen für natürliches $k \geq 2$ ($k = 1$ ergibt den trivialen Fall e^z) die Mittag-Lefflerschen Funktionen

$$E_k(z) = \sum_{\nu=0}^{\infty} \frac{z^\nu}{(k\nu)!} \,.$$

Dazu setzen wir $z = \zeta^k$ und erhalten sogleich die Abschätzungen

$$|E_k(\zeta^k)| < e^{|\zeta|} \qquad (\zeta \neq 0)$$

sowie

$$(1 + \zeta + \cdots + \zeta^{k-1})\,E_k(\zeta^k) > e^\zeta \qquad (\zeta > 0).$$

Nach der ersten ist $E_k(\zeta^k)$ als Funktion von ζ höchstens von der Ordnung 1, nach der zweiten ist $(1 + \zeta + \cdots + \zeta^{k-1})\,E_k(\zeta^k)$ mindestens von der Ordnung 1. Daraus folgt mit Satz 4, daß $E_k(\zeta^k)$ von der genauen Ordnung 1 und daraus wieder mit Satz 1, daß $E_k(z)$ eine ganze Funktion der Ordnung k^{-1} ist.

1.23. Ganze Funktionen ohne Nullstellen. Wir betrachten zunächst eine beliebige ganze Funktion $f(z)$, die an keiner Stelle verschwindet. Legt man an einer Stelle einen bestimmten Wert des Logarithmus fest, so ist $\log f(z)$ längs jedes Weges der gesamten z-Ebene analytisch fortsetzbar, also auch eindeutig (Monodromiesatz) und damit eine ganze Funktion

$$\log f(z) = g(z) = \sum_{\nu=0}^{\infty} g_\nu \, z^\nu.$$

Um weitere Aussagen machen zu können, leiten wir einen Zusammenhang zwischen dem Maximum des Realteils von $g(z)$ auf $|z|=r$ und den Koeffizienten

$$g_\nu = \frac{1}{2\pi i} \oint_{|z|=r} \frac{g(z)}{z^{\nu+1}}\, dz \qquad (\nu \gtrless 0)$$

ab. Dazu beachten wir, daß für alle $\nu, \mu \geq 0$ bei $\nu+\mu>0$

$$\oint_{|z|=r} \frac{\bar z^\mu}{z^{\nu+1}}\, dz = \oint_{|z|=r} \frac{r^{2\mu}}{z^{\nu+\mu+1}}\, dz = 0$$

ist und daher

$$\frac{1}{2\pi i} \oint_{|z|=r} \frac{\overline{g(z)}}{z^{\nu+1}}\, dz = \begin{cases} \bar g_0 & (\nu = 0) \\ 0 & (\nu > 0) \end{cases}$$

gilt. Mithin wird

$$\frac{1}{\pi i} \oint_{|z|=r} \frac{\Re\, g(z)}{z^{\nu+1}}\, dz = \begin{cases} 2\,\Re\, g_0 & (\nu = 0) \\ g_\nu & (\nu > 0). \end{cases}$$

Daher folgt für alle r:

$$\pi\,|g_\nu|\, r^\nu + 2\pi\,\Re\, g_0 \leq \int_0^{2\pi} \{|\Re\, g(r\, e^{i\vartheta})| + \Re\, g(r\, e^{i\vartheta})\}\, d\vartheta \qquad (\nu > 0).$$

Ist ein $g_\nu \neq 0$ mit $\nu > 0$, so ist also mit einer Konstanten $C_\nu > 0$ für alle hinreichend großen r

$$C_\nu\, r^\nu < \max_{|z|=r} \Re\, g(z).$$

Damit gilt (vgl. **1.22.**, a):

Satz 5. *Jede ganze Funktion ohne Nullstellen ist von der Form* $f(z) = e^{g(z)}$, $g(z)$ *ganz. Ist* $g(z)$ *kein Polynom von einem Grade* $\leq n$, $\varepsilon > 0$, *so gilt für alle hinreichend großen* r

$$e^{r^{n+1-\varepsilon}} < \max_{|z|=r} |f(z)|.$$

Für jede ganze Funktion endlicher Ordnung ist daher $g(z)$ ein Polynom; sie ist von ganzzahliger Ordnung m, wenn m der genaue Grad von $g(z)$ ist.

1.24. Die Wachstumsgeschwindigkeit der Nullstellen. Die Funktion $f(z)$ sei regulär analytisch im Kreise $|z| \leq r$ und dort $|f(z)| \leq M$. Sie besitze für $|z| < r$ unter anderem die Nullstellen $n_1, n_2, \ldots, n_k$, wobei jede so oft auftreten darf, wie ihre Vielfachheit zählt. Dann ist für $|z| \leq r$ sogar

$$\left| f(z) \prod_{\nu=1}^{k} \frac{r^2 - z\,\bar{n}_\nu}{r\,(z - n_\nu)} \right| \leq M. \tag{1}$$

Denn die links abgeschätzte Funktion ist ebenfalls für $|z| \leq r$ regulär und nimmt daher ihr Maximum am Rande an. Für $|z| = r$ ist jedoch gerade

$$\left| \frac{r^2 - z\,\bar{n}_\nu}{r\,(z - n_\nu)} \right| = \left| \frac{z\,(\bar{z} - \bar{n}_\nu)}{r\,(z - n_\nu)} \right| = 1.$$

(1) liefert für ganze Funktionen einen Zusammenhang zwischen dem Wachstum von $M(r)$ und den etwa in unendlicher Anzahl vorhandenen Nullstellen.

Sei $f(z) \not\equiv 0$ eine ganze Funktion. Ihre etwa vorhandenen von 0 verschiedenen Nullstellen n_ν seien, jede sooft gezählt, wie ihre Vielfachheit angibt, der Größe der Beträge nach angeordnet:

$$|n_1| \leq |n_2| \leq |n_3| \leq \cdots.$$

Wir bezeichnen als Grenzexponenten der Nullstellen von $f(z)$ oder kurz als Grenzexponenten α' von $f(z)$ die untere Grenze der Zahlen $a' > 0$, für die die über alle Nullstellen erstreckte Summe

$$\sum_\nu \left| \frac{1}{n_\nu} \right|^{a'}$$

konvergiert, bzw. $\alpha' = +\infty$, falls das für kein a' der Fall ist. Es gilt nun — das gibt den angekündigten Zusammenhang —:

Satz 6. *Der Grenzexponent α' einer ganzen Funktion ist nicht größer als ihre Ordnung α.*

Die etwa vorhandenen unendlich vielen Nullstellen müssen demnach für endliche Ordnung mindestens mit einer gewissen Geschwindigkeit gegen ∞ gehen.

Zum Beweise, der nur für $\alpha < \infty$ und unendlich viele Nullstellen erforderlich ist, können wir eine ganze Funktion $f(z)$ mit $f(0) \neq 0$ annehmen. [Besäße nämlich eine vorgelegte ganze Funktion $f_1(z)$ die p-fache Nullstelle 0, so wäre $f(z) = z^{-p} f_1(z)$ eine ganze Funktion von derselben Ordnung, mit denselben von 0 verschiedenen Nullstellen, jedoch mit $f(0) \neq 0$.] Setzen wir dann in (1) $z = 0$, so folgt, zunächst nur für $|n_k| < r$, jedoch offenbar erst recht, wenn man weitere $|n_\nu| \geqq r$ hinzunimmt, d. h. nunmehr für alle r und k:

$$\frac{1}{\prod\limits_{\nu=1}^{k} |n_\nu|} \leqq \frac{M(r)}{|f(0)|\, r^k} .$$

Daher ist nach Definition von α bei jedem $\varepsilon > 0$ für alle hinreichend großen $r \,(> R(\varepsilon))$:

$$\frac{1}{\prod\limits_{\nu=1}^{k} |n_\nu|} < \frac{e^{r^{\alpha+\varepsilon}}}{r^k} \qquad \big(r > R(\varepsilon)\big)$$

und zwar gleichmäßig für alle k. Nun nimmt für $x > 0$ die Funktion $x^{-k}\, e^{x^{\alpha+\varepsilon}}$ ihr Minimum an der Stelle

$$x(k) = \left(\frac{k}{\alpha + \varepsilon}\right)^{\frac{1}{\alpha+\varepsilon}}$$

an. Wählen wir k nur hinreichend groß, so kann $r = x(k)$ eingesetzt werden, und es folgt

$$\frac{1}{|n_k|^k} \leqq \frac{1}{\prod\limits_{\nu=1}^{k} |n_\nu|} < \left(\frac{e(\alpha + \varepsilon)}{k}\right)^{\frac{k}{\alpha+\varepsilon}} ,$$

also schließlich

$$\frac{1}{|n_k|} < \left(\frac{e(\alpha + \varepsilon)}{k}\right)^{\frac{1}{\alpha+\varepsilon}} \qquad \big(x(k) > R(\varepsilon)\big).$$

Daher ist gewiß für jedes $\varepsilon' > \varepsilon$ die Reihe $\sum\limits_{\nu} \left|\dfrac{1}{n_\nu}\right|^{\alpha+\varepsilon'}$ konvergent. Da $\varepsilon > 0$ beliebig war, liegt darin die Behauptung.

1.25. Unendliche Produkte. Eben gingen wir von der ganzen Funktion und ihrem Wachstum aus und schlossen von da her auf ihre Nullstellen. Wir gehen jetzt umgekehrt vor.

Wir geben eine unendliche Folge komplexer Zahlen $n_\nu \neq 0$:

$$|n_1| \leqq |n_2| \leqq |n_3| \leqq \cdots,$$

mit endlichem Grenzexponenten α'. α' ist also die untere Grenze der Zahlen $a' > 0$ für die

$$\sum_{\nu=1}^{\infty} \left|\frac{1}{n_\nu}\right|^{a'}$$

konvergiert. Sei dann q die größte ganze Zahl, derart, daß für $a' = q$ die obige Reihe divergiert ($0 \leq q \leq \alpha' \leq q + 1$), so bilden wir das unendliche Produkt

$$f(z) = \prod_{\nu=1}^{\infty} \left[\left(1 - \frac{z}{n_\nu}\right) e^{\left(\frac{z}{n_\nu}\right) + \frac{1}{2}\left(\frac{z}{n_\nu}\right)^2 + \cdots + \frac{1}{q}\left(\frac{z}{n_\nu}\right)^q} \right],$$

wobei für $q = 0$ keine Exponentialfaktoren auftreten. Es gilt

Satz 7. *Das Produkt ist in jedem beschränkten Bereich der z-Ebene gleichmäßig konvergent. $f(z)$ ist daher eine ganze Funktion. Sie besitzt genau die Nullstellen n_ν und ist von der Ordnung $\alpha = \alpha'$.*

Wir setzen zur Abkürzung

$$E(x, q) = (1 - x)\, e^{x + \frac{1}{2} x^2 + \cdots + \frac{1}{q} x^q};$$

für $|x| < 1$ wird auch

$$E(x, q) = \exp\left\{ -\sum_{\mu=1}^{\infty} \frac{1}{q+\mu}\, x^{q+\mu} \right\}.$$

Daher ist für $|x| \leq \tfrac{1}{2}$ und $a \leq q + 1$

$$\log|E(x, q)| \leq 2\,|x|^{q+1} \leq 2\,|x|^a. \tag{2}$$

Andererseits bleibt bei $a > q$ offenbar für alle hinreichend großen $|x| = r$

$$|E(x, q)| < e^{r^a}.$$

Zu jedem a mit $q < a \leq q + 1$ gehört daher gewiß ein $b(a) > 0$ derart, daß für alle x

$$|E(x, q)| \leq e^{b(a)|x|^a} \tag{3}$$

bleibt.

Betrachten wir nun das Produkt $f(z)$ für einen Kreisbereich $|z| \leq K$. Es sei $|n_\nu| \geq 2K$ für $\nu \geq N$. Dann wird mit (2)

$$\log\left| \prod_{\nu=N}^{\infty} E\left(\frac{z}{n_\nu}, q\right) \right| < 2 \sum_{\nu=N}^{\infty} \left| \frac{K}{n_\nu} \right|^{q+1}.$$

Da die Reihe links konvergiert, fließen daraus die ersten drei Aussagen des Satzes.

Schließlich ist für jedes a mit $q + 1 \geq a \geq \alpha'$ nach (3)

$$|f(z)| = \prod_{\nu=1}^{\infty} \left| E\left(\frac{z}{n_\nu}, q\right) \right| \leq \exp\left\{ b(a) \sum_{\nu=1}^{\infty} \left| \frac{1}{n_\nu} \right|^a |z|^a \right\},$$

also die Ordnung α von $f(z)$ nicht größer als α'. Damit folgt nach Satz 6 auch $\alpha = \alpha'$.

1.26. Hilfssatz. Auf den folgenden Satz (PHRAGMÉN-LINDELÖF) gründen wir die Herleitung der Abschätzung der ganzen Funktionen von endlicher Ordnung nach unten, sowie, damit unmittelbar zusammenhängend, ihrer Produktentwicklung.

Satz 8. *$f(z)$ sei im Winkelbereiche* $\left|\arg z\right| \leq \dfrac{\pi}{2\,\alpha_2}$, *$|z| \geq R$ regulär, an seinem Rande sei $|f(z)| \leq M$ beschränkt und im Innern $|f(z)| < e^{|z|^{\alpha_0}}$ mit $\infty > \alpha_2 > \alpha_0 > 0$. Dann ist auch im Innern $|f(z)| \leq M$.*

Wir betrachten mit $\alpha_2 > \alpha_1 > \alpha_0$ und einem $\varepsilon > 0$ die Funktion

$$F_\varepsilon(z) = f(z)\, e^{-\varepsilon z^{\alpha_1}},$$

in der z^{α_1} für $z > 0$ positiv reell genommen sei. Dann ist auf den geradlinigen Rändern des Bereiches

$$\left|F_\varepsilon(z)\right| \leq M\, e^{-\varepsilon |z|^{\alpha_1}\cos\frac{\pi\alpha_1}{2\alpha_2}}$$

und für den Kreisbogen $|z| = R$

$$\left|F_\varepsilon(z)\right| \leq M\, e^{\varepsilon R^{\alpha_1}}.$$

Für $|z| = r$ im gesamten Winkelraum gilt

$$\left|F_\varepsilon(z)\right| < e^{r^{\alpha_0} - \varepsilon\, r^{\alpha_1}\cos\frac{\pi\alpha_1}{2\varkappa_2}}.$$

Wegen $\alpha_2 > \alpha_1 > \alpha_0$ geht die rechte Seite gegen 0 mit $r \to \infty$. Daher nimmt $F_\varepsilon(z)$ sein Maximum am Rande an. Mithin ist überall im Bereich

$$\left|F_\varepsilon(z)\right| \leq M\, e^{\varepsilon R^{\alpha_1}},$$

also

$$\left|f(z)\right| \leq M\, e^{\varepsilon R^{\alpha_1}} e^{\varepsilon |z|^{\alpha_1}}.$$

Nun war $\varepsilon > 0$ beliebig. Daher folgt überall

$$\left|f(z)\right| \leq M.$$

1.27. Ganze Funktionen der Ordnung $\alpha < \tfrac{1}{2}$. Wir wenden Satz 8 auf ganze Funktionen einer Ordnung $\alpha < \tfrac{1}{2}$ an.

Satz 9. *Eine nicht konstante ganze Funktion einer Ordnung $\alpha < \tfrac{1}{2}$ ist auf keiner Halbgeraden beschränkt.*

Durch lineare Transformation $\zeta = c z + h$, bei der nach den Sätzen 1 und 2 die Ordnung unverändert bleibt, kann zunächst die Halbgerade in die negativ-reelle Achse verlegt werden. Dann wähle man für Satz 8

$\alpha < \alpha_0 < \alpha_2 = \frac{1}{2}$. Beide Schenkel des Winkelraumes fallen hier in die negativ-reelle Achse. Wäre die Funktion dort beschränkt, so müßte sie also überall beschränkt, also im Widerspruch zur Voraussetzung konstant sein.

Satz 10. *Jede ganze Funktion einer Ordnung* $\alpha < \frac{1}{2}$ *ist von der Form*

$$f(z) = C\, z^p \prod_\nu \left(1 - \frac{z}{n_\nu}\right),$$

wobei das Produkt über sämtliche etwa vorhandenen Nullstellen $n_\nu \neq 0$, *gemäß* **1.24.** *gezählt, zu erstrecken ist. Ist* $f(z)$ *zudem nicht konstant, so gibt es eine Folge von Kreisen* $|z| = r_\nu \to \infty$, *auf denen*

$$\lim_{\nu \to \infty} \; \min_{|z|=r_\nu} |f(z)| = \infty$$

gilt.

Sei $f(z) \not\equiv 0$ eine ganze Funktion der Ordnung $\alpha < \frac{1}{2}$ mit Nullstellen $n_\nu \neq 0$. Ihr Grenzexponent α' ist nach Satz 6 höchstens gleich α. Daher ist nach Satz 7

$$f^*(z) = \prod_\nu \left(1 - \frac{z}{n_\nu}\right)$$

eine ganze Funktion der Ordnung $\alpha' \leq \alpha < \frac{1}{2}$ mit genau den Nullstellen n_ν. Dasselbe gilt — α' hängt nur von den $|n_\nu|$ ab — für

$$\tilde{f}(z) = \prod_\nu \left(1 - \frac{z}{|n_\nu|}\right).$$

$\tilde{f}(z)$ nimmt nun das Minimum ihres Betrages auf $|z| = r$ stets für $z = r$ an. Sie ist, da $\alpha' < \frac{1}{2}$, auf der positiv-reellen Achse nach Satz 9 nicht beschränkt. Wegen

$$|f^*(z)| \geq |\tilde{f}(|z|)|$$

gibt es daher eine Folge von Kreisen $|z| = r_\nu \to \infty$ mit

$$\lim_{\nu \to \infty} \; \min_{|z|=r_\nu} |f^*(z)| = \infty. \tag{4}$$

Ist $f(z)$ eine ganze Funktion ohne Nullstellen $n_\nu \neq 0$, so setzen wir im folgenden $f^*(z) \equiv 1$.

Sei nun $f(z) \not\equiv 0$ eine beliebige ganze Funktion der Ordnung $\alpha < \frac{1}{2}$. p möge die Vielfachheit der Nullstelle 0 sein. Dann hat $f(z)\,z^{-p}\,[f^*(z)]^{-1}$ keine Nullstellen, ist also nach Satz 5 von der Form $e^{g(z)}$, also entweder konstant $= C$ oder mindestens von der Ordnung 1. Die letzte Möglichkeit scheidet jedoch aus, sonst müßte wegen (4) (bzw. $f^*(z) \equiv 1$) und Satz 5 auch $f(z) = e^{g(z)}\,z^p\,f^*(z)$ genau die Ordnung von $e^{g(z)}$ besitzen.

Damit ist

$$f(z) = C\,z^p\,f^*(z)$$

und alles bewiesen.

1.28. Abschätzung nach unten und Produktentwicklung. Auf Satz 10 gründen wir nun eine Abschätzung nach unten für ganze Funktionen $f(z) \not\equiv 0$ von beliebiger endlicher Ordnung α.

Sei die natürliche Zahl m so groß, daß $\dfrac{\alpha}{m} < \dfrac{1}{2}$, und sei $\omega \equiv e^{\frac{2\pi i}{m}}$. Dann ist

$$f(z)\,f(\omega z) \ldots f(\omega^{m-1} z) = F(z^m)$$

eine ganze Funktion von z^m, weil invariant bei Ersetzung von z durch ωz. $F(\zeta)$ ist nach Satz 1 von einer Ordnung $\leq \dfrac{\alpha}{m} < \dfrac{1}{2}$. Also gibt es nach Satz 10 ein $D > 0$ und eine Folge von Kreisen $|z| = r_\nu \to \infty$ mit

$$|F(z^m)| > D > 0 \qquad (|z| = r_\nu).$$

Andererseits gilt mit jedem $\varepsilon > 0$ für alle hinreichend großen $|z| = r$

$$|f(\omega^j z)| < e^{r^{\alpha + \varepsilon}} \qquad (j = 1, 2, 3, \ldots).$$

Damit wird für alle genügend großen $|z| = r_\nu$

$$|f(z)| > D\,e^{-(m-1)\,r_\nu^{\alpha+\varepsilon}} > e^{-r_\nu^{\alpha+2\varepsilon}}.$$

Mithin gilt

Satz 11. *Zu jeder ganzen Funktion $f(z) \not\equiv 0$ von endlicher Ordnung α und zu jedem $\varepsilon > 0$ gibt es eine Folge von Kreisen $|z| = r_\nu \to \infty$ mit*

$$\min_{|z|=r_\nu} |f(z)| > e^{-r_\nu^{\alpha+\varepsilon}}.$$

Unmittelbare Folgerung ist

Satz 12. *Sei $f(z) \not\equiv 0$ eine ganze Funktion von der endlichen Ordnung α. Die n_ν gemäß* **1.24.** *mögen ihre von 0 verschiedenen Nullstellen sein, p die Vielfachheit der Nullstelle 0 und q die größte ganze Zahl, für die $\sum\limits_\nu \left|\dfrac{1}{n_\nu}\right|^q$ divergiert. Dann ist*

$$f(z) = e^{g(z)}\,z^p \prod_{\nu=1}^{\infty} E\left(\frac{z}{n_\nu}, q\right),$$

wobei $g(z)$ ein Polynom höchstens vom Grade α ist.

Denn der Grenzexponent α' von $f(z)$ ist nach Satz 6 nicht größer als α und $z^p \prod\limits_\nu E\left(\dfrac{z}{n_\nu}, q\right)$ ist nach Satz 7 von der Ordnung α'. Wäre daher

$g(z)$ kein Polynom von einem Grade $\leq \alpha$, so müßte nach Satz 5 mit einem $a > \alpha$ für alle hinreichend großen r gelten

$$\max_{|z|=r} \left| e^{g(z)} \right| > e^{r^a}.$$

Nun wähle man $0 < \varepsilon < a - \alpha$ und zu $z^p \prod_{\mu} E\left(\frac{z}{n_\mu}, q\right)$ die r_ν gemäß Satz 11. Dann wird für alle genügend großen r_ν

$$\max_{|z|=r_\nu} |f(z)| \geq \max_{|z|=r_\nu} \left| e^{g(z)} \right| \cdot \min_{|z|=r_\nu} \left| z^p \prod_{\mu=1}^{\infty} E\left(\frac{z}{n_\mu}, q\right) \right| > e^{r_\nu^a - r_\nu^{\alpha'+\varepsilon}} > e^{r_\nu^{a-\varepsilon}}.$$

Also könnte doch $f(z)$ nicht von der Ordnung α sein.

Satz 13. *Jede ganze Funktion $f(z)$ von endlicher nicht-ganzzahliger Ordnung α nimmt jeden Wert w unendlich oft an. Der Grenzexponent der w-Stellen, d.h. der Nullstellen von $f(z) - w$ ist α.*

$f(z) - w$ hat nämlich nach Satz 3 die Ordnung α. Da sie nicht ganzzahlig ist, muß nach Satz 12 auch ihr Grenzexponent α sein.

1.29. Ganze Funktionen mehrerer Veränderlicher. Eine Funktion $f(x, y)$ zweier komplexer Veränderlicher heißt eine ganze Funktion, wenn sie in eine überall konvergente zweifache Potenzreihe entwickelbar ist. Dafür ist jedenfalls notwendig und hinreichend, daß $f(x, y)$ stetig sowie bei festem x eine ganze Funktion von y und umgekehrt ist.

Analog zu **1.21.** nennen wir die untere Grenze α der Zahlen $a > 0$, mit denen für alle hinreichend großen

$$r^2 = |x|^2 + |y|^2$$

eine Abschätzung

$$|f(x, y)| < e^{r^a}$$

gilt, bzw. $a = +\infty$, falls eine solche Abschätzung nicht möglich ist, die „Ordnung" von $f(x, y)$.

Wir vermerken die folgenden einfachen Sätze:

Satz 14. *Ist $f(x, y)$ als Funktion zweier Veränderlicher von der Ordnung α, so ist $f(x, y)$ bei festem x als Funktion von y höchstens von der Ordnung α.*

Die Ordnung kann natürlich hier kleiner sein, wie das Beispiel e^{xy} zeigt.

Satz 15. *Ist die ganze Funktion $f(x, y)$ zweier Veränderlicher von der Ordnung α, so ist mit beliebigen Konstanten c_{ik}*

$$\varphi(\xi, \eta) = f(c_{11}\xi + c_{12}\eta, c_{21}\xi + c_{22}\eta)$$

eine ganze Funktion von ξ, η und höchstens von der Ordnung α. Die Ordnung bleibt unverändert, wenn die Determinante der c_{ik} nicht verschwindet.

Zum Beweise ist hier nur zu bemerken, daß nach der SCHWARZschen Ungleichung

$$|x|^2 + |y|^2 \leq \sum_{i,k} |c_{ik}|^2 \, (|\xi|^2 + |\eta|^2)$$

gilt, und daß bei nicht verschwindender Determinante auch umgekehrt

$$f(x, y) = \varphi(d_{11}\, x + d_{12}\, y, d_{21}\, x + d_{22}\, y)$$

wird.

Alle diese Überlegungen gelten analog für Funktionen von mehr als zwei Veränderlichen.

1.3. Über Parameterabhängigkeit bei gewöhnlichen linearen Differentialgleichungen.

Wir betrachten eine gewöhnliche lineare homogene Differentialgleichung n-ter Ordnung in der Form

$$(x - x_0)^n\, y^{(n)}(x) + (x - x_0)^{n-1}\, \mathfrak{P}_1(x)\, y^{(n-1)}(x) + \cdots + \mathfrak{P}_n(x)\, y(x) = 0. \quad (1)$$

Die Funktionen $\mathfrak{P}_\nu(x)$ ($\nu = 1, 2, \ldots, n$) seien in einem Bereiche $\mathfrak{B}$ der komplexen Ebene, dem die Stelle x_0 angehört, eindeutig und regulär analytisch. Dann ist x_0 entweder eine reguläre Stelle der Differentialgleichung, nämlich, wenn der Faktor $(x - x_0)^n$ in allen Gliedern enthalten ist, oder anderenfalls eine singuläre Stelle der Bestimmtheit mit der Fundamentalgleichung

$$\left. \begin{aligned} \varphi(\alpha) &\equiv \alpha(\alpha - 1) \ldots (\alpha - n + 1) + \\ &\quad + \alpha(\alpha - 1) \ldots (\alpha - n + 2)\, \mathfrak{P}_1(x_0) + \cdots + \mathfrak{P}_n(x_0) = 0. \end{aligned} \right\} \quad (2)$$

Wir nehmen an, daß die Funktionen

$$\mathfrak{P}_\nu(x) = \mathfrak{P}_\nu(x, \lambda, \mu) \qquad (\nu = 1, 2, \ldots, n)$$

Polynome in zwei Parametern λ, μ vom Grade k_ν sind, derart, daß $\mathfrak{P}_\nu(x_0)$ ($\nu = 1, 2, \ldots, n$) und damit $\varphi(\alpha)$ von λ, μ unabhängig sind. Es sei

$$\varrho = \max_{\nu=1}^{n} \frac{k_\nu}{\nu}. \quad (3)$$

Wir zeigen dann:

Satz 1. *Ist x_0 reguläre Stelle, und werden dort die Anfangswerte*

$$y^{(\nu)}(x_0) = a_\nu \qquad (\nu = 0, 1, \ldots, n - 1)$$

von den Parametern unabhängig vorgegeben, so sind die hierdurch definierte Lösung $y(x, \lambda, \mu)$ *und ihre* x-*Ableitungen für* x *in* $\mathfrak{B}$ *und beliebige* λ, μ *regulär analytische Funktionen von* x, λ, μ *und für jedes feste* x *als ganze Funktionen von* λ, μ *höchstens von der Ordnung* ϱ *(vgl.* **1.29.**).

Satz 2. *Ist* x_0 *singuläre Stelle der Bestimmtheit, hat* $\varphi(\alpha) = 0$ *die Wurzel* r, *jedoch keine Wurzel* $r + s$ $(s = 1, 2, 3, \ldots)$, *so sind die durch ihre Entwicklung um* $x = x_0$:

$$y(x, \lambda, \mu) = (x - x_0)^r \sum_{s=0}^{\infty} g_s (x - x_0)^s, \qquad g_0 = 1$$

definierte Lösung und ihre x-*Ableitungen für* $x \neq x_0$ *in* $\mathfrak{B}$ *und beliebige* λ, μ *regulär analytische Funktionen von* x, λ, μ *und für jedes feste* $x \neq x_0$ *als ganze Funktionen von* λ, μ *höchstens von der Ordnung* ϱ *(vgl.* **1.29.**).

Zum Beweise nehmen wir im folgenden ohne Beschränkung der Allgemeinheit $x_0 = 0$ und Regularität der Funktionen $\mathfrak{P}_\nu(x)$ für $|x| \leq 1$ an, was ja durch ganze lineare Transformation von x erreicht werden kann. Wir beschränken uns ferner darauf, die Aussagen beider Sätze für $|x| < 1$ zu beweisen, da sie sich hieraus durch analytische Fortsetzung mittels der Formel

$$y^{(\nu)}(x) = \sum_{\iota=0}^{n-1} y^{(\iota)}(\xi)\, y^{(\nu)}_{\xi\iota}(x)$$

mit

$$y^{(\nu)}_{\xi\iota}(\xi) = \delta_{\iota\nu} \qquad (\iota, \nu = 0, 1, \ldots, n - 1)$$

bei mehrfacher Anwendung und Benutzung von **1.21.**, Satz 3 und 4 sofort für den gesamten Regularitätsbereich ergeben.

Wir stützen uns dann auf den folgenden Hilfssatz. In der Differentialgleichung

$$x^n y^{(n)}(x) + x^{n-1} \mathfrak{P}_1(x)\, y^{(n-1)}(x) + \cdots + \mathfrak{P}_n(x)\, y(x) = 0 \qquad (4)$$

seien die Koeffizienten

$$\mathfrak{P}_\nu(x) = \sum_{\sigma=0}^{\infty} a_{\nu\sigma}\, x^\sigma \qquad (\nu = 1, 2, \ldots, n) \qquad (5)$$

für $|x| \leq 1$ regulär analytisch. Wir schreiben

$$(\alpha)_0 = 1, \qquad (\alpha)_i = \alpha(\alpha - 1) \ldots (\alpha - i + 1) \qquad (i = 1, 2, 3, \ldots)$$

und bilden die Polynome in α

$$\left. \begin{aligned} \varphi(\alpha) &= (\alpha)_n + a_{10}(\alpha)_{n-1} + \cdots + a_{n0}, \\ \varphi_\sigma(\alpha) &= a_{1\sigma}(\alpha)_{n-1} + \cdots + a_{n\sigma} \qquad (\sigma = 1, 2, 3, \ldots). \end{aligned} \right\} \qquad (6)$$

Es gelte dann

$$\varphi(r) = 0. \qquad (7)$$

t sei die kleinste nicht-negative ganze Zahl mit

$$\varphi(r+s) \neq 0 \qquad (s-t = 1, 2, 3, \ldots). \tag{8}$$

Ist $t > 0$, so gelte

$$\varphi_\sigma(r+s-\sigma) = 0 \left\{ \begin{array}{l} (\sigma = 1, 2, \ldots, t), \\ (s = \sigma, \sigma+1, \ldots, t). \end{array} \right\} \tag{9}$$

Wir bestimmen dann positive Konstanten M, C, D, Q, E durch

$$\sum_{\sigma=1}^{\infty} |a_{\nu\sigma}| \leqq M^\nu \qquad (\nu = 1, 2, \ldots, n), \tag{10}$$

$$|\varphi(r+s)| \geqq C\,(s-t)^n \qquad (s-t = 1, 2, 3, \ldots), \tag{11}$$

$$|(r+\sigma)_\nu| \leqq D\,(s-t)^\nu \left\{ \begin{array}{l} (s-t = 1, 2, 3, \ldots) \\ (\sigma = 0, 1, \ldots, s-1) \\ (\nu = 0, 1, \ldots, n-1), \end{array} \right\} \tag{12}$$

$$\frac{D}{C}\left(\frac{1}{Q} + \frac{1}{Q^2} + \cdots + \frac{1}{Q^n}\right) = 1, \tag{13}$$

$$1 + Q + Q^2 + \cdots + Q^{n-1} = E \tag{14}$$

und behaupten: (4) besitzt genau eine Lösung

$$y(x) = x^r \cdot \sum_{s=0}^{\infty} g_s\, x^s \tag{15}$$

mit vorgegebenen $g_0, g_1, \ldots, g_t$. Für ihre Koeffizienten gilt

$$|g_s| \leqq \exp\left\{ n\left(\frac{DE}{C}\right)^{1/n} M \right\} \cdot \max\{|g_0|, |g_1|, \ldots, |g_t|\}. \tag{16}$$

Zum *Beweise* führen wir den Ansatz (15) in (4) ein. Durch Koeffizientenvergleich entstehen die Bedingungen

$$\left. \begin{array}{c} g_0 \varphi(r) = 0, \\ g_s \varphi(r+s) + g_{s-1}\varphi_1(r+s-1) + \cdots + g_0 \varphi_s(r) = 0 \quad (s = 1, 2, 3, \ldots). \end{array} \right\} \tag{17}$$

Die erste Zeile ist wegen (7) für jedes g_0 erfüllt. Ist $t > 0$, so sind wegen (9) auch die Gleichungen der zweiten Zeile für $s = 1, 2, \ldots, t$ bei beliebiger Wahl von $g_0, g_1, \ldots, g_t$ erfüllt. Wegen (8) sind dann $g_{t+1}, g_{t+2}, \ldots$ eindeutig bestimmt. Es gibt also höchstens eine Lösung (15). — Zur Gewinnung der übrigen Aussagen schätzen wir die aus (17) berechneten $g_{t+1}, g_{t+2}, \ldots$ ab. Dazu beachten wir, daß wegen (12) und (10) für

$$s-t = 1, 2, 3, \ldots$$

gilt

$$|\varphi_1(r + s - 1)| + |\varphi_2(r + s - 2)| + \cdots + |\varphi_s(r)|$$

$$\leq D \left\{ (s - t)^{n-1} \sum_{\sigma=1}^{s} |a_{1\sigma}| + (s - t)^{n-2} \sum_{\sigma=1}^{s} |a_{2\sigma}| + \cdots + \sum_{\sigma=1}^{s} |a_{n\sigma}| \right\}$$

$$\leq D \left\{ (s - t)^{n-1} M + (s - t)^{n-2} M^2 + \cdots + M^n \right\}.$$

Daraus folgt mit (17) und (11)

$$|g_s| \leq \frac{D}{C} \left\{ \frac{M}{s-t} + \frac{M^2}{(s-t)^2} + \cdots + \frac{M^n}{(s-t)^n} \right\} \max_{\sigma=0}^{s-1} |g_\sigma|. \tag{18}$$

Nach (13) wird daher

$$|g_s| \leq \max_{\sigma < MQ+t} |g_\sigma| \qquad (s - t \geq M Q). \tag{19}$$

Das Maximum der $|g_\sigma|$ für $\sigma = 0, 1, 2, \ldots < M Q + t$ kann nun auf folgende Weise abgeschätzt werden.

Für

$$0 < s - t \leq MQ$$

wird

$$\frac{M}{s-t} + \frac{M^2}{(s-t)^2} + \cdots + \frac{M^n}{(s-t)^n} \leq \frac{M^n}{(s-t)^n} (1 + Q + \cdots + Q^{n-1}) = \frac{M^n}{(s-t)^n} E.$$

Daher erhält man hier aus (18)

$$|g_s| \leq \left(\frac{DE}{C} \right) \frac{M^n}{(s-t)^n} \max_{\sigma=0}^{s-1} |g_\sigma|.$$

Das ergibt zusammen mit (19) nunmehr für alle

$$s = 0, 1, 2, \ldots$$

die Abschätzung

$$|g_s| \leq \max_{p=0}^{\infty} \frac{\left(\frac{DE}{C} M^n \right)^p}{(p!)^n} \cdot \max \{ |g_0|, |g_1|, \ldots, |g_t| \}.$$

Daher folgt mit

$$\frac{\left(\frac{DE}{C} M^n \right)^p}{(p!)^n} < \exp \left\{ n \left(\frac{DE}{C} \right)^{1/n} M \right\}$$

schließlich (16). Danach ist wirklich (15) mindestens für $0 < |x| < 1$ konvergent und mithin Lösung.

Beweis der Sätze 1 und 2. Wir leiten die reduzierten Aussagen beider Sätze aus dem Hilfssatz ab. Für Satz 1 setzen wir im Hilfssatz $t = n - 1$, $r = 0$, für Satz 2 dagegen $t = 0$. In beiden Fällen kann nach

Voraussetzung über die $\mathfrak{P}_\nu(x)$ bzw. ϱ die Größe M mit von λ, μ unabhängigen Konstanten M_1, M_2 in der Form

$$M = M_1 + M_2(|\lambda|^2 + |\mu|^2)^{\varrho/2}$$

gewählt werden; C, D, E sind mit $\varphi(\alpha)$ von λ, μ unabhängig. Setzt man also für Satz 1

$$N = \max\{|g_0|, |g_1|, \ldots, |g_{n-1}|\},$$

für Satz 2

$$N = |g_0| = 1,$$

so erkennt man, daß die Koeffizienten g_s Polynome in λ, μ werden und die Reihen für die Lösung und ihre x-Ableitungen,

$$y^{(\nu)}(x; \lambda, \mu) \quad (\nu = 0, 1, 2, \ldots), \quad \text{für} \quad 0 < |x| = q < 1$$

die gliedweisen Majoranten

$$N \exp\left\{n\left(\frac{DE}{C}\right)^{1/n}(M_1 + M_2(|\lambda|^2 + |\mu|^2)^{\varrho/2})\right\} \cdot \frac{d^\nu}{dq^\nu} q^r \sum_{s=0}^{\infty} q^s$$

besitzen. Daraus ergeben sich die Behauptungen.

1.4. Über Eigenwertprobleme mit einem Parameter.

1.41. Voraussetzungen und Vorbemerkungen. Die folgende Theorie umfaßt die wichtigsten Eigenwertprobleme bei gewöhnlichen linearen Differentialgleichungen, speziell diejenigen, die für die MATHIEUschen Funktionen und Sphäroidfunktionen von Bedeutung sind.

Das Erfülltsein der hier zugrunde gelegten Voraussetzungen läßt sich meist sehr einfach nachprüfen.

Wir nehmen zunächst an:

I. $\mathfrak{R}$ sei ein komplexer linearer Raum.

Das heißt: Für die Elemente von $\mathfrak{R}$, die wir mit $f, g, y, z, \ldots$ bezeichnen, ist eine Addition, $f + g$, und eine Multiplikation, αf, mit komplexen Zahlen, die wir $\alpha, \beta, \lambda, \ldots$ schreiben, erklärt. Für diese Operationen gelten die Gesetze der linearen Vektoralgebra.

II. In $\mathfrak{R}$ gibt es linear unabhängige Elemente in beliebiger Anzahl.

III. In $\mathfrak{R}$ ist ein hermitesches, positiv-definites Skalarprodukt, (f, g), definiert.

Für je zwei Elemente f, g ist also (f, g) eine komplexe Zahl. Es gelten die Regeln[1]

$$(\alpha f + \beta g, h) = \alpha(f, h) + \beta(g, h), \quad (g, f) = \overline{(f, g)}, \quad (f, f) \geq 0.$$

Es ist $(f, f) = 0$ genau dann, wenn $f = 0$.

---

[1] Ein Querstrich bedeutet den Übergang zum konjugiert Komplexen.

Wir notieren einige Folgerungen. Wir setzen

$$\|f\| = (f, f)^{\frac{1}{2}}$$

und bezeichnen diese nicht-negative Zahl als „Norm" von f. Aus $\|\alpha f + \beta g\|^2 \geq 0$ für beliebige komplexe Zahlen α, β folgt dann die „Schwarzsche Ungleichung"

$$|(f, g)| \leq \|f\| \cdot \|g\|$$

und aus dieser wiederum unmittelbar die „Dreiecksungleichung"

$$\|f + g\| \leq \|f\| + \|g\|.$$

Sind die Elemente $g_1, g_2, g_3, \ldots$ „orthogonal" und „normiert", gilt also

$$(g_i, g_k) = \delta_{ik} \qquad (i, k = 1, 2, 3, \ldots),$$

so erhält man aus

$$0 \leq \left\| f - \sum_{n=1}^{m} (f, g_n) g_n \right\|^2 = \|f\|^2 - \sum_{n=1}^{m} |(f, g_n)|^2$$

die „Besselsche Ungleichung"

$$\|f\|^2 \geq \sum_{n=1}^{\infty} |(f, g_n)|^2,$$

bzw. für den Fall, daß

$$\left\| f - \sum_{n=1}^{m} (f, g_n) g_n \right\| \to 0 \qquad (m \to \infty),$$

die „Parsevalsche Gleichung"

$$\|f\|^2 = \sum_{n=1}^{\infty} |(f, g_n)|^2.$$

Wir fordern nicht, daß $\Re$ in bezug auf die durch die Norm, d.h. die Abstandsdefinition $\|f - g\|$, gegebene Metrik perfekt ist: nicht zu jeder Elementfolge f_n ($n = 1, 2, 3, \ldots$), die im Sinne Cauchys konvergent ist, $\|f_n - f_m\| \to 0$ für $n \to \infty$, $m \to \infty$, braucht es also ein Element f in $\Re$ zu geben, derart, daß die Folge f_n gegen f konvergiert, $\|f_n - f\| \to 0$ ($n \to \infty$).

IV. $\mathfrak{M}$ und $\mathfrak{N}$ seien lineare Unterräume von $\Re$, derart, daß $\Re > \mathfrak{M} > \mathfrak{N}$. $\mathfrak{N}$ sei dicht in $\Re$. M und N seien in $\mathfrak{M}$ bzw. $\mathfrak{N}$ definierte lineare Operatoren.

Mit je zwei Elementen von $\mathfrak{N}$ (bzw. $\mathfrak{M}$) gehöre also auch jede Linearkombination zu $\mathfrak{N}$ (bzw. $\mathfrak{M}$). — Zu jedem Element f aus $\mathfrak{N}$ und jedem $\varepsilon > 0$ gebe es ein Element g von $\mathfrak{N}$ mit $\|f - g\| < \varepsilon$. Wegen $\mathfrak{N} \subset \mathfrak{M}$ ist auch $\mathfrak{M}$ in $\mathfrak{N}$ dicht. — Jedem Element u aus $\mathfrak{N}$ sei ein Element Nu aus $\mathfrak{N}$ zugeordnet, derart, daß stets

$$N(\alpha_1 u_1 + \alpha_2 u_2) = \alpha_1 N u_1 + \alpha_2 N u_2;$$

analog für $\mathfrak{M}$ und M.

Gegenstand unserer Untersuchung ist im folgenden die

Eigenwertaufgabe: Es werden „Eigenwerte" λ gesucht, zu denen die Gleichung

$$N y = \lambda M y \tag{1}$$

„Eigenlösungen" $y \neq 0$ aus $\mathfrak{N}$ besitzt.

Mit je zwei Eigenlösungen zum gleichen Eigenwert ist wegen der Linearität von N und M auch jede Linearkombination Eigenlösung. Die Maximalzahl linear unabhängiger zugehöriger Eigenlösungen wird als die „Vielfachheit" des Eigenwerts bezeichnet.

Weitgehende Aussagen über die Gesamtheit der Eigenwerte und Eigenlösungen erhalten wir unter den folgenden Voraussetzungen:

1. N ist in $\mathfrak{N}$ hermitesch: für u, v aus $\mathfrak{N}$ gilt

$$(N u, v) = (u, N v).$$

2. Aus $N u = 0$ für u aus $\mathfrak{N}$ folgt $u = 0$.

3. M ist in $\mathfrak{M}$ hermitesch: für u, v aus $\mathfrak{M}$ gilt

$$(M u, v) = (u, M v).$$

4. Aus $M u = 0$ für u aus $\mathfrak{M}$ folgt $u = 0$.

5. Die Eigenwertaufgabe (1) ist entweder

„rechtsdefinit": $(M u, u) \geqq 0$ für alle u aus $\mathfrak{M}$ oder

„linksdefinit": $(N u, u) \geqq 0$ für alle u aus $\mathfrak{N}$.

6. Die Eigenwerte sind die Nullstellen einer ganzen Funktion $\varDelta(\lambda)$.

7. Jeder Eigenwert ist von endlicher Vielfachheit.

8. a) Ist λ nicht Eigenwert von (1), so ist für jedes f aus $\mathfrak{N}$

$$N z - \lambda M z = f \tag{2}$$

durch ein z aus $\mathfrak{N}$ (eindeutig) lösbar.

b) Für jedes g von $\Re$ gilt, mit der Lösung $z(\lambda)$ von (2) gebildet,

$$(z(\lambda), g) = \frac{\psi(\lambda)}{\Delta(\lambda)}, \qquad (3)$$

wobei $\psi(\lambda)$ eine, von f und g abhängende, ganze Funktion ist.

c) Ist λ_0 Eigenwert von (1) und gilt $(f, y) = 0$ für jede zugehörige Eigenlösung y, so bleibt die Funktion (3) bei $\lambda = \lambda_0$ regulär analytisch.

1.42. Einfache Folgerungen. Wir erhalten die folgenden Sätze:

Satz 1. *Ist die Eigenwertaufgabe rechtsdefinit, so folgt aus $(Mu, u) = 0$ mit u aus $\mathfrak{M}$ stets $u = 0$.*

Ist die Eigenwertaufgabe linksdefinit, so folgt aus $(Nu, u) = 0$ mit u aus $\mathfrak{N}$ stets $u = 0$.

Beweis. Sei $(Mu, u) = 0$ mit u aus $\mathfrak{M}$ und sei v ein beliebiges Element von $\mathfrak{M}$. Dann folgt aus 5. und 3. für jedes komplexe ε

$$0 \leq (M(u + \varepsilon v), u + \varepsilon v) = 2 \Re e \, \bar{\varepsilon} (Mu, v) + |\varepsilon|^2 (Mv, v).$$

Daher ist $(Mu, v) = 0$ für jedes v aus $\mathfrak{M}$. Da $\mathfrak{M}$ in $\mathfrak{R}$ dicht ist, ergibt sich — mit Hilfe der Schwarzschen Ungleichung — $(Mu, f) = 0$ für jedes f aus $\mathfrak{R}$ mithin auch für $f = Mu$. Also ist $Mu = 0$ und wegen 4. $u = 0$. — Der Beweis der zweiten Behauptung verläuft ganz analog.

Satz 2. *Jeder Eigenwert ist reell.*

Beweis. Sei λ Eigenwert, $y \neq 0$ aus $\mathfrak{N}$ Eigenlösung. Dann folgt aus $Ny = \lambda My$

$$(Ny, y) = \lambda (My, y).$$

(Ny, y) und (My, y) sind wegen 1. und 3. reell, eine der beiden Zahlen ist nach Satz 1 positiv. Daher ist λ reell.

Satz 3. *Es gibt höchstens abzählbar unendlich viele Eigenwerte ohne endlichen Häufungspunkt. 0 ist kein Eigenwert.*

Beweis. Wegen 2. ist 0 nicht Eigenwert. Daher ist wegen 6. $\Delta(\lambda) \not\equiv 0$; mithin besitzt $\Delta(\lambda)$ höchstens abzählbar unendlich viele Nullstellen ohne endlichen Häufungspunkt.

Satz 4. *Eigenlösungen y, y^* zu verschiedenen Eigenwerten λ, λ^* sind bezüglich N und M orthogonal:*

$$(Ny, y^*) = (My, y^*) = 0.$$

Beweis. Aus

$$Ny = \lambda My, \qquad Ny^* = \lambda^* My^*$$

folgen durch skalare Multiplikation mit y^* von hinten bzw. mit y von vorn wegen der Realität von λ^*

$$(Ny, y^*) = \lambda (My, y^*), \qquad (y, Ny^*) = \lambda^* (y, My^*),$$

also wegen 1. und 3.

$$(\lambda - \lambda^*)(My, y^*) = 0$$

und somit die Behauptungen. —

1.43. Der Operator A. Nach 8. a) ist für jedes f aus $\mathfrak{R}$ die Gleichung $Nu = f$ durch ein u aus $\mathfrak{R}$ eindeutig lösbar. Speziell ist für jedes v aus $\mathfrak{M}$

$$Nu = Mv, \qquad u \in \mathfrak{R}$$

eindeutig lösbar. Wir setzen

$$u = Av.$$

A ist ein in $\mathfrak{M}$ definierter Operator mit Werten in $\mathfrak{R}$.

Satz 5. *Der Operator A ist linear und bezüglich M und N hermitesch: für u, v aus $\mathfrak{M}$ gilt $(MAu, v) = (Mu, Av)$, für u aus $\mathfrak{R}$, v aus $\mathfrak{M}$ gilt $(NAu, v) = (Nu, Av)$. Aus $Au = 0$, u in $\mathfrak{M}$ folgt $u = 0$.*

Beweis. Die Linearität von A folgt aus seiner Definition zusammen mit der Linearität von N und M. Die beiden anderen Behauptungen ergeben sich durch schrittweise Umformung unter Benutzung von 1., 3. sowie der Definition von A:

$$(MAu, v) = (Au, Mv) = (Au, NAv) = (NAu, Av) = (Mu, Av),$$

$$(NAu, v) = (Mu, v) = (u, Mv) = (u, NAv) = (Nu, Av).$$

Aus $Au = 0$ folgt $NAu = Mu = 0$, also nach 4. $u = 0$.

Im folgenden sei gesetzt

für den rechtsdefiniten Fall: $\mathfrak{U} = \mathfrak{M}$, $[u, v] = (Mu, v)$ $(u, v \in \mathfrak{M})$,
für den linksdefiniten Fall: $\mathfrak{U} = \mathfrak{R}$, $[u, v] = (Nu, v)$ $(u, v \in \mathfrak{R})$,
in beiden Fällen: $\qquad [u] = [u, u]^{\frac{1}{2}}$.

Dann gilt immer:

Satz 6. *$\mathfrak{U}$ ist ein komplexer linearer Raum, in dem es beliebig viele linear unabhängige Elemente gibt. $[u, v]$ ist in $\mathfrak{U}$ ein hermitesches, positivdefinites Skalarprodukt. Somit gelten in $\mathfrak{U}$ die* Schwarz*sche Ungleichung*

$$|[u, v]| \leq [u]\,[v],$$

die Dreiecksungleichung

$$[u + v] \leq [u] + [v]$$

und, falls $[v_i, v_k] = \delta_{ik}$ $(i, k = 1, 2, 3, \ldots)$, *wegen*

$$0 \leq \left[u - \sum_{n=1}^{m} [u, v_n]\, v_n \right]^2 = [u]^2 - \sum_{n=1}^{m} |[u, v_n]|^2$$

die BESSEL*sche Ungleichung*

$$[u]^2 \geq \sum_{n=1}^{\infty} |[u, v_n]|^2.$$

A ist in ganz $\mathfrak{U}$ *definiert und liefert Werte in* $\mathfrak{N}$, *also in* $\mathfrak{U}$; *A ist in bezug auf das neue Skalarprodukt hermitesch:* $[A\,u, v] = [u, A\,v]$. *Es gibt Elemente u in* $\mathfrak{N}$ *mit* $[A\,u, u] \neq 0$.

Beweis. Die erste Behauptung folgt aus den Annahmen über $\mathfrak{R}$, $\mathfrak{M}$, $\mathfrak{N}$. Die zu III. analogen Regeln für $[u, v]$ folgen aus denen für (f, g) zusammen mit 1., 3., 5. und Satz 1. Satz 5 liefert die Hermitizität von A in $\mathfrak{U}$. Die letzte Behauptung ergibt sich nun so: Wäre in $\mathfrak{N}$ stets $[A\,u, u] = 0$, so hätte man dort für $u \neq 0$, beliebiges v und beliebiges ε:

$$0 = [A(u + \varepsilon v), u + \varepsilon v] = \bar{\varepsilon}\,[A\,u, v] + \varepsilon\,[A\,v, u],$$

also

$$0 = [A\,u, v],$$

mithin mit $v = A\,u$: $[A\,u] = 0$, $A\,u = 0$, also einen Widerspruch zur Annahme $u \neq 0$.

1.44. Resolventenoperator und Existenz von Eigenwerten.

Satz 7. *Sei u aus* $\mathfrak{N}$, λ *kein Eigenwert, dann hat* $v - \lambda\,A\,v = u$ *eine (eindeutige) Lösung in* $\mathfrak{N}$; *wir setzen* $\lambda v = R_\lambda u$. R_λ *ist ein in* $\mathfrak{N}$ *definierter linearer Operator. Sind* λ_1, λ_2 *nicht Eigenwerte und beide von* 0 *verschieden, so gilt*

$$R_{\lambda_1} u = R_{\lambda_2} u + \left(\frac{1}{\lambda_2} - \frac{1}{\lambda_1} \right) R_{\lambda_2} R_{\lambda_1} u.$$

Für jedes s aus $\mathfrak{N}$ *ist* $[R_\lambda u, s]$ *eine regulär analytische Funktion von* λ, *solange* λ *von solchen Eigenwerten verschieden ist, für die* $[u, y] \neq 0$ *mit einer zugehörigen Eigenlösung y. Bei reellem* λ *ist* R_λ *hermitesch: mit u, v aus* $\mathfrak{N}$ *gilt*

$$[R_\lambda u, v] = [u, R_\lambda v].$$

Beweis. Sei $N u = f$. Dann ist $v - \lambda\,A\,v = u$ offenbar gleichwertig mit $N v - \lambda\,M v = f$; unsere Existenz- und Eindeutigkeitsaussage folgt damit aus 8. a). Die Linearität folgt aus der von A. — Sei $w = R_{\lambda_1} u$, so hat man

$$\frac{1}{\lambda_1} w - A w = u,$$

$$\frac{1}{\lambda_2} w - A w = u + \left(\frac{1}{\lambda_2} - \frac{1}{\lambda_1} \right) w,$$

also

$$w = R_{\lambda_2}\left(u + \left(\frac{1}{\lambda_2} - \frac{1}{\lambda_1}\right)w\right).$$

$[R_\lambda u, s]$ ist entweder $= (R_\lambda u, M s)$ oder $= (R_\lambda u, N s)$ und $[u, y]$ mit einer zu λ_0 gehörenden Eigenlösung y ist entweder $= (u, M y) = \frac{1}{\lambda_0}(u, N y) = \frac{1}{\lambda_0}(f, y)$ oder $= (u, N y) = (f, y)$. Daher folgt die behauptete Regularität aus 8. b) und 8. c). Sei schließlich in $\mathfrak{N}$ bei reellem λ

$$w_1 - \lambda A w_1 = u,$$
$$w_2 - \lambda A w_2 = v,$$

so ergibt sich durch Multiplikation mit w_2 von hinten, bzw. mit w_1 von vorn wegen der Hermitizität von A nach Subtraktion

$$[u, w_2] = [w_1, v].$$

Das liefert die letzte Behauptung.

Nunmehr sind wir in der Lage, die Existenz von Eigenwerten zu beweisen. Wir zeigen dazu zuerst

Satz 8. *Ist für ein Element* x *aus* $\mathfrak{N}$

$$[x, x] = \varrho\,[A\,x, x] \neq 0,$$

so gibt es zwischen 0 *und* ϱ, ϱ *eingeschlossen*[†], *mindestens einen Eigenwert* λ, *derart, daß* $[x, y] \neq 0$ *mit einer zugehörigen Eigenlösung* y.

Beweis. Wir bilden $x - \varrho A x = u$.

Ist $u = 0$, so ist ϱ Eigenwert, x zugehörige Eigenlösung, $[x, x] > 0$, daher die Behauptung trivialerweise gültig.

Ist $u \neq 0$, so bilden wir gemäß Satz 7

$$\varphi(\lambda) = [R_\lambda u, u].$$

Wir haben erstens $R_0 u = 0$, $\varphi(0) = 0$. Wir notieren zweitens, daß für je zwei von 0, von Eigenwerten und voneinander verschiedene reelle Zahlen λ, λ_1:

$$\varphi(\lambda) = \varphi(\lambda_1) + \left(\frac{1}{\lambda_1} - \frac{1}{\lambda}\right)[R_{\lambda_1} u, R_\lambda u],$$

also auch

$$\varphi'(\lambda) = \frac{1}{\lambda^2}\,[R_\lambda u]^2 > 0$$

gilt; denn $R_\lambda u = 0$ mit $\lambda \neq 0$ würde ja $u = 0$ nach sich ziehen. Ist drittens $[x, y] = 0$ mit allen zum Eigenwert λ_0 gehörigen Eigenlösungen y, so auch $[u, y] = [x, y] - \varrho[A x, y] = -\varrho[x, A y] = -\frac{\varrho}{\lambda_0}[x, y] = 0$, also

---

[†] ϱ ist durch die vorstehende Gleichung definiert.

in diesem Falle $\varphi(\lambda)$ bei λ_0 regulär analytisch. Ist schließlich ϱ nicht Eigenwert der im Satze genannten Art, so folgt aus $x - \varrho\, A\, x = u$ mit von 0 und Eigenwerten verschiedenem λ

$$\varrho\, x = R_\lambda u + \left(\frac{1}{\lambda} - \frac{1}{\varrho}\right) R_\lambda \varrho\, x,$$

also nach Voraussetzung über x

$$0 = [\varrho\, x, u] = \varphi(\lambda) + \left(\frac{\varrho}{\lambda} - 1\right)[R_\lambda\, x, u];$$

mithin gilt dann wegen der Regularität von $\varphi(\lambda)$ und $[R_\lambda x, u]$ bei $\lambda = \varrho$ gewiß $\varphi(\varrho) = 0$. Damit folgt die Behauptung; denn $\varphi(\lambda)$ kann nicht im abgeschlossenen Intervall zwischen 0 und ϱ regulär analytisch sein, an den Enden verschwinden und im Innern bis auf höchstens endlich viele Stellen positive Ableitung besitzen.

1.45. Hauptergebnisse. Nunmehr erhalten wir leicht die Hauptergebnisse unserer Theorie.

Satz 9. *Es gibt genau abzählbar unendlich viele Eigenwerte; sie können, ihrer Vielfachheit entsprechend gezählt, in eine Folge ohne endlichen Häufungspunkt*

$$\lambda_1, \lambda_2, \lambda_3, \ldots$$

mit nicht abnehmenden Beträgen geordnet werden. Es gibt ein zugehöriges System von Eigenlösungen

$$y_1, y_2, y_3, \ldots,$$

mit

$$[y_i, y_k] = \delta_{ik}$$

orthogonal und normiert. Es gilt für u aus $\mathfrak{R}$ die BESSEL*sche Ungleichung*

$$[u]^2 \geq \sum_{n=1}^{\infty} |[u, y_n]|^2,$$

für u aus $\mathfrak{R}$ die PARSEVAL*sche Formel*

$$[A\, u, u] = \sum_{n=1}^{\infty} \frac{1}{\lambda_n} |[u, y_n]|^2,$$

für u, v aus $\mathfrak{R}$ die Bilinearformel

$$[A\, u, v] = \sum_{n=1}^{\infty} \frac{1}{\lambda_n} [u, y_n][y_n, v],$$

schließlich für $v = A\, u$ mit u aus $\mathfrak{R}$ die Vollständigkeitsrelation

$$[v]^2 = \sum_{n=1}^{\infty} |[v, y_n]|^2$$

bzw. die gleichwertige Aussage

$$\left[v - \sum_{n=1}^{m} [v, y_n]\, y_n\right] \to 0 \qquad (m \to \infty).$$

Satz 10. *Gibt es einen k-dimensionalen Unterraum* $\mathfrak{N}_k$ *von* $\mathfrak{N}$, *für dessen Elemente* $u \neq 0$ *stets*

$$[A\,u, u] > 0 \qquad (< 0)$$

gilt, so gibt es, ihrer Vielfachheit nach gezählt, mindestens k positive (negative) Eigenwerte.

Beweis. Nach Satz 6 gibt es ein Element x in $\mathfrak{N}$ mit $[A\,x, x] \neq 0$, also nach Satz 8 mindestens einen Eigenwert. Nach Satz 3 und Voraussetzung 7. können wir daher sämtliche Eigenwerte, ihrer Vielfachheit entsprechend gezählt, in eine Folge mit nicht abnehmenden Beträgen ordnen: $\lambda_1, \lambda_2, \lambda_3, \ldots$; entweder bricht diese ab, oder es gilt $|\lambda_n| \to \infty$. Hat ein Eigenwert die Vielfachheit σ, so gibt es σ zugehörige linear unabhängige, also auch σ zugehörige orthogonale und normierte Eigenlösungen; wegen Satz 4 kann daher zu jedem λ_n eine zugehörige Eigenlösung y_n so gewählt werden, daß $[y_i, y_k] = \delta_{ik}$ gilt. Jede Eigenlösung kann dann aus diesen linear kombiniert werden. — Zur Herleitung der Parsevalschen Formel bilden wir für u aus $\mathfrak{N}$, soweit Eigenwerte vorhanden, die Elemente

$$u_m = u - \sum_{n=1}^{m} [u, y_n]\, y_n.$$

Man hat

$$[u_m, y_n] = 0 \qquad (n = 1, 2, \ldots, m),$$

$$[u_m, u_m] \leq [u, u].$$

Nach Satz 8 muß nun, falls λ_{m+1} vorhanden, sicher

$$[u_m, u_m] \geq |\lambda_{m+1} \cdot [A\,u_m, u_m]|,$$

also, bei nicht abbrechender Folge der λ_n

$$[A\,u_m, u_m] \to 0 \qquad (m \to \infty),$$

bzw., falls λ_{m+1} nicht vorhanden,

$$[A\,u_m, u_m] = 0$$

gelten.

Wegen der Hermitizität von A und $A\,y_n = \dfrac{1}{\lambda_n}\, y_n$ gilt nun gerade

$$[A\,u_m, u_m] = [A\,u, u] - \sum_{n=1}^{m} \frac{1}{\lambda_n}\, |[u, y_n]|^2.$$

Daher ist, wie behauptet,

$$[A u, u] = \sum_n \frac{1}{\lambda_n} |[u, y_n]|^2.$$

Hieraus folgt für u, v aus $\mathfrak{N}$

$$[A u, v] = \sum_n \frac{1}{\lambda_n} [u, y_n] [y_n, v]$$

auf Grund der Identitäten

$$[A u, v] = \tfrac{1}{4} [A (u + v), u + v] - \tfrac{1}{4} [A (u - v), u - v] +$$
$$+ \tfrac{1}{4} i [A (u + i v), u + i v] - \tfrac{1}{4} i [A (u - i v), u - i v],$$
$$\alpha \bar{\beta} = \tfrac{1}{4} |\alpha + \beta|^2 - \tfrac{1}{4} |\alpha - \beta|^2 + \tfrac{1}{4} i |\alpha + i \beta|^2 - \tfrac{1}{4} i |\alpha - i \beta|^2.$$

Durch Einsetzen von $v = A u$ erhält man schließlich

$$[v]^2 = \sum_n |[v, y_n]|^2.$$

Nun zeigt sich, daß es unendlich viele Eigenwerte gibt. Denn es gibt in $\mathfrak{N}$ beliebig viele linear unabhängige Elemente, also — vgl. die letzte Behauptung von Satz 5 — auch beliebig viele linear unabhängige Elemente $v = A u$ mit u aus $\mathfrak{N}$; gäbe es also nur endlich viele Eigenwerte, so könnte ein $v \neq 0$ dieser Art konstruiert werden mit $[v, y] = 0$ für jede Eigenlösung, was jedoch der vorstehenden Gleichung widerspricht.

Zur Herleitung von Satz 10 beschränken wir uns auf den positiven Fall — der negative erledigt sich völlig analog — und nehmen an, es gäbe in unserer Folge höchstens $k - 1$ positive Eigenwerte. Dann bilden wir ein $u \neq 0$ in $\mathfrak{N}_k$, das $[u, y_n] = 0$ für die zu diesen Eigenwerten gehörenden Eigenlösungen erfüllt. In der Parsevalschen Formel wäre dann die linke Seite positiv, die rechte nicht positiv, was unmöglich ist.

Ergänzend zeigen wir noch

Satz 11. *Ist ein Element f aus $\mathfrak{N}$ zu allen Eigenlösungen y_n orthogonal,*

$$(f, y_n) = 0 \qquad (n = 1, 2, 3, \ldots),$$

so ist $f = 0$.

Beweis. Wir lösen $N u = f$ mit u aus $\mathfrak{N}$ und bilden $v = A u$.

Es ist dann im linksdefiniten Falle $(f, y_n) = (N u, y_n) = [u, y_n]$, im rechtsdefiniten Falle $(f, y_n) = (u, N y_n) = \lambda_n (u, M y_n) = \lambda_n [u, y_n]$. Jedenfalls gilt also

$$[u, y_n] = 0 \qquad (n = 1, 2, 3, \ldots).$$

Benutzt man jetzt

$$y_n = \lambda_n A y_n,$$

so folgt auch

$$[v, y_n] = [u, A\,y_n] = 0 \qquad (n = 1, 2, 3, \ldots).$$

Jetzt kann die Vollständigkeitsrelation von Satz 9 angewandt werden. Sie liefert $[v] = 0$, also $v = 0$. Daraus folgt aber sofort der Reihe nach $u = 0$, $f = 0$.

1.5. Eigenwertprobleme mit zwei Parametern. I.

1.51. Eigenwertaufgabe. Voraussetzungen. Sei, wie in **1.4.**, $\mathfrak{R}$ ein komplexer linearer Raum, in dem ein hermitesches positiv-definites Skalarprodukt erklärt ist; seien ferner $\mathfrak{U}$, $\mathfrak{U}^*$ Unterräume von $\mathfrak{R}$, schließlich F, G in $\mathfrak{U}$, F^*, G^* in $\mathfrak{U}^*$ definierte lineare Operatoren. Es gelte

1. Für $u \in \mathfrak{U}$, $v \in \mathfrak{U}^*$ ist immer

$$(F u, v) = (u, F^* v), \qquad (G u, v) = (u, G^* v).$$

2. G ist beschränkt: es gibt ein $\gamma > 0$ mit

$$\|G u\| < \gamma \|u\|$$

für jedes $u \neq 0$ aus $\mathfrak{U}$.

Wir betrachten dann das zweiparametrige

Eigenwertproblem: Es werden „Eigenwertpaare" λ, μ gesucht, zu denen die Gleichung

$$F y + \lambda y + \mu G y = 0 \tag{1}$$

eine „Eigenlösung" $y \neq 0$ aus $\mathfrak{U}$ und die Gleichung

$$F^* y^* + \bar{\lambda}\, y^* + \bar{\mu} G^* y^* = 0 \tag{1*}$$

eine „Eigenlösung" $y^* \neq 0$ aus $\mathfrak{U}^*$ besitzt.

Wir setzen dabei voraus:

3. Es gibt eine ganze analytische Funktion $\varDelta$ zweier Veränderlicher, derart, daß

$$\varDelta (\lambda, \mu) = 0$$

für die Lösbarkeit eines der Eigenwertprobleme (1), (1*) notwendig, für die Lösbarkeit beider hinreichend ist.

4. Für $\mu = 0$ gibt es abzählbar unendlich viele verschiedene einfache Eigenwerte

$$\lambda_n = P_2(n) + O(1);$$

dabei durchläuft n entweder $0, 1, 2, \ldots$ oder $\ldots, -1, 0, 1, 2, \ldots$; P_2 ist ein Polynom vom genauen Grade 2; es ist stets

$$P_2(n_1) \neq P_2(n_2) \qquad (n_1 \neq n_2).$$

Die zugehörigen Eigenlösungen bilden ein normiertes Biorthogonal-system:

$$(y_i, y_k^*) = \delta_{ik}.$$

Mit zwei Konstanten $\alpha, \beta\,(\infty > \alpha > \beta > 0)$ gilt für jedes $f \in \mathfrak{R}$

$$\beta^2 \sum_n |(f, y_n^*)|^2 \leq (f, f) \leq \alpha^2 \sum_n |(f, y_n^*)|^2.$$

5. Für $\mu = 0$ sind λ_n sämtlich einfache Nullstellen von $\Delta(\lambda, 0)$.

1.52. Die Funktionen $\lambda_n(\mu)$. Wir beweisen zunächst, allein unter Benutzung von 1. und 4.,

Satz 1. *Ist für* $z \in \mathfrak{U}$, $f \in \mathfrak{R}$ *und beliebiges* λ

$$F z + \lambda z = f,$$

ist ferner für den Fall, daß $\lambda = \lambda_m$ *Eigenwert zu* $\mu = 0$ *ist,*

$$(z, y_m^*) = 0,$$

so gilt

$$\|z\| \leq \frac{\alpha}{\beta} \, \frac{1}{\min\limits_{\lambda_n \neq \lambda} |\lambda_n - \lambda|} \, \|f\|.$$

Beweis. Aus

$$F z + \lambda z = f, \qquad z \in \mathfrak{U}$$
$$F^* y_n^* + \bar{\lambda}_n y_n^* = 0, \qquad y_n^* \in \mathfrak{U}^*$$

folgt wegen 1.

$$(\lambda - \lambda_n)(z, y_n^*) = (f, y_n^*).$$

Daher wird nach 4.

$$(z, z) \leq \alpha^2 \sum_{\lambda_n \neq \lambda} \left| \frac{(f, y_n^*)}{\lambda - \lambda_n} \right|^2 \leq \alpha^2 \frac{1}{\min\limits_{\lambda_n \neq \lambda} |\lambda - \lambda_n|^2} \sum_n |(f, y_n^*)|^2 \leq \frac{\alpha^2}{\beta^2} \frac{1}{\min\limits_{\lambda_n \neq \lambda} |\lambda - \lambda_n|^2} (f, f).$$

Aus Satz 1 folgt mit Benutzung von 2.

Satz 2. *Ist* $\lambda, \mu \neq 0$ *ein beliebiges Eigenwertpaar, so gilt*

$$\min_n |\lambda - \lambda_n| < \frac{\alpha}{\beta} \gamma |\mu|.$$

Beweis. Ist $\lambda_n \neq \lambda$ und y zugehörige Eigenlösung, so gilt

$$F y + \lambda y = -\mu G y,$$

also nach Satz 1 und Voraussetzung 2.

$$\|y\| \leq \frac{1}{\min\limits_n |\lambda - \lambda_n|} \frac{\alpha}{\beta} \|\mu G y\| < \frac{1}{\min\limits_n |\lambda - \lambda_n|} \frac{\alpha}{\beta} \gamma |\mu| \|y\|.$$

Eine Verschärfung dieses Satzes kann unter folgender Voraussetzung gewonnen werden:

V. *Es gibt einen in $\Re$ definierten linearen Operator T und ein vollständiges Orthogonalsystem z_n $[(z_i, z_k) = \delta_{ik}, (f, f) = \sum |(f, z_i)|^2 (f \in \Re)]$, derart, daß für $f \in \Re$ stets*

$$(f, y_n^*) = (Tf, z_n)$$

ist und daß für $u \in \mathfrak{U}$ immer

$$TGu = GTu$$

gilt.

Dann wird unter den Voraussetzungen von Satz 1:

$$\| Tz \| \leq \frac{1}{\min\limits_{\lambda_n \neq \lambda} |\lambda - \lambda_n|} \| Tf \| \tag{$*$}$$

wegen

$$(Tz, Tz) = \sum_n |(Tz, z_n)|^2 = \sum_{\lambda_n \neq \lambda} |(z, y_n^*)|^2 = \sum_{\lambda_n \neq \lambda} \left| \frac{(f, y_n^*)}{\lambda - \lambda_n} \right|^2$$

$$\leq \frac{1}{\min\limits_{\lambda_n \neq \lambda} |\lambda - \lambda_n|^2} \sum_n |(Tf, z_n)|^2 = \frac{1}{\min\limits_{\lambda_n \neq \lambda} |\lambda - \lambda_n|^2} (Tf, Tf),$$

und aus ($*$) folgt mit 2.

S a t z 2*. *Für jedes Eigenwertpaar $\lambda, \mu \neq 0$ gilt*

$$\min_n |\lambda - \lambda_n| < \gamma |\mu|.$$

B e w e i s. Aus

$$Fy + \lambda y + \mu Gy = 0$$

folgt mit ($*$) für $\lambda \neq \lambda_n$:

$$\| Ty \| \leq \frac{1}{\min\limits_n |\lambda - \lambda_n|} \| T\mu \, Gy \| < \frac{1}{\min\limits_n |\lambda - \lambda_n|} \gamma |\mu| \| Ty \|.$$

Im folgenden setzen wir, falls V. erfüllt ist,

$$\gamma_1 = \gamma,$$

sonst

$$\gamma_1 = \frac{\alpha}{\beta} \gamma.$$

Wir ziehen jetzt 3. heran, benutzen die Sätze über implizite Funktionen und erhalten:

Hilfssatz 1. *Für jedes feste $\mu = \mu^*$ ist der durch die Ungleichungen*

$$|\lambda - \lambda_n| > \gamma_1 |\mu^*|$$

gekennzeichnete λ-Bereich frei von Eigenwerten. Daher ist $\Delta(\lambda, \mu^*) \equiv 0$ als Funktion von λ. $\Delta(\lambda, \mu) = 0$ wird somit in der Umgebung jedes Eigenwertpaares λ^*, μ^* durch endlich viele Funktionselemente mit höchstens endlicher Verzweigung in $\mu = \mu^*$ aufgelöst.

Daraus folgt dann

Satz 3. *Jedes der durch $\Delta(\lambda, \mu) = 0$ definierten Funktionselemente $\lambda(\mu)$ läßt sich — Verzweigungen endlicher Ordnung zugelassen — längs jedes Weges der μ-Ebene analytisch fortsetzen. Man erhält auf diese Weise also in der μ-Ebene überall endliche algebroide Funktionen.*

Beweis. Wir brauchen nur zu zeigen: Variiert μ in einer offenen Strecke mit dem Endpunkt μ^* und ist für alle μ im Innern der Strecke eine stetige Funktion $\lambda(\mu)$ mit $\Delta(\lambda(\mu), \mu) \equiv 0$ gegeben, so existiert eine Folge $\mu_n \to \mu^*$ derart, daß die zugehörigen Werte $\lambda(\mu_n)$ einen endlichen Grenzwert λ^* besitzen. — Denn dann gilt $\Delta(\lambda^*, \mu^*) = 0$ und $\lambda(\mu)$ muß als stetige Funktion einem der durch Auflösung um λ^*, μ^* entstehenden Funktionselemente angehören.

Sei $\varepsilon > 0$, so zerfällt wegen 4. die λ-Menge

$$\min_n |\lambda - \lambda_n| \leq \gamma_1(|\mu^*| + \varepsilon)$$

in getrennte kompakte Bereiche. $\lambda(\mu)$ muß nun für $|\mu - \mu^*| < \varepsilon$ als stetige Funktion in einem dieser Bereiche laufen. Mithin gibt es nach dem Häufungsstellenprinzip eine Folge μ_n mit der gesuchten Eigenschaft.

Jetzt erhalten wir leicht auch quantitative Ergebnisse. Wir benutzen dazu noch 5.

Satz 4. $\Delta(\lambda, \mu) = 0$ *wird um $\mu = 0$, $\lambda = \lambda_n$ durch eine Potenzreihe*

$$\lambda_n(\mu) = \lambda_n + \mu\,\lambda_{n1} + \mu^2\,\lambda_{n2} + \cdots$$

aufgelöst. Sie konvergiert mindestens für

$$|\mu| \leq \frac{d_n}{2\gamma_1}, \quad d_n = \min_{m \neq n} |\lambda_m - \lambda_n|.$$

Für die Koeffizienten gelten die Abschätzungen

$$|\lambda_{np}| < \gamma_1 \left(\frac{2\gamma_1}{d_n}\right)^{p-1} \qquad (p = 1, 2, 3, \ldots),$$

bzw. schärfer

$$\frac{d_n^2}{4} > \left(\frac{d_n}{2\gamma_1}\right)^2 |\lambda_{n1}|^2 + \left(\frac{d_n}{2\gamma_1}\right)^4 |\lambda_{n2}|^2 + \left(\frac{d_n}{2\gamma_1}\right)^6 |\lambda_{n3}|^2 + \cdots.$$

Sei für $|\mu| < \dfrac{d_n}{2\gamma_1}$ gesetzt

$$\lambda_n(\mu) = \lambda_n + \mu\,\lambda_{n1} + \cdots + \mu^k\lambda_{nk} + R_{nk}(\mu),$$

so hat man die Fehlerabschätzung

$$|R_{nk}(\mu)| < \left(\frac{2\gamma_1|\mu|}{d_n}\right)^{k+1} \left\{ \frac{\dfrac{d_n^2}{4} - \left(\dfrac{d_n}{2\gamma_1}\right)^2|\lambda_{n1}|^2 - \cdots - \left(\dfrac{d_n}{2\gamma_1}\right)^k|\lambda_{nk}|^2}{1 - \left(\dfrac{2\gamma_1|\mu|}{d_n}\right)^2} \right\}^{\frac{1}{2}}.$$

Beweis. Die Auflösung durch Potenzreihen folgt aus 5. Die Abschätzung der Konvergenzradien nach unten ergibt sich daraus, daß für

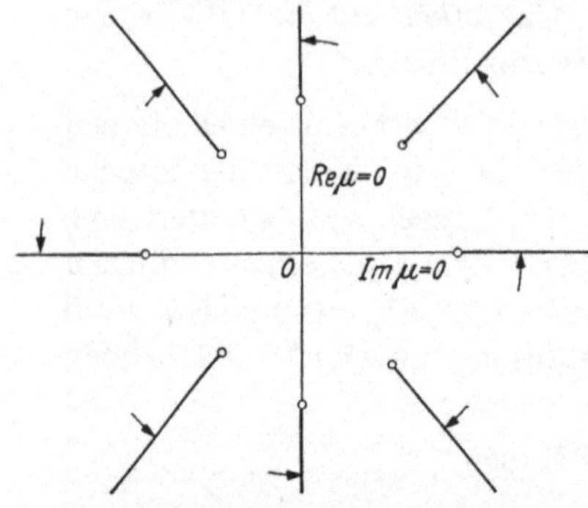

Abb. 4. Die Verzweigungsschnitte für die Funktionen $\lambda_n(\mu)$. o Verzweigungspunkte; — Verzweigungsschnitte; → Markierung des Ufers, an das der betreffende Schnitt anzuschließen ist.

$|\mu| \leq \dfrac{d_n}{2\gamma_1}$ das durch die Ungleichungen

$$\min_m |\lambda - \lambda_m| \geq \frac{d_n}{2}$$

gekennzeichnete λ-Gebiet frei von zugehörigen Eigenwerten ist und man mithin von $\mu = 0$, $\lambda = \lambda_n$ aus stetig in $|\mu| \leq \dfrac{d_n}{2\gamma_1}$, $\varDelta(\lambda, \mu) = 0$ laufend kein anderes Eigenwertpaar $\mu = 0$, $\lambda = \lambda_m \neq \lambda_n$ erreichen kann. Daher bleibt dort auch

$$|\lambda_n(\mu) - \lambda_n| < \frac{d_n}{2},$$

was nach Cauchy bzw. Gutzmer die Abschätzungen für die Koeffizienten liefert. Die Fehlerabschätzung schließlich fließt aus der Gutzmerschen Koeffizientenformel mit Hilfe der Schwarzschen Ungleichung, angewandt auf $R_{nk} = \sum\limits_{l=k+1}^{\infty} \mu^l \lambda_{nl}$.

Wir folgern weiter

Satz 5. *Die Gesamtheit der Eigenwertpaare erhält man durch analytische Fortsetzung aus den Funktionselementen $\lambda = \lambda_n(\mu)$ von Satz 4. Die Spurpunkte der dabei eventuell auftretenden Verzweigungsstellen haben keinen endlichen Häufungspunkt. Zieht man von jeder Verzweigungsstelle $\mu_0 (\neq 0)$ einen Schnitt radial gegen ∞ und rechnet die Schnitte jeweils zum mit → gekennzeichneten Ufer (vgl. Abb. 4), so sind die Funktionen $\lambda = \lambda_n(\mu)$ damit in der gesamten μ-Ebene eindeutig definiert. Für jedes μ gilt asymptotisch mit $n \to \infty$*

$$\lambda_n(\mu) = \lambda_n + \mu\lambda_{n1} + \cdots + \mu^k\lambda_{nk} + O(n^{-k}).$$

Wir bemerken dazu nur, daß nach Voraussetzung über die λ_n gewiß eine Konstante $\delta > 0$ mit $d_n \geq \delta(1 + |n|)$ existiert.

1.53. Selbstadjungierte Probleme. Wir nehmen jetzt $\mathfrak{U}^* = \mathfrak{U}$, $F^* = F$, $G^* = G$ an. Dann sind die λ_n reell, es kann $y_n^* = y_n$ gewählt werden und man hat $\alpha = \beta = 1$, $\gamma_1 = \gamma$.

Daher gilt nun

Satz 6. *Für jedes Eigenwertpaar λ, μ und eine zugehörige normierte Eigenlösung y ist*

$$\mathfrak{Im}\,\lambda + \mathfrak{Im}\,\mu\,(Gy, y) = 0,$$

mithin, falls $\mathfrak{Im}\,\mu \neq 0$,

$$|\mathfrak{Im}\,\lambda| < \gamma\,|\mathfrak{Im}\,\mu|.$$

Beweis. Aus

$$Fy + \lambda y + \mu\,Gy = 0$$

mit y aus $\mathfrak{U}$ und $\|y\| = 1$ folgt

$$(Fy, y) + \lambda + \mu\,(Gy, y) = 0;$$

(Fy, y), (Gy, y) sind nach 1. reell. Daraus folgt der erste Teil der Behauptung. Die Abschätzung ergibt sich mit

$$|(Gy, y)| \leq \|Gy\| \cdot \|y\| < \gamma.$$

Damit erhält man

Satz 7. *Die Funktionen $\lambda_n(\mu)$ sind für reelle μ reell und regulär analytisch. Es gilt — abgesehen nur von den rein imaginären Verzweigungsschnitten —*

$$\lambda_n(\bar{\mu}) = \overline{\lambda_n(\mu)}.$$

Die Realität liefert Satz 6, die Regularität erkennt man daraus, daß um eine reelle Verzweigungsstelle μ_0 eine Entwicklung nach gebrochenen Potenzen von $\mu - \mu_0$ gelten müßte, die jedoch für reelle μ nicht nur reelle λ ergeben kann.

Jetzt kann durch eine Abschätzung der Konvergenzradien nach oben auch eine Aussage über die Existenz von Verzweigungsstellen erhalten werden. Wir zeigen

Satz 8. *Jede der Potenzreihen*

$$\lambda_n(\mu) = \lambda_n + \mu\,\lambda_{n1} + \mu^2\,\lambda_{n2} + \cdots$$

ist entweder eine ganze lineare Funktion, oder ihr Konvergenzradius ist endlich. Ist für ein $k > 1$ der Koeffizient $\lambda_{nk} \neq 0$, so gilt für den Konvergenzradius ϱ_n:

$$\varrho_n < \left|\frac{\sqrt{2}\gamma}{\lambda_{nk}}\right|^{\frac{1}{k-1}},$$

bzw. schärfer

$$\sum_{k=1}^{\infty} |\lambda_{nk}|^2\,\varrho_n^{2k} < 2\gamma^2\,\varrho_n^2.$$

Beweis. Für $0 < r \leq \varrho_n$ und $k \geq 1$ gilt

$$\lambda_{nk} = \frac{1}{2\pi i} \oint_{|\mu|=r} \frac{\lambda_n(\mu)}{\mu^{k+1}}\, d\mu,$$

$$0 = \frac{1}{2\pi i} \oint_{|\mu|=r} \frac{\overline{\lambda_n(\mu)}}{\mu^{k+1}}\, d\mu,$$

also

$$\lambda_{nk} = \frac{1}{\pi} \oint_{|\mu|=r} \frac{\Im\,\lambda_n(\mu)}{\mu^{k+1}}\, d\mu = \frac{i}{\pi r^k} \int_0^{2\pi} [\Im\,\lambda_n(r\,e^{i\varphi})]\, e^{-ik\varphi}\, d\varphi,$$

mithin nach der BESSELschen Ungleichung

$$\sum_{k=1}^{\infty} |\lambda_{nk}|^2\, r^{2k} \leq \frac{2}{\pi} \int_0^{2\pi} \{\Im\,\lambda_n(r\,e^{i\varphi})\}^2\, d\varphi.$$

Das liefert mit Satz 6 die Behauptung.

Im folgenden benötigen wir den

Hilfssatz 2. *Ist für*

$$0 < |\mu| < \frac{d_n}{2\gamma}$$

$y_n(\mu)$ *normierte Eigenlösung zum Eigenwertpaar* $\lambda_n(\mu)$, μ, *so gelten die Abschätzungen*

$$\| y_n(\mu) - (y_n(\mu), y_n)\, y_n \| < \frac{2\gamma\,|\mu|}{d_n}, \tag{a}$$

$$0 \leq 1 - |(y_n(\mu), y_n)|^2 < \frac{2\gamma\,|\mu|}{d_n}, \tag{b}$$

$$\| (y_n, y_n(\mu))\, y_n(\mu) - y_n \| < \frac{2\sqrt{2\gamma\,|\mu|}}{d_n}. \tag{c}$$

Beweis. Für $z_n = y_n(\mu) - (y_n(\mu), y_n)\, y_n$ hat man

$$F z_n + \lambda_n z_n = -\left(\lambda_n(\mu) - \lambda_n\right) y_n(\mu) - \mu\, G y_n(\mu)$$

und $(z_n, y_n) = 0$. Daraus folgt nach Satz 1 die Abschätzung (a); denn die Norm der rechten Seite der letzten Gleichung ist kleiner als $2\gamma\,|\mu|$. (b) ergibt sich aus (a) durch Abschätzung von $(z_n, y_n(\mu))$ nach der SCHWARZschen Ungleichung. Zur Herleitung von (c) setzen wir

$$v_n = (y_n, y_n(\mu))\, y_n(\mu) - y_n.$$

Es ist dann

$$F v_n + \lambda_n v_n = -(y_n, y_n(\mu))\, \{(\lambda_n(\mu) - \lambda_n)\, y_n(\mu) + \mu\, G y_n(\mu)\} = f_n.$$

Nun wird, wie beim Beweise von Satz 1

$$(\lambda_n - \lambda_m)(v_n, y_m) = (f_n, y_m);$$

wegen (b) ist einerseits

$$|(v_n, y_n)| < \frac{2\gamma|\mu|}{d_n},$$

andererseits gilt

$$\|f_n\| < 2\gamma|\mu|.$$

Daraus folgt

$$\|v_n\|^2 = |(v_n, y_n)|^2 + \sum_{m \neq n} \left|\frac{(f_n, y_m)}{\lambda_n - \lambda_m}\right|^2 < \frac{4\gamma^2|\mu|^2}{d_n^2} + \frac{4\gamma^2|\mu|^2}{d_n^2},$$

was zu zeigen war.

Nun erhalten wir leicht

Satz 9. *Für den ersten Koeffizienten der Reihen des Satzes 4 gilt*

$$\lambda_{n1} = \lambda_n'(0) = -(G y_n, y_n).$$

Beweis. Sei im folgenden μ_0 reell. Dann ist einerseits nach Satz 6 die reelle Zahl

$$\lambda_n'(0) = \lim_{\mu_0 \to 0} \frac{\Im m\, \lambda_n(i\mu_0)}{\mu_0} = -\lim_{\mu_0 \to 0}\big(G y_n(i\mu_0), y_n(i\mu_0)\big),$$

wenn wir unter $y_n(i\mu_0)$ eine normierte Eigenlösung zum Eigenwertpaar $\lambda_n(i\mu_0)$, $i\mu_0$ verstehen. Andererseits erkennt man auf Grund der Formeln (a) und (b) von Hilfssatz 2 mit Hilfe der SCHWARZschen Ungleichung und der Beschränktheit von G leicht

$$\big(G y_n(i\mu_0), y_n(i\mu_0)\big) \to (G y_n, y_n) \qquad (\mu_0 \to 0).$$

Das liefert die Behauptung.

Wir zeigen weiter

Hilfssatz 3. *Für*

$$|\mu| \leq \frac{\sqrt{2}}{4\gamma}\left(\sum_n \frac{1}{d_n^2}\right)^{-\frac{1}{2}}$$

ist jedes zu den Eigenwertpaaren $\lambda_n(\mu), \mu$ gehörende System normierter Eigenlösungen vollständig in dem Sinne, daß kein Element $f \neq 0$ aus $\Re$ mit $(f, y_n(\mu)) = 0$ für alle n existiert.

Für reelles μ, das dieser Abschätzung genügt, sind die zugehörigen Eigenwertpaare einfach, für das zugehörige orthogonale und normierte System von Eigenlösungen $y_n(\mu)$ gilt die Vollständigkeitsrelation

$$(f, f) = \sum_n |(f, y_n(\mu))|^2$$

mit jedem f aus $\Re$.

Beweis. Für die betrachteten μ-Werte gilt nach Hilfssatz 2, Formel (c):

$$\sum_n \| (y_n, y_n(\mu))\, y_n(\mu) - y_n \|^2 = \sigma < 1 . \tag{*}$$

Ist daher $(f, y_n(\mu)) = 0$, so wird wegen der Vollständigkeit der y_n

$$\|f\|^2 = \sum_n |(f, y_n)|^2 = \sum_n |(f, (y_n, y_n(\mu))\, y_n(\mu) - y_n)|^2 \leq \|f\|^2\, \sigma$$

— dabei haben wir nach der SCHWARZschen Ungleichung abgeschätzt — und mithin $\|f\| = 0$, $f = 0$. — Sei nunmehr μ reell, $y_n(\mu)$ ein zu den Eigenwertpaaren $\lambda_n(\mu), \mu$ gehörendes orthogonales normiertes System von Eigenlösungen, f ein Element von $\Re$. Wir bilden dann die Folge der Elemente

$$f_m = f - \sum_{|n| \leq m} (f, y_n(\mu))\, y_n(\mu) \qquad (m = 1, 2, 3, \ldots)$$

und haben zu zeigen

$$\|f_m\| \to 0 \qquad (m \to \infty); \tag{**}$$

denn das ist der behaupteten Vollständigkeitsrelation äquivalent, und aus dieser folgt die Einfachheit der Eigenwertpaare, da es andernfalls eine zu sämtlichen $y_n(\mu)$ orthogonale normierte Eigenlösung geben müßte. Zum Beweise von (**) beachten wir, daß

$$(f_m, y_n(\mu)) = 0 \qquad (|n| \leq m)$$

gilt und erhalten

$$\|f_m\|^2 = \sum_n |(f_m, y_n)|^2 = \sum_{|n| \leq m} |(f_m, (y_n, y_n(\mu))\, y_n(\mu) - y_n)|^2 + \sum_{|n| \geq m+1} |(f_m, y_n)|^2$$

oder wegen (*)

$$(1 - \sigma)\, \|f_m\|^2 \leq \sum_{|n| \geq m+1} |(f_m, y_n)|^2 .$$

Es genügt jetzt der Nachweis, daß die rechte Seite mit $m \to \infty$ gegen 0 geht. Wir beachten dazu, daß jedenfalls

$$\left| \Big(\sum_{|n| \geq p} |(f_{m_1}, y_n)|^2 \Big)^{\frac{1}{2}} - \Big(\sum_{|n| \geq p} |(f_{m_2}, y_n)|^2 \Big)^{\frac{1}{2}} \right| \leq \Big(\sum_{|n| \geq p} |(f_{m_1} - f_{m_2}, y_n)|^2 \Big)^{\frac{1}{2}},$$

also

$$\left| \sum_{|n| \geq p} |(f_{m_1}, y_n)|^2 - \sum_{|n| \geq p} |(f_{m_2}, y_n)|^2 \right| \leq (\|f_{m_1}\| + \|f_{m_2}\|)\, \|f_{m_1} - f_{m_2}\|$$

gilt. Wir können daher wegen

$$\|f_{m_1} - f_{m_2}\|^2 = \sum_{|n| = m_1+1}^{m_2} |(f, y_n(\mu))|^2 \to 0$$

zu gegebenem $\varepsilon > 0$ zunächst ein M_1 wählen, derart, daß für alle $m > M_1$ und alle p

$$\left| \sum_{|n| \geq p} |(f_{M_1}, y_n)|^2 - \sum_{|n| \geq p} |(f_m, y_n)|^2 \right| < \frac{\varepsilon}{2}$$

bleibt, und dann $M_2 > M_1$ so bestimmen, daß

$$\sum_{|n| \geq M_2} |(f_{M_1}, y_n)|^2 < \frac{\varepsilon}{2}.$$

Dann hat man sicher

$$\sum_{|n| \geq m+1} |(f_m, y_n)|^2 < \varepsilon$$

für $m \geq M_2$.

Nach Hilfssatz 3 sind nunmehr mit jedem μ_0 im Intervall

$$-\frac{\sqrt{2}}{4\gamma} \left[\sum_n \frac{1}{d_n^2} \right]^{-\frac{1}{2}} \leq \mu_0 \leq \frac{\sqrt{2}}{4\gamma} \left[\sum_n \frac{1}{d_n^2} \right]^{-\frac{1}{2}}$$

für den Operator $F + \mu_0 G$ an Stelle von F alle Voraussetzungen 1. bis 5. des selbstadjungierten Falles unserer Theorie erfüllt. Wir fordern jetzt noch:

5'. Zu reellem μ_0 besitzt $\Delta(\lambda, \mu_0)$ nur einfache Nullstellen λ.

Wir können dann das Verfahren von Hilfssatz 3 iterieren und offenbar seine Aussage für alle reellen μ erhalten, wenn wir nur nachweisen, daß die mit den Abständen $d_n(\mu)$ der Eigenwerte $\lambda_n(\mu)$ zu reellem μ analog wie für $\mu = 0$ gebildete Reihe

$$\sum_n \frac{1}{d_n(\mu)^2}$$

auf der reellen Achse stetig (und $\neq 0$) ist. Das ist jedoch daraus zu ersehen, daß einerseits jedes Reihenglied nach 5'. und Satz 5 stetig (und $\neq 0$) ist und andererseits für $\mu \neq 0$

$$|d_n(\mu) - d_n| < 2\gamma |\mu|$$

bleibt, also unsere Reihe in jedem endlichen μ-Intervall gleichmäßig konvergiert. So können wir notieren — wir ziehen besonders Satz 9 heran —:

Satz 10. *Für jedes reelle μ_0 sind mit $F + \mu_0 G$ an Stelle von F alle Voraussetzungen 1. bis 5. erfüllt. Speziell sind daher sämtliche Eigenwertpaare $\lambda_n(\mu), \mu$ zu reellem μ einfach, die zugehörigen normierten Eigenlösungen $y_n(\mu)$ bilden ein vollständiges orthogonales normiertes System:*

$$(y_i(\mu), y_k(\mu)) = \delta_{ik},$$

$$(f, f) = \sum_n |(f, y_n(\mu))|^2 \qquad (f \in \Re).$$

Längs der reellen charakteristischen Kurven $\lambda = \lambda_n(\mu)$ gilt

$$-\gamma < \lambda_n'(\mu) = -(G y_n(\mu), y_n(\mu)) < \gamma.$$

1.6. Eigenwertprobleme mit zwei Parametern. II.

1.61. Voraussetzungen. Vorbemerkungen. Wir schließen an **1.51.**, **1.52.** an, machen jedoch einige weitere Voraussetzungen. Unser Ziel ist nunmehr die genauere Untersuchung der Eigenlösungen.

Für die Elemente f von $\Re$ seien neben $\|f\|$ noch zwei weitere Normen, $|f|$ und $\overline{|f|}$, erklärt; es gelten demgemäß in $\Re$ die Regeln[1]:

$$|f| \geqq 0, \quad |f| = 0 \curvearrowright f = 0, \qquad \overline{|f|} \geqq 0, \quad \overline{|f|} = 0 \curvearrowright f = 0,$$

$$|f+g| \leqq |f| + |g|, \qquad\qquad \overline{|f+g|} \leqq \overline{|f|} + \overline{|g|},$$

$$|\alpha f| = |\alpha|\,|f|, \qquad\qquad\qquad \overline{|\alpha f|} = |\alpha|\,\overline{|f|}.$$

Die Beziehung dieser Normen zum inneren Produkt sei durch die zur SCHWARZschen Ungleichung analoge Abschätzung

$$|(f, g)| \leqq |f|\,\overline{|g|} \tag{1}$$

und das Verhältnis der Normen zueinander durch

$$\overline{|f|} \leqq \chi \, \|f\| \leqq \chi^2 |f| \tag{2}$$

mit einer Konstanten $\chi > 0$ gegeben. Wir bezeichnen $|f|$, $\|f\|$, $\overline{|f|}$ der Reihe nach als die erste, zweite und dritte Norm.

$\Re_1$, $\Re_2$, $\Re_3$ seien die kleinsten perfekten Erweiterungen von $\Re$ bezüglich dieser Normen; es gilt wegen (2)

$$\begin{array}{c}\mathfrak{U} \subset \\ \mathfrak{U}^* \subset\end{array} \Re \subset \Re_1 \subset \Re_2 \subset \Re_3.$$

Diese Erweiterungsräume sind BANACHsche Räume bezüglich der zugehörigen Normen $|f|$, $\|f\|$, $\overline{|f|}$.

Ein „linearer normierter" Raum ist ein komplexer linearer Raum $\Re$, für dessen Elemente f eine Norm $|f|$ mit den obigen drei Regeln definiert ist. $\Re$ braucht nicht „perfekt" zu sein, es kann Folgen $\{f_n\}$ mit $|f_n - f_m| \to 0$ $(n, m \to \infty)$, „Fundamentalfolgen" genannt, geben, für die kein f in $\Re$ mit $|f_n - f| \to 0$ $(n \to \infty)$ existiert.

Ein „BANACHscher Raum" ist ein perfekter linearer normierter Raum. Zu jedem linearen normierten Raum gibt es einen kleinsten umfassenden BANACHschen Raum. Dazu wird ein Verfahren analog der Erweiterung des Körpers der rationalen Zahlen zu dem der reellen Zahlen durchgeführt. Man betrachtet zwei Fundamentalfolgen $\{f_n^{(1)}\}$, $\{f_n^{(2)}\}$ als „äquivalent", wenn $|f_n^{(1)} - f_n^{(2)}| \to 0$ $(n \to \infty)$. $\hat{\Re}$ sei die Menge der Klassen äquivalenter Fundamentalfolgen. Man definiert für die Elemente $\hat{f}$, $\hat{g}$ von $\hat{\Re}$ eine Addition $\hat{f} + \hat{g}$, indem man aus $\hat{f}$ und $\hat{g}$ je eine Fundamentalfolge auswählt, die Summenfolge bildet und die zugehörige Klasse, die sich als nur von $\hat{f}$ und $\hat{g}$ abhängig erweist, bestimmt. Man definiert das Produkt $\alpha \hat{f}$ als die Klasse der

---

[1] $\curvearrowright$ bedeutet „genau dann wenn".

mit α multiplizierten Fundamentalfolgen von $\hat{f}$. Es wird schließlich $|\hat{f}|$ gleich dem von der Auswahl der Fundamentalfolge $\{f_n\}$ aus $\hat{f}$ unabhängigen $\lim\limits_{n\to\infty} |f_n|$ gesetzt.

Die Elemente von $\Re$ werden mit den durch die entsprechenden konstanten Fundamentalfolgen bestimmten Klassen, also Elementen von $\hat{\Re}$ identifiziert. Dann ist $\hat{\Re}$ ein BANACHscher Raum, in dem $\Re$ dicht ist, d.h. zu jedem f aus $\hat{\Re}$ und $\varepsilon > 0$ gibt es ein g aus $\Re$ mit $|f - g| < \varepsilon$. [1]

Durch stetige Fortsetzung ist (f, g) unter Erhaltung der Regeln erklärt, solange entweder f, g beide in $\Re_2$ oder f in $\Re_1$, g in $\Re_3$ oder umgekehrt liegen. $\Re_2$ ist dann ein HILBERTscher Raum.

Aus $\| f_n - f_m \| \to 0$, $\| g_n - g_m \| \to 0$ $(n, m \to \infty)$ folgt mit Hilfe der SCHWARZschen Ungleichung wegen

$$|(f_n, g_n) - (f_m, g_m)| \leq \| f_n - f_m \| \cdot \| g_n \| + \| g_n - g_m \| \cdot \| f_m \|$$

die Konvergenz der Zahlenfolge (f_n, g_n), analog aus $|f_n - f_m| \to 0$, $\overline{|g_n - g_m|} \to 0$ mit Hilfe von (1). Der Grenzwert wird zu (f, g) erklärt, falls im ersten Falle f, g die Elemente aus $\Re_2$ mit $\| f_n - f \| \to 0$, $\| g_n - g \| \to 0$ $(n \to \infty)$ bzw. im zweiten Falle f und g die Elemente aus $\Re_1$ bzw. $\Re_3$ mit $|f_n - f| \to 0$, $\overline{|g_n - g|} \to 0$, $(n \to \infty)$ sind. Diese Definition ist von der Auswahl der Fundamentalfolgen $\{f_n\}$, $\{g_n\}$ zu f und g unabhängig.

(1) ist gültig, wenn f in $\Re_1$, g in $\Re_3$. Es gilt $\|f\| \leq \chi |f|$ für jedes f in $\Re_1$ und $\overline{|f|} \leq \chi \|f\|$ für jedes f in $\Re_2$.

Wir setzen nun zusätzlich zu den Forderungen von **1.51.** (1. bis 5.) noch voraus:

6. Es gibt zwei ganze Funktionen zweier Variablen in $\Re_1$, $y(\lambda, \mu)$, $y^*(\bar{\lambda}, \bar{\mu})$, deren Vielfache für Eigenwertpaare λ, μ die Eigenlösungen der Gleichungen

$$F y + \lambda y + \mu G y = 0, \qquad y \neq 0, \qquad y \in \mathfrak{U},$$

$$F^* y^* + \bar{\lambda} y^* + \bar{\mu} G^* y^* = 0, \qquad y^* \neq 0, \qquad y^* \in \mathfrak{U}$$

liefern. Jedes Eigenwertpaar ist daher bezüglich beider Gleichungen einfach.

7. Ist f ein Element aus $\Re$ und λ, μ kein Eigenwertpaar, so ist

$$F z + \lambda z + \mu G z = f, \qquad z \in \mathfrak{U}$$

eindeutig lösbar. $z(\lambda, \mu)$ ist eine regulär analytische Funktion der Veränderlichen λ, μ in $\Re_1$, solange λ, μ nicht Eigenwertpaar ist; $\Delta(\lambda, \mu) z(\lambda, \mu)$ ist eine ganze Funktion. Wird $z(\lambda, \mu_0)$ bei festem $\mu = \mu_0$ um eine Stelle λ_0 in eine LAURENT-Reihe entwickelt, so liegen die Koeffizienten in $\mathfrak{U}$; $F z$ und $G z$ werden durch gliedweise Anwendung der Operatoren erhalten.

---

[1] Über BANACHsche Räume vgl. BANACH [1], HILLE [2].

Wir sprechen von einer „Funktion" $f(\lambda)$ bzw. $f(\lambda, \mu)$ einer bzw. zweier komplexer Veränderlichen im BANACHschen Raume $\Re_1$, wenn gewissen Werten von λ bzw. Wertepaaren λ, μ Elemente von $\Re_1$ zugeordnet sind. Gehört λ_0 zum Definitionsbereich $\mathfrak{D}$ von $f(\lambda)$ und ist λ_0 gleichzeitig Häufungspunkt des Definitionsbereiches, so heißt $f(\lambda)$ in λ_0 „stetig", wenn aus $\lambda_n \to \lambda_0$ $(n \to \infty)$ in $\mathfrak{D}$ stets folgt $|f(\lambda_n) - f(\lambda_0)| \to 0$; in diesem Falle ist dann $|f(\lambda)|$ in λ_0 stetig im üblichen Sinne. Dasselbe gilt für Funktionen zweier Variabler. Es gelten die bekannten Sätze über Beschränktheit und gleichmäßige Stetigkeit von Funktionen, die auf kompakten (beschränkten und abgeschlossenen) Mengen stetig sind. Im Falle zweier komplexer Variablen sind dabei die topologischen Begriffe im Sinne des vierdimensionalen euklidischen Raumes zu deuten.

Ist $g(\tau)$ im Intervall $\alpha \leq \tau \leq \beta$ stetig, so gibt es ein eindeutig bestimmtes Element $\int_\alpha^\beta g(\tau)\, d\tau$ in $\Re_1$ mit der Eigenschaft

$$\left| \frac{\beta - \alpha}{n} \sum_{\nu=1}^n g\left(\alpha + \nu\, \frac{\beta - \alpha}{n}\right) - \int_\alpha^\beta g(\tau)\, d\tau \right| \to 0 \qquad (n \to \infty),$$

wie leicht auf Grund der gleichmäßigen Stetigkeit einzusehen ist. Dieser Integralbegriff wird, wie üblich, auf stückweise stetige Funktionen ausgedehnt. Ist $\mathfrak{C}$ ein Weg in der komplexen λ-Ebene, durch eine stetige, stückweise stetig differenzierbare Parameterdarstellung $\lambda = \varphi(\tau)$ $(\alpha \leq \tau \leq \beta)$ gegeben, so definieren wir für eine auf $\mathfrak{C}$ stetige Funktion $f(\lambda)$:

$$\int_\mathfrak{C} f(\lambda)\, d\lambda = \int_\alpha^\beta f(\varphi(\tau))\, \varphi'(\tau)\, d\tau.$$

Dieses Kurvenintegral erweist sich, wie üblich, als von der speziellen Parameterdarstellung des Weges $\mathfrak{C}$ unabhängig. Es gelten die bekannten Regeln für die Integration von $f(\lambda) + g(\lambda)$, $\alpha f(\lambda)$ und $\alpha(\lambda) f$, ferner die Integralabschätzung

$$\left| \int_\mathfrak{C} f(\lambda)\, d\lambda \right| \leq \int_0^L |f(\lambda)|\, ds \leq \max |f(\lambda)| \cdot L,$$

wobei $0 \leq s \leq L$ die Bogenlänge auf $\mathfrak{C}$ ist, wie man in bekannter Weise einsieht.

Eine Reihe $\sum_{n=1}^\infty f_n$ heißt „konvergent", wenn $\left| \sum_{n=n_1}^{n_2} f_n \right| \to 0$ $(n_1, n_2 \to \infty)$; genau dann existiert ein f in $\Re_1$ mit $\left| f - \sum_{n=1}^m f_n \right| \to 0$ $(m \to \infty)$; wir schreiben: $f = \sum_{n=1}^\infty f_n$. Die Reihe heißt „absolut konvergent", wenn sogar $\sum_{n=1}^\infty |f_n|$ konvergiert.

Eine Reihe von Funktionen $\sum_{n=1}^\infty f_n(\lambda)$ heißt in einer λ-Menge „absolut gleichmäßig" konvergent, wenn $\sum_{n=1}^\infty |f_n(\lambda)|$, also auch $\sum_{n=1}^\infty f_n(\lambda)$ gleichmäßig konvergiert. Eine gleichmäßig konvergente Reihe stetiger Funktionen besitzt eine stetige Summe und kann längs eines Weges $\mathfrak{C}$ innerhalb der betreffenden λ-Menge gliedweise integriert werden. Dasselbe gilt für Reihen von Funktionen zweier komplexer Variablen.

Konvergiert eine Potenzreihe $\sum_{n=0}^\infty f_n \lambda^n$ für $\lambda = \lambda^* \neq 0$, so konvergiert sie, wie man in bekannter Weise einsieht, für $|\lambda| \leq \varrho < |\lambda^*|$ absolut gleichmäßig.

Eine Funktion $f(\lambda)$ heißt im Bereiche $\mathfrak{B}$ „analytisch", wenn sie sich um jeden Punkt λ_0 von $\mathfrak{B}$ in eine Potenzreihe

$$f(\lambda) = \sum_{n=0}^{\infty} f_n(\lambda - \lambda_0)^n$$

entwickeln läßt. Es übertragen sich Integralsatz, Integralformel und ihre Folgerungen, wie Doppelreihensatz und Laurent-Entwicklung.

Konvergiert eine zweifache Potenzreihe $\sum\limits_{n,m=0}^{\infty} f_{nm}\,\lambda^n\,\mu^m$ für $\lambda = \lambda^* \neq 0, \mu = \mu^* \neq 0$ in irgendeiner Anordnung, so konvergiert sie für $|\lambda| \leq \varrho_1 < |\lambda^*|$, $|\mu| \leq \varrho_2 < |\mu^*|$ absolut gleichmäßig.

$f(\lambda,\mu)$ heißt in einem Bereiche $\mathfrak{B}$ des vierdimensionalen euklidischen Raumes der zwei komplexen Variablen λ, μ „analytisch", wenn um jeden Punkt λ_0, μ_0 von $\mathfrak{B}$ eine Entwicklung in eine zweifache Potenzreihe möglich ist:

$$f(\lambda,\mu) = \sum_{n,m=0}^{\infty} f_{nm}(\lambda - \lambda_0)^n (\mu - \mu_0)^m.$$

Ist $f(\lambda,\mu)$ für λ in $\mathfrak{B}_1$, μ in $\mathfrak{B}_2$ analytisch, ferner $\lambda(\mu)$ für μ in $\mathfrak{B}_2$ analytisch mit Werten in $\mathfrak{B}_1$, so ist $f(\lambda(\mu),\mu)$ für μ in $\mathfrak{B}_2$ analytisch.[1]

Wir fordern schließlich

8. Für die Eigenlösungen y_n, y_n^* zu $\mu = 0$ gilt mit einer Konstanten $M > 0$

$$|y_n| \leq M(1 + |n|)^{\frac{1}{2}}, \qquad |y_n^*| \leq M(1 + |n|)^{\frac{1}{2}}.$$

Teilweise setzen wir schärfer voraus

8′. Es gilt

$$|y_n| \leq M, \qquad |y_n^*| \leq M.$$

Die Benutzung der schärferen Voraussetzung ist im folgenden durch einen Strich (′) an der Nummer des betreffenden Satzes oder der Formel gekennzeichnet.

1.62. Die Systeme von Eigenlösungen $\hat{y}_n(\mu)$, $\hat{y}_n^*(\bar{\mu})$, $y_n(\mu)$, $y_n^*(\bar{\mu})$. Wir wollen zunächst die zu den Eigenwertpaaren $\lambda_n(\mu), \mu$ gehörenden Systeme von Eigenlösungen eindeutig festlegen und ihre Abhängigkeit von μ untersuchen. Wir bilden dazu unter Benutzung von 6. die Eigenlösungen

$$\hat{y}_n(\mu) = y\big(\lambda_n(\mu),\mu\big), \qquad \hat{y}_n^*(\bar{\mu}) = y^*\big(\overline{\lambda_n(\mu)},\bar{\mu}\big)$$

und erkennen, daß diese, zugleich mit $\lambda_n(\mu)$ bzw. $\overline{\lambda_n(\mu)}$ bis auf Verzweigungen endlicher Ordnung regulär analytische Funktionen von μ bzw. $\bar{\mu}$ sind.

Wir zeigen zuerst

Satz 1. *Ist $\lambda_i(\mu) \neq \lambda_k(\mu)$, so gilt*

$$\big(\hat{y}_i(\mu),\, \hat{y}_k^*(\bar{\mu})\big) = 0.$$

---

[1] Über Funktionen in Banachschen Räumen vgl. auch Hille [2].

Hat man $\lambda_n(\mu_0) = \lambda_{n_1}(\mu_0)$ $(n_1 \neq n)$, *so wird*

$$\left(\hat{y}_n(\mu_0),\, \hat{y}_n^*(\bar{\mu}_0)\right) = 0.$$

Beweis. Die erste Behauptung folgt aus

$$F\hat{y}_i(\mu) + \lambda_i(\mu)\,\hat{y}_i(\mu) + \mu\,G\hat{y}_i(\mu) = 0,$$

$$F^*\hat{y}_k^*(\bar{\mu}) + \overline{\lambda_k(\mu)}\,\hat{y}_k^*(\bar{\mu}) + \bar{\mu}\,G^*\,\hat{y}_k^*(\bar{\mu}) = 0,$$

indem man die erste Gleichung von hinten mit $y_k^*(\mu)$, die zweite von vorn mit $\hat{y}_i(\mu)$ multipliziert und subtrahiert. — Zum Beweise der anderen Aussage beachten wir, daß für $\mu \neq \mu_0$ in einer Umgebung von μ_0 sicher $\lambda_n(\mu) \neq \lambda_{n_1}(\mu)$, also $(\hat{y}_n(\mu),\, \hat{y}_{n_1}^*(\bar{\mu})) = 0$ gilt. Man hat nun für $\mu \to \mu_0$

$$\left|\hat{y}_n(\mu) - \hat{y}_n(\mu_0)\right| \to 0, \qquad \left|\hat{y}_{n_1}^*(\bar{\mu}) - \hat{y}_n^*(\bar{\mu}_0)\right| \to 0.$$

Das gibt zusammen mit (2) und der SCHWARZschen Ungleichung die Behauptung.

Satz 2. *Ist* $\lambda_n(\mu) \neq \lambda_k(\mu)$ $(k \neq n)$, *also* $\lambda_n(\mu)$ *einfache Nullstelle von* $\Delta(\lambda, \mu)$, *so gilt*

$$\left(\hat{y}_n(\mu),\, \hat{y}_n^*(\bar{\mu})\right) \neq 0.$$

Ist f *ein Element aus* $\Re$, *so hat die Lösung* $z(\lambda, \mu)$ *von*

$$Fz + \lambda z + \mu Gz = f, \quad z \in \mathfrak{U}$$

für $\lambda = \lambda_n(\mu)$ *höchstens einen einfachen Pol mit dem Residuum*

$$\frac{(f,\, \hat{v}_n^*(\bar{\mu}))}{(\hat{y}_n(\mu),\, \hat{y}_n^*(\bar{\mu}))}\,\hat{y}_n(\mu).$$

Beweis. Wir stützen uns wesentlich auf 7. Danach hat die LAURENT-Entwicklung von $z(\lambda, \mu)$ um $\lambda = \lambda_n(\mu)$ höchstens einen einfachen Pol:

$$z(\lambda, \mu) = \sum_{p=-1}^{\infty} z_p(\mu)\,(\lambda - \lambda_n(\mu))^p.$$

Durch Einsetzen erhalten wir die Gleichungen

$$F z_{-1} + \lambda_n(\mu)\, z_{-1} + \mu\, G z_{-1} = 0,$$

$$F z_0 + \lambda_n(\mu)\, z_0 + \mu\, G z_0 = -z_{-1} + f$$

mit z_{-1}, z_0 aus $\mathfrak{U}$. Daher ist

$$z_{-1} = \zeta\,\hat{y}_n(\mu)$$

mit von f abhängendem ζ, und aus der zweiten Gleichung folgt zusammen mit der Gleichung für $\hat{y}_n^*(\bar{\mu})$ in üblicher Weise

$$-\zeta\left(\hat{y}_n(\mu),\, \hat{y}_n^*(\bar{\mu})\right) + \left(f,\, \hat{y}_n^*(\bar{\mu})\right) = 0.$$

Setzt man z.B. $f = \hat{y}_n^*(\bar{\mu})$, so zeigt sich $(\hat{y}_n(\mu), \hat{y}_n^*(\bar{\mu})) \neq 0$, und damit allgemein, daß z_{-1} die behauptete Gestalt hat.

Durch diese Sätze veranlaßt, bezeichnen wir im folgenden μ als einen „*normalen Wert*" falls sämtliche $\lambda_n(\mu)$ voneinander verschieden und daher einfache Nullstellen von $\Delta(\lambda, \mu)$ sind, andernfalls als „*Ausnahmewert*". Ausnahmewerte sind sicher sämtliche Spurpunkte von Verzweigungsstellen. Aus **1.5.** entnehmen wir, daß es höchstens abzählbar viele Ausnahmewerte ohne endlichen Häufungspunkt gibt.

Aus Satz 1 erhalten wir

Satz 3. *Das zu einem Ausnahmewert μ_0 gehörende System von Eigenlösungen $\hat{y}_n(\mu_0)$ ist in $\Re$ nicht vollständig.*

Beweis. Es muß einmal $\lambda_m(\mu_0) = \lambda_{m_1}(\mu_0)$ $(m_1 \neq m)$ sein; dann ist $\hat{y}_m^*(\bar{\mu}_0) \neq 0$ zu sämtlichen $\hat{y}_n(\mu_0)$ orthogonal.

Mit $\hat{y}_n(\mu), \hat{y}_n^*(\bar{\mu})$ ist

$$\varepsilon_n(\mu) = (\hat{y}_n(\mu), \hat{y}_n^*(\bar{\mu}))$$

regulär analytisch und nach Satz 2 von 0 verschieden, solange $\lambda_n(\mu) \neq \lambda_k(\mu)$ $(k \neq n)$. Die Regularität folgt daraus, daß wegen der Stetigkeit des inneren Produktes bezüglich der ersten Norm die Potenzreihenentwicklung von $\varepsilon_n(\mu)$ nach Potenzen von $\mu - \mu_0$ durch gliedweise skalare Multiplikation der Entwicklungen von $\hat{y}_n(\mu)$ und $\hat{y}_n(\bar{\mu})$ nach Potenzen von $\mu - \mu_0$ bzw. $\bar{\mu} - \bar{\mu}_0$ erhalten werden kann. Die Funktion

$$\varepsilon_n(\mu)^{-\frac{1}{2}}$$

ist dort ebenfalls regulär analytisch und offenbar eindeutig bestimmt, wenn wir für $\mu = 0$ von einem bestimmten Wert ausgehen und nunmehr für sämtliche Ausnahmewerte μ, nicht nur für Verzweigungsstellen, die in **1.52.**, Satz 5 beschriebenen Verzweigungsschnitte ziehen.

Bei Zugrundelegung dieser Verabredung sind nunmehr, falls $\lambda_n(\mu)$ einfache Nullstelle von $\Delta(\lambda, \mu)$,

$$y_n(\mu) = \varepsilon_n(\mu)^{-\frac{1}{2}} \hat{y}_n(\mu), \qquad y_n^*(\bar{\mu}) = \overline{\varepsilon_n(\mu)^{-\frac{1}{2}}} \, \hat{y}_n^*(\bar{\mu})$$

eindeutig festgelegt und wir erhalten:

Satz 4. *Die Eigenlösungen $y_n(\mu)$, $y_n^*(\bar{\mu})$ sind regulär analytische Funktionen von μ bzw. $\bar{\mu}$, solange $\lambda_n(\mu) \neq \lambda_k(\mu)$ $(k \neq n)$, speziell für*

$$|\mu| \leq \frac{d_n}{2\gamma_1}.$$

Für normale Werte μ bilden die $y_n(\mu)$, $y_n^*(\bar{\mu})$ ein normiertes Biorthogonalsystem:

$$(y_i(\mu), y_k^*(\bar{\mu})) = \delta_{ik} \qquad (i, k = 1, 2, 3, \ldots).$$

1.63. Der Operator $R(\lambda, \mu)$. Zur Gewinnung von Entwicklungssätzen und Abschätzungen der Eigenlösungen benutzen wir die Erweiterung des linearen Operators, der jedem f aus $\Re$ für λ, μ, die kein Eigenwertpaar bilden, die Lösung $z(\lambda, \mu)$ von

$$Fz + \lambda z + \mu\,Gz = f, \quad z \in \mathfrak{U}$$

zuordnet, auf $\Re_2$ bzw. bei Benutzung der schärferen Voraussetzung 8'. sogar auf $\Re_3$. Wir verwenden dabei Reihendarstellungen.

Wir formulieren zunächst

Satz 5. *Für jedes f aus $\Re_2$, unter Voraussetzung 8'. sogar für jedes f aus $\Re_3$, ist*

$$R(\lambda, 0)\,f = \sum_{n=1}^{\infty} \frac{(f, y_n^*)\, y_n}{\lambda - \lambda_n}$$

innerhalb jedes kompakten λ-Bereiches, der keinen Eigenwert λ_n zu $\mu = 0$ enthält, absolut gleichmäßig konvergent, also ein Element aus $\Re_1$ und eine analytische Funktion von λ in $\Re_1$ mit höchstens einfachen Polen $\lambda = \lambda_n$, deren Residuen $(f, y_n^*)\,y_n$ sind. Es gelten die Abschätzungen

$$\left.\begin{aligned}
|R(\lambda, 0)\,f| &\leq \frac{1}{\beta}\,S_2(\lambda)^{\frac{1}{2}}\,M\,\|f\| \\
\|R(\lambda, 0)\,f\| &\leq \frac{\alpha}{\beta}\,\max_n |\lambda - \lambda_n|^{-1}\,\|f\|
\end{aligned}\right\} \qquad (f \in \Re_2) \qquad (3)$$

und unter der Voraussetzung 8'. noch

$$\left.\begin{aligned}
\|R(\lambda, 0)\,f\| &\leq \alpha\,S_2^*(\lambda)^{\frac{1}{2}}\,M\,\overline{|f|} \qquad (f \in \Re_3), \\
|R(\lambda, 0)\,f| &\leq \frac{1}{\beta}\,S_2^*(\lambda)^{\frac{1}{2}}\,M\,\|f\| \qquad (f \in \Re_2).
\end{aligned}\right\} \qquad (3')$$

Gehört f zu $\Re$, so gilt für $z = R(\lambda, 0)\,f$

$$Fz + \lambda z = f, \quad z \in \mathfrak{U}.$$

Dabei ist

$$S_2(\lambda) = \sum_n (1 + |n|)\,|\lambda - \lambda_n|^{-2},$$

$$S_2^*(\lambda) = \sum_n |\lambda - \lambda_n|^{-2}.$$

Beweis. Für jedes g aus $\Re_2$ gelten, da $\Re$ bezüglich der zweiten Norm in $\Re_2$ dicht ist, die Relationen

$$\beta^2 \sum_n |(g, y_n^*)|^2 \leq \|g\|^2 \leq \alpha^2 \sum_n |(g, y_n^*)|^2.$$

Benutzt man sie, die Voraussetzungen 8. bzw. 8'., die SCHWARZsche Ungleichung für Reihen und (1), so ergibt sich sofort die erste Behauptung mitsamt den Abschätzungen. Die letzte Behauptung folgt daraus, daß für die Lösung der inhomogenen Aufgabe

$$(z, y_n^*)(\lambda - \lambda_n) = (f, y_n^*)$$

gilt. Danach ist

$$(z - R(\lambda, 0) f, y_n^*) = 0$$

und mithin nach der eben erwähnten erweiterten Vollständigkeitsrelation $z - R(\lambda, 0) f = 0$.

Nunmehr bauen wir $R(\lambda, \mu)$ aus $R(\lambda, 0)$ und G auf. Dazu bemerken wir, daß G durch stetige Fortsetzung in $\mathfrak{R}_2$ eindeutig erklärt ist und dort

$$\|Ga\| \leq \gamma \|a\| \tag{4}$$

gilt.

Sei a ein Element von $\mathfrak{R}_2$ und nicht schon von $\mathfrak{R}$, ferner $a_n \in \mathfrak{R}$ eine Folge mit $\|a_n - a\| \to 0$ $(n \to \infty)$, dann gilt wegen der Beschränktheit von G sicher $\|G a_n - G a_m\| \to 0$ $(n, m \to \infty)$, es existiert ein g in $\mathfrak{R}_2$ mit $\|G a_n - g\| \to 0$ $(n \to \infty)$, g ist von der Wahl der a_n unabhängig und wir setzen $g = Ga$.

Satz 6. *Für festes ω und ϱ mit $\omega > \gamma_1 \varrho > 0$, festes reelles L und f in $\mathfrak{R}_2$ bzw. bei Voraussetzung 8'. in $\mathfrak{R}_3$ ist die Reihe*

$$R(\lambda, \mu) f = R(\lambda, 0) f + \sum_{p=1}^{\infty} R(\lambda, 0)(-\mu G R(\lambda, 0))^p f$$

im Variablenbereich

$$\min_n |\lambda - \lambda_n| \geq \omega, \quad \mathfrak{Re}\, \lambda \leq L, \quad |\mu| \leq \varrho$$

absolut gleichmäßig konvergent, also ein Element von $\mathfrak{R}_1$ und eine analytische Funktion von λ, μ. Es gilt

$$|R(\lambda, \mu) f - R(\lambda, 0) f| \leq \frac{1}{\beta} S_2(\lambda)^{\frac{1}{2}} \max_n |\lambda - \lambda_n|^{-1} \frac{\varrho \gamma_1 M \|f\|}{1 - \varrho \gamma_1 \omega^{-1}} \quad (f \in \mathfrak{R}_2) \tag{5}$$

und unter Voraussetzung 8'. noch

$$\left.\begin{aligned}
&|R(\lambda, \mu) f - R(\lambda, 0) f| \leq S_2^*(\lambda) \frac{\varrho \gamma_1 M^2 \overline{|f|}}{1 - \varrho \gamma_1 \omega^{-1}} \quad (f \in \mathfrak{R}_3), \\
&|R(\lambda, \mu) f - R(\lambda, 0) f| \leq \frac{1}{\beta} S_2^*(\lambda)^{\frac{1}{2}} \max_n |\lambda - \lambda_n|^{-1} \frac{\varrho \gamma_1 M \|f\|}{1 - \varrho \gamma_1 \omega^{-1}} \quad (f \in \mathfrak{R}_2).
\end{aligned}\right\} \tag{5'}$$

Gehört f zu $\mathfrak{R}$, so ist $z = R(\lambda, \mu) f$ Lösung von

$$Fz + \lambda z + \mu Gz = f, \quad z \in \mathfrak{U}.$$

Gehört f zu $\mathfrak{R}_2$ bzw., falls 8'. zugrunde gelegt wird, zu $\mathfrak{R}_3$, ist $\mathfrak{C}$ ein einfach geschlossener positiv orientierter Weg innerhalb $\min_n |\lambda - \lambda_n| \geq \omega$, μ ein *normaler Wert innerhalb* $|\mu|\,\gamma_1 < \omega$, *sind schließlich* $\lambda_{n_1}(\mu)$, $\lambda_{n_2}(\mu)$, $\ldots$, $\lambda_{n_k}(\mu)$ *die von* $\mathfrak{C}$ *umschlossenen Eigenwerte* λ *zu* μ, *so gilt*

$$\frac{1}{2\pi i}\oint_{\mathfrak{C}} R(\lambda,\mu)\,f\,d\lambda = \sum_{\varkappa=1}^{k}\left(f,\,y_{n_\varkappa}^*(\bar{\mu})\right)y_{n_\varkappa}(\mu).$$

Beweis. Die erste Aussage und die drei Abschätzungen ergeben sich daraus, daß $\left|R(\lambda,0)\left(GR(\lambda,0)\right)^{p-1}GR(\lambda,0)f\right|$ nicht größer als

$$\frac{1}{\beta}\,S_2(\lambda)^{\frac{1}{2}}\max_n|\lambda-\lambda_n|^{-1}\gamma_1^p\,\omega^{-p+1}M\,\|f\|$$

bzw.

$$S_2^*(\lambda)\,\gamma_1^p\,\omega^{-p+1}M^2\overline{|f|}$$

bzw.

$$\frac{1}{\beta}\,S_2^*(\lambda)^{\frac{1}{2}}\max_n|\lambda-\lambda_n|^{-1}\gamma_1^p\,\omega^{-p+1}M\,\|f\|$$

ist, was man erhält, indem man zunächst die zweite Abschätzung (3) bzw. die erste Abschätzung (3'), dann wechselweise p-mal (4) und $(p-1)$-mal gemäß (3)

$$\|R(\lambda,0)\,a\| \leq \frac{\alpha}{\beta}\,\omega^{-1}\|a\|,$$

schließlich die erste Abschätzung (3) bzw. die zweite Abschätzung (3') anwendet. Dabei ist nach Voraussetzung 2. $S_2(\lambda)$ bzw. $S_2^*(\lambda)$ im angegebenen λ-Gebiet beschränkt. — Gehört f zu $\mathfrak{R}$, so folgt Übereinstimmung von $R(\lambda,\mu)f$ mit der Lösung z der inhomogenen Aufgabe sofort aus

$$z = R(\lambda,0)\,(f-\mu\,Gz).$$

Die letzte Behauptung ist schließlich auf Grund der vorangehenden Behauptung für f aus $\mathfrak{R}$ eine unmittelbare Folge aus Satz 2. Gehört f zu $\mathfrak{R}_2$ bzw. bei 8'. zu $\mathfrak{R}_3$, so benutzt man eine Folge f_i ($i=1,2,3,\ldots$) in $\mathfrak{R}$ mit $\|f_i-f\|\to0$ bzw. $\overline{|f_i-f|}\to0$ ($i\to\infty$). Die Behauptung gilt dann für alle f_i und ergibt sich daraus für f durch Grenzübergang. Denn auf Grund unserer Abschätzungen gilt auf $\mathfrak{C}$ gleichmäßig für $i\to\infty$

$$|R(\lambda,\mu)\,f_i - R(\lambda,\mu)\,f| = |R(\lambda,\mu)\,(f-f_i)| \to 0$$

und andererseits natürlich

$$\left(f_i,\,y_{n_\varkappa}^*(\bar{\mu})\right) \to \left(f,\,y_{n_\varkappa}^*(\bar{\mu})\right) \qquad (\varkappa=1,2,\ldots,k).$$

1.64. Äquikonvergenzsätze. Satz 6 führt zu den folgenden Äquikonvergenzsätzen: Unter der allgemeineren Voraussetzung 8. gilt

Satz 7. *Sei* μ *ein normaler Wert. Dann hat man für* f *in* $\mathfrak{R}_2$

$$\left|\sum_{|n|\leq m}\left\{\left(f,\,y_n(\bar{\mu})\right)y_n^*(\mu)-\left(f,\,y_n^*\right)y_n\right\}\right|\to0 \qquad (m\to\infty).$$

Fordert man 8'., so erhält man schärfer

Satz 7'. *Sei μ ein normaler Wert, dann hat man für f aus $\Re_3$*

$$\left| \sum_{|n| \leq m} \{(f, y_n^*(\bar{\mu})) \, y_n(\mu) - (f, y_n^*) y_n\} \right| \to 0 \qquad (m \to \infty).$$

Beweis. Wir können nach der Voraussetzung über λ_n und nach **1.52.** zu jedem normalen μ bei genügend großem m genau sämtliche λ_n und $\lambda_n(\mu)$ mit $|n| \leq m$ mit einer Kurve $\mathfrak{C}_m$ in der λ-Ebene umschließen, für die

$$\oint_{\mathfrak{C}_m} S_2(\lambda)^{\frac{1}{2}} \max_n |\lambda - \lambda_n|^{-1} \, ds \to 0 \qquad (m \to \infty).$$

Damit ergibt Satz 6 die Behauptung von Satz 7 durch einfache Integral-abschätzung. Analog erhält man Satz 7'.

1.65. Asymptotische Formeln für große n. Wir nehmen jetzt

$$y_n = y_n(0), \qquad y_n^* = y_n^*(0)$$

an und fordern die Existenz einer Konstanten N mit[1]

$$\|y_n\| \leq N. \tag{$*$}$$

Wir bilden für festes μ bei genügend großem n

$$\tilde{y}_n(\mu) = (y_n, y_n^*(\bar{\mu})) \, y_n(\mu) = \frac{1}{2\pi i} \oint R(\lambda, \mu) \, y_n \, d\lambda,$$

wobei wir über den Kreis $|\lambda - \lambda_n| = \dfrac{d_n}{2}$ integrieren. Im Integral kann nun die μ-Potenzreihe für $R(\lambda, \mu)f$ aus Satz 6 gliedweise integriert werden. Wir erhalten

$$\tilde{y}_n(\mu) = \sum_{p=0}^{\infty} P_{np} \, y_n \mu^p \qquad \left(|\mu| \leq \frac{d_n}{2\gamma_1}\right)$$

mit

$$P_{np} \, y_n = \frac{(-1)^p}{2\pi i} \oint R(\lambda, 0) \, (G R(\lambda, 0))^p \, y_n \, d\lambda.$$

Man hat nun, indem man mittels $(*)$ und

$$\|R(\lambda, 0) a\| \leq \frac{\alpha}{\beta} \frac{2}{d_n} \|a\|, \qquad \|G a\| \leq \gamma \|a\|, \qquad |R(\lambda, 0) a| \leq \|a\| \, C \, n^{-\frac{1}{2}}$$

abschätzt — die letzte Zeile folgt aus Satz 5, (3) auf Grund der Voraus-setzungen über λ_n —,

$$|P_{np} \, y_n| \leq \tilde{C} \, n^{-p+\frac{1}{2}} \qquad (p = 0, 1, 2, \ldots)$$

---

[1] Das ist bei Zugrundelegung von 8'. wegen (2) von selbst erfüllt.

mit geeigneten Konstanten C, $\tilde{C}$. So wird im Sinne der Norm von $\mathfrak{R}_1$

$$\tilde{y}_n(\mu) = y_n + y_{n1}\,\mu + \cdots + y_{nk}\,\mu^k + O(n^{-k-\frac{1}{2}}). \tag{6}$$

Unter der schärferen Voraussetzung 8'. folgt analog

$$\tilde{y}_n(\mu) = y_n + y_{n1}\,\mu + \cdots + y_{nk}\,\mu^k + O(n^{-k-1}). \tag{6'}$$

Nehmen wir zum Schluß an, daß die Rollen der beiden adjungierten Eigenwertprobleme vertauscht werden können, so gilt auch für $\tilde{y}_n^*(\mu) = \big(y_n^*,\, y_n(\bar{\mu})\big)\, y_n^*(\mu)$:

$$\tilde{y}_n^*(\mu) = y_n^* + y_{n1}^*\,\mu + \cdots + y_{nk}^*\mu^k + O(n^{-k-\frac{1}{2}}) \tag{7}$$

bzw.

$$\tilde{y}_n^*(\mu) = y_n^* + y_{n1}^*\,\mu + \cdots + y_{nk}^*\mu^k + O(n^{-k-1}). \tag{7'}$$

Auch für die normierten Lösungen

$$\left[\frac{(y_n,\, y_n^*(\bar{\mu}))}{(y_n(\mu),\, y_n^*)}\right]^{\frac{1}{2}} y_n(\mu), \qquad \left[\frac{(y_n^*,\, y_n(\bar{\mu}))}{(y_n^*(\mu),\, y_n)}\right]^{\frac{1}{2}} y_n^*(\mu)$$

hat man dann analoge Formeln.

1.7. Eigenwertprobleme mit zwei Parametern. III.

$\mathfrak{R}$ sei ein BANACHscher Raum, $\mathfrak{U}$ und $\mathfrak{U}^*$ nicht notwendig perfekte Unterräume[1].

Für $u \in \mathfrak{U}$, $v \in \mathfrak{U}^*$ sei ein bilineares Funktional (u, v) definiert. In Beziehung zur Norm gelte mit einer Konstanten $\varkappa > 0$

$$|(u, v)| \leq \varkappa\,|u|\,|v|\,; \tag{1}$$

aus $(u, v) = 0$ für alle $u \in \mathfrak{U}$ soll $v = 0$ folgen.

F und G seien in dem von $\mathfrak{U}$, $\mathfrak{U}^*$ aufgespannten Unterraum erklärte lineare Operatoren; es gelte

$$\left.\begin{array}{ll} F\mathfrak{U} \subset \mathfrak{U}, & F\mathfrak{U}^* \subset \mathfrak{U}^*, \\ G\mathfrak{U} \subset \mathfrak{U}, & G\mathfrak{U}^* \subset \mathfrak{U}^*. \end{array}\right\} \tag{2}$$

Bezüglich des bilinearen Funktionals seien F, G symmetrisch: Für $u \in \mathfrak{U}$, $v \in \mathfrak{U}^*$ gelte

$$(Fu, v) = (u, Fv), \quad (Gu, v) = (u, Gv). \tag{3}$$

Schließlich sei G beschränkt: stets sei mit einer Konstanten γ

$$|Gf| \leq \gamma\,|f|. \tag{4}$$

---

[1] Vgl. **1.61.**, Kleindruck.

Wir betrachten nun die zweiparametrige Eigenwertaufgabe:

$$\left.\begin{aligned}
F y \ + \lambda y \ + \mu G y \ &= 0, \quad y \in \mathfrak{U}, \quad y \ \neq 0, \\
F y^* + \lambda y^* + \mu G y^* &= 0, \quad y^* \in \mathfrak{U}^*, \quad y^* \neq 0.
\end{aligned}\right\} \tag{5}$$

An Voraussetzungen legen wir zugrunde

1. Es gibt eine ganze Funktion, Δ, zweier Variabler, derart, daß $\Delta(\lambda, \mu) = 0$ notwendig für das Bestehen einer, hinreichend für das Bestehen beider Gln. (5) ist.

2. Zu $\mu = 0$ gibt es abzählbar unendlich viele verschiedene einfache Eigenwerte

$$\lambda_n = P_2(n) + O(1). \tag{6}$$

Dabei ist P_2 ein Polynom vom genauen Grade 2; n durchläuft entweder $0, 1, 2, \ldots$ oder $\ldots, -1, 0, 1, 2, \ldots$, und es ist für verschiedene solche n_1, n_2 stets

$$P_2(n_1) \neq P_2(n_2). \tag{7}$$

y_n, y_n^* seien zugehörige Eigenlösungen der beiden Gln. (5); sie sollen ein Biorthogonalsystem bilden

$$(y_n, y_m^*) = \delta_{nm}. \tag{8}$$

Jedes $f \in \mathfrak{U}$ läßt sich — Konvergenz bezüglich der Norm — in die Reihe

$$f = \sum_n (f, y_n^*)\, y_n \tag{9}$$

entwickeln; dabei gilt mit einer Konstanten $\alpha > 0$ stets

$$\sum_n |(f, y_n^*)\, y_n|^2 \leqq \alpha^2 |f|^2. \tag{10}$$

3. Die Eigenwerte λ_n zu $\mu = 0$ sind einfache Nullstellen von $\Delta(\lambda, 0)$.

4. Es gibt zwei ganze Funktionen $y(\lambda, \mu)$ und $y^*(\lambda, \mu)$ in $\mathfrak{R}$, deren Vielfache für ein Eigenwertpaar λ, μ die Eigenlösungen sind. Jedes Eigenwertpaar ist daher einfach.

5. Die inhomogene Gleichung

$$F z + \lambda z + \mu G z = f \tag{11}$$

ist, falls λ, μ nicht Eigenwertpaar, für jedes f aus $\mathfrak{U}$ durch ein z aus $\mathfrak{U}$ (eindeutig) lösbar. $\Delta(\lambda, \mu)\, z(\lambda, \mu)$ ist eine ganze Funktion von λ, μ in $\mathfrak{R}$.

6. $z(\lambda, \mu)$ läßt sich für jedes μ um jedes λ_0 in eine LAURENT-Reihe entwickeln, deren Koeffizienten in $\mathfrak{U}$ liegen; F und G dürfen dann gliedweise angewandt werden.

Wir behaupten zunächst

Satz 1. *Für* $\lambda \neq \lambda_n$, $f \in \mathfrak{U}$ *wird*

$$F z + \lambda z = f, \qquad z \in \mathfrak{U}$$

durch

$$z \equiv R(\lambda, 0)\, f = \sum_n \frac{(f, \mathfrak{z}_n^*)\, y_n}{\lambda - \lambda_n} \tag{12}$$

gelöst. Es gilt

$$|R(\lambda, 0)\, f| \leq S_2(\lambda)^{\frac{1}{2}} \alpha\, |f|, \tag{13}$$

wenn wir

$$S_2(\lambda) = \sum_n |\lambda - \lambda_n|^{-2}$$

setzen.

Beweis. z existiert nach Voraussetzung 5. und kann nach 2., (9) entwickelt werden

$$z = \sum_n (z, y_n^*)\, y_n.$$

Aus

$$F z + \lambda z = f, \qquad z \in \mathfrak{U}, \qquad f \in \mathfrak{U}$$

$$F y_n^* + \lambda_n y_n^* = 0, \qquad y_n^* \in \mathfrak{U}^*$$

folgt nun wegen der Symmetrie (3) von F

$$(\lambda - \lambda_n)\, (z, y_n^*) = (f, y_n^*),$$

also (12). (13) ergibt sich dann aus (10), (12) und der Schwarzschen Ungleichung für Reihen:

$$|z|^2 \leq \left(\sum_n \left| \frac{(f, \mathfrak{z}_n^*)\, y_n}{\lambda - \lambda_n} \right| \right)^2 \leq \sum_n |\lambda - \lambda_n|^{-2} \cdot \sum_n |(f, y_n^*)\, y_n|^2.$$

Satz 1 zieht nach sich

Satz 2. *Für jedes Eigenwertpaar* λ, μ *gilt*

$$S_2(\lambda)^{-\frac{1}{2}} \leq \alpha \gamma\, |\mu|.$$

Beweis. Mit einem $y \neq 0$ aus $\mathfrak{U}$ ist

$$F y + \lambda y = -\mu G y.$$

Satz 1 und (4) ergeben dann — wir können uns auf $\lambda \neq \lambda_n$ beschränken —

$$|y| \leq S_2(\lambda)^{\frac{1}{2}} \alpha\, |-\mu\, G y| \leq S_2(\lambda)^{\frac{1}{2}} \alpha \gamma\, |\mu|\, |y|.$$

Nun zerfällt wegen der Voraussetzung 2., (6), (7) jede λ-Menge

$$S_2(\lambda) \geq \delta > 0$$

in getrennte kompakte Mengen. Daher liefert eine bekannte Schlußweise (vgl. **1.52.**) — wir ziehen noch 3. heran —

Satz 3. *$\Delta(\lambda, \mu) = 0$ wird um $\lambda = \lambda_n$, $\mu = 0$ durch eine Potenzreihe*

$$\lambda_n(\mu) = \lambda_n + \lambda_{n1}\,\mu + \lambda_{n2}\,\mu^2 + \cdots$$

*aufgelöst. Mit geeigneten Konstanten C, D gilt für die Konvergenzradien
und Koeffizienten*

$$\varrho_n \geq C\,(1 + |n|),$$

$$|\lambda_{nk}| \leq D\,(1 + |n|)^{-(k-1)}.$$

Daher ist für jedes μ bei $n \to \pm \infty$

$$\lambda_n(\mu) = \lambda_n + \lambda_{n1}\,\mu + \cdots + \lambda_{nk}\,\mu^k + O(n^{-k}).$$

*Diese Funktionselemente lassen sich — Verzweigungsstellen endlicher
Ordnung zugelassen — längs jedes Weges der komplexen μ-Ebene analytisch
fortsetzen, liefern also überall endliche algebroide Funktionen. Man erhält
so die Gesamtheit der Eigenwertpaare λ, μ. Die Spurpunkte der Verzweigungsstellen, schärfer die Ausnahmewerte μ_0, für die einmal (im anschlie-
ßend definierten Sinne)*

$$\lambda_{n_1}(\mu) = \lambda_{n_2}(\mu) \qquad (n_1 \neq n_2),$$

*besitzen keinen endlichen Häufungspunkt. Zieht man von jedem Ver-
zweigungspunkt $\mu_0 (\neq 0)$ den Schnitt radial gegen ∞ und rechnet den
Schnitt jeweils zu dem mit $\to$ gekennzeichneten Ufer (vgl. **1.52.**, Abb. 4),
so ist $\lambda_n(\mu)$ in der gesamten μ-Ebene eindeutig definiert.*

Im Gegensatz zu den Ausnahmewerten nennen wir μ einen *normalen
Wert*, wenn $\Delta(\lambda, \mu)$ nur einfache Nullstellen λ besitzt, d.h.

$$\lambda_{n_1}(\mu) \neq \lambda_{n_2}(\mu) \qquad (n_1 \neq n_2)$$

gilt.

Wir wenden uns nun zur Untersuchung der Eigenlösungen. Unser
Ziel ist im wesentlichen die Übertragung von (8), (9), (10) auf die Systeme von Eigenlösungen zu jedem normalen Werte μ.

Zunächst sind nach Voraussetzung 4.

$$\hat{y}_n(\mu) = y\big(\lambda_n(\mu), \mu\big)$$

$$\hat{y}_n^*(\mu) = y^*\big(\lambda_n(\mu), \mu\big)$$

Eigenlösungen zu $\lambda = \lambda_n(\mu)$; sie sind gleichzeitig mit $\lambda_n(\mu)$ regulär analytisch.

Wir zeigen zuerst

Satz 4. *Ist* $\lambda_{n_1}(\mu) \neq \lambda_{n_2}(\mu)$, *so gilt*

$$\left(\hat{y}_{n_1}(\mu),\ \hat{y}_{n_2}^*(\mu)\right) = 0;$$

ist $\lambda_{n_1}(\mu_0) = \lambda_{n_2}(\mu_0)\ (n_1 \neq n_2)$, *so gilt*

$$\left(\hat{y}_{n_1}(\mu_0),\ \hat{y}_{n_1}^*(\mu_0)\right) = 0;$$

ist $\lambda_n(\mu) \neq \lambda_m(\mu)$ *für alle* $m \neq n$, *so gilt*

$$\left(\hat{y}_n(\mu),\ \hat{y}_n^*(\mu)\right) \neq 0.$$

Beweis. Die erste Behauptung folgt aus

$$F\hat{y}_{n_1} + \lambda_{n_1}\hat{y}_{n_1} + \mu G\hat{y}_{n_1} = 0, \qquad \hat{y}_{n_1} \in \mathfrak{U}$$

$$F\hat{y}_{n_2}^* + \lambda_{n_2}\hat{y}_{n_2}^* + \mu G\hat{y}_{n_2}^* = 0, \qquad \hat{y}_{n_2}^* \in \mathfrak{U}^*$$

wegen (3) durch Multiplikation der ersten Gleichung von hinten mit $\hat{y}_{n_2}^*$, der zweiten von vorn mit $\hat{y}_{n_1}$ und Subtraktion. Die zweite Behauptung folgt aus der ersten durch Grenzübergang. Für $\mu \neq \mu_0$ in der Umgebung von μ_0 ist sicher

$$\lambda_{n_1}(\mu) \neq \lambda_{n_2}(\mu).$$

Daher gilt

$$\left(\hat{y}_{n_1}(\mu),\ \hat{y}_{n_2}^*(\mu)\right) = 0.$$

Wegen der Stetigkeit des bilinearen Produkts [vgl. (1)] ergibt dann der Grenzübergang $\mu \to \mu_0$ die Behauptung. Zum Beweise der letzten Behauptung ziehen wir die Voraussetzungen 5. und 6. heran. $\lambda_n(\mu)$ ist einfache Nullstelle von $\Delta(\lambda, \mu)$, also hat $z(\lambda, \mu)$ bei $\lambda = \lambda_n(\mu)$ höchstens einen einfachen Pol (vgl. 5.). Wir entwickeln in eine LAURENT-Reihe, setzen in (11) ein

$$z(\lambda, \mu) = z_{-1}\left(\lambda - \lambda_n(\mu)\right)^{-1} + z_0 + z_1\left(\lambda - \lambda_n(\mu)\right) + \cdots$$

und erhalten durch Koeffizientenvergleich (vgl. 6.)

$$F z_{-1} + \lambda_n(\mu)\, z_{-1} + \mu G z_{-1} = 0, \qquad z_{-1} \in \mathfrak{U}$$

$$F z_0\ \ + \lambda_n(\mu)\, z_0\ \ + \mu G z_0\ \ = f - z_{-1}, \qquad z_0 \in \mathfrak{U}.$$

Die erste Gleichung zeigt

$$z_{-1} = \zeta\,\hat{y}_n(\mu),$$

die zweite ergibt durch Kombination mit

$$F\hat{y}_n^* + \lambda_n(\mu)\,\hat{y}_n^* + \mu G\hat{y}_n^* = 0, \qquad \hat{y}_n^* \in \mathfrak{U}$$

die Gleichung

$$\left(f,\ \hat{y}_n^*(\mu)\right) = \zeta\left(\hat{y}_n(\mu),\ \hat{y}_n^*(\mu)\right).$$

Da es nach Voraussetzung ein f gibt, für das die linke Seite $\neq 0$ ist, folgt daraus die Behauptung. Gleichzeitig hat man

$$z_{-1} = \frac{(f, \hat{y}_n^*(\mu))\, \hat{y}_n(\mu)}{(\hat{y}_n(\mu), \hat{y}_n^*(\mu))}\,.$$

Nunmehr kann, solange $\lambda_n(\mu)$ einfache Nullstelle von $\Delta(\lambda, \mu)$ ist,

$$y_n(\mu) = \big(\hat{y}_n(\mu),\ \hat{y}_n^*(\mu)\big)^{-\frac{1}{2}}\hat{y}_n(\mu)$$

$$y_n^*(\mu) = \big(\hat{y}_n(\mu),\ \hat{y}^*(\mu)\big)^{-\frac{1}{2}}\hat{y}_n^*(\mu)$$

gebildet werden. Diese Funktionen werden eindeutig, wenn wir nunmehr von jeder Ausnahmestelle aus die in **1.52.** beschriebenen Verzweigungsschnitte ziehen. Wir können ohne Beschränkung der Allgemeinheit

$$y_n(0) = y_n$$

$$y_n^*(0) = y_n^*$$

annehmen. Dann gilt

S a t z 5. *$y_n(\mu)$, $y_n^*(\mu)$ sind regulär analytische Funktionen von μ, solange $\lambda_n(\mu)$ einfache Nullstelle von $\Delta(\lambda, \mu)$ ist, also gewiß für alle normalen Werte μ. Für normale μ bilden die $y_n(\mu)$, $y_n^*(\mu)$ ein normiertes Biorthogonalsystem:*

$$\big(y_n(\mu),\ y_m^*(\mu)\big) = \delta_{nm}.$$

Wir entnehmen noch dem Schluß des Beweises von Satz 4 den

S a t z 6. *Die Lösung der inhomogenen Aufgabe* (11), *die wir*

$$z(\lambda, \mu) = R(\lambda, \mu)\, f$$

schreiben, besitzt für jedes normale μ nur die einfachen Pole

$$\lambda = \lambda_n(\mu)$$

mit den Residuen

$$\big(f, y_n^*(\mu)\big)\, y_n(\mu)\,.$$

Wir gelangen nun zur Frage der Entwickelbarkeit willkürlicher Elemente aus $\mathfrak{U}$ nach den Eigenlösungen $\hat{y}_n(\mu)$ zu festem μ.

Zunächst zeigt sich

S a t z 7. *Nicht jedes f aus $\mathfrak{U}$ kann nach den Eigenlösungen $\hat{y}_n(\mu_0)$ zu einem Ausnahmewert μ_0 entwickelt werden.*

B e w e i s. Sei etwa $\lambda_m(\mu_0)$ mehrfache Nullstelle von $\Delta(\lambda, \mu_0)$, so gilt nach Satz 4

$$\big(\hat{y}_n(\mu_0),\ \hat{y}_m^*(\mu_0)\big) = 0$$

für alle n. Gälte ein Entwicklungssatz, so hätte man

$$(f, \hat{y}_m^*(\mu_0)) = 0$$

für alle f aus $\mathfrak{U}$. Das widerspricht jedoch unserer anfangs gemachten Voraussetzung.

Zum Beweise des Entwicklungssatzes für normale μ drücken wir $R(\lambda, \mu)$ durch $R(\lambda, 0)$ und G aus.

Satz 8. *Seien ϱ, ω Konstante, $\omega > \gamma \alpha \varrho$. Dann ist für*

$$|\mu| \leq \varrho, \qquad S_2(\lambda)^{-\frac{1}{2}} \geq \omega,$$

bei absolut gleichmäßig konvergenter Reihe,

$$R(\lambda, \mu)\, f = R(\lambda, 0)\, f + \sum_{p=1}^{\infty} R(\lambda, 0)\, (-\mu\, G R(\lambda, 0))^p\, f.$$

Es ist daher dort

$$|R(\lambda, \mu)\, f - R(\lambda, 0)\, f| \leq S_2(\lambda)\, \frac{\alpha^2 \gamma \varrho |f|}{1 - \varrho \gamma \alpha \omega^{-1}}.$$

Beweis. Wegen (4) und Satz 1 ist für $p \geq 1$

$$|R(\lambda, 0)\, (-\mu\, G R(\lambda, 0))^p\, f| \leq \alpha^2\, S_2(\lambda)\, \gamma\, \varrho\, (\varrho \gamma \alpha \omega^{-1})^{p-1}\, |f|;$$

daher ist die Reihe absolut gleichmäßig konvergent. Daß $R(\lambda, \mu)\, f$ ihre Summe ist, folgt aus

$$z = R(\lambda, \mu)\, f,$$
$$F z + \lambda z = f - \mu G z$$
$$z = R(\lambda, 0)\, f + R(\lambda, 0)\, (-\mu G z)$$

durch Iteration.

Aus Satz 8 erhalten wir nun leicht den gewünschten Entwicklungssatz.

Sei μ eine normale Stelle, so kann man bei hinreichend großem $k > 0$ genau sämtliche λ_n und $\lambda_n(\mu)$ mit $|n| \leq k$ durch eine Kurve $\mathfrak{C}_k$ der λ-Ebene umschließen, für die

$$\oint_{\mathfrak{C}_k} S_2(\lambda)\, ds \to 0 \qquad (k \to \infty).$$

Das folgt aus Voraussetzung 2., (6), (7) und Satz 3. Ferner kann man danach für genügend große n jedes Paar $\lambda_n,\, \lambda_n(\mu)$ in einen Kreis K um λ_n einschließen, für den

$$\oint_{K_n} S_2(\lambda)\, ds = O\left(\frac{1}{n}\right).$$

Zusammen mit Satz 8 folgt daraus

$$\frac{1}{2\pi i} \oint_{\mathfrak{C}_k} (R(\lambda, \mu)\, f - R(\lambda, 0)\, f)\, d\lambda \to 0 \qquad (k \to \infty)$$

und

$$\left| \frac{1}{2\pi i} \oint_{K_n} \left(R(\lambda, \mu)\, f - R(\lambda, 0)\, f \right) d\lambda \right| \leq |f|\, O\!\left(\frac{1}{n}\right).$$

Nun ist nach Satz 6 das erste Integral gerade

$$\sum_{|n| \leq k} \left\{ \left(f, y_n^*(\mu) \right) y_n(\mu) - \left(f, y_n^* \right) y_n \right\},$$

das zweite

$$\left(f, y_n^*(\mu) \right) y_n(\mu) - \left(f, y_n^* \right) y_n.$$

Zusammen mit Voraussetzung 2., (9), (10) folgt daher

Satz 9. *Zu jedem normalen Werte μ kann jedes f aus $\mathfrak{U}$ in die Reihe*

$$f = \sum_n \left(f, y_n^*(\mu) \right) y_n(\mu)$$

entwickelt werden[1]. *Mit einer Konstanten $\alpha(\mu) > 0$ gilt dabei*

$$\sum_n \left| \left(f, y_n^*(\mu) \right) y_n(\mu) \right|^2 \leq \alpha(\mu)^2 |f|^2.$$

Die Sätze 3, 5, 9 zeigen, daß, abgesehen von der in [1] gemachten Einschränkung, Voraussetzung 2. statt für $\mu = 0$ für jedes normale μ erfüllt ist.

Der Beweis von Satz 9 ergibt noch bei $f = y_n(\mu)$ bzw. $f = y_n$

Satz 10. *Für $n \to \pm\infty$ gilt*

$$\left| y_n(\mu) - \left(y_n(\mu), y_n^* \right) y_n \right| = \left| y_n(\mu) \right| O\!\left(\frac{1}{n}\right),$$

$$\left| \left(y_n, y_n^*(\mu) \right) y_n(\mu) - y_n \right| = \left| y_n \right| O\!\left(\frac{1}{n}\right).$$

Durch Integration der μ-Potenzreihe von Satz 8 erhält man auf demselben Wege asymptotische Reihen, die bei festem μ für genügend große n $(\geq n(\mu))$ konvergieren:

$$\left(y_n, y_n^*(\mu) \right) y_n(\mu) = y_n + y_{n1}\mu + \cdots + y_{nk}\mu^k + O(y_n\, n^{-k-1}).$$

1.8. Über dreigliedrige lineare Rekursionen.

Seien drei Zahlenfolgen (beliebig komplex)

$$A_k, B_k, C_k \qquad (k = 1, 2, 3, \ldots)$$

mit

$$A_k \neq 0, \qquad C_k \neq 0$$

---

[1] Läuft $n = \cdots, -1, 0, 1, 2, \ldots$, so soll hier $\sum_n$ bedeuten: $\lim\limits_{m \to \infty} \sum\limits_{n=-m}^{m}$.

gegeben. Wir betrachten Lösungen z_k $(k = 0, 1, 2, \ldots)$ der dreigliedrigen linearen Rekursion, bzw. linearen homogenen Differenzengleichung zweiter Ordnung,

$$A_k z_{k+1} + B_k z_k + C_k z_{k-1} = 0 \qquad (k = 1, 2, 3, \ldots). \tag{1}$$

Aus der Tatsache, daß (1) linear und homogen ist, ergibt sich in naheliegender Weise

Satz 1. *Mit je zwei Lösungen* z_k, z_k^* *ist jede Linearkombination mit konstanten Koeffizienten*, $\alpha z_k + \alpha^* z_k^*$ *wieder Lösung von* (1). *Zu jedem* $i \geq 0$ *und Wertepaar* a_i, a_{i+1} *gibt es genau eine Lösung* z_k *mit* $z_i = a_i$, $z_{i+1} = a_{i+1}$. *Daher ist 2 die Maximalzahl linear unabhängiger Lösungen von* (1).

(1) läßt sich auf eine vereinfachte Form transformieren. Wir bestimmen dazu eine Folge von 0 verschiedener Zahlen $\alpha_0, \alpha_1, \alpha_2, \ldots$ durch

$$\left. \begin{aligned} \alpha_0 &= \alpha_1 = 1, \\ \alpha_{k+1} A_k &= \alpha_{k-1} C_k \qquad (k = 1, 2, 3, \ldots). \end{aligned} \right\} \tag{2}$$

Setzen wir dann

$$\left. \begin{aligned} z_k &= \alpha_k y_k && (k = 0, 1, 2, \ldots), \\ \frac{\alpha_k B_k}{\alpha_{k+1} A_k} &= -D_k && (k = 1, 2, 3, \ldots), \end{aligned} \right\} \tag{3}$$

so gilt für y_k die vereinfachte dreigliedrige lineare Rekursion

$$y_{k+1} - D_k y_k + y_{k-1} = 0 \qquad (k = 1, 2, 3, \ldots). \tag{4}$$

Die folgenden Überlegungen beschäftigen sich mit (4). Die abgeleiteten Sätze lassen sich vermittels (2), (3) für (1) verallgemeinern. Auf die explizite Angabe der allgemeinen Sätze soll jedoch verzichtet werden.

Zunächst gilt für (4)

Satz 2. *Für jedes Paar von Lösungen* y_k, y_k^* *ist die Determinante*

$$\delta(y_k, y_k^*) = y_{k+1} y_k^* - y_k y_{k+1}^*$$

konstant.

Beweis. Man schreibt (4) für y_k und y_k^* auf, multipliziert mit y_k^* bzw. y_k und subtrahiert. Dann entsteht, wie zu zeigen,

$$y_{k+1} y_k^* - y_k y_{k+1}^* = y_k y_{k-1}^* - y_{k-1} y_k^* \qquad (k = 1, 2, 3, \ldots).$$

Für alles Folgende machen wir die

Voraussetzung: Es ist $|D_k| \geq 2$ für $k = 1, 2, 3, \ldots$.

Ist $|D_k| \geq 2$ erst für $k \geq k_0 > 1$ erfüllt, so kann die Gültigkeit der Voraussetzung erreicht werden, indem man $k_0 - 1$ Gleichungen wegläßt und eine entsprechende Änderung der Indizes vornimmt.

Wir zeigen nun

Satz 3. *Es sind drei Typen von Lösungen möglich:*
  I. Die triviale Lösung: $y_k \equiv 0 \qquad (k = 0, 1, 2, \ldots).$
  II. Es ist für $k = 1, 2, 3, \ldots$

$$|y_k| \leq (|D_k| - 1)^{-1} |y_{k-1}|,$$

$$y_{k-1} \neq 0,$$

$$\left| D_k \frac{y_k}{y_{k-1}} - 1 \right| \leq (|D_k| - 1)^{-1} (|D_{k+1}| - 1)^{-1}.$$

III. Es gibt eine natürliche Zahl k_1, *derart, daß für* $k \geq k_1$ *gilt*

$$|y_{k+1}| > (|D_k| - 1) |y_k|,$$

$$y_k \neq 0,$$

$$\left| D_k \frac{y_k}{y_{k+1}} - 1 \right| < (|D_k| - 1)^{-1} (|D_{k-1}| - 1)^{-1}.$$

Beweis. Sei für eine natürliche Zahl k

$$|y_k| > (|D_k| - 1)^{-1} |y_{k-1}|,$$

so wird auf Grund von (4)

$$|y_{k+1}| \geq |D_k| |y_k| - |y_{k-1}| > |y_k|,$$

also nunmehr

$$|y_{k+2}| > (|D_{k+1}| - 1) |y_{k+1}| \geq |y_{k+1}|,$$

$$|y_{k+3}| > (|D_{k+2}| - 1) |y_{k+2}| \geq |y_{k+2}|$$

und so weiter.

Daraus ergibt sich sofort die behauptete Typeneinteilung. Die dritte der Ungleichungen II bzw. III folgt dabei jeweils aus (4) mit Hilfe zweimaliger Anwendung der beiden vorstehenden.

Es entsteht nunmehr die Frage, ob die in Satz 3 gegebenen Möglichkeiten auch in jedem Falle realisiert werden, bzw. die Aufgabe Lösungen aller drei Typen zu konstruieren. Die Schwierigkeit liegt hier offenbar allein in der Frage der Existenz von Lösungen des Typs II. Eine erschöpfende Antwort gibt

Satz 4. *Es gibt Lösungen von jedem der drei Typen. Es gibt keine zwei linear unabhängigen Lösungen vom Typ II.* y_k *ist genau dann Lösung vom Typ II, wenn*

$$\frac{y_1}{y_0} = \frac{1|}{|D_1} - \frac{1|}{|D_2} - \frac{1|}{|D_3} - \cdots;$$

in diesem Falle ist

$$\frac{y_i}{y_{i-1}} = \frac{1}{D_i} - \frac{1}{D_{i+1}} - \frac{1}{D_{i+2}} - \cdots \qquad (i = 1, 2, 3, \ldots).$$

Dabei sind die unendlichen Kettenbrüche durch

$$\frac{1}{D_i} - \frac{1}{D_{i+1}} - \frac{1}{D_{i+2}} - \cdots = \lim_{k \to \infty} \frac{S_k^{(i)}}{T_k^{(i)}}$$

definiert, wo $S_k^{(i)}, T_k^{(i)}$ *die durch*

$$S_{i-1}^{(i)} = -1, \qquad S_i^{(i)} = 0,$$
$$T_{i-1}^{(i)} = 0, \qquad T_i^{(i)} = 1$$

gegebenen Lösungen von (4) *sind.*

Beweis. $y_k \equiv 0$ ist immer Lösung von (4). Auch eine Lösung vom Typ III kann sofort angegeben werden, nämlich die im Satze definierte Lösung $T_k^{(1)}$. Das folgt sofort auf Grund der Anfangsbedingungen aus dem ersten Teil des Beweises von Satz 3.

Wir können darüber hinaus zeigen, daß diese Lösung nicht beschränkt ist, genauer, daß

$$|T_k^{(1)}| \geq k \qquad (k = 0, 1, 2, \ldots) \tag{$*$}$$

gilt. Es ist nämlich stets

$$|T_{k+1}^{(1)}| \geq |T_k^{(1)}| + 1.$$

Denn das ist sicher für $k = 0$ richtig und ergibt sich, falls für $k = m - 1 \geq 0$ bewiesen, für $k = m$ durch die Schlußweise.

$$T_{m+1}^{(1)} = D_m T_m^{(1)} - T_{m-1}^{(1)},$$
$$|T_{m+1}^{(1)}| \geq |D_m| |T_m^{(1)}| - |T_{m-1}^{(1)}|$$
$$-|T_{m-1}^{(1)}| \geq -|T_m^{(1)}| + 1$$
$$|T_{m+1}^{(1)}| \geq (|D_m| - 1) |T_m^{(1)}| + 1$$
$$\geq |T_m^{(1)}| + 1.$$

Aus der Existenz einer unbeschränkten Lösung folgt nunmehr zusammen mit Satz 1 sofort, daß es nicht zwei linear unabhängige Lösungen vom Typ II geben kann. Denn jede Lösung vom Typ II und damit auch jede Linearkombination solcher Lösungen muß beschränkt sein.

Es bleibt nunmehr allein noch zu zeigen, daß die angegebenen unendlichen Kettenbrüche eine Lösung vom Typ II liefern.

Die Konvergenz der Kettenbrüche — wir beschränken uns ohne Beschränkung der Allgemeinheit auf $i = 1$ — folgt aus ($*$) und

$$\frac{S_{k+1}^{(1)}}{T_{k+1}^{(1)}} - \frac{S_k^{(1)}}{T_k^{(1)}} = \frac{S_{k+1}^{(1)} T_k^{(1)} - S_k^{(1)} T_{k+1}^{(1)}}{T_{k+1}^{(1)} T_k^{(1)}} = \frac{1}{T_k^{(1)} T_{k+1}^{(1)}}. \tag{$*$}$$

Dabei haben wir zuletzt Satz 2 zusammen mit

$$S_1^{(1)} T_0^{(1)} - S_0^{(1)} T_1^{(1)} = 1$$

benutzt.

Weiter erkennen wir gemäß Satz 1 sofort

$$T_k^{(i+1)} = S_k^{(i)},$$
$$S_k^{(i+1)} = - T_k^{(i)} + D_i S_k^{(i)}.$$

Danach sind die Werte

$$v_i = \lim_{k \to \infty} \frac{S_k^{(i)}}{T_k^{(i)}}$$

sämtlich von 0 verschieden und man hat

$$v_{k+1} + \frac{1}{v_k} = D_k \qquad (k = 1, 2, 3, \ldots).$$

Setzt man daher

$$y_0 = 1,$$
$$y_k = v_k\, y_{k-1} \qquad (k = 1, 2, 3, \ldots),$$

so ist y_k Lösung von (4).

Diese erweist sich schließlich als vom Typ II. Denn es ist nach (**)

$$v_1 = \frac{1}{J_1^{(1)} J_2^{(1)}} + \frac{1}{J_2^{(1)} J_3^{(1)}} + \cdots,$$

also wegen (*)

$$|v_1| \le \frac{1}{1 \cdot 2} + \frac{1}{2 \cdot 3} + \cdots = 1$$

und analog

$$|v_k| \le 1 \qquad (k = 1, 2, 3, \ldots).$$

Damit ist Satz 4 bewiesen.

1.9. Eine Verallgemeinerung der HANKELschen asymptotischen Reihen.

1.91. Die HANKELschen asymptotischen Reihen der Zylinderfunktionen. Auf Grund der SOMMERFELDschen Integraldarstellungen (vgl. dazu auch **1.137.**, Satz 5) gilt bekanntlich

$$H_\nu^{(1)}(u) = \frac{1}{\pi} \int_{\mathfrak{C}_\xi^{(3)}} e^{i u \cos t}\, e^{i \nu \left(t - \frac{\pi}{2}\right)}\, dt,$$

$$H_\nu^{(2)}(u) = \frac{1}{\pi} \int_{\mathfrak{C}_\xi^{(4)}} e^{i u \cos t}\, e^{i \nu \left(t - \frac{\pi}{2}\right)}\, dt$$

für

$$-\xi < \arg u < -\xi + \pi,$$

wenn $\mathfrak{C}_\xi^{(3)}$ der Weg von $-\xi + i\infty$ bis $\xi - i\infty$, $\mathfrak{C}_\xi^{(4)}$ der Weg von $\xi - i\infty$ bis $2\pi - \xi + i\infty$ ist.

Für

$$-\pi < \xi < \pi$$

erhält man aus der ersten Darstellung durch Umformung

$$H_\nu^{(1)}(u) = \frac{2}{\pi} e^{i\left(u - \nu\frac{\pi}{2} - \frac{\pi}{2}\right)} \int\limits_0^{\infty \cdot e^{i\left(\xi - \frac{\pi}{2}\right)}} e^{-u\tau} F_\nu(\tau)\, d\tau,$$

wo

$$F_\nu(\tau) = \frac{\cos \nu t}{\sin t}$$

mit

$$\tau = i(1 - \cos t), \qquad -\pi < \arg t < 0$$

zu setzen ist.

Nach dem bekannten WATSONschen Lemma (WATSON [2], S. 236) liefern dann die Koeffizienten der Entwicklung

$$F_\nu(\tau) = (-2i\tau)^{-\frac{1}{2}}\left[1 + \frac{4\nu^2 - 1}{2!\,2}\, i\tau + \frac{(4\nu^2 - 1)(4\nu^2 - 9)}{4!\,2^2}\, (i\tau)^2 + \cdots\right]$$

mit

$$0 < \arg (-2i\tau)^{-\frac{1}{2}} < \pi$$

gliedweise die Koeffizienten

$$(\nu, m) = \frac{1}{m!} \frac{\Gamma(\nu + m + \frac{1}{2})}{\Gamma(\nu - m + \frac{1}{2})} = (-\nu, m) \qquad (m = 0, 1, 2, \ldots)$$

der asymptotischen Reihe von HANKEL für $u \to \infty$:

$$H_\nu^{(1)}(u) = \left(\frac{2}{\pi u}\right)^{\frac{1}{2}} e^{i\left(u - \nu\frac{\pi}{2} - \frac{\pi}{4}\right)}\left[\sum_{m=0}^{q-1} (\nu, m)(-2iu)^{-m} + O(u^{-q})\right]$$

$$(-\pi + \delta < \arg u < 2\pi - \delta, \ \delta > 0).$$

Analoges gilt für die zweite HANKEL-Funktion mit der asymptotischen Reihe

$$H_\nu^{(2)}(u) = \left(\frac{2}{\pi u}\right)^{\frac{1}{2}} e^{-i\left(u - \nu\frac{\pi}{2} - \frac{\pi}{4}\right)}\left[\sum_{m=0}^{q-1} (\nu, m)(2iu)^{-m} + O(u^{-q})\right]$$

$$(-2\pi + \delta < \arg u < \pi - \delta, \ \delta > 0).$$

1.92. Asymptotisches Verhalten von Reihen nach Zylinderfunktionen. Mathieusche Funktionen und Sphäroidfunktionen lassen sich in Reihen nach Zylinderfunktionen entwickeln. In diesem Zusammenhange ist es wünschenswert, aus diesen Entwicklungen das asymptotische Verhalten der dargestellten Funktionen ablesen zu können. Wir zeigen, daß es in diesen Fällen erlaubt ist, für die Zylinderfunktionen die asymptotischen Reihen von **1.91.** einzusetzen und die Summationen zu vertauschen: Man erhält entsprechende asymptotische Reihen für die dargestellten Funktionen.

Wir betrachten im folgenden allgemeiner statt $e^{i\nu\left(t-\frac{\pi}{2}\right)}$ eine ganze Funktion

$$f(t) = e^{i\nu\left(t-\frac{\pi}{2}\right)} g(t),$$

wo $g(t)$ eine ganze Funktion mit der Periode 2π ist, die einer Abschätzung

$$|g(t)| \leq A \exp\left(\alpha \, e^{|\Im t|}\right) \qquad (A > 0, \alpha > 0)$$

genügt, so daß

$$f(t) = e^{-i\nu\frac{\pi}{2}} \sum_{s=-\infty}^{+\infty} d_s \, e^{i(\nu+s)t}$$

entwickelt werden kann, wobei die Reihe in jedem kompakten t-Bereich gleichmäßig konvergiert.

Dann sind die Integrale

$$\mathfrak{H}^{(1)}(u) = \frac{1}{\pi} \int\limits_{\mathfrak{C}_\xi^{(3)}} e^{iu\cos t} f(t) \, dt,$$

$$\mathfrak{H}^{(2)}(u) = \frac{1}{\pi} \int\limits_{\mathfrak{C}_\xi^{(4)}} e^{iu\cos t} f(t) \, dt$$

jeweils für

$$\tfrac{1}{2}\Im\left(u \, e^{i\xi}\right) > \alpha$$

konvergent und stellen für verschiedene ξ analytische Fortsetzungen derselben Funktionen dar. $\Im\left(u \, e^{i\xi}\right) > 2\alpha$ impliziert

$$-\xi < \arg u < -\xi + \pi.$$

Wir können nun wie oben für

$$-\pi < \xi < \pi$$

umformen:

$$\mathfrak{H}^{(1)}(u) = \frac{2}{\pi} e^{i\left(u-\nu\frac{\pi}{2}-\frac{\pi}{2}\right)} \int\limits_{0}^{\infty \cdot e^{i\left(\xi-\frac{\pi}{2}\right)}} e^{-u\tau} \Phi(\tau) \, d\tau$$

mit

$$\Phi(\tau) = \sum_{s=-\infty}^{+\infty} d_s \frac{\cos(v+s)\,t}{\sin t} = \sum_{s=-\infty}^{+\infty} d_s F_{v+s}(\tau)$$

und das Watsonsche Lemma anwenden. Dazu bemerken wir nun, daß wir die Entwicklungskoeffizienten von $\Phi(\tau)$ um $\tau = 0$ nach dem Weierstrassschen Doppelreihensatz erhalten können. Wir haben daher sofort die asymptotische Reihe $(q = 1, 2, 3, \ldots)$

$$\mathfrak{H}^{(1)}(u) = \left(\frac{2}{\pi u}\right)^{\frac{1}{2}} e^{i\left(u - v\frac{\pi}{2} - \frac{\pi}{4}\right)} \left[\sum_{m=0}^{q-1} C_m\,(-2i\,u)^{-m} + O(u^{-q})\right]$$

$$(-\pi + \delta < \arg u < 2\pi - \delta, \ \delta > 0)$$

mit

$$C_m = \sum_{s=-\infty}^{+\infty} d_s\,(v+s, m).$$

Analoges gilt für die zweite Funktion. Man hat

$$\mathfrak{H}^{(2)}(u) = \left(\frac{2}{\pi u}\right)^{\frac{1}{2}} e^{-i\left(u - v\frac{\pi}{2} - \frac{\pi}{4}\right)} \left[\sum_{m=0}^{q-1} C_m\,(2i\,u)^{-m} + O(u^{-q})\right]$$

$$(-2\pi + \delta < \arg u < \pi - \delta, \ \delta > 0).$$

Wir bemerken andererseits, daß aus der Reihenentwicklung von $f(t)$ Reihendarstellungen von $\mathfrak{H}^{(1)}(u)$, $\mathfrak{H}^{(2)}(u)$ durch gliedweise Integration entspringen:

$$\mathfrak{H}^{(1)}(u) = \sum_{s=-\infty}^{+\infty} i^s d_s\,H_{v+s}^{(1)}(u),$$

$$\mathfrak{H}^{(2)}(u) = \sum_{s=-\infty}^{+\infty} i^s d_s\,H_{v+s}^{(2)}(u).$$

Gliedweise Integration ist auf Grund des Lebesgueschen Satzes (siehe z.B. Halmos [1], S. 110 und — in vereinfachter Herleitung — Riesz-Nagy [1], S. 37) erlaubt, da die Partialsummen Integranden liefern, die sämtlich unter einer festen integrablen Funktion liegen. Setzt man nämlich

$$x = e^{it}, \qquad \varphi(x) = \sum_{s=-\infty}^{+\infty} d_s\,x^s = g(t),$$

so gilt auf Grund der geforderten Abschätzung für $g(t)$:

$$|\varphi(x)| \leq \begin{cases} A\,e^{\alpha|x|} & (|x| \geq 1), \\ A\,e^{\alpha|x|^{-1}} & (|x| \leq 1). \end{cases}$$

Aus der Koeffizientenformel für LAURENT-Reihen

$$d_s = \frac{1}{2\pi i} \oint_{|\xi|=r>0} \frac{\varphi(\xi)}{\xi^{s+1}}\, d\xi$$

folgt daher

$$|d_s| \leq A \left(\frac{e\,\alpha}{|s|}\right)^{|s|} \qquad (|s| \geq \alpha),$$

und das liefert offenbar die Behauptung.

Man kann umgekehrt von den Reihendarstellungen und derartigen Koeffizientenabschätzungen ausgehen:

Satz. *Für die Koeffizienten* d_s $(s = \cdots, -1, 0, 1, 2, \ldots)$ *gelte*

$$\limsup_{s \to \pm\infty} {}^{|s|}\!\sqrt{|s|!\,|d_s|} \leq \alpha < \infty.$$

Dann sind die Reihen

$$\mathfrak{H}^{(1)}(u) = \sum_{s=-\infty}^{+\infty} i^s d_s H^{(1)}_{\nu+s}(u)$$

$$\mathfrak{H}^{(2)}(u) = \sum_{s=-\infty}^{+\infty} i^s d_s H^{(2)}_{\nu+s}(u)$$

für $|u| > 2\alpha$ *(in kompakten Teilbereichen absolut gleichmäßig) konvergent.*
Die Funktionen $\mathfrak{H}^{(1,2)}(u)$ *sind dort regulär analytisch und besitzen für*
$-\pi + \delta \leq \arg u \leq 2\pi - \delta$ *bzw.* $-2\pi + \delta \leq \arg u \leq \pi - \delta$, $\delta > 0$, *die asymptotischen Reihen*

$$\mathfrak{H}^{(1,2)}(u) \sim \left(\frac{2}{\pi u}\right)^{\frac{1}{2}} e^{\pm i\left(u - \nu\frac{\pi}{2} - \frac{\pi}{4}\right)} \sum_{m=0}^{\infty} (\mp 2i u)^{-m} \sum_{s=-\infty}^{+\infty} d_s\,(\nu + s, m).$$

1.93. Zusatzbemerkungen. Verallgemeinerungen. a) Alle Überlegungen bleiben analog gültig, wenn die oben betrachtete Funktion $g(t)$ noch von u mit abhängt, jedoch so, daß für alle hinreichend großen $|u|$ die geforderte Abschätzung gleichmäßig gilt.

b) Hängt die Funktion $g(t)$ noch von einem Parameter μ ab, gilt für alle μ einer gewissen Punktmenge $\mathfrak{M}$ die geforderte Abschätzung gleichmäßig und ist ferner überall in $\mathfrak{M}$ $C_0 = 1$, so wird nach unseren Überlegungen

$$\mathfrak{H}^{(1,2)}(u;\mu) = \left(\frac{2}{\pi u}\right)^{\frac{1}{2}} e^{\pm i\left(u - \nu\frac{\pi}{2} - \frac{\pi}{4}\right)} \left(1 + O(u^{-1})\right)$$

gleichmäßig für alle μ aus $\mathfrak{M}$.

c) Schließlich läßt sich unser Ergebnis offenbar noch in folgender Weise verallgemeinern: Seien für $r = 0, \pm 1, \pm 2, \ldots$

$$\mathfrak{H}_r^{(1,2)}(u) = \frac{1}{\pi} \int_{\mathfrak{C}_\xi^{(3,4)}} e^{i\,u\cos t} f_r(t)\, dt$$

Funktionen, für die wir asymptotische Reihen in der oben geschilderten Weise schon erhalten haben, sei in jedem kompakten t-Bereich

$$f(t) = \sum_{r=-\infty}^{+\infty} a_r f_r(t)$$

absolut und gleichmäßig konvergent und mit $A > 0$, $\alpha > 0$

$$|f(t)| \le \sum_{r=-\infty}^{+\infty} |a_r|\,|f_r(t)| \le A\,e^{\alpha|t|};$$

dann gilt

$$\mathfrak{H}^{(1,\,2)}(u) = \sum_{r=-\infty}^{+\infty} a_r\,\mathfrak{H}_r^{(1,\,2)}(u) = \frac{1}{\pi}\int\limits_{\mathfrak{C}_\xi^{(3,\,4)}} e^{i\,u\cos t}\,f(t)\,dt,$$

und man kann wieder asymptotische Reihen für diese Funktionen durch Einsetzen der asymptotischen Reihen für die Funktionen $\mathfrak{H}_r^{(1,\,2)}(u)$ und Vertauschung der Summationen gewinnen. Dies Ergebnis wird insbesondere für Reihen nach Mathieuschen Funktionen oder Sphäroidfunktionen von Bedeutung sein.

2. Mathieusche Funktionen.

2.1. Die Mathieusche Differentialgleichung. Allgemeines.

2.11. Natur der Lösungen. Theorie der Mathieuschen Funktionen bedeutet nach **1.135.** eine Untersuchung der Lösungen der Differentialgleichung

$$y''(z) + (\lambda - 2h^2\cos 2z)\,y(z) = 0. \tag{1}$$

In den Anwendungen sind meist die Parameter λ, h^2 reell, die unabhängige Veränderliche z reell oder rein imaginär (vgl. **1.135.**). Doch sollen im folgenden die Lösungen von (1) im allgemeinen in der gesamten komplexen z-Ebene und für beliebige komplexe Parameter betrachtet werden.

In diesem Sinne formulieren wir zunächst einige allgemeine Aussagen über die Abhängigkeit der Lösungen $y(z; \lambda, h^2)$ von den aufgeschriebenen drei Veränderlichen.

Zunächst ist jede Lösung $y(z)$ eine ganze Funktion, da (1) im Endlichen keine Singularitäten besitzt. Polynomlösungen können dabei, wie man durch Einsetzen bestätigt, abgesehen von $y \equiv 0$ und $\lambda = h^2 = 0$ nicht auftreten.

Bei der Untersuchung der Parameterabhängigkeit können wir uns auf **1.3.**, Satz 1 stützen.

Wir erhalten:

Satz 1. *Die Lösungen* $y(z)$ *von* (1) *sind ganze, und zwar — abgesehen von* $\lambda = h^2 = 0$ *bzw.* $y \equiv 0$ *— transzendente Funktionen von* z.

Die durch parameterunabhängige Anfangsbedingungen

$$y(z_0) = a_0, \qquad y'(z_0) = a_1$$

festgelegten Lösungen und ihre Ableitungen nach z *sind ganze Funktionen von* z, λ, h^2 *und für festes* z *als ganze Funktionen der zwei Variablen* λ, h^2 *höchstens von der Ordnung* $\frac{1}{2}$.

(1) enthält kein Glied mit y'. Daher gilt

Satz 2. *Die* Wronskische *Determinante je zweier Lösungen* y, $\tilde{y}$ *ist konstant:*

$$y\tilde{y}' - y'\tilde{y} = \text{const.}$$

(1) bleibt invariant gegenüber den Substitutionen

$$z \to -z;$$
$$z \to z \pm \pi;$$
$$z \to z \pm \frac{\pi}{2}, \qquad h^2 \to -h^2.$$

Das bedeutet für die Lösungen

Satz 3. *Ist* $y(z; \lambda, h^2)$ *Lösung von* (1), *so auch* $y(-z; \lambda, h^2)$ *und* $y(z \pm \pi; \lambda, h^2)$. *Ist* $y(z; \lambda, -h^2)$ *Lösung von*

$$y''(z) + (\lambda + 2h^2 \cos 2z)\, y(z) = 0,$$

so ist $y\left(z \pm \dfrac{\pi}{2}; \lambda, -h^2\right)$ *Lösung von* (1).

2.12. Das Fundamentalsystem y_{I}, y_{II}. Wir definieren zwei spezielle Lösungen von (1), die wir mit $y_{\mathrm{I}}(z; \lambda, h^2)$ und $y_{\mathrm{II}}(z; \lambda, h^2)$ bezeichnen, durch die Anfangsbedingungen

$$\left.\begin{array}{ll} y_{\mathrm{I}}(0) = 1, & y_{\mathrm{I}}'(0) = 0, \\ y_{\mathrm{II}}(0) = 0, & y_{\mathrm{II}}'(0) = 1. \end{array}\right\} \tag{2}$$

Für sie gilt

Satz 4. y_{I}, y_{II} *bilden ein Fundamentalsystem: jede Lösung von* (1) *läßt sich aus* y_{I}, y_{II} *linear kombinieren. Man hat die Formeln*

$$y_{\mathrm{I}}(z)\, y_{\mathrm{II}}'(z) - y_{\mathrm{I}}'(z)\, y_{\mathrm{II}}(z) = 1, \tag{3}$$

$$y_{\mathrm{I}}(-z) = y_{\mathrm{I}}(z), \tag{4}$$

$$y_{\mathrm{II}}(-z) = -y_{\mathrm{II}}(z), \tag{5}$$

$$y_{\mathrm{I}}(z \pm \pi) = y_{\mathrm{I}}(\pi)\, y_{\mathrm{I}}(z) \pm y_{\mathrm{I}}'(\pi)\, y_{\mathrm{II}}(z), \tag{6}$$

$$y_{\mathrm{II}}(z \pm \pi) = \pm y_{\mathrm{II}}(\pi)\, y_{\mathrm{I}}(z) + y_{\mathrm{II}}'(\pi)\, y_{\mathrm{II}}(z), \tag{7}$$

$$y_{\mathrm{I}}(\pi) = y_{\mathrm{II}}'(\pi). \tag{8}$$

Beweis. (3) folgt aus (2) und Satz 2; (4), (5), (6), (7) aus (2) und Satz 3, da beide Seiten der Gleichung jeweils Lösungen von (1) mit denselben Anfangsbedingungen bei $z=0$ sind. Zum Beweise von (8) wählt man in (6) und (7) das untere Vorzeichen und setzt $z=\pi$; man erhält

$$1 = y_{\mathrm{I}}(\pi)^2 - y_{\mathrm{I}}'(\pi)\, y_{\mathrm{II}}(\pi), \qquad 0 = [y_{\mathrm{II}}'(\pi) - y_{\mathrm{I}}(\pi)]\, y_{\mathrm{II}}(\pi).$$

Ist $y_{\mathrm{II}}(\pi) \neq 0$, so ergibt sich (8) aus der zweiten Gleichung; ist $y_{\mathrm{II}}(\pi) = 0$, so ist nach der ersten $y_{\mathrm{I}}(\pi) = \pm 1$ und damit gemäß (3) auch $y_{\mathrm{II}}'(\pi) = \pm 1$.

Wir behaupten weiter

Satz 5. *Es gelten die Relationen*

$$\left.\begin{aligned}
y_{\mathrm{I}}(\pi) + 1 &= 2 y_{\mathrm{I}}\!\left(\frac{\pi}{2}\right) y_{\mathrm{II}}'\!\left(\frac{\pi}{2}\right), & y_{\mathrm{I}}(\pi) - 1 &= 2 y_{\mathrm{II}}\!\left(\frac{\pi}{2}\right) y_{\mathrm{I}}'\!\left(\frac{\pi}{2}\right), \\
y_{\mathrm{I}}'(\pi) &= 2 y_{\mathrm{I}}\!\left(\frac{\pi}{2}\right) y_{\mathrm{I}}'\!\left(\frac{\pi}{2}\right), & y_{\mathrm{II}}(\pi) &= 2 y_{\mathrm{II}}\!\left(\frac{\pi}{2}\right) y_{\mathrm{II}}'\!\left(\frac{\pi}{2}\right).
\end{aligned}\right\} \tag{9}$$

Beweis. Man wählt in (6), (7) und den nach z differenzierten Gleichungen das untere Vorzeichen und setzt $z = \dfrac{\pi}{2}$. Dann folgt bei Beachtung von (4) und (5):

$$y_{\mathrm{I}}\!\left(\frac{\pi}{2}\right)[y_{\mathrm{I}}(\pi) - 1] = y_{\mathrm{I}}'(\pi)\, y_{\mathrm{II}}\!\left(\frac{\pi}{2}\right), \qquad y_{\mathrm{I}}'\!\left(\frac{\pi}{2}\right)[y_{\mathrm{I}}(\pi) + 1] = y_{\mathrm{I}}'(\pi)\, y_{\mathrm{II}}'\!\left(\frac{\pi}{2}\right),$$

$$y_{\mathrm{II}}\!\left(\frac{\pi}{2}\right)[y_{\mathrm{II}}'(\pi) + 1] = y_{\mathrm{II}}(\pi)\, y_{\mathrm{I}}\!\left(\frac{\pi}{2}\right), \qquad y_{\mathrm{II}}'\!\left(\frac{\pi}{2}\right)[y_{\mathrm{II}}'(\pi) - 1] = y_{\mathrm{II}}(\pi)\, y_{\mathrm{I}}'\!\left(\frac{\pi}{2}\right).$$

Multipliziert man die Gleichungen der ersten Zeile mit $y_{\mathrm{I}}'\!\left(\frac{\pi}{2}\right)$ bzw. $y_{\mathrm{I}}\!\left(\frac{\pi}{2}\right)$ und subtrahiert, so folgt zusammen mit (3) die dritte der behaupteten Relationen. Entsprechend ergibt sich die vierte aus den Gleichungen der zweiten Zeile. Multipliziert man andererseits die Gleichungen der ersten Zeile mit $y_{\mathrm{II}}'\!\left(\frac{\pi}{2}\right)$ bzw. $y_{\mathrm{II}}\!\left(\frac{\pi}{2}\right)$ und subtrahiert, so folgt mit (3)

$$y_{\mathrm{I}}(\pi) = y_{\mathrm{I}}\!\left(\frac{\pi}{2}\right) y_{\mathrm{II}}'\!\left(\frac{\pi}{2}\right) + y_{\mathrm{II}}\!\left(\frac{\pi}{2}\right) y_{\mathrm{I}}'\!\left(\frac{\pi}{2}\right).$$

Das gibt, wiederum mit Hilfe von (3) die beiden ersten behaupteten Relationen. Dasselbe Verfahren für die Gleichungen der zweiten Zeile liefert einen zweiten Beweis von (8).

2.13. Der charakteristische Exponent. FLOQUETsche Lösungen.

Wir gelangen zu weiteren Folgerungen aus der π-Periodizität der Koeffizienten von (1), indem wir Lösungen $y \not\equiv 0$ betrachteten, die sich bei Fortschreiten um π mit einem konstanten Faktor multiplizieren:

$$y(z + \pi) \equiv \sigma\, y(z).\qquad(10)$$

(10) ist gleichwertig den beiden Gleichungen

$$y(\pi) = \sigma\, y(0), \quad y'(\pi) = \sigma\, y'(0).$$

Führt man in diese die Darstellung durch das Fundamentalsystem y_I, y_II ein,

$$y = A\, y_\mathrm{I} + B\, y_\mathrm{II},$$

so erweist sich als notwendig und hinreichend für die Koeffizienten A, B einer Lösung mit der Eigenschaft (10) das Bestehen des linearen Gleichungssystems

$$A\left(y_\mathrm{I}(\pi) - \sigma\right) + B\, y_\mathrm{II}(\pi) = 0,$$
$$A\, y'_\mathrm{I}(\pi) + B\left(y'_\mathrm{II}(\pi) - \sigma\right) = 0.$$

Eine Lösung $(A, B) \neq (0, 0)$ existiert genau dann, wenn die Determinante verschwindet. Das ergibt wegen (3) und (8) die Bedingung

$$\sigma^2 - 2\, y_\mathrm{I}(\pi;\lambda, h^2)\,\sigma + 1 = 0.\qquad(11)$$

Man setzt nun zweckmäßig

$$\sigma = e^{i\pi v}.\qquad(12)$$

Dann wird (11) zu

$$\cos \pi v = y_\mathrm{I}(\pi;\lambda, h^2).\qquad(13)$$

Jeder Wert v der (13) genügt, wird als „charakteristischer Exponent" von (1) bzw. zum Parameterpaar λ, h^2 bezeichnet. Mit v sind alle Werte $2k \pm v$ (k ganz) ebenfalls charakteristische Exponenten.

Wir fassen unsere Überlegungen zusammen in

Satz 6 (*Theorem von* FLOQUET [1]). *Es gibt genau dann eine Lösung von* (1) *mit*

$$y(z + \pi) \equiv e^{i\pi v}\, y(z) \not\equiv 0,\qquad(14)$$

wenn v charakteristischer Exponent ist, d.h. (13) *genügt.*

Eine Lösung y mit der Eigenschaft (14) soll als FLOQUETsche Lösung zum charakteristischen Exponenten v bezeichnet werden; wir schreiben, zunächst ohne Normierung des willkürlichen Faktors oder von v, $y(z) = \mathrm{me}_v z = \mathrm{me}_v(z;\lambda, h^2)$.

Die Untersuchung und numerische Beherrschung einerseits des Zusammenhangs (13) zwischen v, λ, h^2, andererseits der FLOQUETschen Lösungen bildet das Kernstück der Theorie der MATHIEUschen Funktionen.

Wir schließen an Satz 6 zunächst einige einfache Folgerungen an.

Satz 7. *Ist v nicht-ganzer charakteristischer Exponent, so sind die FLOQUETschen Lösungen $\mathrm{me}_v z$ und $\mathrm{me}_{-v} z$ linear unabhängig, bilden daher ein Fundamentalsystem von* (1).

Es sind nämlich in diesem Falle $e^{i\pi v}$ und $e^{-i\pi v}$ verschieden.

Satz 8. *Sind die charakteristischen Exponenten ganzzahlig, so sind sie entweder alle gerade oder alle ungerade. Die FLOQUETschen Lösungen besitzen im ersten Falle die Periode π, sind „ganzperiodisch" und im zweiten Falle die Periode 2π, jedoch nicht schon π, sind „halbperiodisch"*[1]. *In jedem dieser Fälle ist mindestens eine der Lösungen y_I, y_II FLOQUETsche Lösung.*

Ist $y_\mathrm{I}(z)$ ganz- bzw. halbperiodisch, so gilt dasselbe für die ungerade Funktion[2]

$$\pi\, y_\mathrm{II}(z) \mp z\, y_\mathrm{II}(\pi)\, y_\mathrm{I}(z).$$

Ist $y_\mathrm{II}(z)$ ganz- bzw. halbperiodisch, so gilt dasselbe für die gerade Funktion[2]

$$\pi\, y_\mathrm{I}(z) \mp z\, y_\mathrm{I}'(\pi)\, y_\mathrm{II}(z).$$

Beweis. Im ganzperiodischen Fall ist $y_\mathrm{I}(\pi) = y_\mathrm{II}'(\pi) = 1$, im halbperiodischen Fall $y_\mathrm{I}(\pi) = y_\mathrm{II}'(\pi) = -1$. Wegen (3) ist dann entweder $y_\mathrm{I}'(\pi) = 0$ oder $y_\mathrm{II}(\pi) = 0$, also y_I oder y_II FLOQUETsche Lösung. Im ersten Falle ist $y_\mathrm{I}(z+\pi) = \pm y_\mathrm{I}(z)$, $y_\mathrm{II}(z+\pi) = y_\mathrm{II}(\pi)\, y_\mathrm{I}(z) \pm y_\mathrm{II}(z)$. Daher wird

$$\pi\, y_\mathrm{II}(z+\pi) \mp (z+\pi)\, y_\mathrm{II}(\pi)\, y_\mathrm{I}(z+\pi) = \pm\left[\pi\, y_\mathrm{II}(z) \mp z\, y_\mathrm{II}(\pi)\, y_\mathrm{I}(z)\right].$$

Im zweiten Falle verläuft der Beweis analog.

Satz 9. *Jede FLOQUETsche Lösung zum charakteristischen Exponenten v läßt sich in der Form*

$$\mathrm{me}_v z \equiv e^{ivz}\, u(z), \qquad u(z+\pi) \equiv u(z)$$

darstellen. $\mathrm{me}_v(-z) \equiv e^{-ivz}\, u(-z)$ ist dann FLOQUETsche Lösung zum charakteristischen Exponenten $-v$. Es kann daher für nicht ganzes v stets

$$\mathrm{me}_{-v} z = \mathrm{me}_v(-z)$$

gewählt werden.

---

[1] Das heißt: sie erfüllen $y(z+\pi) \equiv -y(z)$.

[2] Im ganzperiodischen Falle ist das obere, im halbperiodischen das untere Vorzeichen zu wählen. Diese Funktionen sind natürlich im allgemeinen nicht Lösungen von (1).

Denn offenbar ist $u(z) = e^{-ivz}\,\mathrm{me}_v z$ π-periodisch und $\mathrm{me}_v(-z)$ wieder Lösung von (1).

Satz 10. *Für jede Lösung von* (1) *gilt*

$$y(z + \pi) + y(z - \pi) \equiv 2\cos\pi v \cdot y(z).$$

Diese und die differenzierte Gleichung sind nämlich wegen (4), (5), (8) und (13) für $y_\mathrm{I}(z)$ und $y_\mathrm{II}(z)$ an der Stelle $z = 0$ richtig. Da y_I, y_II ein Fundamentalsystem bilden und nach Satz 3 beide Seiten Lösungen von (1) sind, folgt daraus die Behauptung. Satz 10 ist mit

$$y(z + \pi) - e^{-i\pi v}\,y(z) \equiv e^{i\pi v}\big(y(z) - e^{-i\pi v}\,y(z - \pi)\big)$$

äquivalent. Das besagt:

Satz 11. *Ist* v *charakteristischer Exponent,* $y \not\equiv 0$ *eine beliebige Lösung von* (1), *so ist entweder* $y(z)$ Floquet*sche Lösung zu* $-v$ *oder* $y(z + \pi) - e^{-ivz}\,y(z)$ Floquet*sche Lösung zu* v.

Wir knüpfen an Satz 10 noch eine weitere wichtige Folgerung. Setzt man in der Identität $z + \dfrac{\pi}{2}$ statt z ein und beachtet die letzte Aussage von Satz 3, so entsteht dieselbe Identität mit gleichem v für alle Lösungen $y(z; \lambda, -h^2)$. Daher gilt

Satz 12. *Ist* v *charakteristischer Exponent zu* λ, h^2, *so auch zu* $\lambda, -h^2$. *Es ist*

$$\cos\pi v = y_\mathrm{I}(\pi; \lambda, h^2) = y_\mathrm{I}(\pi; \lambda, -h^2)$$

eine ganze Funktion von λ, h^4.

Schließlich erhalten wir aus Satz 10 noch in Verallgemeinerung von (13):

Satz 13. *Es gilt für beliebiges ganzes* n

$$y_\mathrm{I}(n\pi) = y_\mathrm{II}'(n\pi) = \cos n\pi v.$$

Aus Satz 10 fließen nämlich die Gleichungen

$$\left.\begin{aligned}
y_\mathrm{I}(n\pi) &= 2\cos\pi v \cdot y_\mathrm{I}\big((n-1)\pi\big) - y_\mathrm{I}\big((n-2)\pi\big)\\
y_\mathrm{II}'(n\pi) &= 2\cos\pi v \cdot y_\mathrm{II}'\big((n-1)\pi\big) - y_\mathrm{II}'\big((n-2)\pi\big)
\end{aligned}\right\} \quad (n\ \text{ganz})$$

und andererseits hat man

$$\cos n\pi v = 2\cos\pi v \cdot \cos(n-1)\pi v - \cos(n-2)\pi v \qquad (n\ \text{ganz}).$$

2.14. Die inhomogene Mathieusche Differentialgleichung. Wir betrachten, indem wir mit Konstanten p_{ik}

$$\left.\begin{aligned}
\lambda &= p_{11}\alpha + p_{12}\beta\\
h^2 &= p_{21}\alpha + p_{22}\beta
\end{aligned}\right\} \tag{15}$$

setzen, die inhomogene Mathieusche Differentialgleichung in der Form

$$y''(x) + [\alpha(p_{11} - 2p_{21}\cos 2x) + \beta(p_{12} - 2p_{22}\cos 2x)]\, y(x) = f(x). \quad (16)$$

$f(x)$ sei eine stetige Funktion im Intervall

$$0 \leqq x \leqq a.$$

Für dasselbe Intervall wird eine Lösung $y(x)$ gesucht, die den parameterunabhängigen Randbedingungen

$$\begin{aligned}
U_1[y] &\equiv a_{11}\, y(0) + a_{12}\, y'(0) + b_{11}\, y(a) + b_{12}\, y'(a) = 0 \\
U_2[y] &\equiv a_{21}\, y(0) + a_{22}\, y'(0) + b_{21}\, y(a) + b_{22}\, y'(a) = 0
\end{aligned} \right\} \quad (17)$$

genügt; a_{ik}, b_{ik} sind Konstanten.

Wir bilden mit den Funktionen y_I, y_II von **2.12.** die ganze Funktion

$$\varDelta(\alpha, \beta) = \begin{vmatrix} U_1[y_\mathrm{I}], & U_1[y_\mathrm{II}] \\ U_2[y_\mathrm{I}], & U_2[y_\mathrm{II}] \end{vmatrix} \quad (18)$$

und erhalten in Verallgemeinerung des Vorgehens in **2.13.** zunächst

Satz 14. *Die homogene Randwertaufgabe* (1), (15), (17) *ist genau dann nicht-trivial lösbar, wenn* $\varDelta(\alpha, \beta) = 0$.

(1), (15), (17) kann als Eigenwertaufgabe mit den zwei Parametern α, β aufgefaßt werden. Satz 14 besagt dann: α, β ist Eigenwertpaar genau dann, wenn $\varDelta(\alpha, \beta) = 0$. $\varDelta(\alpha, \beta)$ wird als charakteristische Determinante des Eigenwertproblems bezeichnet.

Über das inhomogene Problem zeigen wir nunmehr

Satz 15. *Ist* α, β *nicht Eigenwertpaar von* (1), (15), (17), *so ist die inhomogene Randwertaufgabe* (16), (17) *genau eindeutig lösbar. Die Lösung* $y(x, \alpha, \beta)$ *läßt sich mit Hilfe einer im Quadrat* $0 \leqq x \leqq a, 0 \leqq \xi \leqq a$ *stetigen Funktion* $\varGamma(x, \xi; \alpha, \beta)$ (Greensche *Funktion*) *in der Form*

$$y(x; \alpha, \beta) = \int\limits_0^a \varGamma(x, \xi; \alpha, \beta)\, f(\xi)\, d\xi$$

darstellen. $\varDelta(\alpha, \beta)\, y^{(\nu)}(x; \alpha, \beta)$ $(\nu = 0, 1, 2)$ *sind stetige Funktionen von* x, α, β *und ganze Funktion von* α, β.

Beweis. Wir bilden zunächst für $0 \leqq x \leqq a$

$$z(x; \alpha, \beta) = \int\limits_0^x f(\xi)\, \big(y_\mathrm{I}(\xi)\, y_\mathrm{II}(x) - y_\mathrm{II}(\xi)\, y_\mathrm{I}(x)\big)\, d\xi.$$

Wir bestätigen sofort, daß z Lösung von (16) ist, $z(0) = z'(0) = 0$ erfüllt, und nach Verwendung von Satz 1 für y_I, y_II, daß $z(x; \alpha, \beta)$ und ihre beiden ersten Ableitungen nach x stetige Funktionen von x, α, β und ganze Funktionen von α, β sind.

Die allgemeine Lösung von (16) ist nun

$$y = z + k_1 y_{\mathrm{I}} + k_2 y_{\mathrm{II}}.$$

(17) gibt daher das Gleichungssystem

$$k_1 U_1 [y_{\mathrm{I}}] + k_2 U_1 [y_{\mathrm{II}}] = - U_1 [z],$$
$$k_1 U_2 [y_{\mathrm{I}}] + k_2 U_2 [y_{\mathrm{II}}] = - U_2 [z].$$

Ist $\Delta \neq 0$, so sind dadurch k_1, k_2 eindeutig bestimmt. Sie erscheinen als Quotienten ganzer Funktionen von α, β; der Nenner ist $\Delta (\alpha, \beta)$. Damit ist die erste und dritte Behauptung des Satzes bewiesen.

Die Darstellbarkeit durch eine GREENsche Funktion folgt sofort daraus, daß $y_{\mathrm{I}} (\xi) y_{\mathrm{II}} (x) - y_{\mathrm{II}} (\xi) y_{\mathrm{I}} (x)$ für $x = \xi$ verschwindet, also z in der angegebenen Form darstellbar ist, und daß wegen $z (0) = z'(0) = 0$ in $U_1 [z]$, $U_2 [z]$ nur mehr $z (a)$, $z' (a)$ auftreten, also auch $k_1 y_{\mathrm{I}} (x) + k_2 y_{\mathrm{II}} (x)$ in der angegebenen Form geschrieben werden kann.

2.2. Die Funktionen $\boldsymbol{\lambda_\nu (h^2)}$ und $\boldsymbol{\mathrm{me}_\nu(z; h^2)}$.

2.21. FOURIER-Entwicklung der FLOQUETschen Lösungen. Eindeutigkeitssatz. Eine FLOQUETsche Lösung der MATHIEUschen Differentialgleichung

$$y''(z) + (\lambda - 2h^2 \cos 2z)\, y(z) = 0 \tag{1}$$

zum charakteristischen Exponenten ν läßt sich nach **2.13.**, Satz 9 in der Form

$$\mathrm{me}_\nu z = e^{i\nu z} u(z)$$

darstellen. Dabei ist $u(z)$ eine ganze Funktion mit der Periode π. Führt man

$$z = \frac{1}{2i} \log t$$

ein, so wird

$$\varphi(t) = u\left(\frac{1}{2i} \log t\right)$$

eine in der gesamten t-Ebene außer $t = 0$ eindeutige regulär analytische Funktion. $\varphi(t)$ läßt sich daher in eine LAURENT-Reihe

$$\varphi(t) = \sum_{\varrho=-\infty}^{+\infty} c_{2\varrho}\, t^\varrho$$

entwickeln, die in jedem Kreisring $0 < r_1 \leq |t| \leq r_2 < \infty$ absolut gleichmäßig konvergiert. Somit folgt

Satz 1. *Eine* FLOQUET*sche Lösung zum charakteristischen Exponenten ν besitzt eine* FOURIER*-Entwicklung*

$$\mathrm{me}_\nu z = \sum_{\varrho=-\infty}^{+\infty} c_{2\varrho}\, e^{i(\nu + 2\varrho) z}. \tag{2}$$

Sie kann gliedweise beliebig oft differenziert werden. Sämtliche erhaltenen Reihen sind in jedem Streifen parallel der reellen Achse absolut gleichmäßig konvergent. Für die Koeffizienten gilt

$$\lim_{\varrho \to \pm\infty} |c_{2\varrho}|^{1/|\varrho|} = 0. \tag{3}$$

Sie genügen der dreigliedrigen linearen Rekursion

$$-h^2 c_{2\varrho+2} + [\lambda - (\nu + 2\varrho)^2] c_{2\varrho} - h^2 c_{2\varrho-2} = 0. \tag{4}$$

(4) folgt dabei durch Einsetzen von (2) in (1).

Die Koeffizientenfolge $c_{2\varrho}$ ist für $h^2 \neq 0$ durch (4) und (3) bis auf einen konstanten Faktor eindeutig bestimmt. Das folgt aus **1.8.**, Satz 4 oder schon aus dem dortigen Satz 2 zusammen mit $c_{2\varrho} \to 0$ für $\varrho \to \pm\infty$. Wir erhalten hieraus wichtige Folgerungen:

Zunächst gilt ergänzend zu **2.13.**, Satz 7 und Satz 8 der Eindeutigkeitssatz

Satz 2. *Zu ganzem charakteristischen Exponenten ν gibt es außer für $h^2 = 0$, $\lambda = m^2$ $(m = 1, 2, 3, \ldots)$ keine zwei linear unabhängigen ganzperiodischen bzw. halbperiodischen Lösungen.*

Ferner bemerken wir, daß (4) bei den Substitutionen

$$h^2 \to -h^2, \qquad c_{2\varrho} \to (-1)^\varrho c_{2\varrho}$$

und

$$\nu \to 2k \pm \nu, \qquad \varrho \to -k \pm \varrho \qquad (k \text{ ganz})$$

in sich übergeht. Notiert man daher die Abhängigkeit von den Parametern ν, λ, h^2 in der Form

$$c_{2\varrho} = c_{2\varrho}(\nu; \lambda, h^2),$$

so ergibt sich

Satz 3. *Die Koeffizientensätze*

$$c_{2\varrho}(\nu; \lambda, h^2), \qquad (-1)^\varrho c_{2\varrho}(\nu; \lambda, -h^2), \qquad c_{2(-k\pm\varrho)}(2k \pm \nu; \lambda, h^2)$$

sind proportional.

Aus **1.8.**, Satz 3 können genauere Aussagen über das Verhalten der $c_{2\varrho}$ für $\varrho \to \pm\infty$ abgelesen werden. Man erhält

Satz 4. *Bei $h^2 \neq 0$ sind die $c_{2\varrho}$ für genügend große $|\varrho|$ sämtlich von 0 verschieden. Für jeden beschränkten Bereich der Parameter ν, λ, h^2 [mit $\cos \pi \nu = y_I(\pi; \lambda, h^2)$] gilt gleichmäßig*

$$\{(\nu + 2\varrho)^2 - \lambda\} \frac{c_{2\varrho}}{c_{2\varrho-2}} + h^2 = h^6 O\!\left(\frac{1}{\varrho^4}\right) \qquad (\varrho \to +\infty),$$

$$\{(\nu + 2\varrho)^2 - \lambda\} \frac{c_{2\varrho}}{c_{2\varrho+2}} + h^2 = h^6 O\!\left(\frac{1}{\varrho^4}\right) \qquad (\varrho \to -\infty)$$

oder schwächer

$$4\varrho^2\,\frac{c_{2\varrho}}{c_{2\varrho-2}}+h^2=h^2 O\!\left(\frac{1}{\varrho}\right)\qquad(\varrho\to+\infty),$$

$$4\varrho^2\,\frac{c_{2\varrho}}{c_{2\varrho+2}}+h^2=h^2 O\!\left(\frac{1}{\varrho}\right)\qquad(\varrho\to-\infty).$$

2.22. Die Funktionen $\boldsymbol{\lambda_\nu(h^2)}$, $\boldsymbol{a_m(h^2)}$, $\boldsymbol{b_m(h^2)}$. Nach **2.13.**, (13) bzw. Satz 12 ist

$$\cos\pi\nu\equiv f(\lambda,h^4)\left(\equiv y_{\mathrm{I}}(\pi;\lambda,h^2)\right)\tag{5}$$

eine ganze Funktion von λ, h^4. Wir untersuchen im folgenden die Auflösung der Gl. (5) nach λ. Dazu ziehen wir noch die Rekursion (4) und die Ergebnisse von **1.8.** heran.

Wir bemerken zunächst, daß nach **1.8.**, Satz 3 eine zweiseitige unendliche Rekursion

$$y_{k+1}-D_k\,y_k+y_{k-1}=0\qquad(k=\ldots,-1,0,1,2,\ldots)$$

mit

$$|D_k|\geqq 2,\qquad|D_k|\not\equiv 2\qquad(k=\ldots,-1,0,1,2,\ldots)$$

keine Lösung besitzen kann, die für $k\to+\infty$ und für $k\to-\infty$ zum Typ II gehört. Denn ist etwa $|D_{k_0}|>2$, so muß für eine Lösung, die für $k\to+\infty$ vom Typ II ist,

$$\left|\frac{y_{k_0}}{y_{k_0-1}}\right|\leqq(|D_{k_0}|-1)^{-1}<1$$

und andererseits für eine Lösung, die für $k\to-\infty$ vom Typ II ist

$$\left|\frac{y_{k_0-1}}{y_{k_0}}\right|\leqq(|D_{k_0-1}|-1)^{-1}\leqq 1$$

gelten; beide Ungleichungen können nicht gleichzeitig erfüllt sein.

Wenden wir diese Bemerkung auf die Rekursion (4) mit

$$D_k=\frac{\lambda-(\nu+2k)^2}{h^2}$$

an, von der eine Lösung des Typs II für $k\to\pm\infty$ nach (3) existiert, so folgt, daß $|D_k|<2$ für wenigstens ein k, und damit[1]

Satz 5. *Ist ν charakteristischer Exponent zum Parameterpaar λ, $h^2\neq 0$, so gilt*

$$\min_{k=-\infty}^{+\infty}|\lambda-(\nu+2k)^2|<2|h^2|.$$

Mit den Schlüssen des Beweises·von **1.52.**, Satz 3 erhalten wir dann

Satz 6. *Bei festem v wird* (5) *um jedes Lösungspaar λ_0, h_0^2 durch endlich viele, höchstens bei $h^2 = h_0^2$ endlich verzweigte Funktionselemente $\lambda(h^2)$ aufgelöst. Diese lassen sich — Verzweigungen endlicher Ordnung zugelassen — längs jedes Weges der komplexen h^2-Ebene analytisch fortsetzen, liefern also — im Großen — im Endlichen überall endliche algebroide Funktionen.*

Im folgenden spielt der Fall ganzer v, d.h. $\cos \pi v = \pm 1$, eine besondere Rolle. Es ist dann (5) reduzibel. Nach **2.12.**, Satz 5 ist nämlich

$$f(\lambda, h^4) - 1 = 2 y_{\mathrm{I}}'\left(\frac{\pi}{2}; \lambda, h^2\right) y_{\mathrm{II}}\left(\frac{\pi}{2}; \lambda, h^2\right),$$

$$f(\lambda, h^4) + 1 = 2 y_{\mathrm{I}}\left(\frac{\pi}{2}; \lambda, h^2\right) y_{\mathrm{II}}'\left(\frac{\pi}{2}; \lambda, h^2\right).$$

Wir unterscheiden daher für ganzes v zweckmäßig vier Klassen von Parameterpaaren:

$$
\begin{aligned}
\text{(I)} \qquad & y_{\mathrm{I}}'\left(\frac{\pi}{2}; \lambda, h^2\right) = 0, \\[2ex]
\text{(II)} \qquad & y_{\mathrm{I}}\left(\frac{\pi}{2}; \lambda, h^2\right) = 0, \\[2ex]
\text{(III)} \qquad & y_{\mathrm{II}}'\left(\frac{\pi}{2}; \lambda, h^2\right) = 0, \\[2ex]
\text{(IV)} \qquad & y_{\mathrm{II}}\left(\frac{\pi}{2}; \lambda, h^2\right) = 0.
\end{aligned}
\qquad (6)
$$

(I) und (IV) gehören zu geradem, (II) und (III) zu ungeradem v. Nach Satz 2 haben nur (I), (IV) die Parameterpaare $h^2 = 0$, $\lambda = (2n)^2$ ($n = 1, 2, 3, \ldots$) und (II), (III) die Parameterpaare $h^2 = 0$, $\lambda = (2n+1)^2$ ($n = 0, 1, 2, \ldots$) gemeinsam.

Wir untersuchen jetzt die Auflösung von (5) um $h^2 = 0$. Dazu beachten wir

$$y_{\mathrm{I}}(z; \lambda, 0) = \cos \sqrt{\lambda}\, z,$$

$$y_{\mathrm{II}}(z; \lambda, 0) = \frac{\sin \sqrt{\lambda}\, z}{\sqrt{\lambda}}.$$

Es haben daher für nicht-ganzes v die Gl. (5) und für ganzes v die Gln. (6) bei $h^2 = 0$ je nur einfache Wurzeln.

Hieraus erhält man mit den Schlüssen zum Beweise von **1.5.**, Satz 4:

Satz 7. *Ist v nicht ganz, so wird* (5) *um*

$$h^2 = 0, \qquad \lambda = v^2$$

durch eine Potenzreihe

$$\lambda_v(h^2) = \lambda_{-v}(h^2) = v^2 + \lambda_{v,2}\, h^4 + \lambda_{v,4}\, h^8 + \cdots$$

aufgelöst. Ihr Konvergenzradius ist größer als

$$\varrho_\nu = \min_{k\,\text{ganz},\,\neq 0} |k|\,|\nu - k|\,.$$

Die Gln. (6) werden um $h^2 = 0$ der Reihe nach durch Potenzreihen $(n = 0, 1, 2, \ldots)$

(I) $\lambda_{2n}(h^2) \equiv a_{2n}(h^2) = (2n)^2 + \lambda_{2n,2}\,h^4 + \lambda_{2n,4}\,h^8 + \cdots$

(II) $\lambda_{2n+1}(h^2) \equiv a_{2n+1}(h^2) = (2n+1)^2 + \lambda_{2n+1,1}\,h^2 + \lambda_{2n+1,2}\,h^4 + \cdots$

(III) $\lambda_{-2n-1}(h^2) \equiv b_{2n+1}(h^2) = (2n+1)^2 + \lambda_{-2n-1,1}\,h^2 + \lambda_{-2n-1,2}\,h^4 + \cdots$

(IV) $\lambda_{-2n-2}(h^2) \equiv b_{2n+2}(h^2) = (2n+2)^2 + \lambda_{-2n-2,2}\,h^4 + \lambda_{-2n-2,4}\,h^8 + \cdots$

aufgelöst. Der Konvergenzradius von $\lambda_m(h^2)$ ist jeweils größer als ϱ_m:

$$\varrho_0 = 1, \qquad \varrho_1 = \varrho_{-1} = 2,$$

$$\varrho_m = \varrho_{-m} = m - 1 \qquad (m = 2, 3, 4, \ldots)\,.$$

Für die Koeffizienten sämtlicher Reihen $\lambda_\nu(h^2)$ gilt

$$|\lambda_{\nu,s}| < 2\varrho_\nu^{-(s-1)}\,.$$

Daß die Reihen für $\lambda_\nu(h^2)$ bei nicht-ganzen ν nach Potenzen von h^4 fortschreiten, ist unmittelbar aus (5) ersichtlich. Die Gestalt der Reihen (I) bis (IV) wird mit Hilfe der zweiten Aussage von **2.11.**, Satz 3 bezüglich der Substitution $z \longleftrightarrow \dfrac{\pi}{2} - z$ erschlossen. Man hat danach die Symmetrierelationen

$$\lambda_{-\nu}(h^2) = \lambda_\nu(-h^2) = \lambda_\nu(h^2) \qquad (\nu \text{ nicht ganz}),$$

$$\left.\begin{array}{l} a_{2n}(-h^2) = a_{2n}(h^2) \\[4pt] b_{2n+2}(-h^2) = b_{2n+2}(h^2) \\[4pt] a_{2n+1}(-h^2) = b_{2n+1}(h^2) \end{array}\right\} \qquad (n = 0, 1, 2, \ldots)\,. \tag{7}$$

Jedes Funktionselement $\lambda = \lambda_\nu(h^2)$ um $h^2 = 0$ läßt sich nach Satz 6 längs jedes Weges der h^2-Ebene analytisch fortsetzen, wobei als Singularitäten nur Verzweigungsstellen endlicher Ordnung auftreten. Da die Konvergenzradien von $\lambda_{\nu+2r}(h^2)$ mit r gegen ∞ wachsen, haben die Spurpunkte sämtlicher möglichen Verzweigungsstellen keinen endlichen Häufungspunkt.

Wir verabreden nun die Verzweigungsschnitte von **1.52.**, Satz 5 (vgl. Abb. 4).

Damit sind sämtliche Funktionen $\lambda_\nu(h^2)$ [einbegriffen $a_m(h^2) = \lambda_m(h^2)$ $(m = 0, 1, 2, \ldots)$, $b_m(h^2) = \lambda_{-m}(h^2)$ $(m = 1, 2, 3, \ldots)$] in der gesamten h^2-Ebene eindeutig erklärt. Nach Satz 6 sind

$$\lambda = \lambda_{\nu+2r}(h^2), \qquad (r = 0, \pm 1, \pm 2, \ldots)$$

zu gegebenem h^2 sämtliche Wurzeln von (5), und zwar genau ihrer Vielfachheit entsprechend gezählt. Gleichzeitig ist zu jedem Parameterpaar λ, h^2 im allgemeinen bis aufs Vorzeichen genau ein charakteristischer Exponent festgelegt, nämlich durch $\lambda = \lambda_\nu(h^2)$. Durch die besondere Wahl unserer Schnitte (s. Abb. 4) haben wir noch erreicht, daß nunmehr die Symmetrierelationen (7) allgemein gelten.

Bezüglich der Abhängigkeit von ν bemerken wir nur, daß $\lambda_\nu(h^2)$ jedenfalls regulär analytisch von h^2, ν abhängt, solange $\dfrac{\partial}{\partial \lambda} f(\lambda, h^4) \neq 0$, d.h. $\lambda_\nu(h^2) \neq \lambda_{\nu+2r}(h^2)$ $(r \neq 0)$.

Zum Schluß zeigen wir

Satz 8. *Zu reellem ν und reellem h^2 ist $\lambda_\nu(h^2)$ reell. Für reelles ν besitzt $\lambda_\nu(h^2)$ keine reelle h^2-Verzweigungsstelle.*

Beweis. Die erste Aussage kann z.B. aus der Rekursion (4) erhalten werden. Sei dazu $\lambda = \lambda_\nu(h^2)$ und c_{2r} zugehörige nichttriviale Lösung mit $c_{2r} \to 0$ $(r \to \pm \infty)$. Dann folgt aus

$$-h^2 c_{2r+2} + \left(\lambda - (\nu + 2r)^2\right) c_{2r} - h^2 c_{2r-2} = 0$$

$$-h^2 \bar{c}_{2r+2} + \left(\bar{\lambda} - (\nu + 2r)^2\right) \bar{c}_{2r} - h^2 \bar{c}_{2r-2} = 0$$

durch Multiplikation mit $\bar{c}_{2r}$ bzw. c_{2r} und Subtraktion

$$(\lambda - \bar{\lambda}) |c_{2r}|^2 = h^2 \left[(c_{2r+2}\bar{c}_{2r} - c_{2r}\bar{c}_{2r+2}) - (c_{2r}\bar{c}_{2r-2} - c_{2r-2}\bar{c}_{2r})\right],$$

und daraus durch Summation wegen $c_{2r} \to 0$ $(r \to \pm \infty)$

$$(\lambda - \bar{\lambda}) \sum_{r=-\infty}^{+\infty} |c_{2r}|^2 = 0,$$

also die Behauptung[1] — Die zweite Aussage folgt aus der ersten; denn um eine reelle Verzweigungsstelle h_0^2 würde eine Entwicklung nach gebrochenen Potenzen von $(h^2 - h_0^2)$ gelten, die jedoch nicht für reelle h^2 nur reelle Werte liefern könnte.

Als Folgerung aus Satz 8 ergibt sich

$$\lambda_{\bar\nu}(\bar{h}^2) = \overline{\lambda_\nu(h^2)}, \tag{8}$$

---

[1] Andere Beweismöglichkeit: Es handelt sich um die Eigenwerte einer hermitesch-selbstadjungierten rechtsdefiniten Eigenwertaufgabe für die Mathieusche Differentialgleichung (vgl. **1.4.**).

wenn man die reellen oder rein imaginären Verzweigungsschnitte ausschließt.

2.23. Die Funktionen $\mathrm{me}_\nu(z; h^2)$, $\mathrm{ce}_\nu(z; h^2)$, $\mathrm{se}_\nu(z; h^2)$. Die zu

$$\lambda = \lambda_\nu(h^2)$$

gehörende, bis auf einen konstanten Faktor $\neq 0$ bestimmte[1] Lösung (2) und ihre aus (4) zu ermittelnden Koeffizienten schreiben wir

$$\mathrm{me}_\nu(z; h^2) = \sum_{r=-\infty}^{+\infty} c_{2r}^{\nu}(h^2)\, e^{i(\nu+2r)z}. \tag{9}$$

Wir notieren (das Argument h^2 wird, falls es in der betreffenden Formel überall gleich und beliebig ist, fortgelassen)

$$\mathrm{me}_\nu(z + \pi) = e^{i\pi\nu}\,\mathrm{me}_\nu z, \tag{10}$$

$$\left.\begin{aligned}
\mathrm{me}_\nu\, 0 &= \sum_{r=-\infty}^{+\infty} c_{2r}^{\nu}, \\[2mm]
\mathrm{me}_\nu\, \frac{\pi}{2} &= e^{i\nu\frac{\pi}{2}} \sum_{r=-\infty}^{+\infty} (-1)^r c_{2r}^{\nu}, \\[2mm]
\mathrm{me}_\nu'\, 0 &= i \sum_{r=-\infty}^{+\infty} (\nu + 2r)\, c_{2r}^{\nu}, \\[2mm]
\mathrm{me}_\nu'\, \frac{\pi}{2} &= i\, e^{i\nu\frac{\pi}{2}} \sum_{r=-\infty}^{+\infty} (-1)^r (\nu + 2r)\, c_{2r}^{\nu}
\end{aligned}\right\} \tag{11}$$

und bemerken

Satz 9. *Ist ν nicht ganz, so sind* $\mathrm{me}_\nu 0$, $\mathrm{me}_\nu\, \dfrac{\pi}{2}$, $\mathrm{me}_\nu'\, 0$, $\mathrm{me}_\nu'\, \dfrac{\pi}{2}$ *sämtlich von 0 verschieden. Ist ν ganz, so hat man entsprechend den vier Klassen von Parameterpaaren*

$$\text{(I)} \qquad \mathrm{me}_\nu'\, 0 = \mathrm{me}_\nu'\, \frac{\pi}{2} = 0 \qquad (\nu = 2n,\, n = 0, 1, 2, \ldots),$$

$$\text{(II)} \qquad \mathrm{me}_\nu'\, 0 = \mathrm{me}_\nu\, \frac{\pi}{2} = 0 \qquad (\nu = 2n + 1,\, n = 0, 1, 2, \ldots),$$

$$\text{(III)} \qquad \mathrm{me}_\nu\, 0 = \mathrm{me}_\nu'\, \frac{\pi}{2} = 0 \qquad (\nu = -2n - 1,\, n = 0, 1, 2, \ldots),$$

$$\text{(IV)} \qquad \mathrm{me}_\nu\, 0 = \mathrm{me}_\nu\, \frac{\pi}{2} = 0 \qquad (\nu = -2n - 2,\, n = 0, 1, 2, \ldots).$$

---

[1] Das gilt auch für $h^2 = 0$, ν ganz $\neq 0$: für $\nu = n = 0, 1, 2, \ldots$ ist stets die gerade, für $\nu = n = -1, -2, -3, \ldots$ die ungerade Lösung zu wählen.

Zum Beweis der Behauptungen für nicht-ganze ν gehe man davon aus, daß mit $\mathrm{me}_\nu z$ auch $\mathrm{me}_\nu(-z)$ Lösung der Mathieuschen Differentialgleichung und von $\mathrm{me}_\nu z$ linear unabhängig ist. Wäre nun eine der angegebenen Behauptungen nicht erfüllt, so würden entweder beide Funktionen $\mathrm{me}_\nu z$ und $\mathrm{me}_\nu(-z)$ oder ihre ersten Ableitungen für $z = 0$ bzw. $z = \dfrac{\pi}{2}$ verschwinden. Dies widerspricht der Regularität der Punkte $z = 0$ bzw. $z = \dfrac{\pi}{2}$ in der Mathieuschen Differentialgleichung.

Für ganze ν ist $\mathrm{me}_\nu z$ ganz oder halbperiodisch und nach Satz 2 zu $\mathrm{me}_\nu(-z)$ proportional. Daraus folgt $\mathrm{me}_\nu 0 = 0$ oder $\mathrm{me}_\nu' 0 = 0$, d.h. me_ν ist proportional zu $y_\mathrm{I}(z; \lambda, h^2)$ oder zu $y_\mathrm{II}(z; \lambda, h^2)$; zusammen mit (6) ergibt dies die Behauptungen.

Zur Gewinnung einer eindeutigen Normierung der Funktionen me_ν und zur Herleitung weiterer Eigenschaften wenden wir jetzt **1.7.** an. Dazu identifizieren wir im Falle nicht ganzer ν

1.7.	2.23.
$\mathfrak{R}$	Gesamtheit der im Rechteck $-\infty < r_1 < \mathfrak{Im}\, z < r_2 < \infty$, $0 < \mathfrak{Re}\, z < \pi$ regulär analytischen, im abgeschlossenen Rechteck stetigen Funktionen
$|f|$	$\max |f(z)|$ für z im abgeschlossenen Rechteck
$\left.\begin{array}{l}\mathfrak{u} \\ \mathfrak{u}^*\end{array}\right\}$	Gesamtheit der im Streifen $\varrho_1 < \mathfrak{Im}\, z < \varrho_2\ (\varrho_1 < r_1 < r_2 < \varrho_2)$ regulär analytischen Funktionen mit $\left\{\begin{array}{l} f(z+\pi) \equiv e^{\pi i \nu} f(z) \\ f(z+\pi) \equiv e^{-\pi i \nu} f(z) \end{array}\right\}$
(u, v)	$\dfrac{1}{\pi} \displaystyle\int_{z_0}^{z_0+\pi} u(z)\, v(z)\, dz$
F	$\dfrac{d^2}{dz^2}$
G	$-2\cos 2z$
λ	λ
μ	h^2
Δ	$y_\mathrm{I}(\pi; \lambda, h^2) - \cos\pi\nu$
$y(\lambda, \mu)$ $y^*(\lambda, \mu)$	$y_\mathrm{I}(z+\pi) - e^{-i\nu\pi} y_\mathrm{I}(z) \qquad y_\mathrm{II}(z+\pi) - e^{-i\nu\pi} y_\mathrm{II}(z)$ oder $y_\mathrm{I}(z-\pi) - e^{-i\nu\pi} y_\mathrm{I}(z) \qquad y_\mathrm{II}(z-\pi) - e^{-i\nu\pi} y_\mathrm{II}(z)$
$\begin{array}{l} y_n \\ y_n^* \end{array}$	$\left.\begin{array}{l} e^{i(\nu+2n)z} \\ e^{-i(\nu+2n)z} \end{array}\right\} \qquad (n = \ldots, -1, 0, 1, 2, \ldots)$

Bei ganzem ν wird entsprechend den vier Klassen von Parameterpaaren abgeändert gesetzt:

$\mathfrak{U} \equiv \mathfrak{U}^*$	Gesamtheit der im Streifen $-\varrho < \mathfrak{Im}\, z < \varrho\ (-\varrho < r_1 < r_2 < \varrho)$ regulär analytischen Funktionen mit (I) $f(z+\pi) \equiv f(z),$ $f(-z) \equiv f(z)$ (II) $f(z+\pi) \equiv -f(z),$ $f(-z) \equiv f(z)$ (III) $f(z+\pi) \equiv -f(z),$ $f(-z) \equiv -f(z)$ (IV) $f(z+\pi) \equiv f(z),$ $f(-z) \equiv -f(z)$
$\varDelta$	(I) $y'_{\mathrm{I}}\!\left(\dfrac{\pi}{2}; \lambda, h^2\right)$ (II) $y_{\mathrm{I}}\!\left(\dfrac{\pi}{2}; \lambda, h^2\right)$ (III) $y'_{\mathrm{II}}\!\left(\dfrac{\pi}{2}; \lambda, h^2\right)$ (IV) $y_{\mathrm{II}}\!\left(\dfrac{\pi}{2}; \lambda, h^2\right)$
$y(\lambda, \mu) \equiv y^*(\lambda, \mu)$	$\left.\begin{array}{l}\text{(I)}\\\text{(II)}\end{array}\right\}\ y_{\mathrm{I}}(z; \lambda, h^2)$
$y(\lambda, \mu) \equiv -y^*(\lambda, \mu)$	$\left.\begin{array}{l}\text{(III)}\\\text{(IV)}\end{array}\right\}\ y_{\mathrm{II}}(z; \lambda, h^2)$
$y_n = y_n^*$	(I) $1,\ 2^{\frac{1}{2}} \cos 2n z$ $(n = 1, 2, 3, \dots)$ (II) $2^{\frac{1}{2}} \cos (2n+1) z$ $(n = 0, 1, 2, \dots)$
$y_n = -y_n^*$	(III) $-2^{\frac{1}{2}} i \sin (2n+1) z$ $(n = 0, 1, 2, \dots)$ (IV) $-2^{\frac{1}{2}} i \sin (2n+2) z$ $(n = 0, 1, 2, \dots)$

Dann sind in jedem der fünf verschiedenen Fälle sämtliche Voraussetzungen von **1.7.** erfüllt.

Es genügen dazu folgende Bemerkungen.

Daß $\mathfrak{R}$ BANACHscher Raum, also insbesondere perfekt ist, ist dem WEIERSTRASSschen Doppelreihensatz äquivalent. Die Forderungen **1.7.**, (9), (10) sind im wesentlichen Aussagen über LAURENT-Reihen, (10) dabei der GUTZMERsche Koeffizientensatz. **5.** beruht neben **2.14.** darauf, daß für eine Lösung der inhomogenen Gleichung aus

$$y(z_0 + \pi) = e^{\pi i \nu}\, y(z_0)$$

$$y'(z_0 + \pi) = e^{\pi i \nu}\, y'(z_0)$$

für eine Stelle z_0 mit $f(z+\pi) \equiv e^{\pi i \nu} f(z)$ sofort $y(z+\pi) \equiv e^{i\pi\nu} y(z)$ folgt. **6.** schließlich ist für die betrachteten analytischen Funktionen selbstverständlich erfüllt.

Als Folgerung aus **1.7.**, Satz 5 erhalten wir dann:

Solange $\lambda = \lambda_\nu(h^2)$ einfache Nullstelle der zugehörigen charakteristischen Funktion $\varDelta$ ist, kann $\mathrm{me}_\nu(z; h^2)$ eindeutig durch

$$\frac{1}{\pi} \int\limits_0^\pi \mathrm{me}_\nu\, z \;\; \mathrm{me}_\nu(-z)\, dz = 1\,, \tag{12}$$

$$\mathrm{me}_\nu(z; 0) = \left\{ \begin{array}{ll} e^{i\nu z} & (\nu \text{ nicht ganz oder } \nu = 0) \\ 2^{\frac{1}{2}} \cos \nu z & (\nu = 1, 2, 3, \ldots) \\ i\, 2^{\frac{1}{2}} \sin \nu z & (\nu = -1, -2, -3, \ldots) \end{array} \right\} \tag{13}$$

als regulär analytische Funktion von h^2 festgelegt werden. Für normales h^2 bilden diese Funktionen ein normiertes Biorthogonalsystem:

$$\frac{1}{\pi} \int\limits_0^\pi \mathrm{me}_{\nu+2r}\, z\, \mathrm{me}_{\nu+2s}(-z)\, dz = \delta_{rs}\,. \tag{14}$$

Zusammen mit **2.13.**, Satz 9 folgt dann

$$\mathrm{me}_{-\nu}\, z = \mathrm{me}_\nu(-z) \qquad (\nu \text{ nicht ganz})\,. \tag{15}$$

Aus **2.11.**, Satz 3 ergibt sich [vgl. **2.22.**, (7)]:

$$\mathrm{me}_\nu(z; -h^2) = e^{i\nu\frac{\pi}{2}}\, \mathrm{me}_\nu\!\left(z - \frac{\pi}{2}; h^2\right) \quad (\nu \text{ nicht ganz oder } \nu \text{ gerade})\,, \tag{16}$$

$$\mathrm{me}_\nu(z; -h^2) = e^{i\nu\frac{\pi}{2}}\, \mathrm{me}_{-\nu}\!\left(\frac{\pi}{2} - z; h^2\right) \qquad (\nu \text{ ungerade})\,. \tag{17}$$

Wegen **2.22.**, (8) gilt noch

$$\overline{\mathrm{me}_\nu(z; h^2)} = \mathrm{me}_{\bar\nu}(-\bar z; \overline{h^2})\,, \tag{18}$$

solange man sich nicht auf einem reellen oder rein imaginären Verzweigungsschnitt befindet.

Bezüglich der Abhängigkeit von ν bemerken wir, daß $\mathrm{me}_\nu(z; h^2)$ regulär analytisch von z, h^2, ν abhängt, solange

$$\lambda_\nu(h^2) \neq \lambda_{\nu+2r}(h^2) \qquad (r \neq 0)\,.$$

Für Ausnahmewerte h_0^2 mit $\lambda_\nu(h_0^2) = \lambda_{\nu+2r}(h_0^2)$ mit einem $\lambda_{\nu+2r}$ desselben Eigenwertproblems versagt die obige Normierung; es gilt

$$\int\limits_0^\pi \mathrm{me}_\nu(z; h_0^2)\, \mathrm{me}_\nu(-z; h_0^2)\, dz = 0\,.$$

Wir verzichten in diesem Falle auf eine eindeutige Festlegung des willkürlichen Faktors oder von ν.

Im folgenden beschränken wir uns, wenn nicht anders gesagt, auf normale h^2.

Die Formeln (12) bis (18) lassen sich auch mit Hilfe der FOURIER-Koeffizienten

$$c_{2r}^\nu(h^2) = \frac{1}{\pi} \int_0^\pi \mathrm{me}_\nu(z;h^2)\, e^{-i(\nu+2r)z}\, dz \tag{19}$$

schreiben. Man erhält der Reihe nach

$$\sum_{r=-\infty}^{+\infty} [c_{2r}^\nu(h^2)]^2 = 1, \tag{20}$$

$$c_0^\nu(0) = \begin{cases} 1 & (\nu \text{ nicht ganz oder } \nu = 0 \\ 2^{-\frac{1}{2}} & (\nu = \pm 1; \pm 2, \pm 3, \ldots) \end{cases} \Bigg\}, \tag{21}$$

$$\sum_{k=-\infty}^{+\infty} c_{2k}^{\nu+2r}(h^2)\, c_{2k}^{\nu+2s}(h^2) = \delta_{rs}, \tag{22}$$

$$c_{-2r}^{-\nu}(h^2) = c_{2r}^\nu(h^2) \qquad (\nu \text{ nicht ganz}), \tag{23}$$

$$c_{2r}^\nu(-h^2) = (-1)^r\, c_{2r}^\nu(h^2) \qquad (\nu \text{ nicht ganz oder } \nu \text{ gerade}), \tag{24}$$

$$c_{2r}^\nu(-h^2) = (-1)^r\, c_{-2r}^{-\nu}(h^2) \qquad (\nu \text{ ungerade}), \tag{25}$$

$$\overline{c_{2r}^\nu(h^2)} = c_{2r}^{\bar\nu}(\bar{h}^2). \tag{26}$$

Ist ν nicht ganz, so können aus $\mathrm{me}_\nu z$ und $\mathrm{me}_{-\nu}z = \mathrm{me}_\nu(-z)$ die geraden und ungeraden Lösungen

$$\begin{aligned} \mathrm{ce}_\nu z &= \frac{1}{2}\,(\mathrm{me}_\nu z + \mathrm{me}_{-\nu} z) = \mathrm{ce}_\nu(-z) = \mathrm{ce}_{-\nu} z \\ \mathrm{se}_\nu z &= \frac{1}{2i}\,(\mathrm{me}_\nu z - \mathrm{me}_{-\nu} z) = -\,\mathrm{se}_\nu(-z) = -\,\mathrm{se}_{-\nu} z \end{aligned} \Bigg\} \tag{27}$$

aufgebaut werden. Man hat dann

$$\begin{aligned} \mathrm{ce}_\nu(z;0) &= \cos \nu z \\ \mathrm{se}_\nu(z;0) &= \sin \nu z \end{aligned} \Bigg\} \tag{28}$$

und

$$\begin{aligned} \mathrm{ce}_\nu(z;h^2) &= \sum_{r=-\infty}^{+\infty} c_{2r}^\nu(h^2) \cos(\nu+2r) z \\ \mathrm{se}_\nu(z;h^2) &= \sum_{r=-\infty}^{+\infty} c_{2r}^\nu(h^2) \sin(\nu+2r) z. \end{aligned} \Bigg\} \tag{29}$$

Für ganzes ν setzt man

$$\mathrm{ce}_m\, z = 2^{-\frac12}\, \mathrm{me}_m\, z \qquad (m = 0, 1, 2, \ldots), \tag{30}$$

$$\mathrm{se}_m\, z = 2^{-\frac12}\, i\, \mathrm{me}_{-m}\, z \qquad (m = 1, 2, 3, \ldots). \tag{31}$$

Dann gilt

$$\left.\begin{aligned}
\mathrm{ce}_{2n}(z; h^2) &= \sum_{r=0}^{\infty} A_{2r}^{2n}(h^2) \cos 2r z \\[2ex]
\mathrm{ce}_{2n+1}(z; h^2) &= \sum_{r=0}^{\infty} A_{2r+1}^{2n+1}(h^2) \cos (2r+1) z \\[2ex]
\mathrm{se}_{2n+1}(z; h^2) &= \sum_{r=0}^{\infty} B_{2r+1}^{2n+1}(h^2) \sin (2r+1) z \\[2ex]
\mathrm{se}_{2n+2}(z; h^2) &= \sum_{r=0}^{\infty} B_{2r+2}^{2n+2}(h^2) \sin (2r+2) z
\end{aligned}\right\} \tag{32}$$

mit

$$\left.\begin{aligned}
A_0^{2n}(h^2) &= 2^{-\frac12}\, c_{-2n}^{2n}(h^2) \\
A_r^{m}(h^2) &= 2^{\frac12}\, c_{r-m}^{m}(h^2) = 2^{\frac12}\, c_{-r-m}^{m}(h^2) \quad (r \neq 0,\ m = 0, 1, 2, \ldots) \\
B_r^{m}(h^2) &= -\, 2^{\frac12}\, c_{r+m}^{-m}(h^2) = 2^{\frac12}\, c_{-r+m}^{-m}(h^2) \qquad (m = 1, 2, 3, \ldots).
\end{aligned}\right\} \tag{33}$$

Weitere Formeln findet man in **2.71.**.

Wir vermerken zum Schluß noch

Satz 9*: *Für ganzes n gilt* [vgl. (10)]

$$\mathrm{me}_\nu(z + n\pi) = e^{i\nu n\pi}\, \mathrm{me}_\nu\, z.$$

Aus $\mathrm{me}_\nu(z + n\pi) = \mathrm{me}_\nu z$ *mit ganzem n folgt daher umgekehrt* $\nu = 0$, $\pm\dfrac{2}{n}$, $\pm\dfrac{4}{n}$, *... und aus* $\mathrm{me}_\nu(z + n\pi) = -\mathrm{me}_\nu z$ *ebenso* $\nu = \pm\dfrac{1}{n}$, $\pm\dfrac{3}{n}$, $\pm\dfrac{5}{n}$, *.... Schreibt man auf* ce_ν, se_ν, *um, so hat man*

$$\mathrm{ce}_\nu(z + n\pi) = \cos \nu n\pi \cdot \mathrm{ce}_\nu\, z - \sin \nu n\pi \cdot \mathrm{se}_\nu\, z,$$

$$\mathrm{se}_\nu(z + n\pi) = \sin \nu n\pi \cdot \mathrm{ce}_\nu\, z + \cos \nu n\pi \cdot \mathrm{se}_\nu\, z.$$

Es gilt daher bei natürlichem n

$$\text{(I)} \qquad \mathrm{ce}_\nu'\!\left(\frac{n\pi}{2}\right) = 0 \quad \textit{genau für} \quad \pm\nu = 0,\ \frac{2}{n},\ \frac{4}{n},\ \ldots,$$

$$\text{(II)} \qquad \mathrm{ce}_\nu\!\left(\frac{n\pi}{2}\right) = 0 \quad \textit{genau für} \quad \pm\nu = \frac{1}{n},\ \frac{3}{n},\ \frac{5}{n},\ \ldots,$$

$$\text{(III)} \qquad \mathrm{se}_\nu'\!\left(\frac{n\pi}{2}\right) = 0 \quad \textit{genau für} \quad \pm\nu = \frac{1}{n},\ \frac{3}{n},\ \frac{5}{n},\ \ldots,$$

$$\text{(IV)} \qquad \mathrm{se}_\nu\!\left(\frac{n\pi}{2}\right) = 0 \quad \textit{genau für} \quad \pm\nu = \frac{2}{n},\ \frac{4}{n},\ \frac{6}{n},\ \ldots.$$

2.24. Kettenbruchgleichungen zwischen λ, h^2, ν. Nach 1.8., Satz 4 lassen sich die Quotienten der zu $\lambda = \lambda_\nu(h^2)$ gehörenden Koeffizienten $c_{2r}^\nu(h^2)$ aus der Rekursion mit Hilfe von Kettenbrüchen berechnen:

$$\left.\begin{aligned}
\frac{c_{2\varrho}}{c_{2\varrho-2}} &= \frac{1}{h^{-2}[\lambda-(\nu+2\varrho)^2]} - \left|\frac{1}{h^{-2}(\lambda-(\nu+2\varrho+2)^2]}\right. - \cdots, \\[2ex]
\frac{c_{2\varrho-2}}{c_{2\varrho}} &= \frac{1}{h^{-2}[\lambda-(\nu+2\varrho-2)^2]} - \left|\frac{1}{h^{-2}[\lambda-(\nu+2\varrho-4)^2]}\right. - \cdots;
\end{aligned}\right\} \quad (34)$$

dabei ist ∞ als zu 0 reziproker Wert zugelassen. Diese Kettenbrüche sind für jeden kompakten Bereich der Parameter ν, λ, h^2 mit $h^2 \neq 0$ gleichmäßig konvergent; das geben unmittelbar die entsprechenden Abschätzungen von 1.8..

Als Folgerung ergibt sich

Satz 10. *ν ist — ohne Normierung — charakteristischer Exponent zum Parameterpaar λ, $h^2 \neq 0$ genau dann, wenn eine und damit alle Kettenbruchgleichungen*

$$\lambda - (\nu+2\varrho)^2 - \frac{h^4}{\lambda-(\nu+2\varrho+2)^2} - \left|\frac{h^4}{\lambda-(\nu+2\varrho+4)^2}\right. - \cdots$$

$$= \frac{h^4}{\lambda-(\nu+2\varrho-2)^2} - \left|\frac{h^4}{\lambda-(\nu+2\varrho-4)^2}\right. - \cdots \quad (\varrho = 0, \pm 1, \pm 2, \ldots)$$

bestehen.

Für ganzes ν spalten die Kettenbruchgleichungen entsprechend den vier Klassen (I) bis (IV) auf.

Setzen wir in der allgemeinen Gleichung von Satz 10 $\nu=0$, $\varrho=0$, so haben entweder beide Seiten einen endlichen Wert und es gilt daher

$$\lambda = -\frac{2h^4}{4-\lambda} - \left|\frac{h^4}{16-\lambda}\right. - \cdots,$$

oder es haben beide Seiten den Wert ∞ und es gilt daher

$$\lambda - 4 = -\frac{h^4}{16-\lambda} - \left|\frac{h^4}{36-\lambda}\right. - \cdots;$$

im ersten Falle ist nach (34) $c_0 \neq 0$, mithin $c_{2\varrho} = c_{-2\varrho}$ ($\varrho = 1, 2, 3, \ldots$) und es liegt eine Lösung der Klasse (I) vor, im zweiten Falle ist nach (34) $c_0 = 0$, mithin $c_{2\varrho} = -c_{-2\varrho}$ ($\varrho = 1, 2, 3, \ldots$) und man hat eine Lösung der Klasse (IV).

Setzen wir in der allgemeinen Gleichung von Satz 10 $\nu=1$, $\varrho=0$, so entsteht mit (34)

$$h^2 \frac{c_{-2}}{c_0} = \lambda - 1 - \frac{h^4}{\lambda-9} - \left|\frac{h^4}{\lambda-25}\right. - \cdots$$

$$= \frac{h^4}{\lambda-1} - \frac{h^4}{\lambda-9} - \left|\frac{h^4}{\lambda-25}\right. - \cdots$$

$$= \pm h^2.$$

Im Falle des oberen Vorzeichens gilt $c_0 = c_{-2}$, also $c_{2\varrho} = c_{-2\varrho-2}$ ($\varrho = 0, 1, 2, \ldots$), und es liegt eine Lösung der Klasse (II) vor. Im Falle des unteren Vorzeichens ist $c_0 = -c_{-2}$, daher stets $c_{2\varrho} = -c_{-2\varrho-2}$ ($\varrho = 0, 1, 2, \ldots$), und man hat eine Lösung der Klasse (III).

Somit gilt:

Satz 11. *Für die Eigenwertpaare λ, h^2 der Klassen* (I) *bis* (IV) *ist jeweils notwendig und hinreichend das Bestehen der Kettenbruchgleichungen*

$$\text{(I)} \qquad \lambda = -\frac{2h^4}{4-\lambda} - \frac{h^4}{|\,16-\lambda} - \frac{h^4}{|\,36-\lambda} - \cdots,$$

$$\text{(II)} \qquad \lambda = 1 + h^2 - \frac{h^4}{9-\lambda} - \frac{h^4}{|\,25-\lambda} - \cdots,$$

$$\text{(III)} \qquad \lambda = 1 - h^2 - \frac{h^4}{9-\lambda} - \frac{h^4}{|\,25-\lambda} - \cdots,$$

$$\text{(IV)} \qquad \lambda = 4 - \frac{h^4}{16-\lambda} - \frac{h^4}{|\,36-\lambda} - \cdots,$$

bzw. der invertierten Gleichungen ($r = 1, 2, 3, \ldots$)

$$\text{(I)} \qquad \lambda - (2r)^2 - \frac{h^4}{\lambda - (2r-2)^2} - \cdots - \frac{h^4}{|\,\lambda - 4} - \frac{2h^4}{|\,\lambda}$$
$$= -\frac{h^4}{(2r+2)^2 - \lambda} - \frac{h^4}{|\,(2r+4)^2 - \lambda} - \cdots,$$

$$\text{(II)} \qquad \lambda - (2r+1)^2 - \frac{h^4}{\lambda - (2r-1)^2} - \cdots - \frac{h^4}{|\,\lambda - 1 - h^2}$$
$$= -\frac{h^4}{(2r+3)^2 - \lambda} - \frac{h^4}{|\,(2r+5)^2 - \lambda} - \cdots,$$

$$\text{(III)} \qquad \lambda - (2r+1)^2 - \frac{h^4}{\lambda - (2r-1)^2} - \cdots - \frac{h^4}{|\,\lambda - 1 + h^2}$$
$$= -\frac{h^4}{(2r+3)^2 - \lambda} - \frac{h^4}{|\,(2r+5)^2 - \lambda} - \cdots,$$

$$\text{(IV)} \qquad \lambda - (2r+2)^2 - \frac{h^4}{\lambda - (2r)^2} - \cdots - \frac{h^4}{|\,\lambda - 4}$$
$$= -\frac{h^4}{(2r+4)^2 - \lambda} - \frac{h^4}{|\,(2r+6)^2 - \lambda} - \cdots.$$

Diese Kettenbruchgleichungen sind von großer Bedeutung für die numerische Beherrschung des Zusammenhanges zwischen ν, λ, h^2 (vgl. **2.87.**).

Wir können aus den Gleichungen von Satz 11 die Reihenfolge der Eigenwerte $a_m(h^2)$, $b_m(h^2)$ für reelle h^2 entnehmen. Nach **2.22.** braucht diese Frage nur noch für Eigenwerte mit gleichem Index $m = 1, 2, 3, \ldots$ und für $h^2 > 0$ entschieden zu werden.

Wir wissen, daß für kleine $h^2 > 0$ zwei Werte $a_m(h^2)$, $b_m(h^2)$ in der Umgebung von m^2 existieren. Vergleichen wir nun die Gln. (I) für $m^2 = (2r)^2$ $(r = 1, 2, 3, \ldots)$ und (IV) für $m^2 = (2r + 2)^2$ $(r = 0, 1, 2, \ldots)$ bzw. (II) und (III) für $m^2 = (2r + 1)^2$, $(r = 0, 1, 2, \ldots)$, so ist ersichtlich, daß jedesmal die rechten Seiten übereinstimmen und in der Umgebung von $\lambda = m^2$ mit zunehmendem λ abnehmen, daß andererseits die linken Seiten bei $h^2 > 0$ für (I) bzw. (II) kleiner sind als für (IV) bzw. (III) und in der Umgebung von $\lambda = m^2$ mit zunehmendem λ wachsen.

Daraus folgt

Satz 12. *Für $h^2 > 0$ ist die Reihenfolge der Eigenwerte der Probleme (I) bis (IV) — vgl. Abb. 5 —:*

$$a_0 < b_1 < a_1 < b_2 < a_2 < \cdots < b_m < a_m < \cdots,$$

für $h^2 < 0$:

$$a_0 < a_1 < b_1 < b_2 < a_2 < a_3 < b_3 < b_4 < \cdots.$$

2.25. Potenzreihenentwicklungen um $h^2 = 0$. Aus den Gleichungen von Satz 10 und Satz 11 lassen sich bequem die ersten Koeffizienten der Potenzreihenentwicklungen der Funktionen $\lambda_\nu(h^2)$ um $h^2 = 0$ gewinnen, deren Existenz nach **2.22.** feststeht.

Setzen wir für nicht ganzes ν in Satz 10 $\varrho = 0$ und $\lambda = \lambda_\nu(h^2)$ ein, so ergibt sich zuerst, was nach **2.22.** selbstverständlich ist,

$$\lambda_\nu(h^2) = \nu^2 + O(h^4).$$

Bei Berücksichtigung der nächsten Glieder im Sinne einer sukzessiven Approximation folgt

$$\lambda_\nu(h^2) = \nu^2 + h^4 \left(\frac{1}{\nu^2 - (\nu + 2)^2} + \frac{1}{\nu^2 - (\nu - 2)^2} \right) + O(h^8),$$

also

$$\lambda_\nu(h^2) = \nu^2 + \frac{1}{2(\nu^2 - 1)} h^4 + O(h^8).$$

Auf diese Weise fortfahrend erhält man

$$\lambda_\nu(h^2) = \nu^2 + \frac{1}{2(\nu^2 - 1)} h^4 + \frac{5\nu^2 + 7}{32(\nu^2 - 1)^3(\nu^2 - 4)} h^8 + \left. \begin{array}{c} \\ \\ \end{array} \right\}$$
$$\left. + \frac{9\nu^4 + 58\nu^2 + 29}{64(\nu^2 - 1)^5(\nu^2 - 4)(\nu^2 - 9)} h^{12} + O(h^{16}). \right\} \quad (35)$$

Analog erhält man aus den Formeln von Satz 11;

$$\left.\begin{aligned}
a_0 &= -\frac{1}{2}h^4 + \frac{7}{128}h^8 - \frac{29}{2304}h^{12} + \frac{68687}{18\,874\,368}h^{16} + O(h^{20}),\\[2mm]
a_1 &= 1 + h^2 - \frac{1}{8}h^4 - \frac{1}{64}h^6 - \frac{1}{1536}h^8 + \frac{11}{36\,864}h^{10} + \frac{49}{589\,824}h^{12} +\\[2mm]
&\quad + \frac{55}{9\,437\,184}h^{14} - \frac{83}{35\,389\,440}h^{16} + O(h^{18}),\\[2mm]
b_2 &= 4 - \frac{1}{12}h^4 + \frac{5}{13\,824}h^8 - \frac{289}{79\,626\,240}h^{12} + \frac{21\,391}{458\,647\,142\,400}h^{16} + O(h^{20}),\\[2mm]
a_2 &= 4 + \frac{5}{12}h^4 - \frac{763}{13\,824}h^8 + \frac{1\,002\,401}{79\,626\,240}h^{12} - \frac{1\,669\,068\,401}{458\,647\,142\,400}h^{16} + O(h^{20}),\\[2mm]
a_3 &= 9 + \frac{1}{16}h^4 + \frac{1}{64}h^6 + \frac{13}{20\,480}h^8 - \frac{5}{16\,384}h^{10} - \frac{1\,961}{23\,592\,960}h^{12} -\\[2mm]
&\quad - \frac{609}{104\,857\,600}h^{14} + O(h^{16}),\\[2mm]
b_4 &= 16 + \frac{1}{30}h^4 - \frac{317}{864\,000}h^8 + \frac{10049}{2\,721\,600\,000}h^{12} + O(h^{16}),\\[2mm]
a_4 &= 16 + \frac{1}{30}h^4 + \frac{433}{864\,000}h^8 - \frac{5701}{2\,721\,600\,000}h^{12} + O(h^{16}),\\[2mm]
a_5 &= 25 + \frac{1}{48}h^4 + \frac{11}{774\,144}h^8 + \frac{1}{147\,456}h^{10} + \frac{37}{891\,813\,888}h^{12} + O(h^{14}),\\[2mm]
b_6 &= 36 + \frac{1}{70}h^4 + \frac{187}{43\,904\,000}h^8 - \frac{5861633}{92\,935\,987\,200\,000}h^{12} + O(h^{16}),\\[2mm]
a_6 &= 36 + \frac{1}{70}h^4 + \frac{187}{43\,904\,000}h^8 + \frac{6743617}{92\,935\,987\,200\,000}h^{12} + O(h^{16}).
\end{aligned}\right\} \quad (36)$$

Die Entwicklungen für b_{2n+1} ergeben sich nach **2.22.**, (7) aus denen für a_{2n+1} durch Ersetzung von h^2 durch $-h^2$.

Für $m \geqq 7$ gilt analog (35)

$$\left.\begin{aligned}
\left.\begin{aligned} a_m(h^2)\\ b_m(h^2) \end{aligned}\right\} &= m^2 + \frac{1}{2(m^2-1)}h^4 + \frac{5m^2+7}{32(m^2-1)^3(m^2-4)}h^8 +\\[2mm]
&\quad + \frac{9m^4 + 58m^2 + 29}{64(m^2-1)^5(m^2-4)(m^2-9)}h^{12} + O(h^{14});
\end{aligned}\right\} \quad (37)$$

für $m \geqq 8$ kann $O(h^{16})$ statt $O(h^{14})$ geschrieben werden.

Allgemein erkennt man aus den Gleichungen von Satz 11 und dem angewandten Verfahren zusammen mit Satz 9

Satz 13. *Die Potenzreihenentwicklungen für a_{2n}, b_{2n} stimmen bis einschließlich zum Koeffizienten von h^{4n-4}, die für a_{2n+1}, b_{2n+1} bis einschließlich zum Koeffizienten von h^{4n} überein. Man hat daher*

$$a_m(h^2) - b_m(h^2) = O\left(\frac{h^{2m}}{m^{m-1}}\right) \qquad (m \to \infty).$$

Wir können für reelles ν **1.53.**, Satz 8 heranziehen. Er zeigt, daß die angegebenen Potenzreihen endliche Konvergenzradien besitzen, daß also auf dem Rande des Konvergenzbereiches mindestens zwei konjugiert-komplexe Verzweigungsstellen liegen.

Für $a_0(h^2)$, $a_2(h^2)$ liefert dieser Satz die obere Schranke für den Konvergenzradius

$$\varrho < \tfrac{5}{2}.$$

Da sämtliche $a_{2n}(h^2)$ $(n \geq 2)$ nach Satz 3 Konvergenzradien größer als 3 besitzen, müssen daher a_0, a_2 einen gemeinsamen Konvergenzkreis mit mindestens zwei Verzweigungspunkten zwischen beiden auf dem Rande besitzen. Berechnet wurden hier die Verzweigungsstellen (BOUWKAMP [3])

$$h^2 = \pm\, i\, 1{,}468\,768\,52\ldots.$$

Dies Ergebnis zeigt andererseits, daß die untere Schranke von Satz 3:

$$\varrho > 1,$$

hier schon eine recht gute Abschätzung gibt.

Aus (34), (35) gewinnt man für nicht ganzes ν Potenzreihenentwicklungen für die Quotienten der FOURIER-Koeffizienten:

$$\left.\begin{aligned}
\frac{c_2^\nu}{c_0^\nu} &= -\frac{h^2}{4(\nu+1)} - \frac{\nu^2+4\nu+7}{128(\nu+1)^3(\nu+2)(\nu-1)}\,h^6 - \\
&\quad -\frac{\nu^6+5\nu^5+8\nu^4+8\nu^3+47\nu^2-13\nu+232}{3072(\nu+1)^5(\nu-1)^3(\nu+2)(\nu+3)(\nu-2)}\,h^{10} + O(h^{14}), \\[2mm]
\frac{c_4^\nu}{c_0^\nu} &= \frac{h^4}{32(\nu+1)(\nu+2)} + \frac{\nu^2+5\nu+10}{768(\nu+1)^3(\nu-1)(\nu+2)(\nu+3)}\,h^8 + O(h^{12}), \\[2mm]
\frac{c_6^\nu}{c_0^\nu} &= -\frac{h^6}{384(\nu+1)(\nu+2)(\nu+3)} - \\
&\quad -\frac{\nu^2+6\nu+13}{8192(\nu+1)^3(\nu-1)(\nu+2)(\nu+3)(\nu+4)}\,h^{10} + O(h^{14}), \\[2mm]
\frac{c_{2r}^\nu}{c_0^\nu} &= (-1)^r\frac{h^{2r}\,\Gamma(\nu+1)}{2^{2r}\,r!\,\Gamma(\nu+r+1)} + O(h^{2r+4}) \qquad (r = 0,1,2,\ldots).
\end{aligned}\right\} \tag{38}$$

Hieraus erhält man mit Hilfe der Normierungsrelation **2.23.**, (20) die Potenzreihen für die $c_{2r}^{\nu}(h^2)$ selbst und damit für die normierten Funktionen $\mathrm{me}_\nu z$:

$$\mathrm{me}_\nu'(z; h^2) = e^{i\nu z} - h^2\left\{\frac{1}{4(\nu+1)}\, e^{i(\nu+2)z} - \frac{1}{4(\nu-1)}\, e^{i(\nu-2)z}\right\} +$$
$$+ h^4\left\{\frac{1}{32(\nu+1)(\nu+2)}\, e^{i(\nu+4)z} + \frac{1}{32(\nu-1)(\nu-2)}\, e^{i(\nu-4)z} - \right.$$
$$\left. - \frac{1}{32}\left[\frac{1}{(\nu+1)^2} + \frac{1}{(\nu-1)^2}\right] e^{i\nu z}\right\} + O(h^6). \tag{39}$$

Die Entwicklungen für ce_ν, se_ν entstehen hieraus durch Ersetzung von $e^{i\nu z}$, $e^{i(\nu\pm2)z}$, $e^{i(\nu\pm4)z}$, ... durch $\cos\nu z$, $\cos(\nu\pm2)z$, $\cos(\nu\pm4)z$, bzw. $\sin\nu z$, $\sin(\nu\pm2)z$, $\sin(\nu\pm4)z$, ...

Für ganzes ν erhält man analog

$$A_{m+2s}^{m} = \left[(-1)^s \frac{m!}{s!(m+s)!}\left(\frac{h^2}{4}\right)^s + O(h^{2s+2})\right] A_m^m \qquad (s > 0, m > 0),$$
$$B_{m+2s}^{m} = \left[(-1)^s \frac{m!}{s!(m+s)!}\left(\frac{h^2}{4}\right)^s + O(h^{2s+2})\right] B_m^m \qquad (s > 0, m > 0),$$
$$A_{m-2s}^{m} = \left[\frac{(m-s-1)!}{s!(m-1)!}\left(\frac{h^2}{4}\right)^s + O(h^{2s+2})\right] A_m^m \qquad (s > 0, m > 0), \tag{40}$$
$$B_{m-2s}^{m} = \left[\frac{(m-s-1)!}{s!(m-1)!}\left(\frac{h^2}{4}\right)^s + O(h^{2s+2})\right] B_m^m \qquad (s > 0, m > 0),$$
$$A_{2s}^{0} = \left[(-1)^s \frac{2}{s!\,s!}\left(\frac{h^2}{4}\right)^s + O(h^{2s+4})\right] A_0^0 \qquad (s > 0).$$

Hier kann in den beiden ersten Zeilen für $m \geq 3$, in der dritten und vierten Zeile für $m - 2s \geq 3$ und in jedem Falle für gerades m statt $O(h^{2s+2})$ schärfer $O(h^{2s+4})$ geschrieben werden. Der Beweis ergibt sich durch Bildung der Quotienten aufeinanderfolgender Koeffizienten und Multiplikation.

Für einige Koeffizienten seien weitergehende Entwicklungen angegeben

$$(-1)^s A_{2s}^0/A_0^0 = \frac{2}{s!\,s!}\left(\frac{h^2}{4}\right)^s - \frac{2s(3s+4)}{(s+1)!\,(s+1)!}\left(\frac{h^2}{4}\right)^{s+2} + O(h^{2s+8})$$
$$(s \geq 1),$$
$$(-1)^s A_{2s+1}^1/A_1^1 = \frac{1}{s!\,(s+1)!}\left(\frac{h^2}{4}\right)^s + \frac{s}{(s+1)!\,(s+1)!}\left(\frac{h^2}{4}\right)^{s+1} +$$
$$+ \frac{1}{4(s-1)!\,(s+2)!}\left(\frac{h^2}{4}\right)^{s+2} + O(h^{2s+6}), \tag{41}$$
$$A_0^2/A_2^2 = \frac{h^2}{4} - \frac{5}{3}\left(\frac{h^2}{4}\right)^3 + \frac{1363}{216}\left(\frac{h^2}{4}\right)^5 + O(h^{14}).$$

Aus (40), (41) kann man mittels der Normierungsrelationen Potenzreihenentwicklungen für die Koeffizienten selbst und damit für $\mathrm{ce}_m(z;h^2)$, $\mathrm{se}_m(z;h^2)$ erhalten. Wir geben an:

$$
\begin{aligned}
2^{\frac{1}{2}}\,\mathrm{ce}_0(z;h^2) &= 1 - h^2\,\frac{1}{2}\cos 2z + h^4\left\{\frac{1}{32}\cos 4z - \frac{1}{16}\right\} - \\
&\quad - h^6\left\{\frac{1}{9\cdot 128}\cos 6z - \frac{11}{128}\cos 2z\right\} + O(h^8),
\end{aligned}
$$

$$
\begin{aligned}
\mathrm{ce}_1(z;h^2) &= \cos z - h^2\,\frac{1}{8}\cos 3z + \\
&\quad + h^4\left[\frac{1}{192}\cos 5z - \frac{1}{64}\cos 3z - \frac{1}{128}\cos z\right] - \\
&\quad - h^6\left[\frac{1}{9\cdot 2^{10}}\cos 7z - \frac{1}{9\cdot 2^7}\cos 5z - \right. \\
&\qquad\qquad \left. - \frac{1}{3\cdot 2^{10}}\cos 3z + \frac{1}{2^9}\cos z\right] + \\
&\quad + O(h^8),
\end{aligned}
$$

$$
\begin{aligned}
\mathrm{se}_1(z;h^2) &= \sin z - h^2\,\frac{1}{8}\sin 3z + \\
&\quad + h^4\left[\frac{1}{192}\sin 5z + \frac{1}{64}\sin 3z - \frac{1}{128}\sin z\right] - \\
&\quad - h^6\left[\frac{1}{9\cdot 2^{10}}\sin 7z + \frac{1}{9\cdot 2^7}\sin 5z - \right. \\
&\qquad\qquad \left. - \frac{1}{3\cdot 2^{10}}\sin 3z - \frac{1}{2^9}\sin z\right] + \\
&\quad + O(h^8),
\end{aligned}
$$

$$
\begin{aligned}
\mathrm{ce}_2(z;h^2) &= \cos 2z - h^2\left\{\frac{1}{12}\cos 4z - \frac{1}{4}\right\} + \\
&\quad + h^4\left\{\frac{1}{384}\cos 6z - \frac{19}{288}\cos 2z\right\} + O(h^6),
\end{aligned}
$$

$$
\begin{aligned}
\mathrm{se}_2(z;h^2) &= \sin 2z - h^2\,\frac{1}{12}\sin 4z + \\
&\quad + h^4\left\{\frac{1}{384}\sin 6z - \frac{1}{288}\sin 2z\right\} + O(h^6),
\end{aligned}
$$

$$
\begin{aligned}
\mathrm{ce}_3(z;h^2) &= \cos 3z - h^2\left\{\frac{1}{16}\cos 5z - \frac{1}{8}\cos z\right\} + \\
&\quad + h^4\left\{\frac{1}{640}\cos 7z - \frac{5}{512}\cos 3z + \frac{1}{64}\cos z\right\} + O(h^6),
\end{aligned}
$$

$$
\begin{aligned}
\mathrm{se}_3(z;h^2) &= \sin 3z - h^2\left\{\frac{1}{16}\sin 5z - \frac{1}{8}\sin z\right\} + \\
&\quad + h^4\left\{\frac{1}{640}\sin 7z - \frac{5}{512}\sin 3z - \frac{1}{64}\sin z\right\} + O(h^6),
\end{aligned}
\tag{42}
$$

sowie für $m \geq 4$:

$$\left.\begin{aligned}
\mathrm{ce}_m(z; h^2) &= \cos m z - h^2 \left\{ \frac{1}{4(m+1)} \cos(m+2)\,z - \frac{1}{4(m-1)} \cos(m-2)\,z \right\} + \\
&\quad + h^4 \left\{ \frac{1}{32(m+1)(m+2)} \cos(m+4)z + \frac{1}{32(m-1)(m-2)} \cos(m-4)z - \right. \\
&\quad \left. - \frac{1}{32} \left[\frac{1}{(m+1)^2} + \frac{1}{(m-1)^2} \right] \cos m z \right\} + O(h^6), \\[2mm]
\mathrm{se}_m(z; h^2) &= \sin m z - h^2 \left\{ \frac{1}{4(m+1)} \sin(m+2)\,z - \frac{1}{4(m-1)} \sin(m-2)\,z \right\} + \\
&\quad + h^4 \left\{ \frac{1}{32(m+1)(m+2)} \sin(m+4)z + \frac{1}{32(m-1)(m-2)} \sin(m-4)z - \right. \\
&\quad \left. - \frac{1}{32} \left[\frac{1}{(m+1)^2} + \frac{1}{(m-1)^2} \right] \sin m z \right\} + O(h^6).
\end{aligned}\right\} \quad (43)$$

Zum Schluß sei die Entwicklung von $\cos \pi \nu$ nach Potenzen von h^4 mit den Anfangsgliedern notiert. Wir gewinnen sie, indem wir mit

$$y_{\mathrm{I}}(z; \lambda, h^2) = \cos \sqrt{\lambda}\, z + h^2 \Phi_1(z; \lambda) + h^4 \Phi_2(z; \lambda) + \cdots,$$

wobei natürlich

$$\Phi_i(0) = \frac{\partial \Phi_i}{\partial z}\bigg|_{z=0} = 0 \qquad (i = 1, 2, 3, \ldots)$$

gelten muß, in die MATHIEUsche Differentialgleichung hineingehen und durch Koeffizientenvergleich die Differentialgleichungen

$$\frac{d^2 \Phi_i}{d z^2} + \lambda \Phi_i = 2 \cos 2z \cdot \Phi_{i-1} \qquad (i = 1, 2, 3, \ldots)$$

mit

$$\Phi_0(z; \lambda) = \cos \sqrt{\lambda}\, z$$

erhalten. Es wird dann notwendig

$$\Phi_{2j+1}(\pi; \lambda) = 0 \qquad (j = 0, 1, 2, \ldots)$$

und somit

$$\cos \pi \nu = \cos \sqrt{\lambda}\, \pi + \sum_{k=1}^{\infty} \Phi_{2k}(\pi; \lambda)\, h^{4k}.$$

Ausführung der Integrationen liefert die ersten Glieder

$$\left.\begin{aligned}
\cos \pi \nu &= \cos \sqrt{\lambda}\, \pi + h^4 \frac{\pi \sin \sqrt{\lambda}\, \pi}{4 \sqrt{\lambda}(\lambda - 1)} + \\
&\quad + h^8 \left\{ \frac{15 \lambda^2 - 35 \lambda + 8}{64(\lambda - 1)^3 (\lambda - 4)\, \lambda \sqrt{\lambda}} \pi \sin \sqrt{\lambda}\, \pi - \frac{\pi^2 \cos \sqrt{\lambda}\, \pi}{32 \lambda (\lambda - 1)^2} \right\} + \\
&\quad + h^{12} \left\{ \frac{105 \lambda^5 - 1155 \lambda^4 + 3815 \lambda^3 - 4705 \lambda^2 + 1652 \lambda - 288}{256(\lambda - 1)^5 (\lambda - 4)^2 (\lambda - 9)\, \lambda^{\frac{5}{2}}} \pi \sin \sqrt{\lambda}\, \pi - \right. \\
&\quad \left. - \frac{\pi^3 \sin \sqrt{\lambda}\, \pi}{384(\lambda - 1)^3 \lambda^{\frac{3}{2}}} - \frac{15 \lambda^2 - 35 \lambda + 8}{256 \lambda^2 (\lambda - 1)^4 (\lambda - 4)} \pi^2 \cos \sqrt{\lambda}\, \pi \right\} + \cdots.
\end{aligned}\right\} \quad (44)$$

Für kleine λ wird man noch nach Potenzen von λ entwickeln:

$$\cos \pi \nu = \left(1 - \frac{\lambda \pi^2}{2} + \frac{\lambda^2 \pi^4}{24} + \cdots\right) - h^4 \frac{\pi^2}{4}\left[1 + \lambda\left(1 - \frac{\pi^2}{6}\right) + \cdots\right] + \left.}\right\} $$
$$\left. + h^8\left[-\frac{25\pi^2}{256} + \frac{\pi^4}{96} + \cdots\right] + \cdots. \right\} \tag{45}$$

Entsprechend gewinnt man Entwicklungen um $\lambda = 1, 4, 9, \ldots$.

2.26. Asymptotische Formeln für große ν.

Aus **2.22.**, Satz 7 und den Formeln (35), (36) folgt für jedes ν z.B.

$$\lambda_{\nu+2r}(h^2) = (\nu + 2r)^2 + \frac{h^4}{2\left((\nu+2r)^2 - 1\right)} + O(r^{-6}) \quad (r \to \pm \infty). \tag{46}$$

Für ganzes ν ist speziell

$$\left.\begin{array}{c} a_m(h^2) \\ b_m(h^2) \end{array}\right\} = m^2 + \frac{h^4}{2(m^2 - 1)} + O(m^{-6}) \quad, \quad (m \to \infty), \tag{47}$$

wir notieren ferner noch einmal[1]

$$a_m(h^2) - b_m(h^2) = O\left(\frac{h^{2m}}{m^{m-1}}\right). \tag{48}$$

Asymptotische Formeln für die Funktionen me_ν, ce_m, se_m erhält man aus den Potenzreihen von **2.25.** mit **1.8.**, Satz 10[2]; wir notieren

Satz 14. *Für nicht-ganzes ν gilt in jedem Streifen parallel der reellen z-Achse gleichmäßig*

$$\mathrm{me}_{\nu+2r}(z;h^2) = e^{i(\nu+2r)z}\left\{1 - \frac{1}{\nu+2r}i\frac{h^2}{2}\sin 2z + \right.$$
$$\left. + \frac{1}{(\nu+2r)^2}\left[\frac{h^4}{16}(\cos 4z - 1) + \frac{h^2}{2}\cos 2z\right] + O(r^{-3})\right\}$$
$$(r \text{ ganz } \to \pm\infty),$$

für ganzes ν wird analog

$$\mathrm{ce}_m(z;h^2) \pm i\,\mathrm{se}_m(z;h^2) = e^{\pm imz}\left\{1 \mp \frac{1}{m}i\frac{h^2}{2}\sin 2z + \right.$$
$$\left. + \frac{1}{m^2}\left[\frac{h^4}{16}(\cos 4z - 1) + \frac{h^2}{2}\cos 2z\right] + O(m^{-3})\right\}$$
$$(m \to +\infty).$$

2.27. Produkt- und Partialbruchformeln für $\cos \nu \pi$.

Nach **2.13.**, (13) und **2.11.**, Satz 1 ist

$$\cos \pi \nu = y_{\mathrm{I}}(\pi; \lambda, h^2)$$

---

[1] Vgl. **2.25.**, Satz 13.

[2] Zur Gewinnung der Abschätzung in der im Satze gegebenen Form hat man bei der Wahl von $\Re$ in **2.23.** den Grenzübergang $r_1 - r_2 \to 0$ zu machen.

als ganze Funktion von λ höchstens von der Ordnung $\frac{1}{2}$. Wir erhalten daher mit **2.22.** und **1.2.8.** die Produktformel

$$\frac{\cos \pi \nu - \cos \pi \nu_0}{\cos \pi \nu_1 - \cos \pi \nu_0} = \prod_{r=-\infty}^{+\infty} \frac{\lambda - \lambda_{\nu_0+2r}(h^2)}{\lambda_1 - \lambda_{\nu_0+2r}(h^2)}; \tag{49}$$

sie liefert zu jedem Parameterpaar λ, h^2 den zugehörigen Wert von $\cos \pi \nu$, falls ein System $\lambda_{\nu_0+2r}(h^2)$ und ferner zu einem Paar λ_1, h^2 der zugehörige Wert $\cos \pi \nu_1 \neq \cos \pi \nu_0$ bekannt ist; ν_0 darf auch ganz sein. (49) zeigt in Verbindung mit (46), (47), daß $\cos \pi \nu$ als Funktion von λ genau die Ordnung $\frac{1}{2}$ hat.

Die Glieder des Produktes (49) sind nur $1 + O(r^{-2})$. (49) ist daher numerisch nicht sehr brauchbar. Wesentlich günstiger ist die Formel

$$\frac{\cos \pi \nu - \cos \pi \nu_0}{\cos \pi \sqrt{\lambda} - \cos \pi \nu_0} = \prod_{r=-\infty}^{+\infty} \frac{\lambda - \lambda_{\nu_0+2r}(h^2)}{\lambda - (\nu_0 + 2r)^2}. \tag{50}$$

Man beweist sie leicht mit Hilfe folgender Überlegungen. Das Produkt rechts ist konvergent, und zwar, wie die Umformung

$$\prod_{r=-\infty}^{+\infty} \left\{ 1 - \frac{\lambda_{\nu_0+2r} - (\nu_0 + 2r)^2}{\lambda - (\nu_0 + 2r)^2} \right\}$$

zusammen mit (46) zeigt, mit Gliedern $1 + O(r^{-4})$. Daher müssen wegen (49) beide Seiten bis auf einen λ-unabhängigen Faktor übereinstimmen. Daß dieser 1 ist, ergibt sich nun, indem man mit einem ν_1, für das $\cos \pi \nu_1 \neq \cos \pi \nu_0$ ist, $\lambda = \lambda_{\nu_1+2\varrho}(h^2)$ einsetzt und den Grenzübergang $\varrho \to \pm \infty$ ausführt; dabei haben nämlich beide Seiten den Grenzwert 1, wie man wieder mittels (46) und der obigen Umformung des Produkts erkennt.

(50) ist einerseits wegen der recht guten Konvergenz — Glieder $= 1 + O(r^{-4})$ — numerisch schon gut verwendbar, andererseits zeigt (50), daß die gesamte Beziehung zwischen ν, λ, h^2 allein durch ein System $\lambda_{\nu_0+2r}(h^2)$ zu beliebigem ν_0 bestimmt ist.

Die Konvergenz von (50) kann verbessert werden, wenn man den Wert $\cos \pi \nu_1$ zu einem Parameterpaar λ_1, h^2 — zweckmäßig mit möglichst kleinem $\lambda - \lambda_1$ — kennt und durch die entsprechende Formel dividiert. Dann entsteht

$$\frac{\cos \pi \nu - \cos \pi \nu_0}{\cos \pi \nu_1 - \cos \pi \nu_0} = \frac{\cos \pi \sqrt{\lambda} - \cos \pi \nu_0}{\cos \pi \sqrt{\lambda_1} - \cos \pi \nu_0} \prod_{r=-\infty}^{+\infty} \left\{ 1 + \frac{(\lambda - \lambda_1)(\lambda_{\nu_0+2r}(h^2) - (\nu_0+2r)^2)}{(\lambda_1 - \lambda_{\nu_0+2r}(h^2))(\lambda - (\nu_0+2r)^2)} \right\}. \tag{51}$$

Man erhält sie auch aus (49) durch Einsetzen von $h^2 = 0$ und Division. Die Glieder des Produkts (46) sind jetzt $1 + O(r^{-6})$.

Partialbruchformeln entstehen aus den Produktformeln durch logarithmische Differentiation für $\nu_0 = 0$ und $\nu_0 = 1$; speziell folgt aus (50)

$$\left.\begin{aligned}
\frac{\dfrac{\partial}{\partial\lambda}\cos\pi\nu}{\cos\pi\nu - 1} &= \Sigma_0 = \sum_{r=-\infty}^{+\infty}\left\{\frac{1}{\lambda - \lambda_{2r}(h^2)} - \frac{1}{\lambda - (2r)^2}\right\} + \frac{\pi}{2\sqrt{\lambda}}\cot\frac{\pi\sqrt{\lambda}}{2}, \\[2ex]
\frac{\dfrac{\partial}{\partial\lambda}\cos\pi\nu}{\cos\pi\nu + 1} &= \Sigma_1 = \sum_{r=-\infty}^{+\infty}\left\{\frac{1}{\lambda - \lambda_{2r+1}(h^2)} - \frac{1}{\lambda - (2r+1)^2}\right\} - \frac{\pi}{2\sqrt{\lambda}}\tan\frac{\pi\sqrt{\lambda}}{2},
\end{aligned}\right\} \quad (52)$$

woraus man

$$\cos\pi\nu = \frac{\Sigma_0 + \Sigma_1}{\Sigma_0 - \Sigma_1}, \qquad \frac{\partial}{\partial\lambda}\cos\pi\nu = \frac{2\,\Sigma_0\,\Sigma_1}{\Sigma_0 - \Sigma_1} \tag{53}$$

berechnet. Die Reihenglieder sind $O(r^{-6})$. Ist λ eine Quadratzahl, so wird man in (52) die Polglieder zusammenfassen und zur Grenze übergehen.

2.28. Entwicklungssätze. Im folgenden werden zwei Arten von Entwicklungssätzen unterschieden. Bei der ersten handelt es sich um die Entwicklung von Funktionen, die in einem Streifen parallel der reellen Achse analytisch sind und eine Relation

$$f(z + \pi) \equiv e^{\pi i \nu} f(z)$$

erfüllen, bei der zweiten um die Entwicklung möglichst willkürlicher Funktionen einer reellen Variablen. Im ersten Falle erhalten wir diese Sätze aus **1.7.**, Satz 9; die Anwendbarkeit dieser Theorie haben wir schon in **2.23.** gezeigt. Im zweiten Falle hat man **1.6.** anzuwenden, und die gewünschten Sätze folgen aus **1.64.**, Satz 7.

Entwicklung analytischer Funktionen.

Wir erhalten mit **2.23.**, **1.7.**, Satz 9 und **2.26.**, Satz 14[1]

S a t z 15. *Jede in einem Streifen parallel der reellen Achse regulär analytische Funktion* $f(z)$ *mit der Eigenschaft*

$$f(z + \pi) \equiv e^{\pi i \nu} f(z)$$

für irgendein ν *läßt sich für jedes zugehörige normale* h^2[†] *eindeutig in eine Reihe*

$$f(z) = \sum_{r=-\infty}^{+\infty} f_r\,\mathrm{me}_{\nu+2r}(z;h^2)$$

---

[1] Man verwendet eine von den Potenzreihen her bekannte Schlußweise.

[†] Wie die Schlußbemerkung von **2.28.** zeigt, sind das für reelles ν sicher alle reellen h^2.

entwickeln, die in jeder kompakten Teilmenge absolut gleichmäßig konvergiert [1]. *Es ist*

$$f_r = \frac{1}{\pi} \int\limits_{z_0}^{z_0+\pi} f(z)\, \mathrm{me}_{\nu+2r}(-z; h^2)\, dz.$$

Hieraus oder in ähnlicher Weise lassen sich manche anderen Sätze derselben Art ableiten, so wie das bei den FOURIER-Reihen üblich ist. Insbesondere kann man statt $f(z+\pi) \equiv e^{\pi i \nu} f(z)$ fordern $f(z+2\pi) \equiv e^{2\pi i \nu} f(z)$ und muß dann die Funktionen $\mathrm{me}_{\nu+r}$ nehmen, oder man kann für ganzes ν in geraden und ungeraden Bestandteil zerlegen und anderes mehr.

Im Falle eines ganzen ν kann man mit **2.23.**, (30), (31) auch sofort auf die Funktionen ce_m, se_m umschreiben.

Entwicklung von Funktionen einer reellen Variablen.

Wir können uns aus den eben genannten Gründen, die entsprechend hier gelten, auf den zu Satz 15 analogen Fall beschränken.

Wir zeigen:

Satz 16. *Für jede Funktion $f(t)$ des Intervalls $[0, \pi]$, die dort im* LEBESGUE*schen Sinne integrabel ist, ist für jedes ν und zugehöriges normales h^2[†] die Reihe*

$$f(t) \sim \sum_{r=-\infty}^{+\infty} \frac{1}{\pi} \int\limits_0^\pi f(\tau)\, \mathrm{me}_{\nu+2r}(-\tau; h^2)\, d\tau\, \mathrm{me}_{\nu+2r}(t; h^2)$$

der für $h^2 = 0$ entstehenden FOURIER-*Reihe*

$$f(t) \sim \sum_{r=-\infty}^{+\infty} \frac{1}{\pi} \int\limits_0^\pi f(\tau)\, e^{-i(\nu+2r)\tau}\, d\tau\, e^{i(\nu+2r)t}$$

äquikonvergent, d. h. die Differenzen entsprechender Partialsummen $\sum\limits_{r_1}^{r_2}$ konvergieren für $r_1 \to -\infty$, $r_2 \to +\infty$ im Intervall $[0, \pi]$ gleichmäßig gegen 0. Es übertragen sich somit vom trigonometrischen Fall sämtliche

---

[1] Ist im Falle eines ganzen ν der Streifen nicht zur reellen Achse symmetrisch, so sind stets die Terme mit me_m und me_{-m} ($m = 1, 2, 3, \ldots$) paarweise zu einem Reihenglied zusammenzufassen. [Dann versagt die Zerlegung in geraden und ungeraden Bestandteil $\left(h^2 = 0\colon \sum\limits_{n=-\infty}^{+\infty} c_n\, e^{i n t} \right)$, wie sie in der zweiten Tabelle von **2.23.** für die Anwendung von **1.7.** zugrunde gelegt wurde. Der Beweis verläuft in diesem Falle in etwas abgeänderter Form, indem man stets die Eigenwerte λ_m, λ_{-m} paarweise zusammenzufassen hat; die Durchführung im einzelnen sei dem Leser überlassen.]

† Vgl. Anmerkung †, S. 127.

Konvergenz- und Summierbarkeitsaussagen, speziell das GIBBSsche Phänomen auf die Reihen nach MATHIEUschen Funktionen.

Wir folgern dies Resultat aus **1.5.**, **1.6.**, und zwar insbesondere aus **1.64.**, Satz 7. Es wird genügen, die Anwendbarkeit dieser Theorien für den Fall nicht-ganzer ν zu zeigen; für ganze ν hat man wie in **2.23.** noch in geraden und ungeraden Anteil zu zerlegen.

Für nicht-ganzes ν identifiziert man

1.5., 1.6.	**2.28.**
$\mathfrak{R}$	Gesamtheit der im Grundintervall $[0, \pi]$ stetigen Funktionen
(f, g)	$\dfrac{1}{\pi} \displaystyle\int_0^\pi f(t)\, \overline{g(t)}\, dt$
$|f|$	$\displaystyle\max_{[0, \pi]} |f(t)|$
$\overline{|f|}$	$\dfrac{1}{\pi} \displaystyle\int_0^\pi |f(t)|\, dt$
$\mathfrak{u}$ $\mathfrak{u}^*$	Gesamtheit der auf der reellen Achse zweimal stetig differenzierbaren Funktionen mit der Eigenschaft $$\left\{ \begin{aligned} f(t+\pi) &\equiv e^{\pi i \nu} f(t), \\ f(t+\pi) &\equiv e^{\pi i \bar\nu} f(t) \end{aligned} \right\}$$
F, F^*	$\dfrac{d^2}{dt^2}$
G, G^*	$-2\cos 2t$
λ	λ
μ	h^2
$y_n,\, y_n^*$	$e^{i(\nu+2n)t}, \qquad e^{i(\bar\nu+2n)t}$
$\varDelta$	$y_\mathrm{I}(\pi; \lambda, h^2) - \cos \pi \nu$
$y(\lambda, \mu)$	$y_\mathrm{I}(t+\pi; \lambda, h^2) - e^{-i\pi\nu}\, y_\mathrm{I}(t; \lambda, h^2)$
$y^*(\bar\lambda, \bar\mu)$	$y_\mathrm{I}(t+\pi; \bar\lambda, \overline{h^2}) - e^{-i\pi\bar\nu}\, y_\mathrm{I}(t; \bar\lambda, \overline{h^2})$
$\mathfrak{R}_1$	$\mathfrak{R}$
$\mathfrak{R}_2$ $\mathfrak{R}_3$	$\left. \begin{aligned} \mathfrak{L}_2[0, \pi] \\ \mathfrak{L}_1[0, \pi] \end{aligned} \right\}$ Gesamtheit der über $[0, \pi]$ meßbaren, $\left\{ \begin{aligned} &\text{absolut quadratisch} \\ &\text{absolut} \end{aligned} \right\}$ integrablen Funktionen bei Identifizierung solcher Funktionen, die nur auf einer Menge vom Maß 0 verschieden sind.

Dann sind alle Voraussetzungen von **1.51.**, **1.61.** erfüllt, ja sogar die Forderung **1.52.**, V. und die Verschärfung 8'. Für V. hat man als T die Multiplikation mit $e^{-i\nu t}$ zu wählen. Es werden $\gamma_1 = \gamma = 2$, $\chi = 1$.

Wir bemerken noch, daß es sich für reelles ν um (hermitesch) selbstadjungierte rechtsdefinite Eigenwertaufgaben handelt. Hier hat für reelles $\mu = h^2 \neq 0$ die Funktion $\varDelta\,(\lambda, \mu)$ nur einfache Nullstellen — das ist eine Verschärfung von **2.22.**, Satz 8. Denn es ist dann $y_n^*\,(\bar{\mu}) = y_n\,(\mu)$ und man würde sonst einen Widerspruch zu **1.62.**, Satz 1 oder $y_n\,(\mu) \neq 0$ erhalten.

2.29. Die modifizierten Mathieuschen Funktionen Me$_\nu$, Ce$_\nu$, Se$_\nu$.
Bei der Separation der Schwingungsgleichung in elliptischen Zylinderkoordinaten tritt (vgl. **1.135.**) neben der Mathieuschen Differentialgleichung für die Winkelvariable noch die Differentialgleichung

$$- y''(z) + (\lambda - 2h^2 \operatorname{Cos} 2z)\, y\,(z) = 0 \tag{54}$$

auf, die wir modifizierte Mathieusche Differentialgleichung nennen. Ihre Lösungen heißen modifizierte Mathieusche Funktionen. Ihre Einführung ist für die Zwecke der Anwendungen angezeigt, obwohl sie einfach aus den Mathieuschen Funktionen durch Ersetzung von z durch $\pm i z$ entstehen.

Wir definieren folgende modifizierte Mathieuschen Funktionen:

$$\left.\begin{aligned}
\mathrm{Me}_\nu\,(z\,;h^2) &= \mathrm{me}_\nu\,(-\,i z\,;h^2) \\
\mathrm{Ce}_\nu\,(z\,;h^2) &= \mathrm{ce}_\nu\,(\pm\,i z\,;h^2) \\
\mathrm{Se}_\nu\,(z\,;h^2) &= -\,i\,\mathrm{se}_\nu\,(i z\,;h^2)
\end{aligned}\right\} \qquad (\nu \text{ beliebig}). \tag{55}$$

Man hat dann — aus den schon bewiesenen Formeln für me$_\nu$, ce$_\nu$, se$_\nu$ entspringend — die Formeln

$$\mathrm{Me}_{\pm\nu}\,(z\,;h^2) = \sum_{r=-\infty}^{+\infty} c_{2r}^\nu\,(h^2)\, e^{\pm(\nu+2r)z}, \tag{56}$$

$$\left.\begin{aligned}
\mathrm{Ce}_\nu\,(z\,;h^2) &= \sum_{r=-\infty}^{+\infty} c_{2r}^\nu\,(h^2)\, \operatorname{Cos}(\nu + 2r)\,z \\
\mathrm{Se}_\nu\,(z\,;h^2) &= \sum_{r=-\infty}^{+\infty} c_{2r}^\nu\,(h^2)\, \operatorname{Sin}(\nu + 2r)\,z
\end{aligned}\right\} \qquad (\nu \text{ nicht ganz}), \tag{57}$$

$$\left.\begin{aligned}
\mathrm{Me}_{\pm\nu}\,z &= \mathrm{Ce}_\nu\,z \pm \mathrm{Se}_\nu\,z \\
\mathrm{Ce}_\nu\,z &= \tfrac{1}{2}(\mathrm{Me}_\nu\,z + \mathrm{Me}_{-\nu}\,z) \\
\mathrm{Se}_\nu\,z &= \tfrac{1}{2}(\mathrm{Me}_\nu\,z - \mathrm{Me}_{-\nu}\,z)
\end{aligned}\right\} \qquad (\nu \text{ nicht ganz}), \tag{58}$$

$$\left.\begin{aligned}
\mathrm{Me}_\nu\,(z\,;0) &= e^{\nu z} \qquad (\nu \text{ nicht ganz}) \\
\mathrm{Ce}_\nu\,(z\,;0) &= \operatorname{Cos}\nu z \\
\mathrm{Se}_\nu\,(z\,;0) &= \operatorname{Sin}\nu z,
\end{aligned}\right\} \tag{59}$$

$$\mathrm{Me}_{-\nu}\,z = \mathrm{Me}_{\nu}(-z) \qquad (\nu \text{ nicht ganz}), \qquad (60)$$

$$\mathrm{Me}_{\nu}(z + k\pi i) = e^{i\nu k\pi}\,\mathrm{Me}_{\nu}\,z, \qquad (61)$$

$$\mathrm{Me}_{\nu}\!\left(z + i\,\frac{\pi}{2}\,;\, -h^2\right) = e^{i\nu\frac{\pi}{2}}\,\mathrm{Me}_{\nu}\,(z;\,h^2) \qquad (\nu \text{ nicht ganz}). \qquad (62)$$

Weitere Formeln für ganzes ν findet man in **2.73.**

2.3. Die Stabilitätskarte. Charakteristische Kurven.

2.31. Die Stabilitätskarte. Allgemeines. Die Parameterpaare $\lambda,\, h^2$ der MATHIEUschen Differentialgleichung

$$y''(t) + (\lambda - 2h^2 \cos 2t)\,y(t) = 0 \qquad (1)$$

können nach dem Verhalten der Lösungen $y(t)$ für $-\infty < t < \infty$ in drei Klassen, im folgenden mit A, B, C bezeichnet, eingeteilt werden. Dabei spielt der durch

$$\cos \pi \nu = y_{\mathrm{I}}(\pi;\,\lambda,\,h^2) \qquad (2)$$

bis auf die Substitutionen

$$\nu \to 2k \pm \nu \qquad (k \text{ ganz})$$

bestimmte charakteristische Exponent eine wesentliche Rolle. Man erhält bei Beachtung von **2.13.**, Satz 6, 7 und 8, und **2.21.**, Satz 2 die drei Klassen:

A. *ν ist reell und nicht ganz oder* $h^2 = 0$, $\lambda = 1,\, 4,\, 9,\, 16,\, \ldots$. Alle Lösungen von (1) sind für $-\infty < t < \infty$ beschränkt.

B. *ν ist ganz*, $h^2 \neq 0$ *oder* $\lambda = h^2 = 0$. Es gibt eine nicht-triviale für $-\infty < t < \infty$ beschränkte (2π-periodische) Lösung. Jede von dieser linear unabhängige Lösung ist für $t \to +\infty$ und für $t \to -\infty$ nicht beschränkt.

C. *ν ist nicht reell*. Es gibt keine nicht-triviale für $-\infty < t < \infty$ beschränkte Lösung. Es gibt jedoch zwei linear unabhängige Lösungen $y_+(t),\, y_-(t)$ mit

$$y_+(t) \to 0 \quad (t \to +\infty), \qquad y_-(l) \to 0 \quad (t \to -\infty).$$

Die Parameterpaare $\lambda,\, h^2$ der Klasse A werden als *stabil*, alle anderen als *instabil* bezeichnet.

Der Zusammenhang (2) zwischen $\nu,\, \lambda,\, h^2$ läßt sich für reelle $\lambda,\, h^2$ graphisch darstellen, indem man $\lambda,\, h^2$ als kartesische Koordinaten in der Ebene einführt und *charakteristische Kurven* $\lambda = \lambda_{\nu}(h^2)$ einzeichnet. Man erhält so die *Stabilitätskarte* der MATHIEUschen Differentialgleichung, wenn man insbesondere die Kurven $a_m(h^2)$, $b_m(h^2)$ wiedergibt, die — wegen (2) — die stabilen und instabilen Gebiete der (λ, h^2)-Ebene trennen (vgl. Abb. 5 und 6).

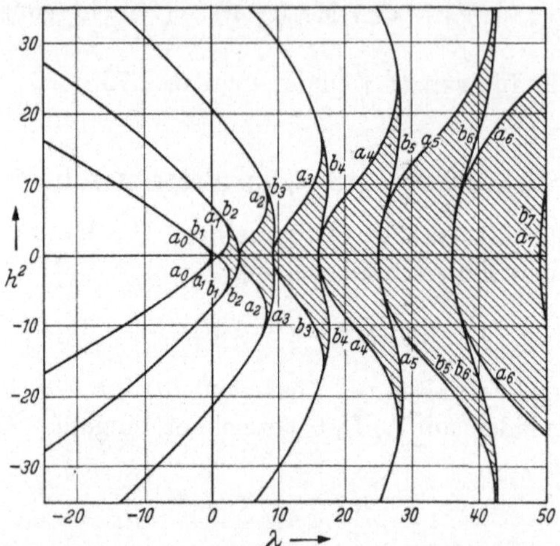

Abb. 5. Stabilitätskarte der Mathieuschen Differentialgleichung. Gezeichnet sind die Kurven $\lambda = a_m(h^2)$; $\lambda = b_{m+1}(h^2)$ $(m = 0, 1, 2, \ldots, 7)$. Die stabilen Gebiete sind schraffiert.

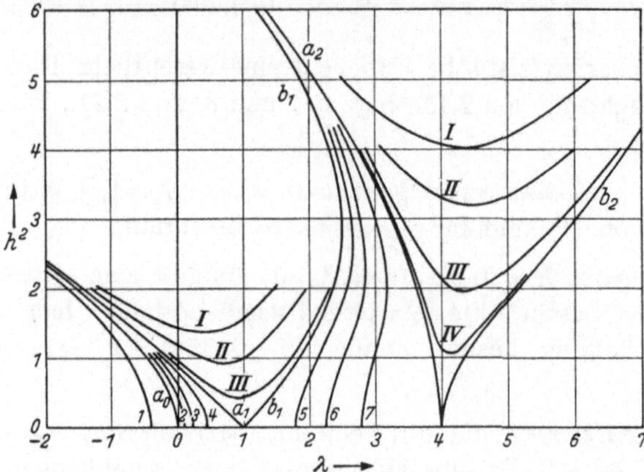

Abb. 6. Ausschnitt aus der Stabilitätskarte Abb. 5 mit charakteristischen Kurven $\lambda_\nu(h^2)$. Zu den Kurven I, II, III, IV gehören die Werte $\cos \pi\nu = \pm 3{,}715$; $\pm 2{,}160$; $\pm 1{,}204$; $\pm 1{,}020$. Zu den Kurven 1 bis 7 gehören der Reihe nach die Werte $\nu^2 = -\frac{2}{5}, \frac{1}{9}, \frac{1}{4}, \frac{4}{9}, \frac{16}{9}, \frac{9}{4}, \frac{25}{9}$. Die Kurven $I, 1$ bis IV sind aus Kotowski [1] entnommen.

2.32. Die charakteristischen Kurven zu reellem ν. Wie wir in der Schlußbemerkung von **2.28.** zeigten, sind für reelles ν die dort behandelten Eigenwertprobleme selbstadjungiert und es ist die Voraussetzung 5′. von **1.53.** erfüllt. Mit **1.53.**, Satz 10 folgt daher

Satz 1. *Die charakteristischen Kurven*

$$\lambda = \lambda_\nu(h^2) \qquad (\lambda_\nu(0) = \nu^2)$$

zu reellem v sind für $-\infty < h^2 < \infty$ reelle regulär-analytische Kurven mit

$$-2 < \lambda'_v(h^2) < 2.$$

Das gilt also speziell für

$$a_m(h^2) = \lambda_m(h^2) \qquad (m = 0, 1, 2, \ldots)$$
$$b_m(h^2) = \lambda_{-m}(h^2) \qquad (m = 1, 2, 3, \ldots).$$

2.22., (7) und **2.24.**, Satz 12 liefern

Satz 2. *Die charakteristischen Kurven haben die Symmetrieeigenschaften*

$$\lambda_v(-h^2) = \lambda_{-v}(h^2) = \lambda_v(h^2) \qquad (v \text{ nicht ganz});$$

$$\left.\begin{array}{l} a_{2n}(-h^2) = a_{2n}(h^2) \\ b_{2n+2}(-h^2) = b_{2n+2}(h^2) \\ a_{2n+1}(-h^2) = b_{2n+1}(h^2) \end{array}\right\} \qquad (n = 0, 1, 2, \ldots).$$

Die Reihenfolge der Kurven ist

$$h^2 > 0: \quad a_0 < b_1 < a_1 < b_2 < a_2 < b_3 < a_3 < \cdots$$
$$h^2 < 0: \quad a_0 < a_1 < b_1 < b_2 < a_2 < a_3 < b_3 < \cdots.$$

Wir gelangen so zu einer Kennzeichnung der stabilen und instabilen Parameterpaare durch Ungleichungen

$$\text{Stabilität:} \quad \left\{\begin{array}{ll} h^2 > 0: & a_m(h^2) < \lambda < b_{m+1}(h^2) \qquad (m = 0, 1, 2, \ldots) \\ h^2 = 0: & 0 < \lambda < \infty \\ h^2 < 0: & \left\{\begin{array}{l} a_{2n}(h^2) < \lambda < a_{2n+1}(h^2) \\ b_{2n+1}(h^2) < \lambda < b_{2n+2}(h^2) \end{array}\right\} \quad (n = 0, 1, 2, \ldots), \end{array}\right.$$

$$\text{Instabilität:} \quad \left\{\begin{array}{ll} h^2 > 0: & \left\{\begin{array}{l} \lambda \lesseqgtr a_0(h^2) \\ b_m(h^2) \lesseqgtr \lambda \lesseqgtr a_m(h^2) \qquad (m = 1, 2, 3, \ldots) \end{array}\right. \\ h^2 = 0: & \lambda \leq 0 \\ h^2 < 0: & \left\{\begin{array}{l} \lambda \lesseqgtr a_0(h^2) \\ a_{2n-1}(h^2) \lesseqgtr \lambda \lesseqgtr b_{2n-1}(h^2) \\ b_{2n}(h^2) \lesseqgtr \lambda \lesseqgtr a_{2n}(h^2) \end{array}\right\} \quad (n = 1, 2, 3, \ldots). \end{array}\right.$$

Zum Beweise ist neben Satz 1, Satz 2 nur der Fall $h^2 = 0$ und die Tatsache, daß $\cos \pi v$ eine ganze Funktion von λ, h^2 ist, zu beachten.

2.33. Asymptotik für große reelle h^2.

2.331. Eigenwerte. Im folgenden sollen asymptotische Reihen der Eigenwerte $\lambda_\nu(h^2)$ zu reellem ν für $h^2 \to +\infty$ oder $h^2 \to -\infty$ hergeleitet werden. Wegen der Symmetrie (Satz 2) genügt es dabei, sie für $h^2 \to +\infty$ aufzuschreiben.

Wir beschränken uns zunächst auf die Eigenwerte $a_m(h^2)$, $b_m(h^2)$ und werden erkennen, daß $a_m(h^2)$ und $b_{m+1}(h^2)$ je die gleiche asymptotische Reihe besitzen, daß diese somit zugleich asymptotische Reihe für jedes $\lambda_\nu(h^2)$ $(m < \nu < m+1)$ ist.

Bei der Herleitung spielt die Anzahl der Nullstellen der zugehörigen Eigenfunktionen eine wesentliche Rolle. Wir benötigen

Satz 3. *Für jedes reelle h^2 besitzen die Funktionen*

$$\mathrm{ce}_m(z; h^2), \quad \mathrm{se}_{m+1}(z; h^2)$$

im Intervall

$$0 < z < \pi$$

genau m Nullstellen $(m = 0, 1, 2, \ldots)$.

Wir führen den Beweis für die erste Funktion. Dazu beachten wir, daß diese für alle komplexen z und alle reellen h^2 in z, h^2 regulär analytisch ist, daß sie für reelle z, h^2 reell ist, daß sie in z nur einfache Nullstellen haben kann, und daß sie schließlich niemals für $z = 0$ oder $z = \pi$ verschwindet. — Sei nun h_0^2 reell und $\mathfrak{C}$ ein einfach geschlossener, positiv orientierter Weg der z-Ebene auf dem $\mathrm{ce}_m(z; h_0^2)$ nicht verschwindet, k die Anzahl der Nullstellen dieser Funktion innerhalb $\mathfrak{C}$, so muß nach dem Satze von Rouché für reelle h^2 in einer Umgebung von h_0^2 auch $\mathrm{ce}_m(z; h^2)$ innerhalb $\mathfrak{C}$ genau k Nullstellen besitzen. Dies wenden wir einmal für einen Weg $\mathfrak{C}$ an, der die Strecke $0 \leq z \leq \pi$ hinreichend nahe umschließt, dann für kleine Kreise $\mathfrak{C}$ um die reellen Nullstellen von $\mathrm{ce}_m(z; h_0^2)$. Wenn wir dann beachten, daß mit jeder komplexen Nullstelle auch die konjugierte auftreten müßte, erhalten wir auf diese Weise: Die Anzahl der Nullstellen im Intervall $0 < z < \pi$ ist für reelle h^2 konstant. Sie ist nun für $h^2 = 0$ gerade m. Das liefert die Behauptung.

Für die zweite Funktion verläuft der Beweis analog. Man hat nur zu beachten, daß hier $z = 0$, $z = \pi$ immer Nullstellen sind.

Wir zeigen nun bezüglich des asymptotischen Verhaltens der Eigenwerte in erster Näherung

Satz 4. *Für $\lambda = a_m(h^2)$ und $\lambda = b_{m+1}(h^2)$ $(m = 0, 1, 2, \ldots)$ gilt*

$$\frac{\lambda + 2h^2}{4h} \to m + \frac{1}{2} \qquad (h \to +\infty).$$

Wir führen den Beweis allein für $\lambda = a_m(h^2)$ zu einem geraden m; er verläuft in den anderen Fällen analog. Überall wird $h > 0$ vorausgesetzt.

Im angenommenen Falle erfüllt $ce_m(z; h^2)$ die Randbedingungen

$$y'(0) = y'\left(\frac{\pi}{2}\right) = y'(\pi) = 0.$$

Wir führen nun die Substitution

$$2h^{\frac{1}{2}}\left(z - \frac{\pi}{2}\right) = x$$

aus und setzen

$$f(x; h) = \frac{ce_m(z; h^2)}{ce_m\left(\frac{\pi}{2}; h^2\right)}.$$

Dann genügt $f(x; h)$ der Differentialgleichung

$$f''(x) + \left(\varLambda(h) - h\sin^2\frac{x}{2h^{\frac{1}{2}}}\right)f(x) = 0 \qquad \text{(a)}$$

mit

$$\varLambda(h) = \frac{\lambda + 2h^2}{4h}, \qquad \lambda = a_m(h^2) \qquad \text{(b)}$$

und den Rand- und Anfangsbedingungen

$$f'(0) = f'(\pm \pi h^{\frac{1}{2}}) = 0, \qquad f(0) = 1. \qquad \text{(c)}$$

Aus (a) und (c) folgt

$$\varLambda(h) > 0; \qquad \text{(d)}$$

denn andernfalls würde f'' stets das Vorzeichen von f besitzen und somit $f'(0) = f'(\pi h^{\frac{1}{2}}) = 0$ unmöglich sein.

Sei nun $\mathfrak{J}_1(h)$ das Intervall $(-\pi h^{\frac{1}{2}}, \pi h^{\frac{1}{2}})$. In $\mathfrak{J}_1(h)$ gilt wegen

$$t - \tfrac{1}{6}t^3 < \sin t < t \qquad (t > 0)$$

die Ungleichung

$$\varLambda - \frac{x^2}{4} + \frac{x^4}{48h} \geqq \varLambda - h\sin^2\frac{x}{2h^{\frac{1}{2}}} \geqq \varLambda - \frac{x^2}{4}. \qquad \text{(e)}$$

Aus der zweiten dieser Ungleichungen schließen wir mit Hilfe des bekannten STURMschen Vergleichssatzes sofort, daß in $\mathfrak{J}_1(h)$ die Funktion $f(x)$ mindestens so viel Nullstellen besitzt wie die Lösung $v(x)$ von

$$v''(x) + \left(\varLambda(h) - \frac{x^2}{4}\right)v(x) = 0, \qquad v'(0) = 0, \qquad v(0) = 1.$$

Wir folgern daraus die Existenz von Konstanten $\widetilde{\varLambda}(h_0)$ mit

$$0 < \varLambda(h) \leqq \widetilde{\varLambda}(h_0) \qquad (0 < h_0 \leqq h < \infty); \qquad \text{(f)}$$

denn andernfalls würde $v(x)$ für große h in $\mathfrak{J}_1(h)$ beliebig viele Nullstellen besitzen, was wegen Satz 3 nicht angeht. Gleichzeitig erkennen wir, daß die Abstände benachbarter Nullstellen von $f(x)$ über einer positiven unteren Schranke bleiben für $h \to +\infty$.

Wir bezeichnen jetzt weiter mit $\mathfrak{J}_2(h)$ das konzentrische Teilintervall von $\mathfrak{J}_1(h)$, in dem

$$\Lambda(h) - h \sin^2 \frac{x}{2 h^{\frac{1}{2}}} > 0.$$

$\mathfrak{J}_2(h)$ ist für $0 < h < \infty$ beschränkt. Denn in $\mathfrak{J}_2(h)$ ist wegen (e) und (f)

$$\frac{x^2}{4}\left(1 - \frac{x^2}{12h}\right) \le \widetilde{\Lambda}(h_0) \qquad (h \ge h_0 > 0),$$

also

$$\frac{x^2}{4}\left(1 - \frac{\pi^2}{12}\right) \le \widetilde{\Lambda}(h_0) \qquad (h \ge h_0 > 0).$$

In $\mathfrak{J}_2(h)$ liegen wegen der Randbedingungen (c) sämtliche Nullstellen von $f(x)$ und, abgesehen von $\pm \pi h^{\frac{1}{2}}$, auch sämtliche Nullstellen von $f'(x)$, unter anderem die Stelle des absoluten Maximums von $f(x)$ in $\mathfrak{J}_1(h)$; denn außerhalb $\mathfrak{J}_2(h)$ haben wieder f'' und f gleiches Vorzeichen.

Nehmen wir nunmehr an, unsere Behauptung sei falsch. Dann muß es wegen (f) eine Folge $0 < h_r \to +\infty$ $(r \to +\infty)$ mit $\Lambda(h_r) \to \Lambda_\infty \ne m + \frac{1}{2}$, $\Lambda_\infty < \infty$ geben. Es kann ein kompaktes x-Intervall $\mathfrak{J}_3$ so gewählt werden, daß erstens alle $\mathfrak{J}_2(h)$ in $\mathfrak{J}_3$ liegen, zweitens entweder die Lösung $v(x)$ von

$$v''(x) + \left(\Lambda_\infty - \frac{x^2}{4}\right)v = 0, \qquad v'(0) = 0, \qquad v(0) = 1 \tag{g}$$

in $\mathfrak{J}_3$ nicht genau m Nullstellen hat oder in $\mathfrak{J}_3$ eine Stelle x_0 liegt, derart daß

$$|v(x_0)| \ge 2\,|v(x)|$$

für jedes x in irgendeinem der $\mathfrak{J}_2(h)$. Denn (g) besitzt nur für $\Lambda_\infty = 2p + \frac{1}{2}$ $(p = 0, 1, 2, \ldots)$ für $x \to \pm \infty$ beschränkte Lösungen, nämlich — bis auf konstanten Faktor —

$$D_n(x) = (-1)^n e^{\frac{x^2}{4}} \frac{d^n}{dx^n}\left(e^{-\frac{x^2}{2}}\right), \qquad (n = 2p), \tag{*}$$

die Funktionen des parabolischen Zylinders zu geradem Index; und diese besitzen genau $2p$ reelle Nullstellen. — Nun gilt[1] in $\mathfrak{J}_3$

$$\Lambda(h_r) - h_r \sin^2 \frac{x}{2 h_r^{\frac{1}{2}}} \Rightarrow \Lambda_\infty - \frac{x^2}{4} \qquad (r \to \infty).$$

Daher folgt wegen der Übereinstimmung der Anfangswerte bei 0 für $x \in \mathfrak{J}_3$

$$f(x; h_r) \Rightarrow v(x) \qquad (r \to \infty).$$

---

[1] $\Rightarrow$ kennzeichnet die *gleichmäßige* Konvergenz.

Das liefert nun einen Widerspruch; denn sämtliche $f(x; h_r)$ haben für große h in $\mathfrak{J}_2$ genau m Nullstellen mit nach unten beschränktem Abstand und nehmen ihr absolutes Maximum in $\mathfrak{J}_2(h)$ an; $v(x)$ hatte jedoch entweder in $\mathfrak{J}_3$ keine m Nullstellen oder es existierte das genannte x_0. —

Satz 4 liefert für das asymptotische Verhalten der Eigenwerte $\lambda_v(h^2)$ zu reellem v nur eine erste Näherung. Zur Herleitung genauerer Abschätzungen setzen wir [vgl. (*)]

$$\left. \begin{array}{l} y_m(z) = D_m(2h^{\frac{1}{2}}\cos z) \\ \lambda_m = -2h^2 + (4m+2)\,h \end{array} \right\} \qquad (h > 0; m = 0, 1, 2, \ldots)$$

und zur Abkürzung

$$\zeta = 2h^{\frac{1}{2}}\cos z.$$

Es gilt, wie man mit Hilfe von

$$D_m''(\zeta) + \left(m + \frac{1}{2} - \frac{\zeta^2}{4}\right) D_m(\zeta) = 0$$

nachrechnet,

$$y_m''(z) + (\lambda_m - 2h^2\cos 2z)\,y_m(z) = -\left(\zeta^2 D_m''(\zeta) + \zeta\,D_m'(\zeta)\right).$$

Dabei soll ein Strich (') stets die Ableitung nach dem angeschriebenen Argument bedeuten. Nun erfüllt $y_m(z)$ für gerades m die Randbedingungen (I), für ungerades m die Randbedingungen (II). Wenden wir daher **1.5.**, Satz 10 und Satz 1 an (vgl. **2.28.**), so erhalten wir

$$\left. \begin{array}{l} m = 0, 2, 4, \ldots: \min_n \left|\lambda_m - a_{2n}(h^2)\right| \\ m = 1, 3, 5, \ldots: \min_n \left|\lambda_m - a_{2n+1}(h^2)\right| \end{array} \right\} \leq \frac{\left(\int_0^{\pi/2}(\zeta^2 D_m''(\zeta) + \zeta D_m'(\zeta))^2\,dz\right)^{\frac{1}{2}}}{\left(\int_0^{\pi/2}(D_m(\zeta))^2\,dz\right)^{\frac{1}{2}}}.$$

Für $h \to \infty$ gilt nun

$$2h^{\frac{1}{2}}\int_0^{\pi/2}(D_m(\zeta))^2\,dz = \int_0^{2h^{\frac{1}{2}}}(D_m(\zeta))^2\,\frac{1}{\sqrt{1 - \dfrac{\zeta^2}{4h}}}\,d\zeta = \int_0^\infty (D_m(\zeta))^2\,d\zeta + O(h^{-1})$$

und ebenso

$$2h^{\frac{1}{2}}\int_0^{\pi/2}\left(\zeta^2 D_m''(\zeta) + \zeta D_m'(\zeta)\right)^2\,dz = \int_0^\infty \left(\zeta^2 D_m''(\zeta) + \zeta D_m'(\zeta)\right)^2\,d\zeta + O(h^{-1}).$$

Es gibt also von h unabhängige Konstanten $\Delta_m\,(m = 0, 1, 2, \ldots)$ derart, daß für alle $h > 0$:

$$\min_n \left|\lambda_m - a_{2n}(h^2)\right| \leq \Delta_m \qquad (m = 0, 2, 4, \ldots),$$

$$\min_n \left|\lambda_m - a_{2n+1}(h^2)\right| \leq \Delta_m \qquad (m = 1, 3, 5, \ldots).$$

Hier kommt nun für hinreichend großes h wegen Satz 4 nur $2n = m$ bzw. $2n + 1 = m$ in Frage. Daher folgt

Satz 5. *Für $h \to +\infty$ gilt*

$$a_m(h^2) = -2h^2 + (4m+2)h + O(1) \qquad (m = 0, 1, 2, \ldots).$$

Für eine analoge Behandlung der Eigenwerte $b_{m+1}(h^2)$ setzt man

$$\left.\begin{aligned} y_m(z) &= \sin z\, D_m(2h^{\frac{1}{2}}\cos z) \\ \lambda_m &= -2h^2 + (4m+2)h \end{aligned}\right\} \qquad (h > 0;\; m = 0, 1, 2, \ldots)$$

mit

$$\zeta = 2h^{\frac{1}{2}}\cos z.$$

Man erhält

$$y_m''(z) + (\lambda_m - 2h^2\cos 2z)\, y(z) = -\{\zeta^2 D_m''(\zeta) + 3\zeta D_m'(\zeta) + D_m(\zeta)\}\sin z.$$

Jetzt genügt $y_m(z)$ für gerades m den Randbedingungen (III), für ungerades m den Randbedingungen (IV). Wegen

$$2h^{\frac{1}{2}}\int_0^{\pi/2}(D_m(\zeta))^2\sin^2 z\, dz = \int_0^{2h^{\frac{1}{2}}}(D_m(\zeta))^2\sqrt{1 - \frac{\zeta^2}{4h}}\, d\zeta = \int_0^\infty (D_m(\zeta))^2\, d\zeta + O(h^{-1})$$

und

$$2h^{\frac{1}{2}}\int_0^{\pi/2}\left(\zeta^2 D_m''(\zeta) + 3\zeta D_m'(\zeta) + D_m(\zeta)\right)^2\sin^2 z\, dz$$
$$= \int_0^\infty \{\zeta^2 D_m''(\zeta) + 3\zeta D_m'(\zeta) + D_m(\zeta)\}^2\, d\zeta + O(h^{-1})$$

folgt daraus wie oben

Satz 6. *Für $h \to +\infty$ gilt*

$$b_{m+1}(h^2) = -2h^2 + (4m+2)h + O(1) \qquad (m = 0, 1, 2, \ldots).$$

Die gewonnenen Abschätzungen lassen sich zu asymptotischen Reihen ausgestalten. Man hat dazu analog zum obigen Vorgehen sogleich eine Linearkombination

$$y_m(z) = \begin{cases} \displaystyle\sum_{r=-k}^{k} g_r\, D_{m+2r}(2h^{\frac{1}{2}}\cos z), \\[2mm] \displaystyle\sum_{r=-k}^{k} g_r \sin z\, D_{m+2r}(2h^{\frac{1}{2}}\cos z) \end{cases}$$

und eine abbrechende Reihe

$$\lambda_m = -2h^2 + (4m+2)h + \gamma_1 + \gamma_2 h^{-1} + \cdots$$

einzusetzen. Die Koeffizienten werden so bestimmt, daß der Quotient

$$\int_0^{\pi/2} \left(y''(z) + (\lambda_m - 2h^2 \cos 2z)\, y_m(z)\right)^2 dz : \int_0^{\pi/2} \left(y_m(z)\right)^2 dz$$

für $h \to \infty$ von möglichst hoher Ordnung in h^{-1} verschwindet. Man erhält so

Satz 7. *Für $h \to +\infty$ gilt mit $q = 2m+1$ $(m = 0, 1, 2, \ldots)$*

$$\left.\begin{array}{l} a_m(h^2) \\[2mm] b_{m+1}(h^2) \end{array}\right\} = -2h^2 + 2qh - \frac{1}{8}(q^2+1) - \frac{1}{128\,h}(q^3+3q) -$$

$$- \frac{1}{4096\,h^2}(5q^4 + 34q^2 + 9) -$$

$$- \frac{1}{2^{17}\,h^3}(33q^5 + 410q^3 + 405q) -$$

$$- \frac{1}{2^{20}\,h^4}(63q^6 + 1260q^4 + 2943q^2 + 486) -$$

$$- \frac{1}{2^{25}\,h^5}(527q^7 + 15617q^5 + 69001q^3 + 41607q) + O(h^{-6}).$$

Dieselbe Reihe mit gleichem $q = 2m+1$ gilt für sämtliche $\lambda_\nu(h^2)$ mit $m^2 < \nu^2 < (m+1)^2$ (vgl. dazu Abb. 5 und 6).

Ohne Beweis geben wir den asymptotischen Ausdruck für $h \to +\infty$

$$b_{m+1}(h^2) - a_m(h^2) \sim \frac{2^{4m+5}}{m!}\left(\frac{2}{\pi}\right)^{\frac{1}{2}} h^{m+\frac{3}{2}}\, e^{-4h}\left[1 - \frac{6m^2 + 14m + 7}{32h}\right]$$

$$(m = 0, 1, 2, \ldots)$$

an.

2.332. Eine Folgerung. Satz 8. *Keine der charakteristischen Kurven $\lambda_\nu(h^2)$ zu reellem ν liefert ein Funktionselement, das bei analytischer Fortsetzung außerhalb eines Kreises der h^2-Ebene keine Verzweigungsstellen mehr ergibt.*

Jede der analytischen Funktionen im Großen ist unendlich vieldeutig.

Beweis. Erste Behauptung: Andernfalls müßte außerhalb des genannten Kreises auch Eindeutigkeit bei Umlauf um ∞ bestehen, da konjugierte h^2-Werte stets konjugierte λ-Werte, reelle h^2-Werte stets reelle λ-Werte liefern. Somit gäbe es dort LAURENT-Entwicklungen

$$\lambda(h^2) = \sum_{r=-\infty}^{+\infty} \gamma_r\, h^{2r},$$

die speziell für $h^2 \to +\infty$ *und* $h^2 \to -\infty$ gelten müßten. Das ist wegen Satz 2 und 7 unmöglich. — Zweite Behauptung: Sei die Anzahl k der Blätter der RIEMANNschen Fläche endlich, so müßten die symmetrischen

Grundfunktionen der Zweige $\lambda^{(1)}, \ldots, \lambda^{(k)}$ ganze analytische Funktionen von h^2 sein. Sie müßten, wie man aus **1.5.**, Satz 2 herleiten kann, sogar Polynome in h^2 sein. Dann läge aber eine algebraische Funktion $\lambda(h^2)$ vor, und man erhielte einen Widerspruch zur ersten Behauptung.

2.333. $\mathrm{ce}_m(z; h^2)$, $\mathrm{se}_m(z; h^2)$. Zur Gewinnung asymptotischer Formeln für $\mathrm{ce}_m(z; h^2)$ und $\mathrm{se}_{m+1}(z; h^2)$ $(h^2 \to +\infty)$ wird der folgende Weg eingeschlagen. Zunächst werden aus den Überlegungen von **2.231.** die asymptotischen Ausdrücke und eine Fehlerabschätzung im quadratischen Mittel gewonnen. Daraus folgen sofort asymptotische Ausdrücke für die Fourier-Koeffizienten A_k^m und B_k^m. Die Fehlerabschätzung dem absoluten Betrage nach wird dann aus der schwächeren über den Mittelwert mit Hilfe von Integralbeziehungen erhalten.

Wir betrachten bei den folgenden Überlegungen allein die Funktionen $\mathrm{ce}_{2n}(z; h^2)$ $(n = 0, 1, 2, \ldots)$. Die Klassen (II), (III), (IV) lassen sich analog behandeln. Stets ist $h > 0$ angenommen.

An die Formeln von **2.331.** anknüpfend entwickeln wir (vgl. **2.28.**)

$$y_{2n}(z) \equiv D_{2n}(2h^{\frac{1}{2}}\cos z) = \sum_{p=0}^{\infty} \sigma_{2p}(h^2)\, \mathrm{ce}_{2p}(z; h^2)$$

und mit $\zeta = 2h^{\frac{1}{2}}\cos z$

$$-\left(\zeta^2 D_{2n}''(\zeta) + \zeta D_{2n}'(\zeta)\right) = \sum_{p=0}^{\infty} \tau_{2p}(h^2)\, \mathrm{ce}_{2p}(z; h^2);$$

die Koeffizienten σ_{2p} und τ_{2p} sind reell.

Nun gilt, wie wir ja schon in **2.331.** bei der Anwendung von **1.5.**, Satz 1 benutzt haben,

$$\tau_{2p} = \left(\lambda_{2n}(h) - a_{2p}(h^2)\right)\sigma_{2p} \qquad (*)$$

und — man drücke die Quadratintegrale der beiden vorstehend genannten Funktionen durch ihre Entwicklungskoeffizienten aus —

$$\sum_{p=0}^{\infty} \tau_{2p}^2 = O\left(\sum_{p=0}^{\infty} \sigma_{2p}^2\right) \qquad (h \to +\infty). \qquad \binom{*}{*}$$

Wegen Satz 5 gilt nun für alle hinreichend großen h

$$\left|\lambda_{2n}(h) - a_{2p}(h^2)\right| > 3h \qquad (p \neq n).$$

Daher wird mit $(*)$ und $\binom{*}{*}$

$$\frac{4}{\pi}\int_0^{\pi/2} [y_{2n}(z) - \sigma_{2n}\,\mathrm{ce}_{2n}(z)]^2\, dz = \sum_{p \neq n} \sigma_{2p}^2$$

$$= \sum_{p \neq n} \frac{\tau_{2p}^2}{(\lambda_{2n} - a_{2p})^2} = O\left(h^{-2}\,\frac{4}{\pi}\int_0^{\pi/2} (y_{2n}(z))^2\, dz\right).$$

Hieraus ergibt sich auch $\sigma_{2n}(h^2)$:

$$(\sigma_{2n}(h^2))^2 = \frac{4}{\pi} \int\limits_0^{\pi/2} (y_{2n}(z))^2 \, dz \, \left(1 + O(h^{-2})\right).$$

Wegen

$$\int\limits_0^{\pi/2} D_m^2 \left(2h^{\frac{1}{2}}\cos z\right) dz = \frac{1}{2h^{\frac{1}{2}}} \int\limits_0^\infty D_m^2(\xi)\, d\xi \,\left(1 + O(h^{-1})\right)$$

$$= \frac{1}{4h^{\frac{1}{2}}}\, m! \, \sqrt{2\pi}\, \left(1 + O(h^{-1})\right)$$

und

$$\operatorname{sign} y_{2n}\left(\frac{\pi}{2}\right) = \operatorname{sign} \operatorname{ce}_{2n}\left(\frac{\pi}{2}\right) = (-1)^n$$

ist also

$$\sigma_{2n}(h^2) = \left(\frac{\pi h}{2}\right)^{-\frac{1}{4}} (m!)^{\frac{1}{2}} \left(1 + O(h^{-1})\right).$$

So folgt — der Beweis für die Funktionenklassen (II), (III), (IV) ist, wie gesagt, analog —

Satz 9. *Für jedes* $m = 0, 1, 2, \ldots$ *gilt bei* $h \to +\infty$

$$\int\limits_0^\pi \left\{ \operatorname{ce}_m(z; h^2) - \left(\frac{\pi h}{2}\right)^{\frac{1}{4}} (m!)^{-\frac{1}{2}} D_m(2h^{\frac{1}{2}}\cos z) \right\}^2 dz = O(h^{-2}),$$

$$\int\limits_0^\pi \left\{ \operatorname{se}_{m+1}(z; h^2) - \left(\frac{\pi h}{2}\right)^{\frac{1}{4}} (m!)^{-\frac{1}{2}} D_m(2h^{\frac{1}{2}}\cos z) \right\}^2 dz = O(h^{-2}).$$

Als einfache Folgerung[1] ergibt sich für die FOURIER-Koeffizienten:

$$\left.\begin{aligned}
A_0^{2n}(h^2) &= 2^{-n-\frac{1}{4}} \frac{\sqrt{(2n)!}}{n!} (\pi h)^{-\frac{1}{4}} \left(1 + O(h^{-1})\right), \\[4pt]
A_{2s}^{2n}(h^2) &= 2^{-n+\frac{3}{4}} \frac{\sqrt{(2n)!}}{n!} (-1)^s (\pi h)^{-\frac{1}{4}} \left(1 + O(h^{-1})\right) \qquad (s > 0), \\[4pt]
A_{2s+1}^{2n+1}(h^2) &= 2^{-n+\frac{3}{4}} \frac{\sqrt{(2n+1)!}}{n!} (-1)^s (\pi h^3)^{-\frac{1}{4}} (2s+1) \left(1 + O(h^{-1})\right), \\[4pt]
B_{2s+1}^{2n+1}(h^2) &= 2^{-n+\frac{3}{4}} \frac{\sqrt{(2n)!}}{n!} (-1)^s (\pi h)^{-\frac{1}{4}} \left(1 + O(h^{-1})\right), \\[4pt]
B_{2s+2}^{2n+2}(h^2) &= 2^{-n+\frac{3}{4}} \frac{\sqrt{(2n+1)!}}{n!} (-1)^s (\pi h^3)^{-\frac{1}{4}} (2s+2) \left(1 + O(h^{-1})\right).
\end{aligned}\right\} \quad (3)$$

Eine etwas weitergehende Näherungsformel für diese Koeffizienten bei großem $h > 0$ erhalten wir durch die folgende Überlegung.

---

[1] Numerisch brauchbar für $s \ll h^{\frac{1}{2}}$.

Wir setzen in die Rekursionsformel

$$- h^2 c_{2r+2} + \left(\lambda - (2r + \nu)^2\right) c_{2r} - h^2 c_{2r-2} = 0$$

ein

$$(- 1)^r c_{2r} = \alpha(x_r), \qquad x_r = \frac{2r + \nu}{h^{\frac{1}{2}}}.$$

Dann entsteht mit

$$\delta = 2 h^{-\frac{1}{2}}$$

die für $x = x_r$ gültige Formel

$$\frac{\alpha(x + \delta) - 2\alpha(x) + \alpha(x - \delta)}{\delta^2} + \left(\frac{\lambda + 2h^2}{4h} - \frac{x^2}{4}\right)\alpha(x) = 0.$$

Beachten wir nun, daß für $a_m \leq \lambda \leq b_{m+1}$

$$\frac{\lambda + 2h^2}{4h} = m + \frac{1}{2} + O(h^{-1})$$

gilt, so liegt der Vergleich mit der Lösung

$$\beta(x) = \text{const} \cdot D_m(x)$$

von

$$\beta''(x) + \left(m + \frac{1}{2} - \frac{x^2}{4}\right)\beta(x) = 0$$

nahe. Tatsächlich erhalten wir

$$\frac{\beta(x + \delta) - 2\beta(x) + \beta(x - \delta)}{\delta^2} = \beta''(\xi) = -\left(m + \frac{1}{2} - \frac{\xi^2}{4}\right)\beta(\xi)$$

mit

$$|\xi - x| < \delta,$$

also

$$\frac{\beta(x + \delta) - 2\beta(x) + \beta(x - \delta)}{\delta^2} + \left(\frac{\lambda + 2h^2}{4h} - \frac{x^2}{4}\right)\beta(x) = O(h^{-\frac{1}{2}})$$

und zwar gleichmäßig für alle x. Mit

$$\beta_r = \beta(x_r) = \text{const} \cdot D_m\left(\frac{2r + \nu}{h^{\frac{1}{2}}}\right)$$

folgt daraus

$$\beta_{2r+2} + \frac{1}{h^2}\left(\lambda - (2r + \nu)^2\right)\beta_{2r} + \beta_{2r-2} = O(h^{-\frac{3}{2}}).$$

Wählt man nun

$$\beta_0 = \alpha(x_0) = c_0,$$

so wird bis auf Größen, die von höherer Ordnung für $h \to +\infty$ verschwinden,

$$\beta_2 \approx - c_2,$$

und ınan erhält aus den beiden Rekursionen für nicht zu große r die Näherungsformel

$$c_{2r}^{\nu} \approx (-1)^{r} \frac{c_0^{\nu}}{D_m\left(\dfrac{\nu}{h^{\frac{1}{2}}}\right)} D_m\left(\frac{2r+\nu}{h^{\frac{1}{2}}}\right) \qquad (a_m \leqq \lambda \leqq b_{m+1},\ h \to +\infty).$$

In Verbesserung von (3) folgt so speziell

$$\left.\begin{aligned}
A_{2s}^{2n}(h^2) &\sim 2^{-n+\frac{3}{4}} \frac{\sqrt{(2n)!}}{n!} (-1)^s (\pi h)^{-\frac{1}{4}} \frac{D_{2n}\left(\dfrac{2s}{h^{\frac{1}{2}}}\right)}{D_{2n}(0)} &&(s>0), \\[2ex]
A_{2s+1}^{2n+1}(h^2) &\sim 2^{-n+\frac{3}{4}} \frac{\sqrt{(2n+1)!}}{n!} (-1)^s (\pi h)^{-\frac{1}{4}} \frac{D_{2n+1}\left(\dfrac{2s+1}{h^{\frac{1}{2}}}\right)}{D'_{2n+1}(0)} &&(s\geqq 0), \\[2ex]
B_{2s+1}^{2n+1}(h^2) &\sim 2^{-n+\frac{3}{4}} \frac{\sqrt{(2n)!}}{n!} (-1)^s (\pi h)^{-\frac{1}{4}} \frac{D_{2n}\left(\dfrac{2s+1}{h^{\frac{1}{2}}}\right)}{D_{2n}(0)} &&(s\geqq 0), \\[2ex]
B_{2s+2}^{2n+2}(h^2) &\sim 2^{-n+\frac{3}{4}} \frac{\sqrt{(2n+1)!}}{n!} (-1)^s (\pi h)^{-\frac{1}{4}} \frac{D_{2n+1}\left(\dfrac{2s+2}{h^{\frac{1}{2}}}\right)}{D'_{2n+1}(0)} &&(s\geqq 0).
\end{aligned}\right\} \quad (3')$$

Die folgende Tabelle möge die Brauchbarkeit dieser Formeln am Beispiel der Koeffizienten A_{2r}^0 für $h=5$ verdeutlichen. Die zweite Spalte gibt $(-1)^r A_{2r}^0$, die dritte Spalte enthält das Verhältnis der Werte der zweiten Spalte zu den nach (3) und (3') berechneten Näherungswerten von $(-1)^r A_{2r}^0$.

r	$(-1)^r A_{2r}^0$		r	$(-1)^r A_{2r}^0$	
0	0,429 74	1,0174	6	$0,0^3 8237$	1,306
1	0,692 00	1,0005	7	$0,0^4 879$	1,87
2	0,365 54	0,9630	8	$0,0^5 747$	3,20
3	0,130 58	0,9352	9	$0,0^6 514$	6,57
4	0,032 746	0,9510	10	$0,0^7 294$	16,9
5	0,005 984	1,051			

Ergänzend zu Satz 9, der für die gewonnenen asymptotischen Formeln Fehlerabschätzungen nur im quadratischen Mittel gibt, soll jetzt die gleichmäßige Approximation untersucht werden. Wir beschränken uns dabei wieder auf die Durchführung für die Funktionen ce_{2n}.

Haupthilfsmittel sind jetzt die beiden Integralrelationen

$$\int_0^\infty \cos\left(\frac{1}{2}\zeta\tau\right) D_{2n}(\tau)\, d\tau = \frac{\int_0^\infty D_{2n}(\tau)\, d\tau}{D_{2n}(0)} D_{2n}(\zeta) \tag{4}$$

und

$$\frac{2}{\pi} \int_0^{\pi/2} \cos(2h \cos z \cos t)\, \mathrm{ce}_{2n}(t, h^2)\, dt = \frac{A_0^{2n}(h^2)}{\mathrm{ce}_{2n}\!\left(\dfrac{\pi}{2}; h^2\right)}\, \mathrm{ce}_{2n}(z; h^2). \tag{5}$$

(4) folgt aus **1.139.**, Satz 8 mit einem Vergleich der Anfangswerte für $\zeta = 0$; (5) ergibt sich analog aus **1.135.**, Satz 2 mit dem Vergleich der Anfangswerte für $z = \dfrac{\pi}{2}$ [vgl. auch **2.68.**, (39)].

Wir setzen in (5) die im quadratischen Mittel gültige Gleichung [vgl. Satz 9 und (3)]

$$\frac{\mathrm{ce}_{2n}(t; h^2)}{A_0^{2n}(h^2)} = \frac{D_{2n}(2h^{\frac{1}{2}} \cos t)}{\dfrac{1}{\pi h^{\frac{1}{2}}} \displaystyle\int_0^\infty D_{2n}(\tau)\, d\tau} + O(h^{-\frac{3}{4}})$$

ein. Dann folgt für reelles z und $h > 0$ wegen der Beschränktheit des cos für reelles Argument

$$\frac{\mathrm{ce}_{2n}(z; h^2)}{\mathrm{ce}_{2n}\!\left(\dfrac{\pi}{2}; h^2\right)} = \frac{\dfrac{2}{\pi} \displaystyle\int_0^{\pi/2} \cos(2h \cos z \cos t)\, D_{2n}(2h^{\frac{1}{2}} \cos t)\, dt}{\dfrac{1}{\pi h^{\frac{1}{2}}} \displaystyle\int_0^\infty D_{2n}(\tau)\, d\tau} + O(h^{-\frac{3}{4}}).$$

Nun ist mit $\tau = 2h^{\frac{1}{2}} \cos t$ und reellem $\zeta = 2h^{\frac{1}{2}} \cos z$

$$\int_0^{\pi/2} \cos(2h \cos z \cos t)\, D_{2n}(2h^{\frac{1}{2}} \cos t)\, dt = \frac{1}{2h^{\frac{1}{2}}} \int_0^\infty \cos\!\left(\frac{1}{2}\zeta\,\tau\right) D_{2n}(\tau)\, d\tau + O(h^{-\frac{3}{2}}),$$

also hat man wegen (4) gleichmäßig für reelle z

$$\frac{\mathrm{ce}_{2n}(z; h^2)}{\mathrm{ce}_{2n}\!\left(\dfrac{\pi}{2}; h^2\right)} = \frac{D_{2n}(2h^{\frac{1}{2}} \cos z)}{D_{2n}(0)} + O(h^{-\frac{3}{4}}).$$

Zusammen mit Satz 9 folgt daraus — der Beweis für die Funktionsklassen (II), (III), (IV) kann, wie gesagt, analog geführt werden —

Satz 10. *Für $m = 0, 1, 2, \ldots$ gilt bei $h \to +\infty$ im Intervall $0 \leq z \leq \pi$ gleichmäßig*

$$\left.\begin{array}{c}\mathrm{ce}_m(z; h^2) \\ \mathrm{se}_{m+1}(z; h^2)\end{array}\right\} = \left(\frac{\pi h}{2}\right)^{\frac{1}{4}} (m!)^{-\frac{1}{2}} D_m(2h^{\frac{1}{2}} \cos z) + O(h^{-\frac{3}{4}}).$$

Das hier nur in erster Näherung durchgeführte Verfahren kann, wie schon am Schluß von **2.331.** beschrieben, zur Gewinnung asymptotischer Reihen ausgestaltet werden. Man erhält für $0 \leq z \leq \pi$:

$$\left.\begin{array}{c} \mathrm{ce}_m(z;h^2) \\ \mathrm{se}_{m+1}(z;h^2) \end{array}\right\} \sim C \cdot \left\{\begin{array}{c} 1 \\ \sin z \end{array}\right\} \cdot \left(y_0 + \frac{1}{4h}\, y_1 + \frac{1}{16h^2}\, y_2 + \cdots\right). \qquad (6)$$

Dabei ist

$$\left.\begin{aligned}
y_0 &= D_m(\zeta),\\[4pt]
y_1 &= -\frac{1}{16}\, D_{m+4}(\zeta) - \frac{1}{4}\, D_{m+2}(\zeta) - \frac{m(m-1)}{4}\, D_{m-2}(\zeta) + \\[4pt]
&\quad + \frac{m(m-1)(m-2)(m-3)}{16}\, D_{m-4}(\zeta),\\[8pt]
y_2 &= \frac{1}{512}\, D_{m+8}(\zeta) + \frac{1}{64}\, D_{m+6}(\zeta) - \frac{m+2}{16}\, D_{m+4}(\zeta) + \\[4pt]
&\quad + \frac{(m^2-25m-36)}{64}\, D_{m+2}(\zeta) + \frac{m(m-1)(-m^2-27m+10)}{64}\, D_{m-2}(\zeta) + \\[4pt]
&\quad + \frac{m(m-1)^2(m-2)(m-3)}{16}\, D_{m-4}(\zeta) - \\[4pt]
&\quad - \frac{m(m-1)(m-2)(m-3)(m-4)(m-5)}{64}\, D_{m-6}(\zeta) + \\[4pt]
&\quad + \frac{m(m-1)(m-2)(m-3)(m-4)\cdots(m-7)}{512}\, D_{m-8}(\zeta),\\[8pt]
\zeta &= 2h^{\frac{1}{2}}\cos z,\\[4pt]
C &= \left(\frac{\pi h}{2}\right)^{\frac{1}{4}} (m!)^{-\frac{1}{2}}\left[1 + \frac{2m+1}{8h} + \right.\\[4pt]
&\quad \left. + \frac{m^4 + 2m^3 + 263m^2 + 262m + 108}{2048\,h^2} + \cdots\right]^{-\frac{1}{2}}.
\end{aligned}\right\} \qquad (7)$$

2.34. WANNIER-Funktionen (WANNIER [1]). Sei im folgenden h^2 reell und von 0 verschieden. Dann sind die zu reellem ν gehörenden Eigenwerte λ stets einfache Nullstellen von

$$\cos \pi \nu - y_{\mathrm{I}}(\pi; \lambda, h^2) = 0.$$

Diese Eigenwerte sind daher in der Umgebung der reellen ν-Achse regulär analytische Funktionen von ν.

Bezeichnen wir nunmehr — anders als in **2.2.** — mit

$$\lambda = \lambda_\nu^{(n)}(h^2)$$

zu jedem reellen ν den Eigenwert im n-ten stabilen Gebiet ($n = 0, 1, 2, \ldots$), also für $h^2 > 0$ den mit $a_n \leq \lambda \leq b_{n+1}$, so gilt, da diese Gebiete getrennt liegen $(h^2 \neq 0)$:

$$\left.\begin{aligned}
\lambda^{(n)}_{-\nu} &= \lambda^{(n)}_{\nu}, \\
\lambda^{(n)}_{\nu+2k} &= \lambda^{(n)}_{\nu} \qquad (k \text{ ganz}),
\end{aligned}\right\} \tag{8}$$

und $\lambda^{(n)}_{\nu}$ ist wegen der letzten Periodizitätseigenschaft sicher in einem Streifen $\mathfrak{S}: |\mathfrak{Im}\, \nu| \leq \varepsilon$ regulär analytisch.

Dann gilt eine Fourier-Entwicklung

$$\lambda^{(n)}_{\nu} = \sum_{m=0}^{\infty} 2\alpha_m \cos m\pi\nu; \tag{9}$$

die Reihe ist in $\mathfrak{S}$ absolut gleichmäßig konvergent.

Die Funktionen

$$y_{\mathrm{I}}\left(z + \pi;\, \lambda^{(n)}_{\nu}(h^2),\, h^2\right) - e^{-i\pi\nu}\, y_{\mathrm{I}}\left(z;\, \lambda^{(n)}_{\nu}(h^2),\, h^2\right),$$

$$y_{\mathrm{II}}\left(z + \pi;\, \lambda^{(n)}_{\nu}(h^2),\, h^2\right) - e^{-i\pi\nu}\, y_{\mathrm{II}}\left(z;\, \lambda^{(n)}_{\nu}(h^2),\, h^2\right)$$

sind nach **2.13.**, Satz 11 für nicht-ganzes ν beide Floquetsche Lösungen zum charakteristischen Exponenten ν, für ganzes ν bleibt genau eine der beiden $\not\equiv 0$ in z und zugehörige ganz- oder halbperiodische Lösung. Beide Funktionen sind für ν in $\mathfrak{S}$ und alle z regulär analytische Funktionen von ν, z. Dasselbe gilt daher für die zu

$$\frac{1}{\pi} \int_0^{\pi} |y|^2\, dz = 1$$

normierten Funktionen, die wir mit

$$y = \mathrm{me}^{(n)}_{\nu}(z;\, h^2)$$

bezeichnen.

Wir haben die Eigenschaften

$$\mathrm{me}^{(n)}_{\nu}(z + k\pi) = e^{ik\pi\nu}\, \mathrm{me}^{(n)}_{\nu} z \qquad (k \text{ ganz}), \tag{10}$$

ferner wegen (8)

$$\mathrm{me}^{(n)}_{\nu+2k} = \mathrm{me}^{(n)}_{\nu} \qquad (k \text{ ganz}). \tag{11}$$

Schließlich notieren wir die Orthogonalitäts- und Normierungsrelationen von **2.23.** in der Form

$$\frac{1}{\pi} \int_0^{\pi} \mathrm{me}^{(r)}_{\nu} z\, \mathrm{me}^{(s)}_{-\nu} z\, dz = \delta_{rs} \qquad (r, s = 0, 1, 2, \ldots). \tag{12}$$

Setzen wir $t = e^{i\pi\nu}$, so wird

$$v_n(z, t) = \mathrm{me}^{(n)}_{\nu} z$$

eine für t in einem Kreisring $\Re$: $1 - \delta \leq |t| \leq 1 + \delta$ und alle z eindeutig regulär analytische Funktion von z, t. Für diese gilt eine LAURENT-Entwicklung

$$v_n(z, t) = \sum_{m=-\infty}^{+\infty} a_m^{(n)}(z)\, t^m.$$

Die $a_m^{(n)}(z)$ sind dabei ganze Funktionen von z, die Reihe ist nebst allen gliedweise gebildeten Ableitungen nach z oder t für z in einem beschränkten Bereiche und t in $\Re$ absolut gleichmäßig konvergent. Das folgt in bekannter Weise aus

$$a_m^{(n)}(z) = \frac{1}{2\pi i} \oint \frac{v_n(z, \tau)}{\tau^{m+1}}\, d\tau.$$

Analoges gilt danach für

$$\mathrm{me}_\nu^{(n)}\, z = \sum_{m=-\infty}^{+\infty} a_m^{(n)}(z)\, e^{i\, m\, \pi\, \nu}; \tag{13}$$

(13) nebst Ableitungen nach z oder ν ist für z in einem beschränkten Bereiche und ν in $\mathfrak{S}$ absolut gleichmäßig konvergent.

Für die Koeffizienten $a_m^{(n)}(z)$ erhält man bemerkenswerte Relationen, wenn man (13) in (10), (12) einsetzt.

(10) liefert

$$a_m^{(n)}(z) = a_0^{(n)}(z - m\,\pi). \tag{14}$$

Alle Koeffizientenfunktionen lassen sich allein durch $a_0^{(n)}(z)$ ausdrücken. Setzen wir dann

$$\mathrm{me}_\nu^{(n)}\, z = \sum_{m=-\infty}^{+\infty} a_0^{(n)}(z - m\,\pi)\, e^{i\, m\, \pi\, \nu} \tag{15}$$

in (12) ein, so folgt — die vorgenommenen Vertauschungen sind auf Grund der oben nachgewiesenen absoluten und gleichmäßigen Konvergenz erlaubt —

$$\delta_{r\,s} = \sum_{m,\,k=-\infty}^{+\infty} e^{i\,(m-k)\,\pi\,\nu}\, \frac{1}{\pi} \int_0^\pi a_0^{(r)}(x - m\,\pi)\, a_0^{(s)}(x - k\,\pi)\, dx$$

$$= \sum_{l=-\infty}^{+\infty} e^{i\,l\,\pi\,\nu} \left\{ \sum_{m=-\infty}^{+\infty} \frac{1}{\pi} \int_0^\pi a_0^{(r)}(x - m\,\pi)\, a_0^{(s)}(x - m\,\pi + l\,\pi)\, dx \right\}$$

$$= \sum_{l=-\infty}^{+\infty} e^{i\,l\,\pi\,\nu}\, \frac{1}{\pi} \int_{-\infty}^{\infty} a_0^{(r)}(x)\, a_0^{(s)}(x + l\,\pi)\, dx,$$

also

$$\frac{1}{\pi} \int_{-\infty}^{+\infty} a_0^{(r)}(x)\, a_0^{(s)}(x + l\,\pi)\, dx = \left\{ \begin{matrix} 1 & (r = s;\; l = 0) \\ 0 & \text{sonst.} \end{matrix} \right\} \tag{16}$$

In ähnlicher Weise lassen sich andere Orthogonalitätsrelationen, etwa

$$\int_0^{2\pi} \mathrm{me}_{\nu+1}^{(r)} z\, \mathrm{me}_{-\nu}^{(s)} z\, dz = 0,$$

oder die Differentialgleichung für die $a_0^{(n)}(z)$ bzw. die α_m von (9) umschreiben.

Bemerkt sei, daß man für $h^2 = 0$ in ähnlicher Weise

$$a_0^{(n)}(x) = \frac{\sin(n+1)x}{x} - \frac{\sin n\, x}{x} \qquad (n = 0, 1, 2, \ldots) \qquad (17)$$

erhält. Es gilt auch hier (16). Für $\lambda_\nu^{(n)}$, $\mathrm{me}_\nu^{(n)}$ treten bei $h^2 = 0$ jedoch an den Stellen $\nu = \pm 1, \pm 2, \pm 3, \ldots$ Singularitäten auf.

2.35. Eigenwertpaare auf Geraden der Stabilitätskarte.

2.351. Die Geraden $h^2 = d\,(\lambda - \lambda^*)$, $-\frac{1}{2} < d < \frac{1}{2}$. Jede Gerade

$$h^2 = d\,(\lambda - \lambda^*), \qquad -\tfrac{1}{2} < d < \tfrac{1}{2} \qquad (18)$$

schneidet wegen **2.32.**, Satz 1 jede charakteristische Kurve

$$\lambda = \lambda_\nu(h^2)$$

zu reellem ν nur genau einmal. Die Schnittwinkel liegen über einer positiven unteren Schranke. Im folgenden sollen einige Sätze über die Eigenwertpaare zu den Schnittpunkten von (18) mit einer Folge von Kurven

$$\lambda = \lambda_{\nu+2r}(h^2) \qquad (r = \cdots, -1, 0, 1, 2, \cdots)$$

und die zugehörigen Systeme von Eigenfunktionen hergeleitet werden. Wir können uns dabei auf **1.5.** und **1.6.** stützen.

Dazu wird die durch Einsetzen von (18) in die Mathieusche Differentialgleichung (1) entstehende Gleichung

$$y''(t) + \big(\lambda(1 - 2d \cos 2t) + 2\lambda^* d \cos 2t\big)\, y(t) = 0 \qquad (19)$$

in geeigneter Weise transformiert, so daß wieder bezüglich λ die Liouvillesche Normalform entsteht. Man hat die neuen Variablen

$$x = \int_0^t (1 - 2d \cos 2\tau)^{\frac{1}{2}}\, d\tau, \qquad u(x) = (1 - 2d \cos 2t)^{\frac{1}{4}}\, y(t) \qquad (20)$$

einzuführen und erhält

$$u''(x) + \big(\lambda + g(x)\big)\, u(x) = 0 \qquad (21)$$

mit

$$g(x) = f(t) \equiv \frac{2\,\lambda^* d \cos 2t}{1 - 2\,d \cos 2t} + \frac{5\,d^2 \sin^2 2t}{(1 - 2\,d \cos 2t)^3} - \frac{2\,d \cos 2t}{(1 - 2\,d \cos 2t)^2}. \qquad (22)$$

Wir setzen

$$A = \int\limits_0^{\pi/2} (1 - 2\,d \cos 2t)^{\frac{1}{2}}\, dt = (1 + 2\,|d|)^{\frac{1}{2}} E\left(\sqrt{\frac{4\,|d|}{1 + 2\,|d|}}\right); \qquad (23)$$

dabei ist

$$E(k) = \int\limits_0^{\pi/2} (1 - k^2 \sin^2 t)^{\frac{1}{2}}\, dt$$

das vollständige elliptische Normalintegral zweiter Gattung von LE-
GENDRE.

Dann gehen die Randbedingungen der Funktionen ce, se,

$$\text{(I)} \qquad y'(0) = y'\left(\frac{\pi}{2}\right) = 0,$$

$$\text{(II)} \qquad y'(0) = y\left(\frac{\pi}{2}\right) = 0,$$

$$\text{(III)} \qquad y(0) = y'\left(\frac{\pi}{2}\right) = 0,$$

$$\text{(IV)} \qquad y(0) = y\left(\frac{\pi}{2}\right) = 0,$$

und zu nicht-ganzem v der Funktionen me,

$$\text{(V)} \qquad y(\pi) - e^{\pi i v} y(0) = y'(\pi) - e^{\pi i v} y'(0) = 0,$$

bei der Substitution (20) der Reihe nach in

$$\text{(I)} \qquad u'(0) = u'(A) = 0,$$

$$\text{(II)} \qquad u'(0) = u(A) = 0,$$

$$\text{(III)} \qquad u(0) = u'(A) = 0, \qquad\qquad (24)$$

$$\text{(IV)} \qquad u(0) = u(A) = 0,$$

$$\text{(V)} \qquad u(2A) - e^{\pi i v} u(0) = u'(2A) - e^{\pi i v} u'(0) = 0$$

über.

(21) entsteht für $\mu = 1$ aus

$$u''(x) + (\lambda + \mu\, g(x))\, u(x) = 0. \qquad (25)$$

(25) bildet nun zusammen mit einem der Randbedingungspaare (24)
ein Eigenwertproblem mit den zwei Parametern λ, μ. Man zeigt leicht

völlig analog zu dem Vorgehen in **2.28.**, daß dies ein Problem der in **1.5.**, **1.6.** behandelten Art ist.

Man erhält so — auf die ins einzelne gehende Durchführung verzichten wir — die folgenden Ergebnisse.

Es möge der (reelle) λ-Wert des Schnittpunktes der Geraden (18) mit der charakteristischen Kurve $\lambda = \lambda_\nu(h^2)$ durch

$$\lambda = \widetilde{\lambda}_\nu(\lambda^*; d)$$

bezeichnet sein. Dann hat man

Satz 11. *Für* $r \to \pm\infty$ *gilt*

$$\widetilde{\lambda}_{\nu+2r}(\lambda^*; d) = \frac{\pi^2}{4A^2}(\nu + 2r)^2 - \frac{1}{A}\int\limits_0^A g(x)\,dx + O\left(\frac{1}{r}\right),$$

$$\widetilde{\lambda}_{\nu+2r}(\lambda^*; d) - \widetilde{\lambda}_{\nu+2r}(\lambda^{**}; d) = B(\lambda^* - \lambda^{**}) + O\left(\frac{1}{r}\right).$$

Dabei ist

$$A = (1 + 2|d|)^{\frac{1}{2}} E\left(\sqrt{\frac{4|d|}{1 + 2|d|}}\right),$$

$$B = 1 - \frac{1}{1 + 2|d|}\,\frac{K\left(\sqrt{\dfrac{4|d|}{1 + 2|d|}}\right)}{E\left(\sqrt{\dfrac{4|d|}{1 + 2|d|}}\right)};$$

und es sind

$$K(k) = \int\limits_0^{\pi/2}(1 - k^2\sin^2 t)^{-\frac{1}{2}}\,dt, \qquad E(k) = \int\limits_0^{\pi/2}(1 - k^2\sin^2 t)^{\frac{1}{2}}\,dt$$

die vollständigen elliptischen Normalintegrale erster und zweiter Gattung von Legendre.

Die zu $\lambda = \widetilde{\lambda}_m$ $(m = 0, 1, 2, \ldots)$, $\lambda = \widetilde{\lambda}_{-m}$ $(m = 1, 2, 3, \ldots)$ und $\lambda = \widetilde{\lambda}_\nu$ (ν reell, nicht ganz) gehörenden Eigenfunktionen schreiben wir $\widetilde{ce}_m$, $\widetilde{se}_m$, $\widetilde{me}_\nu$ und normieren zu

$$\int\limits_0^{2\pi}(\widetilde{ce}_m(t))^2(1 - 2d\cos 2t)\,dt = \pi,$$

$$\int\limits_0^{2\pi}(\widetilde{se}_m(t))^2(1 - 2d\cos 2t)\,dt = \pi,$$

$$\int\limits_0^{2\pi}\widetilde{me}_\nu(t)\,\widetilde{me}_\nu(-t)(1 - 2d\cos 2t)\,dt = 2\pi.$$

Dann hat man — bei entsprechender Wahl des nun noch frei bleibenden Vorzeichens —

Satz 12. *Für $m \to \infty$ bzw. $r \to \pm\infty$ gilt im Intervall $0 \le t \le 2\pi$ gleichmäßig*

$$\widetilde{ce}_m(t) = (1 - 2d\cos 2t)^{-\frac{1}{4}} \left(\frac{\pi}{2A}\right)^{\frac{1}{2}} \cos\left\{\frac{m\pi}{2A}\int_0^t (1 - 2d\cos 2\tau)^{\frac{1}{2}}\, d\tau\right\} + O\left(\frac{1}{m}\right),$$

$$\widetilde{se}_m(t) = (1 - 2d\cos 2t)^{-\frac{1}{4}} \left(\frac{\pi}{2A}\right)^{\frac{1}{2}} \sin\left\{\frac{m\pi}{2A}\int_0^t (1 - 2d\cos 2\tau)^{\frac{1}{2}}\, d\tau\right\} + O\left(\frac{1}{m}\right),$$

$$\widetilde{me}_{\nu+2r}(t) =$$
$$(1 - 2d\cos 2t)^{-\frac{1}{4}} \left(\frac{\pi}{2A}\right)^{\frac{1}{2}} \exp\left\{i(\nu + 2r)\frac{\pi}{2A}\int_0^t (1 - 2d\cos 2\tau)^{\frac{1}{2}}\, d\tau\right\} + O\left(\frac{1}{r}\right).$$

Es gelten die Orthogonalitätsrelationen

$$\frac{1}{\pi}\int_0^{2\pi} \widetilde{ce}_i(t)\, \widetilde{ce}_k(t)\, (1 - 2d\cos 2t)\, dt = \delta_{ik},$$

$$\frac{1}{\pi}\int_0^{2\pi} \widetilde{se}_i(t)\, \widetilde{se}_k(t)\, (1 - 2d\cos 2t)\, dt = \delta_{ik},$$

$$\frac{1}{\pi}\int_0^{2\pi} \widetilde{ce}_i(t)\, \widetilde{se}_k(t)\, (1 - 2d\cos 2t)\, dt = 0,$$

$$\frac{1}{2\pi}\int_0^{2\pi} \widetilde{me}_{\nu+i}(t)\, \widetilde{me}_{\nu+k}(-t)\, (1 - 2d\cos 2t)\, dt = \delta_{ik}.$$

Für die formalen Reihenentwicklungen

$$F(t) \sim \sum_{m=0}^{\infty} \frac{1}{\pi}\int_0^{2\pi} F(\tau)\, \widetilde{ce}_m(\tau)\, (1 - 2d\cos 2\tau)\, d\tau \cdot \widetilde{ce}_m(t) +$$

$$+ \sum_{m=1}^{\infty} \frac{1}{\pi}\int_0^{2\pi} F(\tau)\, \widetilde{se}_m(\tau)\, (1 - 2d\cos 2\tau)\, d\tau \cdot \widetilde{se}_m(t)$$

und

$$F(t) \sim \sum_{r=-\infty}^{+\infty} \frac{1}{2\pi}\int_0^{2\pi} F(\tau)\, \widetilde{me}_{\nu+r}(-\tau)\, (1 - 2d\cos 2\tau)\, d\tau \cdot \widetilde{me}_{\nu+r}(t)$$

einer Funktion $F(t)$, die über $[0, 2\pi]$ absolut integrabel ist, gelten dieselben Konvergenz- und Summierbarkeitsbedingungen wie für die entsprechende FOURIER-*Reihe von*

$$G(x) = (1 - 2d\cos 2t)^{\frac{1}{4}} F(t),$$
$$x = \int_0^t (1 - 2d\cos 2\tau)^{\frac{1}{2}}\, d\tau$$

im Intervall $0 \le x \le 4A$.

Auf die Angabe weiterer Orthogonalitätsrelationen für $0 \leq t \leq \frac{\pi}{2}$, $0 \leq t \leq \pi$ oder $0 \leq t \leq n\pi$ $(n = 3, 4, 5, \ldots)$ und entsprechender Entwicklungssätze verzichten wir. Sie sind leicht analog zu erhalten.

Für die Schnittpunkte der Geraden $h^2 = d \cdot \lambda$ $(\lambda^* = 0$ gesetzt$)$ mit den Eigenwertkurven $a_m(h^2)$, $b_m(h^2)$ gelten nach Woinowsky-Krieger [1] folgende Potenzreihenentwicklungen

$$\left.\begin{aligned}
a_1 &= 1 + d + \frac{7}{8}d^2 + \frac{39}{64}d^3 + \frac{335}{1536}d^4 + \cdots \\[2mm]
b_1 &= 1 - d + \frac{7}{8}d^2 - \frac{39}{64}d^3 + \frac{335}{1536}d^4 + \cdots \\[2mm]
a_2 &= 4 + \frac{20}{3}d^2 + \frac{437}{54}d^4 + \cdots \\[2mm]
b_2 &= 4 - \frac{4}{3}d^2 + \frac{53}{54}d^4 + \cdots \\[2mm]
a_3 &= 9 + \frac{81}{16}d^2 + \frac{729}{64}d^3 + \frac{201\,933}{20\,480}d^4 + \cdots \\[2mm]
b_3 &= 9 + \frac{81}{16}d^2 - \frac{729}{64}d^3 + \frac{201\,933}{20\,480}d^4 + \cdots \,.
\end{aligned}\right\} \tag{25*}$$

Für die Schnittpunkte mit den charakteristischen Kurven $\lambda = \lambda_\nu(h^2)$ gilt

$$\lambda_\nu = \nu^2 + \frac{\nu^4}{2(\nu^2 - 1)}d^2 + \frac{\nu^6(21\nu^4 - 73\nu^2 + 64)}{32(\nu^2 - 1)^3(\nu^2 - 4)}d^4 + \cdots. \tag{25**}$$

Die letzte Entwicklung gilt auch für $\nu = 0$ und in den angeschriebenen Gliedern für $\nu = \pm 4, \pm 5, \pm 6, \ldots$. Man gewinnt diese Entwicklungen durch Einsetzen von $h^2 = d \cdot \lambda$ in **2.25.**, (36) und (35) und Auflösung nach λ.

2.352. Die Geraden $h^2 = \pm \frac{1}{2}(\lambda - \lambda^*)$. Auch die Geraden

$$h^2 = \pm \tfrac{1}{2}(\lambda - \lambda^*) \tag{26}$$

der Stabilitätskarte schneiden wegen Satz 1 jede charakteristische Kurve

$$\lambda = \lambda_\nu(h^2)$$

zu reellem ν noch genau einmal. Im Gegensatz zu **2.351.** existiert hier jedoch keine positive untere Schranke für die Schnittwinkel; die dort ausgeführte Transformation (19), (20), (21), (22) ist nicht möglich.

Wir verzichten hier auf eine eingehendere Untersuchung, bezüglich der wir auf Langer [1] verweisen, und formulieren allein einige weniger tiefliegende Tatsachen, die sich mit Hilfe von **1.4.** ergeben.

Zur Anwendung von **1.4.** schreiben wir die durch Einsetzen von (26) in (1) entstehende Gleichung

$$- y''(t) \mp \lambda^* \cos 2t \cdot y(t) = \lambda(1 \mp \cos 2t)\, y(t). \tag{26a}$$

Sie ist dann von der Form

$$N\,y = \lambda\,M\,y\,.$$

Wir betrachten nun wieder, wie in **2.351.**, die mit (26a) durch Hinzunahme eines der Randbedingungspaare (I) bis (V) entstehenden Eigenwertprobleme. (I) bis (IV) beziehen sich auf das Grundintervall $\left[0, \dfrac{\pi}{2}\right]$, (V) auf $[0, \pi]$. Man identifiziert

1.4.	**2.352.**
$\mathfrak{R} = \mathfrak{M}$	Gesamtheit der im Grundintervall stetigen Funktionen
$\mathfrak{R}$	Gesamtheit der im Grundintervall zweimal stetig differenzierbaren Funktionen, die die Randbedingungen erfüllen
(f, g)	$\dfrac{4}{\pi}\displaystyle\int_{0}^{\pi/2} f(t)\,\overline{g(t)}\,dt$ für (I) bis (IV) $\dfrac{1}{\pi}\displaystyle\int_{0}^{\pi} f(t)\,\overline{g(t)}\,dt$ für (V)

Dann sind mit den schon genannten Operatoren N, M alle in **1.4.** für den rechtsdefiniten Fall benötigten Voraussetzungen erfüllt. Voraussetzung 2. ist hier unwesentlich, sie kann durch Ersetzung von λ durch $\lambda +$ const stets erreicht werden. Allein zur Voraussetzung 8. sind einige Bemerkungen nötig. 8a und 8b ergeben sich unmittelbar aus **2.14.**, Satz 15. 8c schließen wir daraus, daß die charakteristischen Kurven $\lambda_\nu(h^2)$ (ν reell) von der Geraden (26) niemals berührt werden, also für jedes unserer Eigenwertprobleme $\varDelta(\lambda)$ nur einfache Nullstellen hat. Dann hat für jedes f aus $\mathfrak{R}$ die Lösung z von

$$N z = \lambda M z + f, \qquad z \in \mathfrak{R}$$

gemäß **2.14.**, Satz 15 für einen Eigenwert λ_0 nur einen einfachen Pol; man kann in eine LAURENT-Reihe

$$z(t; \lambda) = \sum_{r=-1}^{\infty} (\lambda - \lambda_0)^r\, y_r(t)$$

entwickeln, die Funktionen y_r liegen in $\mathfrak{R}$. Daher kann man schließen

$$N y_{-1} = \lambda_0 M y_{-1}, \qquad y_{-1} \in \mathfrak{R},$$
$$N y_0 = \lambda_0 M y_0 + M y_{-1} + f, \qquad y_0 \in \mathfrak{R},$$

und es ergibt sich in üblicher Weise

$$(M\,y_{-1},\,y_{-1}) + (f,\,y_{-1}) = 0.$$

Ist nun $(f,\,y) = 0$ für jede Eigenlösung zu λ_0, so auch $(f,\,y_{-1}) = 0$, also $(M\,y_{-1},\,y_{-1}) = 0$ und damit wegen der Rechtsdefinitheit $y_{-1} = 0$.

Wir führen nun die Bezeichnungen $\tilde{\lambda}_\nu$, $\widetilde{ce}_n$, $\widetilde{se}_m$, $\widetilde{me}_\nu$ wie in **2.351.** ein; dort ist jetzt nur $d = \pm\tfrac{1}{2}$ zu setzen. Dann behaupten wir

Satz 13. *Es gelten die Orthogonalitätsrelationen von Satz 12 mit $d = \pm\tfrac{1}{2}$. Die formalen Reihenentwicklungen von Satz 12 $(d = \pm\tfrac{1}{2})$ konvergieren jedenfalls dann gleichmäßig gegen $F(t)$, wenn*

$$(1 \mp \cos 2t)^{-1}\left(F''(t) \mp \lambda^* \cos 2t\, F(t)\right) = F_1(t)$$

in $[0,\,2\pi]$ stetig ist und $F(t)$ die Randbedingungen $F(2\pi) = F(0)$, $F'(2\pi) = F'(0)$ bzw. $F(2\pi) = e^{2\pi i\nu}F(0)$, $F'(2\pi) = e^{2\pi i\nu}F'(0)$ erfüllt.

Wir skizzieren den Beweis für nicht-ganzes ν und $\tilde{\lambda}_{\nu+r} \neq 0$.

Nach **1.4.**, Satz 9 gilt

$$\left. \begin{aligned} &\sum_{r=-\infty}^{+\infty} \left| \int_0^{2\pi} F(t)\,\widetilde{me}_{\nu+r}(-t)(1 \mp \cos 2t)\,dt \right|^2 \tilde{\lambda}_{\nu+r}^2 \\ &= \sum_{r=-\infty}^{+\infty} \left| \int_0^{2\pi} F_1(t)\,\widetilde{me}_{\nu+r}(-t)(1 \mp \cos 2t)\,dt \right|^2 < \infty. \end{aligned} \right\} \quad (*)$$

Nach **2.14.**, Satz 15 bestehen mit einer im Quadrat $0 \leq t,\ \tau \leq \pi$ stetigen Funktion $\Gamma(t,\,\tau)$ die Gleichungen

$$\frac{\widetilde{me}_{\nu+r}(t)}{\tilde{\lambda}_{\nu+r}} = \int_0^{2\pi} \Gamma(t,\,\tau)\,\widetilde{me}_{\nu+r}(\tau)(1 \mp \cos 2\tau)\,d\tau;$$

wendet man hier wieder **1.4.**, Satz 9 an, so erhält man die gleichmäßige Beschränktheit von

$$\sum_{r=-\infty}^{+\infty} \left| \frac{\widetilde{me}_{\nu+r}(t)}{\tilde{\lambda}_{\nu+r}} \right|^2$$

in $[0,\,2\pi]$. Sie liefert dann zusammen mit $(*)$ und der Schwarzschen Ungleichung

$$\left(\sum \left| \frac{1}{2\pi} \int_0^{2\pi} F(\tau)\,\widetilde{me}_{\nu+r}(-\tau)(1 \mp \cos 2\tau)\,d\tau \cdot \widetilde{me}_{\nu+r}(t) \right| \right)^2$$

$$\leq \sum \left| \frac{\widetilde{me}_{\nu+r}(t)}{\tilde{\lambda}_{\nu+r}} \right|^2 \sum \left| \frac{1}{2\pi} \int_0^{2\pi} F(\tau)\,\widetilde{me}_{\nu+r}(-\tau)(1 \mp \cos 2\tau)\,d\tau \right|^2 \tilde{\lambda}_{\nu+r}^2$$

die absolut gleichmäßige Konvergenz der in Frage stehenden Reihe. — Sei nun $S(t)$ die stetige Summe dieser Reihe und

$$D(t) = F(t) - S(t),$$

so gilt

$$\int_0^{2\pi} D(t)\, \widetilde{\mathrm{me}}_{\nu+r}(t)\, (1 \mp \cos 2t)\, dt = 0.$$

Daraus folgt mit **1.45.**, Satz 11 $D(t) \equiv 0$ und somit die Behauptung.

2.353. Die Geraden $\lambda - \lambda^* = c\,h^2$, $-2 < c < 2$. Sämtliche Geraden der Stabilitätskarte, die nicht schon in **2.351.** und **2.352.** behandelt wurden, können in der Form

$$\lambda - \lambda^* = c\,h^2, \qquad -2 < c < 2 \tag{27}$$

geschrieben werden. Für sie folgen keine Aussagen über Schnittpunkte mit den charakteristischen Kurven zu reellem ν direkt aus Satz 1. Wir verzichten auch hier, wie in **2.352.**, auf eine umfassende Untersuchung, bezüglich der wir wieder auf LANGER [1, 2] verweisen. Es sollen im folgenden allein einige Ergebnisse abgeleitet werden, die man durch Anwendung von **1.4.** erhalten kann.

Setzt man (27) in (1) ein, so entsteht

$$- y''(t) - \lambda^*\, y(t) = h^2\, (c - 2 \cos 2t)\, y(t). \tag{28}$$

Diese Gleichung hat wieder die Gestalt

$$N y = \lambda M y,$$

wenn wir das h^2 in (28) mit dem λ in **1.4.** identifizieren. Wir betrachten nun wieder die durch Hinzunahme der Randbedingungen (I) bis (V) entstehenden Eigenwertaufgaben. Es zeigt sich dann, daß die Voraussetzungen für den linksdefiniten Fall von **1.4.** erfüllt sind, wenn nur — entsprechend den jeweiligen Randbedingungen — λ^* einer geeigneten Einschränkung unterworfen wird:

$$\left.
\begin{array}{ll}
\text{(I)} & \lambda^* < 0, \\[4pt]
\text{(II)} & \lambda^* < 1, \\[4pt]
\text{(III)} & \lambda^* < 1, \\[4pt]
\text{(IV)} & \lambda^* < 4, \\[4pt]
\text{(V)} & \lambda^* < \min\limits_{r=-\infty}^{+\infty} (\nu + 2r)^2.
\end{array}
\right\} \tag{29}$$

Dazu werden $\mathfrak{R}, \mathfrak{M}, \mathfrak{N}$ so erklärt wie in **2.352.**, N und M sind aus (28) zu entnehmen. Die Linksdefinitheit folgt dann unmittelbar aus der

Extremaleigenschaft des kleinsten Eigenwertes von $y'' + \lambda y = 0$ mit den entsprechenden Randbedingungen (I) bis (V). Im übrigen verläuft der Nachweis des Erfülltseins der Voraussetzungen von **1.4.** wie in **2.352.**; nur am Schluß ist eine kleine Zusatzbemerkung nötig: Aus $(M y_{-1}, y_{-1}) = 0$ folgt wegen $N y_{-1} = \lambda_0 M y_{-1}$ auch $(N y_{-1}, y_{-1}) = 0$ und daraus jetzt wegen der Linksdefinitheit $y_{-1} = 0$. Die vorher benutzte Tatsache, daß $\Delta(\lambda)$ nur einfache Nullstellen besitzt, ist gleichbedeutend damit, daß keine charakteristische Kurve von einer zulässigen Geraden (27), (29) berührt wird. Dies wiederum ist — anschaulich — deshalb klar, weil auch bei etwas verändertem λ^* nur reelle Eigenwerte h^2 auftreten dürfen (das kann natürlich wieder durch Betrachtung des entsprechenden zweiparametrigen Problems und Anwendung von Sätzen über implizite Funktionen auf eine ganze Funktion $\Delta(h^2, \lambda^*)$ exakt ausgeführt werden).

Da $c - \cos 2t$ das Vorzeichen in jedem der Grundintervalle wechselt, erhalten wir mit **1.4.**, Satz 9 und insbesondere Satz 10:

Satz 14. *Jede Gerade (27), (29) schneidet jede zulässige [vgl. (29)] charakteristische Kurve genau zweimal reell, einmal mit $h^2 > 0$, einmal mit $h^2 < 0$.*

Wir bezeichnen jetzt die h^2-Werte dieser Schnittpunkte mit $\widetilde{\lambda}_\nu^+, \widetilde{\lambda}_\nu^-$, die zugehörigen Funktionen mir $\widetilde{ce}_m^\pm, \widetilde{se}_m^\pm, \widetilde{me}_\nu^\pm$ und können zu

$$\frac{1}{\pi} \int\limits_0^{2\pi} \left(\widetilde{ce}_m^\pm(x)\right)^2 (c - 2\cos 2x)\, dx = \pm 1,$$

$$\frac{1}{\pi} \int\limits_0^{2\pi} \left(\widetilde{se}_m^\pm(x)\right)^2 (c - 2\cos 2x)\, dx = \pm 1,$$

$$\frac{1}{2\pi} \int\limits_0^{2\pi} \widetilde{me}_\nu^\pm(x)\, \widetilde{me}_\nu^\pm(-x)\, (c - 2\cos 2x)\, dx = \pm 1$$

normieren. Dann gilt

Satz 15. *Ist $F(t)$ in $[0, 2\pi]$ zweimal stetig differenzierbar und erfüllt die Randbedingungen*

$$F(2\pi) = e^{2\pi i \nu} F(0), \quad F'(2\pi) = e^{2\pi i \nu} F'(0) \qquad (\nu \text{ reell}),$$

so gilt mit absolut gleichmäßig konvergenter Reihe[1]

$$F(t) = \sum_{r=-\infty}^{+\infty}{}^{\pm} \pm \frac{1}{2\pi} \int\limits_0^{2\pi} F(\tau)\, \widetilde{me}_{\nu+r}^\pm(-\tau)\, (c - 2\cos 2\tau)\, d\tau \cdot \widetilde{me}_{\nu+r}^\pm(t)$$

---

[1] $\sum^{\pm}$ bedeutet hier und im folgenden, daß die Summe der beiden Reihen gebildet werden soll, in denen einmal nur $+$, einmal nur $-$ zu setzen ist.

bzw. für ganzes v

$$F(t) = \sum_{m=0}^{\infty} \pm \left\{ \pm \frac{1}{\pi} \int_0^{2\pi} F(\tau)\, \widetilde{\mathrm{ce}}_m^{\pm}(\tau)\,(c - 2\cos 2\tau)\, d\tau \cdot \widetilde{\mathrm{ce}}_m^{\pm}(t) \pm \right.$$

$$\left. \pm \frac{1}{\pi} \int_0^{2\pi} F(\tau)\, \widetilde{\mathrm{se}}_{m+1}^{\pm}(\tau)\,(c - 2\cos 2\tau)\, d\tau \cdot \widetilde{\mathrm{se}}_{m+1}^{\pm}(t) \right\}.$$

Der Beweis stützt sich auf **1.4.**, Satz 9 und **2.14.**, Satz 15. Wir führen ihn für nicht-ganzes v.

Zuerst wird gezeigt, daß die Reihe absolut gleichmäßig konvergiert. Dazu hat man nach der Besselschen Ungleichung des ersten Satzes einerseits

$$\left. \begin{aligned} \sum_{r=-\infty}^{+\infty} \pm \left| \frac{1}{2\pi} \int_0^{2\pi} F(\tau)\, \widetilde{\mathrm{me}}_{v+r}^{\pm}(-\tau)\,(c - 2\cos 2\tau)\, d\tau \right|^2 \Big|\tilde{\lambda}_{v+r}^{\pm}\Big| \\ \leq \frac{1}{2\pi} \int_0^{2\pi} \left(-F''(\tau) - \lambda^* F(\tau) \right) \overline{F(\tau)}\, d\tau. \end{aligned} \right\} \quad (*)$$

Wir bilden nun für jede reelle stetige Funktion $w(t)$ in $[0, 2\pi]$ die Lösung von

$$N v \equiv - v'' - \lambda^* v = w$$

mit den Randbedingungen (V); sie läßt sich nach **2.14.**, Satz 15 mit einer im Quadrat $0 \leq t,\ \tau \leq 2\pi$ stetigen Funktion $\Gamma(t, \tau)$ in der Form

$$v(t) = \frac{1}{2\pi} \int_0^{2\pi} \Gamma(t, \tau)\, w(\tau)\, d\tau$$

darstellen. Für $v(t)$ gilt nach der schon benutzten Besselschen Ungleichung

$$0 \leq \frac{1}{2\pi} \int_0^{2\pi} v(t) \left(-\bar{v}''(t) - \lambda^* \bar{v}(t) \right) dt -$$

$$- \sum_{r=r_1}^{r_2} \pm \left| \frac{1}{2\pi} \int_0^{2\pi} v(t)\, \widetilde{\mathrm{me}}_{v+r}^{\pm}(-t)\,(c - 2\cos 2t)\, dt \right|^2 \Big|\tilde{\lambda}_{v+r}^{\pm}\Big|$$

$$= \frac{1}{4\pi^2} \int_0^{2\pi}\int_0^{2\pi} \left\{ \Gamma(t, \tau) - \sum_{r=r_1}^{r_2} \pm \frac{\mathrm{me}_{v+r}^{\pm}(t)\, \mathrm{me}_{v+r}^{\pm}(-\tau)}{|\tilde{\lambda}_{v+r}^{\pm}|} \right\} w(t)\, w(\tau)\, dt\, d\tau.$$

Daraus folgt nun wegen der Willkürlichkeit von $w(t)$ als zweites Hilfsmittel:

$$\sum_{r=-\infty}^{+\infty} \pm \frac{|\widetilde{\mathrm{me}}_{v+r}^{\pm}(t)|^2}{|\tilde{\lambda}_{v+r}^{\pm}|} \leq \Gamma(t, t). \qquad \binom{*}{*}$$

(*) und ($\overset{*}{*}$) ergeben dann mit der Schwarzschen Ungleichung die behauptete absolut gleichmäßige Konvergenz.

Jetzt bleibt zu zeigen, daß die Reihensumme $S(t)$ mit $F(t)$ übereinstimmt. Dazu bilden wir

$$D(t) = F(t) - S(t)$$

und bemerken, daß für alle r

$$\int_0^{2\pi} D(t)\, \mathrm{me}_{\nu+r}^{\pm}(-t)\,(c - 2\cos 2t)\,dt = 0.$$

1.45., Satz 11 ergibt dann sogleich $D(t) \equiv 0$.

Ergänzend erwähnen wir noch die in

$$-2h^2 < \lambda < 2h^2, \quad h > 0, \quad |\lambda| + 2|h^2| \gg 1$$

gültige Näherungsformel für den charakteristischen Exponenten (Langer [2])

$$\cos \pi \nu \approx e^{2h\eta_1} \cos 2h\eta_2 - 1$$

mit

$$\lambda = 2h^2 \cos 2z_0, \quad 0 < z_0 < \frac{\pi}{2},$$

$$\eta_1(z_0) = 2E(\sin z_0) - 2\cos^2 z_0\, K(\sin z_0),$$

$$\eta_2(z_0) = 2E(\cos z_0) - 2\sin^2 z_0\, K(\cos z_0),$$

wobei K und E wieder die vollständigen elliptischen Normalintegrale erster und zweiter Gattung von Legendre sind. Für die Werte h zu den Eigenwerten $\lambda = a_m(h^2)$, $\lambda = b_{m+1}(h^2)$ gilt dann gemeinsam asymptotisch

$$2h\,\eta_2(z_0) \sim (m + \tfrac{1}{2})\,\pi.$$

Für ihre Differenz erhält man

$$b_{m+1}(h^2) - a_m(h^2) \sim \frac{4h}{K(\cos z_0)}\, e^{-2h\eta_1(z_0)}.$$

Speziell für $\lambda = 0$, $z_0 = \dfrac{\pi}{4}$ hat man

$$h_m \sim \frac{(m + \tfrac{1}{2})\,\pi}{2\left(2E\left(\frac{1}{\sqrt{2}}\right) - K\left(\frac{1}{\sqrt{2}}\right)\right)}, \qquad \Delta h_m \sim \frac{e^{-2h(2E-K)}}{2E - K},$$

$$h_m^2 \sim 0{,}85940\,(2m+1)^2, \qquad \Delta h_m^2 \sim 2{,}1885\,(2m+1)\,e^{-(m+\frac{1}{2})\pi}. \tag{29*}$$

Einige Näherungswerte im Vergleich mit den genauen Werten gibt folgende Tabelle; sie zeigt, daß (29*) schon für kleine Werte von m gut brauchbar ist.

	h^2	h^2 nach (29*)	Δh^2	Δh^2 nach (29*)
$a_1(h^2) = 0$	7,51361			
		7,7346	0,06608	0,0590
$b_2(h^2) = 0$	7,57969			
$a_2(h^2) = 0$	21,2986			
		21,485	0,0045	0,00425
$b_3(h^2) = 0$	21,3031			

2.36. Produktrelationen. Seien

$$P_{\mathrm{I}} = (\lambda_{\mathrm{I}}, h_{\mathrm{I}}^2),$$
$$P_{\mathrm{II}} = (\lambda_{\mathrm{II}}, h_{\mathrm{II}}^2)$$

zwei Punkte der Stabiliätskarte, die nicht auf den charakteristischen Kurven

$$\lambda = \lambda_{v_0+2}, (h^2) \tag{*}$$

zum reellen Exponenten v_0 liegen. Wir ziehen durch P_{I}, P_{II} zwei Paare paralleler Geraden

$$h^2 = d_1 \lambda + \beta_{1\,\mathrm{I}},$$
$$h^2 = d_2 \lambda + \beta_{2\,\mathrm{I}},$$
$$h^2 = d_1 \lambda + \beta_{1\,\mathrm{II}},$$
$$h^2 = d_2 \lambda + \beta_{2\,\mathrm{II}}$$

mit

$$-\tfrac{1}{2} < d_1 < \tfrac{1}{2},$$
$$-\tfrac{1}{2} < d_2 < \tfrac{1}{2}.$$

Es seien dann

$$\lambda_{v_0+2r}^{1\,\mathrm{I}}, \qquad \lambda_{v_0+2r}^{2\,\mathrm{I}},$$
$$\lambda_{v_0+2r}^{1\,\mathrm{II}}, \qquad \lambda_{v_0+2r}^{2\,\mathrm{II}},$$

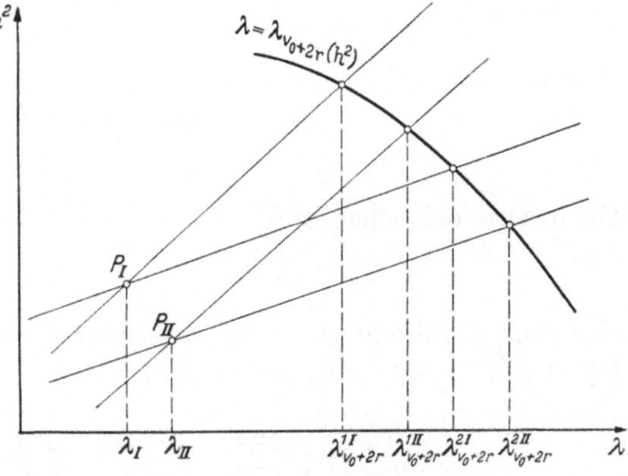

Abb. 7. Zur Produktrelation (30).

die λ-Werte der Schnittpunkte dieser vier Geraden mit den Kurven (*). Dann gilt die Produktrelation (vgl. Abb. 7)

$$\prod_{r=-\infty}^{+\infty} \frac{\lambda_{\mathrm{I}} - \lambda_{v_0+2r}^{1\,\mathrm{I}}}{\lambda_{\mathrm{II}} - \lambda_{v_0+2r}^{1\,\mathrm{II}}} = \prod_{r=-\infty}^{+\infty} \frac{\lambda_{\mathrm{I}} - \lambda_{v_0+2r}^{2\,\mathrm{I}}}{\lambda_{\mathrm{II}} - \lambda_{v_0+2r}^{2\,\mathrm{II}}}. \tag{30}$$

Die Faktoren der Produkte können auch als Streckenverhältnisse gedeutet werden.

Der Beweis besteht in der Feststellung, daß beide Seiten den Wert

$$\frac{\cos \pi \, v_{\mathrm{I}} - \cos \pi \, v_0}{\cos \pi \, v_{\mathrm{II}} - \cos \pi \, v_0}$$

besitzen, wobei $v_{\mathrm{I}}, v_{\mathrm{II}}$ die charakteristischen Exponenten zu $P_{\mathrm{I}}, P_{\mathrm{II}}$ sind. Das zeigt man mit Hilfe von **2.351.**, Satz 11 genau so wie in **2.27.** für den Fall $d = 0$.

Für ganzes v_0 sind schon die Teilprodukte $\displaystyle\prod_{r=0}^{\infty}$ und $\displaystyle\prod_{r=-\infty}^{-1}$ auf beiden Seiten gleich, so daß man für jede der vier Klassen von Eigenwertpaaren, (I) bis (IV), Produktrelationen erhält. Das erkennt man, indem man auf die ganzen Funktionen

$$y_{\mathrm{I}}'\!\left(\frac{\pi}{2}; \lambda, h^2\right), \quad y_{\mathrm{I}}\!\left(\frac{\pi}{2}; \lambda, h^2\right), \quad y_{\mathrm{II}}'\!\left(\frac{\pi}{2}; \lambda, h^2\right), \quad y_{\mathrm{II}}\!\left(\frac{\pi}{2}; \lambda, h^2\right)$$

an Stelle von

$$y_{\mathrm{I}}\,(\pi; \lambda, h^2) - \cos \pi \, v_0$$

das gleiche Verfahren anwendet.

2.37. Über den Verlauf von cos π v. Die Produktformel **2.27.**, (49) läßt sich auf folgende Weise verallgemeinern. Man kann mit

$$|p_1| + |p_2| > 0$$

setzen:

$$\left. \begin{aligned} \lambda &= p_1 \alpha + \lambda_0 \\ h^2 &= p_2 \alpha + h_0^2 \end{aligned} \right\} \tag{31}$$

Dann wird bei beliebigem v_0

$$\cos \pi \, v - \cos \pi \, v_0 = f(\alpha)$$

eine ganze Funktion von α, die höchstens die Wachstumsordnung $\tfrac{1}{2}$ hat (vgl. **1.29.**). Daher gilt, wie in **2.27.**

$$\frac{f(\alpha)}{f(\alpha_1)} = \frac{\cos \pi \, v - \cos \pi \, v_0}{\cos \pi \, v_1 - \cos \pi \, v_0} = \prod_i \frac{\alpha - \alpha_i^{v_0}}{\alpha_1 - \alpha_i^{v_0}},$$

wobei das Produkt über sämtliche Nullstellen $\alpha_i^{v_0}$ von $f(\alpha)$ — ihrer Vielfachheit entsprechend gezählt — zu erstrecken ist. Durch logarithmische Differentiation folgt dann die Partialbruchformel

$$\frac{\dfrac{d}{d\alpha} \cos \pi \, v}{\cos \pi \, v - \cos \pi \, v_0} = \sum_i \frac{1}{\alpha - \alpha_i^{v_0}};$$

nochmalige Ableitung ergibt

$$\frac{(\cos \pi v - \cos \pi v_0)\,\dfrac{d^2}{d\alpha^2}\cos \pi v - \left(\dfrac{d}{d\alpha}\cos \pi v\right)^2}{(\cos \pi v - \cos \pi v_0)^2} = -\sum_i \frac{1}{\left(\alpha - \alpha_i^{v_0}\right)^2}. \tag{32}$$

Diese Formel enthält eine Aussage über den Verlauf von $\cos \pi v$ auf gewissen Geraden der Stabilitätskarte. Sei nämlich (31) die Parameterdarstellung einer Geraden

$$\left.\begin{aligned} h^2 &= d \cdot \lambda + \beta \\ (-\tfrac{1}{2} &\leq d \leq \tfrac{1}{2},\ \beta \text{ reell}) \end{aligned}\right\} \quad (*)$$

oder

$$\left.\begin{aligned} \lambda &= c \cdot h^2 + \beta \\ (-2 &< c < 2,\ \beta < 0), \end{aligned}\right\} \quad \binom{*}{*}$$

so sind nach **2.35.** für $v_0 = 0$ und $v_0 = 1$ sämtliche $\alpha_i^{v_0}$ reell. Daher erkennt man, daß jetzt

$$(\cos \pi v \pm 1)\,\frac{d^2}{d\alpha^2}\cos \pi v < 0$$

gelten muß, falls für

$$\cos \pi v \neq \pm 1$$

einmal

$$\frac{d}{d\alpha}\cos \pi v = 0$$

wird. Wir erhalten so

Satz 16. *Auf jeder der Geraden* (*) *und* $\binom{*}{*}$ *der reellen Stabilitätskarte hat* $\cos \pi v$ *in den stabilen Gebieten und außer*

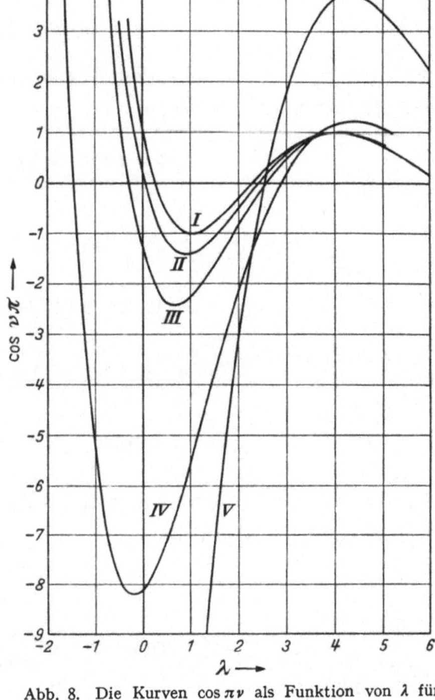

Abb. 8. Die Kurven $\cos \pi v$ als Funktion von λ für $h^2 = 0;\ 0{,}6;\ 1;\ 2;\ 4$ entsprechend der Reihenfolge I bis V.

$h^2 = 0,\ \lambda = m^2\ (m = 1, 2, 3, \dots)$ *auch auf den Grenzkurven keine stationären Punkte, in jedem instabilen Gebiet mit* $\cos \pi v > 1$ *höchstens ein Maximum und in jedem instabilen Gebiet mit* $\cos \pi v < -1$ *höchstens ein Minimum.*

Man vergleiche hierzu auch Abb. 8.

Wir bemerken, daß allgemein bei Einführung von (31)

$$\frac{d}{d\alpha}\cos \pi v$$

geschlossen durch das Fundamentalsystem y_{I}, y_{II} von **2.12.** ausgedrückt werden kann. Dazu werden die Gleichungen

$$y_i'' + [\alpha(p_1 - 2p_2 \cos 2z) + (\lambda_0 - 2h_0^2 \cos 2z)]\,y_i = 0 \qquad (i = \mathrm{I}, \mathrm{II})$$

nach α differenziert (vgl. **2.11.**, Satz 1):

$$\frac{d}{d\alpha}\, y_k'' + [\alpha\,(p_1 - 2p_2 \cos 2z) + (\lambda_0 - 2h_0^2 \cos 2z)]\,\frac{d}{d\alpha}\, y_k$$
$$= -\,(p_1 - 2p_2 \cos 2z)\, y_k \qquad (k = \mathrm{I}, \mathrm{II}).$$

Durch kreuzweise Multiplikation, Subtraktion und Integration folgt dann

$$y_i'(\pi)\,\frac{d}{d\alpha}\, y_k(\pi) - y_i(\pi)\,\frac{d}{d\alpha}\, y_k'(\pi) = \int_0^\pi (p_1 - 2p_2 \cos 2z)\, y_i(z)\, y_k(z)\, dz$$
$$(i,\, k = \mathrm{I}, \mathrm{II}).$$

Aus diesen vier Gleichungen lassen sich die vier Ableitungen nach α berechnen; man hat wegen

$$\cos \pi\, \nu = y_{\mathrm{I}}(\pi) = y_{\mathrm{II}}'(\pi)$$

speziell

$$\frac{d}{d\alpha} \cos \pi\, \nu = y_{\mathrm{I}}(\pi) \int_0^\pi (p_1 - 2p_2 \cos 2z)\, y_{\mathrm{I}}(z)\, y_{\mathrm{II}}(z)\, dz -$$
$$- y_{\mathrm{II}}(\pi) \int_0^\pi (p_1 - 2p_2 \cos 2z)\, y_{\mathrm{I}}^2(z)\, dz$$
$$= y_{\mathrm{I}}'(\pi) \int_0^\pi (p_1 - 2p_2 \cos 2z)\, y_{\mathrm{II}}^2(z)\, dz -$$
$$- y_{\mathrm{II}}'(\pi) \int_0^\pi (p_1 - 2p_2 \cos 2z)\, y_{\mathrm{I}}(z)\, y_{\mathrm{II}}(z)\, dz.$$

Ist ν nicht ganz, so kann man auch die Floquetschen Lösungen $\mathrm{me}_\nu\, z$, $\mathrm{me}_{-\nu}\, z = \mathrm{me}_\nu(-z)$ einführen:

$$y_{\mathrm{I}}(z) = \frac{\mathrm{me}_\nu\, z + \mathrm{me}_{-\nu}\, z}{2\,\mathrm{me}_\nu\, 0},$$

$$y_{\mathrm{II}}(z) = \frac{\mathrm{me}_\nu\, z - \mathrm{me}_{-\nu}\, z}{2\,\mathrm{me}_\nu'\, 0}.$$

Man erhält dann

$$\frac{d\nu}{d\alpha} = \frac{\dfrac{i}{\pi} \displaystyle\int_0^\pi (p_1 - 2p_2 \cos 2z)\, \mathrm{me}_\nu\, z\, \mathrm{me}_{-\nu}\, z\, dz}{2\,\mathrm{me}_\nu\, 0\; \mathrm{me}_\nu'\, 0}.$$

2.38. Näherungsformeln für die instabilen Gebiete.

2.381. Asymptotisches Verhalten von ν für $\lambda < a_0(h^2)$, $\lambda \doteq -\infty$.
Sei

$$\nu = i\,\mu, \qquad \mu > 0;$$

dann ist nach **2.22.**, Satz 7 der Konvergenzradius der h^2-Potenzreihe

$$\lambda_\nu(h^2) = \nu^2 + \lambda_{\nu 2}\, h^4 + \lambda_{\nu 4}\, h^8 + \cdots$$

größer als

$$\varrho_\nu = (1 + \mu^2)^{\frac{1}{2}},$$

und für die Koeffizienten gilt

$$|\lambda_{\nu k}| < 2\varrho_\nu^{-(k-1)}.$$

Mit Hilfe der Kenntnis der ersten Potenzreihenglieder **2.25.**, (35) folgt so für konstantes h^2

$$\lambda_{i\mu}(h^2) = -\mu^2 - \frac{1}{2(\mu^2 + 1)} h^4 + O\left(\frac{1}{\mu^6}\right) \qquad (\mu \to +\infty).$$

Umgekehrt besagt das

$$\nu = \sqrt{\lambda} + \frac{h^4}{4\sqrt{\lambda}(1-\lambda)} + O(\lambda^{-\frac{7}{2}}) \qquad (h^2 = \text{const}, \ \lambda \to -\infty). \qquad (33)$$

Diese Formel vergleicht die charakteristischen Exponenten zu (λ, h^2) und $(\lambda, 0)$ für $\lambda \to -\infty$. Sie läßt sich, allerdings mit wesentlichem Verlust an Schärfe, auf andere Punktepaare verallgemeinern, die längs paralleler Geraden ins Innere des instabilen Gebietes $\lambda < a_0(h^2)$ laufen, indem man die schon in **2.36.** benutzten Produktformeln und **2.351.**, Satz 11 heranzieht. Vgl. hierzu SCHÄFKE [2].

2.382. Näherungsformeln für ν in den instabilen Gebieten $b_m(h^2) < \lambda < a_m(h^2)$, $h^2 > 0$. Wir halten einmal h^2 fest und lassen m gegen $+\infty$ gehen, danach halten wir m fest und lassen h^2 gegen 0 gehen.

Wir nehmen für unsere Herleitung m gerade an. Dann ist $\cos \pi \nu > 1$ und es kann — unter Verzicht auf Normierung nach **2.22.** —

$$\nu = i\mu, \qquad \mu > 0$$

gesetzt werden.

Nach **2.27.**, (50) wird

$$\frac{\text{Cos}\,\pi\mu - 1}{\cos\pi\sqrt{\lambda} - 1} = \frac{[\lambda - a_m(h^2)][\lambda - b_m(h^2)]}{(\lambda - m^2)^2} \prod_{\substack{n=-\infty \\ 2n \neq \pm m}}^{+\infty} \frac{\lambda - \lambda_{2n}(h^2)}{\lambda - (2n)^2};$$

Es ist nun bei festem h^2

$$\lambda_{2n}(h^2) - (2n)^2 = O(n^{-2}) \qquad (n \to \infty)$$

und speziell im betrachteten instabilen Gebiet

$$\lambda - m^2 = O(m^{-2}) \qquad (m \to \infty). \qquad (*)$$

Daher wird mit einer Konstanten K für $m \to \infty$

$$\prod_{2n \neq \pm m}\left\{1 - \frac{K}{n^2|(2n)^2 - m^2|}\right\} < \left|\prod_{2n \neq \pm m}\frac{\lambda - \lambda_{2n}(h^2)}{\lambda - (2n)^2}\right| < \prod_{2n \neq \pm m}\left\{1 + \frac{K}{n^2|(2n)^2 - m^2|}\right\}$$

11*

und so, wie eine einfache Abschätzung zeigt:

$$\prod_{2n\neq\pm m}\frac{\lambda-\lambda_{2n}(h^2)}{\lambda-(2n)^2}=1+O(m^{-2})\qquad(m\to+\infty).$$

Andererseits wird mit (*)

$$\frac{1-\cos\pi\sqrt{\lambda}}{(\lambda-m^2)^2}=\frac{2\sin^2\frac{\pi}{2}\sqrt{\lambda}}{(\lambda-m^2)^2}=2\left\{\frac{d}{d\lambda}\sin\frac{\pi}{2}\sqrt{\lambda}\big|_{\lambda=m^2}+O(m^{-4})\right\}^2$$

$$=2\left(\frac{\pi}{4}\frac{1}{m}\right)^2\left(1+O(m^{-3})\right)\qquad(m\to\infty).$$

Daher erhalten wir

$$\operatorname{Cos}\pi\mu-1=\frac{(a_m-\lambda)(\lambda-b_m)}{\dfrac{8\,m^2}{\pi^2}}\left(1+O(m^{-2})\right).$$

Nach **2.25.**, Satz 13 gilt nun

$$a_m-b_m=O\left(\frac{h^{2m}}{m^{m-1}}\right)\qquad(m\to\infty);$$

mithin wird wegen

$$\operatorname{Cos}\pi\mu-1=\frac{(\pi\mu)^2}{2}+O(\mu^4)$$

schließlich

$$\mu=\frac{\sqrt{(a_m-\lambda)(\lambda-b_m)}}{2m}\left(1+O(m^{-2})\right).\qquad(34)$$

Das Maximum von μ wird erreicht für

$$\lambda_{\max}=\frac{a_m+b_m}{2}+O\left(m^{-1}(a_m-b_m)\right)\qquad(35)$$

und ist

$$\mu_{\max}=\frac{|a_m-b_m|}{4m}\left(1+O(m^{-2})\right).\qquad(36)$$

(34) bis (36) erhält man auch für ungerades m, wenn man dort

$$\nu=1+i\mu,\qquad\mu>0$$

setzt. Zum Beweise sind dann die halbperiodischen Eigenwerte $\lambda_{2n+1}(h^2)$ zu benutzen.

Für $h^2\to0$ gilt gleichmäßig für alle k

$$\left.\begin{aligned}a_k(h^2)\\b_k(h^2)\end{aligned}\right\}=k^2+O(h^4)\qquad(k\neq1),$$

$$a_1(h^2)=1+h^2+O(h^4),$$

$$b_1(h^2)=1-h^2+O(h^4).$$

Daraus folgt analog wie oben für jedes feste $m = 1, 2, 3, \ldots$ bei $h^2 \to 0$

$$a_m - b_m = O(h^{2m}), \tag{37}$$

$$\mu = \frac{\sqrt{(a_m - \lambda)(\lambda - b_m)}}{2m}\left(1 + O(h^4)\right), \tag{38}$$

$$\lambda_{\max} = \frac{a_m + b_m}{2} + O\left(h^2(a_m - b_m)\right), \tag{39}$$

$$\mu_{\max} = \frac{|a_m - b_m|}{4m}\left(1 + O(h^4)\right). \tag{40}$$

2.39. Über die charakteristischen Kurven $\lambda_\nu(h^2)\,(\nu^2 < 0)$. Wir
zeigen

Satz 17. *Die charakteristischen Kurven $\lambda = \lambda_\nu(h^2)$ zu $\nu^2 < 0$ sind für*
$-\infty < h^2 < \infty$ *reelle regulär analytische Kurven mit*

$$-2 < \lambda_\nu'(h^2) < 2.$$

Beweis. Aus

$$\frac{\cos \pi \nu - 1}{\cos \pi \sqrt{\lambda_1} - 1} = \prod_{n=-\infty}^{+\infty} \frac{\lambda - \lambda_{2n}(h^2)}{\lambda_1 - (2n)^2},$$

was man leicht aus **2.27.**, (50) erhält, folgt durch logarithmische Differentiation nach λ bzw. nach h^2:

$$\frac{\dfrac{\partial}{\partial \lambda}\cos \pi \nu}{\cos \pi \nu - 1} = \sum_{n=-\infty}^{+\infty} \frac{1}{\lambda - \lambda_{2n}(h^2)},$$

$$\frac{\dfrac{\partial}{\partial h^2}\cos \pi \nu}{\cos \pi \nu - 1} = \sum_{n=-\infty}^{+\infty} \frac{-\lambda_{2n}'(h^2)}{\lambda - \lambda_{2n}(h^2)}.$$

Für $\lambda < a_0(h^2)$ haben nun alle Terme $\lambda - \lambda_{2n}(h^2)$ das gleiche negative
Vorzeichen. Daraus folgt mit

$$\frac{d\lambda_\nu(h^2)}{dh^2} = -\frac{\dfrac{\partial}{\partial h^2}\cos \pi \nu}{\dfrac{\partial}{\partial \lambda}\cos \pi \nu}$$

auf Grund von **2.23.**, Satz 1 sofort die Behauptung.

2.4. Die Funktionen $M_\nu^{(j)}(z; h)$.

2.41. Definition. Neben den bisher behandelten Funktionen me_ν
oder speziell ce_m, se_m, die sich durch bestimmte Periodizitätseigenschaften auszeichnen, sind für Theorie und Anwendungen MATHIEUsche
Funktionen von Interesse, die ein besonderes asymptotisches Verhalten

für große Werte des Arguments besitzen. So werden z. B. für viele Anwendungen in elliptischen Koordinaten separierte Lösungen der Schwingungsgleichung (vgl. **1.135.**) benötigt, die bezüglich der Radialvariablen der SOMMERFELDschen Ausstrahlungsbedingung genügen.

Dies führt zu der Aufgabe, Lösungen der modifizierten MATHIEUschen Differentialgleichung $(h^2 \neq 0)$

$$- Y''(z) + (\lambda - 2h^2 \operatorname{Cos} 2z)\, Y(z) = 0 \qquad (1)$$

zu definieren und dazu zunächst einmal zu konstruieren, deren Verhalten für

$$\mathfrak{Re}\, z \to + \infty$$

asymptotisch durch die Zylinderfunktionen

$$\mathfrak{Z}_\nu^{(j)}\,(2h \operatorname{Cos} z) \qquad (j = 1, 2, 3, 4)$$

gegeben ist. Mit $\mathfrak{Z}_\nu^{(j)}$ bezeichnen wir dabei der Reihe nach die BESSELsche Funktion J_ν, die NEUMANNsche Funktion N_ν (oder Y_ν), die erste und zweite HANKELsche Funktion $H_\nu^{(1)}$, $H_\nu^{(2)}$.

Zur Konstruktion derartiger Lösungen wenden wir gemäß **1.135.**, Satz 2 eine geeignete Integraltransformation auf eine Funktion me_ν an.

Dazu zunächst einige Vorbemerkungen. Sei $k \neq 0$ eine komplexe Konstante, so sind für komplexe $R \neq 0$ und φ die Funktionen

$$\mathfrak{Z}_\mu^{(j)}\,(kR)\, e^{-i\mu\varphi} \qquad (j = 1, 2, 3, 4)$$

bekanntlich (vgl. **1.137.**) regulär analytische Lösungen der auf Polarkoordinaten transformierten, zweidimensionalen Schwingungsgleichung $\varDelta u + k^2 u = 0$. Sei nun $c \neq 0$ eine komplexe Konstante, so sind durch die beiden Gleichungen

$$R\, e^{\pm i\varphi} = c \operatorname{Cos}(z \pm i\, t)$$

für

$$\mathfrak{Re}\, z > 0, \qquad -\infty < t < \infty$$

zwei Funktionen

$$R = R(z, t), \qquad \varphi = \varphi(z, t)$$

mit

$$R = c\, [\tfrac{1}{2}\,(\operatorname{Cos} 2z + \cos 2t)]^{\frac{1}{2}},$$

$$e^{2i\varphi} = \frac{\operatorname{Cos}(z + i\, t)}{\operatorname{Cos}(z - i\, t)},$$

$$\varphi(z, 0) = 0, \qquad R(z, 0) = c \operatorname{Cos} z$$

als regulär analytische Funktionen von z, t bestimmt; es gilt

$$R(z, t + \pi) = R(z, t)$$

$$\varphi(z, t + \pi) = \varphi(z, t) + \pi.$$

Bildet man jetzt

$$u(z, t) = \mathfrak{Z}_\mu^{(j)}\big(k R(z, t)\big) e^{-i\mu\varphi(z,t)},$$

so sind diese Funktionen für

$$\mathfrak{Re}\, z > 0, \quad -\infty < t < \infty$$

regulär analytische Lösungen der in elliptischen Koordinaten z, t geschriebenen zweidimensionalen Schwingungsgleichung

$$\frac{\partial^2 u}{\partial z^2} + 2 h^2 \operatorname{Cos} 2z \cdot u = -\frac{\partial^2 u}{\partial t^2} + 2 h^2 \cos 2t \cdot u,$$

$$h = \frac{k c}{2}.$$

(Die Umrechnung verläuft natürlich im komplexen genau so wie für reelle R, φ, z, t, wo uns das Resultat mit **1.13.** bekannt ist.) Sie haben die Eigenschaft

$$u(z, t + \pi) = e^{-\pi i \mu} u(z, t).$$

Sei nunmehr ν, entsprechend **2.22.** normiert, charakteristischer Exponent von

$$y''(t) + (\lambda - 2 h^2 \cos 2t)\, y(t) = 0 \tag{2}$$

[also $\lambda = \lambda_\nu(h^2)$] und

$$y(t) = \mathrm{me}_\nu(t; h^2). \tag{3}$$

[Wir verzichten hier bei (3) auf die Festlegung des willkürlichen Faktors gemäß **2.23.**, (12), können also zulassen, daß λ mehrfache Wurzel von $y_\mathrm{I}(\pi; \lambda, h^2) - \cos \pi\nu = 0$ ist.] Für jedes ganze s bilden wir die obigen Funktionen

$$u(z, t) = \mathfrak{Z}_{\nu+2s}^{(j)}\big(k R(z, t)\big) e^{-i(\nu+2s)\varphi(z,t)}; \tag{4}$$

dabei kann $c = 1$, $k = 2h$ gewählt werden. Nach **1.135.**, Satz 2 sind dann die Funktionen

$$I_s^{(j)}(z) = \frac{1}{\pi} \int_0^\pi u(z, t)\, y(t)\, dt \tag{5}$$

für $\mathfrak{Re}\, z > 0$ regulär analytische Lösungen von (1).

Untersuchen wir nun ihr asymptotisches Verhalten. Wir betrachten zunächst $j = 3$ und den Grenzübergang

$$\mathfrak{Re}\, z \to +\infty$$

im Streifen

$$|\arg h + \mathfrak{Im}\, z| < \pi - \delta \quad (\delta > 0),$$

was für große $\Re\, z > 0$ äquivalent mit

$$|\arg h \operatorname{Cos} z| < \pi - \delta_1 \qquad (\delta > \delta_1 > 0)$$

und

$$|\arg h \,[2\,(\operatorname{Cos} 2z + \cos 2t)]^{\frac{1}{2}}| < \pi - \delta_1 \qquad (0 \le t \le \pi)$$

ist. Dann ist nach den asymptotischen Formeln für die erste HANKEL-Funktion,

$$H_\mu^{(1)}(\zeta) = \sqrt{\frac{2}{\pi \zeta}}\, e^{i\left(\zeta - \mu \frac{\pi}{2} - \frac{\pi}{4}\right)} \left(1 + O\!\left(\tfrac{1}{\zeta}\right)\right),$$

und mit

$$R(z, t) = \operatorname{Cos} z + O(\operatorname{Cos}^{-1} z),$$

$$\varphi(z, t) = t + O(\operatorname{Cos}^{-1} z),$$

was für $\Re\, z \to +\infty$ gleichmäßig in $0 \le t \le \pi$ gilt, offenbar

$$\mathfrak{Z}_{\nu+2s}^{(3)}(kR)\, e^{-i(\nu+2s)\varphi} = (-1)^s\, \mathfrak{Z}_\nu^{(3)}(2h \operatorname{Cos} z)\, e^{-i(\nu+2s)t}\, \left(1 + O(\operatorname{Cos}^{-1} z)\right) \quad (6)$$

und zwar ebenfalls gleichmäßig in $0 \le t \le \pi$. Setzt man nun (6) in (5) ein, so folgt mit

$$\frac{1}{\pi} \int_0^\pi \mathrm{me}_\nu(t; h^2)\, e^{-i(\nu+2s)t} dt = c_{2s}^\nu(h^2)$$

sogleich

$$I_s^{(3)}(z) = (-1)^s\, c_{2s}^\nu\, \mathfrak{Z}_\nu^{(3)}(2h \operatorname{Cos} z)\, \left(1 + O(\operatorname{Cos}^{-1} z)\right), \qquad (7)$$

wenn wir s so wählen, daß $c_{2s}^\nu \neq 0$.

Dieselbe Überlegung läßt sich für $j = 4$ durchführen; man erhält für s mit $c_{2s}^\nu \neq 0$

$$I_s^{(4)}(z) = (-1)^s c_{2s}^\nu\, \mathfrak{Z}_\nu^{(4)}(2h \operatorname{Cos} z)\, \left(1 + O(\operatorname{Cos}^{-1} z)\right) \qquad (8)$$

für $\Re\, z \to +\infty$ im genannten Streifen. Man hat also auch

$$I_s^{(j)}(z) \sim (-1)^s c_{2s}^\nu\, \mathfrak{Z}_\nu^{(j)}(2h \operatorname{Cos} z)$$

für $j = 1, 2$.

Damit haben wir Lösungen von (1) mit dem gewünschten asymptotischen Verhalten gefunden. Wir schreiben

$$\frac{1}{\pi} \int_0^\pi \mathfrak{Z}_{\nu+2s}^{(j)}(kR)\, e^{-i(\nu+2s)\varphi}\, \mathrm{me}_\nu(t; h^2)\, dt = (-1)^s\, c_{2s}^\nu(h^2)\, M_\nu^{(j)}(z; h) \left.\begin{array}{c} \\ \\ \end{array}\right\} \quad (9)$$
$$(j = 1, 2, 3, 4; \ s = 0, \pm 1, \pm 2, \ldots; \ \Re\, z > 0).$$

Dabei dienen diese vier Gleichungen für ein s mit $c_{2s}^\nu \neq 0$ als Definition der Funktionen

$$M_\nu^{(j)}(z; h),$$

die übrigen ergeben sich dann als Folgerungen auf Grund der Tatsache, daß wegen ihres verschiedenen asymptotischen Verhaltens je zwei der Lösungen $M_\nu^{(j)}$ ein Fundamentalsystem bilden und jede einzelne durch ihr asymptotisches Verhalten

$$M_\nu^{(j)}(z;h) \sim \mathfrak{Z}_\nu^{(j)}(2h\,\mathrm{Cos}\,z)$$

eindeutig bestimmt ist.

2.42. Haupteigenschaften. Aus der definierenden Formel (9) lassen sich unmittelbar die Haupteigenschaften der Funktionen

$$M_\nu^{(j)}(z;h)$$

ablesen. Sie sind durch (9) im allgemeinen zwar nur für $\mathfrak{Re}\,z > 0$ gegeben, damit jedoch als ganze Funktionen von z überall bestimmt.

Aus

$$H_\nu^{(1)}(\zeta) = J_\nu(\zeta) + i N_\nu(\zeta),$$
$$H_\nu^{(2)}(\zeta) = J_\nu(\zeta) - i N_\nu(\zeta)$$

folgen zunächst die linearen Abhängigkeiten

$$\left.\begin{aligned}
M_\nu^{(3)}(z;h) &= M_\nu^{(1)}(z;h) + i\,M_\nu^{(2)}(z;h),\\
M_\nu^{(4)}(z;h) &= M_\nu^{(1)}(z;h) - i\,M_\nu^{(2)}(z;h).
\end{aligned}\right\} \qquad (10)$$

Ist ν nicht ganz, so ist mit ν auch $-\nu$ zu λ, h^2 gehörender charakteristischer Exponent. Zwischen den Funktionen $M_\nu^{(j)}(z;h)$ und $M_{-\nu}^{(j)}(z;h)$ als Lösungen derselben Differentialgleichung bestehen daher lineare Relationen. Mit

$$H_{-\mu}^{(1)}(\zeta) = e^{i\pi\mu} H_\mu^{(1)}(\zeta),$$
$$H_{-\mu}^{(2)}(\zeta) = e^{-i\pi\mu} H_\mu^{(2)}(\zeta)$$

und [siehe **2.23.**, (15) und (23)]

$$\mathrm{me}_{-\nu}(t;h^2) = \mathrm{me}_\nu(-t;h^2),$$
$$c_{-2s}^{-\nu}(h^2) = c_{2s}^{\nu}(h^2)$$

folgt dazu aus (9) mit der Substitution $t = -\tau$:

$$\left.\begin{aligned}
M_{-\nu}^{(3)}(z;h) &= e^{i\pi\nu} M_\nu^{(3)}(z;h)\\
M_{-\nu}^{(4)}(z;h) &= e^{-i\pi\nu} M_\nu^{(4)}(z;h)
\end{aligned}\right\} \quad (\nu \text{ nicht ganz}). \qquad (11)$$

(10) und (11) ergeben weiter

$$\left.\begin{aligned}
i\sin\nu\pi\,M_\nu^{(3)}(z;h) &= M_{-\nu}^{(1)}(z;h) - e^{-i\nu\pi} M_\nu^{(1)}(z;h)\\
-i\sin\nu\pi\,M_\nu^{(4)}(z;h) &= M_{-\nu}^{(1)}(z;h) - e^{i\nu\pi} M_\nu^{(1)}(z;h)\\
-\sin\nu\pi\,M_\nu^{(2)}(z;h) &= M_{-\nu}^{(1)}(z;h) - \cos\nu\pi\,M_\nu^{(1)}(z;h)
\end{aligned}\right\} \qquad (12)$$
$$(\nu \text{ nicht ganz}).$$

Ist h^2 Ausnahmewert zu ν, $\lambda_\nu(h^2) = \lambda_{\nu+2k}(h^2)$ mit einem $k \neq 0$, so hat man

$$M^{(j)}_{\nu+2k}(z; h) = (-1)^k M^{(j)}_\nu(z; h),\qquad(13)$$

wie sofort der Vergleich des asymptotischen Verhaltens zeigt.

Bezüglich der Substitution $h \to -h$ gilt offenbar aus dem gleichen Grunde

$$M^{(j)}_\nu(z; h\, e^{i r \pi}) = M^{(j)}_\nu(z + i r \pi; h)\qquad (r \text{ ganz}).\qquad(14)$$

Ist ν nicht ganz, so gilt auch $\lambda_\nu(-h^2) = \lambda_\nu(h^2)$, daher folgt in diesem Falle sogar

$$M^{(j)}_\nu(z; i h) = M^{(j)}_\nu\!\left(z + i \frac{\pi}{2}; h\right)\qquad (\nu \text{ nicht ganz}).\qquad(15)$$

Weiter lassen sich die Umlaufsrelationen der Zylinderfunktionen direkt mittels (9) auf die Funktionen $M^{(j)}_\nu$ übertragen:

$$
\begin{aligned}
M^{(1)}_\nu(z + p\,\pi\,i; h) &= e^{i p \pi \nu} M^{(1)}_\nu(z; h) \\
M^{(2)}_\nu(z + p\,\pi\,i; h) &= e^{-i p \pi \nu} M^{(2)}_\nu(z; h) + 2 i \cot \pi \nu \sin p \pi \nu\, M^{(1)}_\nu(z; h) \\
M^{(3)}_\nu(z + p\,\pi\,i; h) &= \frac{-\sin(p-1)\pi \nu}{\sin \pi \nu} M^{(3)}_\nu(z; h) - e^{-i \pi \nu} \frac{\sin p \pi \nu}{\sin \pi \nu} M^{(4)}_\nu(z; h) \\
M^{(4)}_\nu(z + p\,\pi\,i; h) &= e^{i \pi \nu} \frac{\sin p \pi \nu}{\sin \pi \nu} M^{(3)}_\nu(z; h) + \frac{\sin(p+1)\pi \nu}{\sin \pi \nu} M^{(4)}_\nu(z; h)
\end{aligned}
\quad (16)
$$
$$(p \text{ ganz}).$$

Bei ganzem ν sind in (16) die entsprechenden Grenzwerte zu nehmen [vgl. **2.75.**, (39)].

Wir notieren ferner noch einmal

$$
\begin{aligned}
M^{(3)}_\nu(z; h) &= H^{(1)}_\nu(2 h \operatorname{Cos} z)\,(1 + O(\operatorname{Cos}^{-1} z)), \\
M^{(4)}_\nu(z; h) &= H^{(2)}_\nu(2 h \operatorname{Cos} z)\,(1 + O(\operatorname{Cos}^{-1} z)), \\
&(\Re z \to +\infty,\ |\Im z| \leq \text{const}).
\end{aligned}
\quad (17)
$$

Entsprechende asymptotische Formeln für die Ableitungen kann man auf demselben Wege aus (9) erhalten:

$$
\begin{aligned}
M^{(3)\prime}_\nu(z; h) &= 2 h \operatorname{Sin} z\, H^{(1)\prime}_\nu(2 h \operatorname{Cos} z)\,(1 + O(\operatorname{Cos}^{-1} z)), \\
M^{(4)\prime}_\nu(z; h) &= 2 h \operatorname{Sin} z\, H^{(2)\prime}_\nu(2 h \operatorname{Cos} z)\,(1 + O(\operatorname{Cos}^{-1} z));
\end{aligned}
\quad (18)
$$

(17) darf also differenziert werden, was man ebenso auf Grund der Differentialgleichung einsehen kann.

(17) und (18) liefern die Werte der nach **2.11.**, Satz 2 konstanten Wronskischen Determinanten:

$$[jk] = M^{(j)}_\nu(z; h)\, M^{(k)\prime}_\nu(z; h) - M^{(j)\prime}_\nu(z; h)\, M^{(k)}_\nu(z; h),\qquad(19)$$

wenn man die entsprechenden Formeln bei den Zylinderfunktionen benutzt:

$$[3\,4] = -\frac{4\,i}{\pi}, \qquad [1\,3] = -[1\,4] = \frac{2\,i}{\pi}, \\ [1\,2] = -[2\,3] = -[2\,4] = \frac{2}{\pi}. \tag{20}$$

Weiter bemerken wir, daß nach (9) $(s=0)$ beim Grenzübergang

$$2h\,\mathrm{Cos}\,z = u \neq 0, \quad h \to 0, \quad \mathfrak{Re}\,z > 0 \tag{21}$$

offenbar

$$M_\nu^{(j)}(z;h) \to \mathfrak{Z}_\nu^{(j)}(u) \tag{22}$$

gilt.

Die Formeln (17) lassen sich zu asymptotischen Reihen ausgestalten. Man findet sie nebst zahlreichen konvergenten Reihenentwicklungen und weiteren Integralrelationen in **2.6.**. Dort werden auch die linearen Relationen aufgestellt, die den Zusammenhang zwischen den Funktionen $M_\nu^{(j)}$ und den Funktionen Me_ν, Ce_ν, Se_ν vermitteln.

Schließlich notieren wir noch die Formeln für $j, k = 1, 2, 3, 4$, unter Fortlassung des Arguments h,

$$[j\,k] \cdot M_\nu^{(j)}(-z) = [M_\nu^{(k)}(0)\,M_\nu^{(j)\prime}(0) + M_\nu^{(k)\prime}(0)\,M_\nu^{(j)}(0)]\,M_\nu^{(j)}(z) -- \\ - 2M_\nu^{(j)}(0)\,M_\nu^{(j)\prime}(0)\,M_\nu^{(k)}(z). \tag{23}$$

Zum Beweise beachte man, daß nach **2.11.**, Satz 3 auch die linke Gleichungsseite eine Lösung der MATHIEUschen Differentialgleichung ist und daß, wie man mit Hilfe von (19) sieht, beide Gleichungsseiten gleichen Funktionswert und gleiche Ableitung für $z=0$ besitzen.

Weitere Formeln für den Fall ganzer ν findet man in **2.7.**.

2.5. Das Additionstheorem.

2.51. Grundgedanken. Als Additionstheorem der Zylinderfunktionen bezeichnet man die Formel, die — physikalisch-anschaulich gesprochen -- die Zylinderwellen einer gegebenen Achse als Überlagerung von Zylinderwellen einer anderen, der ersten parallelen Achse darstellt, die also — mathematisch ausgedrückt — eine in einem Polarkoordinatensystem separierte Lösung der ebenen Schwingungsgleichung in eine Reihe nach Lösungen entwickelt, die in einem anderen Polarkoordinatensystem separiert sind. Additionstheorem der MATHIEUschen Funktionen nennen wir die entsprechende, wesentlich allgemeinere Formel für elliptische Zylinderwellen mit paralleler Zylinderachse, jedoch beliebiger Lage der beiden ebenen elliptischen Koordinatensysteme. Sie wird hier für den weitestmöglichen Gültigkeitsbereich der komplexen Variabeln und Parameter hergeleitet.

Die Herleitung beruht — neben den Invarianzeigenschaften der Schwingungsgleichung — auf drei Prinzipien:

$$\text{I. } \mathbf{2.28.}\text{, Satz } 15,$$
$$\text{II. } \mathbf{1.135.}\text{, Satz } 2,$$
$$\text{III. } \mathbf{2.42.}\text{, } (17).$$

Diese drei Prinzipien werden zum Beweise des Additionstheorems so verwandt, daß zunächst gemäß I eine Entwicklung bezüglich einer Variablen erhalten wird, dann vermittels II auf die Abhängigkeit der Koeffizienten von der zweiten Variablen geschlossen wird und schließlich die genaue Gestalt dieser Koeffizienten gemäß III durch Vergleich des asymptotischen Verhaltens gewonnen wird.

2.52. Hilfssätze. Betrachten wir zunächst in der reellen (x_1, x_2)-Ebene zwei elliptische Koordinatensysteme. Eines sei mit $c > 0$ das System

$$x_1 \pm i\, x_2 = c \operatorname{Cos}(z \pm i\, t). \tag{1}$$

Das andere möge die Exzentrizität $c_0 > 0$ besitzen, die Polarkoordinaten seines Zentrums seien $\varrho\, (\geq 0)$, ψ, schließlich sei α der Winkel der beiden Halbgeraden $t = 0$ und $t_0 = 0$. Dann wird der Zusammenhang beider Systeme durch die beiden Gleichungen

$$c \operatorname{Cos}(z \pm i t) = \varrho\, e^{\pm i \psi} + c_0\, e^{\pm i \alpha} \operatorname{Cos}(z_0 \pm i t_0) \tag{2}$$

ausgedrückt.

Sind dann $z_1\, (\geq 0)$, $z_2\, (\geq 0)$ die elliptischen z-Koordinaten der Brennpunkte des zweiten Systems, und ist

$$A = \max(z_1, z_2),$$

so sind für

$$z > A, \qquad -\infty < t < \infty$$

durch (16) und die Verabredung $z_0 > 0$ die Koordinaten $z_0 = z_0(z, t)$, $t_0 = t_0(z, t)$ eindeutige[1] analytische Funktionen von z, t mit

$$z_0(z, t + 2\pi) = z_0(z, t), \qquad t_0(z, t + 2\pi) = t_0(z, t) + 2\pi.$$

Ist $v(z_0, t_0)$ eine für reelle z_0, t_0 regulär analytische Lösung der auf die elliptischen Koordinaten z_0, t_0 umgeschriebenen Schwingungsgleichung

$$\frac{\partial^2 v}{\partial z_0^2} + 2 h_0^2 \operatorname{Cos} 2 z_0 \cdot v = -\frac{\partial^2 v}{\partial t_0^2} + 2 h_0^2 \cos 2 t_0 \cdot v$$

mit

$$h_0 = \tfrac{1}{2} k c_0,$$

____

[1] t_0 bis auf Vielfache von 2π.

so wird

$$u(z, t) = v(z_0, t_0)$$

eine für $z > A$, $-\infty < t < \infty$ regulär analytische Lösung von

$$\frac{\partial^2 u}{\partial z^2} + 2h^2 \operatorname{Cos} 2z \cdot u = -\frac{\partial^2 u}{\partial t^2} + 2h^2 \cos 2t \cdot u, \qquad (3)$$

$$h = \tfrac{1}{2}kc. \qquad (4)$$

Das folgt sofort aus der Orthogonalinvarianz von

$$\Delta u + k^2 u = 0.$$

Diese im reellen evidenten Tatsachen lassen sich ins Komplexe übertragen. Hier gilt:

Hilfssatz 1. *Seien* c, c_0, ϱ, ψ, α *komplexe Konstanten, die ersten beiden von 0 verschieden, sei*

$$c \operatorname{Cos} \zeta_1 = \varrho\, e^{i\psi} + c_0\, e^{i\alpha},$$
$$c \operatorname{Cos} \zeta_2 = \varrho\, e^{i\psi} - c_0\, e^{i\alpha},$$
$$c \operatorname{Cos} \zeta_3 = \varrho\, e^{-i\psi} + c_0\, e^{-i\alpha},$$
$$c \operatorname{Cos} \zeta_4 = \varrho\, e^{-i\psi} - c_0\, e^{-i\alpha},$$
$$A^+ = \max\,(\pm\,\mathfrak{Re}\,\zeta_1,\,\pm\,\mathfrak{Re}\,\zeta_2),$$
$$A^- = \max\,(\pm\,\mathfrak{Re}\,\zeta_3,\,\pm\,\mathfrak{Re}\,\zeta_4),$$

so sind durch die beiden Gleichungen

$$c \operatorname{Cos}\,(z \pm i\,t) = \varrho\, e^{\pm i\psi} + c_0\, e^{\pm i\alpha} \operatorname{Cos}\,(z_0 \pm i\,t_0)$$

und die Verabredung

$$\mathfrak{Re}\,(z_0 \pm i\,t_0) > 0$$

für den (z, t)-Bereich $\mathfrak{B}$

$$\left.\begin{array}{l} \mathfrak{Re}\,z - \mathfrak{Im}\,t > A^+ \\ \mathfrak{Re}\,z + \mathfrak{Im}\,t > A^- \end{array}\right\} \qquad (\mathfrak{B})$$

die beiden Funktionen

$$z_0 \pm i\,t_0 = z_0(z, t) \pm i\,t_0(z, t)$$

$\bmod 2\pi i$ *eindeutig definiert und regulär analytisch. Man hat*

$$z_0(z, t + 2\pi) = z_0(z, t)$$
$$t_0(z, t + 2\pi) = t_0(z, t) + 2\pi.$$

Ist $v(z_0, t_0)$ *eine ganze analytische Lösung von*

$$\frac{\partial^2 v}{\partial z_0^2} + 2h_0^2 \operatorname{Cos} 2z_0 \cdot v = -\frac{\partial^2 v}{\partial t_0^2} + 2h_0^2 \cos 2t_0 \cdot v$$

mit

$$h_0 = \tfrac{1}{2} k c_0$$

und beliebigem komplexem k, so wird

$$u(z, t) = v(z_0, t_0)$$

eine für z, t in $\mathfrak{B}$ regulär analytische Lösung von (3), (4).

Beweis. Man erkennt zunächst — das ist nichts anderes als der reelle Fall —, daß für $\mathfrak{Re}\, z \mp \mathfrak{Im}\, t < A^{\pm}$ (jeweils oberes bzw. unteres Vorzeichen) $\zeta_0 = z_0 \pm i t_0$ eine regulär analytische Funktion von $\zeta = z \pm i t$ mit $\zeta_0(\zeta \pm 2\pi i) = \zeta_0(\zeta) \pm 2\pi i$ ist. Daraus folgen die Behauptungen bis auf die letzte. Diese wird durch direkte Rechnung bestätigt, deren Ausführung jedoch vermieden wird mit der Bemerkung, daß sie genau so verläuft wie im obigen reellen Falle, in dem das Ergebnis auf Grund der Orthogonalinvarianz bekannt war.

Als Ergänzung zu Hilfssatz 1 benötigen wir Aussagen über das asymptotische Verhalten der Funktionen $z_0(z, t)$, $t_0(z, t)$ für $\mathfrak{Re}\, z \to +\infty$. Wir notieren

Hilfssatz 2. *Für $\mathfrak{Re}\, z \to +\infty$ gilt unter geeigneter Wahl von $z_0 \pm i t_0 \bmod 2\pi i$ bei beschränktem $\mathfrak{Im}\, t$ gleichmäßig*

$$2 h_0 \operatorname{Cos} z_0 = 2 h \operatorname{Cos} z - k \varrho \cos(t - \psi) + O(\operatorname{Cos}^{-1} z),$$

$$\arg h_0 + \mathfrak{Im}\, z_0 \sim \arg h + \mathfrak{Im}\, z, \qquad t_0 = t - \alpha + O(\operatorname{Cos}^{-1} z).$$

Der Beweis ergibt sich durch einfache Rechnung, wenn man die beiden Gln. (2) einmal multipliziert und einmal dividiert.

2.53. Die Integralrelation. Wir schließen in Bezeichnungen und Voraussetzungen an die Hilfssätze 1 und 2 an.

Es seien gemäß **2.23.** die normierten Funktionen

$$\mathrm{me}_\nu(t_0, h_0^2), \qquad \mathrm{me}_{\nu+s}(t; h^2)$$

definiert[1]; s sei eine ganze Zahl. Dann kann in Hilfssatz 1

$$u(z; t) = v(z_0, t_0) = M_\nu^{(j)}(z_0; h_0)\, \mathrm{me}_\nu(t_0; h_0^2)$$

gewählt werden. Diese im Bereiche $\mathfrak{B}$ regulär analytische Lösung der (z, t)-Schwingungsgleichung hat die Eigenschaft

$$u(z, t + 2\pi) = e^{2\pi i \nu} u(z, t).$$

Daher kann auf das Integral

$$I_s^{(j)}(z) = \frac{1}{2\pi} \int\limits_{\vartheta}^{\vartheta + 2\pi} M_\nu^{(j)}(z_0; h_0)\, \mathrm{me}_\nu(t_0; h_0^2)\, \mathrm{me}_{\nu+s}(-t; h^2)\, dt$$

---

[1] Man erkennt leicht, daß für die Integralrelation allein auf jede Normierung verzichtet werden könnte; sie ist entsprechend homogen.

der Satz 1 angewandt werden. Er zeigt, daß diese Funktion für

$$\Re z > \max\left(A^+ + \Im\vartheta,\ A^- - \Im\vartheta\right)$$

eine Lösung der modifizierten MATHIEUschen Differentialgleichung zum Parameterpaar $\lambda_{\nu+s}(h^2)$, h^2 ist.

Um welche Lösung es sich handelt, wird nunmehr durch Untersuchung des asymptotischen Verhaltens entschieden.

Wir setzen zuerst $j=4$ und verwenden Hilfssatz 2, **2.42.**, (17) und die asymptotischen Formeln der zweiten HANKELschen Zylinderfunktion. Für

$$\left|\arg 2h\,\mathrm{Cos}\,z\right| \le \pi - \delta \quad (\delta > 0), \qquad \Re z \to +\infty$$

wird dann

$$I_s^{(4)}(z) = \mathfrak{Z}_\nu^{(4)}(2h\,\mathrm{Cos}\,z)\,\frac{1}{2\pi}\int\limits_0^{2\pi} e^{ik\varrho\cos(t-\psi)} \times$$

$$\times\,\mathrm{me}_\nu(t-\alpha;h_0^2)\,\mathrm{me}_{\nu+s}(-t,h^2)\,dt\cdot\left(1+O(\mathrm{Cos}^{-1}z)\right).$$

Es ist daher

$$I_s^{(4)}(z) = A_s\,M_{\nu+s}^{(j)}(z;h)$$

mit

$$A_s = \frac{i^{-s}}{2\pi}\int\limits_0^{2\pi} e^{ik\varrho\cos\tau}\,\mathrm{me}_\nu(\tau+\psi-\alpha;h_0^2)\,\mathrm{me}_{\nu+s}(-\tau-\psi;h^2)\,d\tau.$$

A_s kann durch die FOURIER-Koeffizienten der Funktionen me und Produkte von BESSEL- und Exponentialfunktionen ausgedrückt und damit gegebenenfalls berechnet werden. Man erhält

$$A_s = \sum_{p,q=-\infty}^{+\infty} c_{2p}^\nu(h_0^2)\,c_{2q}^{\nu+s}(h^2)\,\frac{i^{-s}}{2\pi}\int\limits_0^{2\pi} e^{ik\varrho\cos\tau}\,e^{i(\nu+2p)(\tau+\psi-\alpha)}\,e^{-i(\nu+2q+s)(\tau+\psi)}\,d\tau,$$

also mit Hilfe einer bekannten Integraldarstellung der BESSEL-Funktionen ganzer Ordnung und $p-q=l$

$$A_s = \sum_{l=-\infty}^{+\infty}(-1)^{l+s}\left[\sum_{p=-\infty}^{+\infty} c_{2p}^\nu(h_0^2)\,c_{2(p-l)}^{\nu+s}(h^2)\,e^{-i(\nu+2p)\alpha}\right]J_{2l-s}(k\varrho)\,e^{i(2l-s)\psi}. \tag{5}$$

Für $j=3$ erhält man mit demselben A_s

$$I_s^{(3)}(z) = A_s\,M_{\nu+s}^{(3)}(z;h).$$

Daher hat man[1]

Satz 1. *Für*

$$\operatorname{Re} z > \max(A^+ + \operatorname{Im}\vartheta, \quad A^- - \operatorname{Im}\vartheta)$$

gilt

$$\frac{1}{2\pi}\int\limits_{\vartheta}^{\vartheta+2\pi} M_\nu^{(j)}(z_0;h_0)\,\mathrm{me}_\nu(t_0;h_0^2)\,\mathrm{me}_{\nu+s}(-t;h^2)\,dt = A_s\,M_{\nu+s}^{(j)}(z;h)$$
$$(j = 1, 2, 3, 4), \quad (s = 0, \pm 1, \pm 2, \ldots).$$

Dabei ist A_s durch (5) *gegeben.*

2.54. Das Additionstheorem. Wir betrachten wie oben die Funktion

$$M_\nu^{(j)}(z_0;h_0)\,\mathrm{me}_\nu(t_0;h_0^2) = u(z,t)$$

mit Hilfssatz 1 und 2 als Funktion von z, t in $\mathfrak{B}$. Wegen

$$u(z, t + 2\pi) = e^{2\pi i \nu}u(z, t)$$

kann dann für jedes z auf die Funktion von t im Streifen

$$\operatorname{Re} z - A^+ > \operatorname{Im} t > -\operatorname{Re} z + A^-$$

2.28., Satz 15 angewandt werden, falls h^2 normaler Wert zu ν und $\nu+1$ ist. Die Entwicklungskoeffizienten liefert dabei gerade Satz 1. So erhalten wir

Satz 2 (Additionstheorem). *Sei h^2 normaler Wert zu ν und $\nu+1$. Dann gilt mit den Voraussetzungen und Bezeichnungen von Hilfssatz 1 und 2 für z, t im Bereiche $\mathfrak{B}$:*

$$M_\nu^{(j)}(z_0;h_0)\,\mathrm{me}_\nu(t_0;h_0^2) = \sum_{s=-\infty}^{+\infty} A_s\,M_{\nu+s}^{(j)}(z;h)\,\mathrm{me}_{\nu+s}(t;h^2).$$

Die Koeffizienten A_s sind durch (5) gegeben[2].

2.6. Weitere Reihenentwicklungen und Integralrelationen.

2.61. Entwicklung von elliptischen Zylinderwellen nach Kreiszylinderwellen. Wir knüpfen an **2.5.** an und lassen das erste elliptische Koordinatensystem zu Polarkoordinaten ausarten:

$$c \to 0, \quad 2h\operatorname{Cos} z \to kR, \quad t \to \varphi,$$
$$c\operatorname{Cos}(z \pm i t) = Re^{\pm i\varphi}.$$

---

[1] In Voraussetzungen und Bezeichnungen ist an die Hilfssätze 1 und 2 anzuschließen.

[2] Auf die Normierung von $\mathrm{me}_\nu(t_0;h_0^2)$ kann wegen der Homogenität verzichtet werden.

Setzen wir dann ohne Beschränkung der Allgemeinheit in **2.52.**, (2)

$$\alpha = 0,$$

so erhalten wir, wenn wir noch z_0, t_0 durch z, t und ϱ durch $-\varrho$ ersetzen, mit völlig analogem Beweise die folgende Ausartung des Additionstheorems:

$$M_\nu^{(j)}(z; h)\, \mathrm{me}_\nu(t; h^2) = \sum_{s=-\infty}^{+\infty} d_s\, \mathfrak{Z}_{\nu+s}^{(j)}(kR)\, e^{i(\nu+s)\varphi} \tag{1}$$

mit

$$\left.\begin{aligned} c \operatorname{Cos}(z \pm i\,t) &= R\,e^{\pm i\varphi} + \varrho\,e^{\pm i\psi} \\ \mathfrak{Re}\, z \pm \mathfrak{Im}\, t &> 0, \quad h = \tfrac{1}{2}kc \end{aligned}\right\} \tag{2}$$

und

$$d_s = \sum_{l=-\infty}^{+\infty} (-1)^l\, c_{2l}^\nu(h^2)\, J_{2l-s}(k\varrho)\, e^{i(2l-s)\psi}. \tag{3}$$

Gültigkeitsbereich ist

$$\left.\begin{aligned} |R|\, e^{-\mathfrak{Im}\varphi} &> \max|\varrho\, e^{i\psi} \pm c|, \\ |R|\, e^{\mathfrak{Im}\varphi} &> \max|\varrho\, e^{-i\psi} \pm c|. \end{aligned}\right\} \tag{4}$$

2.62. Entwicklungen von MATHIEUschen Funktionen nach Zylinderfunktionen. Wir setzen in (1) bis (4)

$$\psi = 0, \quad t = \varphi = 0, \quad k\varrho = 2h\sigma.$$

Dann entsteht mit willkürlichem Parameter σ

$$\mathrm{me}_\nu(0; h^2)\, M_\nu^{(j)}(z; h) = \sum_{s=-\infty}^{+\infty} \delta_s\, \mathfrak{Z}_{\nu+s}^{(j)}(2h\,[\operatorname{Cos} z - \sigma]) \tag{5}$$

mit

$$\delta_s = \sum_{l=-\infty}^{+\infty} (-1)^l\, c_{2l}^\nu(h^2)\, J_{2l-s}(2h\,\sigma). \tag{6}$$

Differenzieren wir zuvor nach t, so folgt die weitere Entwicklung

$$\mathrm{me}_\nu'(0; h^2)\, M_\nu^{(j)}(z; h) = \frac{i\operatorname{Sin} z}{\operatorname{Cos} z - \sigma} \sum_{s=-\infty}^{+\infty} (\nu + s)\, \delta_s\, \mathfrak{Z}_{\nu+s}^{(j)}(2h\,[\operatorname{Cos} z - \sigma]). \tag{7}$$

Gültigkeitsbereich für (5) und (7) ist nach (2), (4):

$$|\operatorname{Cos} z - \sigma| > |\sigma \pm 1|, \quad \mathfrak{Re}\, z > 0. \tag{8}$$

Setzt man in (1) bis (4)

$$\psi = \frac{\pi}{2}, \quad t = \varphi = \frac{\pi}{2}, \quad k\varrho = 2h\sigma,$$

oder substituiert man

$$h \to h\,e^{i\frac{\pi}{2}}, \qquad z \to z - i\frac{\pi}{2}, \qquad \sigma \to \sigma\,e^{-i\frac{\pi}{2}},$$

so entstehen analog die Formeln

$$\mathrm{me}_\nu\!\left(\frac{\pi}{2};h^2\right) M_\nu^{(j)}(z;h) = \sum_{s=-\infty}^{+\infty} \delta_s^* \; \mathfrak{Z}_{\nu+s}^{(j)}(2h\,[\mathrm{Sin}\,z-\sigma]), \tag{9}$$

$$\mathrm{me}_\nu'\!\left(\frac{\pi}{2};h^2\right) M_\nu^{(j)}(z;h) = \frac{i\,\mathrm{Cos}\,z}{\mathrm{Sin}\,z-\sigma} \sum_{s=-\infty}^{+\infty} (\nu+s)\,\delta_s^* \; \mathfrak{Z}_{\nu+s}^{(j)}(2h\,[\mathrm{Sin}\,z-\sigma]), \tag{10}$$

mit

$$\delta_s^* = e^{i\nu\frac{\pi}{2}} \sum_{l=-\infty}^{+\infty} c_{2l}^\nu(h^2)\, J_{2l-s}(2h\,\sigma). \tag{11}$$

Ihr Gültigkeitsbereich ist nach (2), (4)

$$|\,\mathrm{Sin}\,z-\sigma\,| > |\,\sigma\pm i\,|, \quad \Re\,z > 0. \tag{12}$$

Speziell für $\sigma=0$ erhält man

$$\left.\begin{aligned}
\mathrm{me}_\nu(0;h^2)\,M_\nu^{(j)}(z;h) &= \sum_{r=-\infty}^{+\infty} (-1)^r\, c_{2r}^\nu(h^2)\, \mathfrak{Z}_{\nu+2r}^{(j)}(2h\,\mathrm{Cos}\,z),\\[1.2ex]
\mathrm{me}_\nu'(0;h^2)\,M_\nu^{(j)}(z;h) &= i\,\mathrm{Tan}\,z \sum_{r=-\infty}^{+\infty} (-1)^r (\nu+2r)\, c_{2r}^\nu(h^2)\, \mathfrak{Z}_{\nu+2r}^{(j)}(2h\,\mathrm{Cos}\,z),\\[1.2ex]
\mathrm{me}_\nu\!\left(\frac{\pi}{2};h^2\right) M_\nu^{(j)}(z;h) &= e^{i\nu\frac{\pi}{2}} \sum_{r=-\infty}^{+\infty} c_{2r}^\nu(h^2)\, \mathfrak{Z}_{\nu+2r}^{(j)}(2h\,\mathrm{Sin}\,z),\\[1.2ex]
\mathrm{me}_\nu'\!\left(\frac{\pi}{2};h^2\right) M_\nu^{(j)}(z;h) &= e^{i\nu\frac{\pi}{2}}\, i\,\mathrm{Cot}\,z \sum_{r=-\infty}^{+\infty} (\nu+2r)\, c_{2r}^\nu(h^2)\, \mathfrak{Z}_{\nu+2r}^{(j)}(2h\,\mathrm{Sin}\,z)
\end{aligned}\right\} \tag{13}$$

mit den Gültigkeitsbereichen $|\,\mathrm{Cos}\,z\,| > 1$ bzw. $|\,\mathrm{Sin}\,z\,| > 1$ ($\Re\,z > 0$).

Für $j=1$ und ganzes ν sind die Reihen (5), (7), (9), (10), (13) sogar überall konvergent.

Stets ist die Konvergenz in jedem kompakten Teilbereich des angegebenen Gültigkeitsbereiches absolut gleichmäßig.

2.63. Asymptotische Reihen. Aus den eben aufgestellten Reihen nach Zylinderfunktionen können mit Hilfe der Überlegungen von **1.9.** asymptotische Reihen nach negativen Potenzen von $\mathrm{Cos}\,z-\sigma$ bzw. $\mathrm{Sin}\,z-\sigma$ gewonnen werden. Wir geben allein die $\mathrm{Cos}\,z$-Reihen an; man erhält:

$$\left.\begin{aligned}
M_\nu^{(3,\,4)}(z;h) &\sim [\pi h\,(\mathrm{Cos}\,z-\sigma)]^{-\frac{1}{2}}\, e^{\pm i\left(2h\,\mathrm{Cos}\,z - 2h\,\sigma - \frac{\nu\pi}{2} - \frac{\pi}{4}\right)} \times\\[1ex]
&\qquad\qquad \times \sum_{m=0}^{\infty} \frac{D_{\frac{\pm}{m}}(\sigma)}{[\mp 4i\,h\,(\mathrm{Cos}\,z-\sigma)]^m}
\end{aligned}\right\} \tag{14}$$

mit den Koeffizienten

$$D_m^\pm(\sigma) = \{me_\nu(0;h^2)\}^{-1} \sum_{s=-\infty}^{+\infty} i^{\mp s}(\nu+s,m)\,\delta_s(\sigma), \quad D_0^\pm = e^{\pm 2ih\sigma} \quad (15)$$

bzw.

$$M_\nu^{(3,4)}(z;h) \sim \frac{\operatorname{Sin} z}{\operatorname{Cos} z - \sigma}\,[\pi h(\operatorname{Cos} z - \sigma)]^{-\frac{1}{2}}\,e^{\pm i\left(2h\operatorname{Cos} z - 2h\sigma - \frac{\nu\pi}{2} - \frac{\pi}{4}\right)} \times \\ \times \sum_{m=0}^{\infty} \frac{E_m^\pm(\sigma)}{[\mp 4ih(\operatorname{Cos} z - \sigma)]^m} \quad\Bigg\} \quad (16)$$

mit

$$E_m^\pm(\sigma) = \{me_\nu'(0;h^2)\}^{-1} \sum_{s=-\infty}^{+\infty} i^{1\mp s}(\nu+s)(\nu+s,m)\,\delta_s(\sigma), \quad E_0^\pm = e^{\pm 2ih\sigma}. \quad (17)$$

In (15), (17) ist

$$(\nu+s,m) = \frac{1}{m!}\,\frac{\Gamma(\nu+s+m+\frac{1}{2})}{\Gamma(\nu+s-m+\frac{1}{2})}.$$

(14) und (16) gelten mit $j=3$ für

$$\Re z \to +\infty, \quad -\pi + \delta < \arg[h\operatorname{Cos} z] < 2\pi - \delta \quad (\delta > 0)$$

und mit $j=4$ für

$$\Re z \to +\infty, \quad -2\pi + \delta < \arg[h\operatorname{Cos} z] < \pi - \delta \quad (\delta > 0).$$

Die asymptotischen Reihen (14) und (16) müssen formal die modifizierte MATHIEUsche Differentialgleichung erfüllen, denn es ist gliedweise Integration erlaubt. Auf diese Weise können Rekursionsformeln für ihre Koeffizienten $D_m^\pm$ bzw. $E_m^\pm$ gefunden werden. Man erhält für $m = 0, 1, 2, \ldots$ bei Verwendung der Hilfsgrößen

$$D_{-1}^\pm = D_{-2}^\pm = E_{-1}^\pm = E_{-2}^\pm = 0$$

die Gleichungen

$$(m+1)D_{m+1}^\pm + [(m+\tfrac{1}{2})^2 \mp (m+\tfrac{1}{4})\,8ih\sigma + 2h^2 - \lambda]D_m^\pm + \\ + (m-\tfrac{1}{2})[16h^2(1-\sigma^2) \mp 8ih\sigma m]D_{m-1}^\pm + \\ + 4h^2(2m-3)(2m-1)(1-\sigma^2)D_{m-2}^\pm = 0 \quad\Bigg\} \quad (18)$$

und

$$(m+1)E_{m+1}^\pm + [(m+\tfrac{1}{2})^2 \mp (m+\tfrac{3}{4})\,8ih\sigma + 2h^2 - \lambda]E_m^\pm + \\ + (m+\tfrac{1}{2})[16h^2(1-\sigma^2) \mp 8ih\sigma m]E_{m-1}^\pm + \\ + 4h^2(2m+1)(2m-1)(1-\sigma^2)E_{m-2}^\pm = 0. \quad\Bigg\} \quad (19)$$

Von

$$D_0^\pm = E_0^\pm = e^{\pm 2ih\sigma}$$

ausgehend lassen sich so die Koeffizienten der Reihe nach berechnen. Bemerkenswert ist, daß die Rekursionsformeln (18), (19) für $\sigma = \pm 1$ dreigliedrig werden.

12*

2.64. Entwicklungen von Mathieuschen Funktionen nach Produkten von Bessel- und Zylinderfunktionen. Wir knüpfen wieder an **2.61.**, (1) bis (4) an. Dort kann (2), (4) durch

$$kR = h e^{z}, \qquad \varphi = t, \qquad k\varrho = h e^{-z}, \qquad \psi = -t$$

für reelle t und

$$|e^{z}| > |e^{-z}| + 2$$

erfüllt werden. (1) und (3) ergeben dann

$$M_{\nu}^{(j)}(z;h)\, \mathrm{me}_{\nu}(t;h^2) = \sum_{l,s=-\infty}^{+\infty} (-1)^{l}\, c_{2l}^{\nu}(h^2)\, J_{2l-s}(h e^{-z})\, \mathfrak{Z}_{\nu+s}^{(j)}(h e^{z})\, e^{i(\nu+2s-2l)t}.$$

Durch Vergleich der Fourier-Entwicklungen bezüglich t erhält man so die Reihen

$$c_{2r}^{\nu}(h^2)\, M_{\nu}^{(j)}(z;h) = \sum_{l=-\infty}^{+\infty} (-1)^{l}\, c_{2l}^{\nu}(h^2)\, J_{l-r}(h e^{-z})\, \mathfrak{Z}_{\nu+l+r}^{(j)}(h e^{z}). \qquad (20)$$

Diese Reihen erweisen sich als in jedem kompakten Bereich der z-Ebene absolut und gleichmäßig konvergent. Sie stellen daher die Funktionen auf der linken Seite in der gesamten z-Ebene dar, da beide Seiten ganze Funktionen von z sind. Man darf daher auch beliebig oft gliedweise differenzieren.

Zum Beweise der Konvergenzbehauptung betrachten wir etwa für $l \to +\infty$ den Quotienten aufeinanderfolgender Glieder. Wir zeigen, daß in jedem kompakten z-Bereich gleichmäßig

$$4 l^2\, \frac{c_{2l+2} J_{l-r+1}(h e^{-z})\, \mathfrak{Z}_{\nu+l+r+1}^{(j)}(h e^{z})}{c_{2l} J_{l-r}(h e^{-z})\, \mathfrak{Z}_{\nu+l+r}^{(j)}(h e^{z})} \to - h^2 e^{-2z} \qquad (j = 2, 3, 4)$$

und

$$16 l^4\, \frac{c_{2l+2} J_{l-r+1}(h e^{-z})\, J_{\nu+l+r+1}(h e^{z})}{c_{2l} J_{l-r}(h e^{-z})\, J_{\nu+l+r}(h e^{z})} \to - h^4$$

gilt. Dazu beachten wir, daß nach **2.21.**, Satz 4

$$4 l^2\, \frac{c_{2l+2}}{c_{2l}} \to - h^2,$$

und wenden ferner **1.8.**, Satz 3 auf die Rekursionsformeln

$$\mathfrak{Z}_{\nu-1}(u) - \frac{2\nu}{u}\, \mathfrak{Z}_{\nu}(u) + \mathfrak{Z}_{\nu+1}(u) = 0$$

der Zylinderfunktionen an. Danach gilt gleichmäßig in z

$$2(l - r + 1)\, \frac{J_{l-r+1}(h e^{-z})}{J_{l-r}(h e^{-z})} \to h e^{-z},$$

$$\frac{1}{2(\nu + l + r)}\, \frac{\mathfrak{Z}_{\nu+l+r+1}^{(j)}(h e^{z})}{\mathfrak{Z}_{\nu+l+r}^{(j)}(h e^{z})} \to \frac{1}{h e^{z}} \qquad (j = 2, 3, 4),$$

$$2(\nu + l + r + 1)\, \frac{J_{\nu+l+r+1}(h e^{z})}{J_{\nu+l+r}(h e^{z})} \to h e^{z}.$$

Analog zeigt man für $l \to -\infty$ das gleichmäßige Bestehen von

$$16\, l^4 \; \frac{c_{2l-2}\, J_{l-r-1}(h\,e^{-z})\, J_{\nu+l+r-1}(h\,e^{z})}{c_{2l}\, J_{l-r}(h\,e^{-z})\, J_{\nu+l+r}(h\,e^{z})} \to -\, h^4$$

für $j = 1$ und ganzes ν und von

$$4\, l^2 \; \frac{c_{2l-2}\, J_{l-r-1}(h\,e^{-z})\, \mathfrak{Z}^{(j)}_{\nu+l+r-1}(h\,e^{z})}{c_{2l}\, J_{l-r}(h\,e^{-z})\, \mathfrak{Z}^{(j)}_{\nu+l+r}(h\,e^{z})} \to -\, h^2\, e^{-2z}$$

in jedem anderen Falle. Das liefert unsere Behauptung.

Die Reihen (20) sind wegen ihrer guten Konvergenzeigenschaften für die numerische Berechnung der MATHIEUschen Funktionen $M_\nu^{(j)}(z;h)$ besonders geeignet, außer wenn $\mathfrak{Re}\,(-z) \gg 1$ ist. Dann, aber auch allgemein für $\mathfrak{Re}\,z < 0$, ist es zweckmäßig, die MATHIEUschen Funktionen mit dem Argument z durch solche mit dem Argument $-z$ nach **2.42.**, (23) auszudrücken und für diese die Reihen (20) anzusetzen.

2.65. Verknüpfungsrelationen (ν nicht ganz).

2.65. Verknüpfungsrelationen (ν nicht ganz). Sei ν nicht ganz. Dann bilden die Funktionen

$$\mathrm{Me}_\nu(z;h^2) = \mathrm{me}_\nu(-\,i\,z;h^2), \quad \mathrm{Me}_{-\nu}(z;h^2) = \mathrm{me}_{-\nu}(-\,i\,z;h^2) = \mathrm{me}_\nu(i\,z;h^2)$$

von **2.29.** ein Fundamentalsystem für die modifizierte MATHIEUsche Differentialgleichung. Es müssen sich daher die Funktionen $M_\nu^{(j)}(z;h)$ als Linearkombinationen von Me_ν und $\mathrm{Me}_{-\nu}$ schreiben lassen. Die entsprechenden Verknüpfungsrelationen können jetzt sehr einfach gewonnen werden.

Zunächst genügt es wegen **2.42.**, (12), allein $M_\nu^{(1)}$ und $M_{-\nu}^{(1)}$ in der gewünschten Form darzustellen. Diese Funktionen erweisen sich nun nach **2.42.**, (16), erste Zeile, gerade als zu Me_ν und $\mathrm{Me}_{-\nu}$ proportional. So folgt z. B.

$$\left.\begin{aligned}
M_\nu^{(1)}(z;h) &= \frac{M_\nu^{(1)}(0;h)}{\mathrm{me}_\nu(0;h^2)}\, \mathrm{Me}_\nu(z;h^2)\,, \\[2mm]
M_{-\nu}^{(1)}(z;h) &= \frac{M_{-\nu}^{(1)}(0;h)}{\mathrm{me}_\nu(0;h^2)}\, \mathrm{Me}_{-\nu}(z;h^2)\,.
\end{aligned}\right\} \tag{21}$$

Hier ist $\mathrm{me}_\nu(0;h^2)$ nach **2.23.**, (11) bzw. Satz 9 bekannt und von 0 verschieden. Die Werte

$$M_{\pm\nu}^{(1)}(0;h)$$

können aus (20) berechnet werden:

$$c_{2r}^{\pm\nu}(h^2)\, M_{\pm\nu}^{(1)}(0;h) = \sum_{l=-\infty}^{+\infty} (-1)^l\, c_{2l}^{\pm\nu}(h^2)\, J_{l-r}(h)\, J_{\pm\nu+l+r}(h)\,. \tag{22}$$

Die auftretenden Reihen sind, wie in **2.64.** gezeigt wurde, sehr gut konvergent.

Die Verknüpfungsrelationen für ganzes ν finden sich in **2.7.**.

2.66. Entwicklung von Kreiszylinderwellen nach elliptischen Zylinderwellen. Zugehörige Integralrelationen. Wir knüpfen noch einmal an **2.5.** an und lassen das zweite elliptische Koordinatensystem mit

$$c_0 \to 0, \qquad 2h_0 \operatorname{Cos} z_0 \to kR_0, \qquad t_0 \to \varphi_0,$$

$$R_0\, e^{\pm i\varphi_0} = c_0 \operatorname{Cos}(z_0 \pm i\, t_0)$$

in ein Polarkoordinatensystem ausarten. Wir nehmen dabei ohne Beschränkung der Allgemeinheit $\alpha = 0$ an:

$$c \operatorname{Cos}(z \pm i\, t) = \varrho\, e^{\pm i\psi} + R_0\, e^{\pm i\varphi_0}.$$

Ist dann

$$c \operatorname{Cos} \zeta^{\pm} = \varrho\, e^{\pm i\psi},$$

$$A^+ = \operatorname{\mathfrak{Re}} \zeta^+ \geq 0,$$

$$A^- = \operatorname{\mathfrak{Re}} \zeta^- \geq 0,$$

so sind R_0, φ_0 in

$$\left.\begin{array}{l} \operatorname{\mathfrak{Re}} z - \operatorname{\mathfrak{Im}} t > A^+ \\[4pt] \operatorname{\mathfrak{Re}} z + \operatorname{\mathfrak{Im}} t > A^- \end{array}\right\} \tag{$\mathfrak{B}$}$$

regulär analytische Funktionen von z, t.

Dort gilt, falls h^2 normaler Wert zu ν und $\nu + 1$ ist, die Entwicklung

$$\mathfrak{Z}_\nu^{(j)}(kR_0)\, e^{i\nu\varphi_0} = \sum_{s=-\infty}^{+\infty} d_s^*\, M_{\nu+s}^{(j)}(z; h)\, \mathrm{me}_{\nu+s}(t; h^2), \tag{23}$$

mit den Koeffizienten

$$d_s^* = \sum_{r=-\infty}^{+\infty} (-1)^r\, c_{2r}^{\nu+s}(h^2)\, J_{2r+s}(k\varrho)\, e^{-i(2r+s)\psi}. \tag{24}$$

Äquivalent sind die Integralrelationen

$$\frac{1}{2\pi} \int\limits_0^{2\pi} \mathfrak{Z}_\nu^{(j)}(kR_0)\, e^{i\nu\varphi_0}\, \mathrm{me}_{\nu+s}(-t; h^2)\, dt = d_s^*\, M_{\nu+s}^{(j)}(z; h). \tag{25}$$

Für $j = 1$ erhält man aus (25) zusammen mit (21) zahlreiche Integralgleichungen für die Funktionen me_ν bzw. bei ganzem ν für ce_m und se_m. Wir verzichten darauf, sie im einzelnen anzuschreiben.

Aus (23), (24) können wieder durch Spezialisierung zahlreiche Reihenentwicklungen gewonnen werden. So kann man z.B. völlig analog zu **2.62.** Entwicklungen von Zylinderfunktionen nach Mathieuschen Funktionen herleiten.

Bemerkt sei, daß für $\varrho = \psi = 0$

$$d_{2r+1}^* = 0$$

$$d_{2r}^* = (-1)^r\, c_{-2r}^{\nu+2r}(h^2)$$

wird. Eine besondere Vereinfachung tritt noch für $v=0$ ein: es wird dann nach **2.61.**, (1), (3) gerade

$$d_s^* = \sum_{r=-\infty}^{+\infty} (-1)^r c_{2r}^s (h^2)\, J_{2r+s}(k\varrho)\, e^{-i(2r+s)\psi} = \mathrm{me}_s(\tau; h^2)\, M_s^{(1)}(\zeta; h),$$

wenn

$$\varrho\, e^{\mp i\psi} = c \operatorname{Cos}(\zeta \pm i\,\tau)$$

gesetzt wird.

2.67. Die Entwicklungen der trigonometrischen Funktionen nach MATHIEUschen Funktionen. Ebenfalls aus (23), (24) lassen sich mit Hilfe der Überlegungen von **1.9.** durch Vergleich des asymptotischen Verhaltens Entwicklungen der trigonometrischen Funktionen nach MATHIEUschen Funktionen gewinnen. Man leitet sie jedoch einfacher direkt aus **2.28.**, Satz 15 her.

Wir notieren

$$\left.\begin{aligned} e^{ivz} &= \sum_{n=-\infty}^{+\infty} c_{-2n}^{v+2n}(h^2)\, \mathrm{me}_{v+2n}(z; h^2), \\[2mm] e^{-ivz} &= \sum_{n=-\infty}^{+\infty} c_{-2n}^{v+2n}(h^2)\, \mathrm{me}_{-v-2n}(z; h^2), \\[2mm] \cos v z &= \sum_{n=-\infty}^{+\infty} c_{-2n}^{v+2n}(h^2)\, \mathrm{ce}_{v+2n}(z; h^2), \\[2mm] \sin v z &= \sum_{n=-\infty}^{+\infty} c_{-2n}^{v+2n}(h^2)\, \mathrm{se}_{v+2n}(z; h^2) \end{aligned}\right\} \tag{26}$$

für nicht ganzes v bzw.

$$\left.\begin{aligned} 1 &= 2\sum_{n=0}^{\infty} A_0^{2n}(h^2)\, \mathrm{ce}_{2n}(z; h^2), \\[2mm] \cos 2r z &= \sum_{n=0}^{\infty} A_{2r}^{2n}(h^2)\, \mathrm{ce}_{2n}(z; h^2) \qquad (r\neq 0), \\[2mm] \cos(2r+1) z &= \sum_{n=0}^{\infty} A_{2r+1}^{2n+1}(h^2)\, \mathrm{ce}_{2n+1}(z; h^2), \\[2mm] \sin(2r+1) z &= \sum_{n=0}^{\infty} B_{2r+1}^{2n+1}(h^2)\, \mathrm{se}_{2n+1}(z; h^2), \\[2mm] \sin(2r+2) z &= \sum_{n=0}^{\infty} B_{2r+2}^{2n+2}(h^2)\, \mathrm{se}_{2n+2}(z; h^2) \end{aligned}\right\} \tag{27}$$

bei ganzem v. Aus diesen Reihen lassen sich in bekannter Weise zahlreiche Summenformeln für die Koeffizienten ableiten.

2.68. Entwicklung ebener Wellen nach elliptischen Zylinderwellen. Zugehörige Integralrelationen. Wir beginnen mit dem Beweise von Verallgemeinerungen der Sommerfeldschen Integraldarstellungen der Hankelschen Zylinderfunktionen.

Offenbar genügt bei beliebigem α

$$u(z, t) = e^{2ihw} \tag{28}$$

mit

$$w = \operatorname{Cos} z \cos t \cos \alpha + \operatorname{Sin} z \sin t \sin \alpha \tag{29}$$

der auf elliptische Koordinaten z, t umgeschriebenen zweidimensionalen Schwingungsgleichung; denn es ist

$$w = e^{ik(x_1 \cos \alpha + x_2 \sin \alpha)}$$

mit

$$h = \tfrac{1}{2}kc, \qquad x_1 \pm i x_2 = c \operatorname{Cos}(z \pm i t).$$

Wir betrachten nun mit Integrationswegen

$$\left.\begin{array}{lllll} \mathfrak{C}_3\text{:} & \text{von} & -\eta' + i\infty & \text{nach} & \eta'' - i\infty \\ \mathfrak{C}_4\text{:} & \text{von} & \eta'' - i\infty & \text{nach} & 2\pi - \eta' + i\infty \end{array}\right\} \tag{30}$$

die Integrale ($\varrho = 3, 4$)

$$I_\nu^{(\varrho)}(z; \alpha; h) = \frac{1}{\pi} \int_{\mathfrak{C}_\varrho} e^{2ihw}\, \mathrm{me}_\nu(t; h^2)\, dt. \tag{31}$$

Sie konvergieren und erfüllen die Voraussetzungen von **1.135.**, Satz 2, wenn

$$\left.\begin{array}{l} -\eta' < \arg\left[h\left(\operatorname{Cos}(z + i\alpha) \pm 1\right)\right] < \pi - \eta', \\ -\eta'' < \arg\left[h\left(\operatorname{Cos}(z - i\alpha) \pm 1\right)\right] < \pi - \eta''. \end{array}\right\} \tag{32}$$

Das folgt aus dem nach **2.42.**, (17) bekannten asymptotischen Verhalten der Funktionen $\mathrm{me}_\nu t$ für große $\operatorname{\Im} t$.

Es wird nun

$$w = \tfrac{1}{2} e^z \cos(t - \alpha) + \tfrac{1}{2} e^{-z} \cos(t + \alpha),$$

also

$$I_\nu^{(\varrho)}(z; \alpha; h) = \frac{1}{\pi} \int_{\mathfrak{C}_\varrho - \alpha} \exp\left[i h e^z \cos \tau\right] \exp\left[i h e^{-z} \cos(\tau + 2\alpha)\right] \mathrm{me}_\nu(\tau + \alpha)\, d\tau.$$

Hieraus erhalten wir nach **1.9.**

$$I_\nu^{(3)}(z; \alpha; h) \sim e^{i\nu\frac{\pi}{2}} H_\nu^{(1)}(h e^z)\, \mathrm{me}_\nu \alpha,$$

$$I_\nu^{(4)}(z; \alpha; h) \sim e^{i\nu\frac{\pi}{2}} H_\nu^{(2)}(h e^z)\, \mathrm{me}_\nu \alpha$$

für

$$\Re z \to +\infty, \qquad |\arg (h e^z)| < \pi - \delta.$$

So folgt

$$\frac{1}{\pi} \int_{\mathfrak{C}_\varrho} e^{2ihw}\, \mathrm{me}_\nu\, t\, dt = e^{i\nu\frac{\pi}{2}}\, \mathrm{me}_\nu\, \alpha\, M_\nu^{(\varrho)}(z; h) \qquad (\varrho = 3, 4) \tag{33}$$

und durch Differentiation nach α, die unter dem Integralzeichen erlaubt ist,

$$\frac{1}{\pi} \int_{\mathfrak{C}_\varrho} 2 h i\, \frac{\partial w}{\partial \alpha}\, e^{2ihw}\, \mathrm{me}_\nu\, t\, dt = e^{i\nu\frac{\pi}{2}}\, \mathrm{me}_\nu'\, \alpha\, M_\nu^{(\varrho)}(z; h). \tag{34}$$

Durch Addition ergibt sich noch

$$\frac{1}{2\pi} \int_{\mathfrak{C}_1} e^{2ihw}\, \mathrm{me}_\nu\, t\, dt = e^{i\nu\frac{\pi}{2}}\, \mathrm{me}_\nu\, \alpha\, M_\nu^{(1)}(z; h), \tag{35}$$

$$\frac{1}{2\pi} \int_{\mathfrak{C}_1} 2 i h\, \frac{\partial w}{\partial \alpha}\, e^{2ihw}\, \mathrm{me}_\nu\, t\, dt = e^{i\nu\frac{\pi}{2}}\, \mathrm{me}_\nu'\, \alpha\, M_\nu^{(1)}(z; h), \tag{36}$$

wenn $\mathfrak{C}_1$ der Weg von $-\eta' + i\infty$ nach $2\pi - \eta' + i\infty$ ist. Für ganzes ν reduziert er sich auf 0 bis 2π. Dann erhält man

$$\left.\begin{aligned}
\frac{1}{2\pi} \int_0^{2\pi} e^{2ihw}\, \mathrm{ce}_{2n}\, t\, dt &= (-1)^n\, \mathrm{ce}_{2n}\, \alpha\, M_{2n}^{(1)}(z; h), \\[4pt]
\frac{1}{2\pi} \int_0^{2\pi} e^{2ihw}\, \mathrm{ce}_{2n+1}\, t\, dt &= (-1)^n\, i\, \mathrm{ce}_{2n+1}\, \alpha\, M_{2n+1}^{(1)}(z; h), \\[4pt]
\frac{1}{2\pi} \int_0^{2\pi} e^{2ihw}\, \mathrm{se}_{2n+1}\, t\, dt &= (-1)^{n+1}\, i\, \mathrm{se}_{2n+1}\, \alpha\, M_{-(2n+1)}^{(1)}(z; h), \\[4pt]
\frac{1}{2\pi} \int_0^{2\pi} e^{2ihw}\, \mathrm{se}_{2n+2}\, t\, dt &= (-1)^{n+1}\, \mathrm{se}_{2n+2}\, \alpha\, M_{-(2n+2)}^{(1)}(z; h), \\[4pt]
\frac{i h}{\pi} \int_0^{2\pi} \frac{\partial w}{\partial \alpha}\, e^{2ihw}\, \mathrm{ce}_m\, t\, dt &= i^m\, \mathrm{ce}_m'\, \alpha\, M_m^{(1)}(z; h), \\[4pt]
\frac{i h}{\pi} \int_0^{2\pi} \frac{\partial w}{\partial \alpha}\, e^{2ihw}\, \mathrm{se}_m\, t\, dt &= i^{-m}\, \mathrm{se}_m'\, \alpha\, M_{-m}^{(1)}(z; h).
\end{aligned}\right\} \tag{37}$$

Die ersten vier dieser Integralbeziehungen sind nun bei Anwendung von **2.28.**, Satz 15 äquivalent der Entwicklung

$$\left.\begin{aligned}
e^{2ihw} = &\, 2 \sum_{m=0}^{\infty} i^m\, \mathrm{ce}_m(\alpha; h^2)\, M_m^{(1)}(z; h)\, \mathrm{ce}_m(t; h^2) \\
&+ 2 \sum_{m=1}^{\infty} i^{-m}\, \mathrm{se}_m(\alpha; h^2)\, M_{-m}^{(1)}(z; h)\, \mathrm{se}_m(t; h^2).
\end{aligned}\right\} \tag{38}$$

Sie bedeutet — physikalisch gesprochen — die Darstellung einer beliebigen ebenen Welle, deren Ausbreitungsrichtung zur Zylinderachse senkrecht ist, als Überlagerung von elliptischen Zylinderwellen. Im Grenzfall $h \to 0$ entsteht natürlich die entsprechende Formel für die Zylinderfunktionen. (38) kann im übrigen auch aus der Entwicklung der Zylinderwelle 2.66., (23) abgeleitet werden, wenn man die Achse, von der sie ausgeht, ins Unendliche rücken läßt.

Besonders einfache Integralbeziehungen erhält man aus (37) in den Spezialfällen $\alpha = 0$, $\alpha = \pi/2$. Sie werden mit $z \to iz$ zu Integralgleichungen.

Die angeschriebenen Faktoren, d.h. Eigenwerte der Integralgleichungen erhält man dabei sofort, indem man — eventuell noch nach Differentiation — $z = 0$ oder $z = \pi/2$ einsetzt:

$$\frac{2}{\pi} \int_0^{\pi/2} \cos\left(2h \cos z \cos t\right) \mathrm{ce}_{2n}(t; h^2)\, dt = \frac{A_0^{2n}(h^2)}{\mathrm{ce}_{2n}\left(\dfrac{\pi}{2}; h^2\right)}\, \mathrm{ce}_{2n}(z; h^2),$$

$$\frac{2}{\pi} \int_0^{\pi/2} \mathrm{Cos}\left(2h \sin z \sin t\right) \mathrm{ce}_{2n}(t; h^2)\, dt = \frac{A_0^{2n}(h^2)}{\mathrm{ce}_{2n}(0; h^2)}\, \mathrm{ce}_{2n}(z; h^2),$$

$$\frac{2}{\pi} \int_0^{\pi/2} \sin\left(2h \cos z \cos t\right) \mathrm{ce}_{2n+1}(t; h^2)\, dt = -\frac{h\, A_1^{2n+1}(h^2)}{\mathrm{ce}'_{2n+1}\left(\dfrac{\pi}{2}; h^2\right)}\, \mathrm{ce}_{2n+1}(z; h^2),$$

$$\frac{2}{\pi} \int_0^{\pi/2} \cos z \cos t\, \mathrm{Cos}\left(2h \sin z \sin t\right) \mathrm{ce}_{2n+1}(t; h^2)\, dt = \frac{A_1^{2n+1}(h^2)}{2\, \mathrm{ce}_{2n+1}(0; h^2)}\, \mathrm{ce}_{2n+1}(z; h^2),$$

$$\frac{2}{\pi} \int_0^{\pi/2} \mathrm{Sin}\left(2h \sin z \sin t\right) \mathrm{se}_{2n+1}(t; h^2)\, dt = \frac{h\, B_1^{2n+1}(h^2)}{\mathrm{se}'_{2n+1}(0; h^2)}\, \mathrm{se}_{2n+1}(z; h^2),$$

$$\frac{2}{\pi} \int_0^{\pi/2} \sin z \sin t \cos\left(2h \cos z \cos t\right) \mathrm{se}_{2n+1}(t; h^2)\, dt = \frac{B_1^{2n+1}(h^2)}{2\, \mathrm{se}_{2n+1}\left(\dfrac{\pi}{2}; h^2\right)}\, \mathrm{se}_{2n+1}(z; h^2),$$

$$\frac{2}{\pi} \int_0^{\pi/2} \sin z \sin t \sin\left(2h \cos z \cos t\right) \mathrm{se}_{2n+2}(t; h^2)\, dt = \frac{-\, h\, B_2^{2n+2}(h^2)}{2\, \mathrm{se}'_{2n+2}\left(\dfrac{\pi}{2}; h^2\right)}\, \mathrm{se}_{2n+2}(z; h^2),$$

$$\frac{2}{\pi} \int_0^{\pi/2} \cos z \cos t\, \mathrm{Sin}\left(2h \sin z \sin t\right) \mathrm{se}_{2n+2}(t; h^2)\, dt = \frac{h\, B_2^{2n+2}(h^2)}{2\, \mathrm{se}'_{2n+2}(0; h^2)}\, \mathrm{se}_{2n+2}(z; h^2).$$

$$(39)$$

Entwicklungen der Eigenwerte der ersten, dritten, sechsten und siebten Integralgleichung in (39) für kleine h und große reelle h, sowie numerische Werte finden sich bei Sips [5].

Hier wie auch bei den aus 2.66., (25) folgenden Integralgleichungen erkennt man auf Grund der Entwicklungssätze sofort, daß die angegebenen Mathieuschen Funktionen die Gesamtheit der Eigenfunktionen darstellen. In üblicher Weise lassen sich daher leicht beliebig viele Summenformeln mit den zugehörigen Eigenwerten ableiten. Man hat nur die Bilinearformeln für den Kern und seine Iterierten zu benutzen und zu integrieren, die Differentialgleichung anzuwenden und bzw. oder spezielle Werte einzusetzen.

Durch andere Spezialisierung $[\eta' = \eta'' = \alpha = 0$ in (33) und (34) und Addition bzw. Subtraktion der für ν und $-\nu$ entstehenden Formeln] ergibt sich

$$\int\limits_0^\infty e^{2\,i\,h\,\mathrm{Cos}\,z\,\mathrm{Cos}\,u}\,\mathrm{Ce}_\nu\,u\,du = \frac{\pi\,i}{2}\,e^{i\,\nu\frac{\pi}{2}}\,\mathrm{Ce}_\nu\,0 \cdot M_\nu^{(3)}(z;h),$$

$$\int\limits_0^\infty e^{2\,i\,h\,\mathrm{Cos}\,z\,\mathrm{Cos}\,u}\,\mathrm{Sin}\,z\,\mathrm{Sin}\,u\,\mathrm{Se}_\nu\,u\,du = -\frac{\pi}{4\,h}\,e^{i\,\nu\frac{\pi}{2}}\,\mathrm{Se}_\nu'\,0 \cdot M_\nu^{(3)}(z;h)$$

$$(0 < \arg\,[h\,(\mathrm{Cos}\,z \pm 1)] < \pi).$$

Diese Formeln bleiben richtig, wenn man i durch $-i$, $M_\nu^{(3}$ durch $M_\nu^{(4)}$ und den Gültigkeitsbereich durch $-\pi < \arg\,[h\,(\mathrm{Cos}\,z \pm 1)] < 0$ ersetzt.

2.7. Die Funktionen ganzer Ordnung.

2.71. Die Funktionen $\mathrm{ce}_m(z;h^2)$, $\mathrm{se}_m(z;h^2)$. Wir geben eine Zusammenstellung von Formeln und Sätzen. Für die Beweise vergleiche man **2.2.** insbesondere **2.23.**

Die MATHIEUschen Funktionen ganzer Ordnung erster Art, $\mathrm{ce}_m(z;h^2)$, $\mathrm{se}_m(z;h^2)$ sind die $2\,\pi$-periodischen Lösungen der MATHIEUschen Differentialgleichung

$$y''(z) + (\lambda - 2h^2\cos 2z)\,y(z) = 0. \tag{1}$$

Sie gehören zu den Parameterwerten

$$\lambda = a_m(h^2) \qquad (m = 0, 1, 2, \ldots),$$
$$\lambda = b_m(h^2) \qquad (m = 1, 2, 3, \ldots)$$

(vgl. **2.22.**, **2.23.**) und zerfallen in die vier Klassen

$$\left. \begin{aligned}
\text{(I)} \qquad & \mathrm{ce}_{2n}(z;h^2) = \sum_{r=0}^\infty A_{2r}^{2n}(h^2)\cos 2r\,z, \\[2ex]
\text{(II)} \qquad & \mathrm{ce}_{2n+1}(z;h^2) = \sum_{r=0}^\infty A_{2r+1}^{2n+1}(h^2)\cos (2r+1)z, \\[2ex]
\text{(III)} \qquad & \mathrm{se}_{2n+1}(z;h^2) = \sum_{r=0}^\infty B_{2r+1}^{2n+1}(h^2)\sin (2r+1)z, \\[2ex]
\text{(IV)} \qquad & \mathrm{se}_{2n+2}(z;h^2) = \sum_{r=0}^\infty B_{2r+2}^{2n+2}(h^2)\sin (2r+2)z.
\end{aligned} \right\} \tag{2}$$

Sie sind, solange der betreffende Eigenwert von allen übrigen derselben Klasse verschieden ist, eindeutig festgelegt als regulär analytische Funktionen von z, h^2 mit

$$\left.\begin{aligned}
\mathrm{ce}_0(z;0) &= 2^{-\frac{1}{2}} \\
\mathrm{ce}_k(z;0) &= \cos kz, \qquad \mathrm{se}_k(z;0) = \sin kz \qquad (k = 1, 2, 3, \ldots)
\end{aligned}\right\} \tag{3}$$

und

$$\int_0^{2\pi} \mathrm{ce}_m^2(z;h^2)\,dz = \int_0^{2\pi} \mathrm{se}_m^2(z;h^2)\,dz = \pi. \tag{4}$$

Die Bezeichnungen ce, se stammen von Whittaker. Sie erinnern mit dem ersten Buchstaben an cos und sin und weisen mit dem zweiten darauf hin, daß es sich um Funktionen des elliptischen Zylinders handelt.

(3) und (4) bedeuten für die Koeffizienten in (2), die gleichzeitig mit den Funktionen in h^2 regulär sind,

$$\left.\begin{aligned}
2(A_0^{2n})^2 + \sum_{r=1}^{\infty}(A_{2r}^{2n})^2 = 1, \qquad \sum_{r=0}^{\infty}(A_{2r+1}^{2n+1})^2 = 1, \\
\sum_{r=0}^{\infty}(B_{2r+1}^{2n+1})^2 = 1, \qquad \sum_{r=0}^{\infty}(B_{2r+2}^{2n+2})^2 = 1
\end{aligned}\right\} \tag{5}$$

und

$$A_k^m(0) = B_k^m(0) = \left\{\begin{aligned}
2^{-\frac{1}{2}} & \qquad (k = m = 0) \\
1 & \qquad (k = m \neq 0) \\
0 & \qquad (k \neq m).
\end{aligned}\right\} \tag{6}$$

Die Koeffizienten genügen den Rekursionsformeln

$$\left.\begin{aligned}
&\lambda A_0 - h^2 A_2 = 0, \\
&(\lambda - 4)A_2 - h^2(2A_0 + A_4) = 0, \\
&(\lambda - 4r^2)A_{2r} - h^2(A_{2r-2} + A_{2r+2}) = 0 \qquad (r = 2, 3, 4, \ldots); \\
&\lambda = a_{2n}(h^2), \qquad A_{2r} = A_{2r}^{2n}(h^2).
\end{aligned}\right\} \tag{7.I}$$

$$\left.\begin{aligned}
&(\lambda - 1 - h^2)A_1 - h^2 A_3 = 0, \\
&(\lambda - (2r+1)^2)A_{2r+1} - h^2(A_{2r-1} + A_{2r+3}) = 0 \qquad (r = 1, 2, 3, \ldots); \\
&\lambda = a_{2n+1}(h^2), \qquad A_{2r+1} = A_{2r+1}^{2n+1}(h^2).
\end{aligned}\right\} \tag{7.II}$$

$$\left.\begin{aligned}
&(\lambda - 1 + h^2)B_1 - h^2 B_3 = 0, \\
&(\lambda - (2r+1)^2)B_{2r+1} - h^2(B_{2r-1} + B_{2r+3}) = 0 \qquad (r = 1, 2, 3, \ldots); \\
&\lambda = b_{2n+1}(h^2), \qquad B_{2r+1} = B_{2r+1}^{2n+1}(h^2).
\end{aligned}\right\} \tag{7.III}$$

$$\left.\begin{aligned}
&(\lambda - 4)B_2 - h^2 B_4 = 0, \\
&(\lambda - 4r^2)B_{2r} - h^2(B_{2r-2} + B_{2r+2}) = 0 \qquad (r = 2, 3, 4, \ldots); \\
&\lambda = b_{2n+2}(h^2), \qquad B_{2r+2} = B_{2r+2}^{2n+2}(h^2).
\end{aligned}\right\} \tag{7.IV}$$

Es gelten die Orthogonalitätsrelationen

$$\text{(I)} \qquad \frac{4}{\pi} \int_0^{\pi/2} \mathrm{ce}_{2j}(z; h^2)\, \mathrm{ce}_{2k}(z; h^2)\, dz = \delta_{jk},$$

$$\text{(II)} \qquad \frac{4}{\pi} \int_0^{\pi/2} \mathrm{ce}_{2j+1}(z; h^2)\, \mathrm{ce}_{2k+1}(z; h^2)\, dz = \delta_{jk},$$

$$\text{(III)} \qquad \frac{4}{\pi} \int_0^{\pi/2} \mathrm{se}_{2j+1}(z; h^2)\, \mathrm{se}_{2k+1}(z; h^2)\, dz = \delta_{jk},$$

$$\text{(IV)} \qquad \frac{4}{\pi} \int_0^{\pi/2} \mathrm{se}_{2j+2}(z; h^2)\, \mathrm{se}_{2k+2}(z; h^2)\, dz = \delta_{jk}. \tag{8}$$

Bei der Substitution $h^2 \to - h^2$ gilt

$$\mathrm{ce}_{2n}(z; -h^2) = (-1)^n\, \mathrm{ce}_{2n}\!\left(\frac{\pi}{2} - z; h^2\right),$$

$$\mathrm{ce}_{2n+1}(z; -h^2) = (-1)^n\, \mathrm{se}_{2n+1}\!\left(\frac{\pi}{2} - z; h^2\right),$$

$$\mathrm{se}_{2n+1}(z; -h^2) = (-1)^n\, \mathrm{ce}_{2n+1}\!\left(\frac{\pi}{2} - z; h^2\right),$$

$$\mathrm{se}_{2n+2}(z; -h^2) = (-1)^n\, \mathrm{se}_{2n+2}\!\left(\frac{\pi}{2} - z; h^2\right) \tag{9}$$

und

$$A_{2r}^{2n}(-h^2) = (-1)^{n-r} A_{2r}^{2n}(h^2),$$

$$A_{2r+1}^{2n+1}(-h^2) = (-1)^{n-r} B_{2r+1}^{2n+1}(h^2),$$

$$B_{2r+1}^{2n+1}(-h^2) = (-1)^{n-r} A_{2r+1}^{2n+1}(h^2),$$

$$B_{2r+2}^{2n+2}(-h^2) = (-1)^{n-r} B_{2r+2}^{2n+2}(h^2). \tag{10}$$

Entwicklungssätze: **2.28.**

Asymptotische Formeln $(n \to \infty)$: **2.26.**

Asymptotische Formeln $(h^2 \to \infty)$: **2.332.**

Integralgleichungen: **2.66.**, **2.68.**

Nullstellen: **2.81.**, **2.85.**

2.72. Die Funktionen zweiter Art: $\mathrm{fe}_m(z; h^2)$, $\mathrm{ge}_m(z; h^2)$. Als Funktionen ganzer Ordnung zweiter Art bezeichnen wir Lösungen zu $\lambda = a_m(h^2)$ bzw. $\lambda = b_m(h^2)$, die in z ungerade bzw. gerade sind, während ce_m, se_m gerade bzw. ungerade sind. Diese Zweitlösungen $(\not\equiv 0)$ sind abgesehen von $h^2 = 0$, $\lambda = n^2$ $(n = 1, 2, 3, \ldots)$ nach **2.21.**, Satz 2 nicht periodisch. Sie lassen sich nach **2.13.**, Satz 8 in der Form

$$\text{(I, II)} \qquad \mathrm{fe}_m(z; h^2) = C_m(h^2)\, [z\, \mathrm{ce}_m(z; h^2) + f_m(z; h^2)],$$

$$\text{(III, IV)} \qquad \mathrm{ge}_m(z; h^2) = S_m(h^2)\, [z\, \mathrm{se}_m(z; h^2) + g_m(z; h^2)] \tag{11}$$

darstellen, worin die Funktionen

$$f_{2n}(z;h^2),\quad f_{2n+1}(z;h^2),\quad g_{2n+1}(z;h^2),\quad g_{2n+2}(z;h^2)\qquad (n=0,1,2,\ldots)$$

der Reihe nach ganzperiodisch ungerade, halbperiodisch ungerade, halbperiodisch gerade, ganzperiodisch gerade sind, also den Randbedingungen (IV) bzw. (III) bzw. (II) bzw. (I) von **2.22.** genügen.

Diese Funktionen bzw. die Konstanten $C_m(h^2)$, $S_m(h^2)$ können auf verschiedene Weise normiert werden, z. B. durch Vorgabe von Anfangsbedingungen bei $z=0$ oder durch Festlegung quadratischer Mittelwerte. Eine zweckmäßige Normierung wird stets die folgenden Forderungen erfüllen:

$$\mathrm{fe}_m(z;h^2),\quad \mathrm{ge}_m(z;h^2),\quad C_m(h^2),\quad S_m(h^2)$$

sind in Umgebung der reellen h^2-Achse regulär analytische Funktionen von h^2, und es ist

$$C_m(h^2)\neq 0,\quad S_m(h^2)\neq 0\quad\text{für}\quad h^2\neq 0;$$

$$\left.\begin{aligned}
C_{2n}(-h^2) &= C_{2n}(h^2),\\
C_{2n+1}(-h^2) &= S_{2n+1}(h^2),\\
S_{2n+2}(-h^2) &= S_{2n+2}(h^2);
\end{aligned}\right\} \tag{12}$$

$$\left.\begin{aligned}
\mathrm{fe}_k(z;0) &= \sin kz,\quad \mathrm{ge}_k(z;0)=\cos kz\qquad (k=1,2,3,\ldots),\\
\mathrm{fe}_0(z;0) &= z.
\end{aligned}\right\} \tag{13}$$

Diese Forderungen nehmen wir im folgenden als erfüllt an; auf die Zugrundelegung einer eindeutigen Normierung wird verzichtet.

Einsetzen in die Mathieusche Differentialgleichung ergibt für die Funktionen f_m, g_m die Gleichungen

$$\left.\begin{aligned}
\text{(I, II)}\quad & f_m''(z;h^2)+\bigl(a_m(h^2)-2h^2\cos 2z\bigr)\,f_m(z;h^2)=-2\,\mathrm{ce}_m(z;h^2),\\
\text{(III, IV)}\quad & g_m''(z;h^2)+\bigl(b_m(h^2)-2h^2\cos 2z\bigr)\,g_m(z;h^2)=-2\,\mathrm{se}_m'(z;h^2).
\end{aligned}\right\} \tag{14}$$

Hieraus folgen zwei Methoden zur Berechnung der Funktionen: Man kann sie entweder in Fourier-Reihen oder in Reihen nach Mathieuschen Funktionen erster Art entwickeln.

Entwicklungen in Fourier-Reihen.

Wir schreiben für $h^2\neq 0$

$$\left.\begin{aligned}
\text{(I)}\qquad & f_{2n}(z;h^2)=\sum_{r=0}^{\infty} f_{2r+2}^{2n}(h^2)\sin(2r+2)z,\\
\text{(II)}\qquad & f_{2n+1}(z;h^2)=\sum_{r=0}^{\infty} f_{2r+1}^{2n+1}(h^2)\sin(2r+1)z,\\
\text{(III)}\qquad & g_{2n+1}(z;h^2)=\sum_{r=0}^{\infty} g_{2r+1}^{2n+1}(h^2)\cos(2r+1)z,\\
\text{(IV)}\qquad & g_{2n+2}(z;h^2)=\sum_{r=0}^{\infty} g_{2r}^{2n+2}(h^2)\cos 2r z
\end{aligned}\right\} \tag{15}$$

und erhalten durch Einsetzen in (14) — die Indizes $2n$, $2n+1$, $2n+1$, $2n+2$ sind hier der Einfachheit halber weggelassen — die Rekursionssysteme

$$
\text{(I)}\quad
\begin{cases}
(a-4)\,f_2 - h^2 f_4 = 4A_2, \\
(a-4r^2)\,f_{2r} - h^2(f_{2r-2}+f_{2r+2}) = 4r\,A_{2r} \quad (r \geq 2);
\end{cases}
$$

$$
\text{(II)}\quad
\begin{cases}
(a-1+h^2)\,f_1 - h^2 f_3 = 2A_1, \\
[a-(2r+1)^2]\,f_{2r+1} - h^2(f_{2r-1}+f_{2r+3}) = 2(2r+1)\,A_{2r+1} \quad (r \geq 1);
\end{cases}
$$

$$
\text{(III)}\quad
\begin{cases}
(b-1-h^2)\,g_1 - h^2 g_3 = -2B_1, \\
[b-(2r+1)^2]\,g_{2r+1} - h^2(g_{2r-1}+g_{2r+3}) = -2(2r+1)\,B_{2r+1} \quad (r \geq 1);
\end{cases}
$$

$$
\text{(IV)}\quad
\begin{cases}
b\,g_0 - h^2 g_2 = 0, \\
(b-4)\,g_2 - h^2(2g_0 + g_4) = -4B_2, \\
(b-4r^2)\,g_{2r} - h^2(g_{2r-2}+g_{2r+2}) = -4r\,B_{2r} \quad (r \geq 2).
\end{cases}
\tag{16}
$$

Kombiniert man sie mit **2.71.**, (7), so folgt durch kreuzweise Multiplikation und Subtraktion, sowie nachfolgende Addition der entstehenden Gleichungen bei Beachtung von $f_k^m \to 0$, $g_k^m \to 0$ für $k \to +\infty$

$$
\text{(I)}\quad
\begin{cases}
h^2 A_0 f_2 = 2A_2^2 + 4A_4^2 + 6A_6^2 + \cdots, \\
\tfrac{1}{2}h^2(A_{2r-2}f_{2r} - A_{2r}f_{2r-2}) = 2r\,A_{2r}^2 + (2r+2)A_{2r+2}^2 + \cdots \quad (r \geq 2);
\end{cases}
$$

$$
\text{(II)}\quad
\begin{cases}
h^2 A_1 f_1 = A_1^2 + 3A_3^2 + 5A_5^2 + \cdots, \\
\tfrac{1}{2}h^2(A_{2r-1}f_{2r+1} - A_{2r+1}f_{2r-1}) \\
\qquad = (2r+1)A_{2r+1}^2 + (2r+3)A_{2r+3}^2 + \cdots \quad (r \geq 1);
\end{cases}
$$

$$
\text{(III)}\quad
\begin{cases}
h^2 B_1 g_1 = B_1^2 + 3B_3^2 + 5B_5^2 + \cdots, \\
\tfrac{1}{2}h^2(B_{2r-1}g_{2r+1} - B_{2r+1}g_{2r-1}) \\
\qquad = -(2r+1)B_{2r+1}^2 - (2r+3)B_{2r+3}^2 - \cdots \quad (r \geq 1);
\end{cases}
$$

$$
\text{(IV)}\quad
\begin{cases}
h^2 B_2 g_0 = 2B_2^2 + 4B_4^2 + 6B_6^2 + \cdots, \\
\tfrac{1}{2}h^2(B_{2r-2}g_{2r} - B_{2r}g_{2r-2}) = -2r\,B_{2r}^2 - (2r+2)B_{2r+2}^2 - \cdots \quad (r \geq 2).
\end{cases}
\tag{17}
$$

Dabei ist wieder

$$
A_{2r} = A_{2r}^{2n}, \qquad A_{2r}^2 = (A_{2r}^{2n})^2 \quad \text{usw.}
$$

Hieraus lassen sich wegen $A_0 \neq 0$, $A_1 \neq 0$, $B_1 \neq 0$, $B_2 \neq 0$ die ersten Koeffizienten f_2, f_1, g_1, g_0 und mit (16) oder (17) rekursiv die übrigen berechnen.

Aus den Rekursionsformeln folgt:

$$\left.\begin{aligned}
4r^2 \frac{f_{2r+2}}{f_{2r}} &\to -h^2, & \log r \cdot \frac{f_{2r}}{A_{2r}} &\to -1, \\
4r^2 \frac{f_{2r+1}}{f_{2r-1}} &\to -h^2, & \log r \cdot \frac{f_{2r+1}}{A_{2r+1}} &\to -1, \\
4r^2 \frac{g_{2r+1}}{g_{2r-1}} &\to -h^2, & \log r \cdot \frac{g_{2r+1}}{B_{2r+1}} &\to -1, \\
4r^2 \frac{g_{2r}}{g_{2r-2}} &\to -h^2, & \log r \cdot \frac{g_{2r+2}}{B_{2r+2}} &\to -1.
\end{aligned}\right\} \quad (r \to +\infty) \quad (18)$$

Wir führen den Beweis für die erste Zeile: Nach **2.21.**, Satz 4 gilt bei $r \to +\infty$

$$4r^2 \frac{A_{2r}}{A_{2r-2}} \to -h^2. \tag{*}$$

Beachtet man dies und dividiert (17) (I) mit A_{2r}, A_{2r-2}, so folgt

$$r\left(\frac{f_{2r}}{A_{2r}} - \frac{f_{2r-2}}{A_{2r-2}}\right) \to -1. \tag{$\overset{*}{*}$}$$

Hieraus ergibt sich durch Summation wegen des bekannten Zusammenhangs der harmonischen Reihe mit dem Logarithmus die zweite Behauptung

$$\log r \cdot \frac{f_{2r}}{A_{2r}} \to -1.$$

Dividiert man unter Beachtung dieser Tatsachen $\left(\overset{*}{*}\right)$ mit $\log r \cdot \frac{f_{2r-2}}{A_{2r-2}}$, so folgt

$$\frac{r}{\log r}\left(\frac{f_{2r}}{A_{2r}} \frac{A_{2r-2}}{f_{2r-2}} - 1\right) \to 1,$$

also erst recht

$$\frac{f_{2r}}{f_{2r-2}} \cdot \frac{A_{2r-2}}{A_{2r}} \to 1,$$

was mit (*) die erste Behauptung liefert.

Ferner ist zusammen mit **2.71.**, (9), (10) ersichtlich:

$$\left.\begin{aligned}
f_{2r+2}^{2n}(-h^2) &= (-1)^{n-r-1} f_{2r+2}^{2n}(h^2), \\
f_{2r+1}^{2n+1}(-h^2) &= (-1)^{n-r-1} g_{2r+1}^{2n+1}(h^2), \\
g_{2r}^{2n+2}(-h^2) &= (-1)^{n-r-1} g_{2r}^{2n+2}(h^2).
\end{aligned}\right\} \quad (19)$$

Hieraus folgen die Relationen

$$\left.\begin{aligned}
\text{(I)}\quad &\mathrm{fe}_{2n}(z;-h^2) \\
&= (-1)^n C_{2n}(h^2) \frac{\pi}{2} \mathrm{ce}_{2n}\left(\frac{\pi}{2}-z;h^2\right) - (-1)^n \mathrm{fe}_{2n}\left(\frac{\pi}{2}-z;h^2\right), \\
\text{(II)}\quad &\mathrm{fe}_{2n+1}(z;-h^2) \\
&= (-1)^n S_{2n+1}(h^2) \frac{\pi}{2} \mathrm{se}_{2n+1}\left(\frac{\pi}{2}-z;h^2\right) - (-1)^n \mathrm{ge}_{2n+1}\left(\frac{\pi}{2}-z;h^2\right), \\
\text{(III)}\quad &\mathrm{ge}_{2n+1}(z;-h^2) \\
&= (-1)^n C_{2n+1}(h^2) \frac{\pi}{2} \mathrm{ce}_{2n+1}\left(\frac{\pi}{2}-z;h^2\right) - (-1)^n \mathrm{fe}_{2n+1}\left(\frac{\pi}{2}-z;h^2\right), \\
\text{(IV)}\quad &\mathrm{ge}_{2n+2}(z;-h^2) \\
&= (-1)^n S_{2n+2}(h^2) \frac{\pi}{2} \mathrm{se}_{2n+2}\left(\frac{\pi}{2}-z;h^2\right) - (-1)^n \mathrm{ge}_{2n+2}\left(\frac{\pi}{2}-z;h^2\right).
\end{aligned}\right\} \quad (20)$$

Wir geben den Beweis der dritten Gleichung:

$$\mathrm{ge}_{2n+1}(z;-h^2) = S_{2n+1}(-h^2)\Big[z\,\mathrm{se}_{2n+1}(z;-h^2) + \sum_{r=0}^{\infty} g_{2r+1}^{2n+1}(-h^2)\cos(2r+1)z\Big]$$

$$= C_{2n+1}(h^2)\Big[z(-1)^n \mathrm{ce}_{2n+1}\Big(\frac{\pi}{2}-z;h^2\Big) + \sum_{r=0}^{\infty}(-1)^{n-r-1} f_{2r+1}^{2n+1}(h^2)\cos(2r+1)z\Big]$$

$$= (-1)^n C_{2n+1}(h^2)\,\frac{\pi}{2}\,\mathrm{ce}_{2n+1}\Big(\frac{\pi}{2}-z;h^2\Big) - (-1)^n C_{2n+1}(h^2)\times$$

$$\times\Big[\Big(\frac{\pi}{2}-z\Big)\mathrm{ce}_{2n+1}\Big(\frac{\pi}{2}-z;h^2\Big) + \sum_{r=0}^{\infty} f_{2r+1}^{2n+1}(h^2)\sin(2r+1)\Big(\frac{\pi}{2}-z\Big)\Big].$$

Dabei sind **2.71.**, (9) und die Normierungsverabredung (12) zu benutzen.

Für $h^2\to 0$ liest man aus den Rekursionsformeln ab

$$\left.\begin{array}{l} f_{m\pm 2s}^m(h^2) = O(h^{-2m+2s}) \\[4pt] g_{m\pm 2s}^m(h^2) = O(h^{-2m+2s}) \end{array}\right\} \qquad (s\geq 0). \qquad (21)$$

Wegen der Normierungsforderung (13) gilt dabei

$$\left.\begin{array}{l} C_m(h^2)\,f_m^m(h^2) \to 1\,, \\[4pt] S_m(h^2)\,g_m^m(h^2) \to 1\,. \end{array}\right\} \qquad (22)$$

Entwicklungen nach 2π-periodischen MATHIEU*schen Funktionen.*

Wir knüpfen wieder an (14) an und bemerken, daß die Funktionen

$$\mathrm{ce}_{2n}'(z;h^2)\,, \qquad \mathrm{ce}_{2n+1}'(z;h^2)\,, \qquad \mathrm{se}_{2n+1}'(z;h^2)\,, \qquad \mathrm{se}_{2n+2}'(z;h^2)$$

sowie die Funktionen

$$f_{2n}(z;h^2)\,, \qquad f_{2n+1}(z;h^2)\,, \qquad g_{2n+1}(z;h^2)\,, \qquad g_{2n+2}(z;h^2)$$

der Reihe nach den Randbedingungen (IV), (III), (II), (I) genügen. Wir entwickeln daher

$$\left.\begin{array}{l} -2\,\mathrm{ce}_{2n}'(z;h^2) = \displaystyle\sum_{\sigma=0}^{\infty} \varphi_{2\sigma+2}^{2n}(h^2)\,\mathrm{se}_{2\sigma+2}(z;h^2)\,, \\[14pt] -2\,\mathrm{ce}_{2n+1}'(z;h^2) = \displaystyle\sum_{\sigma=0}^{\infty} \varphi_{2\sigma+1}^{2n+1}(h^2)\,\mathrm{se}_{2\sigma+1}(z;h^2)\,, \\[14pt] -2\,\mathrm{se}_{2n+1}'(z;h^2) = \displaystyle\sum_{\sigma=0}^{\infty} \psi_{2\sigma+1}^{2n+1}(h^2)\,\mathrm{ce}_{2\sigma+1}(z;h^2)\,, \\[14pt] -2\,\mathrm{se}_{2n+2}'(z;h^2) = \displaystyle\sum_{\sigma=0}^{\infty} \psi_{2\sigma}^{2n+2}(h^2)\,\mathrm{ce}_{2\sigma}(z;h^2)\,. \end{array}\right\} \qquad (23)$$

Zugelassen sind nach **2.28.** alle Werte h^2, für die die auftretenden normierten Funktionen ce_m, se_m definiert sind.

Aus (14) und den zugehörigen Randbedingungen folgt nun

$$\left.\begin{aligned}
f_{2n}(z;h^2) &= \sum_{\sigma=0}^{\infty} \frac{\varphi_{2\sigma+2}^{2n}(h^2)}{a_{2n}(h^2)-b_{2\sigma+2}(h^2)}\, se_{2\sigma+2}(z;h^2)\,,\\[2ex]
f_{2n+1}(z;h^2) &= \sum_{\sigma=0}^{\infty} \frac{\varphi_{2\sigma+1}^{2n+1}(h^2)}{a_{2n+1}(h^2)-b_{2\sigma+1}(h^2)}\, se_{2\sigma+1}(z;h^2)\,,\\[2ex]
g_{2n+1}(z;h^2) &= \sum_{\sigma=0}^{\infty} \frac{\psi_{2\sigma+1}^{2n+1}(h^2)}{b_{2n+1}(h^2)-a_{2\sigma+1}(h^2)}\, ce_{2\sigma+1}(z;h^2)\,,\\[2ex]
g_{2n+2}(z;h^2) &= \sum_{\sigma=0}^{\infty} \frac{\psi_{2\sigma}^{2n+2}(h^2)}{b_{2n+2}(h^2)-a_{2\sigma}(h^2)}\, ce_{2\sigma}(z;h^2)\,.
\end{aligned}\right\} \qquad (24)$$

Die Koeffizienten φ und ψ lassen sich durch die Koeffizienten A_k^m, B_k^m ausdrücken:

$$\left.\begin{aligned}
\varphi_{2\sigma+2}^{2n}(h^2) &= -\frac{8}{\pi}\int_0^{\pi/2} ce'_{2n}(z;h^2)\, se_{2\sigma+2}(z;h^2)\,dz\\
&\qquad = 2\sum_{\varrho=0}^{\infty}(2\varrho+2)\,A_{2\varrho+2}^{2n}(h^2)\,B_{2\varrho+2}^{2\sigma+2}(h^2)\,,\\[2ex]
\varphi_{2\sigma+1}^{2n+1}(h^2) &= -\frac{8}{\pi}\int_0^{\pi/2} ce'_{2n+1}(z;h^2)\, se_{2\sigma+1}(z;h^2)\,dz\\
&\qquad = 2\sum_{\varrho=0}^{\infty}(2\varrho+1)\,A_{2\varrho+1}^{2n+1}(h^2)\,B_{2\varrho+1}^{2\sigma+1}(h^2)\,,\\[2ex]
\psi_{2\sigma+1}^{2n+1}(h^2) &= -\frac{8}{\pi}\int_0^{\pi/2} se'_{2n+1}(z;h^2)\, ce_{2\sigma+1}(z;h^2)\,dz\\
&\qquad = -2\sum_{\varrho=0}^{\infty}(2\varrho+1)\,B_{2\varrho+1}^{2n+1}(h^2)\,A_{2\varrho+1}^{2\sigma+1}(h^2)\,,\\[2ex]
\psi_{2\sigma}^{2n+2}(h^2) &= -\frac{8}{\pi}\int_0^{\pi/2} se'_{2n+2}(z;h^2)\, ce_{2\sigma}(z;h^2)\,dz\\
&\qquad = -2\sum_{\varrho=0}^{\infty}(2\varrho+2)\,B_{2\varrho+2}^{2n+2}(h^2)\,A_{2\varrho+2}^{2\sigma}(h^2)\,;
\end{aligned}\right\} \qquad (25)$$

man hat offenbar

$$\varphi_m^k(h^2) = -\psi_k^m(h^2)\,.$$

Andererseits lassen sich die FOURIER-Koeffizienten (15) durch die Koeffizienten φ, ψ, A, B ausdrücken:

$$\begin{aligned}
f^{2n}_{2r+2}(h^2) &= \sum_{\sigma=0}^{\infty} \frac{\varphi^{2n}_{2\sigma+2}(h^2)\, B^{2\sigma+2}_{2r+2}(h^2)}{a_{2n}(h^2) - b_{2\sigma+2}(h^2)}\,, \\[2mm]
f^{2n+1}_{2r+1}(h^2) &= \sum_{\sigma=0}^{\infty} \frac{\varphi^{2n+1}_{2\sigma+1}(h^2)\, B^{2\sigma+1}_{2r+1}(h^2)}{a_{2n+1}(h^2) - b_{2\sigma+1}(h^2)}\,, \\[2mm]
g^{2n+1}_{2r+1}(h^2) &= \sum_{\sigma=0}^{\infty} \frac{\psi^{2n+1}_{2\sigma+1}(h^2)\, A^{2\sigma+1}_{2r+1}(h^2)}{b_{2n+1}(h^2) - a_{2\sigma+1}(h^2)}\,, \\[2mm]
g^{2n+2}_{2r}(h^2) &= \sum_{\sigma=0}^{\infty} \frac{\psi^{2n+2}_{2\sigma}(h^2)\, A^{2\sigma}_{2r}(h^2)}{b_{2n+2}(h^2) - a_{2\sigma}(h^2)}\,.
\end{aligned} \qquad (26)$$

Durch Kombination von (26) mit (25) ergeben sich explizite Ausdrücke für diese Koeffizienten, die nur die Koeffizienten A, B und die Eigenwerte a, b enthalten, so z.B.

$$f^{2n}_{2r+2}(h^2) = 4 \sum_{\varrho,\sigma=0}^{\infty} \frac{(\varrho+1)\, A^{2n}_{2\varrho+2}(h^2)\, B^{2\sigma+2}_{2\varrho+2}(h^2)\, B^{2\sigma+2}_{2r+2}(h^2)}{a_{2n}(h^2) - b_{2\sigma+2}(h^2)}\,.$$

Zum Schluß notieren wir noch die aus (11) unmittelbar folgenden Formeln

$$\begin{aligned}
\mathrm{fe}_{2n}(z+p\,\pi; h^2) &= \mathrm{fe}_{2n}(z; h^2) + C_{2n}(h^2)\, p\,\pi\, \mathrm{ce}_{2n}(z; h^2)\,, \\
(-1)^p\, \mathrm{fe}_{2n+1}(z+p\,\pi; h^2) &= \mathrm{fe}_{2n+1}(z; h^2) + C_{2n+1}(h^2)\, p\,\pi\, \mathrm{ce}_{2n+1}(z; h^2)\,, \\
(-1)^p\, \mathrm{ge}_{2n+1}(z+p\,\pi; h^2) &= \mathrm{ge}_{2n+1}(z; h^2) + S_{2n+1}(h^2)\, p\,\pi\, \mathrm{se}_{2n+1}(z; h^2)\,, \\
\mathrm{ge}_{2n+2}(z+p\,\pi; h^2) &= \mathrm{ge}_{2n+2}(z; h^2) + S_{2n+2}(h^2)\, p\,\pi\, \mathrm{se}_{2n+2}(z; h^2)\,.
\end{aligned} \qquad (27)$$

2.73. Die modifizierten Funktionen ganzer Ordnung Ce_m, Se_m, Fe_m, Ge_m.

Aus jeder Lösung der MATHIEUschen Differentialgleichung gewinnt man eine Lösung der modifizierten MATHIEUschen Differentialgleichung

$$- y''(z) + (\lambda - 2h^2 \mathrm{Cos}\, 2z)\, y(z) = 0\,, \qquad (28)$$

indem man z durch iz ersetzt.

Wir führen die folgenden modifizierten MATHIEUschen Funktionen ein:

$$\begin{aligned}
\text{(I)} \quad & \mathrm{Ce}_{2n}(z; h^2) = \mathrm{ce}_{2n}(iz; h^2) = \sum_{r=0}^{\infty} A^{2n}_{2r}(h^2)\, \mathrm{Cos}\, 2rz\,, \\[2mm]
\text{(II)} \quad & \mathrm{Ce}_{2n+1}(z; h^2) = \mathrm{ce}_{2n+1}(iz; h^2) = \sum_{r=0}^{\infty} A^{2n+1}_{2r+1}(h^2)\, \mathrm{Cos}\,(2r+1)z\,, \\[2mm]
\text{(III)} \quad & \mathrm{Se}_{2n+1}(z; h^2) = -i\, \mathrm{se}_{2n+1}(iz; h^2) = \sum_{r=0}^{\infty} B^{2n+1}_{2r+1}(h^2)\, \mathrm{Sin}\,(2r+1)z\,, \\[2mm]
\text{(IV)} \quad & \mathrm{Se}_{2n+2}(z; h^2) = -i\, \mathrm{se}_{2n+2}(iz; h^2) = \sum_{r=0}^{\infty} B^{2n+2}_{2r+2}(h^2)\, \mathrm{Sin}\,(2r+2)z\,;
\end{aligned} \qquad (29)$$

13*

$$
\begin{aligned}
\text{(I)}\quad \mathrm{Fe}_{2n}(z;h^2) &= - i\,\mathrm{fe}_{2n}(iz;h^2) \\
&= C_{2n}(h^2)\left[z\,\mathrm{Ce}_{2n}(z;h^2) + \sum_{r=0}^{\infty} f^{2n}_{2r+2}(h^2)\,\mathrm{Sin}\,(2r+2)z\right],
\end{aligned}
$$

$$
\begin{aligned}
\text{(II)}\quad \mathrm{Fe}_{2n+1}(z;h^2) &= - i\,\mathrm{fe}_{2n+1}(iz;h^2) \\
&= C_{2n+1}(h^2)\left[z\,\mathrm{Ce}_{2n+1}(z;h^2) + \sum_{r=0}^{\infty} f^{2n+1}_{2r+1}(h^2)\,\mathrm{Sin}\,(2r+1)z\right],
\end{aligned}
$$

$$
\begin{aligned}
\text{(III)}\quad \mathrm{Ge}_{2n+1}(z;h^2) &= \mathrm{ge}_{2n+1}(iz;h^2) \\
&= S_{2n+1}(h^2)\left[-z\,\mathrm{Se}_{2n+1}(z;h^2) + \sum_{r=0}^{\infty} g^{2n+1}_{2r+1}(h^2)\,\mathrm{Cos}\,(2r+1)z\right],
\end{aligned}
$$

$$
\begin{aligned}
\text{(IV)}\quad \mathrm{Ge}_{2n+2}(z;h^2) &= \mathrm{ge}_{2n+2}(iz;h^2) \\
&= S_{2n+2}(h^2)\left[-z\,\mathrm{Se}_{2n+2}(z;h^2) + \sum_{r=0}^{\infty} g^{2n+2}_{2r}(h^2)\,\mathrm{Cos}\,(2r+2)z\right].
\end{aligned}
\tag{30}
$$

Die Eigenschaften dieser Funktionen lassen sich ohne weiteres aus den Eigenschaften der Funktionen ce, se, fe, ge ablesen. Insbesondere ist

$$
\left.\begin{aligned}
\mathrm{Ce}_m(z + i\,p\,\pi;h^2) &= (-1)^{mp}\,\mathrm{Ce}_m(z;h^2), \\
\mathrm{Se}_m(z + i\,p\,\pi;h^2) &= (-1)^{mp}\,\mathrm{Se}_m(z;h^2),
\end{aligned}\right\}
\tag{31}
$$

$$
\left.\begin{aligned}
(-1)^{mp}\,\mathrm{Fe}_m(z + i\,p\,\pi;h^2) &= \mathrm{Fe}_m(z:h^2) + i\,p\,\pi\,C_m(h^2)\,\mathrm{Ce}_m(z;h^2), \\
(-1)^{mp}\,\mathrm{Ge}_m(z + i\,p\,\pi;h^2) &= \mathrm{Ge}_m(z;h^2) - i\,p\,\pi\,S_m(h^2)\,\mathrm{Se}_m(z;h^2),
\end{aligned}\right\}
\tag{32}
$$

$$
\left.\begin{aligned}
\mathrm{Ce}_{2n}(z;-h^2) &= (-1)^n\,\mathrm{Ce}_{2n}\left(z + i\,\frac{\pi}{2};h^2\right), \\
\mathrm{Ce}_{2n+1}(z;-h^2) &= (-1)^n\,(-i)\,\mathrm{Se}_{2n+1}\left(z + i\,\frac{\pi}{2};h^2\right), \\
\mathrm{Se}_{2n+1}(z;-h^2) &= (-1)^n\,(-i)\,\mathrm{Ce}_{2n+1}\left(z + i\,\frac{\pi}{2};h^2\right), \\
\mathrm{Se}_{2n+2}(z;-h^2) &= -(-1)^n\,\mathrm{Se}_{2n+2}\left(z + i\,\frac{\pi}{2};h^2\right),
\end{aligned}\right\}
\tag{33}
$$

$$
\left.\begin{aligned}
\mathrm{Fe}_{2n}(z;-h^2) &= - i\,\frac{\pi}{2}\,(-1)^n\,C_{2n}(h^2)\,\mathrm{Ce}_{2n}\left(z + i\,\frac{\pi}{2};h^2\right) + \\
&\qquad\qquad + (-1)^n\,\mathrm{Fe}_{2n}\left(z + i\,\frac{\pi}{2};h^2\right), \\
\mathrm{Fe}_{2n+1}(z;-h^2) &= - \frac{\pi}{2}\,(-1)^n\,S_{2n+1}(h^2)\,\mathrm{Se}_{2n+1}\left(z + i\,\frac{\pi}{2};h^2\right) + \\
&\qquad\qquad + i(-1)^n\,\mathrm{Ge}_{2n+1}\left(z + i\,\frac{\pi}{2};h^2\right), \\
\mathrm{Ge}_{2n+1}(z;-h^2) &= \frac{\pi}{2}\,(-1)^n\,C_{2n+1}(h^2)\,\mathrm{Ce}_{2n+1}\left(z + i\,\frac{\pi}{2};h^2\right) + \\
&\qquad\qquad + i(-1)^n\,\mathrm{Fe}_{2n+1}\left(z + i\,\frac{\pi}{2};h^2\right), \\
\mathrm{Ge}_{2n+2}(z;-h^2) &= - i\,\frac{\pi}{2}\,(-1)^n\,S_{2n+2}(h^2)\,\mathrm{Se}_{2n+2}\left(z + i\,\frac{\pi}{2};h^2\right) - \\
&\qquad\qquad - (-1)^n\,\mathrm{Ge}_{2n+2}\left(z + i\,\frac{\pi}{2};h^2\right),
\end{aligned}\right\}
\tag{34}
$$

$$Ce_m(z;0) = \cos m z \quad (m \neq 0), \quad Ce_0(z;0) = 2^{-\frac{1}{2}}, \atop Se_m(z;0) = \sin m z \quad (m \neq 0), \quad\qquad \Bigg\} \quad (35)$$

$$Fe_m(z;0) = \sin m z \quad (m \neq 0), \quad Fe_0(z;0) = z, \atop Ge_m(z;0) = \cos m z \quad (m \neq 0). \qquad\quad \Bigg\} \quad (36)$$

2.74. Spezielle Werte der Funktionen ganzer Ordnung. In diesem Abschnitt stellen wir einige Funktionswerte der Funktionen ce, se, fe, ge und den Zusammenhang dieser Funktionen mit $y_{\mathrm{I}}(z)$ und $y_{\mathrm{II}}(z)$ zusammen. Ein Strich bedeutet immer die Ableitung nach dem Argument; also $ce_m'(z;h^2) = d\,ce_m(z;h^2)/dz$; $Fe_m'(z;h^2) = d\,Fe_m(z;h^2)/dz$.

Klasse I:

$$ce_{2n}(0;h^2) = Ce_{2n}(0;h^2) = \sum_{r=0}^{\infty} A_{2r}^{2n} \neq 0,$$

$$ce_{2n}'(0;h^2) = Ce_{2n}'(0;h^2) = 0,$$

$$ce_{2n}\left(\frac{\pi}{2};h^2\right) = Ce_{2n}\left(\pm\frac{i\pi}{2};h^2\right) = \sum_{r=0}^{\infty}(-1)^r A_{2r}^{2n} \neq 0,$$

$$ce_{2n}'\left(\frac{\pi}{2};h^2\right) = Ce_{2n}'\left(\pm\frac{i\pi}{2};h^2\right) = 0;$$

$$fe_{2n}(0;h^2) = Fe_{2n}(0;h^2) = 0,$$

$$fe_{2n}'(0;h^2) = Fe_{2n}'(0;h^2) = C_{2n}\left[\sum_{r=0}^{\infty}A_{2r}^{2n} + \sum_{r=0}^{\infty}(2r+2)\,f_{2r+2}^{2n}\right],$$

$$fe_{2n}\left(\frac{\pi}{2};h^2\right) = -i\,Fe_{2n}\left(\frac{i\pi}{2};h^2\right) = C_{2n}\frac{\pi}{2}\sum_{r=0}^{\infty}(-1)^r A_{2r}^{2n},$$

$$fe_{2n}'\left(\frac{\pi}{2};h^2\right) = Fe_{2n}'\left(\frac{i\pi}{2};h^2\right) = C_{2n}\left[\sum_{r=0}^{\infty}(-1)^r A_{2r}^{2n} - \sum_{r=0}^{\infty}(-1)^r(2r+2)\,f_{2r+2}^{2n}\right];$$

$$y_{\mathrm{I}}(z) = ce_{2n}(z;h^2)/ce_{2n}(0;h^2),$$

$$y_{\mathrm{II}}(z) = fe_{2n}(z;h^2)/fe_{2n}'(0;h^2),$$

$$y_{\mathrm{I}}(\pi) = y_{\mathrm{II}}'(\pi) = +1,$$

$$y_{\mathrm{I}}'(\pi) = 0,$$

$$y_{\mathrm{II}}(\pi) = \pi\,\frac{ce_{2n}(0;h^2)}{ce_{2n}(0;h^2) + \sum\limits_{r=0}^{\infty}(2r+2)\,f_{2r+2}^{2n}}.$$

Klasse II:

$$\mathrm{ce}_{2n+1}(0;h^2) = \mathrm{Ce}_{2n+1}(0;h^2) = \sum_{r=0}^{\infty} A_{2r+1}^{2n+1} \neq 0,$$

$$\mathrm{ce}'_{2n+1}(0;h^2) = \mathrm{Ce}'_{2n+1}(0;h^2) = 0,$$

$$\mathrm{ce}_{2n+1}\left(\frac{\pi}{2};h^2\right) = \mathrm{Ce}_{2n+1}\left(\frac{i\pi}{2};h^2\right) = 0,$$

$$\mathrm{ce}'_{2n+1}\left(\frac{\pi}{2};h^2\right) = i\,\mathrm{Ce}'_{2n+1}\left(\frac{i\pi}{2};h^2\right) = -\sum_{r=0}^{\infty}(-1)^r(2r+1)A_{2r+1}^{2n+1};$$

$$\mathrm{fe}_{2n+1}(0;h^2) = \mathrm{Fe}_{2n+1}(0;h^2) = 0,$$

$$\mathrm{fe}'_{2n+1}(0;h^2) = \mathrm{Fe}'_{2n+1}(0;h^2) = C_{2n+1}\left[\sum_{r=0}^{\infty}A_{2r+1}^{2n+1} + \sum_{r=0}^{\infty}(2r+1)f_{2r+1}^{2n+1}\right],$$

$$\mathrm{fe}_{2n+1}\left(\frac{\pi}{2};h^2\right) = -i\,\mathrm{Fe}_{2n+1}\left(\frac{i\pi}{2};h^2\right) = C_{2n+1}\sum_{r=0}^{\infty}(-1)^r f_{2r+1}^{2n+1},$$

$$\mathrm{fe}'_{2n+1}\left(\frac{\pi}{2};h^2\right) = \mathrm{Fe}'_{2n+1}\left(\frac{i\pi}{2};h^2\right) = -C_{2n+1}\frac{\pi}{2}\sum_{r=0}^{\infty}(-1)^r(2r+1)A_{2r+1}^{2n+1},$$

$$y_{\mathrm{I}}(z) = \mathrm{ce}_{2n+1}(z;h^2)/\mathrm{ce}_{2n+1}(0;h^2),$$

$$y_{\mathrm{II}}(z) = \mathrm{fe}_{2n+1}(z;h^2)/\mathrm{fe}'_{2n+1}(0:h^2),$$

$$y_{\mathrm{I}}(\pi) = y'_{\mathrm{II}}(\pi) = -1,$$

$$y'_{\mathrm{I}}(\pi) = 0,$$

$$y_{\mathrm{II}}(\pi) = -\pi\,\frac{\mathrm{ce}_{2n+1}(0;h^2)}{\mathrm{ce}_{2n+1}(0;h^2) + \sum\limits_{r=0}^{\infty}(2r+1)f_{2r+1}^{2n+1}}.$$

Klasse III:

$$\mathrm{se}_{2n+1}(0;h^2) = \mathrm{Se}_{2n+1}(0;h^2) = 0,$$

$$\mathrm{se}'_{2n+1}(0;h^2) = \mathrm{Se}'_{2n+1}(0;h^2) = \sum_{r=0}^{\infty}(2r+1)B_{2r+1}^{2n+1} \neq 0,$$

$$\mathrm{se}_{2n+1}\left(\frac{\pi}{2};h^2\right) = -i\,\mathrm{Se}_{2n+1}\left(\frac{i\pi}{2};h^2\right) = \sum_{r=0}^{\infty}(-1)^r B_{2r+1}^{2n+1},$$

$$\mathrm{se}'_{2n+1}\left(\frac{\pi}{2};h^2\right) = \mathrm{Se}'_{2n+1}\left(\frac{i\pi}{2};h^2\right) = 0,$$

$$\mathrm{ge}_{2n+1}(0;h^2) = \mathrm{Ge}_{2n+1}(0;h^2) = S_{2n+1}\sum_{r=0}^{\infty}g_{2r+1}^{2n+1},$$

$$\mathrm{ge}'_{2n+1}(0;h^2) = i\,\mathrm{Ge}'_{2n+1}(0;h^2) = 0,$$

$$\mathrm{ge}_{2n+1}\left(\frac{\pi}{2};h^2\right) = \mathrm{Ge}_{2n+1}\left(\frac{i\pi}{2};h^2\right) = S_{2n+1}\frac{\pi}{2}\sum_{r=0}^{\infty}(-1)^r B_{2r+1}^{2n+1},$$

$$\mathrm{ge}'_{2n+1}\left(\frac{\pi}{2}; h^2\right) = i\,\mathrm{Ge}'_{2n+1}\left(\frac{i\pi}{2}; h^2\right)$$

$$= S_{2n+1}\left[\sum_{r=0}^{\infty}(-1)^r B^{2n+1}_{2r+1} - \sum_{r=0}^{\infty}(-1)^r (2r+1)\, g^{2n+1}_{2r+1}\right],$$

$$y_{\mathrm{I}}(z) = \mathrm{ge}_{2n+1}(z; h^2)/\mathrm{ge}_{2n+1}(0; h^2),$$

$$y_{\mathrm{II}}(z) = \mathrm{se}_{2n+1}(z; h^2)/\mathrm{se}'_{2n+1}(0; h^2),$$

$$y_{\mathrm{I}}(\pi) = y'_{\mathrm{II}}(\pi) = -1,$$

$$y'_{\mathrm{I}}(\pi) = -\pi\,\frac{\mathrm{se}'_{2n+1}(0; h^2)}{\sum\limits_{r=0}^{\infty} g^{2n+1}_{2r+1}},$$

$$y_{\mathrm{II}}(\pi) = 0.$$

Klasse IV:

$$\mathrm{se}_{2n+2}(0; h^2) = \mathrm{Se}_{2n+2}(0; h^2) = 0,$$

$$\mathrm{se}'_{2n+2}(0; h^2) = \mathrm{Se}'_{2n+2}(0; h^2) = \sum_{r=0}^{\infty}(2r+2)\, B^{2n+2}_{2r+2} \neq 0,$$

$$\mathrm{se}_{2n+2}\left(\frac{\pi}{2}; h^2\right) = -i\,\mathrm{Se}_{2n+2}\left(\frac{i\pi}{2}; h^2\right) = 0,$$

$$\mathrm{se}'_{2n+2}\left(\frac{\pi}{2}; h^2\right) = \mathrm{Se}'_{2n+2}\left(\frac{i\pi}{2}; h^2\right) = -\sum_{r=0}^{\infty}(-1)^r (2r+2)\, B^{2n+2}_{2r+2},$$

$$\mathrm{ge}_{2n+2}(0; h^2) = \mathrm{Ge}_{2n+2}(0\cdot h^2) = S_{2n+2}\sum_{r=0}^{\infty} g^{2n+2}_{2r},$$

$$\mathrm{ge}'_{2n+2}(0; h^2) = i\,\mathrm{Ge}'_{2n+2}(0; h^2) = 0,$$

$$\mathrm{ge}_{2n+2}\left(\frac{\pi}{2}; h^2\right) = \mathrm{Ge}_{2n+2}\left(\frac{i\pi}{2}; h^2\right) = S_{2n+2}\sum_{r=0}^{\infty}(-1)^r g^{2n+2}_{2r},$$

$$\mathrm{ge}'_{2n+2}\left(\frac{\pi}{2}; h^2\right) = i\,G'_{2n+2}\left(\frac{i\pi}{2}; h^2\right) = -S_{2n+2}\frac{\pi}{2}\sum_{r=0}^{\infty}(-1)^r (2r+2)\, B^{2n+2}_{2r+2},$$

$$y_{\mathrm{I}}(z) = \mathrm{ge}_{2n+2}(z; h^2)/\mathrm{ge}_{2n+2}(0; h^2),$$

$$y_{\mathrm{II}}(z) = \mathrm{se}_{2n+2}(z; h^2)/\mathrm{se}'_{2n+2}(0; h^2),$$

$$y_{\mathrm{I}}(\pi) = y'_{\mathrm{II}}(\pi) = 1,$$

$$y'_{\mathrm{I}}(\pi) = \pi\,\frac{\mathrm{se}'_{2n+2}(0; h^2)}{\sum\limits_{r=0}^{\infty} g^{2n+2}_{2r}},$$

$$y_{\mathrm{II}}(\pi) = 0.$$

2.75. Die Funktionen $\mathrm{Mc}_m^{(j)}(z;h)$, $\mathrm{Ms}_m^{(j)}(z;h)$. Wir schreiben, um den Zusammenhang mit den Funktionen ce, se noch deutlicher zu machen,

$$\left.\begin{aligned}
M_m^{(j)}(z;h) &= \mathrm{Mc}_m^{(j)}(z;h) \qquad (m = 0,1,2,\ldots), \\
(-1)^m M_{-m}^{(j)}(z;h) &= \mathrm{Ms}_m^{(j)}(z;h) \qquad (m = 1,2,3,\ldots).
\end{aligned}\right\} \tag{37}$$

Nach **2.42.** gilt dann

$$\left.\begin{aligned}
\mathrm{Mc}_m^{(j)}(z; h\,e^{ip\pi}) &= \mathrm{Mc}_m^{(j)}(z + ip\pi; h), && (p\ \text{ganz}) \\[4pt]
\mathrm{Ms}_m^{(j)}(z: h\,e^{ip\pi}) &= \mathrm{Ms}_m^{(j)}(z + ip\pi; h), && (p\ \text{ganz}) \\[4pt]
\mathrm{Mc}_{2n}^{(j)}(z; \pm ih) &= \mathrm{Mc}_{2n}^{(j)}\!\left(z \pm i\frac{\pi}{2}; h\right), \\[4pt]
\mathrm{Mc}_{2n+1}^{(j)}(z; \pm ih) &= \mathrm{Ms}_{2n+1}^{(j)}\!\left(z \pm i\frac{\pi}{2}; h\right), \\[4pt]
\mathrm{Ms}_{2n+2}^{(j)}(z; \pm ih) &= \mathrm{Ms}_{2n+2}^{(j)}\!\left(z \pm i\frac{\pi}{2}; h\right);
\end{aligned}\right\} \tag{38}$$

$$\left.\begin{aligned}
M_m^{(3,4)}(z;h) &= M_m^{(1)}(z;h) \pm i M_m^{(2)}(z;h), \\
(-1)^{pm} M_m^{(1)}(z + p\pi i; h) &= M_m^{(1)}(z;h), \\
(-1)^{pm} M_m^{(2)}(z + p\pi i; h) &= M_m^{(2)}(z;h) + 2ip\, M_m^{(1)}(z;h), \\
(-1)^{pm} M_m^{(3)}(z + p\pi i; h) &= (1-p)\, M_m^{(3)}(z;h) - p\, M_m^{(4)}(z;h), \\
(-1)^{pm} M_m^{(4)}(z + p\pi i; h) &= p\, M_m^{(3)}(z;h) + (1+p)\, M_m^{(4)}(z;h).
\end{aligned}\right\} \tag{39}$$

In (39) kann $M_m^{(j)}$ entweder durchweg $\mathrm{Mc}_m^{(j)}$ oder überall $\mathrm{Ms}_m^{(j)}$ bedeuten.

Nach **2.62.**, (13) hat man die Reihenentwicklungen

$$\left.\begin{aligned}
&\mathrm{Mc}_{2n}^{(j)}(z;h) = \big(\mathrm{ce}_{2n}(0;h^2)\big)^{-1} \sum_{r=0}^{\infty} (-1)^{n-r} A_{2r}^{2n}(h^2)\, \mathfrak{Z}_{2r}^{(j)}(2h\,\mathrm{Cos}\,z), \\[6pt]
&\mathrm{Mc}_{2n}^{(j)}(z;h) = \Big(\mathrm{ce}_{2n}\!\Big(\frac{\pi}{2};h^2\Big)\Big)^{-1} (-1)^n \sum_{r=0}^{\infty} A_{2r}^{2n}(h^2)\, \mathfrak{Z}_{2r}^{(j)}(2h\,\mathrm{Sin}\,z), \\[6pt]
&\mathrm{Mc}_{2n+1}^{(j)}(z;h) = \big(\mathrm{ce}_{2n+1}(0;h^2)\big)^{-1} \sum_{r=0}^{\infty} (-1)^{n-r} A_{2r+1}^{2n+1}(h^2)\, \mathfrak{Z}_{2r+1}^{(j)}(2h\,\mathrm{Cos}\,z), \\[6pt]
&\mathrm{Mc}_{2n+1}^{(j)}(z;h) \\
&\quad = \Big(\mathrm{ce}'_{2n+1}\!\Big(\frac{\pi}{2};h^2\Big)\Big)^{-1} (-1)^{n+1} \mathrm{Cot}\,z \sum_{r=0}^{\infty} (2r+1)\, A_{2r+1}^{2n+1}(h^2)\, \mathfrak{Z}_{2r+1}^{(j)}(2h\,\mathrm{Sin}\,z), \\[6pt]
&\mathrm{Ms}_{2n+1}^{(j)}(z;h) = \Big(\mathrm{se}_{2n+1}\!\Big(\frac{\pi}{2};h^2\Big)\Big)^{-1} (-1)^n \sum_{r=0}^{\infty} B_{2r+1}^{2n+1}(h^2)\, \mathfrak{Z}_{2r+1}^{(j)}(2h\,\mathrm{Sin}\,z), \\[6pt]
&\mathrm{Ms}_{2n+1}^{(j)}(z;h) \\
&\quad = \big(\mathrm{se}'_{2n+1}(0;h^2)\big)^{-1} \mathrm{Tan}\,z \sum_{r=0}^{\infty} (-1)^{n-r} (2r+1)\, B_{2r+1}^{2n+1}(h^2)\, \mathfrak{Z}_{2r+1}^{(j)}(2h\,\mathrm{Cos}\,z),
\end{aligned}\right\} \tag{40}$$

$$\mathrm{Ms}^{(j)}_{2n+2}(z;h)$$
$$= \left(\mathrm{se}'_{2n+2}(0;h^2)\right)^{-1} \mathrm{Tan}\, z \sum_{r=0}^{\infty} (-1)^{n-r}(2r+1) B^{2n+2}_{2r+2}(h^2)\, \mathfrak{Z}^{(j)}_{2r+2}(2h\,\mathrm{Cos}\,z),$$

$$\mathrm{Ms}^{(j)}_{2n+2}(z;h)$$
$$= \left(\mathrm{se}'_{2n+2}\left(\frac{\pi}{2};h^2\right)\right)^{-1} (-1)^{n+1}\mathrm{Cot}\, z \sum_{r=0}^{\infty} (2r+2) B^{2n+2}_{2r+2}(h^2)\, \mathfrak{Z}^{(j)}_{2r+2}(2h\,\mathrm{Sin}\,z),$$

$$(n=0,1,2,\ldots).$$

Diese Entwicklungen sind mit $j=1$ überall, mit $j=2, 3, 4$ für $\mathfrak{Re}\, z > 0$ und $|\mathrm{Cos}\, z| > 1$ bzw. $|\mathrm{Sin}\, z| > 1$ gültig (vgl. Abb. 9). Sie dürfen gliedweise differenziert werden. Über den Verlauf der Funktionen $\mathrm{Mc}^{(1)}_m(z, h)$ für $m=0, 1, 2$, reelle h und z, vergleiche man die Abb. 10, 11, 12.

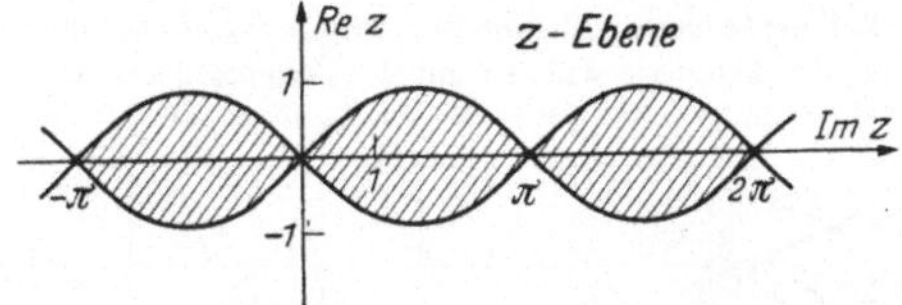

Abb. 9. Die Kurve $|\mathrm{Cos}\, z|=1$ in der komplexen z-Ebene. Die Reihen (40) mit dem Argument $2h\,\mathrm{Cos}\, z$ sind oberhalb und unterhalb des schraffierten Bereiches konvergent, stellen aber dort im allgemeinen verschiedene Lösungen der MATHIEUschen Differentialgleichung dar. Die Reihen für $\mathrm{Mc}^{(1)}_m(z;h)$ und $\mathrm{Ms}^{(1)}_m(z;h)$ konvergieren auch im schraffierten Bereich und stellen in der ganzen z-Ebene jeweils dieselbe MATHIEUsche Funktion dar. — Dieselbe Abbildung, um $\pi/2$ nach links oder rechts verschoben, und dieselben Bemerkungen gelten für die Entwicklungen (40) mit dem Argument $2h\,\mathrm{Sin}\, z$.

Aus **2.64.** folgt mit $s=0, 1, 2, \ldots$:

$$\varepsilon_s A^{2n}_{2s}(h^2)\, \mathrm{Mc}^{(j)}_{2n}(z;h)$$
$$= \sum_{r=0}^{\infty} (-1)^{n+r} A^{2n}_{2r}(h^2)\left(J_{r-s}(he^{-z})\,\mathfrak{Z}^{(j)}_{r+s}(he^z) + J_{r+s}(he^{-z})\,\mathfrak{Z}^{(j)}_{r-s}(he^z)\right)$$
$$(\varepsilon_0 = 2,\ \varepsilon_s = 1 \quad \text{für} \quad s=1, 2, \ldots)$$

$$A^{2n+1}_{2s+1}(h^2)\, \mathrm{Mc}^{(j)}_{2n+1}(z;h)$$
$$= \sum_{r=0}^{\infty} (-1)^{n+r} A^{2n+1}_{2r+1}(h^2)\left(J_{r-s}(he^{-z})\,\mathfrak{Z}^{(j)}_{r+s+1}(he^z) + J_{r+s+1}(he^{-z})\,\mathfrak{Z}^{(j)}_{r-s}(he^z)\right)$$

$$B^{2n+1}_{2s+1}(h^2)\, \mathrm{Ms}^{(j)}_{2n+1}(z;h)$$
$$= \sum_{r=0}^{\infty} (-1)^{n+r} B^{2n+1}_{2r+1}(h^2)\left(J_{r-s}(he^{-z})\,\mathfrak{Z}^{(j)}_{r+s+1}(he^z) - J_{r+s+1}(he^{-z})\,\mathfrak{Z}^{(j)}_{r-s}(he^z)\right)$$

$$B^{2n+2}_{2s+2}(h^2)\, \mathrm{Ms}^{(j)}_{2n+2}(z;h)$$
$$= \sum_{r=0}^{\infty} (-1)^{n+r} B^{2n+2}_{2r+2}(h^2)\left(J_{r-s}(he^{-z})\,\mathfrak{Z}^{(j)}_{r+s+2}(he^z) - J_{r+s+2}(he^{-z})\,\mathfrak{Z}^{(j)}_{r-s}(he^z)\right).$$

$$\left.\right\rbrace \quad (41)$$

Die Darstellungen (41) sind überall gültig und dürfen gliedweise differenziert werden.

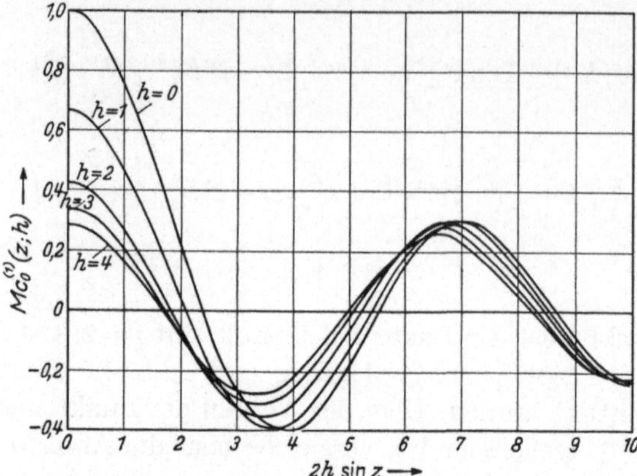

Abb. 10. Die Funktionen $Mc_0^{(1)}(z; h)$ für verschiedene Werte von h, aufgetragen über $u = 2h \sin z$. Die Kurve für $h = 4$ stimmt innerhalb der Zeichengenauigkeit mit der asymptotischen Darstellung 2.84., (2), erste Gleichung mit Vernachlässigung von ξ_2, für große h überein.

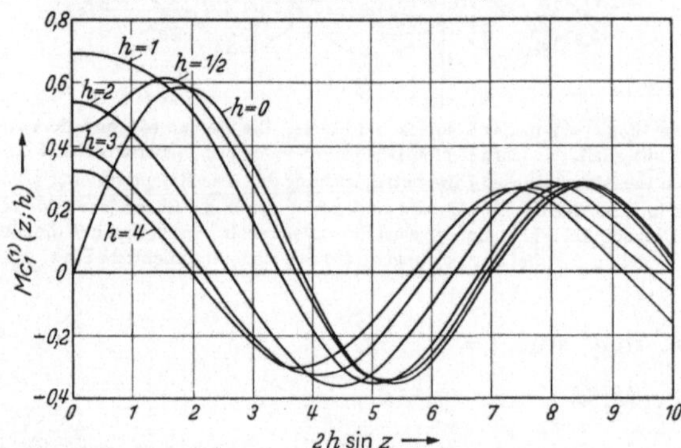

Abb. 11. Die Funktionen $Mc_1^{(1)}(z; h)$ für verschiedene Werte von h, aufgetragen über $u = 2h \sin z$. Das erste Maximum für kleine h (bei $u = 1{,}87\ldots$ für $h = 0$) wandert mit wachsendem h nach links und erreicht für $\lambda = 2h^2$ den Punkt $z = 0$; dort ist dann $d^2 Mc_1^{(1)}/dz^2 = 0$. Für $h > 0{,}9433\ldots$ rückt diese Nullstelle von $d\,Mc_1^{(1)}/dz$ ins Komplexe.

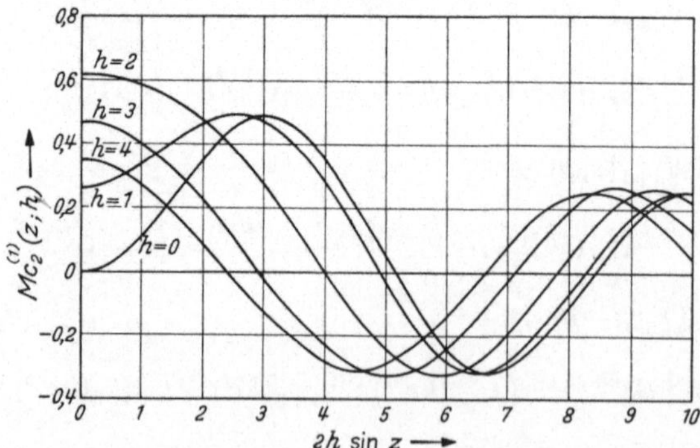

Abb. 12. Die Funktionen $Mc_2^{(1)}(z; h)$ für verschiedene Werte von h aufgetragen über $u = 2h \sin z$. Das erste Maximum (bei $u = 3,0\ldots$ für $h = 0$) wandert mit wachsendem h nach links und erreicht für $\lambda = 2h^2$ den Punkt $z = 0$; dort ist dann $d^2 Mc_2^{(1)}/dz^2 = 0$. Für $h > 1{,}743 \cdots$ rückt diese Nullstelle von $d\,Mc_2^{(1)}/dz$ ins Komplexe.

An Integralrelationen notieren wir nach **2.68.**, (37)

$$\frac{2}{\pi}\int_0^{\pi/2}\cos\left(2h\,\mathrm{Cos}\,z\cos t\right)\mathrm{ce}_{2n}(t;h^2)\,dt=(-1)^n\,\mathrm{ce}_{2n}(0;h^2)\,\mathrm{Mc}_{2n}^{(1)}(z;h),$$

$$\frac{2}{\pi}\int_0^{\pi/2}\cos\left(2h\,\mathrm{Sin}\,z\sin t\right)\mathrm{ce}_{2n}(t;h^2)\,dt=(-1)^n\,\mathrm{ce}_{2n}\left(\frac{\pi}{2};h^2\right)\mathrm{Mc}_{2n}^{(1)}(z;h),$$

$$\frac{2}{\pi}\int_0^{\pi/2}\sin\left(2h\,\mathrm{Cos}\,z\cos t\right)\mathrm{ce}_{2n+1}(t;h^2)\,dt$$
$$=(-1)^n\,\mathrm{ce}_{2n+1}(0;h^2)\,\mathrm{Mc}_{2n+1}^{(1)}(z;h),$$

$$\frac{2}{\pi}\int_0^{\pi/2}\mathrm{Cos}\,z\cos t\cos\left(2h\,\mathrm{Sin}\,z\sin t\right)\mathrm{ce}_{2n+1}(t;h^2)\,dt$$
$$=(2h)^{-1}(-1)^{n+1}\,\mathrm{ce}'_{2n+1}\left(\frac{\pi}{2};h^2\right)\mathrm{Mc}_{2n+1}^{(1)}(z;h),$$

$$\frac{2}{\pi}\int_0^{\pi/2}\sin\left(2h\,\mathrm{Sin}\,z\sin t\right)\mathrm{se}_{2n+1}(t;h^2)\,dt$$
$$=(-1)^n\,\mathrm{se}_{2n+1}\left(\frac{\pi}{2};h^2\right)\mathrm{Ms}_{2n+1}^{(1)}(z;h),$$

$$\frac{2}{\pi}\int_0^{\pi/2}\mathrm{Sin}\,z\sin t\cos\left(2h\,\mathrm{Cos}\,z\cos t\right)\mathrm{se}_{2n+1}(t;h^2)\,dt$$
$$=(2h)^{-1}(-1)^n\,\mathrm{se}'_{2n+1}(0;h^2)\,\mathrm{Ms}_{2n+1}^{(1)}(z;h),$$

$$\frac{2}{\pi}\int_0^{\pi/2}\mathrm{Sin}\,z\sin t\sin\left(2h\,\mathrm{Cos}\,z\cos t\right)\mathrm{se}_{2n+2}(t;h^2)\,dt$$
$$=(2h)^{-1}(-1)^n\,\mathrm{se}'_{2n+2}(0;h^2)\,\mathrm{Ms}_{2n+2}^{(1)}(z;h),$$

$$\frac{2}{\pi}\int_0^{\pi/2}\mathrm{Cos}\,z\cos t\sin\left(2h\,\mathrm{Sin}\,z\sin t\right)\mathrm{se}_{2n+2}(t;h^2)\,dt$$
$$=(2h)^{-1}(-1)^{n+1}\,\mathrm{se}'_{2n+2}\left(\frac{\pi}{2};h^2\right)\mathrm{Ms}_{2n+2}^{(1)}(z;h),$$

$$\frac{2\,\mathrm{Cot}\,z}{\pi}\int_0^{\pi/2}\sin\left(2h\,\mathrm{Sin}\,z\sin t\right)\mathrm{ce}'_{2n+1}(t;h^2)\,dt$$
$$=(-1)^n\,\mathrm{ce}'_{2n+1}\left(\frac{\pi}{2};h^2\right)\mathrm{Mc}_{2n+1}^{(1)}(z;h),$$

$$\frac{2\,\mathrm{Tan}\,z}{\pi}\int_0^{\pi/2}\sin\left(2h\,\mathrm{Cos}\,z\cos t\right)\mathrm{se}'_{2n+1}(t;h^2)\,dt$$
$$=(-1)^n\,\mathrm{se}'_{2n+1}(0;h^2)\,\mathrm{Ms}_{2n+1}^{(1)}(z;h),$$

$$\frac{2\,\mathrm{Tan}\,z}{\pi}\int_0^{\pi/2}\cos\left(2h\,\mathrm{Cos}\,z\cos t\right)\mathrm{se}'_{2n+2}(t;h^2)\,dt$$
$$=(-1)^{n+1}\,\mathrm{se}'_{2n+2}(0;h^2)\,\mathrm{Ms}_{2n+2}^{(1)}(z;h),$$

$$\frac{2\,\mathrm{Cot}\,z}{\pi}\int_0^{\pi/2}\cos\left(2h\,\mathrm{Sin}\,z\sin t\right)\mathrm{se}'_{2n+2}(t;h^2)\,dt$$
$$=(-1)^{n+1}\,\mathrm{se}'_{2n+2}\left(\frac{\pi}{2};h^2\right)\mathrm{Ms}_{2n+2}^{(1)}(z;h).$$

$$(42)$$

Weitere Integralrelationen: **2.66.**, **2.68.**
Wronskische Determinanten: **2.42.**, (19), (20).
Asymptotische Reihen: **2.63.**

2.76. Verknüpfungsrelationen.

Zur Aufstellung der Verknüpfungsformeln zwischen den Funktionen $M^{(j)}$ und den Funktionen Ce, Se, Fe, Ge berechnen wir zunächst die nicht verschwindenden Werte von Funktion und Ableitung für $\mathrm{Mc}_m^{(j)}$, $\mathrm{Ms}_m^{(j)}$ $(j = 1, 2)$ an der Stelle $z = 0$. Wir erhalten aus (40) oder (42) sofort:

$$\left.\begin{aligned}
\mathrm{Mc}_{2n}^{(1)}(0; h) &= (-1)^n A_0^{2n}(h^2)\left(\mathrm{ce}_{2n}\left(\frac{\pi}{2}; h^2\right)\right)^{-1}, \\[2mm]
\mathrm{Mc}_{2n+1}^{(1)}(0; h) &= (-1)^{n+1} h A_1^{2n+1}(h^2)\left(\mathrm{ce}'_{2n+1}\left(\frac{\pi}{2}; h^2\right)\right)^{-1}, \\[2mm]
\mathrm{Ms}_{2n+1}^{(1)}(0; h) &= (-1)^n h B_1^{2n+1}(h^2)\left(\mathrm{se}_{2n+1}\left(\frac{\pi}{2}; h^2\right)\right)^{-1}, \\[2mm]
\mathrm{Ms}_{2n+2}^{(1)'}(0; h) &= (-1)^{n+1} h^2 B_2^{2n+2}(h^2)\left(\mathrm{se}'_{2n+2}\left(\frac{\pi}{2}; h^2\right)\right)^{-1}.
\end{aligned}\right\} \tag{43}$$

Aus (43) und **2.42.**, (19), (20) folgt

$$\left.\begin{aligned}
\mathrm{Mc}_{2n}^{(2)'}(0; h) &= 2(-1)^n \frac{\mathrm{ce}_{2n}\left(\frac{\pi}{2}; h^2\right)}{\pi A_0^{2n}(h^2)}, \\[3mm]
\mathrm{Mc}_{2n+1}^{(2)'}(0; h) &= 2(-1)^{n+1} \frac{\mathrm{ce}'_{2n+1}\left(\frac{\pi}{2}; h^2\right)}{\pi h A_1^{2n+1}(h^2)}, \\[3mm]
\mathrm{Ms}_{2n+1}^{(2)'}(0; h) &= 2(-1)^{n+1} \frac{\mathrm{se}_{2n+1}\left(\frac{\pi}{2}; h^2\right)}{\pi h B_1^{2n+1}(h^2)}, \\[3mm]
\mathrm{Ms}_{2n+2}^{(2)}(0; h) &= 2(-1)^n \frac{\mathrm{se}'_{2n+2}\left(\frac{\pi}{2}; h^2\right)}{\pi h^2 B_2^{2n+2}(h^2)}.
\end{aligned}\right\} \tag{44}$$

Die übrigen Werte entnehmen wir aus (41)

$$\left.\begin{aligned}
\mathrm{Mc}_{2n}^{(2)}(0; h) &= \frac{1}{A_0^{2n}(h^2)} \sum_{r=0}^{\infty} (-1)^{n+r} A_{2r}^{2n}(h^2)\, J_r(h)\, N_r(h), \\[2mm]
\mathrm{Mc}_{2n+1}^{(2)}(0; h) &= \frac{1}{A_1^{2n+1}(h^2)} \sum_{r=0}^{\infty} (-1)^{n+r} A_{2r+1}^{2n+1}(h^2) \times \\
&\qquad\qquad \times \left(J_r(h) N_{r+1}(h) + J_{r+1}(h) N_r(h)\right), \\[2mm]
\mathrm{Ms}_{2n+1}^{(2)'}(0; h) &= \frac{1}{B_1^{2n+1}(h^2)} \sum_{r=0}^{\infty} h(-1)^{n+r} B_{2r+1}^{2n+1}(h^2) \times \\
&\quad \times \left(J_r(h) N'_{r+1}(h) - J'_r(h) N_{r+1}(h) - J_{r+1}(h) N'_r(h) + J'_{r+1}(h) N_r(h)\right), \\[2mm]
\mathrm{Ms}_{2n+2}^{(2)'}(0; h) &= \frac{1}{B_2^{2n+2}(h^2)} \sum_{r=0}^{\infty} h(-1)^{n+r} B_{2r+2}^{2n+2}(h^2) \times \\
&\quad \times \left(J_r(h) N'_{r+2}(h) - J'_r(h) N_{r+2}(h) - J_{r+2}(h) N'_r(h) + J'_{r+2}(h) N_r(h)\right).
\end{aligned}\right\} \tag{45}$$

Wir kennen so für jede der Funktionen $\mathrm{Mc}_m^{(j)}$, $\mathrm{Ms}_m^{(j)}$ Funktionswert und Ableitung für $z = 0$ und können sie durch Ce_m und Fe_m bzw. Se_m und Ge_m ausdrücken.

Wir erhalten zunächst mit (43)

$$\left.\begin{aligned}
\mathrm{Mc}_{2n}^{(1)}(z;h) &= (-1)^n \frac{A_0^{2n}(h^2)}{\mathrm{ce}_{2n}(0;h^2)\,\mathrm{ce}_{2n}\left(\frac{\pi}{2};h^2\right)} \mathrm{Ce}_{2n}(z;h^2),\\[2ex]
\mathrm{Mc}_{2n+1}^{(1)}(z;h) &= (-1)^{n+1} \frac{h\,A_1^{2n+1}(h^2)}{\mathrm{ce}_{2n+1}(0;h^2)\,\mathrm{ce}_{2n+1}'\left(\frac{\pi}{2};h^2\right)} \mathrm{Ce}_{2n+1}(z;h^2),\\[2ex]
\mathrm{Ms}_{2n+1}^{(1)}(z;h) &= (-1)^n \frac{h\,B_1^{2n+1}(h^2)}{\mathrm{se}_{2n+1}'(0;h^2)\,\mathrm{se}_{2n+1}\left(\frac{\pi}{2};h^2\right)} \mathrm{Se}_{2n+1}(z;h^2),\\[2ex]
\mathrm{Ms}_{2n+2}^{(1)}(z;h) &= (-1)^{n+1} \frac{h^2\,B_2^{2n+2}(h^2)}{\mathrm{se}_{2n+2}'(0;h^2)\,\mathrm{se}_{2n+2}'\left(\frac{\pi}{2};h^2\right)} \mathrm{Se}_{2n+1}(z;h^2).
\end{aligned}\right\} \quad (46)$$

Ferner wird

$$\left.\begin{aligned}
\mathrm{Mc}_m^{(2)}(z;h) &= \frac{\mathrm{Mc}_m^{(2)}(0;h)}{\mathrm{ce}_m(0;h^2)} \mathrm{Ce}_m(z;h^2) + \frac{\mathrm{Mc}_m^{(2)\prime}(0;h)}{\mathrm{fe}_m'(0;h^2)} \mathrm{Fe}_m(z;h^2),\\[2ex]
\mathrm{Ms}_m^{(2)}(z;h) &= \frac{\mathrm{Ms}_m^{(2)\prime}(0;h)}{\mathrm{se}_m'(0;h^2)} \mathrm{Se}_m(z;h^2) + \frac{\mathrm{Mc}_m^{(2)}(0;h^2)}{\mathrm{ge}_m(0;h^2)} \mathrm{Ge}_m(z;h^2).
\end{aligned}\right\} \quad (47)$$

Dabei sind die Koeffizienten mit (44), (45) gegeben; man erhält dabei noch

$$\left.\begin{aligned}
\mathrm{fe}_{2n}'(0;h^2) &= C_{2n}(h^2)\,\mathrm{ce}_{2n}(0;h^2)\left[\mathrm{ce}_{2n}\left(\frac{\pi}{2};h^2\right)\right]^2 \left(A_0^{2n}(h^2)\right)^{-2},\\[2ex]
\mathrm{fe}_{2n+1}'(0;h^2) &= C_{2n+1}(h^2)\,\mathrm{ce}_{2n+1}(0;h^2)\left[\mathrm{ce}_{2n+1}'\left(\frac{\pi}{2};h^2\right)\right]^2 \left(h\,A_1^{2n+1}(h^2)\right)^{-2},\\[2ex]
\mathrm{ge}_{2n+1}(0;h^2) &= S_{2n+1}(h^2)\,\mathrm{se}_{2n+1}'(0;h^2)\left[\mathrm{se}_{2n+1}\left(\frac{\pi}{2};h^2\right)\right]^2 \left(h\,B_1^{2n+1}(h^2)\right)^{-2},\\[2ex]
\mathrm{ge}_{2n+2}(0;h^2) &= S_{2n+2}(h^2)\,\mathrm{se}_{2n+2}'(0;h^2)\left[\mathrm{se}_{2n+2}'\left(\frac{\pi}{2};h^2\right)\right]^2 \left(h^2\,B_2^{2n+2}(h^2)\right)^{-2}.
\end{aligned}\right\} \quad (48)$$

Wir führen den Beweis für die ersten beiden Zeilen. Wir ersetzen in (47) z durch $z + p\pi i$ und wenden auf der rechten Seite **2.72.**, (27), auf der linken Seite **2.75.**, (39) an. Dann folgt wegen der Willkür von p:

$$\frac{2}{\pi}\,\mathrm{Mc}_m^{(1)}(z;h) = \frac{\mathrm{Mc}_m^{(2)\prime}(0;h)}{\mathrm{fe}_m'(0;h^2)}\,C_m(h^2)\,\mathrm{Ce}_m(z;h^2).$$

Vergleich mit (44) und (46) liefert die Behauptung.

Die Verknüpfungsrelationen für $\mathrm{Mc}_m^{(3)}$, $\mathrm{Mc}_m^{(4)}$, $\mathrm{Ms}_m^{(3)}$, $\mathrm{Ms}_m^{(4)}$ ergeben sich aus den angegebenen mit **2.75.**, (39), erste Zeile.

2.8. Ergänzungen.

2.81. Die Nullstellen der Funktionen ce_m, se_m (h^2 reell). Wir entnehmen zunächst aus **2.332.**:

Satz 1. *Für reelles h^2 besitzen die Funktionen $ce_m(z; h^2)$, $se_{m+1}(z; h^2)$ $(m = 0, 1, 2, \ldots)$ im Intervall $0 < z < \pi$ je genau m Nullstellen. Diese hängen regulär analytisch von h^2 ab. Sie nähern sich für $h^2 \to +\infty$ asymptotisch den Nullstellen des* Hermite*schen Polynoms $He_m(h^{\frac{1}{2}}(\pi - 2z))$.*

Außer den reellen Nullstellen treten für $h^2 > 0$ noch komplexe Nullstellen auf. Wir bemerken dazu auf Grund der Realitäts- und Periodizitätseigenschaften der Funktionen ce_m, se_m:

Hilfssatz. *Mit jeder Nullstelle z_0 sind für $h^2 > 0$ auch $k\pi \pm z_0$, $k\pi \pm \bar{z}_0$ (k ganz) Nullstellen.*

Danach genügt es, die Nullstellen im Streifen $\mathfrak{S}$

$$-\frac{\pi}{2} < \mathfrak{Re}\, z \leq \frac{\pi}{2}$$

zu untersuchen. Wir zeigen:

Satz 2. *Für $h^2 > 0$ besitzen die Funktionen $ce_m(z; h^2)$ $(m = 0, 1, 2, \ldots)$ und $se_m(z; h^2)$ $(m = 1, 2, 3, \ldots)$ im Streifen $\mathfrak{S}$ außer den reellen Nullstellen allein rein imaginäre Nullstellen. Diese lassen sich eindeutig den rein imaginären Nullstellen von $J_m(2h\cos z)$ zuordnen und werden diesen für $|\mathfrak{Im}\, z| \to \infty$ und für $h^2 \to 0$ asymptotisch gleich. Sie hängen regulär analytisch von h^2 ab.*

Beim Beweise betrachten wir statt ce_m und se_m die ihnen proportionalen Funktionen $Mc_m^{(1)}(-iz; h)$, $Ms_m^{(1)}(-iz; h)$ ($h > 0$). Wir führen ihn für die erste Funktion durch, im zweiten Falle verläuft er analog. Seien nun $0 < u_1 < u_2 < u_3 < \cdots$ sämtliche positiven Nullstellen von $J_m(u)$ und $\varepsilon > 0$ kleiner als der halbe Minimalabstand dieser Nullstellen. Dann gibt es einmal auf Grund der asymptotischen Formeln und **1.93.** b) zu jedem $r > 0$ eine Konstante $R(r, \varepsilon)$ derart, daß in $\mathfrak{S}$ für

$$\left.\begin{array}{l} |2h\cos z| \geq R(r, \varepsilon), \quad \mathfrak{Im}\, z > 0, \\ 0 < h^2 \leq r, \\ |2h\cos z - u_k| \geq \varepsilon, \quad (k = 1, 2, 3, \ldots) \end{array}\right\} \tag{a}$$

stets

$$\left| Mc_m^{(1)}(-iz; h) - J_m(2h\cos z) \right| < \tfrac{1}{2}\left| J_m(2h\cos z) \right|. \tag{b}$$

Wir entnehmen ferner der Reihenentwicklung **2.75.**, (40), daß bei festem R für $h^2 \to +0$ gleichmäßig in

$$|2h\cos z| \leq R$$

gilt

$$Mc_m^{(1)}(-iz; h) - J_m(2h\cos z) \to 0.$$

Es gibt daher ein $\delta > 0$ derart, daß für $0 < h^2 < \delta$ auf Grund des Satzes von Rouché $\mathrm{Mc}_m^{(1)}$ mit z in $\mathfrak{S}$, $\mathfrak{Jm}\, z > 0$, allein in den Gebieten

$$|2h\cos z - u_k| < \varepsilon \qquad (k = 1, 2, 3, \ldots),$$

je genau eine Nullstelle besitzt. Diese müssen nun wegen des vorstehenden Hilfssatzes rein imaginär sein. Damit ist der Satz für hinreichend kleine h^2 bewiesen. Für beliebige $h^2 > 0$ folgt die Behauptung daraus, daß die Nullstellen von h^2 stetig abhängen, also auf Grund des Hilfssatzes rein imaginäre Nullstellen rein imaginär bleiben und daß wegen (a), (b) keine nicht rein imaginären Nullstellen aus dem Unendlichen heranrücken.

2.82. Integralbeziehungen mit variablen Grenzen. Sei im folgenden

$$u = 2h\big[(\cos(x+y) - \cos\alpha)\,(\cos(x-y) - \cos\alpha)\big]^{\frac12},$$
$$v = [\cos(x+y) - \cos\alpha]\,[\cos(x-y) - \cos\alpha]^{-1}$$

(vgl. **2.66.**). Wir bilden mit

$$s = 0, 1, 2, \ldots$$

die Funktionen

$$J_s(u)\,v^{s/2}.$$

Sie sind für alle x, y, α regulär analytisch. Sei ferner me y eine beliebige Lösung der Mathieuschen Differentialgleichung zum beliebigen Parameterpaar λ, $h^2 \neq 0$. Wir betrachten dann

$$Y_s(x;\alpha) = \int\limits_{\alpha-x}^{\alpha+x} J_s(u)\,v^{s/2}\,\mathrm{me}\,y\,dy$$

und finden[1] daß

$$\left.\begin{aligned}
\frac{d^2}{dx^2}\,Y &+ (\lambda - 2h^2\cos 2x)\,Y \\
&= -\frac{4h^s}{\Gamma(s)}\,\mathrm{me}\,(x+\alpha)\sin(2x+\alpha)[\cos(2x+\alpha) - \cos\alpha]^{s-1}.
\end{aligned}\right\} \quad (*)$$

Im Fall $s = 0$ verschwindet die rechte Seite. $Y_0(x,\alpha)$ ist daher eine Lösung der Mathieuschen Differentialgleichung in x zum gleichen Parameterpaar λ, h^2 wie me y. Wir erhalten leicht die Anfangswerte

$$Y_0(0;\alpha) = 0, \qquad Y_0'(0;\alpha) = 2\,\mathrm{me}\,\alpha.$$

Daher wird, falls der charakteristische Exponent ν zu λ, h^2 nicht ganz ist,

$$Y_0(x;\alpha) = \mathrm{me}\,\alpha\,\frac{\mathrm{me}_\nu\, x - \mathrm{me}_\nu(-x)}{\mathrm{me}_\nu'(0)},$$

---

[1] Man geht dabei ähnlich wie beim Beweise von **1.135.**, Satz 2 vor, nur ist hier noch die Veränderlichkeit der Grenzen zu berücksichtigen.

falls $\lambda = a_m(h^2)$,

$$Y_0(x;\alpha) = 2\,\mathrm{me}\,\alpha\,\frac{\mathrm{fe}_m\,x}{\mathrm{fe}'_m\,0}$$

und, falls $\lambda = b_m(h^2)$,

$$Y_0(x;\alpha) = 2\,\mathrm{me}\,\alpha\,\frac{\mathrm{se}_m\,x}{\mathrm{se}'_m\,0}\,.$$

Für $s = 1, 2, \ldots$ kann man ein partikuläres Integral von $(*)$ finden, indem man es als lineare Kombination von $\mathrm{me}(x+\alpha)$, $\mathrm{me}'(x+\alpha)$ mit trigonometrischen Polynomen als Koeffizienten ansetzt, und so auch $Y_s(x;\alpha)$ bestimmen. [Für $s = 1$ ist $(h \sin \alpha)^{-1}\,\mathrm{me}(x+\alpha)$ partikuläres Integral von $(*)$.]

Zahlreiche weitere Integralbeziehungen mit veränderlichen Grenzen lassen sich in bekannter Weise als VOLTERRAsche Integralgleichungen aus der MATHIEUschen Differentialgleichung herleiten. Da es sich jedoch nicht um eine Besonderheit der MATHIEUschen Differentialgleichung handelt, soll auf die Wiedergabe derartiger Formeln hier verzichtet werden.

2.83. Integrale über Produkte MATHIEUscher Funktionen. In den durch

$$x \pm i\,y = \mathrm{c}\,\mathrm{Cos}\,(z \pm i\,t),\qquad h = \frac{kc}{2}$$

eingeführten elliptischen Koordinaten z, t ist

$$K_1^{(j)}(z,t) = M_\nu^{(j)}(z;h)\,\mathrm{me}_\nu(t;h^2),\qquad (j = 1, 2, 3, 4)$$

eine Lösung der Schwingungsgleichung

$$\Delta K + k^2 K = 0.$$

Dasselbe gilt für die Ableitung nach der kartesischen Koordinate x

$$\left.\begin{aligned}
K^{(j)}(z,t) &= \frac{\partial}{\partial x}\,K_1^{(j)}(z;t)\\[4pt]
&= \frac{1}{\mathrm{Cos}^2 z - \cos^2 t}\left[\mathrm{Sin}\,z\cos t\,\frac{\partial}{\partial z} - \mathrm{Cos}\,z\sin t\,\frac{\partial}{\partial t}\right] K_1^{(j)}(z;t),
\end{aligned}\right\}\quad (*)$$

für die wir im folgenden

$$|\mathrm{Cos}\,z| > 1,\qquad \mathfrak{Re}\,z > 0,\qquad t\ \text{reell}$$

annehmen. Sei nun p ganz, dann ist auf Grund von **1.135.**, Satz 2

$$I^{(j)}(z) = \frac{1}{2\pi}\int_0^{2\pi} K^{(j)}(z,t)\,\mathrm{me}_{-\nu-2p-1}(t, h^2)\,dt$$

eine Lösung der modifizierten MATHIEUschen Differentialgleichung zu $\lambda_{\nu+2p+1}$, h^2. Welche dies ist, kann nun sofort aus dem asymptotischen Verhalten für $\Re z \to +\infty$, $|\arg (h \operatorname{Cos} z)| < \pi - \delta$ erkannt werden. Wegen

$$M_\nu^{(j)}(z; h) \sim 2h \operatorname{Cos} z \, (-1)^{p+1} \, \mathfrak{Z}_{\nu+2p+1}(2h \operatorname{Cos} z)$$

wird

$$I^{(j)}(z) \sim 2h\,(-1)^{p+1} \frac{1}{2\pi} \int\limits_0^{2\pi} \cos t \operatorname{me}_\nu t \operatorname{me}_{-\nu-2p-1} t \, dt \cdot \mathfrak{Z}^{(j)}_{\nu+2p+1}(h \operatorname{Cos} z).$$

Daher gilt $(j = 1, 2, 3, 4)$

$$\frac{1}{2\pi} \int\limits_0^{2\pi} K^{(j)}(z, t) \operatorname{me}_{-\nu-2p-1}(t, h^2)\, dt = 2h\,(-1)^{p+1} \alpha_{\nu, p} \, M^{(j)}_{\nu+2p+1}(z; h)$$

mit

$$\alpha_{\nu, p} = \frac{1}{2\pi} \int\limits_0^{2\pi} \cos t \operatorname{me}_\nu(t; h^2) \operatorname{me}_{-\nu-2p-1}(t; h^2)\, dt$$

$$= \frac{1}{2} \sum_{r=-\infty}^{+\infty} c_{2r}^\nu \, (c_{2r-2p}^{\nu+2p+1} + c_{2r-2p-2}^{\nu+2p+1}).$$

Zusammen mit (*) folgt aus den Gleichungen für $j = 3$, 4 durch Auflösung:

$$\frac{\operatorname{Sin} z}{2\pi} \int\limits_0^{2\pi} \frac{\cos t \operatorname{me}_\nu t \operatorname{me}_{-\nu-2p-1} t}{\operatorname{Cos}^2 z - \cos^2 t}\, dt = \frac{\pi i}{2} h\,(-1)^{p+1} \alpha_{\nu, p} \times$$
$$\times [M_\nu^{(3)}(z; h)\, M^{(4)}_{\nu+2p+1}(z; h) - M_\nu^{(4)}(z; h)\, M^{(3)}_{\nu+2p+1}(z; h)],$$

$$\frac{\operatorname{Cos} z}{2\pi} \int\limits_0^{2\pi} \frac{\sin t \operatorname{me}_\nu' t \operatorname{me}_{-\nu-2p-1} t}{\operatorname{Cos}^2 z - \cos^2 t}\, dt = \frac{\pi i}{2} h\,(-1)^{p+1} \alpha_{\nu, p} \times$$
$$\times [M_\nu^{(3)\,\prime}(z; h)\, M^{(4)}_{\nu+2p+1}(z; h) - M_\nu^{(4)\,\prime}(z; h)\, M^{(3)}_{\nu+2p+1}(z; h)].$$

Diese Überlegungen lassen sich offenbar verallgemeinern. Man kann beliebige Ableitungen

$$\frac{\partial^{r+s}}{\partial x^r \partial y^s}\, K_1^{(j)}(z, t)$$

betrachten und analog verfahren.

2.84. Zur Parameterasymptotik der MATHIEUschen Funktionen.

Ohne Beweise stellen wir hier einige Ergebnisse für das Verhalten der MATHIEUschen Funktionen und des charakteristischen Exponenten für große positive h und große reelle λ mit beschränktem Wert von $|(\lambda + 2h^2)/h|$ zusammen. Wegen Einzelheiten der Methode und weiterer Ergebnisse sei auf LANGER [1, 2, 3, 4] und CHERRY [1] verwiesen.

        2. MATHIEUsche Funktionen.

Für das Fundamentalsystem von Lösungen y_1 und y_2 der MATHIEU-schen Differentialgleichung, welches durch

$$y_1\left(\frac{\pi}{2}\right) = 1, \qquad y_1'\left(\frac{\pi}{2}\right) = 0; \qquad y_2\left(\frac{\pi}{2}\right) = 0, \qquad y_2'\left(\frac{\pi}{2}\right) = 1$$

definiert ist, gilt mit

$$\xi = h\,\xi_0 + \xi_1 + \frac{1}{h}\,\xi_2, \qquad \alpha = 2h - \frac{\varkappa}{2} - \frac{1}{h}\left(\frac{3}{256} + \frac{\varkappa^2}{8}\right)$$

und

$$\left.\begin{aligned}
&\xi_0 = 4(1 - \sin z), \qquad \xi_1 = 2\varkappa \log \frac{1 + \sin z}{2}, \\
&\xi_2 = \frac{\varkappa^2}{1 - \sin z} \log \frac{1 + \sin z}{2} - \left(\frac{3}{64} + \frac{\varkappa^2}{4}\right)\frac{1 - \sin z}{1 + \sin z} + \frac{\varkappa^2}{2}
\end{aligned}\right\} \tag{1}$$

in $0 \le \Re z \le \dfrac{\pi}{2}$

$$\left.\begin{aligned}
y_1(z) &\sim (-d\xi/dz)^{-\frac{1}{2}}(4\alpha)^{\frac{1}{4}} M_{\varkappa,-\frac{1}{4}}(\xi), \\
y_2(z) &\sim (-d\xi/dz)^{-\frac{1}{2}}\left(\frac{4}{\alpha}\right)^{\frac{1}{4}} M_{\varkappa,\frac{1}{4}}(\xi).
\end{aligned}\right\} \tag{2}$$

$M_{\varkappa,\alpha}$ ist die WHITTAKERsche Funktion

$$M_{\varkappa,\alpha}(\xi) = \xi^{\alpha+\frac{1}{2}} e^{-\xi/2} \sum_{n=0}^{\infty} \frac{\Gamma(\alpha - \varkappa + \frac{1}{2} + n)}{\Gamma(\alpha - \varkappa + \frac{1}{2})} \frac{\Gamma(2\alpha + 1)}{\Gamma(2\alpha + 1 + n)} \frac{\xi^n}{n!}. \tag{3}$$

Ihr Index $\varkappa$ hängt mit λ und h so zusammen:

$$\lambda = -2h^2 + 8\varkappa h - 2\left(\varkappa^2 + \frac{1}{16}\right). \tag{4}$$

Für den charakteristischen Exponenten gilt

$$\cos \pi\,v + 1 = \pi\,e^{4h}(8h)^{-2\varkappa}\left[\frac{1 + \frac{1}{h}\left(\frac{3}{64} + \frac{3\varkappa^2}{4}\right)}{\Gamma\left(\frac{1}{4} - \varkappa\right)\Gamma\left(\frac{3}{4} - \varkappa\right)} + O\left(\frac{\log h}{h^2}\right)\right]. \tag{5}$$

Daraus ergeben sich die ganz- und halbperiodischen Eigenwerte mit $\cos \pi\,v = \pm 1$, indem man $\varkappa = \dfrac{2m + 1}{4} + O(h^{-2})$ setzt; (4) führt dann auf die ersten Reihenglieder der asymptotischen Entwicklungen **2.331.**, Satz 7 der Eigenwerte a_m, b_{m+1} für große positive h. Ferner wird

$$b_{m+1} - a_m \sim \frac{2^{4m+5}}{m!}\left(\frac{2}{\pi}\right)^{\frac{1}{2}} h^{m+\frac{3}{2}} e^{-4h}\left[1 - \frac{6m^2 + 14m + 7}{32h}\right]. \tag{6}$$

Die folgende Tabelle gibt für einige Beispiele den relativen Fehler dieser Näherungsformel. Er nimmt bei festem m mit wachsendem h ab, bei festem h mit wachsenden m zu.

Wir bemerken, daß die obigen Ergebnisse auch noch für komplexe h mit $-\dfrac{\pi}{2} < \arg h < \dfrac{\pi}{2}$ gelten (vgl. hierzu auch MULHOLLAND und GOLDSTEIN [1] und STRUTT [11, 16]).

m	h^2	Relativer Fehler von (6)
1	20	0,0021
1	25	0,0016
2	20	$-0,038$
2	25	$-0,028$
3	20	$-0,28$
3	25	$-0,20$

Auf der reellen z-Achse in $0 \le z \le \dfrac{\pi}{2} - h^{-\frac{1}{4}}$ und auf der imaginären z-Achse gilt asymptotisch für das in **2.12.** definierte Fundamentalsystem $y_{\mathrm{I}}, y_{\mathrm{II}}$

$$y_{\mathrm{I}}(z;\lambda,h^2) \sim (\cos z)^{-\frac{1}{2}}[\Psi_0(z)\,\mathrm{Cos}\,\Phi - \Psi_1(z)\,\mathrm{Sin}\,\Phi]\cdot[\Psi_0(0)]^{-1}, \qquad (7)$$

$$\left.\begin{array}{l} y_{\mathrm{II}}(z;\lambda,h^2) \sim (\cos z)^{-\frac{1}{2}}\times \\[4pt] \quad \times[\Psi_0(z)\,\mathrm{Sin}\,\Phi - \Psi_1(z)\,\mathrm{Cos}\,\Phi]\,[2(h-\varkappa)\,\Psi_0(0) - \Psi_1'(0)]^{-1} \end{array}\right\} \quad (8)$$

mit den Abkürzungen

$$\Phi = 2h\sin z - \varkappa\log\frac{1+\sin z}{1-\sin z},$$

$$\Psi_0(z) = 1 + \frac{\varkappa}{2h\cos^2 z} +$$

$$+ \frac{1}{2048\,h^2}\left[\frac{256\,\varkappa^4 + 1376\,\varkappa^2 + 105}{\cos^4 z} - \frac{256\,\varkappa^4 + 352\,\varkappa^2 + 57}{\cos^2 z}\right] + \cdots,$$

$$\Psi_1(z) = \frac{16\,\varkappa^2 + 3}{32h}\frac{\sin z}{\cos^2 z} + \frac{\sin z}{512\,h^2\cos^2 z}\left[64\,\varkappa^3 + 12\,\varkappa + \frac{256\,\varkappa^3 + 176\,\varkappa}{\cos^2 z}\right] + \cdots.$$

Weitere Entwicklungsglieder für $\Psi_0(z)$ und $\Psi_1(z)$ gibt GOLDSTEIN [1] an.

2.85. Näherungsformeln für die Nullstellen der MATHIEUschen Funktionen. Wir beschäftigen uns im folgenden zunächst mit der näherungsweisen Berechnung der positiven Nullstellen der Funktionen $\mathrm{Me}_\nu\,z$, $\mathrm{Ce}_\nu\,z$, $\mathrm{Se}_\nu\,z$ für reelle ν und kleine reelle h. Dazu gehen wir von den positiven Nullstellen $z_k(h)$ von $M_\nu^{(1)}(z;h)$ für nicht-ganze reelle ν aus. $2h\,\mathrm{Cos}\,z_k$ hängt — auch bei $h^2 = 0$ — regulär analytisch von h^2 ab; dies folgt durch Anwendung der Sätze über implizite Funktionen auf die Reihe **2.62.**, (13). Es handelt sich nämlich um die Berechnung der Nullstellen von

$$\Phi(u,h^2) \equiv \sum_{r=-\infty}^{\infty}(-1)\,c_{2r}^\nu(h^2)\,J_{\nu+2r}(u) = 0,$$

wenn $2h\,\mathrm{Cos}\,z = u$ gesetzt wird. Seien $u_1, u_2, \ldots$ die positiven Nullstellen von $J_\nu(u)$; dann sind diese wegen $c_{2r}^\nu(0) = 0$ für $r \neq 0$, $c_0^\nu(0) \neq 0$ (vgl. **2.23.**) auch Nullstellen von $\Phi(u, 0)$. Für die Nullstellen von $\Phi(u, h)$ setzen wir nun, was auf Grund ihrer regulär analytischen Abhängigkeit von h^2 möglich ist,

$$u = u_k + \alpha_k h^2 + \beta_k h^4 + \cdots$$

und erhalten

$$\sum_{r=-\infty}^{\infty} (-1)^r c_{2r}^\nu(h^2)\, [J_{\nu+2r}(u_k) + (\alpha_k h^2 + \beta_k h^4 + \cdots) J'_{\nu+2r}(u_k) +$$
$$+ \tfrac{1}{2}(\alpha_k^2 h^4 + \cdots) J''_{\nu+2r}(u_k) + \cdots] = 0.$$

Für die c_{2r}^ν setzen wir die Entwicklungen **2.25.**, (38) nach Potenzen von h^2 ein; durch Koeffizientenvergleich ergeben sich Bestimmungsgleichungen für $\alpha_k, \beta_k, \ldots$. Sie vereinfachen sich noch, da sich wegen $J_\nu(u_k) = 0$ alle auftretenden Bessel-Funktionen und ihre Ableitungen vermöge der Rekursionsformeln der Bessel-Funktionen durch $J'_\nu(u_k)$ ausdrücken lassen und $J'_\nu(u_k)$ aus dem Endergebnis herausfällt. So ergibt sich

$$2h\,\mathrm{Cos}\,z_k = u_k + \frac{h^2}{u_k} - \frac{h^4}{4u_k(\nu^2-1)} + O(h^6). \tag{9}$$

Diese Reihenentwicklung bleibt in den Gliedern bis einschließlich h^4 auch für ganze $\nu \geq 3$ und $\nu = 0$ richtig. Dagegen gilt für

$$\begin{aligned}
\mathrm{Ce}_1 z: \quad & 2h\,\mathrm{Cos}\,z_k = u_k + \frac{h^2}{2u_k} + \left(1 + \frac{6}{u_k^2}\right)\frac{h^4}{16u_k} + O(h^6), \\[2mm]
\mathrm{Se}_1 z: \quad & 2h\,\mathrm{Cos}\,z_k = u_k + \frac{3h^2}{2u_k} + \left(1 - \frac{10}{u_k^2}\right)\frac{h^4}{16u_k} + O(h^6), \\[2mm]
\mathrm{Ce}_2 z: \quad & 2h\,\mathrm{Cos}\,z_k = u_k + \frac{h^2}{u_k} - \left(5 + \frac{6}{u_k^2}\right)\frac{h^4}{24u_k} + O(h^6), \\[2mm]
\mathrm{Se}_2 z: \quad & 2h\,\mathrm{Cos}\,z_k = u_k + \frac{h^2}{u_k} + \left(1 + \frac{6}{u_k^2}\right)\frac{h^4}{24u_k} + O(h^6).
\end{aligned} \tag{10}$$

Dieselben Formeln ergeben sich für die positiven Nullstellen von $M_\nu^{(2)}(z; h)$, wenn $u_1, u_2, \ldots$ nun die Nullstellen der Neumannschen Funktion $N_\nu(z)$ sind; denn zu ihrer Ableitung waren von den Eigenschaften der Bessel-Funktionen nur deren Rekursionsformeln nötig, die für die Neumannschen Funktionen ebenso lauten. Schließlich finden wir dieselben Formeln für die positiven Nullstellen der Funktionen $M_\nu^{(1)}(z; h) + \alpha(h)\, M_\nu^{(2)}(z; h)$ mit reellem $\alpha(h)$; hier sind die u_k mit den positiven Nullstellen $u_k(h)$ der Funktionen $J_\nu(z) + \alpha(h)\, N_\nu(z)$ zu identifizieren.

Da

$$\mathrm{Se}_\nu z \quad \text{proportional} \quad M_\nu^{(1)}(z) - \frac{M_\nu^{(1)}(0)}{M_\nu^{(2)}(0)}\, M_\nu^{(2)}(z),$$

$$\mathrm{Ce}_\nu z \quad \text{proportional} \quad M_\nu^{(1)}(z) - \frac{M_\nu^{(1)\prime}(0)}{M_\nu^{(2)\prime}(0)}\, M_\nu^{(2)}(z)$$

— Se$_\nu$ und Ce$_\nu$ lassen sich ja linear durch $M_\nu^{(1)}$ und $M_\nu^{(2)}$ ausdrücken und der Faktor von $M_\nu^{(2)}(z)$ ist gerade so gewählt, daß diese Linearkombination bzw. ihre Ableitung für $z = 0$ verschwindet; für ganze ν ist diese Darstellung evident —, so braucht man zur Berechnung der Nullstellen von Se$_\nu z$, Ce$_\nu z$ nur $\alpha(h) = -M_\nu^{(1)}(0)/M_\nu^{(2)}(0)$ bzw. $= -M_\nu^{(1)\prime}(0)/M_\nu^{(2)\prime}(0)$ zu setzen. Diese Werte lassen sich aber aus **2.64.**, (20) entnehmen.

Die Berechnung der negativen Nullstellen von $M_\nu^{(1)}(z) + \alpha(h) M_\nu^{(2)}(z)$ läßt sich erledigen, indem man diese MATHIEUschen Funktionen linear durch $M_\nu^{(1,\,2)}(-z)$ ausdrückt und dann die obige Methode anwendet.

Ähnliche Entwicklungen lassen sich analog für die reellen Nullstellen der Ableitungen von Me$_\nu z$, Ce$_\nu z$, Se$_\nu z$ nach z gewinnen. Ferner findet man auf ähnliche Weise Entwicklungen der reellen Nullstellen von ce$_\nu z$, se$_\nu z$ nach Potenzen von h; dazu gehe man von den Entwicklungen **2.23.**, (29) aus. —

Die reellen Nullstellen der Funktionen Ce$_\nu z$, Se$_\nu z$ für große positive h ergeben sich aus den asymptotischen Darstellungen der zu ihnen proportionalen Funktionen $y_I(i\,z)$ und $y_{II}(i\,z)$. Man ersetze dazu z in (7) und (8) durch $i z'$. Dann ergibt sich in erster Näherung mit $k = 0, 1, 2, \ldots$ für Ce$_\nu z'$

$$2h \operatorname{Sin} z_k' - 2\varkappa \arctan \operatorname{Sin} z_k' = \left(k + \frac{1}{2}\right)\pi - \frac{16\varkappa^2 + 3}{32h} \frac{\operatorname{Sin} z_k'}{\operatorname{Cos}^2 z_k'} + O(h^{-2}) \quad (11)$$

und für Se$_\nu z'$

$$2h \operatorname{Sin} z_k' - 2\varkappa \arctan \operatorname{Sin} z_k' = k\,\pi + \frac{16\varkappa^2 + 3}{32h} \frac{\operatorname{Sin} z_k'}{\operatorname{Cos}^2 z_k'} + O(h^{-2}). \quad (12)$$

Hieraus gewinnt man leicht Entwicklungen für $\operatorname{Sin} z_k'$ in den Fällen $k \ll h$ und $k \gg h$.

Für $\varkappa = \dfrac{2m+1}{4}$ und ganze m stimmen in der angegebenen Näherung die z_k' aus (11) mit den Nullstellen der Funktionen Ce$_m z'$ und Ge$_m z'$, die z_k' aus (12) mit den Nullstellen der Funktionen Se$_m z'$ und Fe$_m z'$ überein. Die Nullstellen jedes dieser Funktionenpaare fallen h-asymptotisch, wenigstens in dieser Näherung zusammen.

Zu den Nullstellen von Me$_m^{(1)}(z; h)$ für $m = 0, 1, 2$, $z > 0$ und reelle h vergleiche die Abb. 10—12.

2.86. Tafeln der Eigenwerte und Entwicklungskoeffizienten. Das umfassendste Tafelwerk für die ganz- und halbperiodischen Eigenwerte der MATHIEUschen Differentialgleichung und die Koeffizienten der Entwicklungen der zugehörigen ganz- und halbperiodischen Lösungen nach trigonometrischen Funktionen oder Zylinderfunktionen für die Parameterwerte $0 \le h^2 \le 25$ sind die Tables relating to MATHIEU Functions (*Tables* [1]).

Sie enthalten in Abständen des Arguments $s = 4h^2$, die eine Interpolation mit angegebenen modifizierten zweiten Differenzen zulassen, die Eigenwerte a_m für $m = 0\,(1)\,15^1$ und b_m für $m = 1\,(1)\,15$, jeweils mit 8 Dezimalen; ferner geben sie die unten erklärten Entwicklungskoeffizienten De_k und Do_k mit 9 Dezimalen ebenfalls für $m = 0\,(1)\,15$ bzw. $1\,(1)\,15$ in Abständen des Arguments $4h^2$, die eine Interpolation mit einer Lagrangeschen Interpolationsformel in neun Punkten bei einem maximalen Fehler von 2,5 Einheiten der neunten Dezimale ermöglichen. Schließlich sind die ebenfalls unten erklärten Verknüpfungsfaktoren $g_{e,m}, f_{e,m}$ für $m = 0\,(1)\,15$ und $g_{o,m}, f_{o,m}$ für $m = 1\,(1)\,15$ — die $g_{e,m}, g_{o,m}$ noch multipliziert mit $(2h)^m$, die $f_{e,m}, f_{o,m}$ noch multipliziert mit $(2h)^{2m}$ — mit acht geltenden Ziffern, wieder in h^2 mit modifizierten zweiten Differenzen interpolierbar, wiedergegeben.

Die Bezeichnungen in diesem Werk hängen mit den unseren so zusammen:

$$s = 4h^2, \qquad \mathrm{be}_m - \tfrac{1}{2}s = a_m, \qquad \mathrm{bo}_m - \tfrac{1}{2}s = b_m;$$

$$\mathrm{De}_{2r+p} = A^{2n+p}_{2r+p} \Big/ \sum_{k=0}^{\infty} A^{2n+p}_{2k+p} \qquad\qquad (p = 0,\,1),$$

$$\mathrm{Do}_{2r+p} = B^{2n+p}_{2r+p} \Big/ \sum_{k=0}^{\infty} (2k+p)\, B^{2n+p}_{2k+p} \qquad (p = 0,\,1);$$

$$f_{e,m} = -\frac{\mathrm{Mc}^{(2)}_m(0)}{\mathrm{Mc}^{(1)}_m(0)}, \qquad f_{o,m} = \frac{\mathrm{Ms}^{(2)\prime}_m(0)}{\mathrm{Ms}^{(1)\prime}_m(0)},$$

$$g_{e,m} = \sqrt{\frac{2}{\pi}}\,\frac{1}{\mathrm{Mc}^{(1)}_m(0)}, \qquad g_{o,m} = \sqrt{\frac{2}{\pi}}\,\frac{1}{\mathrm{Ms}^{(1)\prime}_m(0)}.$$

Der Index e bezieht sich auf die geraden (even), der Index o auf die ungeraden (odd) Eigenwerte und Eigenfunktionen.

Einige genauere Werte, nämlich $a_{0(1)3}$, $b_{1(1)4}$ für $h = 4\,(2)\,12$ mit zehn Dezimalen gibt Ince [15]. Bei Ince [18] finden sich auch Tafeln der ganz- und halbperiodischen Mathieuschen Funktionen $ce_{0(1)5}$ und $se_{1(1)6}$ mit fünf Dezimalen für $h^2 = 0\,(1)\,10$ und $z = 0°\,(1°)\,90°$. Ferner gibt Ince [19] mit einer Genauigkeit von $0{,}0001°$ für $ce_{2(1)5}$, $se_{3(1)6}$ die reellen Nullstellen, für $ce_{1(1)5}$, $se_{2(1)6}$ auch die Lage der Extremwerte, wobei $h^2 = 0\,(1)\,10\,(2)\,20\,(4)\,40$.

Eine Ergänzung finden die genannten Tafeln durch Gray, Merwin und Brainerd [1] mit der Wiedergabe von Lösungen $g(t)$, $h(t)$ der

---

^{1} $0\,(1)\,15$ heißt alle Werte m von 0 bis 15 mit dem Abstand 1, also $m = 0,\,1,\,2,\,\ldots,\,14,\,15$.

Differentialgleichung

$$\frac{d^2 Y}{dt^2} + \varepsilon (1 + k \cos t)\, Y = 0$$

mit der Eigenschaft

$$g(0) = 1, \quad g'(0) = 0; \qquad h(0) = 0, \quad h'(0) = 1$$

und der durch $\cos 2\pi\mu = 2g(\pi)\, h'(\pi) - 1$ definierten Größe μ und der Größe

$$M = \left[-\frac{g(\pi)\, g'(\pi)}{h(\pi)\, h'(\pi)} \right]^{\frac{1}{2}}.$$

In unseren Bezeichnungen ist

$$t = 2z, \quad 4\varepsilon = \lambda, \quad 2\varepsilon k = -h^2, \quad \cos 2\pi\mu = \cos\pi\nu, \quad 2M = \left[-\frac{y'_{\mathrm{I}}(\pi)}{y_{\mathrm{II}}(\pi)} \right]^{\frac{1}{2}}.$$

Die Tafeln erstrecken sich über $\varepsilon = 1\,(1)\,10$; $k = 0{,}1\,(0{,}1)\,1{,}0$; die Funktionen $g(t)$ und $h(t)$ sind für $t = 0{,}0\,(0{,}1)\,3{,}1$ und $t = \pi$ mit vier Dezimalen, μ und M sind mit fünf Dezimalen angegeben.

Für weitere mehr oder weniger umfangreiche Tafeln siehe insbesondere GOLDSTEIN [1], GOLDSTEIN und MULHOLLAND [1], HIDAKA [1], INCE [16, 11], JAHNKE-EMDE [1], KOTOWSKI [1], LUBKIN und STOKER [1], SLATER [1], STRATTON, MORSE, CHU und HUTNER [1], sowie das Tabellenverzeichnis von FLETCHER, MILLER und ROSENHEAD [1].

2.87. Numerische Berechnung von Eigenwerten, Entwicklungskoeffizienten und charakteristischen Exponenten. Ist zu gegebenen ν, h^2 ein Eigenwert λ näherungsweise bekannt, so läßt er sich aus den Kettenbruchgleichungen in **2.24.** für nicht-ganze ν oder ganze ν in einfacher Weise beliebig verbessern. Das Verfahren, welches in dieser Form auf BOUWKAMP [1] zurückgeht, ist, eventuell mit kleinen Abänderungen, auf andere dreigliedrige Rekursionen anwendbar.

Wir setzen nicht-ganze ν voraus. Bei Anwendung des Verfahrens auf ganze ν ist nur zu beachten, daß die Lösung der zugehörigen Rekursion nach links abbricht. Setzen wir

$$\frac{c_{2r+2}}{c_{2r}} = N_{2r}, \tag{13}$$

so lautet die Rekursion **2.21.**, (4)

$$\frac{1}{N_{2r-2}} + N_{2r} = \frac{\lambda - (\nu + 2r)^2}{h^2} \equiv P_{2r}. \tag{14}$$

Hieraus berechnen wir, indem wir N_{2r} für ein genügend großes r_0 (siehe unten) gleich Null setzen, der Reihe nach N_{2r-2}, N_{2r-4}, ... bis N_{2s}. Über s wird später verfügt werden. Dies geschieht mit Hilfe des folgenden Rechenschemas:

r	N_{2r}	P_{2r}	$P_{2r} - N_{2r} = \dfrac{1}{N_{2r-2}}$	
r_0	0			
$r_0 - 1$				$\dfrac{c_{2r_0}}{c_{2s}} = N_{2s} \dots N_{2r_0-2}$
...	...	...	...	...
$s+1$				$\dfrac{c_{2s+4}}{c_{2s}} = N_{2s} N_{2s+2}$
s	$N_{2s/R}$			$\dfrac{c_{2s+2}}{c_{2s}} = N_{2s}$

Hierin sind die Werte P_{2r} für die gegebenen v, h^2 und den Näherungswert λ einzusetzen.

Ebenso berechnen wir aus (16), indem wir $1/N_{2r}$ für ein genügend kleines r_1 (siehe unten) gleich Null setzen, der Reihe nach N_{2r_1+2}, N_{2r_1+4}, ... bis N_{2s}. Dazu dient das Rechenschema:

r	$\dfrac{1}{N_{2r}}$	P_{2r+2}	$P_{2r+2} - \dfrac{1}{N_{2r}} = N_{2r+2}$	
r_1	0			
$r_1 + 1$				$\dfrac{c_{2r_1+2}}{c_{2s}} = \dfrac{1}{N_{2s-2}} \dots \dfrac{1}{N_{2r_1}}$
...				...
$s-1$				$\dfrac{c_{2s-2}}{c_{2s}} = \dfrac{1}{N_{2s-2}}$
s	$\dfrac{1}{N_{2s/L}}$	—	—	1

Die beiden von rechts und von links her berechneten Werte von $N_{2s/R}$ und $N_{2s/L}$ wären nur dann gleich, wenn λ ein Eigenwert wäre. Es handelt sich also darum λ um $\delta\lambda$ und damit alle N_{2r} um δN_{2r} zu verändern, derart, daß

$$N_{2s/R} + \delta N_{2s/R} = N_{2s/L} + \delta N_{2s/L} \tag{15}$$

wird. Nun gewinnt man aus der Rekursionsformel (14) durch Variation der N_{2r} und von λ durch einfache Rechnung (man drücke erst δN_{2s} durch $\delta\lambda$ und δN_{2s+2} aus, dann wieder δN_{2s+2} durch $\delta\lambda$ und δN_{2s+4} usw.):

$$\delta N_{2s/R} = -\frac{\delta\lambda}{h^2}\left[N_{2s}^2 + N_{2s}^2 N_{2s+2}^2 + N_{2s}^2 N_{2s+2}^2 N_{2s+4}^2 + \cdots\right]$$

und analog

$$\delta N_{2s/L} = \frac{\delta \lambda}{h^2}\left[1 + \frac{1}{N_{2s-2}^2} + \frac{1}{N_{2s-2}^2 N_{2s-4}^2} + \cdots\right].$$

Für $\delta\lambda$ ergibt sich somit die Bestimmungsgleichung

$$\left.\begin{aligned}\frac{\delta\lambda}{h^2}\left[1 + \frac{1}{N_{2s-2}^2} + \frac{1}{N_{2s-2}^2 N_{2s-4}^2} + \cdots + N_{2s}^2 + N_{2s}^2 N_{2s+2}^2 + \cdots\right] \\ = N_{2s/R} - N_{2s/L}.\end{aligned}\right\} \quad (16)$$

Alle diese Größen können aus den obigen Tabellen einfach entnommen werden, indem man die fünfte Spalte ausrechnet, die man sowieso zur Berechnung der Entwicklungskoeffizienten braucht und in einer sechsten Spalte die Quadrate der Zahlen der fünften Spalte angibt.

Eine günstige Wahl von s wird man treffen, wenn man beide Tabellen nach unten fortsetzt und dann jenes r sucht und gleich s setzt für welches $N_{2r/R} - N_{2r/L}$ möglichst klein ist.

Um festzustellen, ob im Rahmen der gewünschten Genauigkeit r_0 genügend groß und r_1 genügend klein ist, kann man das Rechenverfahren erneut durchführen, indem man r_0 durch $r_0 + 1$ und r_1 durch $r_1 - 1$ ersetzt, also beide Tabellen vor r_0 bzw. r_1 um eine weitere Zeile ergänzt. Man kann aber einfacher so vorgehen: Sollen $N_{2s/R}$ und $N_{2s/L}$ mit einer Genauigkeit von $1 \cdot 10^{-n}$ errechnet werden, so verfolge man im Rechenschema rückwärts, mit welcher Genauigkeit dann N_{2r_0} und $1/N_{2r_1}$ bekannt sein müssen. Es ergibt sich für N_{2r} im ersten Schema eine erforderliche Genauigkeit von $\sim 10^{-n}(c_{2s}/c_{2r})^2$, für $1/N_{2r}$ im zweiten Schema eine solche von $\sim 10^{-n}(c_{2s}/c_{2r-2})^2$; man berechne dazu aus (16) die Fehlerfortpflanzung von N_{2r} nach N_{2r+2} oder umgekehrt bei konstantem λ, v, h. Für hinreichend große r_0 bzw. kleine r_1 wachsen aber diese Ausdrücke sehr rasch an (vgl. das Verhalten der c_{2r} für große $|r|$ in **2.21.**, Satz 4) und es ist leicht zu übersehen, wann sie größer als die mutmaßlichen Werte von N_{2r_0} bzw. $1/N_{2r_1}$ selbst sind.

Der mit (16) berechnete Wert $\lambda + \delta\lambda$ ist in der Regel ein verbesserter Eigenwert; verbesserte Werte der c_{2r}^v und gleichzeitig einen nochmals verbesserten Eigenwert erhält man durch Wiederholung des oben beschriebenen Rechenverfahrens mit $\lambda + \delta\lambda$ an Stelle von λ. Dann ist aber die Stellenzahl der Rechnung der erstrebten größeren Genauigkeit anzupassen und r_0 ist so zu vergrößern, r_1 so zu verkleinern, daß $N_{2s/R}$ und $N_{2s/L}$ mit der jetzt höheren Genauigkeit von beispielsweise $1 \cdot 10^{-n'}$ ($n' > n$) in den beiden Tabellen berechnet werden können.

Die beiden Tabellen lassen sich noch so ergänzen, daß aus ihnen auch

$$\frac{d\lambda}{dh^2} = 2\,\frac{\sum\limits_{r=-\infty}^{\infty} c_{2r}\,c_{2r+2}}{\sum\limits_{r=-\infty}^{\infty} c_{2r}^2} \quad (17)$$

entnommen werden kann.

Das geschilderte Verfahren zur genauen Berechnung von Eigenwerten führt nur dann schnell zum Ziel, wenn bereits gute Näherungen der Eigenwerte bekannt sind. Ist dies nicht der Fall, so bleibt nichts übrig, als das obige Rechenschema mit verschiedenen λ-Werten durchzuführen, um dann aus den Differenzen $N_{2s/R} - N_{2s/L}$, über λ aufgetragen, auf die ungefähre Lage eines Eigenwertes zu schließen. Dann wird aber das geschilderte Verfahren zur Verbesserung des Eigenwertes wieder anwendbar.

Häufig kann man jedoch gute Näherungen der Eigenwerte angeben. Soweit die Grenzkurven der Stabilitätskarte heute berechnet vorliegen, kann man aus ihr zu jedem v die zugehörigen Eigenwerte λ grob abschätzen. Für kleine h^2 und reelle v greift man auf die Reihenentwicklungen **2.25.**, (35), (36) zurück. Für sehr große reelle h und reelle v $(\lambda + 2h^2 = = 4h \cdot O(v))$ geben die asymptotischen Reihen **2.331.**, Satz 7 brauchbare Näherungen; sie werden ergänzt durch die asymptotischen Zusammenhänge zwischen λ, v, h^2 für große $|\lambda| + |h^2|$, welche Langer [2] angegeben hat; vgl. auch **2.35.**, Satz 11 und **2.84.**

Zur Berechnung des charakteristischen Exponenten v bei gegebenen λ, h^2 dient ebenfalls das obige Rechenschema. Nur wird statt λ jetzt v solange variiert, bis $N_{2s/R}$ und $N_{2s/L}$ einander gleich werden. Hat man das obige Rechenschema mit einem guten Näherungswert v zu gegebenen λ, h^2 durchgerechnet, so gewinnt man einen verbesserten Wert $v + \delta v$ aus

$$2 \frac{\delta v}{h^2} \sum_{r=-\infty}^{\infty} \frac{c_{2r}^2}{c_{2s}^2} (v + 2r) = N_{2s/L} - N_{2s/R}. \tag{18}$$

Die Berechnung eines Näherungswertes für v bei gegebenen λ, h^2 kann durch numerische oder graphische Bestimmung der Lösung $y_{\mathrm{I}}(z; \lambda, h^2)$ der Mathieuschen Differentialgleichung [vgl. **2.13.**, (13)] erfolgen; mit $y_{\mathrm{I}}(\pi; \lambda, h^2)$ erhält man dann $\cos \pi v$. Für hinreichend kleine h^2 verwende man **2.25.**, (44), für große reelle λ, h mit $|\lambda| + |h^2| \gg 1$ sei wieder auf **2.35.**, Satz 11, und auf Langer [2] verwiesen, für $\left| \frac{\lambda + 2h^2}{h} \right| \leq$ const insbesondere auch auf (5), für hinreichend kleine h^2 in einem instabilen Gebiet der Stabilitätskarte benutzt man **2.382.**. Schließlich sind unter Umständen auch die Reihen **2.25.**, (35) und **2.351.**, (25**), welche v implizit enthalten, verwendbar.

Die Produkt- und Partialbruchentwicklungen **2.27.** für $\cos \pi v$ sind unmittelbar nur soweit verwendbar als Tabellen der ganz- und halbperiodischen Eigenwerte vorliegen; d.h. für $0 \leq h^2 \leq 25$. In diesem Bereich liefern sie bereits sehr genaue Werte des charakteristischen Exponenten für beliebige reelle oder komplexe λ, zugleich mit der Ableitung

$d \cos \pi \nu / d\lambda$, ohne sehr großen Rechenaufwand. Gegenüber der Kettenbruchmethode hat man hier noch den Vorteil, daß auch in instabilen Gebieten der Stabilitätskarte die Rechnung völlig reell verläuft.

2.88. Eine spezielle inhomogene MATHIEUsche Differentialgleichung. Für die spezielle inhomogene MATHIEUsche Differentialgleichung

$$\frac{d^2 y}{dz^2} + (\lambda - 2h^2 \cos 2z)\, y = e^{i\omega z} \tag{19}$$

finden wir, falls der charakteristische Exponent ν nicht ganz und weder $\nu + \omega$ noch $\nu - \omega$ eine ganze Zahl ist, ein partikuläres Integral

$$y(z, h, \lambda, \omega) = \Delta^{-1} \int^{z} [\mathrm{me}_{-\nu}\, z\, \mathrm{me}_{\nu}\, t - \mathrm{me}_{\nu}\, z\, \mathrm{me}_{-\nu}\, t]\, e^{i\omega t}\, dt, \tag{20}$$

worin

$$\Delta = \mathrm{me}_{\nu}\, z\, \mathrm{me}'_{-\nu}\, z - \mathrm{me}'_{\nu}\, z\, \mathrm{me}_{-\nu}\, z.$$

Einsetzen der Reihenentwicklungen **2.21.**, (2) führt auf

$$\Delta \cdot y(z, h, \lambda, \omega) = e^{i\omega z} \left\{ \sum_{r=-\infty}^{\infty} c_{2r}\, e^{-2irz} \sum_{r=-\infty}^{\infty} c_{2r}\, \frac{e^{2irz}}{i(\nu + \omega + 2r)} + \right.$$
$$\left. + \sum_{r=-\infty}^{\infty} c_{2r}\, e^{2irz} \sum_{r=-\infty}^{\infty} c_{2r}\, \frac{e^{-2irz}}{i(\nu - \omega + 2r)} \right\}. \tag{21}$$

Ist $\nu \pm \omega$ eine beliebige gerade Zahl $-2r_0$, aber $\nu \mp \omega$ nicht gerade, so ist in der Summe mit den Nennern $i(\nu \pm \omega + 2r)$ das Resonanzglied mit dem Nenner $i(\nu \pm \omega + 2r_0)$ zu streichen und zur rechten Seite von (21)

$$\pm z\, c_{2r_0} \sum_{r=-\infty}^{\infty} c_{2r}\, e^{\mp i(\nu + 2r)z} \quad \text{hinzuzufügen.}$$

Bei reellen λ, h^2, ω und nicht-ganzem reellen ν gibt es somit in jedem stabilen Gebiet der Stabilitätskarte Abb. 5 genau eine Resonanzkurve $\lambda = \lambda_{2r_0+\omega}(h^2)$ bzw. $\lambda = \lambda_{2r_0-\omega}(h^2)$ $(r_0 = 0, \pm 1, \pm 2, \ldots)$.

Ist ν ganz, aber ω nicht ganz, so ergibt sich mit der Schreibweise

$$\left.\begin{array}{c} \mathrm{ce} \\ \mathrm{se} \end{array}\right\} = \sum \alpha_s\, e^{isz}, \qquad \left.\begin{array}{c} \mathrm{fe} \\ \mathrm{ge} \end{array}\right\} = c\, [z \sum \alpha_s\, e^{isz} + \sum \beta_s\, e^{isz}]$$

(wegen der Bedeutung der α_s, β_s, c vgl. **2.71.**, **2.72.**) und mit

$$\Delta = \mathrm{ce}\, \mathrm{fe}' - \mathrm{fe}\, \mathrm{ce}' \quad \text{bzw.} \quad = \mathrm{se}\, \mathrm{ge}' - \mathrm{ge}\, \mathrm{se}'$$

analog wie oben

$$\Delta \cdot c^{-1}\, y(z, h, \lambda, \omega)$$
$$= \sum \beta_s\, e^{isz} \sum \alpha_s\, \frac{e^{i(s+\omega)z}}{i(s+\omega)} - \sum \alpha_s\, e^{isz} \sum \left[\frac{\alpha_s}{(\omega+s)^2} - \frac{i\beta_s}{\omega+s} \right] e^{i(s+\omega)z}. \tag{22}$$

Die Indizes s durchlaufen für die halbperiodischen Eigenwerte a_{2n}, b_{2n+2} die geraden Zahlen, für die ganzperiodischen Eigenwerte a_{2n+1}, b_{2n+1} die ungeraden Zahlen von $-\infty$ bis ∞. Im ersten Fall tritt also „Resonanz" auf, wenn ω eine gerade Zahl, im zweiten Fall, wenn ω eine ungerade Zahl ist. Liegt ein Resonanzfall mit $\omega = -s_0$ vor, so sind die Summenglieder mit verschwindendem Nenner wegzulassen und es ist auf der rechten Seite

$$z \sum [\alpha_{-\omega} \beta_s - \beta_{-\omega} \alpha_s] e^{isz} + \frac{z^2}{2} \alpha_{-\omega} \cdot \sum \alpha_s e^{isz}$$

hinzuzufügen. Das Verhalten dieser Lösungen für große z ist also durch $\alpha_{-\omega} \dfrac{z^2}{2} \operatorname{ce} z$ bzw. $\alpha_{-\omega} \dfrac{z^2}{2} \operatorname{se} z$ bestimmt, falls $\alpha_{-\omega} \neq 0$ ist.

Aus der gefundenen Gestalt des partikulären Integrals ergibt sich nun ein Weg zur direkten numerischen Berechnung einer partikulären Lösung von (19) bei gegebenen λ, h^2. Wir skizzieren ihn für den Fall, daß weder $v + \omega$ noch $v - \omega$ gerade ist. Für das partikuläre Integral (21) kann man dann

$$y = \sum_{n=-\infty}^{\infty} d_{2r} e^{i(\omega + 2r)z}$$

setzen und gewinnt durch Einsetzen in (19) das inhomogene Rekursionssystem

$$[\lambda - (\omega + 2r)^2]\, d_{2r} - h^2 d_{2r+2} - h^2 d_{2r-2} = \begin{cases} 1 & \text{für } r = 0 \\ 0 & \text{für } r = \pm 1, \pm 2, \dots \end{cases} \Bigg\} \quad (23)$$

Sei $N_{2r} = d_{2r+2}/d_{2r}$. Man wende nun das Rechenschema aus **2.87.** mit $s = 0$ und genügend großem r_0 und kleinem r_1 an, berechne daraus von rechts N_0, von links $1/N_{-2}$. Dann ergibt sich aus (23) für $r = 0$

$$\lambda - \omega^2 - h^2 N_0 - \frac{h^2}{N_{-2}} = \frac{1}{d_0},$$

daraus der Koeffizient d_0 und damit folgen unmittelbar alle weiteren Koeffizienten d_{2r} für $r \neq 0$.

Die homogene oder inhomogene Mathieusche Differentialgleichung mit „Dämpfungsglied"

$$\frac{d^2 y}{dz^2} + 2\delta \frac{dy}{dz} + (\lambda - 2h^2 \cos 2z)\, y = \alpha\, e^{i\omega z} \qquad (24)$$

läßt sich auf den dämpfungsfreien Fall zurückführen, indem man

$$y = e^{-\delta z} v(z)$$

setzt. Es entsteht dann

$$\frac{d^2 v}{dz^2} + (\lambda - \delta^2 - 2h^2 \cos 2z)\, v = \alpha\, e^{(\delta + i\omega)z},$$

also, abgesehen von der Bezeichnung, die Differentialgleichung (19).

Der Faktor $e^{-\delta z}$ bewirkt bei reellen λ, h^2, ω und $\delta > 0$, daß alle Lösungen der inhomogenen MATHIEUschen Differentialgleichung nicht nur für nicht-ganze reelle ν [wobei jetzt $\cos \pi \nu = y_{\mathrm{I}}(\pi; \lambda - \delta^2, h^2)$ ist], sondern auch für alle ν mit $\Re \nu = \mathrm{ganz}$ und $\Im \nu < \delta$ beschränkt bleiben. Man bezeichnet dieses Gebiet als dämpfungsstabilisiert. Nähere Einzelheiten finden sich bei KOTOWSKI [1]; vgl. auch Abb. 6.

3. Sphäroidfunktionen.

3.1. Die Sphäroiddifferentialgleichung. Allgemeines.

3.11. Natur der Lösungen. Wir legen im folgenden die Sphäroiddifferentialgleichung in der bei der Separation der Schwingungsgleichung (vgl. **1.133.**)

$$\Delta u + k^2 u = 0$$

in gestreckt-rotationselliptischen Koordinaten zweimal auftretenden Form

$$[(1 - z^2)\, y'(z)]' + \left[\lambda + \gamma^2(1 - z^2) - \frac{\mu^2}{1 - z^2}\right] y(z) = 0 \qquad (1)$$

zugrunde. In den Anwendungen sind meist die Parameter λ, γ^2 reell, $\mu = m = 0, 1, 2, \ldots$ und (vgl. **1.133.**, **1.134.**) die unabhängige Variable z reell (gestreckter Fall) oder rein imaginär (abgeplatteter Fall). Hier sollen jedoch die Lösungen von (1) weitgehend in der gesamten komplexen z-Ebene und für beliebige komplexe Parameter untersucht werden.

Zusammen mit **1.3.** erhalten wir zunächst

S a t z 1. (1) *hat die singulären Stellen* $+1, -1, \infty$; *die übrigen Werte z bilden ihren Regularitätsbereich. Zu vorgegebenen Anfangswerten $y(z_0), y'(z_0)$ an einer regulären Stelle z_0 gibt es genau eine Lösungspotenzreihe um z_0*

$$y(z) = \mathfrak{P}(z - z_0).$$

Die Lösung $y(z)$ läßt sich im Regularitätsbereich beliebig analytisch fortsetzen.

Jede Lösung $y(z; \lambda, \gamma^2, \mu^2)$ mit parameterunabhängigen Anfangswerten an einer regulären Stelle ist für z im Regularitätsbereich eine analytische Funktion der vier Variabeln und nebst ihren z-Ableitungen in Abhängigkeit von den letzten drei eine ganze Funktion höchstens von der Ordnung $\frac{1}{2}$.

Aus (1) folgt in üblicher Weise

Satz 2. *Für je zwei Lösungen* $y_1(z)$, $y_2(z)$ *ist die* WRONSKI*sche Determinante*

$$y_1(z)\, y_2'(z) - y_1'(z)\, y_2(z) = \frac{c}{1 - z^2}$$

mit einer von der Wahl des Lösungssystems abhängigen Konstanten c. *Es ist* $c \neq 0$ *genau dann, wenn* y_1, y_2 *linear unabhängig sind bzw. ein Fundamentalsystem bilden.*

Ferner läßt (1) erkennen

Satz 3. *Mit jeder Lösung* $y(z)$ *ist auch* $y(-z)$ *Lösung (zu den gleichen Parameterwerten).*

3.12. Die singulären Stellen $+1$, -1. $z = +1$ und $z = -1$ sind (vgl. **1.3.**) für (1) singuläre Stellen der Bestimmtheit mit der Fundamentalgleichung

$$\varphi(\alpha) = \alpha^2 - \tfrac{1}{4}\mu^2 = 0.$$

So folgt aus **1.3.** sofort:

Satz 4. *Ist* μ *nicht ganz, so gibt es für* (1) *ein Fundamentalsystem*

$$y_{\mathrm{I}}(z) = (1 - z)^{\frac{\mu}{2}}\, \mathfrak{P}_1(1 - z), \qquad \mathfrak{P}_1(0) = 1,$$

$$y_{\mathrm{II}}(z) = (1 - z)^{-\frac{\mu}{2}}\, \mathfrak{P}_2(1 - z), \qquad \mathfrak{P}_2(0) = \frac{1}{2\mu};$$

$\mathfrak{P}_1(1 - z)$, $\mathfrak{P}_2(1 - z)$ *sind für* $|z - 1| < 2$ *analytische Funktionen von* z, λ, γ^2 *und nebst den* z-*Ableitungen ganze Funktionen in* λ, γ^2 *höchstens von der Ordnung* $\tfrac{1}{2}$. *Es ist*

$$y_{\mathrm{I}}(z)\, y_{\mathrm{II}}'(z) - y_{\mathrm{I}}'(z)\, y_{\mathrm{II}}(z) = \frac{1}{1 - z^2}.$$

Bei Ersetzung von z *durch* $-z$ *erhält man ein analoges Fundamentalsystem für die Umgebung von* $z = -1$.

Wir beweisen weiter

Satz 5. *Ist*

$$\mu = m = 0, 1, 2, \ldots,$$

so gibt es für (1) *ein Fundamentalsystem*

$$y_{\mathrm{I}}(z) = (1 - z)^{\frac{m}{2}}\, \mathfrak{P}_1(1 - z), \qquad \mathfrak{P}_1(0) = 1,$$

$$y_{\mathrm{II}}(z) = (1 - z)^{-\frac{m}{2}}\, \mathfrak{P}_2(1 - z) + A_m\, y_{\mathrm{I}}(z)\, \log(1 - z)$$

mit

$$y_{\mathrm{I}}(z)\, y_{\mathrm{II}}'(z) - y_{\mathrm{I}}'(z)\, y_{\mathrm{II}}(z) = \frac{1}{1 - z^2};$$

$\mathfrak{P}_1(1-z)$, $\mathfrak{P}_2(1-z)$ *sind für* $|z-1| < 2$ *analytische Funktionen von* z, λ, γ^2, *und*[1] $\mathfrak{P}_1(1-z)$ *ist nebst z-Ableitungen in* λ, γ^2 *höchstens von der Ordnung* $\frac{1}{2}$.

$y_{\mathrm{II}}(z)$ *kann dabei durch die Forderungen des Verschwindens des Koeffizienten von* $(1-z)^m$ *in* $\mathfrak{P}_2(1-z)$ *und* $\arg(1-z) = 0$ *für* $-1 < z < 1$ *eindeutig festgelegt werden.*

Für $m = 1, 2, 3, \ldots$ *ist dann*

$$\mathfrak{P}_2(0) = \frac{1}{2m}.$$

A_m *ist ein Polynom in* λ, γ^2 *und zwar in* λ, γ (!) *zusammen vom Grade* m. *Speziell ist*

$$A_0 = -\frac{1}{2},$$

$$A_1 = -\frac{1}{4}\,\lambda,$$

$$A_2 = -\frac{1}{32}\left\{\lambda(\lambda-2) + 4\gamma^2\right\},$$

$$A_3 = -\frac{1}{576}\left\{\lambda(\lambda-2)(\lambda-6) + 16(\lambda-4)\gamma^2\right\},$$

$$A_4 = -\frac{1}{2^{11}\,3^2}\left\{\lambda(\lambda-2)(\lambda-6)(\lambda-12) + 8\gamma^2\left[5\lambda^2 - 66\lambda + 180\right] + 144\gamma^4\right\};$$

für $\gamma^2 = 0$ *wird allgemein*

$$A_m = -\frac{1}{2^{m+1}(m!)^2}\,\lambda(\lambda-2)\ldots(\lambda - m(m-1)).$$

Mit Hilfe der Substitution $z \to -z$ *erhält man ein analoges Fundamentalsystem für die Umgebung von* $z = -1$.

Beweis. Die Aussagen über $y_{\mathrm{I}}(z)$ bzw. $\mathfrak{P}_1(1-z)$ folgen sofort aus **1.3.**. Wir bestimmen nun $y_{\mathrm{II}}(z)$ aus

$$y_{\mathrm{I}}\, y'_{\mathrm{II}} - y'_{\mathrm{I}}\, y_{\mathrm{II}} = \frac{1}{1-z^2},$$

also

$$y_{\mathrm{II}}(z) = y_{\mathrm{I}}(z) \int \frac{dz}{(1-z^2)\,[y_{\mathrm{I}}(z)]^2}.$$

Wir halten dazu zunächst λ, γ^2 beschränkt:

$$|\lambda| \leq K, \quad |\gamma^2| \leq K.$$

---

[1] Ohne Beweis: Dasselbe gilt bei der nachfolgend angegebenen Normierung auch für $\mathfrak{P}_2(1-z)$.

Dann gibt es ein $\varrho(K) > 0$, derart, daß $y_{\mathrm{I}}(z) \neq 0$ für $0 < |z - 1| < \varrho(K)$. Damit wird

$$\mathfrak{P}^*(1 - z) = \{(1 + z)\,(\mathfrak{P}_1(1 - z))^2\}^{-1}$$

eine für

$$|\lambda| < K, \quad |\gamma^2| < K, \quad |z - 1| < \varrho(K)$$

regulär analytische Funktion von z, λ, γ^2 und

$$y_{\mathrm{II}}(z) = (1 - z)^{m/2}\,\mathfrak{P}_1(1 - z)\int (1 - z)^{-m-1}\,\mathfrak{P}^*(1 - z)\,dz\,.$$

Wählt man hier bei gliedweiser Integration

$$\int (1 - z)^{-1}\,dz = -\log(1 - z), \quad \int (z - 1)^n\,dz = \frac{(z - 1)^{n+1}}{n + 1} \quad (n \neq - 1),$$

so erscheint $y_{\mathrm{II}}(z)$ in der behaupteten Form, und es ist dabei $\mathfrak{P}_2(1 - z)$ sicher für

$$|\lambda| < K, \quad |\gamma^2| < K, \quad |z - 1| < \varrho(K)$$

in z, λ, γ^2 analytisch. Nun kann hier wegen Satz 1 z beliebig im Regularitätsgebiet zugelassen werden, daher ist K willkürlich und, wie behauptet, $\mathfrak{P}_2(1 - z)$ für $|z - 1| < 2$ und beliebige λ, γ^2 regulär analytisch in z, λ, γ^2.

Die Aussagen über $\mathfrak{P}_2(0)$ und A_0 folgen unmittelbar aus dem Wert der WRONSKISCHEN Determinante.

Es bleibt der Beweis der Formeln für die $A_m(\lambda, \gamma^2)$ $(m = 1, 2, 3, \ldots)$. Dazu transformieren wir (1) mit

$$1 - z^2 = \xi, \quad y(z) = (1 - z^2)^{-\frac{m}{2}}\,2^{-\frac{m}{2}}\,\eta(\xi)$$

und erhalten [vgl. auch **3.14.**, (11), (12) mit $\xi = 1 - x$]

$$(4\xi - 4\xi^2)\,\eta''(\xi) + [(4m - 6)\,\xi - 4(m - 1)]\,\eta'(\xi) + $$
$$+ [\lambda - m(m - 1) + \gamma^2\,\xi]\,\eta(\xi) = 0\,.$$

$y_{\mathrm{I}}(z)$, $y_{\mathrm{II}}(z)$ gehen dabei in

$$\eta_{\mathrm{I}}(\xi) = \xi^m\,\mathfrak{Q}_1(\xi), \qquad\qquad \mathfrak{Q}_1(0) = 1,$$
$$\eta_{\mathrm{II}}(\xi) = \mathfrak{Q}_2(\xi) + A_m\,\eta_{\mathrm{I}}(\xi)\log\xi, \qquad \mathfrak{Q}_2(0) = \frac{2^{m-1}}{m}$$

über. $\mathfrak{Q}_1, \mathfrak{Q}_2$ sind für $|\xi| < 1$ regulär; wir setzen

$$\mathfrak{Q}_1(\xi) = \sum_{k=0}^{\infty} g_k\,\xi^k, \quad \mathfrak{Q}_2(\xi) = \sum_{k=0}^{\infty} h_k\,\xi^k,$$

und erhalten bei Verabredung von

$$g_{-1} = g_{-2} = \cdots = h_{-1} = h_{-2} = \cdots = 0$$

durch Einsetzen die Rekursionsformeln

$$4(r-m+1)(r+1)h_{r+1}+[\lambda-(m-2r)(m-2r-1)]h_r+\gamma^2 h_{r-1}$$
$$=2A_m\{(2m-4r-4)g_{r-m+1}-(2m-4r-1)g_{r-m}\}$$
$$(r=0,1,2,\ldots).$$

Bei Beachtung von

$$g_0=1,\qquad h_0=\frac{2^{m-1}}{m}$$

ist aus ihnen sofort ersichtlich, daß h_r für $r<m$ in λ,γ vom Grade r und damit A_m in λ,γ vom Grade m ist, und daß für $m=1,2,3,4$ $A_m(\lambda,\gamma^2)$ bzw. für $m=1,2,3,\ldots$ $A_m(\lambda,0)$ die im Satz angegebenen Werte haben.

3.13. Die singuläre Stelle ∞. Der charakteristische Exponent ν.

Ist $\gamma^2\neq0$, so ist ∞ für (1) eine wesentlich singuläre Stelle. Ist $\gamma^2=0$, so liegt die Differentialgleichung der Kugelfunktionen vor; nur in diesem Falle ist auch ∞ eine singuläre Stelle der Bestimmtheit und die Differentialgleichung eine hypergeometrische.

Um analog zu **3.12.** ein Fundamentalsystem von Lösungen für die Umgebung von ∞ zu erhalten, bestimmen wir Lösungen von besonders einfachem Verhalten bei halbem negativem Umlauf um ∞ bzw. halbem positivem Umlauf um $+1,-1$, d.h. $z\rightarrow ze^{\pi i}$.

Sei etwa $|z_0|>1$ und $y_1(z),y_2(z)$ das durch die Anfangsbedingungen

$$y_1(z_0)=1,\qquad y_1'(z_0)=0;\qquad y_2(z_0)=0,\qquad y_2'(z_0)=1 \tag{2}$$

festgelegte Fundamentalsystem von Lösungen von (1). Mit jeder Lösung

$$y(z)=A\,y_1(z)+B\,y_2(z)\not\equiv0 \tag{3}$$

ist dann wegen **3.11.**, Satz 3 auch $y(ze^{\pi i})$ Lösung von (1). Verlangen wir nun, daß diese der Ausgangslösung proportional ist,

$$y(ze^{\pi i})\equiv e^{\pi i\nu}y(z)\not\equiv0, \tag{4}$$

so muß das Gleichungssystem für A,B

$$\left.\begin{array}{l}A\,y_1(z_0e^{\pi i})+B\,y_2(z_0e^{\pi i})=e^{\pi i\nu}A\\ -A\,y_1'(z_0e^{\pi i})-B\,y_2'(z_0e^{\pi i})=e^{\pi i\nu}B\end{array}\right\} \tag{5}$$

nichttrivial lösbar sein. Nun gilt wegen **3.11.**, Satz 2 und (2)

$$y_1(z_0e^{\pi i})\,y_2'(z_0e^{\pi i})-y_1'(z_0e^{\pi i})\,y_2(z_0e^{\pi i})=1.$$

Wir erhalten daher als notwendige und hinreichende Bedingung für die Existenz einer nichttrivialen Lösung mit dem Umlaufsverhalten (4) die Relation

$$\sin\pi\,\nu=\frac{1}{2i}\left(y_1(z_0e^{\pi i})-y_2'(z_0e^{\pi i})\right). \tag{6}$$

Die Lösungen v von (6) sind offenbar von der besonderen Wahl von z_0 unabhängig; sie werden als *charakteristische Exponenten* von (1) bezeichnet. Mit v sind genau alle Zahlen

$$2k + v, \quad 2k - v - 1 \quad (k \text{ ganz})$$

charakteristische Exponenten.

Aus (6) und **3.11.**, Satz 1 erhalten wir

Satz 6. $\sin \pi v$ *ist eine ganze Funktion von* λ, γ^2, μ^2 *und als solche genau von der Ordnung* $\tfrac{1}{2}$ *(vgl. auch* **1.29.**$)$.

Dabei konnte „genau" statt „höchstens" geschrieben werden; denn für $\gamma^2 = \mu^2 = 0$ gilt $\sin \pi v = - \cos \sqrt{\lambda + \tfrac{1}{4}}$.

Es folgt nun sofort

Satz 7. *Ist der charakteristische Exponent* v *nicht halbzahlig* $(v \not\equiv \tfrac{1}{2}$ $(\mathrm{mod}\ 1))$, *so gibt es ein Fundamentalsystem von Lösungen mit den Umlaufsrelationen*

$$y_\alpha(z e^{\pi i}) \equiv e^{\pi i v} y_\alpha(z),$$

$$y_\beta(z e^{\pi i}) \equiv e^{-\pi i (v+1)} y_\beta(z).$$

Sie lassen sich mit für $1 < |z| < \infty$ *konvergenten* LAURENT-*Reihen in der Form*

$$y_\alpha(z) = z^v \sum_{r=-\infty}^{+\infty} d_{2r}^{(v)} z^{2r},$$

$$y_\beta(z) = z^{-v-1} \sum_{r=-\infty}^{+\infty} d_{2r}^{(-v-1)} z^{2r}$$

darstellen.

Ist v halbzahlig, so ist $e^{\pi i v} = e^{-\pi i (v+1)}$, und man erhält auf diese Weise nur die Existenz *einer* Lösung mit der Eigenschaft

$$y_\alpha(z e^{\pi i}) \equiv e^{\pi i v} y_\alpha(z) \not\equiv 0.$$

Sei nun $y_\beta(z)$ irgendeine linear unabhängige Lösung, so muß mit gewissen Konstanten a, b

$$y_\beta(z e^{\pi i}) \equiv \pi i a e^{\pi i v} y_\alpha(z) + b y_\beta(z)$$

gelten. Da sich die WRONSKISCHE Determinante von y_α, y_β bei halbem Umlauf nicht ändert, muß notwendig

$$b = e^{\pi i v}$$

sein. Setzt man jetzt

$$y_\beta(z) - a y_\alpha(z) \log z = \varphi(z),$$

so erkennt man:

$$\varphi(z e^{\pi i}) = e^{\pi i v} \varphi(z).$$

Wir gewinnen:

Satz 8. *Ist v halbzahlig $\left(v \equiv \frac{1}{2} \,(\mathrm{mod}\ 1)\right)$, so gibt es ein Fundamentalsystem*

$$y_\alpha(z) = z^\nu \sum_{r=-\infty}^{+\infty} d_{2r}^{(\nu)}\, z^{2r},$$

$$y_\beta(z) = z^\nu \sum_{r=-\infty}^{+\infty} f_{2r}^{(\nu)}\, z^{2r} + a\, y_\alpha(z) \log z$$

mit LAURENT-*Reihen, die für $1 < |z| < \infty$ konvergieren.*

Die Frage, wann $a = 0$ gilt, wird in **3.413.** beantwortet.

3.14. Transformationen der Sphäroiddifferentialgleichung. Wir notieren einige Differentialgleichungen, die aus der Sphäroiddifferentialgleichung (1) durch Einführung neuer abhängiger bzw. unabhängiger Veränderlicher entstehen.

Setzt man

$$y(z) = (z-1)^a\, (z+1)^b\, z^c\, e^{dz}\, u(z) \tag{7}$$

mit Konstanten a, b, c, d, so genügt $u(z)$ der Differentialgleichung

$$\left.\begin{aligned}
&(z^2-1)\, u''(z) + 2\left[dz^2 + (a+b+c+1)z + (a-b-d) - \frac{c}{z}\right] u'(z) + \\
&+ \left[\left(\frac{\mu^2}{2} - 2b^2\right)\frac{1}{z+1} + \left(2a^2 - \frac{\mu^2}{2}\right)\frac{1}{z-1} + (c-c^2)\frac{1}{z^2} + \right. \\
&+ (a-b-d)\frac{2c}{z} + (a+b+c)(a+b+c+1) + (2a-2b-d)\, d - \\
&\left. - \lambda - \gamma^2 + 2(a+b+c+1)\, dz + (d^2+\gamma^2)\, z^2\right] u(z) = 0.
\end{aligned}\right\} \tag{8}$$

Ersetzt man hier

$$z = \frac{1}{x}, \qquad u(z) = u_1(x), \tag{9}$$

so entsteht

$$\left.\begin{aligned}
&(1-x^2)\, x^2 u_1''(x) + 2\left[(c-1)\, x^3 + (b-a+d)x^2 - (a+b+c)x - d\right] u_1'(x) + \\
&+ \left[\left(2b^2 - \frac{\mu^2}{2}\right)\frac{1}{x+1} + \left(2a^2 - \frac{\mu^2}{2}\right)\frac{1}{1-x} + (c-c^2)\, x^2 + \right. \\
&+ 2(a-b-d)\, c\, x + (a+b+c)(a+b+c+1) + \mu^2 - 2b^2 - 2a^2 + \\
&\left. + (2a-2b-d)\, d - \lambda - \gamma^2 + 2(a+b+c+1)\frac{d}{x} + \frac{d^2+\gamma^2}{x^2}\right] u_1(x) = 0.
\end{aligned}\right\} \tag{10}$$

Mit

$$z^2 = x, \qquad u(z) = u_2(x), \qquad a = b, \qquad d = 0 \tag{11}$$

wird aus (8)

$$4x(x-1)\,u_2''(x) + 2\,[(4a+2c+3)\,x - 2c - 1]\,u_2'(x) +$$

$$+\left[(2a+c)(2a+c+1) - \lambda - \gamma^2 + \gamma^2 x + \frac{c-c^2}{x} + \frac{4a^2-\mu^2}{x-1}\right]u_2(x) = 0.\Bigg\} \quad (12)$$

Die Substitution

$$\frac{z-1}{z+1} = x, \qquad u(z) = u_3(x) \tag{13}$$

transformiert (8) in

$$x(1-x)^2\,u_3''(x) + \left[d\left(\frac{1+x}{1-x}\right)^2 + (a+b+c)\frac{1+x}{1-x} + (a-b-d+1) - c\frac{1-x}{1+x}\right]\times$$

$$\times(1-x)^2\,u_3'(x) + \left[\left(\frac{\mu^2}{4}-b^2\right)(1-x) + \left(a^2-\frac{\mu^2}{4}\right)\frac{1-x}{x} + 2(a-b-d)\times$$

$$\times c\,\frac{1-x}{1+x} + (c-c^2)\left(\frac{1-x}{1+x}\right)^2 + (a+b+c)(a+b+c+1) + (2a-2b-d)\,d -$$

$$-\lambda-\gamma^2 + 2d\,(a+b+c+1)\,\frac{1+x}{1-x} + (d^2+\gamma^2)\left(\frac{1+x}{1-x}\right)^2\right]u_3(x) = 0.\Bigg\} \quad (14)$$

Eine andere wichtige Transformation der unabhängigen Variablen ist

$$z = \frac{1}{2}\left(x + \frac{1}{x}\right), \qquad x = z - \sqrt{z^2 - 1}; \tag{15}$$

mit

$$y(z) = x^a\,(x-1)^b\,(x+1)^c\,e^{dx}\,w_1(x) \tag{16}$$

entsteht hier aus (1) die Differentialgleichung

$$x^2\,w_1''(x) + 2x^2\left[\frac{x}{x^2-1} + \frac{a}{x} + \frac{b}{x-1} + \frac{c}{x+1} + d\right]w_1'(x) +$$

$$+\left[a(a-1) + b(b-1)\left(\frac{x}{x-1}\right)^2 + c(c-1)\left(\frac{x}{x+1}\right)^2 + d\,x^2 +\right.$$

$$+2ab\,\frac{x}{x-1} + 2ac\,\frac{x}{x+1} + 2adx + 2bd\,\frac{x^2}{x-1} + 2cd\,\frac{x^2}{x+1} +$$

$$+2bc\,\frac{x^2}{x^2-1} + \frac{2x^3}{x^2-1}\left(\frac{a}{x} + \frac{b}{x-1} + \frac{c}{x+1} + d\right) +$$

$$\left. + \frac{1}{4}\gamma^2\left(x - \frac{1}{x}\right)^2 - \lambda - \frac{4\mu^2 x^2}{(x^2-1)^2}\right]w_1(x) = 0.\Bigg\} \quad (17)$$

Mit

$$\sqrt{x} = z - \sqrt{z^2-1}, \qquad y(z) = x^\alpha\,(1-x)^\mu\,w_2(x) \tag{18}$$

ergibt sich aus (1)

$$4\,x^2\,w_2''(x) + \left[1 + 4\alpha - (4\mu + 4\alpha + 3)\,x\right]\frac{2\,x}{1-x}\,w_2'(x) + \\ + \left[4\alpha^2 - 2\alpha - \lambda - (2\mu + 1)(2\mu + 4\alpha)\frac{x}{1-x} + \\ + \gamma^2\left(\frac{x}{4} - \frac{1}{2} + \frac{1}{4\,x}\right)\right]w_2(x) = 0. \tag{19}$$

Die Transformation

$$z = \sqrt{1 - x^2}, \qquad y(z) = (x-1)^A\,(x+1)^B\,x^C\,e^{Dx}\,v(x) \tag{20}$$

liefert aus (1)

$$(x^2 - 1)\,v''(x) + 2\Big[D\,x^2 + (A+B+C+1)\,x + (A-B-D) - \\ - \Big(C + \tfrac{1}{2}\Big)\frac{1}{x}\Big]v'(x) + \Big[\frac{\mu^2 - C^2}{x^2} + \frac{(2A-1)A}{x-1} - \frac{(2B-1)B}{x+1} + \\ + (2C+1)(A-B-D)\frac{1}{x} + (A+B+C)(A+B+C+1) + \\ + (2A-2B-D)\,D - \lambda + 2D(A+B+C+1)\,x + \\ + (D^2 - \gamma^2)\,x^2\Big]v(x) = 0. \tag{21}$$

Die LIOUVILLEsche Normalform erhält man aus (1), z.B. durch die Transformation

$$z = \cos\vartheta, \qquad y(z) = (1 - z^2)^{-\frac{1}{4}}\,g(\vartheta); \tag{22}$$

es ergibt sich so

$$g''(\vartheta) + \Big(\lambda + \frac{1}{4} + \gamma^2\sin^2\vartheta - \frac{\mu^2 - \frac{1}{4}}{\sin^2\vartheta}\Big)g(\vartheta) = 0. \tag{23}$$

Für $\mu^2 = \frac{1}{4}$ geht (23), abgesehen von der Bezeichnung, in die MATHIEU-sche Differentialgleichung über:

$$g''(\vartheta) + \Big(\lambda + \frac{\gamma^2}{2} + \frac{1}{4} - \frac{\gamma^2}{2}\cos 2\vartheta\Big)g(\vartheta) = 0. \tag{24}$$

In diesem Falle stimmen (8) und (21) überein, wenn man

$$A = a + \tfrac{1}{4}, \quad B = b + \tfrac{1}{4}, \quad C = c - \tfrac{1}{2}, \quad D = d$$

setzt und λ und γ^2 in (8) mit $\lambda - \gamma^2$ und $-\gamma^2$ in (21) identifiziert.

Schließlich bemerken wir, daß aus (1) durch die Transformation

$$z = \cos\vartheta, \qquad y(z) = \sin^{-\mu}\vartheta \cdot h(\vartheta) \tag{25}$$

die vielfach als assoziierte MATHIEUsche Differentialgleichung bezeichnete Gleichung

$$h''(\vartheta) + (1 - 2\mu)\cot\vartheta\, h'(\vartheta) + (\lambda + \gamma^2 \sin^2\vartheta - \mu^2 + \mu)\, h(\vartheta) = 0 \quad (26)$$

entsteht.

3.2. Die Sphäroidfunktionen $\mathrm{ps}_n^m(z;\gamma^2)$.

3.21. Die Eigenwertprobleme für die Funktionen ganzer Ordnung und ganzen Grades.

Wir knüpfen an **1.133.** an und verlangen — diese Forderung ist bei zahlreichen Problemen der Anwendungen naturgemäß zu stellen —, daß unsere Produktlösung $u(\xi,\eta,\varphi) = u_1(\xi)\,u_2(\eta)\,u_3(\varphi)$ bei Umlauf um die Rotationsachse eindeutig und auf der Rotationsachse stetig ist. Dann muß erstens $u_3(\varphi)$ 2π-periodisch sein, also

$$\mu^2 = m^2 \qquad (m = 0, 1, 2, \ldots) \tag{1}$$

gelten, zweitens muß $u_2(\eta)$ bei $\eta = +1$ und $\eta = -1$ stetig sein; diese Forderung liefert für jedes m ein Eigenwertproblem für die Sphäroiddifferentialgleichung mit den zwei Parametern λ und γ^2. Die Untersuchung dieser Schar von Eigenwertproblemen, ihrer charakteristischen Kurven $\lambda = \lambda_n^m(\gamma^2)$ und ihrer Eigenfunktionen $\mathrm{ps}_n^m(z;\gamma^2)$ ist im folgenden unsere Aufgabe (**3.2.**). Wir werden uns dabei wesentlich auf die Theorie von **1.5.** und **1.6.** stützen können.

Die Forderung, daß eine Lösung $y(z) \not\equiv 0$ der Sphäroiddifferentialgleichung

$$[(1 - z^2)\, y'(z)]' + \left[\frac{-m^2}{1 - z^2} + \lambda + \gamma^2(1 - z^2)\right] y(z) = 0 \tag{2}$$

bei $z = +1$ und $z = -1$ stetig sein soll, besagt nach **3.12.**, Satz 5, daß $y(z)$ von der Form $(1 - z^2)^{m/2}\, g(z)$ mit einer ganzen analytischen Funktion $g(z)$ ist. Wir erkennen mit Hilfe dieses Satzes auch sofort, daß es zu demselben Parameterpaar λ, γ^2 nicht zwei linear unabhängige solche Lösungen geben kann und daß daher (vgl. **3.11.**, Satz 3) jede derartige Lösung entweder gerade oder ungerade sein muß. Diese letzte Bemerkung gibt uns die Möglichkeit, für jedes m unser Eigenwertproblem noch einmal aufzuspalten. Wir betrachten daher im folgenden die Eigenwertprobleme, die aus (2) mit einem der „Randbedingungspaare" für das „Grundintervall" $[0, 1]$ entstehen:

$$y'(0) = 0, \qquad y(z) \equiv (1 - z)^{m/2}\,\mathfrak{P}(1 - z) \qquad (|z - 1| < 2) \tag{3^0}$$

oder

$$y(0) = 0, \qquad y(z) \equiv (1 - z)^{m/2}\,\mathfrak{P}(1 - z) \qquad (|z - 1| < 2). \tag{3^1}$$

(3^0) liefert dann die geraden, (3^1) die ungeraden Eigenfunktionen unserer ursprünglichen Eigenwertaufgabe.

Für die Anwendung von **1.5.** und **1.6.** wollen wir identifizieren

1.5. und 1.6.	**3.2.**
$\mathfrak{R}$	Gesamtheit der Funktionen $(1-z^2)^{m/2}g(z)$, $g(z)$ für $|z-1|<2$ analytisch
$\mathfrak{U}\equiv\mathfrak{U}^*$	Gesamtheit der Funktionen $(1-z^2)^{m/2}g(z)$, wobei $g(z)$ für $|z-1|<2$ analytisch, $\begin{cases} g'(0)=0 \ (\text{für } (3^0)) \\ g(0)=0 \ (\text{für } (3^1)) \end{cases}$
(f,g)	$\int\limits_0^1 f(x)\,\overline{g(x)}\,dx$
$F\equiv F^*$	Anwendung des Operators $\dfrac{d}{dz}\left[(1-z^2)\dfrac{d}{dz}\right]-\dfrac{m^2}{1-z^2}$
$G\equiv G^*$	Multiplikation mit $(\tfrac{1}{2}-z^2)$
λ	$\lambda+\tfrac{1}{2}\gamma^2$
μ	γ^2
$\gamma_1=\gamma$	$\tfrac{1}{2}$
$\varDelta(\lambda,\mu)$	$y_1'(0;\lambda,\gamma^2)$ für (3^0) † $y_1(0;\lambda,\gamma^2)$ für (3^1)
$\|f\|$	$\left\{\int\limits_0^1 |f(x)|^2\,dx\right\}^{\frac{1}{2}}$
$|f|$	$\max\limits_{0\le x\le 1}|f(x)|$
χ	1
$\mathfrak{R}_1$	Gesamtheit der in $[0,1]$ stetigen Funktionen $f(x)$ mit $\begin{cases} f(1)=0 & \text{für } m>0 \\ \text{ohne Beschränkung für } m=0 \end{cases}$
$\mathfrak{R}_2$	$\mathfrak{L}^2(0,1)$, die Gesamtheit der meßbaren Funktionen des Intervalls $[0,1]$, für die $\int\limits_0^1 |(f(x)|^2\,dx<\infty$, bei Identifizierung von Funktionen, die nur auf einer Menge vom Maß 0 verschieden sind.
$y(\lambda,\mu)$	$y_1(x;\lambda,\gamma^2)$ †

Es muß nun gezeigt werden, daß dann die Voraussetzungen 1. bis 8. von **1.5.** und **1.6.** erfüllt sind. Gehen wir sie der Reihe nach durch:

F und G sind sogar in $\mathfrak{R}$ definiert und liefern wieder Elemente aus $\mathfrak{R}$. 1. erhält man durch zweimalige partielle Integration auf Grund der

---

† $y_1(z;\lambda,\gamma^2)$ sei gemäß **3.12.**, Satz 5 die Lösung $(1-z)^{m/2}\,\mathfrak{P}(z-1)$ mit $\mathfrak{P}(0)=1$.

Tatsache, daß

$$(1 - x^2)\left(u'(x)\,\overline{v(x)} - u(x)\,\overline{v'(x)}\right)$$

für u, v aus $\mathfrak{U}$ an den Enden von $[0, 1]$ verschwindet.

4. ist erfüllt auf Grund bekannter Tatsachen über die zugeordneten LEGENDREschen Polynome. Es gilt nämlich

Hilfssatz 1. *Für jedes $m = 0, 1, 2, \ldots$ sind bei $\gamma^2 = 0$ die Eigenwerte von* (2) *mit den Randbedingungen* (3^0) *oder* (3^1):

$$\lambda = k(k + 1) \qquad (k = m,\ m + 1,\ m + 2, \ldots);$$

die zugehörigen zu

$$\int\limits_0^1 [\Pi_k^m(x)]^2\, dx = 1$$

normierten Eigenfunktionen sind

$$\Pi_k^m(x) = \sqrt{(2k + 1)\,\frac{(k - m)!}{(k + m)!}}\; P_k^m(x)$$

$$= \frac{(-1)^m}{2^k k!}\,\sqrt{(2k + 1)\,\frac{(k - m)!}{(k + m)!}}\,(1 - x^2)^{m/2}\,\frac{d^{k+m}}{dx^{k+m}}\,(x^2 - 1)^k$$

$$= \sqrt{2k+1}\,\sqrt{\frac{(k-m)!\,(k+m)!}{(k!)^2}}\,\frac{i^m}{\pi}\int\limits_0^\pi (x + i\,\sqrt{1 - x^2}\,\cos\varphi)^k \cos m\varphi\, d\varphi.$$

Es gibt daher eine Konstante M_m mit

$$|\Pi_k^m(x)| \le M_m\, n^{\frac{1}{2}} \begin{cases} (-1 \le x \le 1) \\ (k = m + n - 1;\ n = 1, 2, 3, \ldots). \end{cases}$$

Ist $f(x)$ im Intervall $-1 \le x \le 1$ von beschränkter Schwankung, gilt für $-1 < x < 1$ stets

$$f(x) = \tfrac{1}{2}\left(f(x + 0) + f(x - 0)\right)$$

und für $m = 0$

$$f(-1) = f(-1 + 0), \qquad f(1) = f(1 - 0)$$

bzw. für $m > 0$

$$f(-1) = f(1) = 0,$$

so ist $f(x)$ für $-1 \le x \le 1$ nach den Kugelfunktionen $\Pi_k^m(x)$ $(k = m,\ m + 1,\ m + 2, \ldots)$ entwickelbar[1]:

$$f(x) = \sum_{k=m}^{\infty} \tfrac{1}{2}\int\limits_{-1}^{1} f(\xi)\,\Pi_k^m(\xi)\, d\xi \cdot \Pi_k^m(x).$$

---

[1] Für weitergehende Entwicklungssätze vgl. HOBSON [1].

Für jede im Intervall $-1 \leq x \leq 1$ absolut quadratisch integrable Funktion $f(x)$ gilt die Vollständigkeitsrelation

$$\tfrac{1}{2}\int\limits_{-1}^{1} |f(x)|^2\,dx = \sum\limits_{k=m}^{\infty} \left| \tfrac{1}{2}\int\limits_{-1}^{1} f(\xi)\,\Pi_k^m(\xi)\,d\xi \right|^2 .$$

2. ist erfüllt mit $\gamma = \tfrac{1}{2}$ wegen

$$\left| \tfrac{1}{2} - x^2 \right| < \tfrac{1}{2} \qquad (0 < x < 1).$$

Die Gültigkeit von 3. ist sofort zu sehen, wenn man noch **3.12.**, Satz 15 beachtet. 5., ja sogar **1.53.**, 5′. folgt aus dem

Hilfssatz 2. *Ist λ_0 einfache Nullstelle von $\varDelta(\lambda,\mu_0)$, so gilt für die zu λ_0,μ_0 gehörende Eigenlösung $y^*(x)$ des betreffenden Problems*

$$\int\limits_{0}^{1} [y^*(x)]^2\,dx \neq 0$$

und umgekehrt.

Beweis. Sei $y = y(\lambda,\mu)$ die in der Tabelle definierte Funktion, so können wir $y^*(x)$ mit der Funktion $y(\lambda_0,\mu_0)$ identifizieren. Sei dann $y_\lambda^*(x)$ die partielle Ableitung $\dfrac{\partial}{\partial\lambda}\,y(\lambda,\mu)$ an der Stelle λ_0,μ_0, so haben wir

$$F y_\lambda^* + \lambda_0 y_\lambda^* + \mu_0 G y_\lambda^* = y^*$$

und

$$F y^* + \lambda_0 y^* + \mu_0 G y^* = 0.$$

Durch kreuzweise Multiplikation, Subtraktion und Integration folgt daraus

$$\int\limits_{0}^{1} [y^*(x)]^2\,dx = (1 - x^2)(y_\lambda^{*\prime} y^* - y_\lambda^* y^{*\prime})\Big|_0^1$$
$$= y_\lambda^*(0)\,y^{*\prime}(0) - y_\lambda^{*\prime}(0)\,y^*(0).$$

Ist nun $\varDelta(\lambda_0,\mu_0) = y^{*\prime}(0) = 0$, so ist notwendig $y^*(0) \neq 0$; ist dagegen $\varDelta(\lambda_0,\mu_0) = y^*(0) = 0$, so gilt $y^{*\prime}(0) \neq 0$. In beiden Fällen liefert die vorstehende Gleichung unsere Behauptung.

5′. folgt nun aus diesem Hilfssatze, wenn man beachtet, daß bei reellem μ_0 die Eigenwerte λ reell sind (nach 1.), die zugehörigen Eigenfunktionen reell gewählt werden können und daher $\int\limits_{0}^{1} [y^*(x)]^2\,dx \neq 0$ ist.

Weiter ist bei unserer Wahl von $y(\lambda,\mu)$ die Forderung 6. von **1.6.** erfüllt; daß $y(\lambda,\mu)$ in $\Re$ liegt und eine ganze analytische Funktion von λ,μ ist, folgt dabei aus **3.12.**, Satz 5.

8. ist gültig, wenn wir M mit dem M_m von Hilfssatz 1 identifizieren.

Es bleibt der Beweis von 7. Wir führen ihn für das ungerade Problem durch. Sei also $f(x)$ die Funktion aus $\Re$, $\Delta(\lambda,\mu) \neq 0$. Wir ziehen dann das Fundamentalsystem $y_{\mathrm{I}}(x)$, $y_{\mathrm{II}}(x)$ von **3.12.**, Satz 5 heran. Für das ungerade Problem, das wir betrachten, gilt

$$\Delta(\lambda,\mu) = \Delta = y_{\mathrm{I}}(0) \qquad (\neq 0).$$

Sei ferner $y_0(x)$ die Lösung von (2) mit

$$y_0(0) = 0, \qquad y_0'(0) = 1.$$

Wir behaupten dann, daß

$$y(x) = \frac{1}{\Delta}\left\{\int_0^x f(\xi)\,[y_0(x)\,y_{\mathrm{I}}(\xi) - y_{\mathrm{I}}(x)\,y_0(\xi)]\,d\xi - \int_0^1 f(\xi)\,y_{\mathrm{I}}(\xi)\,d\xi \cdot y_0(x)\right\}$$

die gesuchte Lösung des inhomogenen Problems ist (die Eindeutigkeit ist wegen $\Delta \neq 0$ trivial). Dazu erhalten wir zunächst für $0 < |x-1| < 2$:

$$y'(x) = \frac{1}{\Delta}\left\{\int_0^x f(\xi)\,[y_0'(x)\,y_{\mathrm{I}}(\xi) - y_{\mathrm{I}}'(x)\,y_0(\xi)]\,d\xi - \int_0^1 f(\xi)\,y_{\mathrm{I}}(\xi)\,d\xi \cdot y_0'(x)\right\},$$

und wegen

$$(1-x^2)\left(y_0'(x)\,y_{\mathrm{I}}(x) - y_{\mathrm{I}}'(x)\,y_0(x)\right) \equiv y_0'(0)\,y_{\mathrm{I}}(0) - y_{\mathrm{I}}'(0)\,y_0(0) \equiv \Delta$$

(vgl. **3.11.**, Satz 2) weiter

$$y''(x) = \frac{f(x)}{1-x^2} +$$

$$+ \frac{1}{\Delta}\left\{\int_0^x f(\xi)\,[y_0''(x)\,y_{\mathrm{I}}(\xi) - y_{\mathrm{I}}''(x)\,y_0(\xi)]\,d\xi - \int_0^1 f(\xi)\,y_{\mathrm{I}}(\xi)\,d\xi \cdot y_0''(x)\right\}.$$

Daher ist die inhomogene Differentialgleichung erfüllt. Weiter ist $y(0) = 0$ sofort zu sehen. Es bleibt zu zeigen, daß $y(x)$ zu $\Re$ gehört. Dazu drücken wir $y_0(x)$ durch $y_{\mathrm{I}}(x)$ und $y_{\mathrm{II}}(x)$ aus:

$$y_0(x) = c_1\,y_{\mathrm{I}}(x) + c_2\,y_{\mathrm{II}}(x).$$

$y_0(x)$ ist danach von der Form

$$y_0(x) = (1-x)^{-\frac{m}{2}}\,\mathfrak{P}(1-x) + C \cdot \log(1-x) \cdot y_{\mathrm{I}}(x),$$

$\mathfrak{P}(1-x)$ für $|x-1| < 2$ regulär analytisch. Führt man dies in

$$\Delta \cdot y(x) = \int_1^x f(\xi)\,y_{\mathrm{I}}(\xi)\,d\xi \cdot y_0(x) - \int_1^x f(\xi)\,y_0(\xi)\,d\xi \cdot y_{\mathrm{I}}(x) - \int_0^1 f(\xi)\,y_0(\xi)\,d\xi \cdot y_{\mathrm{I}}(x)$$

ein — man beachte $f(x) \in \Re$ —, so folgt einerseits, daß

$$\Delta \cdot (1-x)^{-\frac{m}{2}}\,y(x)$$

für $x \to 1$ dem Grenzwert $-\int\limits_0^1 f(\xi)\, y_0(\xi)\, d\xi$ zustrebt, andererseits die Eindeutigkeit dieser Funktion um $x = 1$, also $y(x) \in \mathfrak{R}$. Damit ist wirklich $y(x)$ die Lösung des inhomogenen Problems. Ihre weiteren in 9. geforderten Eigenschaften folgen in einfacher Weise aus der gewonnenen Formel mit Hilfe von **3.11.**, Satz 1 und **3.12.**, Satz 5.

Damit ist nunmehr gezeigt, daß bei der durch die Tabelle gegebenen Identifizierung die Voraussetzungen 1. bis 8. von **1.5.**, **1.6.** erfüllt sind. 8'. gilt hier nicht.

3.22. Die charakteristischen Kurven $\lambda_n^m(\gamma^2)$. Aus **1.5.** erhalten wir nun sofort

Satz 1. *Für jedes reelle γ^2 hat die Sphäroiddifferentialgleichung (2) abzählbar unendlich viele Eigenwerte λ, zu denen es eine Lösung gibt, die bei $z = \pm 1$ stetig, also von der Form*

$$(1 - z^2)^{m/2}\, g(z)$$

mit einer ganzen Funktion $g(z)$ ist. Diese Eigenwerte sind sämtlich reell und einfach. Die reellen Eigenwertpaare λ, γ^2 liegen in der (λ, γ^2)-Ebene auf regulär analytischen charakteristischen Kurven $\lambda(\gamma^2)$, die wir mit

$$\lambda = \lambda_n^m(\gamma^2), \qquad \lambda_n^m(0) = n(n+1) \qquad (n = m,\ m+1,\ m+2,\ \ldots)$$

festlegen können. Die zum Eigenwertpaar $\lambda_n^m(\gamma^2)$, γ^2 gehörende Eigenlösung ist mit $n - m$ gerade oder ungerade. Die Kurven schneiden sich nicht, es gilt für alle

$$-1 < \lambda'(\gamma^2) < 0 \qquad (-\infty < \gamma^2 < \infty).$$

Siehe hierzu die Abb. 13—17, S. 236/237. Die in ihnen mit enthaltenen Kurven $\lambda_n^m(\gamma^2)$ für $n = 0, 1, \ldots, m-1$ entsprechen dem Fall (C) in **3.534.**, (16) und (17).

Über die Gesamtheit der komplexen Eigenwertpaare folgt weiter

Satz 2. *Die Funktionen $\lambda_n^m(\gamma^2)$ lassen sich, von paarweise konjugiertkomplexen Verzweigungsstellen endlicher Ordnung abgesehen, längs jedes Weges der komplexen γ^2-Ebene analytisch fortsetzen. Sie liefern dort überall endliche Werte. Die Spurpunkte der Verzweigungsstellen in der γ^2-Ebene besitzen keinen endlichen Häufungspunkt. Zieht man die Verzweigungsschnitte von **1.52.**, Satz 5, so sind durch das Verbot der Überschreitung bei analytischer Fortsetzung alle Funktionen $\lambda_n^m(\gamma^2)$ in der gesamten γ^2-Ebene eindeutig definiert. Man erhält so die Gesamtheit der komplexen Eigenwertpaare. Stets sind die zugehörigen Eigenlösungen mit $n - m$ gerade oder ungerade.*

Eine weitere Aussage über die entstehenden analytischen Funktionen im Großen findet man in **3.253.**, Satz 13.

Aus **1.5.**, Satz 4 und Satz 10 folgt

Satz 3. *Die Funktionen*

$$\lambda = \lambda_n^m(\gamma^2)$$

lassen sich um $\gamma^2 = 0$ *nach Potenzen von* γ^2 *entwickeln:*

$$\lambda_n^m(\gamma^2) = n(n+1) + \lambda_{n1}^m \gamma^2 + \lambda_{n2}^m \gamma^4 + \cdots.$$

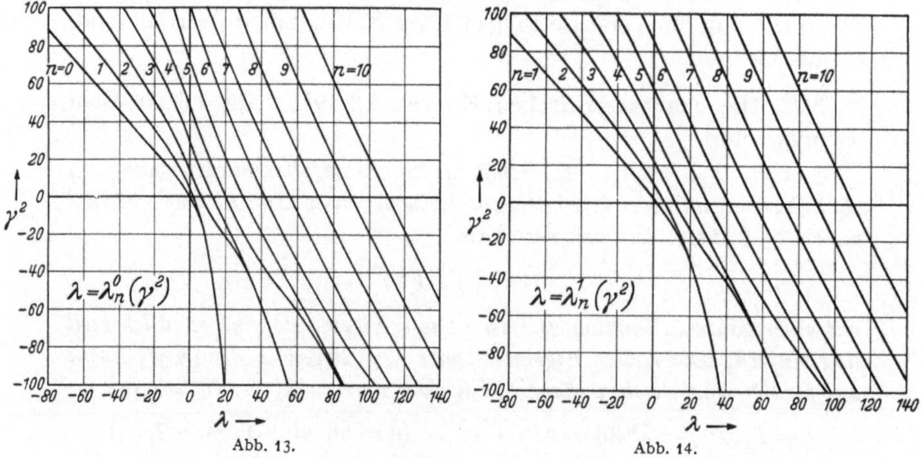

Abb. 13.   Abb. 14.

Abb. 13. Die Eigenwertkurven $\lambda_n^0(\gamma^2)$ für $n = 0, 1, 2, \ldots, 10$ und $-100 \leq \gamma^2 \leq 100$.

Abb. 14. Die Funktionen $\lambda_n^1(\gamma^2)$ für $n = 1, 2, 3, \ldots, 10$ und $-100 \leq \gamma^2 \leq 100$. Die Funktion $\lambda_0^1(\gamma^2) = 0$ fällt mit der γ^2-Achse zusammen.

Für den Konvergenzradius ϱ_n^m *und die Koeffizienten* λ_{nk}^m $(k = 2, 3, 4, \ldots)$ *gilt*

$$\varrho_n^m > 4n - 2, \quad |\lambda_{nk}^m| < \tfrac{1}{2}(4n-2)^{1-k} \qquad (n = m+2,\ m+3,\ m+4, \ldots),$$

$$\varrho_n^m > 4n + 6, \quad |\lambda_{nk}^m| < \tfrac{1}{2}(4n+6)^{1-k} \qquad (n = m,\ m+1).$$

Man hat

$$\lambda_{n1}^m = -\int\limits_0^1 (1-x^2)\,[\Pi_n^m(x)]^2\,dx.$$

3.23. Die Funktionen $\mathrm{ps}_n^m(z;\gamma^2)$**.** Solange der Eigenwert $\lambda_n^m(\gamma^2)$ von allen anderen des betreffenden geraden bzw. ungeraden Problems verschieden ist,

$$\lambda_n^m(\gamma^2) \neq \lambda_{n+2k}^m(\gamma^2) \qquad (k \neq 0),$$

also sicher für alle reellen γ^2, kann nach **1.6.** (vgl. auch **3.22.**, Hilfssatz 2) die zugehörige Eigenfunktion, die wir dann

$$y = \mathrm{ps}_n^m(z;\gamma^2)$$

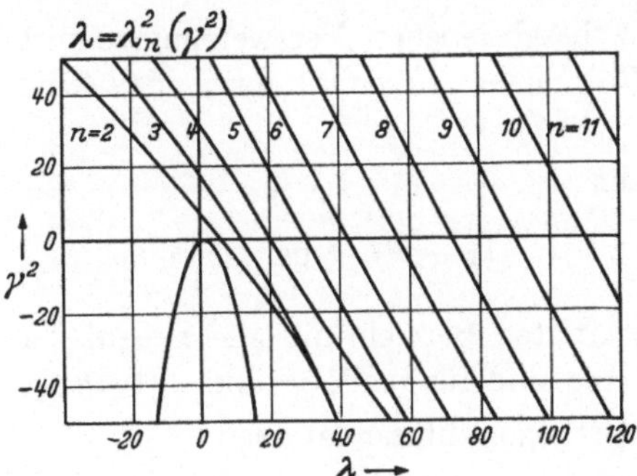

Abb. 15. Die Funktionen $\lambda_n^2(\gamma^2)$ für $n=0,1,2,\ldots,11$ und $-50\leq\gamma^2\leq 50$. Die Kurven $n=0$ und 1 bilden eine Parabel.

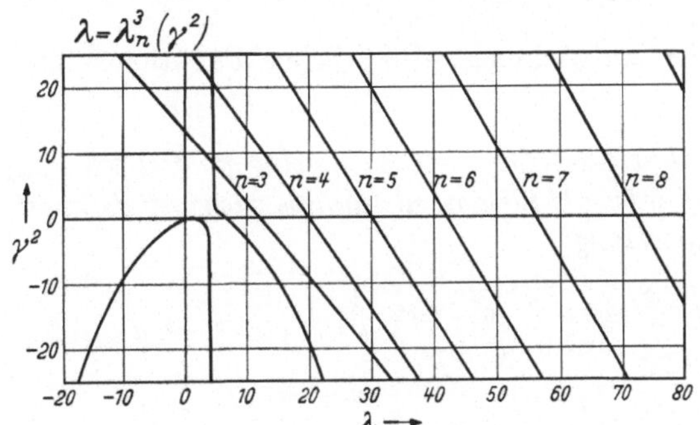

Abb. 16. Die Funktionen $\lambda_n^3(\gamma^2)$ für $n=0,1,2,\ldots,9$ und $-25\leq\gamma^2\leq 25$. Die Kurven $n=0,1,2$ sind reelle Zweige einer algebraischen Kurve dritter Ordnung.

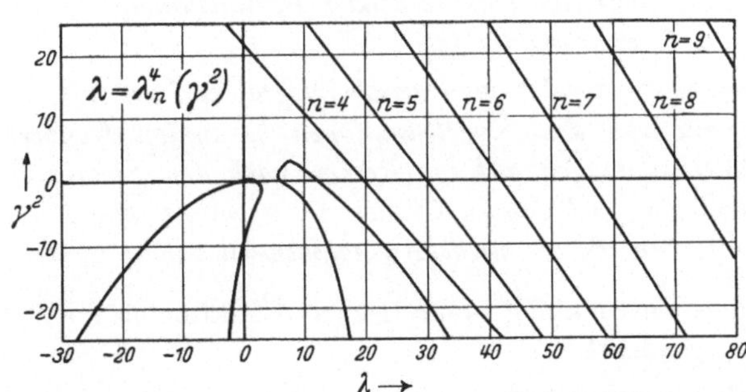

Abb. 17. Die Funktionen $\lambda_n^4(\gamma^2)$ für $n=0,1,2,\ldots,9$ und $-25\leq\gamma^2\leq 25$. Die Kurven $n=0,1,2,3$ sind reelle Zweige einer algebraischen Kurve vierter Ordnung.

schreiben, zu

$$\int\limits_{-1}^{1}[\mathrm{ps}_n^m(z;\gamma^2)]^2\,dz=\frac{2}{2n+1}\frac{(n+m)!}{(n-m)!}$$

normiert und durch die Forderung

$$\mathrm{ps}_n^m(z;0)=P_n^m(z),$$

sowie die in **1.62.** beschriebenen Verzweigungsschnitte eindeutig festgelegt werden. Wir nennen m die Ordnung, n den Grad dieser Sphäroidfunktion.

Die Funktionen

$$(1 - z^2)^{-\frac{m}{2}} \operatorname{ps}_n^m (z; \gamma^2)$$

sind für γ^2 im genannten Bereich und alle z regulär analytische Funktionen von z, γ^2. Sie sind für reelle γ^2 und $-1 \leq z \leq 1$ reell.

Man hat die Orthogonalitätsrelationen

$$\int\limits_{-1}^{1} \operatorname{ps}_i^m (z; \gamma^2)\, \operatorname{ps}_k^m (z; \gamma^2)\, dz = 0 \qquad (i \neq k).$$

Bezüglich der Entwicklung willkürlicher Funktionen gilt nach **1.65.**, Satz 7

S a t z 4. *Für jede über* $[-1, 1]$ *absolut quadratisch integrable Funktion* $f(x)$ *und jedes* γ^2, *für das alle auftretenden* ps_n^m *definiert sind, ist die formale Entwicklung*

$$f(x) \sim \sum_{n=m}^{\infty} \frac{2n + 1}{2} \frac{(n - m)!}{(n + m)!} \int\limits_{-1}^{1} f(\xi)\, \operatorname{ps}_n^m (\xi; \gamma^2)\, d\xi \cdot \operatorname{ps}_n^m (x; \gamma^2)$$

der für $\gamma^2 = 0$ *entstehenden Reihe nach Kugelfunktionen* (LEGENDRE*schen Polynomen bzw. zugeordneten* LEGENDRE*schen Polynomen) äquikonvergent; d.h. die Differenzen entsprechender Partialsummen konvergieren im Intervall* $[-1, 1]$ *gleichmäßig gegen* 0.

Im Bereiche der absolut quadratisch integrablen Funktionen übertragen sich daher alle von den Kugelfunktionen bekannten Konvergenz- und Summierbarkeitsaussagen auf die Reihen nach den Sphäroidfunktionen ganzer Ordnung m *und ganzen Grades* $n = m, m + 1, m + 2, \ldots$ *zu allen komplexen Werten* γ^2, *die nicht Ausnahmewerte sind.*

Über die Entwicklung analytischer Funktionen nach Sphäroidfunktionen vgl. **3.544.**

Wir notieren schließlich

S a t z 5. *Die Funktion* $\operatorname{ps}_n^m (z; \gamma^2)$ *besitzt bei reellem* γ^2 *im Intervall* $-1 < z < 1$ *genau* $n - m$ *Nullstellen.*

Der Beweis verläuft analog zu dem von **2.331.**, Satz 3.

3.24. Potenzreihenentwicklungen um $z = 0$ **und um** $\gamma^2 = 0$**.** Setzt man für $y(z)$ in (2)

$$y(z) = (1 - z^2)^{m/2}\, u(z), \tag{4}$$

so entsteht nach **3.14.**, (8) für $u(z)$ die Differentialgleichung

$$(z^2-1)\,u''(z)+2\,(m+1)\,z\,u'(z)+[m\,(m+1)-\lambda-\gamma^2\,(1-z^2)]\,u(z)=0. \quad (5)$$

Führt man hier die Potenzreihenentwicklung von $u(z)$ ein:

$$u(z)=\sum_{p=0}^{\infty}u_p z^p, \qquad (6)$$

so entsteht für die Koeffizienten u_p die dreigliedrige Rekursionsformel $(p=0,1,2,\dots)$

$$(p+1)(p+2)\,u_{p+2}+[\lambda^*-(m+p)(m+p+1)]\,u_p-\gamma^2\,u_{p-2}=0, \quad (7)$$

wenn wir dabei

$$\lambda^*=\lambda+\gamma^2, \qquad u_{-1}=u_{-2}=0 \qquad (8)$$

setzen. (7) zerfällt offenbar in zwei Rekursionen, nämlich eine für die Koeffizienten der geraden und eine für die der ungeraden Potenzen von z; u_0 bzw. u_1 können jeweils willkürlich gewählt werden, $u_2,u_4,\dots$ bzw. $u_3,u_5,\dots$ sind dann mit (7) gegeben. (7) kann nun zur Bestimmung der Eigenwerte dienen, wenn man noch die Forderung

$$\sqrt[\varrho]{|u_\varrho|}\to 0 \qquad (\varrho\to+\infty), \qquad (9)$$

die Bedingung, daß (6) eine ganze Funktion darstellt, hinzunimmt; da jede Eigenfunktion gerade oder ungerade ist, verschwinden dann entweder $u_1,u_3,u_5,\dots$ oder $u_0,u_2,u_4,\dots$. Durch Anwendung von **1.8.** erkennt man so

Satz 6. *Die Eigenwertpaare $\lambda=\lambda_n^m(\gamma^2),\gamma^2$ bilden mit $\lambda^*=\lambda+\gamma^2$ bei geradem $n-m$ die Gesamtheit der Lösungspaare der Kettenbruchgleichung*

$$0=\lambda^*-m(m+1)+\frac{1\cdot 2\cdot\gamma^2}{\lambda^*-(m+2)(m+3)}+\frac{3\cdot 4\cdot\gamma^2}{|\,\lambda^*-(m+4)(m+5)}+\cdots$$

bzw. der invertierten Gleichungen, bei ungeradem $n-m$ die Gesamtheit der Lösungspaare von

$$0=\lambda^*-(m+1)(m+2)+\frac{2\cdot 3\cdot\gamma^2}{\lambda^*-(m+3)(m+4)}+\frac{4\cdot 5\cdot\gamma^2}{|\,\lambda^*-(m+5)(m+6)}+\cdots$$

bzw. der invertierten Gleichungen.

Diese Kettenbruchgleichungen dienen mit Vorteil zur numerischen Berechnung der Eigenwerte. Für kleine γ^2 können sie durch Potenzreihen ersetzt werden. Dazu geht man mit

$$\lambda_n^m(\gamma^2)=n(n+1)+O(\gamma^2)$$

in die geeignet invertierte Kettenbruchgleichung ein, erhält

$$\lambda_n^m(\gamma^2)=n(n+1)+\lambda_{n1}^m(\gamma^2)+O(\gamma^4)$$

und durch Wiederholung im Sinne einer sukzessiven Approximation jedesmal einen weiteren Koeffizienten λ_{nk}^m. Im einzelnen folgt so

$$
\left.
\begin{aligned}
\lambda_n^m(\gamma^2) = {}& n(n+1) - \frac{1}{2}\left[1 + \frac{(2m-1)(2m+1)}{(2n-1)(2n+3)}\right]\gamma^2 + \\
&+ \frac{1}{2}\left[\frac{(n-m-1)(n-m)(n+m-1)(n+m)}{(2n-3)(2n-1)^3(2n+1)} - \right.\\
&\left. - \frac{(n-m+1)(n-m+2)(n+m+1)(n+m+2)}{(2n+1)(2n+3)^3(2n+5)}\right]\gamma^4 - \\
&- (4m^2-1)\left[\frac{(n-m-1)(n-m)(n+m-1)(n+m)}{(2n-5)(2n-3)(2n-1)^5(2n+1)(2n+3)} - \right.\\
&\left. - \frac{(n-m+1)(n-m+2)(n+m+1)(n+m+2)}{(2n-1)(2n+1)(2n+3)^5(2n+5)(2n+7)}\right]\gamma^6 + \cdots .
\end{aligned}
\right\} \quad (10)
$$

Ein weiteres Reihenglied kann man aus **3.53.**, (6) übernehmen, indem man dort n für ν und m für μ schreibt.

Auch für die Koeffizienten der z-Potenzreihen kann man auf diese Weise Entwicklungen nach γ^2 gewinnen, somit schließlich für $\mathrm{ps}_n^m(z;\gamma^2)$.

Die γ^2-Potenzreihen für $\lambda_n^m(\gamma^2)$ und $\mathrm{ps}_n^m(z;\gamma^2)$ sind nach **1.66.** gleichzeitig asymptotische Reihen für $n \to +\infty$. In erster Näherung wird danach

$$
\lambda_n^m(\gamma^2) = n(n+1) - \tfrac{1}{2}\gamma^2 + O(n^{-2}) \tag{11}
$$

und — gleichmäßig in $[-1,1]$ —

$$
\mathrm{ps}_n^m(z;\gamma^2) = P_n^m(z) + O(n^{-\frac{1}{2}}). \tag{12}
$$

3.25. Asymptotische Reihen für große reelle γ^2.

3.251. $\gamma^2 \to +\infty$. Führt man in die Sphäroiddifferentialgleichung (2)

$$
y(z) = (1 - z^2)^{m/2}\, u(z)
$$

ein, so entsteht für $u(z)$

$$
(1 - z^2)\, u''(z) - 2(m+1)\, z\, u'(z) + [\lambda - m(m+1) + \gamma^2(1 - z^2)]\, u(z) = 0,
$$

vgl. auch **3.24.**, (4), (5). Substituieren wir hier bei $\gamma > 0$

$$
x = (2\gamma)^{\frac{1}{2}} z, \qquad u(z) = v(x), \qquad \frac{\lambda - m(m+1) + \gamma^2}{2\gamma} = L,
$$

so folgt

$$
\left(1 - \frac{x^2}{2\gamma}\right) v''(x) - 2(m+1)\, \frac{x}{2\gamma}\, v'(x) + \left[L - \frac{x^2}{4}\right] v(x) = 0.
$$

Wird formal $1/\gamma = 0$ gesetzt, so ist dies die Differentialgleichung

$$
v''(x) + \left[L - \frac{x^2}{4}\right] v(x) = 0
$$

der Funktionen des parabolischen Zylinders. Durch diese Tatsache wird das folgende Vorgehen nahegelegt.

Wir führen für $\gamma > 0$ den Differentialoperator F_γ gemäß

$$F_\gamma y \equiv \frac{d}{dz}\left[(1-z^2)\frac{dy}{dz}\right] + \left[\frac{-m^2}{1-z^2} + \gamma^2(1-z^2)\right] y$$

ein, nennen $\Re$ die Gesamtheit der Funktionen

$$y(z) = (1-z^2)^{m/2}\, u(z)$$

mit ganzer Funktion $u(z)$, $\mathfrak{U}_0$ bzw. $\mathfrak{U}_1$ die Teilgesamtheit der geraden bzw. ungeraden Funktionen, und verabreden

$$(f,g) = \int\limits_{-1}^{+1} f(z)\,\overline{g(z)}\,dz, \qquad \|f\| = (f,f)^{\frac{1}{2}}.$$

Dann hat — diese Form erhält jetzt die Sphäroiddifferentialgleichung —

$$F_\gamma y + \lambda y = 0, \qquad y \neq 0, \qquad y \in \mathfrak{U}_0 \text{ bzw. } y \in \mathfrak{U}_1$$

die Eigenwerte und Eigenfunktionen

$$\lambda = \lambda_n^m(\gamma^2), \qquad y = \mathrm{ps}_n^m(z;\gamma^2) \begin{cases} (n=m,\, m+2,\, m+4,\, \ldots) \\ \text{bzw.} \quad (n=m+1,\, m+3,\, m+5,\, \ldots) \end{cases}$$

und es sind für **1.5.** — bei jedem $\gamma > 0$ — die Voraussetzungen 1. und 4. erfüllt, die allein für den dortigen Satz 1 benötigt werden.

Setzen wir nun für $\gamma > 0$, $p = 0, 1, 2, \ldots$

$$y_p(z) = (1-z^2)^{m/2} D_p\big((2\gamma)^{\frac{1}{2}} z\big)$$

mit

$$D_p(x) = (-1)^p\, e^{\frac{x^2}{4}}\, \frac{d^p}{dx^p}\, e^{-\frac{x^2}{2}}$$

und

$$\Lambda_p(\gamma) = -\gamma^2 + (2p+1)\gamma + m(m+1),$$

so gehört y_p für gerades p zu $\mathfrak{U}_0$, für ungerades p zu $\mathfrak{U}_1$. Wegen $D_p''(x) + \left(p + \frac{1}{2} - \frac{x^2}{4}\right) D_p(x) = 0$ gilt nun $F_\gamma y_p + \Lambda_p y_p = f_p$ mit

$$f_p(z) = (1-z^2)^{m/2}\{-x^2 D_p''(x) - 2(m+1)\, x\, D_p'(x)\}, \qquad x = (2\gamma)^{\frac{1}{2}} z.$$

Man erkennt durch Berechnung des Grenzwertes

$$\frac{\|f_p\|}{\|y_p\|} = O(1) \qquad (\gamma \to +\infty). \tag{$*$}$$

Daraus erhalten wir nun mit **1.5.**, Satz 1:

$$\min_n |\Lambda_p(\gamma) - \lambda_n^m(\gamma^2)| = O(1) \qquad (\gamma \to +\infty),$$

wobei bei geradem p nur gerade $n-m$, bei ungeradem p nur ungerade $n-m$ zu nehmen sind.

Mit Hilfe von Überlegungen, die denen in **2.331.** analog sind, kann man nun zeigen, daß die Zuordnung zwischen p und n so hergestellt werden muß, daß $y_p(z)$ und $\mathrm{ps}_n^m(z;\gamma^2)$ in $-1 < z < 1$ die gleiche Anzahl von Nullstellen besitzen. Gemäß **3.23.**, Satz 5 muß danach

$$p = n - m$$

sein. So erhält man

Satz 7. *Für $\gamma \to +\infty$ gilt*

$$\lambda_n^m(\gamma^2) = -\gamma^2 + \big(2(n-m) + 1\big)\gamma + O(1).$$

Um auch zu einer Approximation der Eigenfunktionen zu gelangen, sei α so gewählt, daß $(p=n-m)$

$$y_p - \alpha\,\mathrm{ps}_n^m = \eta_p$$

zu ps_n^m orthogonal ist. Dann folgt aus **1.5.**, Satz 1 zusammen mit dem eben bewiesenen Satze 7 und (∗)

$$\|\eta_p\| = \|y_p\|\,O(\gamma^{-1}).$$

Hieraus ergibt sich weiter

$$\frac{2}{2n+1}\,\frac{(n+m)!}{(n-m)!}\,\alpha^2 = \|y_p\|^2\big(1 + O(\gamma^{-2})\big).$$

Wegen

$$\operatorname{sign} P_n^m(0) = (-1)^{\frac{n+m}{2}} \qquad (n-m \text{ gerade})$$

$$\operatorname{sign} P_n^{m\prime}(0) = (-1)^{\frac{n+m-1}{2}} \qquad (n-m \text{ ungerade})$$

$$\operatorname{sign} D_p(0) = (-1)^{\frac{p}{2}} \qquad (p \text{ gerade})$$

$$\operatorname{sign} D_p'(0) = (-1)^{\frac{p-1}{2}} \qquad (p \text{ ungerade})$$

und

$$\int\limits_{-1}^{1} [y_p(z)]^2\,dz$$

$$= (2\gamma)^{-\frac{1}{2}} \int\limits_{-(2\gamma)^{\frac{1}{2}}}^{(2\gamma)^{\frac{1}{2}}} \Big(1 - \frac{x^2}{2\gamma}\Big)^m [D_p(x)]^2\,dx = (2\gamma)^{-\frac{1}{2}} \int\limits_{-\infty}^{+\infty} [D_p(x)]^2\,dx \cdot \big(1 + O(\gamma^{-1})\big)$$

hat man daher

$$\frac{1}{\alpha} = (-1)^m \Big(\frac{4\gamma}{\pi}\Big)^{\frac{1}{4}} \frac{1}{(n-m)!} \Big(\frac{(n+m)!}{2n+1}\Big)^{\frac{1}{2}} \big(1 + O(\gamma^{-1})\big).$$

So erhalten wir schließlich

Satz 8. *Für $\gamma \to +\infty$ gilt im quadratischen Mittel über $[-1, 1]$*

$$\mathrm{ps}_n^m(z;\gamma^2)=(-1)^m\left(\frac{4\gamma}{\pi}\right)^{\frac{1}{4}}\frac{1}{(n-m)!}\left(\frac{(n+m)!}{2n+1}\right)^{\frac{1}{2}}(1-z^2)^{m/2}D_{n-m}\left((2\gamma)^{\frac{1}{2}}z\right)+O\left(\gamma^{-1}\right).$$

Dies Verfahren läßt sich ausgestalten, indem man für y_p eine Linearkombination

$$y_p(z) = \sum_{r=-k}^{k} \alpha_r \, D_{p+2r}\left((2\gamma)^{\frac{1}{2}}z\right)$$

und für $\Lambda_p(\gamma)$ eine abbrechende Reihe

$$\Lambda_p(\gamma) = -\gamma^2 + (2p+1)\gamma + \beta_0 + \beta_1 \gamma^{-1} + \beta_2 \gamma^{-2} + \cdots$$

verwendet, wobei die Koeffizienten so gewählt werden, daß

$$\|F_\gamma\, y_p + \Lambda_p\, y_p\| \cdot \|y_p\|^{-1}$$

von möglichst hoher Ordnung in γ^{-1} verschwindet. — Ferner kann man analog zu den Überlegungen in **2.333.** die gleichmäßige Approximation in $[-1, 1]$ beweisen.

Auf diese Weise zeigt man

Satz 9. *Für $\gamma \to +\infty$ gilt mit $q=2(n-m)+1$:*

$$\lambda_n^m(\gamma^2) = -\gamma^2 + \gamma q + m^2 - \frac{1}{8}[q^2+5] - \frac{q}{64\gamma}[q^2+11-32\,m^2] -$$

$$- \frac{1}{1024\gamma^2}[5(q^4+26q^2+21)-384m^2(q^2+1)] --$$

$$- \frac{1}{\gamma^3}\left[\frac{1}{128\cdot128}(33q^5+1594q^3+5621q) - \frac{m^2}{128}(37q^3+167q) + \frac{m^4}{8}q\right] -$$

$$- \frac{1}{\gamma^4}\left[\frac{1}{256\cdot256}(63q^6+4940q^4+43327q^2+22470) - \right.$$

$$\left. - \frac{m^2}{512}(115q^4+1310q^2+735) + \frac{3m^4}{8}(q^2+1)\right] -$$

$$- \left[\frac{1}{\gamma^5}\frac{1}{1024\cdot1024}(527q^7+61529q^5+1043961q^3+2241599q) - \right.$$

$$- \frac{m^2}{32\cdot1024}(5739q^5+127550q^3+298951q) +$$

$$\left. + \frac{m^4}{512}(355q^3+1505q) - \frac{m^2}{16}q\right] + O(\gamma^{-6})$$

und in erster Näherung — gleichmäßig in $[-1, 1]$

$$\mathrm{ps}_n^m(z;\gamma^2)=(-1)^m\left(\frac{4\gamma}{\pi}\right)^{\frac{1}{4}}\frac{1}{(n-m)!}\left(\frac{(n+m)!}{2n+1}\right)^{\frac{1}{2}}(1-z^2)^{m/2}D_{n-m}\left((2\gamma)^{\frac{1}{2}}z\right)+O\left(\gamma^{-\frac{3}{4}}\right).$$

Wir bemerken, daß man die Koeffizienten der obigen Linearkombinationen und der asymptotischen Reihe erhalten kann, indem man formal die unendlichen Reihen in die Differentialgleichung einsetzt, daraus auf Grund einfacher Eigenschaften der D_{n-m+2r} ein fünfgliedriges Rekursionssystem für die α_r gewinnt und dieses durch formalen Ansatz von γ^{-1}-Potenzreihen für λ und α_r löst. Wir verweisen dazu auf MEIXNER [3] und SIPS [1].

3.252. $\gamma^2 \to -\infty$. Wir setzen

$$\gamma = i\,\gamma^*$$

und nehmen im folgenden $\gamma^* > 0$ an. $F_{i\gamma^*} = F_\gamma$, $\Re$, $\mathfrak{U}_0$, $\mathfrak{U}_1$, (f,g), $\|f\|$ seien wie eben erklärt.

Mit

$$x = 2\gamma^*(1-z); \quad y(z) = (1-z^2)^{m/2}\,v(x)$$

wird nun

$$F_{i\gamma^*}\,y = 4\gamma^*(1-z^2)^{m/2}\left[x\,v''(x) + (m+1)\,v'(x) - \frac{x}{4}\,v(x)\right] -$$
$$- (1-z^2)^{m/2}\left[x^2 v''(x) + 2(m+1)\,x\,v'(x) + \left\{m(m+1) - \frac{x^2}{4}\right\}v(x)\right].$$

Setzen wir nach Division mit $4\gamma^*(1-z^2)^{m/2}$ formal

$$\frac{\lambda}{4\gamma^*} = \lambda^*, \qquad \frac{1}{\gamma^*} = 0,$$

so wird danach die Sphäroiddifferentialgleichung

$$F_{i\gamma^*}\,y + \lambda\,y = 0$$

zu

$$x\,v''(x) + (m+1)\,v'(x) + \left(\lambda^* - \frac{x}{4}\right)v(x) = 0.$$

Diese Differentialgleichung vergleichen wir mit der Differentialgleichung der mit den LAGUERREschen Polynomen

$$L_p^{(m)}(x) = \frac{e^x\,x^{-m}}{p!}\,\frac{d^p}{dx^p}\,(e^{-x}\,x^{m+p})$$

bei $p = 0, 1, 2, \ldots$ gebildeten Funktionen

$$w(x) = e^{-\frac{x}{2}}\,L_p^{(m)}(x).$$

Sie lautet

$$x\,w''(x) + (m+1)\,w'(x) + \left(p + \frac{1}{2}\,(m+1) - \frac{x}{4}\right)w(x) = 0.$$

Es wird dadurch das folgende — dem Vorgehen für $\gamma^2 \to +\infty$ analoge — Verfahren nahegelegt.

Wir bilden für

$$p = 0, 1, 2, \ldots, \quad \gamma^* > 0$$

die Funktionen

$$y_p^\pm(z) = (1-z^2)^{m/2}\left\{e^{-\gamma^*(1-z)}\,L_p^{(m)}(2\gamma^*(1-z)) \pm e^{-\gamma^*(1+z)}\,L_p^{(m)}(2\gamma^*(1+z))\right\}$$

und

$$\Lambda_p(\gamma^*) = [4p + 2(m+1)]\,\gamma^*.$$

Dann gehören die Funktionen y_p^+ zu $\mathfrak{U}_0$, y_p^- zu $\mathfrak{U}_1$ und für

$$f_p^\pm = F_{i\gamma^*}\, y_p^\pm + \Lambda_p\, y_p^\pm$$

erhalten wir

$$\frac{\|f_p^\pm\|}{\|y_p^\pm\|} = O(1) \qquad (\gamma^* \to +\infty).$$

Wir wenden daher wieder **1.5.**, Satz 1 an und erhalten — sowohl für $n-m$ gerade, als auch für $n-m$ ungerade:

$$\min_n |\lambda_n^m(\gamma^2) - \Lambda_p(\gamma^*)| = O(1) \qquad (\gamma^* \to +\infty).$$

Man zeigt nun durch Überlegungen analog zu denen in **2.331.** wieder, daß die hierdurch hergestellte Zuordnung $n-p$ für $y_p^\pm(z)$ und $\mathrm{ps}_n^m(z)$ in $-1 < z < 1$ die gleiche Nullstellenzahl ergeben muß. Es muß dazu (vgl. **3.23.**, Satz 5)

$$\begin{aligned} 2p &= n - m & (n - m \text{ gerade}) \\ 2p + 1 &= n - m & (n - m \text{ ungerade}) \end{aligned} \right\} \qquad (*)$$

gewählt werden.

So erhalten wir

Satz 10. *Für $\gamma^2 = -\gamma^{*2}$, $\gamma^* \to +\infty$ gilt*

$$\lambda_n^m(\gamma^2) = 2(n+1)\,\gamma^* + O(1) \qquad (n = m,\ m+2,\ m+4,\ldots),$$
$$\lambda_n^m(\gamma^2) = 2n\,\gamma^* + O(1) \qquad (n = m+1,\ m+3,\ m+5,\ldots).$$

Zum Zwecke einer Approximation der Eigenfunktionen sei bei Annahme von $(*)$ α so gewählt, daß

$$y_p^\pm - \alpha\,\mathrm{ps}_n^m = \eta_p^\pm$$

zu ps_n^m orthogonal ist. Dann folgt aus **1.5.**, Satz 1 zusammen mit den eben bewiesenen Satz 10

$$\|\eta_p^\pm\| = \|y_p^\pm\|\, O(\gamma^{*-1}).$$

Hieraus ergibt sich wieder

$$\frac{2}{2n+1}\,\frac{(n+m)!}{(n-m)!}\,\alpha^2 = \|y_p\|^2\,(1 + O(\gamma^{*-2})).$$

Weiter hat man nun

$$L_p^{(m)}(0) > 0,$$
$$\frac{d^m}{dx^m}\,P_n(x)\Big|_{x=1} > 0$$

und

$$\int\limits_0^1 [y_p^{\pm}(z)]^2\, dz = \gamma^{*\,-m-1} \int\limits_0^{\infty} e^{-x} x^m [L_p^{(m)}(x)]^2\, dx \,\big(1 + O(\gamma^{*\,-1})\big)$$

$$= \gamma^{*\,-m-1}\, m!\, \binom{p+m}{p}\big(1 + O(\gamma^{*\,-1})\big).$$

Daher wird

$$\frac{1}{\alpha} = (-1)^m \gamma^{*\,-\frac{m+1}{2}}\left(\frac{p!}{(m+p)!}\, \frac{(n+m)!}{(n-m)!}\, \frac{1}{2n+1}\right)^{\frac{1}{2}}\big(1 + O(\gamma^{*\,-1})\big),$$

und wir erhalten so

Satz 11. *Für $\gamma^2 = -\gamma^{*2}$, $\gamma^* \to +\infty$ ist im quadratischen Mittel über* $[-1, 1]$

$$\mathrm{ps}_n^m(z; \gamma^2) = (-1)^m \gamma^{*\,-\frac{m+1}{2}}\left(\frac{p!}{(m+p)!}\, \frac{(n+m)!}{(n-m)!}\, \frac{1}{2n+1}\right)^{\frac{1}{2}}(1 - z^2)^{m/2}\times$$

$$\times \left\{e^{-\gamma^*(1-z)} L_p^{(m)}\big(2\gamma^*(1-z)\big) \pm e^{-\gamma^*(1+z)} L_p^{(m)}\big(2\gamma^*(1+z)\big)\right\} + O(\gamma^{*\,-1});$$

Dabei gilt $+$ und $2p = n - m$, falls $n - m$ gerade, $-$ und $2p + 1 = n - m$, falls $n - m$ ungerade.

Wie im oben behandelten Falle $\gamma^2 \to +\infty$ läßt sich das angewandte Verfahren ausgestalten, indem man eine Linearkombination

$$y_p^{\pm}(z) = (1 - z^2)^{m/2} \sum_{t=-k}^{k} \beta_t \big[e^{-\gamma^*(1-z)} L_{p+t}^{(m)}\big(2\gamma^*(1-z)\big) \pm$$

$$\pm\, e^{-\gamma^*(1+z)} L_{p+t}^{(m)}\big(2\gamma^*(1+z)\big)\big]$$

und eine abbrechende Reihe

$$\Lambda_p(\gamma^*) = \big(4p + 2(m+1)\big)\gamma^* + c_0 + c_1 \gamma^{*\,-1} + c_2 \gamma^{*\,-2} + \cdots$$

verwendet, deren Koeffizienten man so wählt, daß

$$\|F_{i\gamma^*}\, y_p^{\pm} + \Lambda_p\, y_p^{\pm}\| \cdot \|y_p^{\pm}\|^{-1}$$

von möglichst hoher Ordnung in $\gamma^{*\,-1}$ verschwindet. Ebenso kann die gleichmäßige Approximation der Eigenfunktionen bewiesen werden.

Man zeigt auf diese Weise

Satz 12. *Für $\gamma^2 = -\gamma^{*2}$, $\gamma^* \to +\infty$ gilt mit $q = 2p + m + 1$, $2p = n - m$ ($n - m$ gerade) bzw. $2p + 1 = n - m$ ($n - m$ ungerade)*

$$\lambda_n^m(\gamma^2) = 2q\gamma^* - \frac{1}{2}(q^2 - m^2 + 1) - \frac{q}{8\gamma^*}(q^2 - m^2 + 1) -$$

$$- \frac{1}{64\gamma^{*2}}[5q^4 + 10q^2 + 1 - 2m^2(3q^2 + 1) + m^4] -$$

$$- \frac{q}{512\gamma^{*3}}[33q^4 + 114q^2 + 37 - 2m^2(23q^2 + 25) + 13m^4] -$$

$$- \frac{1}{1024\gamma^{*4}}[63q^6 + 340q^4 + 239q^2 + 14 - 10m^2(10q^4 + 23q^2 + 3) +$$

$$+\, 3m^4(13q^2 + 6) - 2m^6] -$$

$$- \frac{q}{8192\gamma^{*5}}[527q^6 + 4139q^4 + 5221q^2 + 1009 - m^2(939q^4 +$$

$$+\, 3750q^2 + 1591) + m^4(465q^2 + 635) - 53m^6] + O(\gamma^{*\,-6})$$

und in erster Näherung — gleichmäßig in $[-1, 1]$ —

$$\mathrm{ps}_n^m(z;\gamma^2) = (-1)^m \gamma^{*\frac{m+1}{2}} \left(\frac{p!}{(m+p)!} \frac{(n+m)!}{(n-m)!} \frac{1}{2n+1} \right)^{\frac{1}{2}} (1-z^2)^{m/2} \times$$

$$\times \left\{ e^{-\gamma^*(1-z)} L_p^{(m)}\big(2\gamma^*(1-z)\big) \pm e^{-\gamma^*(1+z)} L_p^{(m)}\big(2\gamma^*(1+z)\big) \right\} + O(\gamma^{*-\frac{1}{2}}).$$

Bei der Herleitung erhält man die Koeffizienten für $y_p^\pm(z)$ und die asymptotische Reihe, indem man formal die unendlichen Reihen in die Differentialgleichung einsetzt, daraus auf Grund einfacher Eigenschaften der LAGUERREschen Polynome ein dreigliedriges Rekursionssystem für die β_t ableitet und dieses durch formalen Ansatz von γ^{*-1}-Potenzreihen für β_t und λ löst. Dazu sei wieder auf MEIXNER [3] und SIPS [1] verwiesen.

3.253. Eine Folgerung. Aus der Tatsache der Existenz zweier verschiedener asymptotischer Reihen für $\lambda_n^m(\gamma^2)$ bei $\gamma^2 \to +\infty$ und $\gamma^2 \to -\infty$, ja schon aus **3.251.**, Satz 7 und **3.252.**, Satz 10 schließt man sofort, daß diese Reihen nirgends konvergieren. Es gilt nämlich

Satz 13. *Keine der Funktionen* $\lambda_n^m(\gamma^2)$ *liefert ein Funktionselement, das bei analytischer Fortsetzung außerhalb eines Kreises der* γ^2-*Ebene keine Verzweigungsstellen mehr ergibt.*

Jede der aus den $\lambda_n^m(\gamma^2)$ *entstehenden analytischen Funktionen im Großen ist unendlich vieldeutig.*

Der Beweis entspricht vollkommen dem von **2.332.**, Satz 8.

3.3. Über Zylinder- und Kugelfunktionen.

3.31. Entwicklung analytischer Funktionen in Reihen nach BESSEL-Funktionen $J_{\nu+2r}(z)$. Wir zeigen

Satz 1. *Sei ν nicht ganz. Dann gelten die Orthogonalitäts- und Normierungsrelationen*

$$\frac{1}{\pi i} \int_{z_0}^{z_0 e^{\pi i}} J_{\nu+2r}(z)\, J_{-(\nu+2s)}(z)\, \frac{1}{z}\, dz = \frac{\sin \pi \nu}{\pi(\nu+2r)}\, \delta_{rs}$$

$$(r, s = \cdots, -1, 0, 1, 2, \ldots).$$

Jede in einem Kreisring

$$0 \leq \varrho_1 < |z| < \varrho_2 \leq \infty$$

regulär analytische Funktion $f(z)$ mit der Umlaufseigenschaft

$$f(z e^{i\pi}) = e^{\pi i \nu} f(z)$$

läßt sich eindeutig in eine Reihe

$$f(z) = \sum_{r=-\infty}^{+\infty} c_r J_{\nu+2r}(z)$$

entwickeln, die in jeder kompakten Teilmenge absolut gleichmäßig konvergiert. Es ist

$$c_r = \frac{1}{\pi i} \int\limits_{z_0}^{z_0 e^{\pi i}} f(z) \, J_{-(\nu + 2r)}(z) \, \frac{1}{z} \, dz \cdot \frac{\pi(\nu + 2r)}{\sin \pi \nu} \, .$$

Für $n \to \pm \infty$ gilt in kompakten Bereichen gleichmäßig

$$J_{\nu + 2n}(z) = \frac{z^{\nu + 2n}}{2^{\nu + 2n} \, \Gamma(\nu + 2n + 1)} \left(1 + O\left(\frac{1}{n}\right)\right).$$

Beweis. Es wird **1.7.** angewandt. Wir identifizieren dazu

$\mathfrak{R}$	Gesamtheit der in $\left\{ \begin{array}{l} r_1 < \lvert z \rvert < r_2 \\ 0 < \arg z < \pi \end{array} \right\}$ mit $\varrho_1 < r_1 < r_2 < \varrho_2$ analytischen, im abgeschlossenen Bereich stetigen Funktionen $f(z)$
$\lvert f \rvert$	Max $\lvert f(z) \rvert$ für z im genannten Bereich
$\left. \begin{array}{l} \mathfrak{u} \\ \mathfrak{u}^* \end{array} \right\}$	Gesamtheit der in $\varrho_1 < \lvert z \rvert < \varrho_2$ analytischen Funktionen mit $\left\{ \begin{array}{l} f(z e^{\pi i}) = e^{\pi i \nu} f(z) \\ f(z e^{\pi i}) = e^{-\pi i \nu} f(z) \end{array} \right\}$
(u, v)	$\dfrac{1}{\pi i} \int\limits_{z_0}^{z_0 e^{\pi i}} u(z) \, v(z) \, \dfrac{1}{z} \, dz$
F	$z \dfrac{d}{dz} z \dfrac{d}{dz}$
G	z^2
λ	λ
μ	k^2
$\varDelta$	$\displaystyle\prod_{n=-\infty}^{+\infty} \left(1 + \frac{\lambda}{(\nu + 2n)^2}\right)$
y_n	$z^{\nu + 2n}$
y_n^*	$z^{-(\nu + 2n)}$
$\begin{array}{l} y(\lambda, \mu) \\ y^*(\lambda, \mu) \end{array}$	$\left. \begin{array}{l} \eta(z e^{\pi i}) - e^{-\pi i \nu} \eta(z) \\ \eta(z e^{\pi i}) - e^{\pi i \nu} \eta(z) \end{array} \right\}$ mit $\eta(z) = k^{-\sqrt{-\lambda}} \, J_{\sqrt{-\lambda}}(kz) + k^{\sqrt{-\lambda}} \, J_{-\sqrt{-\lambda}}(kz)$

Wir fügen also in die BESSELsche Differentialgleichung

$$z^2 y''(z) + z y'(z) + (z^2 + \lambda) y(z) = 0$$

den Parameter k^2 ein:

$$z^2\, y''(z) + z\, y'(z) + (k^2\, z^2 + \lambda)\, y(z) = 0\,.$$

Für $k^2 = 0$ hat man dann Potenzen von z als Lösungen. Mit den Randbedingungen von $\mathfrak{U}$ erhält man für jedes k^2 dieselben Eigenwerte $\lambda = -(\nu + 2n)^2$. Die zum ungestörten Eigenwertproblem gehörenden Entwicklungen sind die LAURENT-Entwicklungen von $z^{-\nu}\, f(z)$.

Wir zeigen nun, daß die Voraussetzungen von **1.7.** erfüllt sind.

Daß $\mathfrak{R}$ BANACHscher Raum, also insbesondere perfekt ist, zeigt man mit Hilfe des WEIERSTRASSschen Satzes über gleichmäßig konvergente Reihen analytischer (stetiger) Funktionen. (1), (2), (4) bestätigt man sofort, (3) durch partielle Integration.

Weiter bedürfen 1., 2., 4. und die ersten Sätze von 2. keiner Erläuterung. 2., (9) ist offenbar der Satz über die Entwickelbarkeit in LAURENT-Reihen. 2., (10) folgt aus dem GUTZMERschen Koeffizientensatz. Danach gilt

$$z^{-\nu} f(z) = \sum_{n=-\infty}^{+\infty} a_n\, z^{2n}\,,$$

$$\int_{\substack{r \\ |z|=r}}^{r\, e^{\pi i}} |z^{-\nu} f(z)|^2\, dz = \sum_{n=-\infty}^{+\infty} |a_n|^2\, r^{4n}\,.$$

Schreibt man dies für $r = r_1$ und $r = r_2$ auf und läßt rechts einmal $\sum\limits_{n \geq 0}$, einmal $\sum\limits_{n < 0}$ fort, während man links durch $|f|$ abschätzt, so erhält man durch Addition der entstehenden Ungleichungen die Behauptung 2., (10).

5. ergibt sich daraus, daß die inhomogene Gleichung zunächst überhaupt im Kreisring analytisch lösbar ist. Man kann dann durch Addition einer geeigneten Lösung der homogenen Gleichung für eine Stelle z_0 eine Lösung $\tilde{y}(z)$ mit

$$\tilde{y}(z_0\, e^{\pi i}) = \tilde{y}(z_0)\, e^{\pi i \nu}$$
$$-\tilde{y}'(z_0\, e^{\pi i}) = \tilde{y}'(z_0)\, e^{\pi i \nu}$$

erhalten. Diese muß schließlich auf Grund der Differentialgleichung (Bestimmtheit durch Anfangswerte) gleichzeitig mit $f(z)$ zu $\mathfrak{U}$ gehören. Die weiteren Aussagen über $\tilde{y}(z)$ ergeben sich aus der angedeuteten Konstruktionsvorschrift. 6. ist für die hier betrachteten analytischen Funktionen natürlich erfüllt.

Nun erhält man sofort die Behauptungen des Satzes. Die Orthogonalitätsrelationen liefert **1.7.**, Satz 4; die Normierungswerte folgen mit Hilfe der Kenntnis des ersten Koeffizienten der BESSEL-Funktionen durch direkte Auswertung des Integrals.

1.7., Satz 9 und die im obigen Satz 1 zuletzt formulierte asymptotische Eigenschaft liefern die Entwickelbarkeit mit einer von den Potenzreihen her vertrauten Schlußweise. Dabei ist zu beachten, daß $r_1 < r_2$ innerhalb des Intervalls (ϱ_1, ϱ_2) beliebig variieren dürfen.

Die letzte Aussage fließt aus **1.7.**, Satz 10, wenn man hierzu $\mathfrak{R}$ als Gesamtheit der auf $|z| = r$, $0 \leq \arg z \leq \pi$ stetigen Funktionen interpretiert und beachtet, daß r innerhalb $\varrho_1 < r_1 \leq r \leq r_2 < \varrho_2$ beliebig variieren kann, während das $O(1/n)$ nach dem Beweise in **1.7.** hiervon unabhängig bleibt, da α und γ fest zu r_1, r_2 gewählt werden können.

Satz 1 kann umgeschrieben werden auf die Funktionen

$$\psi_\nu^{(1)}(z) = \left(\frac{\pi}{2z}\right)^{\frac{1}{2}} J_{\nu+\frac{1}{2}}(z).\tag{1}$$

Man erhält dann

Satz 1'. *Sei* $\nu \equiv \tfrac{1}{2} \pmod 1$. *Dann gelten die Orthogonalitäts- und Normierungsrelationen*

$$\frac{1}{\pi i} \int_{z_0}^{z_0 e^{\pi i}} \psi_{\nu+2r}^{(1)}(z)\, \psi_{-\nu-2s-1}^{(1)}(z)\, dz = \frac{\cos \pi \nu}{2\nu + 4r + 1}\, \delta_{rs}$$

$$(r, s = \cdots, -1, 0, 1, 2, \ldots).$$

Jede in einem Kreisring

$$0 \leq \varrho_1 < |z| < \varrho_2 \leq \infty$$

regulär analytische Funktion $f(z)$ *mit der Umlaufseigenschaft*

$$f(z e^{\pi i}) = e^{\pi i \nu} f(z)$$

läßt sich eindeutig in eine Reihe

$$f(z) = \sum_{r=-\infty}^{+\infty} c_r\, \psi_{\nu+2r}^{(1)}(z)$$

entwickeln, die in jeder kompakten Teilmenge absolut gleichmäßig konvergiert. Es ist

$$c_r = \frac{1}{\pi i} \int_{z_0}^{z_0 e^{\pi i}} f(z)\, \psi_{-\nu-2r-1}^{(1)}(z)\, dz \cdot \frac{2\nu + 4r + 1}{\cos \pi \nu}.$$

Für $n \to \pm \infty$ *gilt in kompakten Bereichen gleichmäßig*

$$\psi_{\nu+2n}^{(1)}(z) = \frac{\pi^{\frac{1}{2}} z^{\nu+2n}}{2^{\nu+2n+1}\, \Gamma(\nu + 2n + \frac{3}{2})} \left(1 + O\left(\frac{1}{n}\right)\right).$$

3.32. Integralbeziehungen zwischen Zylinder- und Kugelfunktionen. Offenbar genügt

$$u = e^{iz}(x + i\,y)^{\mu}$$

der Schwingungsgleichung

$$\Delta u + u = 0.$$

In Kugelkoordinaten

$$x = r\,\sqrt{1 - \eta^2}\,\cos\varphi,$$

$$y = r\,\sqrt{1 - \eta^2}\,\sin\varphi,$$

$$z = r\,\eta$$

wird

$$u = e^{ir\eta}\,(1 - \eta^2)^{\mu/2}\,r^{\mu}\,e^{i\mu\varphi}.$$

Es ist daher [1]

$$f_{\nu}^{\mu}(\eta) = (\eta^2 - 1)^{\mu/2} \int\limits_{\infty\,i\,e^{-i\omega}}^{(0-)} e^{ir\eta}\,r^{\mu}\,\psi_{\nu}^{(1)}(r)\,dr \tag{2}$$

für

$$\left|\arg(\eta \pm 1) - \omega\right| < \frac{\pi}{2} \tag{3}$$

eine Kugelfunktion zu den Indizes ν, μ, d.h. eine Lösung der Differentialgleichung

$$[(1 - \eta^2)\,f'(\eta)]' + \left[\frac{-\mu^2}{1 - \eta^2} + \nu(\nu + 1)\right] f(\eta) = 0. \tag{4}$$

Denn das Integral ist in jedem kompakten Teilbereich dieser Halbebene und für beschränkte ν, μ gleichmäßig konvergent und erfüllt die Voraussetzungen von **1.136.**, Satz 4. Für verschiedene ω erhält man so analytische Fortsetzungen derselben Funktion; $f_{\nu}^{\mu}(\eta)$ ist ferner eine ganze Funktion von ν, μ.

In (2) darf die Potenzreihe für $\psi_{\nu}^{(1)}(r)$ eingesetzt und bei $|\eta| > 1$ gliedweise integriert werden; denn für die Reihe der absoluten Beträge, $A(r)$, gilt dort

$$\int\limits_{\infty\,i\,e^{-i\omega}}^{(0-)} \left|e^{ir\eta}\,r^{\mu}\,A(r)\,dr\right| < \infty.$$

---

[1] $\displaystyle\int\limits_{\infty\,i\,e^{-i\omega}}^{(0-)}$ kennzeichnet den Integrationsweg: von ∞ her mit $\arg r = \dfrac{\pi}{2} - \omega$, dann negativer Umlauf um 0, danach nach ∞ zurück längs des alten Strahls, also jetzt mit $\arg r = -\dfrac{3\pi}{2} - \omega$. Analoges gilt stets im folgenden für alle ähnlichen Bezeichnungen.

Beachtet man

$$\int\limits_{\infty\,i\,e^{-i\omega}}^{(0-)} e^{i\,r\,\eta}\,r^{\lambda}\,dr = (e^{-2\pi i\lambda} - 1)\,\Gamma(\lambda+1)\,(-i\,\eta)^{-\lambda-1}$$
$$= 2\sin\pi\,\lambda\cdot e^{-\frac{\pi}{2}i\lambda}\Gamma(\lambda+1)\,\eta^{-\lambda-1}$$
$$= -2\pi i\,\frac{1}{\Gamma(-\lambda)}\,e^{-\frac{\pi}{2}i(\lambda+1)}\,\eta^{-\lambda-1}, \tag{5}$$

so ergibt sich

$$f_{\nu}^{\mu}(\eta) = -e^{-i(\nu+\mu)\frac{\pi}{2}}\,\frac{2\pi}{\Gamma(-\nu-\mu)}\,\widetilde{\mathfrak{Q}}_{\nu}^{\mu}(\eta) \tag{6}$$

mit[1]

$$\widetilde{\mathfrak{Q}}_{\nu}^{\mu}(\eta)$$
$$= \frac{\sqrt{\pi}}{2^{\nu+1}\Gamma(\nu+\frac{3}{2})}\,(\eta^2-1)^{\mu/2}\eta^{-\nu-\mu-1}\,{}_2F_1\!\left(\frac{\nu+\mu+2}{2},\frac{\nu+\mu+1}{2};\nu+\frac{3}{2};\frac{1}{\eta^2}\right). \tag{7}$$

Diese Kugelfunktionen haben die Eigenschaften

$$\widetilde{\mathfrak{Q}}_{\nu}^{\mu}(\eta\,e^{\pi i}) = e^{-(\nu+1)\pi i}\,\widetilde{\mathfrak{Q}}_{\nu}^{\mu}(\eta) \tag{8}$$

und

$$\widetilde{\mathfrak{Q}}_{\nu}^{-\mu}(\eta) = \widetilde{\mathfrak{Q}}_{\nu}^{\mu}(\eta). \tag{9}$$

(8) folgt aus (7) unmittelbar. (9) gilt zunächst für $\nu \equiv \frac{1}{2}$ (mod 1), da es wegen der Existenz von $\widetilde{\mathfrak{Q}}_{-\nu-1}^{\mu}(\eta)$ keine zwei linear unabhängigen Lösungen mit (8) gibt; man erhält (9) allgemein mit der Bemerkung, daß (7) in ν,μ regulär analytisch ist.

Für

$$\nu+\mu = 0,1,2,\ldots$$

ist (2), (6) als Integraldarstellung von $\widetilde{\mathfrak{Q}}_{\nu}^{\mu}(\eta)$ unbrauchbar. In diesem Falle kann statt dessen die für

$$\mathfrak{Re}\,(\nu+\mu+1) > 0$$

gültige vereinfachte Formel

$$(\eta^2-1)^{\mu/2}\int\limits_{0}^{\infty\,i\,e^{-i\omega}} e^{i\,r\,\eta}\,r^{\mu}\,\psi_{\nu}^{(1)}(r)\,dr = e^{i\frac{\pi}{2}(\nu+\mu+1)}\,\Gamma(\nu+\mu+1)\,\widetilde{\mathfrak{Q}}_{\nu}^{\mu}(\eta) \tag{10}$$

verwandt werden.

Benutzt man die Rekursionsformeln

$$\frac{2\nu+1}{r}\,\psi_{\nu}^{(j)}(r) = \psi_{\nu-1}^{(j)}(r) + \psi_{\nu+1}^{(j)}(r),$$
$$(2\nu+1)\frac{d}{dr}\,\psi_{\nu}^{(j)}(r) = \nu\,\psi_{\nu-1}^{(j)}(r) - (\nu+1)\,\psi_{\nu+1}^{(j)}(r), \qquad (j=1,2,3,4) \tag{11}$$

---

[1] Diese Kugelfunktionen sind ganze Funktionen von ν und μ und daher häufig geeigneter als die für $\nu+\mu = -1, -2, \ldots$ singulären Funktionen $\mathfrak{Q}_{\nu}^{\mu}(\eta)$ [vgl. unten (12)].

die einfach aus der Definition in **1.136.** und den Rekursionsformeln der Zylinderfunktionen folgen, und setzt

$$\mathfrak{Q}_\nu^\mu(\eta) = e^{i\mu\pi}\,\Gamma(\nu+\mu+1)\,\widetilde{\mathfrak{Q}}_\nu^\mu(\eta)\,, \tag{12}$$

so erhält man nach leichter Umformung mit Hilfe partieller Integrationen aus (2), (6), (12) bzw. (10), (12) die Rekursionsformeln

$$\left.\begin{aligned}
(\eta^2-1)\,\frac{d}{d\eta}\,\mathfrak{Q}_\nu^\mu(\eta) &= (\nu-\mu+1)\,\mathfrak{Q}_{\nu+1}^\mu(\eta) - (\nu+1)\,\eta\,\mathfrak{Q}_\nu^\mu(\eta)\\
&\quad (\nu+\mu \neq -1,-2,-3,\ldots),\\
(2\nu+1)\,\eta\,\mathfrak{Q}_\nu^\mu(\eta) &= (\nu-\mu+1)\,\mathfrak{Q}_{\nu+1}^\mu(\eta) + (\nu+\mu)\,\mathfrak{Q}_{\nu-1}^\mu(\eta)\\
&\quad (\nu+\mu \neq 0,-1,-2,\ldots).
\end{aligned}\right\} \tag{13}$$

Benutzt man die Relation

$$\psi_\nu^{(3)}(r) = \left(\frac{\pi}{2r}\right)^{\frac{1}{2}} H_{\nu+\frac{1}{2}}^{(1)}(r) = \frac{i}{\cos\nu\pi}\left[e^{-i(\nu+\frac{1}{2})\pi}\,\psi_\nu^{(1)}(r) - \psi_{-\nu-1}^{(1)}(r)\right], \tag{14}$$

so erhält man unter den Voraussetzungen

$$\mathfrak{Re}\,(\nu+\mu+1) > 0, \qquad \mathfrak{Re}\,(\mu-\nu) > 0$$

aus (10) eine Kugelfunktion

$$\mathfrak{P}_\nu^{-\mu}(\eta) = \frac{e^{i\frac{\pi}{2}(\nu-\mu+1)}}{\Gamma(\nu+\mu+1)\,\Gamma(-\nu+\mu)}\,(\eta^2-1)^{\mu/2}\int\limits_0^{\infty\,i\,e^{-i\omega}} e^{ir\eta}\,r^\mu\,\psi_\nu^{(3)}(r)\,dr, \tag{15}$$

die wir mit

$$\mathfrak{P}_\nu^{-\mu}(\eta) = \frac{-e^{-\mu\pi i}}{\cos\nu\pi\,\Gamma(\nu+\mu+1)\,\Gamma(-\nu+\mu)}\,\{\mathfrak{Q}_\nu^\mu(\eta) - \mathfrak{Q}_{-\nu-1}^\mu(\eta)\}\,, \tag{16}$$

$$\left.\begin{aligned}
\mathfrak{P}_\nu^{-\mu}(\eta) &= \frac{e^{\mu\pi i}}{\pi\cos\nu\pi}\,\{\sin(\nu-\mu)\pi\,\mathfrak{Q}_\nu^{-\mu}(\eta) - \sin(\nu+\mu)\pi\,\mathfrak{Q}_{-\nu-1}^{-\mu}(\eta)\}\\
&= \frac{1}{\cos\nu\pi}\left\{\frac{1}{\Gamma(\nu+\mu+1)}\,\widetilde{\mathfrak{Q}}_{-\nu-1}^\mu(\eta) - \frac{1}{\Gamma(\mu-\nu)}\,\widetilde{\mathfrak{Q}}_\nu^\mu(\eta)\right\}
\end{aligned}\right\} \tag{17}$$

allgemein definieren können.

Das Integral in (15) ist bei $|\omega| < \dfrac{\pi}{2}$ für $\eta=1$ regulär analytisch. Die entsprechende Potenzreihe für $\mathfrak{P}_\nu^{-\mu}(\eta)$ wird sich unten ergeben. Aus (13) und (17) folgt, daß für $\mathfrak{P}_\nu^\mu$ dieselben Rekursionsformeln wie für $\mathfrak{Q}_\nu^\mu$ gelten:

$$\left.\begin{aligned}
(\eta^2-1)\,\frac{d}{d\eta}\,\mathfrak{P}_\nu^\mu(\eta) &= (\nu-\mu+1)\,\mathfrak{P}_{\nu+1}^\mu(\eta) - (\nu+1)\,\eta\,\mathfrak{P}_\nu^\mu(\eta)\\
(2\nu+1)\,\eta\,\mathfrak{P}_\nu^\mu(\eta) &= (\nu-\mu+1)\,\mathfrak{P}_{\nu+1}^\mu(\eta) + (\nu+\mu)\,\mathfrak{P}_{\nu-1}^\mu(\eta)
\end{aligned}\right\} \tag{18}$$

und zwar offenbar ohne die Einschränkung bei (13).

Knüpfen wir wieder an die zu Anfang betrachtete Funktion u an, so können wir mit gleichem Kern auch umgekehrt Zylinderfunktionen aus Kugelfunktionen erhalten. Wir betrachten

$$G_\nu^\mu(r) = r^\mu \int\limits_{\infty\, i\, e^{-i\omega}}^{(+1-,\, -1-)} e^{i\, r\, \eta} (\eta^2 - 1)^{\mu/2}\, \mathfrak{Q}_\nu^{-\mu}(\eta)\, d\eta \tag{19}$$

und erkennen nach **1.136.**, Satz 3, daß $G_\nu^\mu(r)$ der Differentialgleichung der Funktionen $\psi_\nu^{(j)}(r)$ genügt; Gültigkeitsbereich von (19) ist

$$\left| \arg r - \omega \right| < \frac{\pi}{2}.$$

Wir können nun in (19) die Potenzreihe (7), (12) einsetzen und nach Verlegung des Integrationsweges auf $|\eta| > 1$ gliedweise integrieren. Dann folgt wieder mit Beachtung von (5)

$$G_\nu^\mu(r) = -2\pi\, e^{-i\mu\pi}\, e^{i\frac{\pi}{2}(\nu-\mu+1)}\, \psi_\nu^{(1)}(r). \tag{20}$$

Fordern wir

$$\mathfrak{Re}\,(\nu - \mu + 1) > 0, \quad \mathfrak{Re}\,(-\nu - \mu) > 0,$$

so ist $\mathfrak{P}_\nu^\mu(\eta)$ bei $\eta = e^{0\,\pi\, i}$ eine mit $(\eta^2 - 1)^{-\frac{\mu}{2}}$ multiplizierte Potenzreihe in $(\eta - 1)$, also $\mathfrak{P}_\nu^\mu(\eta\, e^{\pi i})$ bei $\eta = e^{-\pi i}$ eine mit $(\eta^2 - 1)^{-\frac{\mu}{2}}$ multiplizierte Potenzreihe in $(\eta + 1)$. Das ergab (15). Für

$$-\tfrac{1}{2}\pi < \omega < \tfrac{3}{2}\pi$$

wird daher

$$r^\mu \int\limits_{\infty\, i\, e^{-i\omega}}^{(+1-,\, -1-)} e^{i\, r\, \eta} (\eta^2-1)^{\mu/2}\, \mathfrak{P}_\nu^\mu(\eta\, e^{i\pi})\, d\eta = r^\mu \int\limits_{\infty\, i\, e^{-i\omega}}^{(+1-)} e^{i\, r\, \eta} (\eta^2-1)^{\mu/2}\, \mathfrak{P}_\nu^\mu(\eta\, e^{i\pi})\, d\eta. \tag{21}$$

Das gilt nun, da beide Seiten in ν, μ analytisch sind, ohne die zur Herleitung gemachte Voraussetzung:

$$\mathfrak{Re}\,(\nu - \mu + 1) > 0, \quad \mathfrak{Re}\,(-\nu - \mu) > 0.$$

Setzen wir in (21) links gemäß (16) und (8)

$$\left. \begin{aligned} & \mathfrak{P}_\nu^\mu(\eta\, e^{i\pi}) \\[4pt] & = \frac{-e^{i\mu\pi}}{\cos\nu\pi\, \Gamma(\nu-\mu+1)\, \Gamma(-\nu-\mu)} \left\{ e^{-(\nu+1)\pi i}\, \mathfrak{Q}_\nu^{-\mu}(\eta) - e^{i\nu\pi}\, \mathfrak{Q}_{-\nu-1}^{-\mu}(\eta) \right\} \end{aligned} \right\} \tag{22}$$

ein, so folgt mit (19), (20) und (14)

$$r^\mu \int\limits_{\infty\, i e^{-i\omega}}^{(+1-)} e^{irr\eta}(\eta^2-1)^{\mu/2}\,\mathfrak{P}_\nu^\mu(\eta\, e^{i\pi})\, d\eta = \frac{-2\pi\, e^{(\nu-\mu+1)\frac{\pi}{2}i}}{\Gamma(\nu-\mu+1)\,\Gamma(-\nu-\mu)}\, \psi_\nu^{(3)}(r) \quad (23)$$

für

$$-\frac{\pi}{2} < \omega < \frac{3}{2}\pi, \quad |\arg r - \omega| < \frac{\pi}{2}. \quad (24)$$

Wir können nun mit (22), (16), (17)

$$\mathfrak{P}_\nu^\mu(\eta\, e^{i\pi}) = c_1\, \mathfrak{P}_\nu^\mu(\eta) + c_2\, \mathfrak{P}_\nu^{-\mu}(\eta) \quad (25)$$

ausdrücken. Man erhält aus

$$e^{-(\nu+1)\pi i} = c_1 + c_2\, \frac{\Gamma(-\nu-\mu)}{\Gamma(-\nu+\mu)}$$

$$e^{\nu\pi i} = c_1 + c_2\, \frac{\Gamma(\nu-\mu+1)}{\Gamma(\nu+\mu+1)}$$

den Wert

$$c_2 = \frac{-\pi}{\sin\pi\mu\,\Gamma(\nu-\mu+1)\,\Gamma(-\nu-\mu)}. \quad (26)$$

c_1 wird nicht benötigt; denn bei Einsetzen von (25) in (23) liefert das Glied mit $\mathfrak{P}_\nu^\mu(\eta)$ für $\Re(\nu-\mu+1) > 0$, $\Re(-\nu-\mu) > 0$ keinen Beitrag, da der betreffende Integrand bei $\eta = 1$ regulär wird. Aus Regularitätsgründen gilt mithin allgemein

$$r^\mu \int\limits_{\infty\, i e^{-i\omega}}^{(+1-)} e^{irr\eta}(\eta^2-1)^{\mu/2}\,\mathfrak{P}_\nu^{-\mu}(\eta)\, d\eta = 2\sin\pi\mu\, e^{(\nu-\mu+1)\frac{\pi}{2}i}\,\psi_\nu^{(3)}(r) \quad (27)$$

unter der Bedingung (24) für r und ω.

Hieraus kann nun die $(\eta-1)$-Potenzreihe von $\mathfrak{P}_\nu^{-\mu}(\eta)$ hergeleitet werden, deren Existenz für

$$\Re(\nu+\mu+1) > 0, \quad \Re(-\nu+\mu) > 0$$

feststeht:

$$\mathfrak{P}_\nu^{-\mu}(\eta) = \left(\frac{\eta-1}{\eta+1}\right)^{\mu/2}\left(a_0 + a_1(\eta-1) + \cdots\right).$$

Dazu wenden wir das Lemma von Watson an und vergleichen mit der Hankelschen asymptotischen Reihe für $\psi_\nu^{(3)}$. Es ergibt sich so z. B. für a_0 die Gleichung

$$a_0\, e^{ir}\, r^\mu \int\limits_{\infty\, i e^{-i\omega}}^{(+1-)} e^{ir(\eta-1)}(\eta-1)^\mu\, d\eta = 2 e^{-i\mu\frac{\pi}{2}}\sin\pi\mu\, \frac{e^{ir}}{r},$$

woraus man mit Benutzung von (5)

$$a_0 = \frac{1}{\Gamma(1 + \mu)}$$

erhält. Aus Regularitätsgründen gilt daher allgemein

$$\mathfrak{P}_\nu^\mu(\eta) = \frac{1}{\Gamma(1 - \mu)} \left(\frac{\eta - 1}{\eta + 1}\right)^{-\frac{\mu}{2}} {}_2F_1\left(-\nu, \nu + 1; 1 - \mu; \frac{1 - \eta}{2}\right) \quad (28)$$

für

$$|\arg(\eta \mp 1)| < \pi, \quad |\eta - 1| < 2.$$

3.33. Entwicklung analytischer Funktionen in Reihen nach Kugelfunktionen $\widetilde{\mathfrak{D}}_{\nu + 2r}^\mu(z)$. Wir zeigen

Satz 2. *Sei ν nicht halbzahlig $[\nu \not\equiv \frac{1}{2} \bmod 1]$. Dann gilt*

$$\frac{1}{\pi i} \int\limits_{z_0}^{z_0 e^{\pi i}} \widetilde{\mathfrak{D}}_{\nu + 2r}^\mu(z) \, \widetilde{\mathfrak{D}}_{-\nu - 2s - 1}^\mu(z) \, dz = \frac{\cos \pi \nu}{2(\nu + 2r) + 1} \, \delta_{rs}.$$

Jede in einem konfokalen Ellipsenring mit den Brennpunkten $+1, -1$ regulär analytische Funktion mit

$$f(z \, e^{\pi i}) = e^{-(\nu + 1)\pi i} f(z)$$

läßt sich eindeutig in eine Reihe

$$f(z) = \sum_{r=-\infty}^{+\infty} c_r \, \widetilde{\mathfrak{D}}_{\nu + 2r}^\mu(z)$$

entwickeln, die in jedem kompakten Teilbereich absolut gleichmäßig konvergiert. Es gilt

$$c_r = \frac{1}{\pi i} \int\limits_{z_0}^{z_0 e^{\pi i}} f(z) \, \widetilde{\mathfrak{D}}_{-\nu - 2r - 1}^\mu(z) \, dz \cdot \frac{2(\nu + 2r) + 1}{\cos \nu \pi}.$$

Für $n \to \pm \infty$ gilt in kompakten Bereichen ohne $-1 \leq z \leq 1$ gleichmäßig

$$\widetilde{\mathfrak{D}}_{\nu + 2n}^\mu(z) = \sqrt{\frac{\pi}{2}} \, \frac{1}{\Gamma(\nu + 2n + \frac{3}{2})} \, (z^2 - 1)^{-\frac{1}{4}} \left(z - (z^2 - 1)^{\frac{1}{2}}\right)^{\nu + 2n + \frac{1}{2}} \left(1 + O\left(\frac{1}{n}\right)\right).$$

Der Satz wird analog zu **3.31.**, Satz 1 bewiesen und auf **1.7.** zurückgeführt.

ein, so folgt mit (19), (20) und (14)

$$r^\mu \int_{\infty\, i e^{-i\omega}}^{(+1-)} e^{i r \eta} (\eta^2 - 1)^{\mu/2} \mathfrak{P}_\nu^\mu (\eta\, e^{i\pi})\, d\eta = \frac{-2\pi\, e^{(\nu-\mu+1)\frac{\pi}{2} i}}{\Gamma(\nu-\mu+1)\,\Gamma(-\nu-\mu)}\, \psi_\nu^{(3)}(r) \quad (23)$$

für

$$-\frac{\pi}{2} < \omega < \frac{3}{2}\,\pi, \quad |\arg r - \omega| < \frac{\pi}{2}. \tag{24}$$

Wir können nun mit (22), (16), (17)

$$\mathfrak{P}_\nu^\mu (\eta\, e^{i\pi}) = c_1\, \mathfrak{P}_\nu^\mu (\eta) + c_2\, \mathfrak{P}_\nu^{-\mu} (\eta) \tag{25}$$

ausdrücken. Man erhält aus

$$e^{-(\nu+1)\pi i} = c_1 + c_2\, \frac{\Gamma(-\nu-\mu)}{\Gamma(-\nu+\mu)}$$

$$e^{\nu\pi i} = c_1 + c_2\, \frac{\Gamma(\nu-\mu+1)}{\Gamma(\nu+\mu+1)}$$

den Wert

$$c_2 = \frac{-\pi}{\sin \pi\mu\, \Gamma(\nu-\mu+1)\, \Gamma(-\nu-\mu)}. \tag{26}$$

c_1 wird nicht benötigt; denn bei Einsetzen von (25) in (23) liefert das Glied mit $\mathfrak{P}_\nu^\mu(\eta)$ für $\mathfrak{Re}\,(\nu-\mu+1) > 0$, $\mathfrak{Re}\,(-\nu-\mu) > 0$ keinen Beitrag, da der betreffende Integrand bei $\eta = 1$ regulär wird. Aus Regularitätsgründen gilt mithin allgemein

$$r^\mu \int_{\infty\, i e^{-i\omega}}^{(+1-)} e^{i r \eta} (\eta^2 - 1)^{\mu/2} \mathfrak{P}_\nu^{-\mu} (\eta)\, d\eta = 2 \sin \pi\mu\, e^{(\nu-\mu+1)\frac{\pi}{2} i} \psi_\nu^{(3)}(r) \tag{27}$$

unter der Bedingung (24) für r und ω.

Hieraus kann nun die $(\eta - 1)$-Potenzreihe von $\mathfrak{P}_\nu^{-\mu}(\eta)$ hergeleitet werden, deren Existenz für

$$\mathfrak{Re}\,(\nu + \mu + 1) > 0, \quad \mathfrak{Re}\,(-\nu + \mu) > 0$$

feststeht:

$$\mathfrak{P}_\nu^{-\mu}(\eta) = \left(\frac{\eta - 1}{\eta + 1}\right)^{\mu/2} \left(a_0 + a_1 (\eta - 1) + \cdots\right).$$

Dazu wenden wir das Lemma von WATSON an und vergleichen mit der HANKELschen asymptotischen Reihe für $\psi_\nu^{(3)}$. Es ergibt sich so z. B. für a_0 die Gleichung

$$a_0\, e^{i r}\, r^\mu \int_{\infty\, i e^{-i\omega}}^{(+1-)} e^{i r (\eta-1)} (\eta - 1)^\mu\, d\eta = 2 e^{-i\mu\frac{\pi}{2}} \sin \pi\mu\, \frac{e^{i r}}{r},$$

woraus man mit Benutzung von (5)

$$a_0 = \frac{1}{\Gamma(1+\mu)}$$

erhält. Aus Regularitätsgründen gilt daher allgemein

$$\mathfrak{P}_\nu^\mu(\eta) = \frac{1}{\Gamma(1-\mu)} \left(\frac{\eta-1}{\eta+1}\right)^{-\frac{\mu}{2}} {}_2F_1\left(-\nu, \nu+1; 1-\mu; \frac{1-\eta}{2}\right) \qquad (28)$$

für

$$|\arg(\eta \mp 1)| < \pi, \quad |\eta - 1| < 2.$$

3.33. Entwicklung analytischer Funktionen in Reihen nach Kugelfunktionen $\widetilde{\mathfrak{D}}_{\nu+2r}^\mu(z)$. Wir zeigen

Satz 2. *Sei ν nicht halbzahlig $[\nu \equiv \tfrac{1}{2} \bmod 1]$. Dann gilt*

$$\frac{1}{\pi i} \int_{z_0}^{z_0 e^{\pi i}} \widetilde{\mathfrak{D}}_{\nu+2r}^\mu(z)\, \widetilde{\mathfrak{D}}_{-\nu-2s-1}^\mu(z)\, dz = \frac{\cos \pi \nu}{2(\nu+2r)+1}\, \delta_{rs}.$$

Jede in einem konfokalen Ellipsenring mit den Brennpunkten $+1, -1$ regulär analytische Funktion mit

$$f(z\, e^{\pi i}) = e^{-(\nu+1)\pi i} f(z)$$

läßt sich eindeutig in eine Reihe

$$f(z) = \sum_{r=-\infty}^{+\infty} c_r\, \widetilde{\mathfrak{D}}_{\nu+2r}^\mu(z)$$

entwickeln, die in jedem kompakten Teilbereich absolut gleichmäßig konvergiert. Es gilt

$$c_r = \frac{1}{\pi i} \int_{z_0}^{z_0 e^{\pi i}} f(z)\, \widetilde{\mathfrak{D}}_{-\nu-2r-1}^\mu(z)\, dz \cdot \frac{2(\nu+2r)+1}{\cos \nu \pi}.$$

Für $n \to \pm\infty$ gilt in kompakten Bereichen ohne $-1 \leq z \leq 1$ gleichmäßig

$$\widetilde{\mathfrak{D}}_{\nu+2n}^\mu(z) = \sqrt{\frac{\pi}{2}}\, \frac{1}{\Gamma(\nu+2n+\tfrac{3}{2})}\, (z^2-1)^{-\frac{1}{4}}\, \left(z-(z^2-1)^{\frac{1}{2}}\right)^{\nu+2n+\frac{1}{2}} \left(1+O\!\left(\tfrac{1}{n}\right)\right).$$

Der Satz wird analog zu **3.31.**, Satz 1 bewiesen und auf **1.7.** zurückgeführt.

Dazu identifizieren wir hier

$\mathfrak{R}$	Gesamtheit der in einem offenen Ellipsenring bei $0 < \arg z < \pi$ analytischen, im abgeschlossenen Bereich stetigen Funktionen
$\|f\|$	$\max \|f(z)\|$ für z im abgeschlossenen Bereich
$\left.\begin{array}{l}\mathfrak{u} \\ \mathfrak{u}^*\end{array}\right\}$	Gesamtheit der in einem den abgeschlossenen Bereich umfassenden offenen konfokalen Ellipsenring analytischen Funktionen mit $$\left\{\begin{array}{l} f(z\,e^{\pi i}) = e^{-(v+1)\pi i}\,f(z) \\ f(z\,e^{\pi i}) = e^{v\pi i}\,f(z) \end{array}\right\}$$
(u, v)	$$\frac{1}{\pi i}\int\limits_{z_0}^{z_0\,e^{\pi i}} u(z)\,v(z)\,dz$$
F	$$\frac{d}{dz}(1-z^2)\,\frac{d}{dz}-\frac{\frac{1}{4}}{1-z^2}$$
G	$$-\frac{1}{1-z^2}$$
λ	λ
μ	$\mu^2 - \frac{1}{4}$
$\Delta(\lambda, \mu)$	$$\prod_{n=-\infty}^{+\infty}\left(1-\frac{\lambda}{(v+2n)(v+2n+1)}\right)^{\dagger}$$
$\begin{array}{l}y_n \\ y_n^*\end{array}$	$(z^2-1)^{-\frac{1}{4}}\,(z-(z^2-1)^{\frac{1}{2}})^{v+2n+\frac{1}{2}}$ $(z^2-1)^{-\frac{1}{4}}\,(z+(z^2-1)^{\frac{1}{2}})^{v+2n+\frac{1}{2}}$
$\begin{array}{l}y(\lambda, \mu) \\ y^*(\lambda, \mu)\end{array}$	$\left.\begin{array}{l}\eta(z\,e^{\pi i}) - e^{\pi i v}\,\eta(z) \\ \eta(z\,e^{\pi i}) - e^{-(v+1)\pi i}\,\eta(z)\end{array}\right\}$ mit $\eta(z)=\widetilde{\mathfrak{Q}}_{\varrho}^{\mu}(z)+\widetilde{\mathfrak{Q}}_{-\varrho-1}^{\mu}(z)$ $(\lambda = \varrho(\varrho+1))$

Wir wählen also als ungestörte Differentialgleichung die Differentialgleichung der Kugelfunktionen $\widetilde{\mathfrak{Q}}_{\varrho}^{\frac{1}{2}}(z)$, $\widetilde{\mathfrak{Q}}_{-\varrho-1}^{\frac{1}{2}}$, die (vgl. y_n, y_n^*) bei der Transformation

$$y(z) = (z^2-1)^{-\frac{1}{4}}\,u(x),$$

$$x = z - (z^2-1)^{\frac{1}{2}},$$

$$z = \frac{1}{2}\left(x+\frac{1}{x}\right),$$

den Potenzen $x^{\varrho+\frac{1}{2}}$, $x^{-(\varrho+\frac{1}{2})}$ entsprechen.

---

† Für ganzes v ist an Stelle des Faktors mit verschwindendem Nenner der Faktor λ zu setzen.

Man weist nun wie in **3.31.** nach, daß alle Voraussetzungen von **1.7.** erfüllt sind; insbesondere folgen 2., (9), (10) aus den entsprechenden Tatsachen für die LAURENT-Reihen in $x = z - (z^2 - 1)^{\frac{1}{2}}$. So ergeben sich genau wie oben die Aussagen des Satzes der Reihe nach aus **1.7.**, Satz 4, Satz 9, Satz 10.

Wir beweisen ferner

Satz 3. *Sei μ nicht halbzahlig und $\mu \neq -1, -2, -3, \ldots$. Dann läßt sich jede Funktion*

$$f(z) = (z^2 - 1)^{\mu/2}\, g(z),$$

wobei $g(z)$ im Innern einer Ellipse mit den Brennpunkten $+1, -1$ regulär analytisch ist, eindeutig in eine Reihe

$$f(z) = \sum_{r=0}^{\infty} a_r\, \mathfrak{P}_{\mu+r}^{-\mu}(z)$$

entwickeln, die — eventuell nach Multiplikation mit $(z^2 - 1)^{-\frac{\mu}{2}}$ — in jedem kompakten Teilbereich gleichmäßig konvergiert. Die Koeffizienten sind

$$a_r = \big(2(\mu + r) + 1\big)\, \Gamma(2\mu + r + 1)\, \frac{1}{2\pi i} \oint f(z)\, \widetilde{\mathfrak{Q}}_{\mu+r}^{\mu}(z)\, dz.$$

Dieser Satz ergibt sich aus Satz 2 als Spezialfall. Man hat nur zu bemerken, daß wegen **3.32.**, (17)

$$\mathfrak{P}_{\nu}^{-\mu}(z) = \frac{1}{\cos \nu \pi}\, \frac{1}{\Gamma(\nu + \mu + 1)}\, \widetilde{\mathfrak{Q}}_{-\nu-1}^{\mu}(z) \qquad (\nu - \mu = 0, 1, 2, \ldots),$$

$$\mathfrak{P}_{\nu}^{\mu}(z) = -\frac{1}{\cos \nu \pi}\, \frac{1}{\Gamma(-\nu - \mu)}\, \widetilde{\mathfrak{Q}}_{\nu}^{\mu}(z) \qquad (\nu - \mu = -1, -2, -3, \ldots)$$

gilt. Denn nach Satz 2 hat man

$$f(z) = \sum_{r=-\infty}^{+\infty} c_r\, \widetilde{\mathfrak{Q}}_{-\mu-r-1}^{\mu}(z)$$

mit

$$c_r = \frac{1}{2\pi i} \oint f(z)\, \widetilde{\mathfrak{Q}}_{\mu+r}^{\mu}(z)\, dz \cdot \frac{2(\mu + r) + 1}{\cos(\mu + r)\pi}.$$

Für $r = 0, 1, 2, \ldots$ gilt nun

$$\widetilde{\mathfrak{Q}}_{-\mu-r-1}^{\mu}(z) = \cos(\mu + r)\pi \cdot \Gamma(2\mu + r + 1)\, \mathfrak{P}_{\mu+r}^{-\mu}(z)$$

und für $r = -1, -2, -3, \ldots$

$$\widetilde{\mathfrak{Q}}_{\mu+r}^{\mu}(z) = -\cos(\mu + r)\pi \cdot \Gamma(-2\mu - r)\, \mathfrak{P}_{\mu+r}^{\mu}(z),$$

was — nach **3.32.**, (7) auch für $\mu = 1, 2, 3, \ldots$ und $-2\mu - r < 0$ — ein mit $(z^2 - 1)^{-\frac{\mu}{2}}$ multipliziertes Polynom wird. Daher ist $c_r = 0$ $(r = -1, -2, -3, \ldots)$ und man hat die Behauptung.

Die Funktionen

$$(z^2 - 1)^{-\frac{\mu}{2}} \, \mathfrak{P}_{\mu+r}^{-\mu}(z) \qquad (r = 0, 1, 2, \ldots)$$

sind Polynome in z vom Grade r; es sind dies im wesentlichen die GEGENBAUERschen Polynome, für $\mu = 0$ speziell die LEGENDREschen Polynome. Satz 3 zeigt somit die Entwickelbarkeit analytischer Funktionen in Reihen nach diesen Polynomen. Man kann aus Satz 3 übrigens unmittelbar die Entwicklungen von

$$f(z) = \frac{(z^2 - 1)^{\mu/2}}{t - z}$$

nach Kugelfunktionen, also von

$$g(z) = \frac{1}{t - z}$$

nach den genannten Polynomen herleiten. Man erhält so Verallgemeinerungen der HEINEschen Entwicklung, die den Spezialfall $\mu = 0$ darstellt.

Ergänzend zu Satz 3 zeigt man analog

Satz 3*. *Sei μ negativ ganz. Dann läßt sich jede Funktion*

$$f(z) = (z^2 - 1)^{\mu/2} \, g(z),$$

wobei $g(z)$ im Innern einer Ellipse mit den Brennpunkten $+1, -1$ regulär analytisch ist, eindeutig in eine Reihe

$$f(z) = \sum_{0 \leq r < -2\mu} c_r \, \widetilde{\mathfrak{Q}}^{\mu}_{-\mu-r-1}(z) + \sum_{r=-2\mu}^{+\infty} a_r \, \mathfrak{P}_{\mu+r}^{-\mu}(z)$$

entwickeln, die nach Multiplikation mit $(z^2 - 1)^{-\frac{\mu}{2}}$ in jedem kompakten Teilbereich absolut gleichmäßig konvergiert. Es gilt

$$c_r = \frac{1}{2\pi i} \oint f(z) \, \widetilde{\mathfrak{Q}}^{\mu}_{\mu+r}(z) \, dz \cdot \frac{2(\mu + r) + 1}{\cos \pi (\mu + r)} \qquad (r = 0, 1, 2, \ldots)$$

und

$$a_r = \cos \pi (\mu + r) \cdot \Gamma(2\mu + r + 1) \, c_r \qquad (r + 2\mu \geqq 0).$$

Das r-te Reihenglied ist für $r + 2\mu < 0$ ein mit $(z^2 - 1)^{\frac{\mu}{2}}$ multipliziertes Polynom vom Grade r, für $r + 2\mu \geqq 0$ ein mit $(z^2 - 1)^{-\frac{\mu}{2}}$ multipliziertes Polynom vom Grade $r + 2\mu$.

3.4. Der charakteristische Exponent ν

3.41. LAURENT-Entwicklungen um $z = \infty$.

3.411. Bezeichnungen. Rekursionsformel. Wir knüpfen im folgenden vor allem an **3.13.** an. Es sei ν charakteristischer Exponent der Sphäroiddifferentialgleichung

$$[(1 - z^2)\, y'(z)]' + \left[\frac{-\mu^2}{1 - z^2} + \lambda + \gamma^2 (1 - z^2) \right] y(z) = 0. \tag{1}$$

Dann — und genau dann — besitzt diese eine nicht triviale Lösung der Form

$$y_\nu^\mu(z) = (z^2 - 1)^{\mu/2}\, z^{\nu+\mu} \sum_{k=-\infty}^{+\infty} u_{\nu,2k}^\mu\, z^{2k}; \tag{2}$$

die auftretende Reihe konvergiert zumindest für $1 < |z| < \infty$. Wir können — das soll im folgenden stets geschenen —

$$y_\nu^{-\mu}(z) = y_\nu^\mu(z), \tag{3}$$

$$y_{\nu+2j}^\mu(z) = y_\nu^\mu(z) \qquad (j \text{ ganz}) \tag{4}$$

verabreden. (3), (4) sind gleichwertig mit

$$u_{\nu,2k}^{-\mu} = \sum_{t=0}^{\infty} (-1)^t \binom{u}{t} u_{\nu,2k+2t}^\mu, \tag{5}$$

$$u_{\nu+2j,2k}^\mu = u_{\nu,2k+2j}^\mu. \tag{6}$$

Die Koeffizienten $u_{\nu,2k}^\mu$ genügen einer einfachen dreigliedrigen linearen Rekursionsformel, die man durch Einsetzen von (2) in (1) erhält. Man beachtet dabei mit Vorteil, daß nach **3.14.**, (7), (8) $u(z) = (z^2 - 1)^{-\frac{\mu}{2}} y(z)$ die Differentialgleichung

$$(1 - z^2)\, u'' - 2(\mu + 1)\, z\, u' + [\lambda - \mu(\mu + 1) + \gamma^2 (1 - z^2)]\, u = 0 \tag{7}$$

erfüllt. Mit der Abkürzung

$$\lambda^* = \lambda + \gamma^2$$

folgt so leicht:

$$\left. \begin{aligned} &(\nu - \mu + 2k + 1)(\nu - \mu + 2k + 2)\, u_{\nu,2k+2}^\mu + \\ &\quad + \big(\lambda^* - (\nu + 2k)(\nu + 2k + 1)\big)\, u_{\nu,2k}^\mu - \gamma^2 u_{\nu,2k-2}^\mu = 0. \end{aligned} \right\} \tag{8}$$

Wegen der Konvergenz von (2) für $1 < |z| < \infty$ gilt

$$\left. \begin{aligned} &\limsup_{k \to +\infty} \sqrt[k]{|u_{\nu,2k}^\mu|} = 0, \\ &\limsup_{k \to -\infty} \sqrt[|k|]{|u_{\nu,2k}^\mu|} \leq 1. \end{aligned} \right\} \tag{9}$$

Wir bemerken, daß der jetzige Ansatz offenbar die Potenzreihenentwicklungen von **3.24.** umfaßt.

3.412. Der Zusammenhang mit 1.8. Wir setzen zur Abkürzung

$$A_k = (v - \mu + 2k + 1)(v - \mu + 2k + 2),$$

$$B_k = \lambda^* - (v + 2k)(v + 2k + 1),$$

$$C_k = -\gamma^2$$

und betrachten — unabhängig von (1), (2), also von (9) — für beliebige $v, \mu, \lambda^*, \gamma^2$ die Rekursion

$$A_k z_{k+1} + B_k z_k + C_k z_{k-1} = 0.$$

Sei $\gamma^2 \neq 0$. Dann sind sämtliche Koeffizienten A_k, B_k, C_k für alle hinreichend großen $k \gtrless 0$ von 0 verschieden und wir können die Transformation von **1.8.**, (2), (3), (4) ausführen. Wir knüpfen an diese Formeln an und untersuchen zunächst das Verhalten von D_k für $k \to \pm \infty$. Wir können dabei auf eine explizite Bestimmung der α_k, D_k verzichten. Dazu bilden wir

$$\frac{D_{k+2}}{D_k} = \frac{\dfrac{\alpha_{k+2} B_{k+2}}{\alpha_{k+1} C_{k+2}}}{\dfrac{\alpha_k B_k}{\alpha_{k-1} C_k}} = \frac{B_{k+2}}{B_k} \frac{\alpha_{k+2}}{\alpha_k} \frac{\alpha_{k-1}}{\alpha_{k+1}}$$

$$= \frac{B_{k+2} C_{k+1} A_k}{B_k A_{k+1} C_k} = \frac{B_{k+2} A_k}{B_k A_{k+1}}$$

$$= \frac{(v + 2k + 4)(v + 2k + 5) - \lambda^*}{(v + 2k)(v + 2k + 1) - \lambda^*} \cdot \frac{(v - \mu + 2k + 1)(v - \mu + 2k + 2)}{(v - \mu + 2k + 3)(v - \mu + 2k + 4)}$$

$$= 1 + \frac{2}{k} + O\left(\frac{1}{k^2}\right).$$

Daraus ist ersichtlich:

$$D_k \to \infty, \qquad \frac{1}{D_k} = O\left(\frac{1}{k}\right) \qquad (k \to \pm \infty).$$

Nunmehr beachten wir (vergleiche **1.8.**, (3))

$$D_k \frac{y_k}{y_{k-1}} = -\frac{\alpha_k B_k y_k}{\alpha_{k-1} C_k y_{k-1}} = -\frac{B_k z_k}{C_k z_{k-1}},$$

$$D_k \frac{y_k}{y_{k+1}} = -\frac{\alpha_k B_k y_k}{\alpha_{k+1} A_k y_{k+1}} = -\frac{B_k z_k}{A_k z_{k+1}}.$$

Dann folgt aus **1.8.**, Satz 3: Für $k \to +\infty$ und $k \to -\infty$ gibt es jeweils drei Typen von Lösungen, nämlich

Typ	$k \to +\infty$	$k \to -\infty$
I	$z_k \equiv 0$	$z_k \equiv 0$

II	$\dfrac{B_k z_k}{C_k z_{k-1}} = -1 + O\left(\dfrac{1}{k^2}\right)$
	  $\sqrt[2k]{\lvert z_k \rvert\,(2k)!} \to \lvert\gamma\rvert$
		$\dfrac{B_k z_k}{A_k z_{k+1}} = -1 + O\left(\dfrac{1}{k^2}\right)$
		  $\sqrt[2\lvert k\rvert]{\lvert z_k \rvert} \to 1$

III	$\dfrac{B_k z_k}{A_k z_{k+1}} = -1 + O\left(\dfrac{1}{k^2}\right)$
	  $\sqrt[2k]{\lvert z_k \rvert} \to 1$
		$\dfrac{B_k z_k}{C_k z_{k-1}} = -1 + O\left(\dfrac{1}{k^2}\right)$
		  $\sqrt[2\lvert k\rvert]{\dfrac{\lvert z_k \rvert}{(-2k)!}} \to \lvert\gamma\rvert^{-1}$

Nach **1.8.**, Satz 4 gibt es für $k \to +\infty$ und für $k \to -\infty$ keine zwei linear unabhängigen Lösungen z_k vom Typ II.

3.413. Ein Eindeutigkeitssatz. Folgerungen. (9) besagt, daß die Lösung $z_k = u_{\nu,\,2k}^{\mu}$ von (8) sowohl für $k \to +\infty$ als auch für $k \to -\infty$ zum Typ I oder II gehört. Daraus lassen sich mit **1.8.** einige wichtige Resultate folgern.

Wir untersuchen hier zuerst die Frage, wann es zwei linear unabhängige Lösungen (2) von (1) mit gleichem ν oder (gleichwertig) zwei linear unabhängige Lösungen $u_{\nu,\,2k}^{\mu}$ von (8) und (9) gibt.

Zunächst ist das für $\nu \equiv \tfrac{1}{2}$ (mod 1) unmöglich; denn es existiert $y_{-\nu-1}^{\mu}(z)$ und ist von $y_{\nu}^{\mu}(z)$ linear unabhängig. Weiter scheidet nun aber $\gamma^2 \neq 0$ aus; denn dann sind die $u_{\nu,\,2k}^{\mu}$ sämtlich durch ihre Werte für $k \to +\infty$ bestimmt, da man (8) nach $u_{\nu,\,2k-2}^{\mu}$ auflösen kann; daher kommt für $k \to +\infty$ nur Typ II in Frage, der jedoch bis auf einen konstanten Faktor eindeutig bestimmt ist. Ferner kommt auch für $\gamma^2 = 0$ nur $\nu - \mu =$ ganze Zahl in Frage; denn anderenfalls kann ja nach $u_{\nu,\,2r+2}^{\mu}$ aufgelöst werden und die Lösung der jetzt zweigliedrigen Rekursion ist wieder bis auf einen Faktor eindeutig bestimmt. Wir können uns also schließlich bei der Untersuchung der Möglichkeit der Existenz zweier linear unabhängigen Lösungen auf den Fall

$$\gamma^2 = 0, \quad \mu = \frac{2s+1}{2} \quad (s = 0, 1, 2, \ldots)$$

$$\lambda = \lambda^* = \nu(\nu+1), \quad \nu = \frac{2t-1}{2} \quad (t = 0, 1, 2, \ldots)$$

beschränken. Dann ist auch

$$\lambda = \lambda^* = (\nu - 2t)(\nu - 2t - 1).$$

Nun sieht man sogleich: Für $\nu-\mu=t-s-1<0$ muß $u^{\mu}_{\nu,\,2k}\equiv 0$ für $k>-t$ gelten — denn es kommt für $k\to+\infty$ nur Typ I in Betracht — und die übrigen $u^{\mu}_{\nu,\,2k}$ sind mit $u^{\mu}_{\nu,\,-2t}$ eindeutig festgelegt; für $\nu-\mu=t-s-1\geq 0$ dagegen hat man $(\nu-\mu+2k+1)(\nu-\mu+2k+2)=0$ für ein $-t\leq k=k_0<0$, daher können sowohl $u^{\mu}_{\nu,\,-2t}$ als auch $u^{\mu}_{\nu,\,2k_0+2}$ willkürlich gewählt werden und man hat doch $u^{\mu}_{\nu,\,2k}\equiv 0$ $(k\to+\infty)$.

Damit erhalten wir in Ergänzung von **3.13.**, Satz 8

Satz 1. *Zwei linear unabhängige Lösungen der Form* (2) *von* (1) *zum gleichen ν existieren genau dann, wenn — abgesehen von $\mu\to-\mu$, $\nu\to-\nu-1\to\nu+2j$ (j ganz) —*

$$\mu=\frac{2s+1}{2}\qquad (s=0,1,2,\ldots)$$

$$\gamma^2=0$$

$$\lambda=\nu(\nu+1)\qquad (\nu=\mu,\mu+1,\mu+2,\ldots).$$

Man stellt leicht fest, daß in diesem Satze speziell **2.21.**, Satz 2 enthalten ist. [Vgl. dazu **3.14.**, (22) bis (24) und **3.536.**]

Sei nunmehr wieder

$$\gamma^2\neq 0.$$

Dann prüft man leicht nach, daß

$$\frac{(i\gamma)^{2k-\nu-\frac{1}{2}}}{\Gamma(2k-\nu+\mu)}\,u^{\mu}_{\nu,\,-2k}=v_{2k}$$

der Rekursion

$$(-\nu-1+\mu+2k+1)(-\nu-1+\mu+2k+2)\,v_{2k+2}+$$
$$+\left(\lambda^*-(-\nu-1+2k)(-\nu-1+2k+1)\right)v_{2k}-\gamma^2 v_{2k-2}=0$$

genügt, die aus (8) durch

$$\nu\to-\nu-1,\qquad \mu\to-\mu$$

entsteht. Man erkennt wegen

$$\sqrt[2k]{|u^{\mu}_{\nu,\,2k}|\,(2k)!}\to|\gamma|\qquad (k\to\infty)$$

weiter, daß v_{2k} den Bedingungen (9) genügt. Wegen des Eindeutigkeitssatzes ist also mit einer endlichen Konstanten c^{μ}_{ν} — sie kann in gewissen Fällen [vgl. (12)] 0 sein — immer

$$\frac{(i\gamma)^{2k-\nu-\frac{1}{2}}}{\Gamma(2k-\nu+\mu)}\,u^{\mu}_{\nu,\,-2k}=c^{\mu}_{\nu}\,u^{-\mu}_{-\nu-1,\,2k}.\qquad (10)$$

Aus (6) folgt sogleich

$$c^{\mu}_{\nu+2j}=c^{\mu}_{\nu}\qquad (j\text{ ganz}).\qquad (11)$$

Führt man in (10) die Substitution

$$\nu \to -\nu - 1\,, \quad \mu \to -\mu\,, \quad k \to -k$$

aus und setzt die entstehende Formel in (10) ein, so erhält man wegen $u^{\mu}_{\nu,-2k} \equiv 0$ bei Anwendung des Ergänzungssatzes

$$\frac{1}{\Gamma(z)\,\Gamma(1-z)} = \frac{1}{\pi}\sin \pi z$$

als weitere Relation

$$c^{\mu}_{\nu}\,c^{-\mu}_{-\nu-1} = \frac{1}{\pi}\sin \pi\,(\mu - \nu)\,. \tag{12}$$

Schließlich kann noch (5) herangezogen werden. (10) und (11) ergeben

$$c^{-\mu}_{-\nu-1}\,u^{\mu}_{\nu,2k} = -\frac{(i\gamma)^{2k+\nu+\frac{1}{2}}}{\Gamma(2k+\nu-\mu+1)}\sum_{t=0}^{\infty}(-1)^{t}\binom{\mu}{t}u^{\mu}_{-\nu-1,-2k+2t} \tag{13}$$

und durch Iteration

$$c^{-\mu}_{\nu}\,c^{-\mu}_{-\nu-1}\,u^{\mu}_{\nu,2k}$$
$$= \frac{1}{\Gamma(2k+\nu-\mu+1)}\sum_{t=0}^{\infty}\sum_{r=-t}^{\infty}(-1)^{r}\binom{\mu}{t}\binom{\mu}{\nu+t}\frac{(-\gamma^{2})^{t}}{\Gamma(2t-2k-\nu-\mu)}\cdot u^{\mu}_{\nu,2k+2r}\,. \left.\right\} \tag{14}$$

3.42. Gleichungen zwischen λ, γ^{2}, μ^{2}, ν.

3.421. Kettenbruchgleichungen. ν ist charakteristischer Exponent von (1) mit den Parametern λ, γ^{2}, μ^{2} genau dann, wenn (8), (9) nichttrivial lösbar ist. Mit Hilfe von **3.412.**, **3.413.** und **1.8.**, Satz 4 lassen sich dafür Bedingungsgleichungen angeben. Wir unterscheiden dabei zweckmäßig drei Fälle.

$\gamma^{2}=0$. Bei geeigneter Festlegung von $\nu \bmod 2$ — vgl. **3.13.** — muß gelten

$$\lambda = \nu\,(\nu + 1)\,.$$

$\gamma^{2}\neq 0$, $\nu - \mu$ *nicht ganz*. Notwendig und hinreichend ist das Bestehen der — auseinander durch Inversion hervorgehenden — Kettenbruchgleichungen

$$\gamma^{2}\frac{u^{\mu}_{\nu,2k-2}}{u^{\mu}_{\nu,2k}} = \lambda^{*} - (\nu+2k)\,(\nu+2k+1) + \frac{(\nu-\mu+2k+1)\,(\nu-\mu+2k+2)\,\gamma^{2}\,|}{\lambda^{*} - (\nu+2k+2)\,(\nu+2k+3)} +$$
$$+ \frac{(\nu-\mu+2k+3)\,(\nu-\mu+2k+4)\,\gamma^{2}\,|}{|\;\lambda^{*} - (\nu+2k+4)\,(\nu+2k+5)} + \cdots$$
$$= -\frac{(\nu-\mu+2k-1)\,(\nu-\mu+2k)\,\gamma^{2}\,|}{\lambda^{*} - (\nu+2k-2)\,(\nu+2k-1)} + \frac{(\nu-\mu+2k-3)\,(\nu-\mu+2k-2)\,\gamma^{2}\,|}{|\;\lambda^{*} - (\nu+2k-4)\,(\nu+2k-3)} + \cdots\,. \left.\right\} \tag{15}$$

$\gamma^2 \neq 0$, $\nu - \mu$ *ganz*. Nach (12) ist entweder $c_\nu^\mu = \dot 0$ oder $c_{-\nu-1}^{-\mu} = 0$. Das heißt wegen (10) und (2), daß entweder eine Lösung

$$y(z) = (z^2 - 1)^{\frac{\mu}{2}} g(z) \qquad \text{zu } \nu \tag{a}$$

oder

$$y(z) = (z^2 - 1)^{-\frac{\mu}{2}} g(z) \qquad \text{zu } -\nu - 1 \tag{b}$$

mit ganzer Funktion $g(z)$ existiert. Setzen wir

$$\nu - \mu = \left\{ \begin{array}{c} -2p \\ -2p+1 \end{array} \right\} \qquad p \text{ ganz},$$

so ist dafür notwendig und hinreichend, daß im Falle (a)

$$0 = \lambda^* - (\nu + 2p)(\nu + 2p + 1) + \frac{(\nu - \mu + 2p + 1)(\nu - \mu + 2p + 2)\gamma^2 |}{\lambda^* - (\nu + 2p + 2)(\nu + 2p + 3)} + \cdots, \tag{16}$$

im Falle (b)

$$0 = \lambda^* - (\nu + 2p - 2)(\nu + 2p - 1) + \frac{(\nu - \mu + 2p - 3)(\nu - \mu + 2p - 2)\gamma^2 |}{\lambda^* - (\nu + 2p - 4)(\nu + 2p - 3)} + \cdots \tag{16*}$$

gilt. (16), (16*) können durch die entsprechenden invertierten Gleichungen ersetzt werden.

3.422. Zusammenhang mit 3.12. Die Überlegung, die oben zum Beweise von (16), (16*) führte, legt nahe, das Fundamentalsystem y_I, y_II von **3.12.** zur Gewinnung transzendenter Gleichungen zwischen ν und den Parametern der Differentialgleichung zu verwenden.

Wir legen y_I, y_II für $-1 < z < 1$ durch $\arg(1 \pm z) = 0$ fest. Da dort auch $y_\mathrm{I}(-z)$, $y_\mathrm{II}(-z)$ Lösungen sind, besteht ein Zusammenhang

$$\left. \begin{array}{l} y_\mathrm{I}(-z) = \beta_{11}\, y_\mathrm{I}(z) + \beta_{12}\, y_\mathrm{II}(z), \\ y_\mathrm{II}(-z) = \beta_{21}\, y_\mathrm{I}(z) + \beta_{22}\, y_\mathrm{II}(z). \end{array} \right\} \tag{17}$$

Setzt man hier und in den differenzierten Gleichungen $z = 0$, so folgt

$$\left. \begin{array}{l} \beta_{11} = -\beta_{22} = y_\mathrm{I}(0)\, y_\mathrm{II}'(0) + y_\mathrm{I}'(0)\, y_\mathrm{II}(0), \\ \beta_{12} = -2 y_\mathrm{I}(0)\, y_\mathrm{I}'(0), \\ \beta_{21} = 2 y_\mathrm{II}(0)\, y_\mathrm{II}'(0), \\ \beta_{11}\beta_{22} - \beta_{12}\beta_{21} = -1. \end{array} \right\} \tag{18}$$

Diese Größen benutzen wir, um im folgenden die Bedingungsgleichung dafür aufzustellen, daß eine Lösung

$$y(z) = C\, y_\mathrm{I}(z) + D\, y_\mathrm{II}(z) \not\equiv 0 \tag{19}$$

nach halbem positiven Umlauf um $+1$ und -1

$$y(z\, e^{\pi i}) = e^{\pi i \nu}\, y(z) \tag{20}$$

erfüllt. Wir unterscheiden dabei gemäß **3.12.**, Satz 4 und Satz 5 die beiden Fälle: μ nicht ganz, bzw. $\mu = m = 0, 1, 2, \ldots$

μ nicht ganz. Wir gehen etwa von einer Stelle $0 < z < 1$ aus und umlaufen zunächst $+1$ einmal positiv; es entsteht

$$C\, e^{\pi i \mu}\, y_{\mathrm{I}}(z) + D\, e^{-\pi i \mu}\, y_{\mathrm{II}}(z)\,.$$

Laufen wir dann reell von z nach $-z$, so erhalten wir mit (17)

$$y(z\, e^{\pi i}) = C\, e^{\pi i \mu} \big(\beta_{11}\, y_{\mathrm{I}}(z) + \beta_{12}\, y_{\mathrm{II}}(z)\big) + D\, e^{-\pi i \mu} \big(\beta_{21}\, y_{\mathrm{I}}(z) + \beta_{22}\, y_{\mathrm{II}}(z)\big)\,.$$

Damit liefert (20) das Gleichungssystem für C, D

$$\left.\begin{aligned}
(e^{\pi i \mu}\beta_{11} - e^{\pi i \nu})\, C + e^{-\pi i \mu}\beta_{21}\, D &= 0,\\
e^{\pi i \mu}\beta_{12}\, C + (e^{-\pi i \mu}\beta_{22} - e^{\pi i \nu})\, D &= 0.
\end{aligned}\right\} \tag{21}$$

Charakteristisch für nichttriviale Lösbarkeit ist das Verschwinden der Determinante. Wir erhalten so mit (18) die Gleichung

$$\sin \pi\, \nu = \big(y_{\mathrm{I}}(0)\, y_{\mathrm{II}}'(0) + y_{\mathrm{I}}'(0)\, y_{\mathrm{II}}(0)\big) \sin \pi \mu\,. \tag{22}$$

$\mu = m = 0, 1, 2, \ldots$. Hier entsteht analog nach Umlauf um $+1$

$$(-1)^{m}\, [C\, y_{\mathrm{I}}(z) + D\, (y_{\mathrm{II}}(z) + 2\pi i A_{m}\, y_{\mathrm{I}}(z))]$$

und damit

$$y(z\, e^{\pi i})$$
$$= (-1)^{m}\, [(C + 2\pi i A_{m} D)\, (\beta_{11} y_{\mathrm{I}}(z) + \beta_{12} y_{\mathrm{II}}(z)) + D(\beta_{21} y_{\mathrm{I}}(z) + \beta_{22} y_{\mathrm{II}}(z))]\,.$$

Wir erhalten also das Gleichungssystem für C, D

$$\left.\begin{aligned}
(\beta_{11} - (-1)^{m} e^{\pi i \nu})\, C + (2\pi i A_{m}\beta_{11} + \beta_{21})\, D &= 0, \\
\beta_{12}\, C + (2\pi i A_{m}\beta_{12} + \beta_{22} - (-1)^{m} e^{\pi i \nu})\, D &= 0
\end{aligned}\right\} \tag{23}$$

und die Beziehung

$$\sin \pi\, \nu = (-1)^{m+1}\, 2\pi A_{m}\, y_{\mathrm{I}}(0)\, y_{\mathrm{I}}'(0)\,. \tag{24}$$

3.5. Die Funktionen $\lambda_{\nu}^{\mu}(\gamma^2)$ und $\widetilde{Q}s_{\nu}^{\mu}(z;\gamma^2)$ $[\nu \not\equiv \tfrac{1}{2}\,(\mathrm{mod}\ 1)]$.

3.51. Gedankengang. Die Sphäroiddifferentialgleichung

$$[(1 - z^2)\, y'(z)]' + \left[\frac{-\mu^2}{1 - z^2} + \lambda + \gamma^2 (1 - z^2)\right] y(z) = 0 \tag{1}$$

zusammen mit der Bedingung

$$y(z\, e^{\pi i}) = e^{\pi i \nu_0}\, y(z) \not\equiv 0 \tag{2}$$

für eine Lösung zum charakteristischen Exponenten ν_0 stellt bei konstantem μ^2 ein Eigenwertproblem mit den beiden Parametern λ und γ^2 dar. Für $\gamma^2 = 0$ hat man dabei die Eigenwerte

$$\lambda = (\nu_0 + 2r)\,(\nu_0 + 2r + 1) \qquad (r = \cdots, -1, 0, 1, 2, \ldots)$$

und die Eigenfunktionen

$$\widetilde{\mathfrak{D}}^\mu_{-\nu_0-2r-1}(z).$$

Wir zeigen im folgenden, daß für $\nu_0 \not\equiv \tfrac{1}{2}$ (mod 1) dies zweiparametrige Eigenwertproblem von der in **1.7.** allgemein behandelten Art ist. Man gelangt auf diese Weise zu vertiefter Einsicht in den Zusammenhang der vier Parameter, $\lambda, \gamma^2, \mu^2, \nu$, insbesondere bezüglich der Frage der Abhängigkeit des Parameters λ von den drei übrigen, zu einer allgemeinen eindeutigen Definition zugehöriger Eigenlösungen und damit bequem zu einer allgemeinen Theorie der Sphäroidfunktionen für beliebige komplexe Parameterwerte.

3.52. Zusammenhang mit 1.7. Sei $\nu_0 \not\equiv \tfrac{1}{2}$ (mod 1). Dann identifizieren wir für die Anwendung von **1.7.**

$\mathfrak{R}$ $\lvert f\rvert$ $\mathfrak{U}$ $\mathfrak{U}^*$ (u, v)	wie in **3.33.**
F	$\dfrac{d}{dz}(1-z^2)\dfrac{d}{dz} - \dfrac{\mu^2}{1-z^2}$
G	$(1-z^2)$
λ	λ
μ	γ^2
$\Delta(\lambda,\mu)$	$f(\lambda,\gamma^2,\mu^2) - \sin\pi\nu_0 \equiv \sin\nu\pi - \sin\pi\nu_0$
$\left.\begin{array}{c} y(\lambda,\mu) \\ y^*(\lambda,\mu) \end{array}\right\}$	a) $\nu_0 \not\equiv \pm\mu$ (mod 1): $\quad\begin{cases} y_\mathrm{I}(z\,e^{\pi i}) - e^{i\pi\nu_0}\,y_\mathrm{I}(z) \\ y_\mathrm{I}(z\,e^{\pi i}) - e^{-i\pi(\nu_0+1)}\,y_\mathrm{I}(z) \end{cases}$ b) $\nu_0 \equiv \mu$ (mod 1): (μ nicht ganz) $\quad\begin{cases} y_\mathrm{II}(z\,e^{\pi i}) - e^{i\pi\nu_0}\,y_\mathrm{II}(z) \\ y_\mathrm{I}(z\,e^{\pi i}) - e^{-i\pi(\nu_0+1)}\,y_\mathrm{I}(z) \end{cases}$ c) $\nu_0 \equiv \mu$ (mod 2): ($\mu = m = 0, 1, 2, \ldots$) $\quad\begin{cases} y_u(z\,e^{\pi i}) - e^{i\pi\nu_0}\,y_u(z) \\ y_g(z\,e^{\pi i}) - e^{-i\pi(\nu_0+1)}\,y_g(z) \end{cases}$ d) $\nu_0 \equiv \mu+1$ (mod 2): ($\mu = m = 0, 1, 2, \ldots$) $\quad\begin{cases} y_g(z\,e^{\pi i}) - e^{i\pi\nu_0}\,y_g(z) \\ y_u(z\,e^{\pi i}) - e^{-i\pi(\nu_0+1)}\,y_u(z) \end{cases}$ $\begin{pmatrix} y_g(0) = 1, & y_g'(0) = 0 \\ y_u(0) = 0, & y_u'(0) = 1 \end{pmatrix}$

Wir haben nun zu zeigen, daß die Voraussetzungen von **1.7.** realisiert sind. Das geschieht weitgehend analog zu **3.31.** und **3.33.** Es genügen daher folgende Bemerkungen.

2. stützt sich auf die Kenntnis der Eigenwerte und Eigenlösungen zu $\gamma^2 = 0$, die wir in **3.51.** angegeben haben. 2., (9) ist der in **3.33.** bewiesene Entwicklungssatz. 2., (10) folgt mit den Überlegungen von **3.33.** aus der letzten Aussage von **1.7.**, Satz 9.

3. ist erfüllt, da für $\gamma^2 = 0$ nach **3.32.** bei geeigneter Normierung von v mod 2

$$\lambda = v(v+1),$$

also

$$\sin \pi \, v \equiv f(\lambda, 0, \mu^2) \equiv -\cos\left(\pi \sqrt{\lambda + \tfrac{1}{4}}\right)$$

gilt.

Zu 4. ist zunächst ersichtlich, daß die angegebenen Funktionen $y(\lambda, \mu)$ und $y^*(\lambda, \mu)$ stets zu $\Re$ und für Eigenwertpaare zu $\mathfrak{U}$ bzw. $\mathfrak{U}^*$ gehören, ferner, daß sie ganze Funktionen von λ, μ sind. Denn die Funktionen $y_{\mathrm{I}}(z)$, $y_{\mathrm{II}}(z)$ von **3.12.**, Satz 4, Satz 5 und $y_g(z)$, $y_u(z)$ nach **3.11.**, Satz 1 sind Lösungen der Differentialgleichung und ganze Funktionen von λ, γ^2; für Eigenwertpaare lassen sie sich als Linearkombinationen einer Lösung aus $\mathfrak{U}$ und einer Lösung aus $\mathfrak{U}^*$ darstellen, von denen jeweils die nichtgewünschte in der angegebenen Weise herausgehoben wird. Es bleibt nur zu zeigen, daß hierbei niemals $\equiv 0$ erhalten wird. Dazu stützt man sich bequem auf **3.422.**. Danach kann $y_{\mathrm{I}}(z)$ nur dann zu $\mathfrak{U}$ und $y_{\mathrm{II}}(z)$ nur dann zu $\mathfrak{U}^*$ gehören, wenn $v_0 \equiv -\mu$ (mod 1); damit sind die Fälle a) und b) erledigt, b) deshalb, weil nach Voraussetzung 2μ nicht ganz ist. In den Fällen c) und d) zeigt man leicht mit der Überlegung von **3.422.**, daß $y_g(z)$ und $y_u(z)$ nur dann zu $\mathfrak{U}$ oder $\mathfrak{U}^*$ gehören, wenn sie proportional zu $y_{\mathrm{I}}(z)$ sind; im Falle c) kann dann aber $y_u(z)$ höchstens zu $\mathfrak{U}$ und $y_g(z)$ höchstens zu $\mathfrak{U}^*$ gehören, im Falle d) umgekehrt. Damit ist 4. erfüllt.

5. und 6. folgen wieder wie in **3.31.**.

3.53. Die Funktionen $\lambda_v^\mu(\gamma^2)$.

3.531. Definition. Haupteigenschaften für $v \not\equiv \tfrac{1}{2}$ (mod 1). Aus **1.7.**, Satz 3 erhalten wir unmittelbar

Satz 1. *Bei festem μ^2 und $v_0 \not\equiv \tfrac{1}{2}$ (mod 1) wird*

$$\sin \pi \, v - \sin \pi \, v_0 \equiv f(\lambda, \gamma^2, \mu^2) - \sin \pi \, v_0 = 0 \tag{1}$$

um

$$\gamma^2 = 0, \qquad \lambda = (v_0 + 2r)(v_0 + 2r + 1) \qquad (r = \cdots, -1, 0, 1, 2, \ldots)$$

durch Potenzreihen

$$\lambda_{v_0+2r}^\mu(\gamma^2) = (v_0 + 2r)(v_0 + 2r + 1) + \lambda_{v_0+2r,\,1}^\mu \gamma^2 + \lambda_{v_0+2r,\,2}^\mu \gamma^4 + \cdots \tag{2}$$

aufgelöst. Für Konvergenzradien und Koeffizienten gilt — mit von v_0, μ^2 abhängenden Konstanten C, D —

$$\varrho_{v_0+2r}^\mu \geq C(1 + |r|), \qquad |\lambda_{v_0+2r,\,k}^\mu| \leq D(1 + |r|)^{-(k-1)}. \tag{3}$$

Diese Funktionselemente lassen sich — Verzweigungen endlicher Ordnung zugelassen — längs jedes Weges der komplexen γ^2-Ebene analytisch fortsetzen, liefern also überall endliche algebroide Funktionen. Man erhält so die Gesamtheit der Lösungspaare λ, γ^2 von (1). Durch Verabredung der Verzweigungsschnitte von **1.52.** *sind die Funktionen $\lambda_{\nu_0+2r}^\mu(\gamma^2)$ in der gesamten γ^2-Ebene eindeutig erklärt. Die zu ν_0 gehörenden Ausnahmewerte γ_0^2, für die (1) mehrfache Wurzeln besitzt, haben keinen endlichen Häufungspunkt.*

Es gilt nun überall

$$\lambda_\nu^{-\mu}(\gamma^2) = \lambda_{-\nu-1}^\mu(\gamma^2) = \lambda_\nu^\mu(\gamma^2) \qquad \left(\nu \not\equiv \tfrac{1}{2}(\mathrm{mod}\ 1)\right) \tag{4}$$

und

$$\lambda_\nu^\mu(0) = \nu(\nu+1). \tag{5}$$

Die ersten Glieder der Potenzreihe von $\lambda_\nu^\mu(\gamma^2)$ können aus den Kettenbruchgleichungen **3.421.** gewonnen werden. Man erhält genau die Entwicklungen **3.24.**, (10) mit ν statt n und μ statt m; wir geben jedoch ein weiteres Glied nach Bouwkamp [5] an:

$$
\begin{aligned}
\lambda_\nu^\mu(\gamma^2) = {}& \nu(\nu+1) - \frac{1}{2}\left[1 + \frac{(2\mu-1)(2\mu+1)}{(2\nu-1)(2\nu+3)}\right]\gamma^2 + \\[4pt]
&+ \frac{1}{2}\left[\frac{(\nu-\mu-1)(\nu-\mu)(\nu+\mu-1)(\nu+\mu)}{(2\nu-3)(2\nu-1)^3(2\nu+1)} - \right.\\[4pt]
&\left. \quad - \frac{(\nu-\mu+1)(\nu-\mu+2)(\nu+\mu+1)(\nu+\mu+2)}{(2\nu+1)(2\nu+3)^3(2\nu+5)}\right]\gamma^4 - \\[4pt]
&- (4\mu^2-1)\left[\frac{(\nu-\mu-1)(\nu-\mu)(\nu+\mu-1)(\nu+\mu)}{(2\nu-5)(2\nu-3)(2\nu-1)^5(2\nu+1)(2\nu+3)} - \right.\\[4pt]
&\left. \quad - \frac{(\nu-\mu+1)(\nu-\mu+2)(\nu+\mu+1)(\nu+\mu+2)}{(2\nu-1)(2\nu+1)(2\nu+3)^5(2\nu+5)(2\nu+7)}\right]\gamma^6 + \\[4pt]
&+ \left[2(4\mu^2-1)^2\left\{\frac{(\nu-\mu-1)(\nu-\mu)(\nu+\mu-1)(\nu+\mu)}{(2\nu-5)^2(2\nu-3)(2\nu-1)^7(2\nu+1)(2\nu+3)^2} - \right.\right.\\[4pt]
&\left.\left. \quad - \frac{(\nu-\mu+1)(\nu-\mu+2)(\nu+\mu+1)(\nu+\mu+2)}{(2\nu-1)^2(2\nu+1)(2\nu+3)^7(2\nu+5)(2\nu+7)^2}\right\} + \right.\\[4pt]
&\left. + \frac{1}{16}\left\{\frac{(\nu-\mu-3)(\nu-\mu-2)(\nu-\mu-1)(\nu-\mu)(\nu+\mu-3)((\nu+\mu-2)(\nu+\mu-1)(\nu+\mu)}{(2\nu-7)(2\nu-5)^2(2\nu-3)^3(2\nu-1)^4(2\nu+1)} - \right.\right.\\[4pt]
&\left.\left. \quad - \frac{(\nu-\mu+1)(\nu-\mu+2)(\nu-\mu+3)(\nu-\mu+4)(\nu+\mu+1)(\nu+\mu+2)(\nu+\mu+3)(\nu+\mu+4)}{(2\nu+1)(2\nu+3)^4(2\nu+5)^3(2\nu+7)^2(2\nu+9)}\right\} + \right.\\[4pt]
&\left. + \frac{1}{8}\left\{\frac{(\nu-\mu+1)^2(\nu-\mu+2)^2(\nu+\mu+1)^2(\nu+\mu+2)^2}{(2\nu+1)^2(2\nu+3)^7(2\nu+5)^2} - \right.\right.\\[4pt]
&\left.\left. \quad - \frac{(\nu-\mu-1)^2(\nu-\mu)^2(\nu+\mu-1)^2(\nu+\mu)^2}{(2\nu-3)^2(2\nu-1)^7(2\nu+1)^2}\right\} + \right.\\[4pt]
&\left. + \frac{1}{2}\frac{(\nu-\mu-1)(\nu-\mu)(\nu-\mu+1)(\nu-\mu+2)(\nu+\mu-1)(\nu+\mu)(\nu+\mu+1)(\nu+\mu+2)}{(2\nu-3)(2\nu-1)^4(2\nu+1)^2(2\nu+3)^4(2\nu+5)}\right]\gamma^8 + \cdots
\end{aligned}
\tag{6}
$$

Die Kenntnis der Potenzreihenglieder liefert zusammen mit (3) Aussagen über das asymptotische Verhalten, so z.B.

$$
\left.
\begin{aligned}
&\lambda^{\mu}_{v_0+2r}(\gamma^2) = (v_0 + 2r)(v_0 + 2r + 1) - \frac{1}{2}\gamma^2 + O\left(\frac{1}{\gamma^2}\right) \\
&\left(r \to \pm\infty;\ v_0 \equiv \tfrac{1}{2}\,(\mathrm{mod}\,1)\right).
\end{aligned}
\right\}
\tag{7}
$$

3.532. Produktformeln für $\sin \pi v$. Nach **3.531.** sind die λ-Nullstellen von

$$
f(\lambda, \gamma^2, \mu^2) - \sin \pi\, v_0 \qquad \left(v_0 \equiv \tfrac{1}{2}\,(\mathrm{mod}\,1)\right),
$$

ihrer Vielfachheit entsprechend gezählt, gerade die Zahlen

$$
\lambda^{\mu}_{v_0+2k}(\gamma^2) \qquad (k = \cdots, -2, -1, 0, 1, 2, \ldots).
$$

Da nun nach **3.13.**, Satz 6 diese Funktion als ganze Funktion von λ eine Ordnung $\leq \tfrac{1}{2}$ besitzt, erhält man die Produktformel

$$
\frac{\sin \pi\, v - \sin \pi\, v_0}{\sin \pi\, v_1 - \sin \pi\, v_0} = \prod_{k=-\infty}^{+\infty} \frac{\lambda - \lambda^{\mu}_{v_0+2k}(\gamma^2)}{\lambda_1 - \lambda^{\mu}_{v_0+2k}(\gamma^2)}.
\tag{8}
$$

Dabei ist $\lambda_1 \neq \lambda^{\mu}_{v+2k}(\gamma^2)$ und v_1 zu $\lambda_1, \gamma^2, \mu^2$ gehörender charakteristischer Exponent.

Die Glieder des unendlichen Produktes (8) sind nur $1 + O(k^{-2})$. Man erreicht eine wesentliche Verbesserung der Konvergenz wenn man in (8) zunächst $\gamma^2 = 0$ setzt, dann λ durch $\lambda + \tfrac{1}{2}\gamma^2$ substituiert und (8) durch die entstehende Formel dividiert. Man erhält dann

$$
\frac{\sin \pi\, v_0 - \sin \pi\, v}{\sin \pi\, v_0 + \cos(\pi\,\sqrt{\lambda + \tfrac{1}{2}\gamma^2 + \tfrac{1}{4}})} = \prod_{k=-\infty}^{+\infty} \frac{\lambda - \lambda^{\mu}_{v_0+2k}(\gamma^2)}{\lambda + \tfrac{1}{2}\gamma^2 - (v_0 + 2k)(v_0 + 2k + 1)}.
\tag{9}
$$

Denn das unendliche Produkt rechts konvergiert; seine Glieder sind wegen (7) sogar $1 + O(k^{-4})$; daher unterscheiden sich beide Seiten nur um einen λ-unabhängigen Faktor. Dieser muß jedoch 1 sein, wie man durch Einsetzen von

$$
\lambda = \lambda^{\mu}_{v_1+2j}(\gamma^2);\ \sin \pi\, v_1 \neq \begin{cases} \sin \pi\, v_0 \\ \pm 1 \end{cases}
$$

und Grenzübergang $j \to \pm\infty$ erkennt, weil dabei beide Seiten wegen (7) den Grenzwert 1 haben [vgl. die analogen Betrachtungen in **2.27.**, die im übrigen einen Spezialfall darstellen (vgl. **3.536.**)].

Eine weitere Beschleunigung der Konvergenz kann erreicht werden, wenn man (9) durch die Formel dividiert, die bei Einsetzen eines zusammengehörigen Paares $\lambda = \lambda_1,\ v = v_1$ ($\sin \pi\, v_1 \neq \sin \pi\, v_0$) entsteht. Die Glieder des neuen Produktes sind dann $1 + O(k^{-6})$.

3.533. Definition von $\lambda_\nu^\mu(\gamma^2)$ für $\nu \equiv \tfrac{1}{2}$ (mod 1). Wir übertragen zunächst die Aussagen von **3.531.**, Satz 1 auf den halbzahligen Fall. Dazu steht schon fest, daß

$$f(\lambda, \gamma^2, \mu^2) \pm 1 = 0$$

um jedes Lösungspaar λ_0, γ_0^2 in der dort angegebenen Form aufgelöst wird. Denn es ist

$$f(\lambda, \gamma_0^2, \mu^2) \pm 1 \not\equiv 0,$$

da ja eben nach diesem Satze 1 $\lambda_\nu^\mu(\gamma_0^2)$ für $\nu \not\equiv \tfrac{1}{2}$ erklärt ist. Um nun mit den Schlüssen des Beweises von **1.52.**, Satz 3 zum Ziele zu gelangen, braucht nur noch gezeigt zu werden, daß bei endlichem γ_0^2 jede auf einer offenen Strecke mit dem Endpunkt γ_0^2 stetige Funktion $\lambda(\gamma^2)$ mit $f\big(\lambda(\gamma^2), \gamma^2, \mu^2\big) \pm 1 \equiv 0$ für $\gamma^2 \to \gamma_0^2$ beschränkt bleibt.

Wir schließen so: Es müßte andernfalls eine Folge

$$\gamma_n^2 \to \gamma_0^2, \qquad \lambda_n \to \infty, \qquad f(\lambda_n, \gamma_n^2; \mu^2) \pm 1 \equiv 0 \tag{a}$$

mit

$$\left|\lambda_n + \tfrac{1}{2}\gamma_n^2 - (\nu_0 + 2k)(\nu_0 + 2k + 1)\right| \ge \delta > 0 \left.\right\}\ (\nu_0 \not\equiv \tfrac{1}{2}) \tag{b}$$

$$\left|\sqrt{\lambda_n + \tfrac{1}{2}\gamma_n^2 + \tfrac{1}{4}} - k\right| \ge \delta > 0 \qquad\qquad\left.\right\}\ (k = 0, \pm 1, \pm 2, \ldots) \tag{c}$$

geben. Nach (9), das wir mit einem $\nu_0 \not\equiv \tfrac{1}{2}$ benutzen, gilt dann

$$\frac{\sin \pi \nu_0 \pm 1}{\sin \pi \nu_0 + \cos\left(\pi \sqrt{\lambda_n + \tfrac{1}{2}\gamma_n^2 + \tfrac{1}{4}}\right)} = \prod_{r=-\infty}^{+\infty} \frac{\lambda_n - \lambda_{\nu_0 + 2r}^\mu(\gamma_n^2)}{\lambda_n + \tfrac{1}{2}\gamma_n^2 - (\nu_0 + 2r)(\nu_0 + 2r + 1)}.$$

Nun geht wegen (a), (b) und (7) die rechte Seite gegen 1, also

$$\cos\left(\pi \sqrt{\lambda_n + \tfrac{1}{2}\gamma_n^2 + \tfrac{1}{4}}\right) \to \pm 1.$$

Das widerspricht (c).

Damit ist bewiesen:

Satz 2. *Bei festem μ^2 werden die Gleichungen*

$$\sin \pi \nu \pm 1 \equiv f(\lambda, \gamma^2, \mu^2) \pm 1 = 0$$

um

$$\gamma^2 = 0, \qquad \lambda = (\mp \tfrac{1}{2} + 2r)(\mp \tfrac{1}{2} + 2r + 1) \qquad (r = \cdots, -1, 0, 1, 2, \ldots)$$

bei $\lambda = -\tfrac{1}{4}$ durch eine Potenzreihe

$$\lambda = \lambda_{-\frac{1}{2}}^\mu(\gamma^2) = \lambda_{-\frac{1}{2}}^{-\mu}(\gamma^2),$$

sonst entweder durch zwei Potenzreihen

$$\lambda = \lambda_\nu^\mu(\gamma^2) = \lambda_\nu^{-\mu}(\gamma^2), \qquad \lambda = \lambda_{-\nu-1}^\mu(\gamma^2) = \lambda_{-\nu-1}^{-\mu}(\gamma^2)$$

oder durch zwei bei $\gamma^2 = 0$ *einfach verzweigte Funktionen*

$$\lambda = \lambda_\nu^\mu(\gamma^2) = \lambda_\nu^{-\mu}(\gamma^2), \qquad \lambda = \lambda_{-\nu-1}^\mu(\gamma^2) = \lambda_{-\nu-1}^{-\mu}(\gamma^2),$$

also eine Potenzreihe in γ *aufgelöst. Diese Funktionselemente liefern bei analytischer Fortsetzung überall endliche algebroide Funktionen; sie lassen sich durch die Verzweigungsschnitte von* **1.52.** *und zusätzlich die Schnitte* $\gamma^2 \geqq 0$ *von den Verzweigungsstellen über* $\gamma^2 = 0$ *aus überall eindeutig definieren.*

Auch für halbzahliges ν gilt jetzt stets

$$\left.\begin{aligned} \lambda_\nu^{-\mu}(\gamma^2) &= \lambda_\nu^\mu(\gamma^2), \\ \lambda_\nu^\mu(0) &= \nu(\nu+1). \end{aligned}\right\} \tag{10}$$

Ohne Beweis sei angegeben, daß sich auch (7), (8), (9) auf den halbzahligen Fall übertragen lassen.

3.534. Die Funktionen $\lambda_\nu^\mu(\gamma^2)$ für $\nu \equiv \mu \pmod 1$.

μ *nicht ganz.* Wir knüpfen an **3.422.**, (22) an. Daraus ist wegen

$$y_{\mathrm{I}}(0)\, y_{\mathrm{II}}'(0) - y_{\mathrm{I}}'(0)\, y_{\mathrm{II}}(0) = 1 \tag{11}$$

ersichtlich, daß für gerades $\nu - \mu$ entweder $y_{\mathrm{I}}'(0) = 0$ oder $y_{\mathrm{II}}(0) = 0$ und für ungerades $\nu - \mu$ entweder $y_{\mathrm{I}}(0) = 0$ oder $y_{\mathrm{II}}'(0) = 0$ gelten muß. Insgesamt zerfallen somit die Parameterpaare mit $\nu \equiv \mu \pmod 1$ in vier Klassen mit den zugehörigen transzendenten Gleichungen:

$$\left.\begin{aligned} \text{(I)} \qquad & y_{\mathrm{II}}'(0; \lambda, \gamma^2) = 0, \\ \text{(II)} \qquad & y_{\mathrm{II}}(0; \lambda, \gamma^2) = 0, \\ \text{(III)} \qquad & y_{\mathrm{I}}'(0; \lambda, \gamma^2) = 0, \\ \text{(IV)} \qquad & y_{\mathrm{I}}(0; \lambda, \gamma^2) = 0. \end{aligned}\right\} \tag{12}$$

Dies sind genau die charakteristischen Gleichungen dafür, daß die Sphäroiddifferentialgleichung Lösungen der Typen

(I)　　$y(z)\ (\not\equiv 0)$ ist gerade und gehört bei $z = \pm 1$ zum Index $-\dfrac{\mu}{2}$

(II)　　$y(z)\ (\not\equiv 0)$ ist ungerade und gehört bei $z = \pm 1$ zum Index $-\dfrac{\mu}{2}$

(III)　　$y(z)\ (\not\equiv 0)$ ist gerade und gehört bei $z = \pm 1$ zum Index $\dfrac{\mu}{2}$

(IV)　　$y(z)\ (\not\equiv 0)$ ist ungerade und gehört bei $z = \pm 1$ zum Index $\dfrac{\mu}{2}$

besitzt (vgl. **3.12.**, Satz 4). Vergleicht man mit **3.411.**, **3.421.** oder **3.32.**, (17) so erkennt man, daß die Gln. (12) jeweils von den Funktionen aufgelöst werden:

$$
\begin{aligned}
\text{(I)} \quad & \lambda = \lambda_\nu^\mu(\gamma^2) & (\nu = \mu - 1,\ \mu - 3,\ \mu - 5,\ \ldots), \\
\text{(II)} \quad & \lambda = \lambda_\nu^\mu(\gamma^2) & (\nu = \mu - 2,\ \mu - 4,\ \mu - 6,\ \ldots), \\
\text{(III)} \quad & \lambda = \lambda_\nu^\mu(\gamma^2) & (\nu = \mu,\ \mu + 2,\ \mu + 4,\ \ldots), \\
\text{(IV)} \quad & \lambda = \lambda_\nu^\mu(\gamma^2) & (\nu = \mu + 1,\ \mu + 3,\ \mu + 5,\ \ldots).
\end{aligned}
\tag{13}
$$

(I), (II) entsprechen dem Falle (b) und (III), (IV) dem Falle (a) in **3.421.**. Als zugeordnete Kettenbruchgleichungen erhält man

$$
\begin{aligned}
\text{(I)} \quad & 0 = \lambda^* - (\mu-1)\mu + \frac{1\cdot 2\cdot\gamma^2}{\lambda^* - (\mu-3)(\mu-2)} + \frac{3\cdot 4\cdot\gamma^2}{\mid\lambda^* - (\mu-5)(\mu-4)} + \cdots, \\[2mm]
\text{(II)} \quad & 0 = \lambda^* - (\mu-2)(\mu-1) + \frac{2\cdot 3\cdot\gamma^2}{\lambda^* - (\mu-4)(\mu-3)} + \frac{4\cdot 5\cdot\gamma^2}{\mid\lambda^* - (\mu-6)(\mu-5)} + \cdots, \\[2mm]
\text{(III)} \quad & 0 = \lambda^* - \mu(\mu+1) + \frac{1\cdot 2\cdot\gamma^2}{\lambda^* - (\mu+2)(\mu+3)} + \frac{3\cdot 4\cdot\gamma^2}{\mid\lambda^* - (\mu+4)(\mu+5)} + \cdots, \\[2mm]
\text{(IV)} \quad & 0 = \lambda^* - (\mu+1)(\mu+2) + \frac{2\cdot 3\cdot\gamma^2}{\lambda^* - (\mu+3)(\mu+4)} + \frac{4\cdot 5\cdot\gamma^2}{\mid\lambda^* - (\mu+5)(\mu+6)} + \cdots.
\end{aligned}
\tag{14}
$$

Dazu bemerken wir, daß

$$
\begin{aligned}
\left.\begin{array}{l}\text{(I)} \\ \text{(II)}\end{array}\right\} \quad & u_{-\nu-1,\,2k}^{-\mu} = 0 & (2k < \nu - \mu + 1), \\[3mm]
\left.\begin{array}{l}\text{(III)} \\ \text{(IV)}\end{array}\right\} \quad & u_{\nu,\,2k}^{\mu} = 0 & (2k < \mu - \nu).
\end{aligned}
\tag{15}
$$

Aus (11) bzw. (12) folgt, daß nur (I) und (IV) oder (II) und (III) gemeinsame Parameterpaare λ, γ^2 besitzen können.

$\mu = m = 0, 1, 2, \ldots$. Hier ziehen wir **3.422.**, (24) heran. Wir erhalten drei Klassen von Parameterpaaren:

$$
\left.\begin{aligned}
\text{(A)} \quad & y_{\mathrm{I}}'(0;\lambda,\gamma^2) = 0, \\
\text{(B)} \quad & y_{\mathrm{I}}(0;\lambda,\gamma^2) = 0, \\
\text{(C)} \quad & A_m(\lambda,\gamma^2) = 0,
\end{aligned}\right\}
\tag{16}
$$

wobei (C) für $m = 0$ nicht auftritt. Diese Gleichungen werden je durch

$$
\left.\begin{aligned}
\text{(A)} \quad & \lambda = \lambda_n^m(\gamma^2) & (n = m,\ m + 2,\ m + 4, \ldots), \\
\text{(B)} \quad & \lambda = \lambda_n^m(\gamma^2) & (n = m + 1,\ m + 3,\ m + 5, \ldots), \\
\text{(C)} \quad & \lambda = \lambda_n^m(\gamma^2) & (n = 0, 1, \ldots, m - 1)
\end{aligned}\right\}
\tag{17}
$$

gelöst. Die zu (A), (B) gehörenden Eigenwertprobleme sind in **3.2.** ausführlich untersucht worden. Eigenwertkurven $\lambda = \lambda_n^m(\gamma^2)$ für $m = 0, 1, 2, 3, 4$ und reelle γ^2 unter Einschluß der Kurven zu (C) geben die Abb. 13—17.

Man hat

$$\begin{aligned}
\text{(A)} \quad & u^{m}_{n,2k} = 0 && (2k < m - n), \\
\text{(B)} \quad & u^{-m}_{n,2k} = 0 && (2k < -m - n), \\
\text{(C)} \quad & u^{-m}_{n.2k} = 0 && (2k < -m - n), \\
& u^{-m}_{-n-1,2k} = 0 && (2k < n + 1 - m).
\end{aligned} \tag{18}$$

Im Falle (C) gibt es zwei linear unabhängige Lösungen der Form

$$(z^2 - 1)^{-\frac{m}{2}} g(z)$$

mit ganzer Funktion $g(z)$. Man zeigt genauer: Es gibt zwei linear unabhängige Lösungen der Form

$$y(z) = (z^2 - 1)^{-\frac{m}{2}} e^{\pm i \gamma z} p^{\pm}_{m-1}(z),$$

wo $p^{\pm}_{m-1}(z)$ ein Polynom vom Grade $m - 1$ ist. (Vgl. dazu den Abschnitt „asymptotische Reihen" in **3.65.**)

Aus Regularitätsgründen folgt, daß für $\mu \to m$ je eine Funktion (I) und (III) gegen eine Funktion (A), je eine Funktion (II) und (IV) gegen eine Funktion (B) und je eine Funktion (I) und (II) gegen eine Funktion (C) konvergieren.

3.535. Die Eigenwertkarten für $\mu \geq 0$. Für $\mu \geq 0$ sind sämtliche Funktionen $\lambda^{\mu}_{\nu}(\gamma^2)$ mit reellem $\nu \not\equiv \frac{1}{2} \pmod 1$ zumindest bei reellem γ^2 in der Umgebung von $\gamma^2 = 0$ reell. Das zeigen ihre Potenzreihenentwicklungen **3.531.**, (6). Wir bezeichnen die Darstellungen der entsprechenden Kurven in der reellen (λ, γ^2)-Ebene als Eigenwertkarten. Die Eigenwertkarten zu $\mu \geq 0$ ändern sich offenbar kontinuierlich mit μ; sie lassen sich zu einer Flächendarstellung im $(\lambda, \gamma^2, \mu^2)$-Raum zusammenfügen. Besondere Verhältnisse werden für ganze und halbzahlige μ, sowie in jeder Eigenwertkarte für halbzahliges ν vorliegen. Von Interesse werden ferner die Kurven $\nu \equiv \mu \pmod 1$ sein. Über sie machen wir im folgenden einige Bemerkungen; dabei können wir uns auf den Fall nicht ganzer μ beschränken, da die Kurven $\lambda^{m}_{n}(\gamma^2)$ $(m = 0, 1, 2, \ldots,$ $n = m, m + 1, \ldots)$ schon in **3.2.** ausführlich untersucht wurden und hier nur noch durch die $\lambda^{m}_{n}(\gamma^2)$ $(n = 0, 1, \ldots, m - 1)$, d.h. die Kurven $A_m(\lambda, \gamma^2) = 0$ zu ergänzen sind. Abbildungen solcher Eigenwertkarten, die insbesondere den Übergang von $\mu < 1$ über $\mu = 1$ nach $\mu > 1$ erkennen lassen, finden sich bei MEIXNER und SCHÄFKE [1].

Sei also $\mu > 0$ nicht ganz und $\nu \equiv \mu \pmod 1$. Wir zeigen dann leicht, daß von den in **3.534.** behandelten Eigenwertproblemen (I), (II), (III), (IV) stets die beiden letzten, für $0 < \mu < 1$ auch die beiden ersten von der in **1.5.** untersuchten Art sind.

Man identifiziere dazu

1.5.	3.535.		
$\mathfrak{R} = \mathfrak{U} = \mathfrak{U}^*$	(I) $\quad y(z) = (1 - z^2)^{-\frac{\mu}{2}}\,\varphi(z),$	$\varphi(z)$ ganz, gerade	
	(II) $\quad y(z) = (1 - z^2)^{-\frac{\mu}{2}}\,\varphi(z),$	$\varphi(z)$ ganz, ungerade	
	(III) $\quad y(z) = (1 - z^2)^{\frac{\mu}{2}}\,\varphi(z),$	$\varphi(z)$ ganz, gerade	
	(IV) $\quad y(z) = (1 - z^2)^{\frac{\mu}{2}}\,\varphi(z),$	$\varphi(z)$ ganz, ungerade	
(f, g)	$\int\limits_{-1}^{1} f\,\overline{g}\,dx$		
$F = F^*$	$\dfrac{d}{dz}(1 - z^2)\dfrac{d}{dz} - \dfrac{\mu^2}{1 - z^2}$		
$G = G^*$	$(\tfrac{1}{2} - z^2)$		
λ	$\lambda + \tfrac{1}{2}\gamma^2$		
μ	γ^2		
γ	$\tfrac{1}{2}$		
$\Delta\,(\lambda, \mu)$	vgl. (12)		

Die in **1.5.** zugrunde gelegten Voraussetzungen sind dann erfüllt, wenn wir nur beachten, daß die Eigenlösungen zu $\gamma^2 = 0$ von der Form

$$(1 - z^2)^{\frac{\mu}{2}}\,\Phi_n(z)$$

bzw.

$$(1 - z^2)^{-\frac{\mu}{2}}\,\Phi_n(z)$$

sind, wobei die $\Phi_n(z)$ gerade oder ungerade Polynome der Grade $n = 0, 2, 4, \ldots$ oder $n = 1, 3, 5, \ldots$ sind.

Damit können unter anderem mit **1.5.** explizite Abschätzungen der Konvergenzradien und Entwicklungskoeffizienten um $\gamma^2 = 0$ angegeben werden.

Insbesondere vermerken wir

Satz 3. *Für alle $\mu \geq 0$ sind $\lambda_\nu^\mu(\gamma^2)$ $(\nu = \mu,\ \mu + 1,\ \mu + 2,\ \ldots)$ und für $0 \leq \mu < 1$ auch $\lambda_\nu^\mu(\gamma^2)$ $(\nu = \mu - 1,\ \mu - 2,\ \mu - 3,\ \ldots)$ bei reellem γ^2 reell und regulär analytisch; es gilt*

$$-1 < \frac{d\lambda}{d\gamma^2} < 0 \qquad (-\infty < \gamma^2 < \infty).$$

3.536. $\mu^2 = \tfrac{1}{4}$: MATHIEUsche Differentialgleichung. Für $\mu^2 = \tfrac{1}{4}$ geht die Sphäroiddifferentialgleichung

$$[(1 - z^2)\,y'(z)]' + \left[\frac{-\tfrac{1}{4}}{1 - z^2} + \lambda + \gamma^2(1 - z^2)\right] y(z) = 0$$

18*

mit der Substitution

$$z = \cos t, \qquad y(z) = (1 - z^2)^{-\frac{1}{4}} g(t)$$

in die MATHIEUsche Differentialgleichung

$$g''(t) + \left(\lambda + \frac{1}{2}\gamma^2 + \frac{1}{4} - \frac{\gamma^2}{2}\cos 2t\right) g(t) = 0$$

über [vgl. **3.14.**, (22), (23), (24)].

Hält man etwa $\mathfrak{Im}\, t < 0$ fest, so entspricht ein Fortschreiten

$$t \to t + \pi$$

eineindeutig einem halben positiven Umlauf um ± 1

$$z \to z\, e^{\pi i}.$$

Der charakteristische Exponent ν der Sphäroiddifferentialgleichung und der in **2.13.** definierte charakteristische Exponent $\tilde{\nu}$ der MATHIEUschen Differentialgleichung hängen somit über

$$\nu = \tilde{\nu} - \tfrac{1}{2}$$

zusammen.

$y(z)$ gehört bei $+1$ und -1 zum Index $-\tfrac{1}{4}$ bzw. $\tfrac{1}{4}$ genau dann, wenn $g(t)$ gerade bzw. ungerade (und natürlich 2π-periodisch) ist. Die Eigenwertkarte der Sphäroiddifferentialgleichung für $\mu = \tfrac{1}{2}$ entspricht daher über die Zuordnung

$$\lambda + \tfrac{1}{2}\gamma^2 + \tfrac{1}{4} \to \lambda, \qquad \gamma^2 = 4h^2$$

der (λ, h^2)-Stabilitätskarte der MATHIEUschen Differentialgleichung; dabei entsprechen die Kurven (I) bis (IV) von **3.534.** bzw. **3.535.** je genau den Kurven (I) bis (IV) von **2.22.**.

3.54. Die Funktionen $\widetilde{\mathrm{Q}}\mathrm{s}_\nu^\mu (z; \gamma^2)$ $[\nu \not\equiv \tfrac{1}{2} \,(\mathrm{mod}\,1)]$.

3.541. Entwicklungen nach den Kugelfunktionen $\widetilde{\mathfrak{Q}}_{\nu+2r}^\mu(z)$. Sei $\nu \not\equiv \tfrac{1}{2}\,(\mathrm{mod}\,1)$ und

$$\lambda = \lambda_\nu^\mu(\gamma^2).$$

Dann besitzt die Sphäroiddifferentialgleichung (1) eine nichttriviale Lösung

$$y(z\, e^{\pi i}) = e^{-\pi i(\nu+1)}\, y(z) \not\equiv 0,$$

die bis auf einen konstanten Faktor bestimmt ist. Wir bezeichnen sie — vorbehaltlich späterer Normierung des Faktors — mit

$$y(z) = \widetilde{\mathrm{Q}}\mathrm{s}_\nu^\mu(z; \gamma^2).$$

Diese Lösung muß sich nun nach **3.33.**, Satz 2 nach den Kugelfunktionen $\widetilde{\mathfrak{D}}_{\nu+2r}^\mu(z)$ entwickeln lassen:

$$\widetilde{Q}s_\nu^\mu(z;\gamma^2) = \sum_{r=-\infty}^{+\infty} (-1)^r\, \alpha_{\nu,\,2r}^\mu(\gamma^2)\, \widetilde{\mathfrak{D}}_{\nu+2r}^\mu(z). \tag{19}$$

Diese Entwicklung wird zumindest für alle z mit Ausnahme der Strecke $-1 \le z \le 1$ gültig sein und in jeder kompakten Teilmenge absolut gleichmäßig konvergieren. (19) darf daher gliedweise beliebig oft differenziert werden, wobei die erhaltenen Reihen wieder in kompakten Mengen ohne $-1 \le z \le 1$ absolut gleichmäßig konvergieren.

Wir können mithin (19) in die Differentialgleichung (1) einsetzen. Man verwendet dabei die Differentialgleichungen der Kugelfunktionen und die aus **3.32.**, (12), (13) folgende Rekursion

$$z\,\widetilde{\mathfrak{D}}_{\nu+2r}^\mu(z) = \left. \frac{(\nu+2r-\mu+1)(\nu+2r+\mu+1)}{2\nu+4r+1}\,\widetilde{\mathfrak{D}}_{\nu+2r+1}^\mu(z) + \atop + \frac{1}{2\nu+4r+1}\,\widetilde{\mathfrak{D}}_{\nu+2r-1}^\mu(z) \right\} \tag{$*$}$$

sowie die durch Iteration entstehende Formel

$$z^2\,\widetilde{\mathfrak{D}}_{\nu+2r}^\mu(z)$$
$$= \frac{(\nu+2r-\mu+1)(\nu+2r+\mu+1)(\nu+2r-\mu+2)(\nu+2r+\mu+2)}{(2\nu+4r+1)(2\nu+4r+3)}\,\widetilde{\mathfrak{D}}_{\nu+2r+2}^\mu(z) +$$
$$+ \left[\frac{(\nu+2r-\mu+1)(\nu+2r+\mu+1)}{(2\nu+4r+1)(2\nu+4r+3)} + \frac{(\nu+2r-\mu)(\nu+2r+\mu)}{(2\nu+4r+1)(2\nu+4r-1)} \right] \widetilde{\mathfrak{D}}_{\nu+2r}^\mu(z) +$$
$$+ \frac{1}{(2\nu+4r+1)(2\nu+4r-1)}\,\widetilde{\mathfrak{D}}_{\nu+2r-2}^\mu(z).$$

Man erhält so für die Koeffizienten die dreigliedrige Rekursion

$$\left. \begin{aligned} & \gamma^2\,\alpha_{\nu,\,2r+2}^\mu(\gamma^2)\,\frac{1}{(2\nu+4r+5)(2\nu+4r+3)} + \\ & + \alpha_{\nu,\,2r}^\mu(\gamma^2)\left[\lambda - (\nu+2r)(\nu+2r+1) + 2\,\frac{(\nu+2r)(\nu+2r+1)+\mu^2-1}{(2\nu+4r-1)(2\nu+4r+3)}\,\gamma^2 \right] + \\ & + \gamma^2\,\alpha_{\nu,\,2r-2}^\mu(\gamma^2)\,\frac{(\nu+2r-\mu-1)(\nu+2r+\mu-1)(\nu+2r-\mu)(\nu+2r+\mu)}{(2\nu+4r-3)(2\nu+4r-1)} = 0, \end{aligned} \right\} \tag{20}$$

da die durch Umordnung entstehende Reihe mit diesen Koeffizienten identisch verschwindet und mithin nach **3.33.**, Satz 2 die Koeffizienten verschwinden.

3.542. Die Rekursionsformel der $\alpha_{\nu,\,2r}^\mu(\gamma^2)$. Wir untersuchen (20) mit den Mitteln von **1.8.** Dabei beschränken wir uns auf den nichttrivialen Fall $\gamma^2 \neq 0$. Nach Division mit γ^2 kann dann (20) in der Form

$$A_k z_{k+1} + B_k z_k + C_k z_{k-1} = 0 \qquad (k = \cdots, -1, 0, 1, 2, \ldots)$$

geschrieben werden. Es sind für große $k \gtrless 0$ gewiß A_k, C_k von 0 verschieden. Wir können daher die Transformation **1.8.**, (2), (3), (4) anwenden. Dabei bleibt wegen

$$4(\nu + 2k)^2 A_k = 1 - \frac{4}{\nu + 2k} + O\!\left(\!\left(\frac{1}{\nu + 2k}\right)^2\right),$$

$$4(\nu + 2k)^2 A_{k-1} = 1 \qquad\quad + O\!\left(\!\left(\frac{1}{\nu + 2k}\right)^2\right),$$

$$4(\nu + 2k)^2 A_{k+1} = 1 - \frac{8}{\nu + 2k} + O\!\left(\!\left(\frac{1}{\nu + 2k}\right)^2\right),$$

$$\frac{4}{(\nu + 2k)^2} C_k = 1 \qquad\quad + O\!\left(\!\left(\frac{1}{\nu + 2k}\right)^2\right),$$

$$\frac{4}{(\nu + 2k)^2} C_{k-1} = 1 - \frac{4}{\nu + 2k} + O\!\left(\!\left(\frac{1}{\nu + 2k}\right)^2\right),$$

$$\frac{4}{(\nu + 2k)^2} C_{k+1} = 1 + \frac{4}{\nu + 2k} + O\!\left(\!\left(\frac{1}{\nu + 2k}\right)^2\right)$$

der Quotient

$$\frac{\alpha_{k+1}^2}{\alpha_k \alpha_{k+2}} = \frac{\alpha_{k-1}^2}{\alpha_{k-2} \alpha_k} \frac{C_k^2}{C_{k-1} C_{k+1}} \frac{A_{k-1} A_{k+1}}{A_k^2}$$

$$= \frac{\alpha_{k-1}^2}{\alpha_{k-2} \alpha_k} \left(1 + O\!\left(\frac{1}{k^2}\right)\right)$$

für $k \to +\infty$ und $k \to -\infty$ nach oben und gegen 0 nach unten beschränkt. Mit

$$B_k \, k^{-2} \to -4\gamma^2$$

und

$$C_k A_k \to 1$$

$$D_k = -\frac{\alpha_k}{\alpha_{k-1}} \frac{B_k}{C_k} = -\frac{\alpha_k}{\alpha_{k+1}} \frac{B_k}{A_k}$$

hat man daher nach der Transformation

$$|D_k| \to +\infty, \qquad \frac{1}{D_k} = O(k^{-2}) \qquad (k \to \pm \infty).$$

Daher gibt es nach **1.8.**, Satz 3 für $k \to +\infty$ und $k \to -\infty$ je drei Typen von Lösungen:

Typ	$k \to +\infty$	$k \to -\infty$
I	$z_k \equiv 0$	$z_k \equiv 0$
II	$\dfrac{B_k z_k}{C_k z_{k-1}} = -1 + O(k^{-4})$ $\sqrt[2k]{\|z_k\|} \to \left\|\dfrac{\gamma}{2}\right\|$	$\dfrac{B_k z_k}{A_k z_{k+1}} = -1 + O(k^{-4})$ $\sqrt[2\|k\|]{\|z_k\| (2\|k\|)!^2} \to \left\|\dfrac{\gamma}{2}\right\|$
III	$\dfrac{B_k z_k}{A_k z_{k+1}} = -1 + O(k^{-4})$ $\sqrt[2k]{\dfrac{\|z_k\|}{(2k)!^2}} \to \left\|\dfrac{2}{\gamma}\right\|$	$\dfrac{B_k z_k}{C_k z_{k-1}} = -1 + O(k^{-4})$ $\sqrt[2\|k\|]{\|z_k\|} \to \left\|\dfrac{2}{\gamma}\right\|$

Nach **1.8.**, Satz 4 gibt es für $k \to +\infty$ und für $k \to -\infty$ keine zwei linear unabhängigen Lösungen vom Typ II.

Untersuchen wir nun, zu welchem Typ

$$z_k = \alpha_{\nu,\,2k}^\mu(\gamma^2)$$

gehört. Dazu ziehen wir die Tatsache der Konvergenz von (19) heran. Auf Grund der letzten Aussage von **3.33.**, Satz 2 über das asymptotische Verhalten der $\widetilde{\mathfrak{Q}}_{\nu+2r}^\mu(z)$ für große r zeigt sich nämlich sofort, daß die $\alpha_{\nu,\,2r}^\mu(\gamma^2)$ weder für $r \to +\infty$ noch für $r \to -\infty$ zum Typ III gehören können.

Weiter kann $\alpha_{\nu,\,2r}^\mu(\gamma^2)$ nicht für $r \to -\infty$ zum Typ I gehören, d.h. die Koeffizientenfolge nach links abbrechen, da sämtliche Koeffizienten A_k von 0 verschieden sind.

Somit ist bewiesen, daß

$$z_k = \alpha_{\nu,\,2r}^\mu(\gamma^2)$$

für $k \to -\infty$ zum Typ II und für $k \to +\infty$ zum Typ I oder II gehört. Der Koeffizientensatz von (19) ist damit auch als Lösung von (20) bis auf einen Faktor eindeutig gekennzeichnet und kann wie in **2.2.** mit Hilfe unendlicher Kettenbrüche berechnet werden.

Daraus ergeben sich wichtige Folgerungen. Wir nehmen $\nu + \mu$ und $\nu - \mu$ als nicht ganz an. Dann genügt, wie man nachrechnet, neben $\alpha_{\nu,\,2r}^\mu(\gamma^2)$ auch

$$\frac{\Gamma(\nu + \mu + 2r + 1)}{\Gamma(\nu + \mu + 1)}\,\frac{\Gamma(\mu - \nu)}{\Gamma(\mu - \nu - 2r)}\,\alpha_{-\nu-1,\,-2r}^\mu(\gamma^2)$$

der Rekursion (20) und gehört für $k \to +\infty$ und $k \to -\infty$ zum Typ II, ist also zu $\alpha_{\nu,\,2r}^\mu(\gamma^2)$ proportional. Wir können also

$$\frac{\alpha_{\nu,\,2r}^\mu(\gamma^2)}{\Gamma(\nu + \mu + 2r + 1)\,\Gamma(\mu - \nu)} = \frac{\alpha_{-\nu-1,\,-2r}^\mu(\gamma^2)}{\Gamma(\mu - \nu - 2r)\,\Gamma(\nu + \mu + 1)} \tag{21}$$

annehmen.

(21) bleibt nun auch dann brauchbar, wenn $\nu + \mu$ oder $\nu - \mu$ oder beide ganz sind, mit der Einschränkung, daß nicht ν, μ ganz, $|\nu| < |\mu|$ ist und Lösungen zum Typ **3.534.**, (A) oder (B) und (C) zugleich existieren. Man braucht dann nur

$$\left. \begin{aligned} &r > 0: \quad \alpha_{\nu,\,2r}^\mu(\gamma^2) = \frac{\Gamma(\nu + \mu + 2r + 1)\,\Gamma(\mu - \nu)}{\Gamma(\nu + \mu + 1)\,\Gamma(\mu - \nu - 2r)}\,\alpha_{-\nu-1,\,-2r}^\mu(\gamma^2) \\[2mm] &r = 0: \quad \alpha_{\nu,\,0}^\mu(\gamma^2) = \alpha_{-\nu-1,\,0}^\mu(\gamma^2) \\[2mm] &r < 0: \quad \frac{\Gamma(\nu + \mu + 1)\,\Gamma(\mu - \nu - 2r)}{\Gamma(\nu + \mu + 2r + 1)\,\Gamma(\mu - \nu)}\,\alpha_{\nu,\,2r}^\mu(\gamma^2) = \alpha_{-\nu-1,\,-2r}^\mu(\gamma^2) \end{aligned} \right\} \tag{21*}$$

zu schreiben und die Γ-Quotienten auf Grund der Funktionalgleichung als Produkte zu schreiben. Man erkennt nämlich im Zusammenhang mit **3.534.** und den Sätzen **3.33.**, Satz 3 und Satz 3*, daß stets

$$\alpha^{\mu}_{\nu,2r}(\gamma^2)=0 \left(\begin{matrix}\nu+\mu=-1,-2,-3,\ldots\\ \nu+\mu+2r\geq 0\end{matrix}\right) \text{ oder } \left(\begin{matrix}\nu-\mu=-1,-2,-3,\ldots\\ \nu-\mu+2r\geq 0\end{matrix}\right). \tag{22}$$

Genau wenn entweder

$$\left.\begin{matrix}\nu+\mu=-1,-2,-3,\ldots\\ \nu-\mu=0,1,2,\ldots\end{matrix}\right\} \tag{*}$$

oder

$$\nu+\mu=0,1,2,\ldots$$
$$\nu-\mu=-1,-2,-3,\ldots,$$

brechen beide Koeffizientensätze

$$\alpha^{\mu}_{\nu,2r}(\gamma^2), \qquad \alpha^{\mu}_{-\nu-1,2r}(\gamma^2)$$

für $r\to+\infty$ ab [**3.534.**, Fall (C)]. Liegt nun dieser Fall (C) nicht vor, so geht man von der nicht abbrechenden Folge, etwa $\alpha^{\mu}_{-\nu-1,2r}(\gamma^2)$, aus und erhält mit (21*) eindeutig eine Folge $\alpha^{\mu}_{\nu,2r}(\gamma^2)$, die (20) erfüllt, für $r\to-\infty$ zum Typ II und für $r\to+\infty$ zum Typ I gehört, die also als Koeffizientenfolge in (19) gewählt werden kann. — Sei schließlich im Falle (C) (*) erfüllt, so gilt auch

$$-\nu-1+\mu=-1,-2,-3,\ldots,$$
$$-\nu-1-\mu=0,1,2,\ldots.$$

Gehören dann — das war die notwendige Einschränkung — beide Koeffizientensätze nicht zu einer Lösung vom Index $-\frac{\mu}{2}$ bei $z=\pm 1$, so gilt nach **3.33.**, Satz 3* und (20) sicher

$$\alpha^{\mu}_{\nu,2r_1-2}\neq 0 \qquad \left(\nu+\mu+2r_1\quad\quad=\begin{Bmatrix}0\\1\end{Bmatrix}\right)$$

$$\alpha^{\mu}_{\nu,2r_2}\neq 0 \qquad \left(\nu-\mu+2r_2\quad\quad=\begin{Bmatrix}0\\1\end{Bmatrix}\right)$$

$$\alpha^{\mu}_{-\nu-1,2r_3-2}\neq 0 \qquad \left(-\nu-1+\mu+2r_3=\begin{Bmatrix}0\\1\end{Bmatrix}\right)$$

$$\alpha^{\mu}_{-\nu-1,2r_4}\neq 0 \qquad \left(-\nu-1-\mu+2r_4=\begin{Bmatrix}0\\1\end{Bmatrix}\right),$$

und es ist offenbar

$$-2r_4=2r_1-2,$$
$$-2r_2=2r_3-2.$$

Somit hat man mindestens ein Paar zugeordneter Koeffizienten

$$\alpha_{\nu,\,2r}^\mu, \qquad \alpha_{-\nu-1,\,-2r}^\mu$$

gefunden, die beide von 0 verschieden sind und kann die entsprechende Gl. (21*) als erfüllt annehmen. Dann bestehen wegen (20) jedoch auch die übrigen Gln. (21*).

Zum Schluß bemerken wir, daß wegen

$$\lambda_\nu^{-\mu} = \lambda_\nu^\mu$$

die Koeffizientensätze $\alpha_{\nu,\,2r}^{-\mu}$, $\alpha_{\nu,\,2r}^\mu$ proportional sind. Man kann

$$\alpha_{\nu,\,2r}^{-\mu}(\gamma^2) = \alpha_{\nu,\,2r}^\mu(\gamma^2) \tag{23}$$

annehmen, was sich mit (21), (21*) als verträglich erweist (Ergänzungssatz der Γ-Funktion).

3.543. Definition der Funktion $\widetilde{Q}s_\nu^\mu(z;\gamma^2)$ $[\nu \not\equiv \tfrac{1}{2}\,(\mathrm{mod}\;1)]$. Mit den Verabredungen (21), (21*) und (23) bleibt bei den vier Funktionen

$$\widetilde{Q}s_\nu^\mu(z;\gamma^2), \qquad \widetilde{Q}s_\nu^{-\mu}(z;\gamma^2), \qquad \widetilde{Q}s_{-\nu-1}^\mu(z;\gamma^2), \qquad \widetilde{Q}s_{-\nu-1}^{-\mu}(z;\gamma^2)$$

im allgemeinen [vgl. die Einschränkung bezüglich (21*)] nur ein gemeinsamer konstanter Faktor willkürlich. Dieser Faktor kann nun durch eine Vereinbarung über

$$\frac{1}{\pi i}\int\limits_{z_0}^{z_0 e^{\pi i}} \widetilde{Q}s_\nu^\mu(z;\gamma^2)\,\widetilde{Q}s_{-\nu-1}^\mu(z;\gamma^2)\,dz$$

eindeutig festgelegt werden, solange feststeht, daß dies Integral von 0 verschieden ist. Dazu stützen wir uns auf **1.7.**, Satz 4 und erhalten

Satz 1. *Solange*

$$\lambda_{-\nu-1}^\mu(\gamma^2) = \lambda_\nu^\mu(\gamma^2) \not\equiv \lambda_{\nu+2k}^\mu(\gamma^2) \qquad (k \neq 0),$$

*speziell, wenn γ^2 nicht zu ν gehörender Ausnahmewert ist (**3.531.**), können die zugehörigen Lösungen zum charakteristischen Exponenten $-\nu-1$:*

$$\widetilde{Q}s_\nu^\mu(z;\gamma^2) = \sum_{r=-\infty}^{+\infty} (-1)^r \alpha_{\nu,\,2r}^\mu(\gamma^2)\,\widetilde{\mathfrak{D}}_{\nu+2r}^\mu(z),$$

und zum charakteristischen Exponenten ν:

$$\widetilde{Q}s_{-\nu-1}^\mu(z;\gamma^2) = \sum_{r=-\infty}^{+\infty} (-1)^r \alpha_{-\nu-1,\,2r}^\mu(\gamma^2)\,\widetilde{\mathfrak{D}}_{-\nu-1+2r}^\mu(z)$$

als regulär analytische Funktionen von v, μ, γ^2 *eindeutig so definiert werden, daß*

$$\frac{1}{\pi i} \int_{z_0}^{z_0 e^{\pi i}} \widetilde{Q}s_v^\mu(z;\gamma^2)\, \widetilde{Q}s_{-v-1}^\mu(z;\gamma^2)\, dz = \frac{\cos \pi v}{2v+1}, \tag{24}$$

$$\left.\begin{aligned}
\widetilde{Q}s_v^\mu(z;0) &= \widetilde{\mathfrak{Q}}_v^\mu(z), \\
\widetilde{Q}s_{-v-1}^\mu(z;0) &= \widetilde{\mathfrak{Q}}_{-v-1}^\mu(z),
\end{aligned}\right\} \tag{25}$$

$$\frac{\alpha_{v,\,2r}^\mu(\gamma^2)}{\Gamma(v+\mu+2r+1)\,\Gamma(\mu-v)} = \frac{\alpha_{-v-1,\,-2r}^\mu(\gamma^2)}{\Gamma(\mu-v-2r)\,\Gamma(v+\mu+1)}$$

gilt.

Diese Normierung wird im folgenden, wenn nicht ausdrücklich anders vermerkt, stets angenommen. Sie ist mit

$$\sum_{r=-\infty}^{+\infty} \alpha_{v,\,2r}^\mu\, \alpha_{-v-1,\,-2r}^\mu\, \frac{1}{2(v+2r)+1} = \frac{1}{2v+1}, \tag{24*}$$

$$\alpha_{v,\,0}^\mu(0) = 1, \qquad \alpha_{-v-1,\,0}^\mu(0) = 1 \tag{25*}$$

äquivalent. Als Folgerung ergibt sich

$$\widetilde{Q}s_v^{-\mu}(z;\gamma^2) = \widetilde{Q}s_v^\mu(z;\gamma^2), \tag{23*}$$

was mit (23) gleichbedeutend ist.

3.544. Entwicklungssatz. Asymptotische Formeln.

Sei jetzt γ^2 normaler Wert zu v. — Dann sind sämtliche Funktionen $\widetilde{Q}s_{v+2r}^\mu(z;\gamma^2)$ definiert und es gelten nach **1.7.**, Satz 4 und (24) die Orthogonalitäts- und Normierungsrelationen

$$\frac{1}{\pi i} \int_{z_0}^{z_0 e^{\pi i}} \widetilde{Q}s_{v+2r}^\mu(z;\gamma^2)\, \widetilde{Q}s_{-v-2s-1}^\mu(z;\gamma^2)\, dz = \frac{\cos \pi v}{2(v+2r)+1}\, \delta_{rs}. \tag{26}$$

Nach **1.7.**, Satz 9 hat man für diese Funktionensysteme den Entwicklungssatz

Satz 3. *Sei* $v \not\equiv \tfrac{1}{2}$ *(mod 1) und* γ^2 *normaler Wert zu* v. *Dann kann jede in einem Ellipsenring mit den Brennpunkten* $+1, -1$ *regulär analytische Funktion* $f(z)$ *mit der Umlaufseigenschaft*

$$f(z\, e^{\pi i}) = e^{-\pi i (v+1)} f(z)$$

eindeutig in eine Reihe

$$f(z) = \sum_{r=-\infty}^{+\infty} c_r\, \widetilde{Q}s_{v+2r}^\mu(z;\gamma^2)$$

entwickelt werden, die in kompakten Teilbereichen gleichmäßig konvergiert.

Es ist

$$c_r = \frac{1}{\pi i} \int\limits_{z_0}^{z_0\,e^{\pi i}} f(z)\,\widetilde{\mathrm{Qs}}^\mu_{-\nu-2r-1}(z;\gamma^2)\,dz\,\frac{2(\nu+2r)+1}{\cos \pi \nu}\,.$$

Aus **1.7.**, Satz 10 schließlich folgt wie in **3.31.** und **3.33.**, daß in jedem kompakten Bereich außerhalb $-1 \leq z \leq 1$ gleichmäßig

$$\left.\begin{aligned}
\widetilde{\mathrm{Qs}}^\mu_{\nu+2r}(z;\gamma^2) &= \widetilde{\mathfrak{Q}}^\mu_{\nu+2r}(z;\gamma^2)\left(1+O\left(\tfrac{1}{r}\right)\right)\\[2mm]
&= \sqrt{\frac{\pi}{2}}\,\frac{1}{\Gamma(\nu+2r+\tfrac{3}{2})}\,(z^2-1)^{-\tfrac{1}{4}}\left(z-(z^2-1)^{\tfrac{1}{2}}\right)^{\nu+2r+\tfrac{1}{2}}\left(1+O\left(\tfrac{1}{r}\right)\right)
\end{aligned}\right\} \tag{27}$$

für $r \to \pm\infty$ gilt.

3.6. Die Funktionen Ps_ν^μ, Qs_ν^μ, ps_ν^μ, qs_ν^μ und $S_\nu^{\mu\,(j)}$ $[\nu \not\equiv \tfrac{1}{2}\,(\mathrm{mod}\,1)]$.

3.61. Definition der Funktionen Ps_ν^μ, Qs_ν^μ, ps_ν^μ, qs_ν^μ. Wir wollen nun Sphäroidfunktionen definieren, die für $\gamma^2=0$ in die Kugelfunktionen $\mathfrak{P}_\nu^\mu(z)$, $\mathfrak{Q}_\nu^\mu(z)$ und in $-1 \leq x \leq +1$ in

$$\left.\begin{aligned}
P_\nu^\mu(x) &= e^{i\mu\frac{\pi}{2}}\,\mathfrak{P}_\nu^\mu(x+i\,0) = e^{-i\mu\frac{\pi}{2}}\,\mathfrak{P}_\nu^\mu(x-i\,0),\\[2mm]
Q_\nu^\mu(x) &= \tfrac{1}{2}\,e^{-i\mu\pi}\left[e^{-i\mu\frac{\pi}{2}}\,\mathfrak{Q}_\nu^\mu(x+i\,0) + e^{i\mu\frac{\pi}{2}}\,\mathfrak{Q}_\nu^\mu(x-i\,0)\right]
\end{aligned}\right\} \tag{1}$$

übergehen. Wegen **3.543.**, (25) braucht man dazu nur die Formeln von **3.32.** bzw. (1), die diese Kugelfunktionen auf $\widetilde{\mathfrak{Q}}_\nu^\mu$ zurückführen, auf die Sphäroidfunktionen zu übertragen. Wir definieren daher

$$\mathrm{Qs}_\nu^\mu(z;\gamma^2) = e^{i\mu\pi}\,\Gamma(\nu+\mu+1)\,\widetilde{\mathrm{Qs}}_\nu^\mu(z;\gamma^2), \tag{2}$$

$$\mathrm{qs}_\nu^\mu(x;\gamma^2) = \tfrac{1}{2}\,e^{-i\mu\pi}\left[e^{-i\mu\frac{\pi}{2}}\,\mathrm{Qs}_\nu^\mu(x+i\,0;\gamma^2) + e^{i\mu\frac{\pi}{2}}\,\mathrm{Qs}_\nu^\mu(x-i\,0;\gamma^2)\right], \tag{3}$$

$$\mathrm{Ps}_\nu^\mu(z;\gamma^2) = \frac{1}{\cos\nu\pi}\left[\frac{1}{\Gamma(\nu-\mu+1)}\,\widetilde{\mathrm{Qs}}^\mu_{-\nu-1}(z;\gamma^2) - \frac{1}{\Gamma(-\nu-\mu)}\,\widetilde{\mathrm{Qs}}_\nu^\mu(z;\gamma^2)\right], \tag{4}$$

$$\mathrm{ps}_\nu^\mu(x;\gamma^2) = e^{i\mu\frac{\pi}{2}}\,\mathrm{Ps}_\nu^\mu(x+i\,0;\gamma^2). \tag{5}$$

3.62. Reihenentwicklungen nach Kugelfunktionen. Die Reihe **3.541.**, (19) für die Funktionen $\widetilde{\mathrm{Qs}}_\nu^\mu(z;\gamma^2)$ ist nach **3.33.**, Satz 2 sicher für alle z außerhalb der Strecke $-1 \leq z \leq 1$ konvergent. Wir zeigen jetzt, daß sie *auch für $-1 < z < 1$ und bei beliebiger analytischer Fortsetzung innerhalb der z-Ebene, auch durch $-1 < z < 1$ hindurch, gültig* bleibt.

Dazu benutzen wir das nach **3.542.** bekannte Verhalten der Koeffizienten für $r \to \pm\infty$ und die Rekursionsformel **3.32.**, (13) der Kugelfunktionen. Man erhält etwa für

$$f_r = \Gamma(\nu+2r+\tfrac{1}{2})\,\widetilde{\mathfrak{Q}}^\mu_{\nu+2r}(z) \qquad (r = \cdots, -1, 0, 1, 2, \ldots)$$

eine Rekursion der Form

$$f_{r+1} = K_r f_r + G_r f_{r-1},$$

oder

$$f_{r-1} = K_r f_r + \widetilde{G}_r f_{r-1},$$

in der die Koeffizienten für jeden beschränkten z-Bereich und alle r gleichmäßig beschränkt sind. Sei nun $\mathfrak{B}$ ein kompakter Bereich der z-Ebene ohne $z = \pm 1$, so gilt dort für jeden Zweig der Funktionen $\widetilde{\mathfrak{D}}^{\mu}_{\nu+2r}(z)$ mit einer geeigneten Konstanten $|M| \geq 1$

$$|f_{-1}| \leq M, \qquad |f_0| \leq M, \qquad |f_1| \leq M$$

$$|K_r| \leq \tfrac{1}{2} M, \qquad |G_r| \leq \tfrac{1}{2} M$$

$$|\widetilde{K}_r| \leq \tfrac{1}{2} M, \qquad |\widetilde{G}_r| \leq \tfrac{1}{2} M$$

und man hat induktiv sofort

$$|f_r| \leq M^r \qquad (r = \pm 1, \pm 2, \dots);$$

das liefert aber

$$|\widetilde{\mathfrak{D}}^{\mu}_{\nu+2r}(z)| \leq \frac{M^r}{|\Gamma(\nu + 2r + \tfrac{1}{2})|} \tag{*}$$

gleichmäßig in $\mathfrak{B}$ und somit zusammen mit **3.542.** die absolut gleichmäßige Konvergenz von **3.541.**, (19).

Aus **3.541.**, (19) ergeben sich nun unmittelbar die Reihenentwicklungen der Funktionen Qs, qs, Ps, ps.

Dazu definieren wir Koeffizienten

$$a^{\mu}_{\nu, 2r}(\gamma^2) = a^{\mu}_{-\nu-1, -2r}(\gamma^2) = \frac{\Gamma(\nu + \mu + 1)}{\Gamma(\nu + \mu + 2r + 1)}\, \alpha^{\mu}_{\nu, 2r}(\gamma^2) \\ \left. = \frac{\Gamma(-\nu + \mu)}{\Gamma(-\nu + \mu - 2r)}\, \alpha^{\mu}_{-\nu-1, -2r}(\gamma^2). \right\} \tag{6}$$

Dabei benutzen wir **3.542.**, (21) bzw. (21*). In (6) ist stets für $r \geq 0$ die zweite Darstellung, für $r \leq 0$ die erste Darstellung zur eindeutigen Definition von $a^{\mu}_{\nu, 2r}(\gamma^2)$ brauchbar.

Man erhält dann durch Einsetzen von **3.541.**, (19) in (2) bis (5) und Umformung für beliebige ν und μ:

$$\mathrm{Ps}^{\mu}_{\nu}(z; \gamma^2) = \sum_{r=-\infty}^{+\infty} (-1)^r\, a^{\mu}_{\nu, 2r}(\gamma^2)\, \mathfrak{P}^{\mu}_{\nu+2r}(z) \\ \left. \mathrm{ps}^{\mu}_{\nu}(z; \gamma^2) = \sum_{r=-\infty}^{+\infty} (-1)^r\, a^{\mu}_{\nu, 2r}(\gamma^2)\, P^{\mu}_{\nu+2r}(z) \right\} \tag{7}$$

und für $\nu + \mu$ *nicht ganz*:

$$\left.\begin{aligned}
\mathrm{Qs}_\nu^\mu(z;\gamma^2) &= \sum_{r=-\infty}^{+\infty} (-1)^r\, a_{\nu,\,2r}^\mu(\gamma^2)\, \mathfrak{Q}_{\nu+2r}^\mu(z) \\[2mm]
\mathrm{qs}_\nu^\mu(z;\gamma^2) &= \sum_{r=-\infty}^{+\infty} (-1)^r\, a_{\nu,\,2r}^\mu(\gamma^2)\, Q_{\nu+2r}^\mu(z)\,.
\end{aligned}\right\} \qquad (8)$$

Diese Reihen bleiben nach der obigen Bemerkung bei beliebiger analytischer Fortsetzung in der z-Ebene gültig und sind stets in jedem kompakten Bereich ohne $+1$ und -1 absolut gleichmäßig konvergent.

Ist $\nu + \mu = -1, -2, -3, \ldots$, so ist $\mathrm{Qs}_\nu^\mu(z;\gamma^2)$ nicht definiert.

Ist $\nu + \mu = 0, 1, 2, \ldots$, so versagen zwar die Reihen (8), da die $\mathfrak{Q}_{\nu+2r}^\mu(z)$ für $\nu + \mu + 2r < 0$ nicht definiert sind. Man kann dann jedoch offenbar **3.541.**, (19) und (2) in

$$\left.\begin{aligned}
\mathrm{Qs}_\nu^\mu(z;\gamma^2) &= e^{i\mu\pi}\,\Gamma(\nu+\mu+1) \sum_{r=-\infty}^{\nu+\mu+2r<0} (-1)^r\, \alpha_{\nu,\,2r}^\mu(\gamma^2)\,\widetilde{\mathfrak{Q}}_{\nu+2r}^\mu(z)\ + \\[2mm]
&\qquad + \sum_{\nu+\mu+2r\,\geq\,0}^{r=+\infty} (-1)^r\, a_{\nu,\,2r}^\mu(\gamma^2)\, \mathfrak{Q}_{\nu+2r}^\mu(z)
\end{aligned}\right\} \quad (9)$$

umschreiben. Für die hier auftretenden $\widetilde{\mathfrak{Q}}_{\nu+2r}^\mu(z)$ mit $\nu + \mu = 0, 1, 2, \ldots$ gilt $\widetilde{\mathfrak{Q}}_{\nu+2r}^\mu(z) = -\cos\pi\nu\cdot\Gamma(\mu-\nu-2r)\,\mathfrak{P}_{\nu+2r}^{-\mu}(z)$ [vgl. **3.32.**, (17)].

Die Koeffizienten $a_{\nu,\,2r}^\mu(\gamma^2)$ genügen einer dreigliedrigen Rekursion, die sich leicht aus **3.541.**, (20) und (6) ergibt:

$$\left.\begin{aligned}
&\gamma^2\, \frac{(\nu+\mu+2r+2)\,(\nu+\mu+2r+1)}{(2\nu+4r+3)\,(2\nu+4r+5)}\, a_{\nu,\,2r+2}^\mu(\gamma^2)\ + \\[2mm]
&+ \left[\lambda - (\nu+2r)\,(\nu+2r+1) + 2\gamma^2\frac{(\nu+2r)\,(\nu+2r+1)+\mu^2-1}{(2\nu+4r-1)\,(2\nu+4r+3)}\right] a_{\nu,\,2r}^\mu(\gamma^2)\ + \\[2mm]
&+ \gamma^2\, \frac{(\nu+2r-\mu)\,(\nu+2r-\mu-1)}{(2\nu+4r-3)\,(2\nu+4r-1)}\, a_{\nu,\,2r-2}^\mu(\gamma^2) = 0\,.
\end{aligned}\right\} \ (10)$$

Falls die Folge der $a_{\nu,\,2r}^\mu(\gamma^2)$ nicht abbricht (Typ I), gehört sie als Lösung von (10) für $r \to +\infty$ und $r \to -\infty$ zum Typ II:

$$\sqrt[2|r|]{|a_{\nu,\,2r}^\mu|\,(2|r|)!} \to \left|\frac{\gamma}{2}\right| \qquad (r \to \pm\infty)\,. \qquad (11)$$

Das folgt mit (6) aus den entsprechenden Tatsachen für $\alpha_{\nu,\,2r}^\mu(\gamma^2)$ (vgl. **3.542.**). Aus (10) können daher gegebenenfalls die Koeffizienten $a_{\nu,\,2r}^\mu(\gamma^2)$ mit Hilfe unendlicher Kettenbrüche für die Quotienten benachbarter Koeffizienten berechnet werden. Gleichzeitig liefern **3.541.**, (20) und (10) neue Kettenbruchgleichungen zwischen $\lambda, \gamma^2, \mu, \nu$.

Aus

$$\alpha_{\nu,\,2r}^{-\mu}(\gamma^2) = \alpha_{\nu,\,2r}^\mu(\gamma^2)$$

folgt mit (6) noch

$$\frac{a_{\nu,2r}^{-\mu}(\gamma^2)}{\Gamma(\nu-\mu+1)\,\Gamma(\nu+\mu+2r+1)} = \frac{a_{\nu,2r}^{\mu}(\gamma^2)}{\Gamma(\nu+\mu+1)\,\Gamma(\nu-\mu+2r+1)}. \qquad (12)$$

(25*) liefert

$$a_{\nu,0}^{\mu}(0) = 1. \qquad (13)$$

(24*) ergibt

$$\sum_{r=-\infty}^{+\infty} a_{\nu,2r}^{\mu}(\gamma^2)\, a_{\nu,2r}^{-\mu}(\gamma^2)\, \frac{1}{2(\nu+2r)+1} = \frac{1}{2\nu+1}. \qquad (14)$$

(14) zeigt speziell für ganze $\mu=m=0,1,2,\ldots$ und $\nu=n=m$, $m+1, m+2, \ldots$, daß die hier definierten Funktionen $\mathrm{ps}_n^m(z;\gamma^2)$ mit den in **3.2.** so bezeichneten Funktionen übereinstimmen, da (14) zusammen mit (7) und den entsprechenden Formeln für die Kugelfunktionen genau die dort zugrunde gelegte Normierungsbedingung

$$\int_{-1}^{1} [\mathrm{ps}_n^m(z;\gamma^2)]^2\, dz = \frac{2}{2n+1}\cdot\frac{(n+m)!}{(n-m)!}$$

ergeben. Damit ist **3.2.** vollständig in den hier betrachteten allgemeineren Zusammenhang eingeordnet.

Wir vermerken zum Schluß, daß aus (6) unmittelbar zu ersehen ist, wann die Folge der Koeffizienten $a_{\nu,2r}^{\mu}(\gamma^2)$ nach rechts oder links abbricht:

$$a_{\nu,2r}^{\mu}(\gamma^2) = a_{-\nu-1,-2r}^{\mu}(\gamma^2) = 0 \begin{cases} \begin{pmatrix} \nu+\mu=0,1,2,\ldots \\ \nu+\mu+2r<0 \end{pmatrix} \\ \quad\text{oder} \\ \begin{pmatrix} \nu-\mu=-1,-2,-3,\ldots \\ \nu-\mu+2r\geq 0 \end{pmatrix}. \end{cases} \qquad (15)$$

Vgl. hierzu auch **3.33.**, Satz 3.

3.63. Haupteigenschaften der Funktionen Ps, Qs, ps, qs. Aus der Definition und den Reihendarstellungen von **3.62.** können nunmehr die Haupteigenschaften der Funktionen Ps_ν^{μ}, Qs_ν^{μ}, ps_ν^{μ}, qs_ν^{μ} abgelesen werden, wenn man nur die entsprechenden Formeln für die Kugelfunktionen $\mathfrak{P}_\nu^{\mu}$, $\mathfrak{Q}_\nu^{\mu}$, P_ν^{μ}, Q_ν^{μ} benutzt.

Lineare Abhängigkeiten:

Unmittelbar aus (2) bis (5) erhält man noch

$$\mathrm{Ps}_\nu^{-\mu}(z;\gamma^2) = \frac{\Gamma(\nu-\mu+1)}{\Gamma(\nu+\mu+1)}\left[\mathrm{Ps}_\nu^{\mu}(z;\gamma^2) - \frac{2}{\pi}\, e^{-\mu\pi i}\sin\mu\pi\cdot\mathrm{Qs}_\nu^{\mu}(z;\gamma^2)\right], \qquad (16)$$

$$\mathrm{Ps}_{-\nu-1}^{\mu}(z;\gamma^2) = \mathrm{Ps}_\nu^{\mu}(z;\gamma^2), \qquad (17)$$

$$\mathrm{Qs}_\nu^{-\mu}(z;\gamma^2) = e^{-2\mu\pi i}\,\frac{\Gamma(\nu-\mu+1)}{\Gamma(\nu+\mu+1)}\,\mathrm{Qs}_\nu^\mu(z;\gamma^2), \tag{18}$$

$$\left.\begin{aligned}
\sin(\nu-\mu)\,\pi \cdot \mathrm{Qs}_{-\nu-1}^\mu(z;\gamma^2) \\
= \sin(\nu+\mu)\,\pi \cdot \mathrm{Qs}_\nu^\mu(z;\gamma^2) - \pi\,e^{\mu\pi i}\cos\nu\,\pi \cdot \mathrm{Ps}_\nu^\mu(z;\gamma^2),
\end{aligned}\right\} \tag{19}$$

$$\mathrm{ps}_\nu^\mu(x;\gamma^2) = e^{\frac{\mu\pi i}{2}}\,\mathrm{Ps}_\nu^\mu(x+i\,0;\gamma^2) = e^{-\frac{\mu\pi i}{2}}\,\mathrm{Ps}_\nu^\mu(x-i\,0;\gamma^2), \tag{20}$$

$$\mathrm{qs}_\nu^\mu(x;\gamma^2) = \tfrac{1}{2}\,e^{-\mu\pi i}\left[e^{-\frac{\mu\pi i}{2}}\,\mathrm{Qs}_\nu^\mu(x+i\,0;\gamma^2) + e^{\frac{\mu\pi i}{2}}\,\mathrm{Qs}_\nu^\mu(x-i\,0;\gamma^2)\right], \tag{21}$$

$$e^{-\mu\pi i}\,\mathrm{Qs}_\nu^\mu(x\pm i\,0;\gamma^2) = e^{\pm\frac{\mu\pi i}{2}}\left[\mathrm{qs}_\nu^\mu(x;\gamma^2) \mp \frac{i\pi}{2}\,\mathrm{ps}_\nu^\mu(x;\gamma^2)\right]. \tag{22}$$

In den letzten drei Beziehungen ist $-1 \leq x \leq 1$. Weiter folgt

$$\mathrm{ps}_\nu^{-\mu}(z;\gamma^2) = \frac{\Gamma(\nu-\mu+1)}{\Gamma(\nu+\mu+1)}\left[\cos\mu\,\pi \cdot \mathrm{ps}_\nu^\mu(z;\gamma^2) - \frac{2}{\pi}\sin\mu\,\pi \cdot \mathrm{qs}_\nu^\mu(z;\gamma^2)\right], \tag{23}$$

$$\mathrm{ps}_{-\nu-1}^\mu(z;\gamma^2) = \mathrm{ps}_\nu^\mu(z;\gamma^2), \tag{24}$$

$$\mathrm{qs}_\nu^{-\mu}(z;\gamma^2) = \frac{\Gamma(\nu-\mu+1)}{\Gamma(\nu+\mu+1)}\left[\cos\mu\,\pi \cdot \mathrm{qs}_\nu^\mu(z;\gamma^2) + \frac{\pi}{2}\sin\mu\,\pi \cdot \mathrm{ps}_\nu^\mu(z;\gamma^2)\right], \tag{25}$$

$$\mathrm{qs}_{-\nu-1}^\mu(z;\gamma^2) = \frac{\sin(\nu+\mu)\,\pi}{\sin(\nu-\mu)\,\pi}\,\mathrm{qs}_\nu^\mu(z;\gamma^2) - \frac{\pi\cos\nu\,\pi \cdot \cos\mu\,\pi}{\sin(\nu-\mu)\,\pi}\,\mathrm{ps}_\nu^\mu(z;\gamma^2), \tag{26}$$

$$\mathrm{ps}_\nu^\mu(-z;\gamma^2) = \cos(\nu+\mu)\,\pi \cdot \mathrm{ps}_\nu^\mu(z;\gamma^2) - \frac{2}{\pi}\sin(\nu+\mu)\,\pi \cdot \mathrm{qs}_\nu^\mu(z;\gamma^2), \tag{27}$$

$$\mathrm{qs}_\nu^\mu(-z;\gamma^2) = -\cos(\nu+\mu)\,\pi \cdot \mathrm{qs}_\nu^\mu(z;\gamma^2) - \frac{\pi}{2}\sin(\nu+\mu)\,\pi \cdot \mathrm{ps}_\nu^\mu(z;\gamma^2). \tag{28}$$

(27) und (28) enthalten für $z = 0$ die Beziehungen

$$\left.\begin{aligned}
\mathrm{qs}_\nu^\mu(0;\gamma^2) &= -\frac{\pi}{2}\tan\frac{\nu+\mu}{2}\,\pi \cdot \mathrm{ps}_\nu^\mu(0;\gamma^2), \\
\mathrm{qs}_\nu^{\mu\,\prime}(0;\gamma^2) &= \frac{\pi}{2}\cot\frac{\nu+\mu}{2}\,\pi \cdot \mathrm{ps}_\nu^{\mu\,\prime}(0;\gamma^2).
\end{aligned}\right\} \tag{28*}$$

Umlaufsrelationen:

Für den Umlauf um $z = 1$ erhält man aus (7)

$$\mathrm{Ps}_\nu^\mu\big(1 + (z-1)\,e^{2\pi i};\gamma^2\big) = e^{-\mu\pi i}\,\mathrm{Ps}_\nu^\mu(z;\gamma^2) \tag{29}$$

und mit (6)

$$\mathrm{Qs}_\nu^\mu\big(1 + (z-1)\,e^{2\pi i};\gamma^2\big) = e^{\mu\pi i}\,\mathrm{Qs}_\nu^\mu(z;\gamma^2) - i\,\pi\,e^{\mu\pi i}\,\mathrm{Ps}_\nu^\mu(z;\gamma^2). \tag{30}$$

Bei Umlauf um ∞ gilt (l ganz)

$$\mathrm{Qs}_\nu^\mu\big(z\,e^{l\pi i};\gamma^2\big) = e^{-l(\nu+1)\pi i}\,\mathrm{Qs}_\nu^\mu(z;\gamma^2) \tag{31}$$

und wegen (19)

$$\mathrm{Ps}_\nu^\mu(z\,e^{l\pi i};\gamma^2) = e^{l\nu\pi i}\,\mathrm{Ps}_\nu^\mu(z;\gamma^2) - \left.\vphantom{\int}\right\}$$
$$-\;\frac{2i}{\pi}\;\frac{\sin l(\nu+\tfrac12)\pi}{\sin(\nu+\tfrac12)\pi}\,\sin(\nu+\mu)\pi\cdot e^{-(\mu+\frac12 l)\pi i}\,\mathrm{Qs}_\nu^\mu(z;\gamma^2).\left.\vphantom{\int}\right\} \qquad (32)$$

WRONSKISche Determinanten:

Sei zunächst $\mu \neq 1, 2, 3, \ldots$. Dann ergibt sich durch Einsetzen von **3.32.**, (28) in **3.62.**, (7) bei Verwendung des WEIERSTRASSSchen Doppel-reihensatzes

$$\mathrm{Ps}_\nu^\mu(z;\gamma^2) = \frac{1}{\Gamma(1-\mu)}\left(\frac{z+1}{z-1}\right)^{\mu/2}\mathfrak{P}(z-1) \qquad (\mu \neq 1, 2, 3, \ldots), \qquad (33)$$

wobei $\mathfrak{P}(z-1)$ für $|z-1| < 2$ regulär analytisch ist und

$$\mathfrak{P}(0) = \sum_{r=-\infty}^{+\infty} (-1)^r\,a_{\nu,\,2r}^\mu(\gamma^2) \equiv A_\nu^\mu(\gamma^2) \qquad (34)$$

gilt.

Ist nun μ nicht ganz, so kann mit Hilfe von (33) und (34) die WRONS-KISche Determinante von Ps_ν^μ und $\mathrm{Ps}_\nu^{-\mu}$ angegeben werden, wenn man beachtet, daß sie nach **3.11.**, Satz 2 von der Form $\mathrm{const}\cdot(1-z^2)^{-1}$ sein muß. Mit der Abkürzung

$$f(z)\,g'(z) - f'(z)\,g(z) = [f, g]$$

erhält man

$$[\mathrm{Ps}_\nu^\mu,\,\mathrm{Ps}_\nu^{-\mu}] = -\;\frac{2}{1-z^2}\;\frac{\sin\pi\mu}{\pi}\,A_\nu^\mu(\gamma^2)\,A_\nu^{-\mu}(\gamma^2). \qquad (35)$$

Mit Hilfe von (15), (20), (21) folgt daraus

$$[\mathrm{ps}_\nu^\mu,\,\mathrm{ps}_\nu^{-\mu}] = -\;\frac{2}{1-z^2}\;\frac{\sin\pi\mu}{\pi}\,A_\nu^\mu(\gamma^2)\,A_\nu^{-\mu}(\gamma^2), \qquad (36)$$

$$e^{-\mu\pi i}[\mathrm{Ps}_\nu^\mu,\,\mathrm{Qs}_\nu^\mu] = [\mathrm{ps}_\nu^\mu,\,\mathrm{qs}_\nu^\mu] = \frac{1}{1-z^2}\;\frac{\Gamma(\nu+\mu+1)}{\Gamma(\nu-\mu+1)}\,A_\nu^\mu(\gamma^2)\,A_\nu^{-\mu}(\gamma^2), \qquad (37)$$

$$[\mathrm{Ps}_\nu^{-\mu},\,\mathrm{Qs}_\nu^\mu] = \frac{e^{\mu\pi i}}{1-z^2}\,A_\nu^\mu(\gamma^2)\,A_\nu^{-\mu}(\gamma^2), \qquad (38)$$

$$[\mathrm{ps}_\nu^{-\mu},\,\mathrm{qs}_\nu^\mu] = \frac{\cos\mu\pi}{1-z^2}\,A_\nu^\mu(\gamma^2)\,A_\nu^{-\mu}(\gamma^2), \qquad (39)$$

und wegen

$$\frac{2}{\pi}\sin\pi\mu\cdot\widetilde{\mathrm{Q}}\mathrm{s}_\nu^\mu = \frac{1}{\Gamma(\nu+\mu+1)}\,\mathrm{Ps}_\nu^\mu - \frac{1}{\Gamma(\nu-\mu+1)}\,\mathrm{Ps}_\nu^{-\mu}$$

$$\frac{2}{\pi}\sin\pi\mu\cdot\widetilde{\mathrm{Q}}\mathrm{s}_{-\nu-1}^\mu = \frac{1}{\Gamma(\mu-\nu)}\,\mathrm{Ps}_\nu^\mu - \frac{1}{\Gamma(-\nu-\mu)}\,\mathrm{Ps}_\nu^{-\mu}$$

schließlich

$$\left[\widetilde{\mathrm{Q}}\mathrm{s}_\nu^\mu,\,\widetilde{\mathrm{Q}}\mathrm{s}_{-\nu-1}^\mu\right] = \frac{\cos\pi\nu}{z^2-1}\,A_\nu^\mu(\gamma^2)\,A_\nu^{-\mu}(\gamma^2). \qquad (40)$$

(35) bis (40) bleiben auch für ganzes μ bestehen. Dazu hat man nur zu bemerken, daß es sich stets um in μ analytische Funktionen handelt (vgl. **3.543.**, Satz 1).

Wegen $\nu \not\equiv \tfrac{1}{2}$ (mod 1) sind $\widetilde{Q}s_\nu^\mu$, $\widetilde{Q}s_{-\nu-1}^\mu$ stets linear unabhängig. Daher gilt immer

$$A_\nu^\mu(\gamma^2) = A_{-\nu-1}^\mu(\gamma^2) \neq 0 \qquad \left(\nu \not\equiv \tfrac{1}{2}(\mathrm{mod}\ 1)\right). \tag{41}$$

(35) bis (39) lassen damit unmittelbar erkennen, welche Funktionenpaare für gegebene Werte ν, μ ein Fundamentalsystem bilden.

3.64. Definition der Funktionen $S_\nu^{\mu\,(j)}(z;\gamma)$. Sei

$$\lambda = \lambda_\nu^\mu(\gamma^2), \qquad \gamma^2 \neq 0, \qquad \nu \not\equiv \tfrac{1}{2}\,(\mathrm{mod}\ 1)$$

und $y_\nu^\mu(z)$ zugehörige nichttriviale Lösung der Sphäroiddifferentialgleichung zum charakteristischen Exponenten ν:

$$y_\nu^\mu(z\,e^{\pi i}) = e^{\pi i \nu}\,y_\nu^\mu(z) \not\equiv 0.$$

Dann können wir $y_\nu^\mu(z)$ nach **3.31.**, Satz 1′ für

$$|z| > 1$$

in eine Reihe

$$y_\nu^\mu(z) = (z^2 - 1)^{-\frac{\mu}{2}}\,z^\mu \sum_{r=-\infty}^{+\infty} c_{\nu,\,2r}^\mu\,\psi_{\nu+2r}^{(1)}(\gamma z)$$

entwickeln.

Man stellt nun fest, daß hier

$$c_{\nu,\,2r}^\mu = a_{\nu,\,2r}^\mu(\gamma^2)$$

gewählt werden kann, wobei $a_{\nu,\,2r}^\mu(\gamma^2)$ die stets bis auf einen Faktor bestimmte nichttriviale Lösung der Rekursion (10) ist, die für $r \to +\infty$ und $r \to -\infty$ zum Typ I oder II gehört [vgl. für Typ II: (11)].

Man kann dazu einmal, ähnlich wie in **3.541.**, durch Einsetzen in die Differentialgleichung und Benutzung der Rekursionsformeln und Differentialgleichung der Funktionen ψ direkt verifizieren, daß die $c_{\nu,\,2r}^\mu$ (10) genügen, und auf Grund der Konvergenz der Reihe und des Verhaltens der $\psi_{\nu+2r}^{(1)}$ für große r (vgl. **3.31.**, Satz 1′) erkennen, daß Typ III ausgeschlossen ist.

Eine Möglichkeit, diese Übereinstimmung der Koeffizienten bei den Entwicklungen nach Kugelfunktionen und Zylinderfunktionen nicht nur zu verifizieren, sondern den Grund dafür einzusehen, bieten die Integralbeziehungen zwischen Kugel- und Zylinderfunktionen von **3.32.** oder auch die Reihenentwicklungen **3.81.**, (2), welche beide Entwicklungen als Spezialfälle für $\xi \to \infty$ oder $\eta \to 1$ enthalten.

Die in **3.32.** betrachtete Lösung der Schwingungsgleichung $\Delta u + k^2 u = 0$:

$$u = e^{ikz}(x + iy)^{-\mu}$$

wird in gestreckt-rotationselliptischen Koordinaten $(c = 1,\ k = \gamma)$ zu

$$u = e^{i\gamma\xi\eta}(\xi^2 - 1)^{-\frac{\mu}{2}}(1 - \eta^2)^{-\frac{\mu}{2}}\,\varepsilon^{-i\mu\varphi}.$$

Wir bilden [1]

$$f(\xi) = \int\limits_{\infty\, i\, e^{-i\omega}}^{(+1-,\,-1-)} e^{i\gamma\xi\eta}(\xi^2 - 1)^{-\frac{\mu}{2}}(\eta^2 - 1)^{-\frac{\mu}{2}}\,\mathrm{Qs}_\nu^\mu(\eta;\gamma^2)\,d\eta. \qquad (*)$$

Es sei dabei $\nu + \mu$ nicht ganz und die Funktion

$$\mathrm{Qs}_\nu^\mu(\eta;\gamma^2) = \sum_{r=-\infty}^{+\infty}(-1)^r\, a_{\nu,\,2r}^\mu(\gamma^2)\,\mathfrak{Q}_{\nu+2r}^\mu(\eta) \qquad (**)$$

eindeutig definiert. Es ist dann für $|\eta| \geq 1 + \vartheta$, $\vartheta > 0$, $r = 0,\ \pm 1,$ $\pm 2,\ \dots$ gleichmäßig mit geeigneten Konstanten C, D

$$\left|\mathfrak{Q}_{\nu+2r}^\mu(\eta)\right| \leq C\,|D\eta|^{-\nu-2r-1}.$$

Damit sind wegen des Verhaltens der $a_{\nu,\,2r}^\mu$ für $r \to \pm\infty$ [vgl. (11)] für $|\eta| \geq 1 + \vartheta$, $\vartheta > 0$ gleichmäßig sämtliche Partialsummen in $(**)$ durch eine Exponentialfunktion

$$A\,e^{B\,|\eta|}$$

abgeschätzt. Das Integral $(*)$ ist daher zumindest für jeden kompakten Teilbereich von

$$\mathfrak{Re}\left(\gamma\,\xi\,e^{-i\alpha}\right) > B$$

gleichmäßig konvergent. Es stellt nach **1.133.**, Satz 1 eine Sphäroidfunktion zu $\lambda = \lambda_\nu^\mu(\gamma^2)$ dar. Durch unsere Abschätzungen sind nun die Voraussetzungen für gliedweise Integration gegeben. Wir erhalten daher mit **3.32.**, (19), (20) eine Entwicklung

$$f(\xi) = \mathrm{const}\cdot(\xi^2 - 1)^{-\frac{\mu}{2}}\,\xi^\mu\sum_{r=-\infty}^{+\infty} a_{\nu,\,2r}^\mu(\gamma^2)\,\psi_{\nu+2r}^{(1)}(\gamma\xi).$$

Wegen

$$a_{-\nu-1,\,-2r}^\mu(\gamma^2) = a_{\nu,\,2r}^\mu(\gamma^2),$$

was wir in jedem Falle (auch für Ausnahmestellen) annehmen können, sind nun neben

$$y_\nu^\mu(z) = (z^2 - 1)^{-\frac{\mu}{2}}\,z^\mu\sum_{r=-\infty}^{+\infty} a_{\nu,\,2r}^\mu(\gamma^2)\,\psi_{\nu+2r}^{(1)}(\gamma z)$$

---

[1] Vgl. Anm. 1, S. 251.

auch die Reihen

$$y^\mu_{-\nu-1}(z) = (z^2 - 1)^{-\frac{\mu}{2}} z^\mu \sum_{r=-\infty}^{+\infty} a^\mu_{\nu,\,2r}(\gamma^2)\, \psi^{(1)}_{-\nu-2r-1}(\gamma z)$$

und

$$\left.\begin{aligned}
y^{\mu\,(3)}_\nu(z) &= (z^2 - 1)^{-\frac{\mu}{2}} z^\mu \sum_{r=-\infty}^{+\infty} a^\mu_{\nu,\,2r}(\gamma^2)\, \psi^{(3)}_{\nu+2r}(\gamma z)\\[2mm]
y^{\mu\,(4)}_\nu(z) &= (z^2 - 1)^{-\frac{\mu}{2}} z^\mu \sum_{r=-\infty}^{+\infty} a^\mu_{\nu,\,2r}(\gamma^2)\, \psi^{(4)}_{\nu+2r}(\gamma z)
\end{aligned}\right\} \qquad (*)$$

nichttriviale Lösungen der Sphäroiddifferentialgleichung zu $\lambda = \lambda^\mu_\nu(\gamma^2)$; denn es gilt ja

$$\psi^{(3)}_{\nu+2r}(z) = \frac{i}{\cos \nu\pi}\left[e^{-i(\nu+\frac{1}{2})\pi}\, \psi^{(1)}_{\nu+2r}(z) - \psi^{(1)}_{-\nu-2r-1}(z)\right],$$

$$\psi^{(4)}_{\nu+2r}(z) = \frac{-i}{\cos \nu\pi}\left[e^{i(\nu+\frac{1}{2})\pi}\, \psi^{(1)}_{\nu+2r}(z) - \psi^{(1)}_{-\nu-2r-1}(z)\right];$$

und y^μ_ν, $y^\mu_{-\nu-1}$ sind linear unabhängig.

Auf die Funktionen $(*)$ kann man nun **1.9.** anwenden. Man erhält

$$y^{\mu\,(3)}_\nu(z) = \frac{1}{\gamma z}\, e^{i\left(\gamma z - (\nu+1)\frac{\pi}{2}\right)} \left(A^\mu_\nu(\gamma^2) + O\left(\frac{1}{z}\right)\right)$$

$$(-\pi + \delta \leq \arg z \leq 2\pi - \delta)$$

und

$$y^{\mu\,(4)}_\nu(z) = \frac{1}{\gamma z}\, e^{-i\left(\gamma z - (\nu+1)\frac{\pi}{2}\right)} \left(A^\mu_\nu(\gamma^2) + O\left(\frac{1}{z}\right)\right)$$

$$(-2\pi + \delta \leq \arg z \leq \pi - \delta).$$

Differenziert man $(*)$, verwendet die Differentialrekursion der Funktionen ψ und wieder **1.9.**, so folgt

$$y^{\mu\,(3)\prime}_\nu(z) = \frac{i}{z}\, e^{i\left(\gamma z - (\nu+1)\frac{\pi}{2}\right)} \left(A^\mu_\nu(\gamma^2) + O\left(\frac{1}{z}\right)\right)$$

$$y^{\mu\,(4)\prime}_\nu(z) = \frac{-i}{z}\, e^{-i\left(\gamma z - (\nu+1)\frac{\pi}{2}\right)} \left(A^\mu_\nu(\gamma^2) + O\left(\frac{1}{z}\right)\right)$$

innerhalb derselben Schranken für $\arg z$. Für die WRONSKIsche Determinante erhält man so mit **3.11.**, Satz 1

$$[y^{\mu\,(3)}_\nu, y^{\mu\,(4)}_\nu] = \frac{2}{i\,\gamma\,(z^2 - 1)}\, (A^\mu_\nu(\gamma^2))^2.$$

Wegen der linearen Unabhängigkeit der beiden Funktionen gilt somit stets

$$A^\mu_\nu(\gamma^2) = A^\mu_{-\nu-1}(\gamma^2) = \sum_{r=-\infty}^{+\infty} (-1)^r a^\mu_{\nu,\,2r}(\gamma^2) \neq 0 \quad (\nu \not\equiv \tfrac{1}{2}(\mathrm{mod}\ 1)), \quad (41^*)$$

wenn $a^{\mu}_{\mu,\,2r}(\gamma^2)$ nichttriviale Lösung von (10) vom Typ I oder II für $r \to \pm\infty$ ist. Das war in **3.63.** für den Fall

$$\lambda^{\mu}_{\nu}(\gamma^2) \neq \lambda^{\mu}_{\nu+2r}(\gamma^2) \qquad (r \neq 0),$$

in dem wir die $a^{\mu}_{\nu,\,2r}(\gamma^2)$ normiert annehmen [vgl. **3.62.**, (12), (13), (14)] schon auf anderem Wege gezeigt werden; wir haben (41) nunmehr auch auf die Ausnahmestellen, für die die Normierung (14) versagt, ausgedehnt.

Wir sind also jetzt in der Lage, zu

$$\lambda = \lambda^{\mu}_{\nu}(\gamma^2)$$

in jedem Falle eindeutig die vier Funktionen

$$S^{\mu(j)}_{\nu}(z;\gamma) = \frac{(z^2-1)^{-\frac{\mu}{2}} z^{\mu}}{A^{\mu}_{\nu}(\gamma^2)} \sum_{r=-\infty}^{+\infty} a^{\mu}_{\nu,\,2r}(\gamma^2)\,\psi^{(j)}_{\nu+2r}(\gamma z) \quad (j=1,2,3,4) \qquad (42)$$

zu definieren, die stets paarweise linear unabhängige Lösungen der Sphäroiddifferentialgleichung sind. Sie sind mit (42) für $|z| > 1$ gegeben und im übrigen durch analytische Fortsetzung bestimmt. Für sie gilt asymptotisch

$$S^{\mu(j)}_{\nu}(z;\gamma) \sim \psi^{(j)}_{\nu}(\gamma z) \qquad (z \to \infty). \qquad (43)$$

3.65. Haupteigenschaften der Funktionen $S^{\mu\,(j)}_{\nu}$.

Lineare Abhängigkeiten.

Zwischen den vier Sphäroidfunktionen $S^{\mu(j)}_{\nu}$ bestehen die gleichen Relationen wie zwischen den entsprechenden Zylinderfunktionen:

$$\left.\begin{aligned}
S^{\mu(3)}_{\nu}(z;\gamma) &= S^{\mu(1)}_{\nu}(z;\gamma) + i\,S^{\mu(2)}_{\nu}(z;\gamma), \\
S^{\mu(4)}_{\nu}(z;\gamma) &= S^{\mu(1)}_{\nu}(z;\gamma) - i\,S^{\mu(2)}_{\nu}(z;\gamma).
\end{aligned}\right\} \qquad (44)$$

Verhalten bei $\mu \to -\mu$ und $\nu \to -\nu-1$.

Da beide Seiten der folgenden Gleichung Lösungen derselben Differentialgleichung sind und gleiches asymptotisches Verhalten haben [vgl. (43)] gilt stets

$$S^{-\mu(j)}_{\nu}(z;\gamma) = S^{\mu(j)}_{\nu}(z;\gamma). \qquad (45)$$

Die Beziehungen zwischen den Zylinderfunktionen $\mathfrak{Z}^{(j)}_{\alpha}$ und $\mathfrak{Z}^{(j)}_{-\alpha}$ für nicht ganzes α ergeben

$$\left.\begin{aligned}
S^{(\mu 3)}_{-\nu-1}(z;\gamma) &= e^{i\pi(\nu+\frac{1}{2})}\,S^{\mu(3)}_{\nu}(z;\gamma), \\
S^{\mu(4)}_{-\nu-1}(z;\gamma) &= e^{-i\pi(\nu+\frac{1}{2})}\,S^{\mu(4)}_{\nu}(z;\gamma)
\end{aligned}\right\} \qquad (46)$$

und

$$\begin{aligned}
\cos \nu\pi \cdot S_\nu^{\mu\,(3)}(z;\gamma) &= -\,i\,S_{-\nu-1}^{\mu\,(1)}(z;\gamma) + e^{-i\pi\nu}\,S_\nu^{\mu\,(1)}(z;\gamma),\\[4pt]
\cos \nu\pi \cdot S_\nu^{\mu\,(4)}(z;\gamma) &= i\,S_{-\nu-1}^{\mu\,(1)}(z;\gamma) + e^{i\pi\nu}\,S_\nu^{\mu\,(1)}(z;\gamma),\\[4pt]
\cos \nu\pi \cdot S_\nu^{\mu\,(2)}(z;\gamma) &= -\,S_{-\nu-1}^{\mu\,(1)}(z;\gamma) - \sin \nu\pi \cdot S_\nu^{\mu\,(1)}(z;\gamma).
\end{aligned}\right\} \qquad (47)$$

Umlaufsrelationen.

Zylinderfunktionen, deren Indizes sich nur um eine gerade Zahl unterscheiden, haben die gleichen Umlaufsrelationen bei halbem Umlauf um ∞. Daher gelten für die in (42) definierten Sphäroidfunktionen die gleichen Umlaufsrelationen wie für $\psi_\nu^{(j)}(\gamma z)$:

$$\begin{aligned}
S_\nu^{\mu\,(1)}(z\,e^{l\pi i};\gamma) &= e^{l\nu\pi i}\,S_\nu^{\mu\,(1)}(z;\gamma),\\[6pt]
S_\nu^{\mu\,(2)}(z\,e^{l\pi i};\gamma) &= e^{-l\,(\nu+1)\,\pi i}\,S_\nu^{\mu\,(2)}(z;\gamma) +\\
&\quad + 2\,i^{-l-1}\sin\left[l\left(\nu+\tfrac{1}{2}\right)\pi\right]\tan \nu\pi \cdot S_\nu^{\mu\,(1)}(z;\gamma),\\[6pt]
S_\nu^{\mu\,(3)}(z\,e^{l\pi i};\gamma) &= -\,i^{-l}\,\frac{\sin\left[(l-1)\left(\nu+\tfrac{1}{2}\right)\pi\right]}{\cos \nu\pi}\,S_\nu^{\mu\,(3)}(z;\gamma) -\\
&\quad - i^{-l-1}\,e^{-\nu\pi i}\,\frac{\sin l\left(\nu+\tfrac{1}{2}\right)\pi}{\cos \nu\pi}\,S_\nu^{\mu\,(4)}(z;\gamma),\\[6pt]
S_\nu^{\mu\,(4)}(z\,e^{l\pi i};\gamma) &= i^{1-l}\,e^{\nu\pi i}\,\frac{\sin l\left(\nu+\tfrac{1}{2}\right)\pi}{\cos \nu\pi}\,S_\nu^{\mu\,(3)}(z;\gamma) +\\
&\quad + i^{-l}\,\frac{\sin\left[(l+1)\left(\nu+\tfrac{1}{2}\right)\pi\right]}{\cos \nu\pi}\,S_\nu^{\mu\,(4)}(z;\gamma)
\end{aligned}\right\} \qquad (48)$$

$$(l = \text{ganze Zahl}).$$

Ergänzend erhält man aus (42) noch

$$S_\nu^{\mu\,(j)}(z;\gamma\,e^{l\pi i}) = S_\nu^{\mu\,(j)}(z\,e^{l\pi i};\gamma) \qquad (l = \text{ganze Zahl}). \qquad (48^*)$$

Asymptotische Reihen.

Aus (42) folgt mit **1.9.**

$$S_\nu^{\mu\,(3)}(z;\gamma) = (z^2-1)^{-\frac{\mu}{2}}\,z^\mu\,\frac{e^{\,i\left(\gamma z-\frac{\nu+1}{2}\pi\right)}}{\gamma z}\left\{\sum_{s=0}^{q-1}\frac{A_{\nu,s}^\mu}{[-2i\gamma z]^s} + O(z^{-q})\right\} \qquad (49)$$

gleichmäßig in

$$-\pi + \delta \leqq \arg(\gamma z) \leqq 2\pi - \delta, \quad \delta > 0$$

und

$$S_\nu^{\mu\,(4)}(z;\gamma) = (z^2-1)^{-\frac{\mu}{2}}\,z^\mu\,\frac{e^{\,-i\left(\gamma z-\frac{\nu+1}{2}\pi\right)}}{\gamma z}\left\{\sum_{s=0}^{q-1}\frac{A_{\nu,s}^\mu}{[2i\gamma z]^s} + O(z^{-q})\right\} \qquad (50)$$

gleichmäßig in

$$-2\pi + \delta \leqq \arg(\gamma z) \leqq \pi - \delta, \quad \delta > 0.$$

Dabei ist (nach **1.9.**)

$$A^\mu_\nu A^\mu_{\nu,s} = \sum_{r=-\infty}^{+\infty} (\nu + 2r + \tfrac{1}{2}, s)(-1)^r a^\mu_{\nu,2r}$$

$$= \frac{1}{s!} \sum_{r=-\infty}^{+\infty} \frac{\Gamma(\nu+2r+s+1)}{\Gamma(\nu+2r-s+1)} (-1)^r a^\mu_{\nu,2r},$$

$$A^\mu_{\nu,0} = 1.$$

$$\tag{51}$$

Überdies genügen die $A^\mu_{\nu,s}$ einer viergliedrigen Rekursion, die man durch formales Einsetzen in die Differentialgleichung erhält, was durch die gliedweise Differenzierbarkeit von (42) zusammen mit **1.9.** gerechtfertigt wird:

$$(s+1)A^\mu_{\nu,s+1} + [s(s+1) - \lambda^\mu_\nu(\gamma^2)]A^\mu_{\nu,s} + 4(s-\mu)\gamma^2 A^\mu_{\nu,s-1} +$$

$$+ 4\gamma^2(\mu-s)(\mu-s+1)A^\mu_{\nu,s-2} = 0 \qquad (s=0,1,2,\ldots)$$

$$A^\mu_{\nu,-2} = A^\mu_{\nu,-1} = 0, \qquad A^\mu_{\nu,0} = 1.$$

$$\tag{52}$$

Da die asymptotischen Reihen für die Zylinderfunktionen mit halbzahligem Index abbrechen, sind die Reihen (49), (50) im Falle ganzer ν konvergent für $1 < |z| < \infty$.

Aus ihnen folgt insbesondere unmittelbar, daß es für

$$\mu = m = 1, 2, 3, \ldots, \qquad \nu = n = 0, 1, 2, \ldots,$$

also für

$$A_m(\lambda, \gamma^2) = 0$$

[vgl. **3.534.**, Fall (C)] stets zwei Lösungen der Form

$$(z^2 - 1)^{-\frac{m}{2}} e^{\pm i\gamma z} P^\pm_{m-1}(z)$$

mit Polynomen $P^\pm_{m-1}$ vom Grade $m-1$ gibt. Denn in diesem Falle sind nach **3.62.**, (15) höchstens die $a^m_{n,2r}(\gamma^2)$ mit

$$-m - n \leq 2r < m - n$$

von 0 verschieden.

WRONSKIsche Determinanten.

Mit Hilfe des ersten Gliedes der asymptotischen Reihen, der Formeln (44) und **3.11.**, Satz 2 ergibt sich für

$$[j, k] = S^{\mu(j)}_\nu(z;\gamma) S^{\mu(k)'}_\nu(z;\gamma) - S^{\mu(j)'}_\nu(z;\gamma) S^{\mu(k)}_\nu(z;\gamma)$$

sofort

$$[1,2] = -i[1,3] = -[2,3] = i[1,4] = -[2,4] = \frac{i}{2}[3,4] = \frac{1}{\gamma(z^2-1)}. \tag{53}$$

Reguläritätseigenschaften.

Aus den entsprechenden Eigenschaften der Koeffizienten $\dfrac{a_{\nu,\,2r}^\mu(\gamma^2)}{A_\nu^\mu(\gamma^2)}$ und den Reihen (42) folgt

Satz 1. *Die Funktionen* $S_\nu^{\mu\,(j)}(z;\gamma)$ *sind für* $z \neq 1, -1, \infty$; $\gamma \neq 0$; $\nu \not\equiv \tfrac{1}{2}(\bmod\,1)$ *gleichzeitig mit* $\lambda_\nu^\mu(\gamma^2)$ *regulär analytische Funktionen von* z, γ, ν, μ. *Es gilt — gleichmäßig für beschränkte* ν, μ *und kompakten* ζ-*Bereich ohne* $\zeta = 0$ —

$$S_\nu^{\mu\,(j)}\!\left(\frac{\zeta}{\gamma};\gamma\right) \to \psi_\nu^{(j)}(\zeta) \qquad (\gamma \to 0). \tag{54}$$

Verhalten für $z \to -z$.

Sei $\mathfrak{Im}\,z > 0$. Unter $S_\nu^{\mu\,(j)}(-z;\gamma)$ verstehen wir die analytische Fortsetzung der Funktion $S_\nu^{\mu\,(j)}(z;\gamma)$ von z nach $-z$ beim Durchgang durch das reelle Intervall $-1 < z < 1$. Dann gilt für $j, k = 1, 2, 3, 4$

$$
\begin{aligned}
(j\,k) &\cdot S_\nu^{\mu\,(j)}(-z;\gamma) \\
&= [S_\nu^{\mu\,(j)}(+i\,0;\gamma)\,S_\nu^{\mu\,(k)\prime}(+i\,0;\gamma) + S_\nu^{\mu\,(j)\prime}(+i\,0;\gamma)\,S_\nu^{\mu\,(k)}(+i\,0;\gamma)] \times \\
&\quad \times S_\nu^{\mu\,(j)}(z;\gamma) - 2\,S_\nu^{\mu\,(j)}(+i\,0;\gamma)\,S_\nu^{\mu\,(j)\prime}(+i\,0;\gamma)\,S_\nu^{\mu\,(k)}(z;\gamma).
\end{aligned}
\tag{55}
$$

Hierin ist $(j\,k)$ die Wronskische Determinante $[j\,k]$ für das Argument $z = 0$. Zum Beweise beachte man, daß die Sphäroiddifferentialgleichung **3.11.**, (1) bei der Substitution $z \to -z$ ungeändert bleibt. Daher ist auch die linke Seite von (55) eine Lösung der Sphäroiddifferentialgleichung. Durch Vergleich der beiden Gleichungsseiten von (55) und ihrer Ableitung nach z für $z = 0$ folgt die Behauptung. Speziell für $j = k$ verschwinden beide Gleichungsseiten.

Für $\mathfrak{Im}\,z < 0$ ist in (55) das Argument $+i\,0$ überall durch $-i\,0$ zu ersetzen. Zur Berechnung der auftretenden Anfangswerte für $z = \pm i\,0$ vgl. **3.66.**

3.66. Verknüpfungsrelationen. Es entsteht nunmehr die Aufgabe, die zu den Kugelfunktionen verwandten Funktionen $\widetilde{\mathrm{Q}}\mathrm{s}$, Ps, Qs, ps, qs zu den den Zylinderfunktionen verwandten Funktionen $S^{(j)}$ in lineare Beziehung zu setzen. Dazu beachten wir, daß die Funktionen der ersten Gruppe sämtlich durch $\widetilde{\mathrm{Q}}\mathrm{s}_{-\nu-1}^\mu$ und $\widetilde{\mathrm{Q}}\mathrm{s}_\nu^\mu$, die der zweiten Gruppe sämtlich durch $S_\nu^{\mu\,(1)}$ und $S_{-\nu-1}^{\mu\,(1)}$ ausgedrückt werden können [vgl. **3.63.** und **3.65.**], so daß es genügt, diese miteinander in Beziehung zu setzen. Hier erkennt man nun, daß $\widetilde{\mathrm{Q}}\mathrm{s}_{-\nu-1}^\mu$ und $S_\nu^{\mu\,(j)}$ beide Funktionen zum charakteristischen Exponenten ν und somit proportional sind; für die beiden anderen Funktionen gilt dasselbe mit $-\nu-1$ an Stelle von ν.

Wir setzen

$$S_\nu^{\mu\,(1)}(z;\gamma) = V_\nu^\mu(\gamma)\,\widetilde{\mathrm{Q}}\mathrm{s}_{-\nu-1}^\mu(z;\gamma^2). \tag{56}$$

Dann ist $V_\nu^\mu(\gamma)$ in ν, μ, γ regulär analytisch, solange $\gamma \neq 0$ und $\widetilde{Q}s_{-\nu-1}^\mu$ eindeutig definiert ist $\left(\lambda_\nu^\mu(\gamma^2) \neq \lambda_{\nu+2r}^\mu(\gamma^2) \ (r \neq 0)\right)$. Wegen der entsprechenden Eigenschaften beider Funktionen hat man

$$V_\nu^{-\mu}(\gamma) = V_\nu^\mu(\gamma), \tag{57}$$

und aus den Formeln für die Wronskischen Determinanten folgt

$$V_\nu^\mu(\gamma)\, V_{-\nu-1}^\mu(\gamma)\, A_\nu^\mu(\gamma^2)\, A_\nu^{-\mu}(\gamma^2) = \frac{1}{\gamma}. \tag{58}$$

Dasselbe würde man auch aus dem Vergleich der Normierungsintegrale

$$\frac{1}{\pi i} \int\limits_{z_0}^{z_0 e^{\pi i}} \widetilde{Q}s_\nu^\mu(z;\gamma^2)\, \widetilde{Q}s_{-\nu-1}^\mu(z;\gamma^2)\, dz = \frac{\cos \pi \nu}{2\nu + 1},$$

$$\frac{1}{\pi i} \int\limits_{z_0}^{z_0 e^{\pi i}} S_\nu^{\mu(1)}(z;\gamma)\, S_{-\nu-1}^{-\mu(1)}(z;\gamma)\, dz = \frac{\cos \pi \nu}{2\nu + 1}\; \frac{1}{\gamma\, A_\nu^\mu(\gamma^2)\, A_\nu^{-\mu}(\gamma^2)}$$

erhalten, wenn man im zweiten Integral die Reihen nach $\psi^{(1)}$-Funktionen einsetzt und die Orthogonalitäts- und Normierungsrelationen von **3.31.**, Satz 1' sowie **3.62.**, (14) verwendet. Berechnen kann man $V_\nu^\mu(\gamma)$ auf folgende Weise. Man benutzt

$$A_\nu^{-\mu}(\gamma^2)\, S_\nu^{-\mu(1)}(z;\gamma) = (z^2 - 1)^{\mu/2}\, z^{\nu-\mu} \left\{ z^{-\nu} \sum_{r=-\infty}^{+\infty} a_{\nu,2r}^{-\mu}(\gamma^2)\, \psi_{\nu+2r}^{(1)}(\gamma z) \right\}$$

und

$$\widetilde{Q}s_{-\nu-1}^\mu(z;\gamma^2) = \sum_{r=-\infty}^{+\infty} (-1)^r\, \alpha_{-1-\nu,\,-2r}^\mu(\gamma^2)\, \widetilde{\Omega}_{-\nu-2r-1}^\mu(z)$$

mit

$$\widetilde{\Omega}_{-\nu-2r-1}^\mu(z) = (z^2 - 1)^{\mu/2}\, z^{\nu-\mu} \times$$

$$\times \left\{ \frac{\sqrt{\pi}\, 2^{\nu+2r}\, z^{2r}}{\Gamma(-\nu-2r+\frac{1}{2})}\; {}_2F_1\left(\frac{\mu-\nu-2r+1}{2}, \frac{\mu-\nu-2r}{2}; -\nu-2r+\frac{1}{2}; \frac{1}{z^2} \right) \right\}.$$

Dann ordnet man in Laurent-Reihen um:

$$A_\nu^{-\mu}(\gamma^2)\, S_\nu^{-\mu(1)}(z;\gamma) = (z^2 - 1)^{\mu/2}\, z^{\nu-\mu} \sum_{s=-\infty}^{+\infty} c_s\, z^{2s},$$

$$\widetilde{Q}s_{-\nu-1}^\mu(z;\gamma^2) = (z^2 - 1)^{\mu/2}\, z^{\nu-\mu} \sum_{s=-\infty}^{+\infty} c_s^*\, z^{2s},$$

und hat

$$A_\nu^{-\mu}(\gamma^2)\, V_\nu^\mu(\gamma) = \frac{c_s}{c^*}.$$

Schreibt man auf $a_{\nu,2r}^\mu(\gamma^2)$ um [vgl. **3.62.**, (6)], so erhält man

$$A_\nu^{-\mu}(\gamma^2)\,V_\nu^\mu(\gamma)$$
$$= \frac{1}{2}(-1)^s\left(\frac{\gamma}{4}\right)^{\nu+2s}\frac{\Gamma(\nu+2s-\mu+1)}{\Gamma(\nu--\mu+1)}\ \frac{\displaystyle\sum_{r=-\infty}^{+\infty}\frac{(-1)^r\,a_{\nu,2r}^{-\mu}(\gamma^2)}{\Gamma(s-r+1)\,\Gamma(\nu+r+s+\frac{3}{2})}}{\displaystyle\sum_{r=-\infty}^{+\infty}\frac{(-1)^r\,a_{\nu,2r}^{\mu}(\gamma^2)}{\Gamma(r-s+1)\,\Gamma(-\nu-r-s+\frac{1}{2})}}\ . \tag{59}$$

Da es wegen des asymptotischen Verhaltens der Sphäroidfunktionen gewiß für beliebig große $s>0$ nicht verschwindende Koeffizienten c_s, c_s^* gibt, bleibt auch in dem Falle, daß $\nu+\mu$, $\nu-\mu$ oder beide ganz sind, entweder (59) oder eine der drei mit $\mu\to-\mu$ und $\nu\to-\nu-1$ entstehenden Gleichungen brauchbar, so daß stets mit (58) $V_\nu^\mu=V_\nu^{-\mu}$ und $V_{-\nu-1}^\mu=V_{-\nu-1}^{-\mu}$ bekannt sind und allein aus den Koeffizienten $a_{\nu,2r}^\mu$, $a_{\nu,2r}^{-\mu}$ berechnet werden können, wobei stets **3.62.**, (12) zu beachten ist.

Man gewinnt ferner aus (56), **3.61.**, (2) und **3.63.**, (22), (28*), (24)

$$S_\nu^{\mu(1)}(\pm i0;\gamma)=\Gamma(\nu-\mu+1)\cos\frac{\nu-\mu}{2}\pi\cdot e^{\pm i\nu\frac{\pi}{2}}\,V_\nu^\mu(\gamma)\,\mathrm{ps}_\nu^\mu(0;\gamma^2);$$
$$S_\nu^{\mu(1)\prime}(\pm i0;\gamma)=\pm i\,\Gamma(\nu-\mu+1)\sin\frac{\nu-\mu}{2}\pi\cdot e^{\pm i\nu\frac{\pi}{2}}\,V_\nu^\mu(\gamma)\,\mathrm{ps}_\nu^\mu{}'(0;\gamma^2). \tag{60}$$

Aus (59) entnimmt man für kleine γ

$$V_\nu^\mu(\gamma)=\frac{1}{2}\left(\frac{\gamma}{4}\right)^\nu\frac{\Gamma(-\nu+\frac{1}{2})}{\Gamma(\nu+\frac{3}{2})}\left(1+O(\gamma^2)\right), \tag{61}$$

und damit

$$\gamma^{-\nu}\,S_\nu^{\mu(1)}(z;\gamma)\to\frac{\Gamma(-\nu+\frac{1}{2})}{\Gamma(\nu+\frac{3}{2})}\,2^{-(2\nu+1)}\widetilde{\mathfrak{D}}_{-\nu-1}^\mu(z) \tag{62}$$

für $\gamma\to0$ und zwar gleichmäßig in jedem kompakten z-Bereich ohne $z=\pm1$.

Ähnliches gilt bei Ersetzung von ν durch $\nu+2r$ für $r\to\pm\infty$. Denn wegen **3.33.**, Satz 2 und **3.544.**, (27) ist

$$\alpha_{\nu+2r,2t}^\mu(\gamma^2)=\frac{1}{\pi i}\int_{z_0}^{z_0 e^{\pi i}}\widetilde{\mathrm{Q}}\mathrm{s}_{\nu+2r}^\mu(z;\gamma^2)\,\widetilde{\mathfrak{D}}_{-\nu-2r-2t-1}^\mu(z)\,dz\ \frac{2(\nu+2r+2t)+1}{\cos\pi\nu}$$
$$=\begin{cases}1+O\left(\dfrac{1}{r}\right) & (t=0)\\[2ex]\dfrac{\Gamma(-\nu-2r-\frac{1}{2})}{\Gamma(-\nu-2r-2t-\frac{1}{2})}\,O\left(\dfrac{1}{r}\right) & (t\neq0),\end{cases}$$

also

$$a_{\nu+2r,2t}^\mu(\gamma^2)=\frac{\Gamma(\nu+2r+\mu+1)}{\Gamma(\nu+2r+2t+\mu+1)}\,\alpha_{\nu+2r,2t}^\mu(\gamma^2)$$
$$=\begin{cases}1+O\left(\dfrac{1}{r}\right) & (t=0)\\[2ex]O\left(\dfrac{1}{r}\right) & (t\neq0)\end{cases}$$

für $r \to \pm \infty$. Man hat daher [vgl. (59) mit $s = 0$]

$$V_{\nu+2r}^{\mu}(\gamma) = \frac{1}{2}\left(\frac{\gamma}{4}\right)^{\nu+2r} \frac{\Gamma(-\nu-2r+\frac{1}{2})}{\Gamma(\nu+2r+\frac{9}{2})}\left(1+O\left(\frac{1}{r}\right)\right) \tag{63}$$

und so wieder mit **3.544.**, (27)

$$\left. \begin{aligned} S_{\nu+2r}^{\mu(1)}(z;\gamma) &= \frac{1}{2}\sqrt{\frac{\pi}{2}}\,\frac{\left(\frac{\gamma}{4}\right)^{\nu+2r}}{\Gamma(\nu+2r+\frac{3}{2})}\times \\ &\times (z^2-1)^{-\frac{1}{4}}\big(z+(z^2-1)^{\frac{1}{2}}\big)^{\nu+2r+\frac{1}{2}}\cdot\left(1+O\left(\frac{1}{r}\right)\right) \end{aligned} \right\} \tag{64}$$

für $r \to \pm \infty$ gleichmäßig in jedem kompakten Bereich ohne $-1 \leq z \leq 1$.

Für ganze $\nu+\mu$ oder $\nu-\mu$ kann man auch einfacher vorgehen und (59) vermeiden. Wir nehmen ohne Beschränkung der Allgemeinheit (sonst $\nu \to -\nu-1$ und bzw. oder $\mu \to -\mu$)

$$\nu + \mu = 0, 1, 2, \ldots$$

an. Dann ist

$$a_{\nu,2r}^{\mu}(\gamma^2) = 0 \qquad (\nu+\mu+2r < 0)$$

und die Reihe

$$S_{\nu}^{\mu(1)}(z;\gamma) = (z^2-1)^{-\mu} z^{\mu}\,\frac{1}{A_{\nu}^{\mu}(\gamma^2)} \sum_{\nu+\mu+2r \geq 0} a_{\nu,2r}^{\mu}(\gamma^2)\,\psi_{\nu+2r}^{(1)}(\gamma\,z)$$

auch für $|z| \leq 1$ konvergent. Man erhält für

$$\nu + \mu = 0, 2, 4, \ldots:$$

$$\left. \begin{aligned} S_{\nu}^{\mu(1)}(\pm i\,0;\gamma) &= e^{\mp i\mu\frac{\pi}{2}}\,\frac{1}{2}\sqrt{\pi}\left(\frac{2}{\gamma}\right)^{\mu}\frac{a_{\nu,-\nu-\mu}^{\mu}(\gamma^2)}{\Gamma(\frac{3}{2}-\mu)\,A_{\nu}^{\mu}(\gamma^2)} \\ S_{\nu}^{\mu(1)\prime}(\pm i\,0;\gamma) &= 0 \end{aligned} \right\} \tag{65}$$

und für

$$\nu + \mu = 1, 3, 5, \ldots:$$

$$\left. \begin{aligned} S_{\nu}^{\mu(1)}(\pm i\,0;\gamma) &= 0 \\ S_{\nu}^{\mu(1)\prime}(\pm i\,0;\gamma) &= e^{\mp i\mu\frac{\pi}{2}}\,\frac{1}{2}\sqrt{\pi}\left(\frac{2}{\gamma}\right)^{\mu-1}\frac{a_{\nu,-\nu-\mu+1}^{\mu}(\gamma^2)}{\Gamma(\frac{5}{2}-\mu)\,A_{\nu}^{\mu}(\gamma^2)}\cdot \end{aligned} \right\} \tag{66}$$

In beiden Fällen ist, falls $\nu-\mu \neq -1, -2, -3, \ldots$

$$\widetilde{Q}s_{-\nu-1}^{\mu}(z;\gamma^2) = \cos\nu\pi\cdot\Gamma(\nu-\mu+1)\,Ps_{\nu}^{\mu}(z;\gamma^2),$$

und man erhält dann

$$S_{\nu}^{\mu(1)}(z;\gamma) = K_{\nu}^{\mu}(\gamma)\,Ps_{\nu}^{\mu}(z;\gamma^2) \tag{67}$$

mit

$$K_\nu^\mu(\gamma) = \cos \nu\pi \cdot \Gamma(\nu - \mu + 1)\, V_\nu^\mu(\gamma) \tag{68}$$

und

$$\left.\begin{aligned}
K_\nu^\mu(\gamma) &= \frac{1}{2}\sqrt{\pi}\left(\frac{2}{\gamma}\right)^\mu \frac{a_{\nu,\,-\nu-\mu}^\mu(\gamma^2)}{\Gamma(\tfrac{3}{2}-\mu)\,A_\nu^\mu(\gamma^2)\,\mathrm{ps}_\nu^\mu(0;\gamma^2)} && (\nu+\mu \text{ gerade}) \\[2ex]
K_\nu^\mu(\gamma) &= \frac{1}{2}\sqrt{\pi}\left(\frac{2}{\gamma}\right)^{\mu-1} \frac{a_{\nu,\,-\nu-\mu+1}^\mu(\gamma^2)}{\Gamma(\tfrac{5}{2}-\mu)\,A_\nu^\mu(\gamma^2)\,\mathrm{ps}_\nu^{\mu\prime}(0;\gamma^2)} && (\nu+\mu \text{ ungerade}).
\end{aligned}\right\} \tag{69}$$

In diesen Fällen

$$\nu + \mu = 0, 1, 2, \ldots$$
$$\nu - \mu \not\equiv -1, -2, -3, \ldots$$

wird dann mit (58)

$$S_{-\nu-1}^{\mu\,(1)}(z;\gamma) = \frac{e^{-\mu\pi i}\cos\nu\pi}{\gamma\,K_\nu^\mu(\gamma)\,A_\nu^\mu(\gamma^2)\,A_\nu^{-\mu}(\gamma^2)}\,\frac{\Gamma(\nu-\mu+1)}{\Gamma(\nu+\mu+1)}\,\mathrm{Qs}_\nu^\mu(z;\gamma^2),$$

und man hat nach **3.63.**, (21)

$$\mathrm{qs}_\nu^\mu(0;\gamma^2) = 0 \qquad (\nu+\mu = 0, 2, 4, \ldots),$$
$$\mathrm{qs}_\nu^{\mu\prime}(0;\gamma^2) = 0 \qquad (\nu+\mu = 1, 3, 5, \ldots),$$

also wegen **3.63.**, (22)

$$\mathrm{Qs}_\nu^\mu(\pm i\,0;\gamma^2) = \mp i\,\frac{\pi}{2}\,e^{\mu\pi i}\,e^{\pm\mu\frac{\pi}{2}i}\,\mathrm{ps}_\nu^\mu(0;\gamma^2) \qquad (\nu+\mu = 0, 2, 4, \ldots)$$

$$\mathrm{Qs}_\nu^{\mu\prime}(\pm i\,0;\gamma^2) = \mp i\,\frac{\pi}{2}\,e^{\mu\pi i}\,e^{\pm\mu-\frac{\pi}{2}i}\,\mathrm{ps}_\nu^{\mu\prime}(0;\gamma^2) \qquad (\nu+\mu = 1, 3, 5, \ldots).$$

Daraus folgt mit (69) für $\nu+\mu = 0, 2, 4, \ldots$

$$\left.\begin{aligned}
&S_{-\nu-1}^{\mu\,(1)}(\pm i\,0;\gamma) \\[1ex]
&= \frac{1}{2}\sqrt{\pi}\left(\frac{\gamma}{2}\right)^{\mu-1} e^{\pm(\mu-1)\frac{\pi}{2}i}\,\frac{\cos\nu\pi\,\Gamma(\nu-\mu+1)\,\Gamma(\tfrac{3}{2}-\mu)\,[\mathrm{ps}_\nu^\mu(0;\gamma^2)]^2}{\Gamma(\nu+\mu+1)\,a_{\nu,\,-\nu-\mu}^\mu(\gamma^2)\,A_\nu^{-\mu}(\gamma^2)}
\end{aligned}\right\} \tag{70}$$

und für $\nu+\mu = 1, 3, 5, \ldots$

$$\left.\begin{aligned}
&S_{-\nu-1}^{\mu\,(1)\prime}(\pm i\,0;\gamma) \\[1ex]
&= \frac{1}{2}\sqrt{\pi}\left(\frac{\gamma}{2}\right)^{\mu-2} e^{\pm(\mu-1)\frac{\pi}{2}i}\,\frac{\cos\nu\pi\,\Gamma(\nu-\mu+1)\,\Gamma(\tfrac{5}{2}-\mu)\,[\mathrm{ps}_\nu^{\mu\prime}(0;\gamma^2)]^2}{\Gamma(\nu+\mu+1)\,a_{\nu,\,-\nu-\mu+1}^\mu(\gamma^2)\,A_\nu^{-\mu}(\gamma^2)}\,.
\end{aligned}\right\} \tag{71}$$

Die übrigen Werte folgen aus (65) und der WRONSKIschen Determinante

$$[S_\nu^{\mu\,(1)},\, S_{-\nu-1}^{\mu\,(1)}] = \frac{-\cos\nu\pi}{\gamma\,(z^2-1)}\,.$$

Man hat für $\nu+\mu = 0, 2, 4, \ldots$

$$S_{-\nu-1}^{\mu\,(1)\prime}(\pm i\,0;\gamma^2) = \frac{\cos\nu\pi}{\sqrt{\pi}}\,e^{\pm\mu\frac{\pi}{2}i}\left(\frac{\gamma}{2}\right)^{\mu-1}\frac{\Gamma(\tfrac{3}{2}-\mu)\,A_\nu^\mu(\gamma^2)}{a_{\nu,\,-\nu-\mu}^\mu(\gamma^2)} \tag{72}$$

und für $\nu + \mu = 1, 3, 5, \ldots$

$$S^{\mu(1)}_{-\nu-1}(\pm i\,0; \gamma^2) = \frac{-\cos\nu\pi}{\sqrt{\pi}}\, e^{\pm\mu\frac{\pi}{2}i}\left(\frac{\gamma}{2}\right)^{\mu-2} \frac{\Gamma(\frac{5}{2}-\mu)\,A^{\mu}_{\nu}(\gamma^2)}{a^{\mu}_{\nu,\,-\nu-\mu+1}(\gamma^2)}\,. \tag{73}$$

Diese Formeln machen insbesondere für den praktisch wichtigen Fall der Funktionen ganzer Ordnung und ganzen Grades ($\mu = m = 0, 1, 2, \ldots$, $\nu = n = m, m+1, m+2, \ldots$) die Benutzung von (59) entbehrlich, indem sie für alle Funktionen $S^{m(j)}_n$ unmittelbar die Anfangswerte für $z = \pm i\,0$ liefern. Wir bemerken noch, daß in diesem Falle

$$S^{m(1)}_{-n-1}(z; \gamma) = (-1)^{n+1} S^{m(2)}_n(z; \gamma) \tag{74}$$

gilt.

Wir notieren ergänzend zu (69) bis (73) für $\nu + \mu = 0, 2, 4, \ldots$

$$\left.\begin{aligned} &a^{\mu}_{\nu,\,-\nu-\mu}(\gamma^2) \\[2mm] &= \frac{(\nu+\mu)!}{\left(\dfrac{\nu+\mu}{2}\right)!\,(2\nu-1)(2\nu-3)\cdots(\nu-\mu+1)(2\nu+1)(2\nu-1)\cdots(3-2\mu)} \times \\[4mm] &\qquad\qquad\qquad\qquad\qquad\qquad\qquad \times \left(-\frac{\gamma^2}{2}\right)^{\frac{\nu+\mu}{2}}(1 + O(\gamma^2)) \end{aligned}\right\} \tag{75}$$

und für $\nu + \mu = 1, 3, 5, \ldots$

$$\left.\begin{aligned} &a^{\mu}_{\nu,\,-\nu-\mu+1}(\gamma^2) \\[2mm] &= \frac{(\nu+\mu)!}{\left(\dfrac{\nu+\mu-1}{2}\right)!\,(2\nu-1)(2\nu-3)\cdots(\nu-\mu+2)(2\nu+1)(2\nu-1)\cdots(5-2\mu)} \times \\[4mm] &\qquad\qquad\qquad\qquad\qquad\qquad\qquad \times \left(-\frac{\gamma^2}{2}\right)^{\frac{\nu+\mu-1}{2}}(1 + O(\gamma^2))\,. \end{aligned}\right\} \tag{76}$$

3.7. Ein Additionstheorem.

3.71. Gedankengang. Im (x_1, x_2, x_3)-Raume seien zwei gestreckt-rotationselliptische Koordinatensysteme

$$x_1 = c\,(\xi^2-1)^{\frac{1}{2}}(1-\eta^2)^{\frac{1}{2}}\cos\varphi = c_0\,(\xi_0^2-1)^{\frac{1}{2}}(1-\eta_0^2)^{\frac{1}{2}}\cos\varphi$$

$$x_2 = c\,(\xi^2-1)^{\frac{1}{2}}(1-\eta^2)^{\frac{1}{2}}\sin\varphi = c_0\,(\xi_0^2-1)^{\frac{1}{2}}(1-\eta_0^2)^{\frac{1}{2}}\sin\varphi$$

$$x_3 = c\,\xi\,\eta + c\,\alpha \qquad\qquad\quad = c_0\,\xi_0\,\eta_0$$

gegeben. Sie besitzen gemeinsame Rotationsachse, jedoch eventuell verschiedene Zentren (Abstand $= \pm c\,\alpha$) und verschiedene Exzentrizitäten, c, c_0. Setzt man $\gamma_0 = k c_0$, so sind die Funktionen

$$S^{\mu(j)}_{\nu}(\xi_0; \gamma_0)\,\widetilde{\mathrm{Q}}\mathrm{s}^{\mu}_{\nu}(\eta_0; \gamma_0^2)\,e^{i\mu\varphi} = v(\xi_0, \eta_0)\,e^{i\mu\varphi}$$

Lösungen der dreidimensionalen Schwingungsgleichung $\Delta u + k^2 u = 0$, d.h. es gilt

$$\left.\begin{aligned}
\frac{\partial}{\partial \xi_0}\left[(1 - \xi_0^2)\,\frac{\partial v}{\partial \xi_0}\right] + \left[\frac{-\mu^2}{1 - \xi_0^2} + \gamma_0^2(1 - \xi_0^2)\right] v \\
= \frac{\partial}{\partial \eta_0}\left[(1 - \eta_0^2)\,\frac{\partial v}{\partial \eta_0}\right] + \left[\frac{-\mu^2}{1 - \eta_0^2} + \gamma_0^2(1 - \eta_0^2)\right] v\,.
\end{aligned}\right\} \tag{1}$$

Führt man statt ξ_0, η_0 die Variablen ξ, η ein,

$$v(\xi_0, \eta_0) = u(\xi, \eta)\,,$$

so wird auf Grund der Orthogonalinvarianz auch

$$u(\xi, \eta)\,e^{i\mu\varphi}$$

der auf ξ, η, φ umgeschriebenen Schwingungsgleichung genügen, also mit $\gamma = kc$

$$\left.\begin{aligned}
\frac{\partial}{\partial \xi}\left[(1 - \xi^2)\,\frac{\partial u}{\partial \xi}\right] + \left[\frac{-\mu^2}{1 - \xi^2} + \gamma^2(1 - \xi^2)\right] u \\
= \frac{\partial}{\partial \eta}\left[(1 - \eta^2)\,\frac{\partial u}{\partial \eta}\right] + \left[\frac{-\mu^2}{1 - \eta^2} + \gamma^2(1 - \eta^2)\right] u
\end{aligned}\right\} \tag{2}$$

erfüllt sein.

Wir wollen nun zeigen, daß $u(\xi, \eta)$ in eine Reihe nach den Funktionen

$$S_{\nu+r}^{\mu\,(j)}(\xi;\gamma)\,\widetilde{Q}s_{\nu+r}^{\mu}(\eta;\gamma^2) \qquad (r = \cdots, -1, 0, 1, 2, \ldots)$$

entwickelt werden kann.

Wir lassen dabei allgemeiner die Variablen und Parameter komplex zu und zeigen

$$u(\xi, \eta\,e^{2\pi i}) = e^{-2\pi i(\nu+1)}\,u(\xi, \eta)\,;$$

dann muß sich u bezüglich η in eine Reihe nach den Funktionen $\widetilde{Q}s_{\nu+r}^{\mu}(\eta;\gamma^2)$ entwickeln lassen (vgl. **3.544.**, Satz 3). Daß die Koeffizienten Sphäroidfunktionen in ξ zu $\lambda = \lambda_{\nu+r}^{\mu}(\gamma^2)$ sind, folgt weiter aus den Koeffizientenformeln mit Hilfe von **1.133.**, Satz 1. Um welche Sphäroidfunktionen es sich handelt, wird schließlich durch Vergleich des asymptotischen Verhaltens entschieden.

Durch die Zulassung komplexer Variabler und Parameter wird zugleich das entsprechende Additionstheorem für den abgeplatteten Fall mit bewiesen.

3.72. Hilfssätze.

Hilfssatz 1. *Seien c, c_0, α komplexe Konstanten, die beiden ersten von 0 verschieden; dann sind durch die beiden Gleichungen*

$$c\,[\xi\eta \pm i\,(\xi^2 - 1)^{\frac{1}{2}}\,(1 - \eta^2)^{\frac{1}{2}}] + c\alpha = c_0\,[\xi_0\eta_0 \pm i\,(\xi_0^2 - 1)^{\frac{1}{2}}\,(1 - \eta_0^2)^{\frac{1}{2}}]$$

und die Verabredungen

$$\left|\xi_0 + (\xi_0^2 - 1)^{\frac{1}{2}}\right|\left|\eta_0 - i(1 - \eta_0^2)^{\frac{1}{2}}\right| > 1,$$
$$\left|\xi_0 + (\xi_0^2 - 1)^{\frac{1}{2}}\right|\left|\eta_0 + i(1 - \eta_0^2)^{\frac{1}{2}}\right| > 1$$

in dem durch die folgenden acht Ungleichungen gekennzeichneten (ξ, η)-*Bereich* $\mathfrak{B}$

$$|c|\left|\xi + (\xi^2 - 1)^{\frac{1}{2}}\right|\left|\eta \pm i(1 - \eta^2)^{\frac{1}{2}}\right| > \left|(c\,\alpha \pm c_0) \pm [(c\,\alpha \pm c_0)^2 - c^2]^{\frac{1}{2}}\right| \quad (\mathfrak{B})$$

bis auf gemeinsames Vorzeichen die beiden Funktionen

$$\xi_0 = \xi_0(\xi, \eta), \quad \eta_0 = \eta_0(\xi, \eta)$$

eindeutig definiert und, solange $\eta \neq \pm 1$, *regulär analytisch. Man hat*

$$\left.\begin{aligned}\xi_0(\xi, \eta\, e^{2\pi i}) &= \xi_0(\xi, \eta), & \xi_0(\xi\, e^{2\pi i}, \eta) &= \xi_0(\xi, \eta)\, e^{2\pi i}, \\ \eta_0(\xi, \eta\, e^{2\pi i}) &= \eta_0(\xi, \eta)\, e^{2\pi i}, & \eta_0(\xi\, e^{2\pi i}, \eta) &= \eta_0(\xi, \eta).\end{aligned}\right\} \quad (3)$$

Ist $v(\xi_0, \eta_0)$ *eine für*

$$\left|\xi_0 + (\xi_0^2 - 1)^{\frac{1}{2}}\right| > 1, \quad \eta_0 \neq \pm 1$$

regulär analytische Lösung von (1) *mit* $\gamma_0 = k c_0$, *so wird*

$$u(\xi, \eta) = v\big(\xi_0(\xi, \eta),\, \eta_0(\xi, \eta)\big)$$

eine in $(\mathfrak{B})$ *für* $\eta \neq \pm 1$ *regulär analytische Lösung von* (2) *mit* $\gamma = kc$.

Beweis. Alle Behauptungen bis auf die letzte folgen unmittelbar aus **2.52.**, Hilfssatz 1, wenn man

$$\xi = \mathrm{Cos}\, z, \quad (\xi^2 - 1)^{\frac{1}{2}} = \mathrm{Sin}\, z, \quad \eta = \cos t, \quad (1 - \eta^2)^{\frac{1}{2}} = \sin t,$$
$$\xi_0 = \mathrm{Cos}\, z_0, \quad (\xi_0^2 - 1)^{\frac{1}{2}} = \mathrm{Sin}\, z_0, \quad \eta_0 = \cos t_0, \quad (1 - \eta_0^2)^{\frac{1}{2}} = \sin t_0$$

interpretiert. Die letzte Aussage gilt für reelle $c > 0$, $c_0 > 0$, $\alpha \geq 0$, $\xi > 1$, $\xi_0 > 1$, $-1 < \eta < 1$, $-1 < \eta_0 < 1$ auf Grund der Orthogonalinvarianz der Schwingungsgleichung (vgl. **3.71.**), sie muß sich im Komplexen durch dieselbe direkte Rechnung ergeben.

Wir benötigen ferner ergänzend den

Hilfssatz 2. *Für* $\xi \to \infty$ *gilt bei beschränktem* η *und geeigneter Wahl des Vorzeichens von* ξ_0, η_0 *bzw. der Argumente gleichmäßig*

$$\gamma_0 \xi_0 = \gamma\, \xi + \gamma\, \alpha\, \eta + O\!\left(\tfrac{1}{\xi}\right),$$
$$\eta_0 = \eta + O\!\left(\tfrac{1}{\xi}\right).$$

Beweis analog **2.52.**, Hilfssatz 2.

3.73. Eine Integralrelation. Wir wählen in Hilfssatz 1

$$v(\xi_0, \eta_0) = S_\nu^{\mu(j)}(\xi_0; \gamma_0)\, \widetilde{Q}s_\nu^\mu(\eta_0; \gamma_0^2) \quad (j = 1, 2, 3, 4).$$

Man hat dann

$$v(\xi_0, \eta_0\, e^{2\pi i}) = e^{-2\pi i(\nu+1)}\, v(\xi_0, \eta_0)$$

und wegen (3) für die in ($\mathfrak{B}$) für $\eta \neq \pm 1$ regulär analytische Funktion

$$u(\xi, \eta) = v(\xi_0(\xi, \eta),\ \eta_0(\xi, \eta))$$

ebenfalls

$$u(\xi, \eta\, e^{2\pi i}) = e^{-2\pi i(\nu+1)}\, u(\xi, \eta).$$

Daher kann auf das Integral

$$I_r^{(j)}(\xi) = \frac{1}{2\pi i} \oint_{|\eta + i(1-\eta^2)^{\frac{1}{2}}| = \varrho > 1} S_\nu^{\mu(j)}(\xi_0; \gamma_0)\, \widetilde{Q}s_\nu^\mu(\eta_0; \gamma_0^2)\, \widetilde{Q}s_{-\nu-r-1}^\mu(\eta; \gamma^2)\, d\eta$$

1.133., Satz 1 angewandt werden. Er zeigt, daß diese Funktion für

$$|c|\,|\xi + (\xi^2 - 1)^{\frac{1}{2}}| > \varrho\,|(c\alpha \pm c_0) \pm [(c\alpha \pm c_0)^2 - c^2]^{\frac{1}{2}}|$$

eine Sphäroidfunktion zu $\lambda_{\nu+r}^\mu(\gamma^2)$ ist. Um welche es sich handelt, erfahren wir durch Untersuchung ihres asymptotischen Verhaltens.

Wir setzen zuerst $j = 3$ und verwenden Hilfssatz 2 zusammen mit der asymptotischen Formel

$$S_\nu^{\mu(3)}(\xi_0; \gamma_0) = \frac{1}{\gamma_0 \xi_0}\, e^{i\left(\gamma_0 \xi_0 - (\nu+1)\frac{\pi}{2}\right)} \left(1 + O\left(\frac{1}{\xi_0}\right)\right)$$

im Winkelbereich

$$-\pi < \arg(\gamma_0 \xi_0) < \pi.$$

Damit wird

$$I_r^{(3)}(\xi) = \psi_{\nu+r}^{(3)}(\gamma\xi)\, \frac{i^r}{2\pi i} \oint e^{i\gamma\alpha\eta}\, \widetilde{Q}s_\nu^\mu(\eta; \gamma_0^2)\, \widetilde{Q}s_{-\nu-r-1}^\mu(\eta; \gamma^2) \left(1 + O\left(\frac{1}{\xi}\right)\right) d\eta.$$

Daher ist

$$I_r^{(3)}(\xi) = A_r\, S_{\nu+r}^{\mu(3)}(\xi; \gamma)$$

mit

$$\left. \begin{aligned}
A_r &= \frac{i^r}{2\pi i} \oint_{|\eta + i(1-\eta^2)^{\frac{1}{2}}| > 1} e^{i\gamma\alpha\eta}\, \widetilde{Q}s_\nu^\mu(\eta; \gamma_0^2)\, \widetilde{Q}s_{-\nu-r-1}^\mu(\eta; \gamma^2)\, d\eta \\
&= \sum_{s,t=-\infty}^{+\infty} (-1)^{s-t}\, \alpha_{\nu,\,2s}^\mu(\gamma_0^2)\, \alpha_{-\nu-r-1,\,-2t}^\mu(\gamma^2)\, \frac{i^r}{2\pi i} \oint e^{i\gamma\alpha\eta}\, \widetilde{\Omega}_{\nu+2s}^\mu(\eta) \times \\
&\qquad\qquad\qquad\qquad\qquad\qquad\qquad\qquad \times \widetilde{\Omega}_{-\nu-r-2t-1}^\mu(\eta)\, d\eta.
\end{aligned} \right\} \quad (*)$$

Analog erhält man

$$I_r^{(4)}(\xi) = A_r\, S_{\nu+r}^{\mu(4)}(\xi; \gamma).$$

Durch Linearkombination folgt somit

Satz 1. *Für*

$$\left| c \right| \left| \xi + (\xi^2 - 1)^{\frac{1}{2}} \right| > \varrho \left| (c\alpha \pm c_0) \pm [(c\alpha \pm c_0)^2 - c^2]^{\frac{1}{2}} \right|$$

gilt

$$\frac{1}{2\pi i} \oint_{|\eta + i(1-\eta^2)^{\frac{1}{2}}| = \varrho > 1} S_\nu^{\mu(j)}(\xi_0; \gamma_0)\, \widetilde{Q}s_\nu^\mu(\eta_0; \gamma_0^2)\, \widetilde{Q}s_{-\nu-r-1}^\mu(\eta; \gamma^2)\, d\eta$$
$$= A_{\nu,r}^\mu(\alpha; \gamma, \gamma_0)\, S_{\nu+r}^{\mu(j)}(\xi; \gamma)$$

mit

$$A_{\nu,r}^\mu(\alpha; \gamma, \gamma_0) = \sum_{s,t=-\infty}^{+\infty} (-1)^{s-t} \alpha_{\nu,2s}^\mu(\gamma_0^2)\, \alpha_{-\nu-r-1,-2t}^\mu(\gamma^2) \times$$
$$\times \frac{i^r}{2\pi i} \oint e^{i\gamma\alpha\eta}\, \widetilde{\mathfrak{D}}_{\nu+2s}^\mu(\eta)\, \widetilde{\mathfrak{D}}_{-\nu-r-2t-1}^\mu(\eta)\, d\eta.$$

3.74. Additionstheorem. Aus Satz 1 ergibt sich nun mit Hilfe des Entwicklungssatzes **3.544.**, Satz 3

Satz 2. *Sei* $\nu \equiv \frac{1}{2}$ (mod 1), γ^2 *normaler Wert zu* ν *und* $\nu + 1$. *Dann gilt mit den Voraussetzungen und Bezeichnungen von Hilfssatz 1 und 2 für* ξ, η *in* $\mathfrak{B}$

$$S_\nu^{\mu(j)}(\xi_0; \gamma_0)\, \widetilde{Q}s_\nu^\mu(\eta_0; \gamma_0^2) = \sum_{r=-\infty}^{+\infty} C_{\nu,r}^\mu(\alpha; \gamma, \gamma_0)\, S_{\nu+r}^{\mu(j)}(\xi; \gamma)\, \widetilde{Q}s_{\nu+r}^\mu(\eta; \gamma^2)$$

mit

$$C_{\nu,r}^\mu(\alpha; \gamma, \gamma_0) = \frac{2(\nu+r)+1}{\cos \pi(\nu+r)}\, A_{\nu,r}^\mu(\alpha; \gamma, \gamma_0).$$

Diese Entwicklung gilt auch für $-1 < \eta < 1$ *und bleibt bei analytischer Fortsetzung durch* $-1 < \eta < 1$ *und entsprechend* $-1 < \eta_0 < 1$ *hindurch bestehen.*

Beweis. Die Behauptung ergibt sich zunächst unmittelbar für $|\eta + i(1-\eta^2)^{\frac{1}{2}}| > 1$ durch Entwicklung bezüglich η; daß sie auch bei analytischer Fortsetzung über $-1 < \eta < 1$ gültig bleibt, erkennt man auf folgende Weise.

Man hält umgekehrt η konstant und entwickelt die Funktionen von ξ

$$S_\nu^{\mu(1)}(\xi_0; \gamma_0)\, \widetilde{Q}s_\nu^\mu(\eta_0; \gamma_0^2)$$

und

$$S_{-\nu-1}^{\mu(1)}(\xi_0; \gamma_0)\, \widetilde{Q}s_\nu^\mu(\eta_0; \gamma_0^2),$$

die wegen (3) die Eigenschaften

$$f(\xi e^{2\pi i}) = e^{2\pi i \nu} f(\xi)$$

bzw.

$$f(\xi e^{2\pi i}) = e^{-2\pi i(\nu+1)} f(\xi)$$

besitzen, nach den Funktionen $S_{\nu+r}^{\mu(1)}(\xi; \gamma)$ bzw. $S_{-\nu-r-1}^{\mu(1)}(\xi; \gamma)$, die nach **3.66.** zu den Funktionen $\widetilde{Q}s_{-\nu-r-1}^\mu(\xi; \gamma^2)$ bzw. $\widetilde{Q}s_{\nu+r}^\mu(\xi; \gamma^2)$ proportional sind. Die Koeffizienten sind dann nach **1.133.**, Satz 1 wieder entsprechende Sphäroidfunktionen in η und zwar nach dem bereits bewiesenen

$$C^{\mu}_{\nu,r}(\alpha;\gamma,\gamma_0)\,\widetilde{Q}s^{\mu}_{\nu+r}(\eta;\gamma^2)$$

bzw.

$$(-1)^r\,C^{\mu}_{\nu,r}(\alpha;\gamma,\gamma_0)\,\widetilde{Q}s^{\mu}_{\nu+r}(\eta;\gamma^2),$$

letzteres wegen **3.65.**, (47). Die Möglichkeit dieser Entwicklungen bleibt nun auch bei analytischer Fortsetzung über $-1<\eta<1$ bestehen. Man erhält, indem man rückwärts wieder **3.65.**, (47) verwendet, damit den vollen Inhalt des Satzes.

Weiter folgt nun sofort mit Hilfe der Umlaufsrelationen um $\eta=1$ der ergänzende

S a t z 3. *Es gilt stets*

$$C^{-\mu}_{\nu,r}(\alpha;\gamma,\gamma_0)=C^{\mu}_{\nu,r}(\alpha;\gamma,\gamma_0)$$

und

$$\begin{aligned}
B^{\mu}_{\nu,r}(\alpha;\gamma,\gamma_0)&=\frac{\Gamma(\nu+\mu+1)}{\Gamma(\nu+\mu+r+1)}\,C^{\mu}_{\nu,r}(\alpha;\gamma,\gamma_0)\\
&=(-1)^r\,\frac{\Gamma(-\nu+\mu)}{\Gamma(-\nu+\mu-r)}\,C^{\mu}_{-\nu-1,-r}(\alpha;\gamma,\gamma_0)\\
&=(-1)^r\,B^{\mu}_{-\nu-1,-r}(\alpha;\gamma,\gamma_0).
\end{aligned}$$

Mit den hierdurch stets eindeutig definierten Koeffizienten $B^{\mu}_{\nu,r}$ hat man unter den Voraussetzungen von Satz 2:

$$S^{\mu(j)}_{\nu}(\xi_0;\gamma_0)\,Ps^{\mu}_{\nu}(\eta_0;\gamma_0^2)=\sum_{r=-\infty}^{+\infty}B^{\mu}_{\nu,r}(\alpha;\gamma,\gamma_0)\,S^{\mu(j)}_{\nu+r}(\xi;\gamma)\,Ps^{\mu}_{\nu+r}(\eta;\gamma^2).$$

Hier können die Funktionen Ps durch ps und, falls diese sämtlich definiert, durch Qs oder qs ersetzt werden.

Durch Vergleich des asymptotischen Verhaltens für große ξ gemäß **1.9.** oder aus den Formeln für die Koeffizienten folgt noch

S a t z 4. *Für $\eta\neq\pm1$ gilt stets*

$$\widetilde{Q}s^{\mu}_{\nu}(\eta;\gamma_0^2)=e^{\pm i\gamma\alpha\eta}\sum_{r=-\infty}^{+\infty}(\pm i)^r\,C^{\mu}_{\nu,r}(\alpha;\gamma,\gamma_0)\,\widetilde{Q}s^{\mu}_{\nu+r}(\eta;\gamma^2),$$

$$Ps^{\mu}_{\nu}(\eta;\gamma_0^2)=e^{\pm i\gamma\alpha\eta}\sum_{r=-\infty}^{+\infty}(\pm i)^r\,B^{\mu}_{\nu,r}(\alpha;\gamma,\gamma_0)\,Ps^{\mu}_{\nu+r}(\eta;\gamma^2);$$

dabei kann Ps durch ps und, falls diese Funktionen sämtlich definiert, durch Qs oder qs ersetzt werden. Es gelten danach die Orthogonalitäts- und Normierungsrelationen

$$\sum_{r=-\infty}^{+\infty}B^{\mu}_{\nu,r}\,B^{-\mu}_{\nu+s,r-s}\frac{1}{2(\nu+r)+1}=\frac{1}{2\nu+1}\,\delta_{0s}.$$

Wir führen noch die aus der Integraldefinition (∗) der $A^{\mu}_{\nu,r}(\alpha,\gamma,\gamma_0)$ mit Satz 2 und Satz 3 unmittelbar folgenden Beziehungen

$$\left.\begin{aligned}
A^{\mu}_{\nu,r}(\alpha;\gamma,\gamma_0) &= A^{\mu}_{-\nu-r-1,r}\left(\frac{\alpha\gamma}{\gamma_0};\gamma_0,\gamma\right)\\[2mm]
C^{\mu}_{\nu,r}(\alpha;\gamma,\gamma_0) &= (-1)^r\frac{2(\nu+r)+1}{2\nu+1}\,C^{\mu}_{-\nu-r-1,r}\left(\frac{\alpha\gamma}{\gamma_0};\gamma_0,\gamma\right)\\[2mm]
B^{\mu}_{\nu,r}(\alpha;\gamma,\gamma_0) &= (-1)^r\frac{2(\nu+r)+1}{2\nu+1}\,B^{-\mu}_{\nu+r,-r}\left(\frac{\alpha\gamma}{\gamma_0};\gamma_0,\gamma\right)
\end{aligned}\right\} \qquad (4)$$

an. Aus der letzten Relation von Satz 4 wird damit

$$\sum_{r=-\infty}^{\infty}\frac{2(\nu+r)+1}{2(\nu+s)+1}\,B^{-\mu}_{\nu+r,-r}\,B^{\mu}_{\nu+r,s-r}=\delta_{0s}. \qquad (5)$$

Zum Schluß sei vermerkt, daß man mit dem Grenzübergang $k\to 0$ bei Beachtung von **3.66.**, (62) aus unserem Additionstheorem die entsprechenden Entwicklungen von Produkten von Kugelfunktionen nach Produkten von Kugelfunktionen erhält (Potentialfall). Nachträglich kann man dann auch noch $c_0=0$ oder bzw. und $c=0$ setzen und weitere zumeist bekannte Spezialfälle gewinnen.

3.8. Weitere Reihenentwicklungen und Integralrelationen.

3.81. Entwicklung von Sphäroidwellen nach Kugelwellen. Wir lassen in **3.71.** das erste rotationselliptische Koordinatensystem zu Kugelkoordinaten ausarten und betrachten — mit geänderter Bezeichnung — die Koordinatensysteme

$$\left.\begin{aligned}
x_1\pm i\,x_2 &= r\,(1-\eta_0^2)^{\frac{1}{2}}e^{\pm i\varphi}=c\,(\xi^2-1)^{\frac{1}{2}}(1-\eta^2)^{\frac{1}{2}}e^{\pm i\varphi},\\
x_3 &= r\,\eta_0+c\,\alpha \qquad\quad = c\,\xi\,\eta.
\end{aligned}\right\} \qquad (1)$$

Mit den Verabredungen

$$\left|\xi+(\xi^2-1)^{\frac{1}{2}}\right|\left|\eta-i(1-\eta^2)^{\frac{1}{2}}\right|>1,$$
$$\left|\xi+(\xi^2-1)^{\frac{1}{2}}\right|\left|\eta+i(1-\eta^2)^{\frac{1}{2}}\right|>1$$

sind dann nach **3.72.**, Hilfssätze 1 und 2 durch die Gln. (1) im Bereich $\mathfrak{B}$

$$|r|\,\left|\eta_0\pm i(1-\eta_0^2)^{\frac{1}{2}}\right|>|c|\,|\alpha\pm 1| \qquad (\mathfrak{B})$$

die Funktionen

$$\xi=\xi\,(r,\eta_0),\qquad \eta=\eta\,(r,\eta_0)$$

eindeutig bestimmt und für $\eta_0\neq\pm 1$ regulär analytisch.

In $(\mathfrak{B})$ gilt nach **3.74.** dann

$$S_\nu^{\mu(j)}(\xi;\gamma)\,\widetilde{\mathfrak{Q}}s_\nu^\mu(\eta;\gamma^2)=\sum_{r=-\infty}^{+\infty}c_{\nu,r}^\mu(\alpha;\gamma)\,\psi_{\nu+r}^{(j)}(kr)\,\widetilde{\mathfrak{O}}_{\nu+r}^\mu(\eta_0) \qquad (2)$$

mit

$$c_{\nu,r}^\mu(\gamma;\alpha)=\frac{2(\nu+r)+1}{\cos\pi(\nu+r)}\sum_{s=-\infty}^{+\infty}(-1)^s\,\alpha_{\nu,2s}^\mu(\gamma^2)\,\frac{i^r}{2\pi i}\oint e^{i\gamma\alpha\eta}\widetilde{\mathfrak{O}}_{\nu+2s}^\mu(\eta)\,\widetilde{\mathfrak{O}}_{-\nu-r-1}^\mu(\eta)\,d\eta \qquad (3)$$

und

$$S_\nu^{\mu(j)}(\xi;\gamma)\,\mathrm{Ps}_\nu^\mu(\eta;\gamma^2)=\sum_{r=-\infty}^{+\infty}b_{\nu,r}^\mu(\gamma;\alpha)\,\psi_{\nu+r}^{(j)}(k\,r)\,\mathfrak{P}_{\nu+r}^\mu(\eta_0) \qquad (4)$$

mit

$$\left.\begin{aligned}
b_{\nu,r}^\mu(\gamma;\alpha)&=\frac{\Gamma(\nu+\mu+1)}{\Gamma(\nu+\mu+r+1)}\,c_{\nu,r}^\mu(\gamma;\alpha)\\[2mm]
&=(-1)^r\,\frac{\Gamma(-\nu+\mu)}{\Gamma(-\nu+\mu-r)}\,c_{-\nu-1,-r}^\mu(\gamma;\alpha)\\[2mm]
&=(-1)^r\,b_{-\nu-1,-r}^\mu(\gamma;\alpha).
\end{aligned}\right\} \qquad (5)$$

(2) und (4) bleiben bei analytischer Fortsetzung über $-1<\eta_0<1$ gültig. In (4) dürfen Ps, $\mathfrak{P}$ durch ps, P und, falls diese sämtlich definiert, durch Qs, $\mathfrak{Q}$ oder durch qs, Q ersetzt werden.

Im Reellen, physikalisch-anschaulich gedeutet, stellen diese Reihen Sphäroidwellen als Überlagerung von Kugelwellen dar, deren Zentrum auf der Rotationsachse der Sphäroidwellen liegt.

Wir bemerken, daß die Koeffizienten c bzw. b einem im allgemeinen fünfgliedrigen Rekursionssystem genügen; so gilt

$$\left.\begin{aligned}
&\Big[(\nu+r)(\nu+r+1)-\lambda+2\gamma^2(\alpha^2-1)\frac{(\nu+r)(\nu+r+1)+\mu^2-1}{(2\nu+2r+3)(2\nu+2r-1)}\Big]b_{\nu,r}^\mu(\gamma;\alpha)+\\[2mm]
&+2\alpha\gamma\frac{(\nu+r+1)(\nu+r+\mu+1)}{2\nu+2r+3}b_{\nu,r+1}^\mu(\gamma;\alpha)+2\alpha\gamma\frac{(\nu+r)(\nu+r-\mu)}{2\nu+2r-1}b_{\nu,r-1}^\mu(\gamma;\alpha)+\\[2mm]
&+\gamma^2(\alpha^2-1)\frac{(\nu+r+\mu+2)(\nu+r+\mu+1)}{(2\nu+2r+5)(2\nu+2r+3)}b_{\nu,r+2}^\mu(\gamma;\alpha)+\\[2mm]
&+\gamma^2(\alpha^2-1)\frac{(\nu+r-\mu)(\nu+r-\mu-1)}{(2\nu+2r-1)(2\nu+2r-3)}b_{\nu,r-2}^\mu(\gamma;\alpha)=0\\[2mm]
&\qquad\qquad\qquad (r=0,\pm1,\pm2,\ldots).
\end{aligned}\right\} \qquad (6)$$

Man erhält es durch Einsetzen in die Differentialgleichung unter Benutzung der Rekursionsformeln der Zylinder- und Kugelfunktionen.

3.82. Folgerungen: Reihen für Sphäroidfunktionen. Aus **3.74.**, Satz 4 erhält man die Entwicklungen

$$\widetilde{\mathfrak{Q}}s_\nu^\mu(\eta;\gamma^2)=e^{\pm i\gamma\alpha\eta}\sum_{r=-\infty}^{+\infty}i^{\pm r}\,c_{\nu,r}^\mu(\gamma;\alpha)\,\widetilde{\mathfrak{O}}_{\nu+r}^\mu(\eta), \qquad (7)$$

$$\mathrm{Ps}_\nu^\mu(\eta;\gamma^2)=e^{\pm i\gamma\alpha\eta}\sum_{r=-\infty}^{+\infty}i^{\pm r}\,b_{\nu,r}^\mu(\gamma;\alpha)\,\mathfrak{P}_{\nu+r}^\mu(\eta), \qquad (8)$$

wobei man in (8) auch ps, P oder, falls definiert, Qs, $\mathfrak{Q}$ bzw. qs, Q setzen darf. (7), (8) gelten wie die Reihen von **3.81.** bei beliebiger analytischer Fortsetzung für $\eta \neq \pm 1$.

Man hat stets die Orthogonalitäts- und Normierungsrelationen

$$\sum_{r=-\infty}^{+\infty} b_{\nu,r}^{\mu}\, b_{\nu+s,r-s}^{-\mu}\, \frac{1}{2(\nu+r)+1} = \frac{\delta_{0s}}{2\nu+1}\,. \tag{9}$$

Vergleicht man in (8) das Verhalten für $\eta = 1$, so folgt

$$A_{\nu}^{\mu}(\gamma^2) = e^{\pm i\gamma\alpha} \sum_{r=-\infty}^{+\infty} i^{\pm r}\, b_{\nu,r}^{\mu}(\gamma;\alpha)\,. \tag{10}$$

Für $\alpha = 0$ erhält man als Spezialfall die Reihen von **3.54.**, **3.61.**

Besonders einfach ist der Spezialfall $\alpha = \pm 1$. Auch hier wird das Rekursionssystem (6) dreigliedrig (Kugelzentrum = Brennpunkt):

$$\left.\begin{aligned}
2\gamma\, \frac{(\nu+r+1)(\nu+r+\mu+1)}{2\nu+2r+3}\, b_{\nu,r+1}^{\mu}(\gamma;1) + & \\
+ \left[(\nu+r)(\nu+r+1) - \lambda\right] b_{\nu,r}^{\mu}(\gamma;1) + & \\
+ 2\gamma\, \frac{(\nu+r)(\nu+r-\mu)}{2\nu+2r-1}\, b_{\nu,r-1}^{\mu}(\gamma;1) = 0; &
\end{aligned}\right\} \tag{11}$$

die $b_{\nu,r}^{\mu}$ bilden die Lösung vom Typ I oder II für $r \to +\infty$ und $r \to -\infty$. Sie können daher aus (11) mit Hilfe von Kettenbrüchen berechnet werden.

Betrachten wir noch die weitere Spezialisierung auf ganze $\nu = n$ und nehmen wir $\mu \neq -1, -2, -3, \ldots$ an. Dann läßt sich sowohl $\widetilde{Q}s_n^{\mu}(\eta;\gamma^2)$ als auch $\widetilde{Q}s_{-n-1}^{\mu}(\eta;\gamma^2)$ in eine Reihe nach $e^{\pm i\gamma\eta}\,\widetilde{\mathfrak{Q}}_t^{\mu}(\eta)$ $(t = \cdots, -1, 0, 1, 2, \ldots)$ entwickeln. Dasselbe gilt daher für die Funktionen $S_n^{\mu(3)}(\eta;\gamma)$ und $S_n^{\mu(4)}(\eta;\gamma)$. Nimmt man dabei im ersten Falle $e^{i\gamma\eta}$, im zweiten $e^{-i\gamma\eta}$, so laufen auf Grund des asymptotischen Verhaltens der Funktionen $S^{(i)}$ und der Koeffizientenformeln die Reihen nur von $t = 0$ an. Für $t \geq 0$ kann man dann $\widetilde{\mathfrak{Q}}$ durch $\mathfrak{Q}$ ausdrücken und erhält

$$\left.\begin{aligned}
S_n^{\mu(3)}(\eta;\gamma) &= \frac{1}{\Gamma(\mu+1)}\, e^{(-2\mu-n-1)\frac{\pi}{2}i}\, \frac{1}{\gamma\, d_{n,0}^{\mu}(\gamma)}\, e^{i\gamma\eta} \sum_{t=0}^{\infty} i^t\, d_{n,t}^{\mu}(\gamma)\, \mathfrak{Q}_t^{\mu}(\eta)\,, \\
S_n^{\mu(4)}(\eta;\gamma) &= \frac{1}{\Gamma(\mu+1)}\, e^{(-2\mu+n+1)\frac{\pi}{2}i}\, \frac{1}{\gamma\, d_{n,0}^{\mu}(\gamma)}\, e^{-i\gamma\eta} \sum_{t=0}^{\infty} i^{-t}\, d_{n,t}^{\mu}(\gamma)\, \mathfrak{Q}_t^{\mu}(\eta)\,.
\end{aligned}\right\} \tag{12}$$

Dabei ist notwendig

$$d_{n,t}^{\mu}(\gamma) = b_{n,t-n}^{\mu}(\gamma;1)\,. \tag{13}$$

Die Reihen (12) gelten für alle $\eta \neq \pm 1$.

Aus **3.81.**, (4) erhält man weiter neue Entwicklungen der Funktionen $S^{(j)}$ nach Zylinderfunktionen. Für $\eta \to 1$ ergibt sich bei Beachtung von

$$kr = \gamma \left[(\xi\eta - \alpha)^2 + (\xi^2 - 1)(1 - \eta^2) \right]^{\frac{1}{2}},$$

$$\eta_0 = \frac{\xi\eta - \alpha}{\left[(\xi\eta - \alpha)^2 + (\xi^2 - 1)(1 - \eta^2) \right]^{\frac{1}{2}}},$$

also

$$\eta_0 = 1 + (\eta - 1)\frac{\xi^2 - 1}{(\xi - \alpha)^2} + O\left((\eta - 1)^2 \right),$$

die Entwicklung

$$S_\nu^{\mu(j)}(\xi;\gamma) = \frac{1}{A_\nu^\mu(\gamma^2)} (\xi - \alpha)^\mu (\xi^2 - 1)^{-\frac{\mu}{2}} \sum_{r=-\infty}^{+\infty} b_{\nu,r}^\mu(\gamma;\alpha)\, \psi_{\nu+r}^{(j)}\left(\gamma(\xi - \alpha) \right). \tag{14}$$

Für $\alpha = \eta = \eta_0 = 0$ ergibt sich noch

$$S_\nu^{\mu(j)}(\xi;\gamma)\, \mathrm{Ps}_\nu^\mu(0;\gamma^2) = \sum_{r=-\infty}^{+\infty} a_{\nu,2r}^\mu(\gamma^2)\, \psi_{\nu+2r}^{(j)}\left(\gamma\sqrt{\xi^2 - 1} \right) \mathfrak{P}_{\nu+2r}^\mu(0) \tag{15}$$

und, wenn man zuvor nach η differenziert,

$$\left. \begin{aligned} &S_\nu^{\mu(j)}(\xi;\gamma)\, \mathrm{Ps}_\nu^{\mu\prime}(0;\gamma^2) \\ &\qquad = \xi(\xi^2 - 1)^{-\frac{1}{2}} \sum_{r=-\infty}^{+\infty} a_{\nu,2r}^\mu(\gamma^2)\, \psi_{\nu+2r}^{(j)}\left(\gamma\sqrt{\xi^2 - 1} \right) \mathfrak{P}_{\nu+2r}^{\mu\prime}(0). \end{aligned} \right\} \tag{16}$$

(14) konvergiert für $|\xi - \alpha > |\alpha| \pm 1|$, (15) und (16) zumindest für $|\xi^2 - 1| > 1$.

Aus diesen Reihen können wieder mit **1.9.** neue asymptotische Entwicklungen hergeleitet werden. Wir notieren nur die aus (14) folgenden Entwicklungen

$$\left. \begin{aligned} S_\nu^{\mu\left(\frac{3}{4}\right)}(\xi;\gamma) &= (\xi^2 - 1)^{-\frac{\mu}{2}} (\xi - \alpha)^{\mu-1} \frac{e^{\pm i\left(\gamma\xi - (\nu+1)\frac{\pi}{2} \right)}}{\gamma A_\nu^\mu(\gamma^2)} \times \\ &\quad \times \left[\sum_{s=0}^{q-1} \frac{D_{\nu,s}^{\mu\left(\frac{3}{4}\right)}(\gamma;\alpha)}{[\mp 2i\gamma(\xi - \alpha)]^s} + O\left(|\xi - \alpha|^{-q} \right) \right], \end{aligned} \right\} \tag{17}$$

die im Falle $j = 3$ für $-\pi + \delta < \arg\gamma(\xi - \alpha) < 2\pi - \delta$, im Falle $j = 4$ für $-2\pi + \delta < \arg\gamma(\xi - \alpha) < \pi - \delta$, $\delta > 0$ gelten. Es ist dabei

$$D_{\nu,s}^{\mu\left(\frac{3}{4}\right)}(\gamma;\alpha) = \frac{e^{\mp i\gamma\alpha}}{s!} \sum_{r=-\infty}^{+\infty} i^{\mp r} \frac{\Gamma(\nu + r + s + 1)}{\Gamma(\nu + r - s + 1)} b_{\nu,r}^\mu(\gamma;\alpha) \tag{18}$$

und insbesondere

$$D_{\nu,0}^{\mu\left(\frac{3}{4}\right)}(\gamma;\alpha) = A_\nu^\mu(\gamma^2). \tag{19}$$

Durch Einsetzen in die Differentialgleichung folgt ferner für diese Koeffizienten das Rekursionssystem

$$\left.\begin{aligned}
(s+1)\,D^{\mu\,(3)}_{\nu,\,s+1} &+ [s(s+1)-\lambda \pm 2i\alpha\gamma(\mu-1-2s)]\,D^{\mu\,(3)}_{\nu,\,s} + \\
&+ [4\gamma^2(1-\alpha^2)(s-\mu) \pm 4i\alpha\gamma s(\mu-s)]\,D^{\mu\,(3)}_{\nu,\,s-1} + \\
&+ 4\gamma^2(1-\alpha^2)(\mu-s)(\mu-s+1)\,D^{\mu\,(3)}_{\nu,\,s-2} = 0 \\
&\qquad (s=0,1,2,\ldots)
\end{aligned}\right\} \quad (20)$$

mit den Hilfsgrößen

$$D^{\mu\,(3)}_{\nu,\,-2} = D^{\mu\,(3)}_{\nu,\,-1} = 0.$$

Auch (20) wird für $\alpha = \pm 1$ dreigliedrig.

3.83. Entwicklung von Kugelwellen nach Sphäroidwellen. Zugehörige Integralrelationen. Wir setzen in **3.71.** $c_0 = 0$, $\gamma_0\,\xi_0 = kr$, lassen also das zweite elliptische Koordinatensystem zu Kugelkoordinaten ausarten:

$$\left.\begin{aligned}
c\,[\xi\eta \pm i(\xi^2-1)^{\frac{1}{2}}(1-\eta^2)^{\frac{1}{2}}] + c\alpha &= r\,[\eta_0 \pm (1-\eta_0^2)^{\frac{1}{2}}], \\
|\xi+(\xi^2-1)^{\frac{1}{2}}|\,|\eta \pm i(1-\eta^2)^{\frac{1}{2}}| &> |\alpha \pm [\alpha^2-1]^{\frac{1}{2}}|.
\end{aligned}\right\} \quad (21)$$

Dann entstehen die Entwicklungen

$$\left.\begin{aligned}
\psi^{(j)}_\nu(kr)\,\widetilde{\mathfrak{Q}}^{\mu}_\nu(\eta_0) &= \sum_{r=-\infty}^{+\infty} C^{\mu}_{\nu,\,r}(\alpha;\gamma,0)\,S^{\mu\,(j)}_{\nu+r}(\xi;\gamma)\,\widetilde{\mathrm{Q}}\mathrm{s}^{\mu}_{\nu+r}(\eta;\gamma^2), \\
\psi^{(j)}_\nu(kr)\,\mathfrak{P}^{\mu}_\nu(\eta_0) &= \sum_{r=-\infty}^{+\infty} B^{\mu}_{\nu,\,r}(\alpha;\gamma,0)\,S^{\mu\,(j)}_{\nu+r}(\xi;\gamma)\,\mathrm{Ps}^{\mu}_{\nu+r}(\eta;\gamma^2)
\end{aligned}\right\} \quad (22)$$

und die Integralrelationen

$$\frac{1}{2\pi i}\oint_{|\eta+i(1-\eta^2)^{\frac{1}{2}}|=\varrho>1} \psi^{(j)}_\nu(kr)\,\widetilde{\mathfrak{Q}}^{\mu}_\nu(\eta_0)\,\widetilde{\mathrm{Q}}\mathrm{s}^{\mu}_{-\nu-r-1}(\eta;\gamma^2)\,d\eta = A^{\mu}_{\nu,\,r}(\alpha;\gamma,0)\,S^{\mu\,(j)}_{\nu+r}(\xi;\gamma). \quad (23)$$

Nach **3.73.**, Satz 1, **3.74.**, Satz 2, Satz 3, (4), **3.81.**, (3) und (5) gilt noch

$$C^{\mu}_{\nu,\,r}(\alpha;\gamma,0) = (-1)^r\,\frac{2(\nu+r)+1}{2\nu+1}\,c^{\mu}_{-\nu-r-1,\,r}(\gamma;\alpha),$$

$$B^{\mu}_{\nu,\,r}(\alpha;\gamma,0) = (-1)^r\,\frac{2(\nu+r)+1}{2\nu+1}\,b^{-\mu}_{\nu+r,\,-r}(\gamma;\alpha).$$

Wie in **3.81.**, **3.82.** lassen sich aus (22) und (23) viele spezielle Formeln ableiten, unter anderem Entwicklungen von Kugelfunktionen oder Zylinderfunktionen nach Sphäroidfunktionen. Wir gehen darauf nicht näher ein.

Für Sphäroidfunktionen, die in $\eta = \pm 1$ stetig bleiben, kann man in (23) den die Strecke $-1 \leq \eta \leq +1$ umlaufenden Integrationsweg auch in die Strecke selbst legen. Wir betrachten nur den Fall ganzer $n \geq m \geq 0$, $k \geq m \geq 0$ und das Integral

$$I^{(j)}(\xi;\gamma,\alpha) = \int_{-1}^{+1} \psi_k^{(j)}\left(\gamma\sqrt{\xi^2 + \eta^2 + \alpha^2 - 2\alpha\xi\eta - 1}\right) \times \left. \begin{array}{c} \\ \\ \end{array} \right\} \quad (24)$$
$$\times\, P_k^{-m}\left(\frac{\xi\eta - \alpha}{\sqrt{\xi^2+\eta^2+\alpha^2-2\alpha\xi\eta-1}}\right) \mathrm{ps}_n^m(\eta;\gamma^2)\, d\eta,$$

das die Bedingungen von **1.133.**, Satz 1 erfüllt, falls

$$\xi^2 + \eta^2 + \alpha^2 - 2\alpha\xi\eta - 1 \neq 0 \quad \text{für} \quad -1 \leq \eta \leq 1.$$

Wir erhalten also in jedem Falle Sphäroidfunktionen in ξ. Um welche Funktionen es sich handelt, wird durch Untersuchung des asymptotischen Verhaltens für große ξ festgestellt. Man erkennt mit **3.64.**, (43) und der asymptotischen Darstellung der Zylinderfunktionen

$$I^{\binom{3}{4}}(\xi;\gamma,\alpha) = S_n^{m\binom{3}{4}}(\xi;\gamma)\, e^{\pm(n-k)i\frac{\pi}{2}} \int_{-1}^{+1} e^{\mp i\alpha\gamma\eta}\, P_k^{-m}(\eta)\, \mathrm{ps}_n^m(\eta;\gamma^2)\, d\eta. \quad (*)$$

Hier setzt man **3.82.**, (8) mit ps, P statt Ps, $\mathfrak{P}$ ein und erhält mit Hilfe der Orthogonalitäts- und Normierungsrelationen

$$(-1)^m \int_{-1}^{+1} P_k^{-m}(\eta)\, P_l^m(\eta)\, d\eta = \frac{2}{2k+1}\, \delta_{kl}$$

leicht

$$I^{(j)}(\xi;\gamma,\alpha) = (-1)^m \frac{2}{2k+1}\, b_{n,k-n}^m(\gamma;\alpha)\, S_n^{m(j)}(\xi;\gamma). \quad (25)$$

Für $\alpha = 0$ ist speziell

$$b_{n,k-n}^m(\gamma;0) = \begin{cases} a_{n,k-n}^m(\gamma^2) & (k - n \text{ gerade}) \\ 0 & (\text{sonst}). \end{cases}$$

Ein wichtiger Spezialfall ist $k = m$. Wegen

$$P_m^{-m}(\eta) = \frac{1}{2^m m!}\, (1 - \eta^2)^{m/2}$$

und **3.84.**, (32) wird dann gerade

$$\int_{-1}^{+1} e^{-i\alpha\gamma\eta}\, P_m^{-m}(\eta)\, \mathrm{ps}_n^m(\eta;\gamma^2)\, d\eta$$
$$= \frac{i^{-n-m}}{2^{m-1} m!}\, \frac{(n+m)!}{(n-m)!}\, \gamma^{-m}(\alpha^2 - 1)^{-\frac{m}{2}}\, A_n^{-m}(\gamma^2)\, S_n^{m(1)}(\alpha;\gamma),$$

also

$$\int\limits_{-1}^{+1} \psi_m^{(j)}\!\left(\gamma\,\sqrt{\xi^2+\eta^2+\alpha^2-2\xi\alpha\eta-1}\right) P_m^{-m}\!\left(\frac{\xi\eta-\alpha}{\sqrt{\xi^2+\eta^2+\alpha^2-2\xi\alpha\eta-1}}\right)\times$$
$$\times \mathrm{ps}_n^m(\eta;\gamma^2)\,d\eta \qquad\qquad\qquad\qquad\qquad\qquad\qquad\qquad\qquad\qquad$$
$$= \frac{(-1)^m}{2^{m-1}m!}\,\frac{(n+m)!}{(n-m)!}\,\gamma^{-m}(\alpha^2-1)^{-\frac{m}{2}}A_n^{-m}(\gamma^2)\,S_n^{m(j)}(\xi;\gamma)\,S_n^{m(1)}(\alpha;\gamma). \tag{26}$$

Man sieht auch sofort, daß für $j=1$, $k=m$ der mit $(\alpha^2-1)^{m/2}$ multiplizierte Integrand eine auch bei $\xi=\alpha$ reguläre symmetrische Funktion von ξ und α ist. Besonders einfache Formeln entstehen für $m=0$ und $\alpha=1$. So ist

$$\frac{1}{2}\int\limits_{-1}^{1}\frac{e^{\pm i\gamma(\xi-\eta)}}{\pm i\gamma(\xi-\eta)}\,\mathrm{ps}_n(\eta;\gamma^2)\,d\eta = [A_n(\gamma^2)]^2 K_n(\gamma)\,S_n^{(3)}_{(4)}(\xi;\gamma) \tag{26*}$$

für ξ außerhalb $-1\leq\xi\leq1$. Durch Addition ergibt sich die Integralgleichung

$$\frac{1}{2}\int\limits_{-1}^{1}\frac{\sin\gamma(\xi-\eta)}{\gamma(\xi-\eta)}\,\mathrm{ps}_n(\eta;\gamma^2)\,d\eta = [A_n(\gamma^2)\,K_n(\gamma)]^2\,\mathrm{ps}_n(\xi;\gamma^2). \tag{26**}$$

In (26*), (26**) wurden die oberen Indizes $m=0$ weggelassen.

Zum Schluß sei die Entwicklung der GREENschen Funktion des ganzen Raumes notiert:

Es seien ξ,η,φ und ξ_1,η_1,φ_1 die gestreckt-rotationselliptischen Koordinaten zweier Punkte mit dem Abstande R. Dann ist für $\xi>\xi_1$

$$\frac{e^{\pm ikR}}{kR} = \pm i\sum_{n=0}^{\infty}(2n+1)\sum_{m=-n}^{n} S_n^{m\,(3)}_{(4)}(\xi;\gamma)\,S_n^{m(1)}(\xi_1;\gamma)\times$$
$$\times (-1)^m\,\mathrm{ps}_n^m(\eta;\gamma^2)\,\mathrm{ps}_n^{-m}(\eta_1;\gamma^2)\,e^{im(\varphi-\varphi_1)}. \tag{27}$$

Für $\xi<\xi_1$ sind darin ξ_1,ξ zu vertauschen. Man erhält (27), wenn man beachtet, daß R eine gerade Funktion von $\varphi-\varphi_1$ und in η,η_1 symmetrisch ist, indem man zuerst nach $e^{im(\varphi-\varphi_1)}$ entwickelt, feststellt, daß die Koeffizienten der Differentialgleichung **3.71.**, (2) mit $\mu=m$ genügen und bei $\eta=\pm1$, $\eta_1\neq\pm1$ stetig sind, diese dann nach $\mathrm{ps}_n^m(\eta;\gamma^2)$, also wegen der Symmetrie in η,η_1 nach Produkten $\mathrm{ps}_n^m(\eta;\gamma)\,\mathrm{ps}_n^{-m}(\eta_1;\gamma)$ entwickelt, und schließlich mit **1.133.**, Satz 1 die hier auftretenden Koeffizienten als Sphäroidfunktionen in ξ bzw. ξ_1 erkennt, die mit ihrem asymptotischen Verhalten bzw. durch ihre Regularität bei $\xi_1=1$ bestimmt sind.

Die entsprechende Formel für den abgeplatteten Fall erhält man mit

$$\xi\to-i\xi, \qquad \gamma\to i\gamma.$$

3.84. Weitere Integralrelationen. Entwicklung von Zylinderwellen und ebenen Wellen. Eine Reihe von Integralrelationen zwischen Sphäroidfunktionen kann als Verallgemeinerung der Integralrelationen zwischen Zylinder- und Kugelfunktionen von **3.32.** aufgefaßt und aus diesen hergeleitet werden.

Die in **3.32.** betrachtete Funktion u wird für $k = 1$, $c = \gamma$ in gestreckt-rotationselliptischen Koordinaten

$$u(\xi, \eta, \varphi) = e^{i\gamma\xi\eta}(\xi^2 - 1)^{\mu/2}(1 - \eta^2)^{\mu/2}e^{i\mu\varphi}.$$

Es kann also

$$e^{i\gamma\xi\eta}(\xi^2 - 1)^{\mu/2}(\eta^2 - 1)^{\mu/2}$$

als Kern für Integralrelationen zwischen Sphäroidfunktionen dienen.

Man kann sie aus denen von **3.32.** herleiten, indem man entsprechende Integrationswege verwendet, dabei die Reihen von **3.61.** für Ps und Qs einsetzt und die entstehenden Reihen nach Zylinderfunktionen mit **3.64.**, (42) identifiziert. Man erhält so aus **3.32.**, (27) zunächst

$$\left. S_\nu^{\mu(3)}(\xi; \gamma) = \frac{1}{2}\frac{e^{i(\mu-1-\nu)\frac{\pi}{2}}}{\sin \pi \mu}\frac{\gamma^\mu}{A_\nu^{-\mu}(\gamma^2)} \times \atop \times \int\limits_{\infty\, i e^{-i\omega}}^{(+1-)} e^{i\gamma\xi\eta}(\xi^2 - 1)^{\mu/2}(\eta^2 - 1)^{\mu/2}\,\mathrm{Ps}_\nu^{-\mu}(\eta; \gamma^2)\,d\eta. \right\} \quad (28)$$

Das entsprechend mit Ps_ν^μ gebildete Integral verschwindet wegen der Regularität des Integranden bei $\eta = 1$, also folgt daraus

$$\left. S_\nu^{\mu(3)}(\xi; \gamma) = \frac{1}{\pi}\frac{\Gamma(\nu - \mu + 1)}{\Gamma(\nu + \mu + 1)}e^{-i(\nu+\mu-1)\frac{\pi}{2}}\frac{\gamma^\mu}{A_\nu^{-\mu}(\gamma^2)} \times \atop \times \int\limits_{\infty\, i e^{-i\omega}}^{(+1-)} e^{i\gamma\xi\eta}(\xi^2 - 1)^{\mu/2}(\eta^2 - 1)^{\mu/2}\,\mathrm{Qs}_\nu^\mu(\eta; \gamma^2)\,d\eta. \right\} \quad (29)$$

Analog gilt

$$\left. S_\nu^{\mu(4)}(\xi; \gamma) = \frac{1}{\pi}\frac{\Gamma(\nu - \mu + 1)}{\Gamma(\nu + \mu + 1)}e^{-i(\nu+\mu-1)\frac{\pi}{2}}\frac{\gamma^\mu}{A_\nu^{-\mu}(\gamma^2)} \times \atop \times \int\limits_{\infty\, i e^{-i\omega}}^{(-1-)} e^{i\gamma\xi\eta}(\xi^2 - 1)^{\mu/2}(\eta^2 - 1)^{\mu/2}\,\mathrm{Qs}_\nu^\mu(\eta; \gamma^2)\,d\eta, \right\} \quad (30)$$

was man auch aus (29) und der aus **3.32.**, (19), (20) folgenden Relation

$$\left. S_\nu^{\mu(1)}(\xi; \gamma) = \frac{1}{2\pi}\frac{\Gamma(\nu - \mu + 1)}{\Gamma(\nu + \mu + 1)}e^{-i(\nu+\mu-1)\frac{\pi}{2}}\frac{\gamma^\mu}{A_\nu^{-\mu}(\gamma^2)} \times \atop \times \int\limits_{\infty\, i e^{-i\omega}}^{(+1-,\,-1-)} e^{i\gamma\xi\eta}(\xi^2 - 1)^{\mu/2}(\eta^2 - 1)^{\mu/2}\,\mathrm{Qs}_\nu^\mu(\eta; \gamma^2)\,d\eta \right\} \quad (31)$$

entnehmen kann. Voraussetzungen sind für (28), (29)

$$-\frac{\pi}{2} < \omega < \frac{3}{2}\pi,$$

für (30)

$$-\frac{3}{2}\pi < \omega < \frac{\pi}{2};$$

für (31) ist ω beliebig; stets erhält man den Zweig

$$\big|\arg\left[\gamma(\xi \pm 1)\right] - \omega\big| < \frac{\pi}{2}.$$

Für $\mathfrak{Re}\,\mu > -1$ kann man die Schleifenintegrale (28) bis (30) geeignet durch Integrale über von 1 bzw. -1 ausgehende Strahlen ersetzen.

Für ganze $\nu = n \ge \mu = m \ge 0$ folgt aus (31) die einfache Relation

$$S_n^{m\,(1)}(\xi;\gamma) = \frac{1}{2}\,i^{m-n}\,\frac{\gamma^m}{A_n^{-m}(\gamma^2)}\int\limits_{-1}^{1}e^{i\gamma\xi\eta}(\xi^2-1)^{m/2}(1-\eta^2)^{m/2}\mathrm{ps}_n^{-m}(\eta;\gamma^2)\,d\eta \quad (32)$$

und damit die Reihenentwicklung

$$\left.\begin{aligned}
&e^{i\gamma\xi\eta}(\xi^2-1)^{m/2}(1-\eta^2)^{m/2}\\
&\quad = \sum_{n=m}^{\infty}(2n+1)\,\frac{i^{n+m}}{\gamma^m}\,A_n^{-m}(\gamma^2)\,S_n^{m\,(1)}(\xi;\gamma)\,\mathrm{ps}_n^{m}(\eta;\gamma^2).
\end{aligned}\right\} \quad (32^*)$$

Eine Verallgemeinerung dieser Kerne stellen die bei der Separation in Zylinderkoordinaten entstehenden Funktionen

$$\mathfrak{Z}_\mu\big(\gamma\sqrt{(1-\sigma^2)(1-\eta^2)(\xi^2-1)}\big)e^{i\sigma\gamma\xi\eta}$$

dar. Man kann ähnliche Integrationswege wie in (28) bis (32) nehmen. Wir betrachten nur den zu (32) analogen Fall ganzer $\nu = n \ge \mu = m \ge 0$. Man erkennt dann

$$\left.\begin{aligned}
&\int\limits_{-1}^{1}J_m\big(\gamma\sqrt{(1-\sigma^2)(1-\eta^2)(\xi^2-1)}\big)e^{i\sigma\gamma\xi\eta}\,\mathrm{ps}_n^{-m}(\eta;\gamma^2)\,d\eta\\
&\quad = 2\,i^{n-m}\,S_n^{m\,(1)}(\xi;\gamma)\,\mathrm{ps}_n^{-m}(\sigma;\gamma^2).
\end{aligned}\right\} \quad (33)$$

Man hat nur die Regularität und Symmetrie in ξ,σ zu beachten und die Konstante nach Grenzübergang $\sigma\to 1$ aus (32) zu bestimmen.

(33) ist äquivalent der Entwicklung der Zylinderwelle (vgl. **3.66.**)

$$\left.\begin{aligned}
&e^{i\sigma\gamma\xi\eta}J_m\big(i\gamma\sqrt{(1-\xi^2)(1-\eta^2)(1-\sigma^2)}\big)\\
&\quad = \sum_{n=m}^{\infty}(2n+1)\,i^n\,K_n^m(\gamma)\,\mathrm{ps}_n^{-m}(\xi;\gamma^2)\,\mathrm{ps}_n^{m}(\eta;\gamma^2)\,\mathrm{ps}_n^{m}(\sigma;\gamma^2).
\end{aligned}\right\} \quad (34)$$

Multipliziert man hier mit $i^m e^{im\varphi}$ und summiert über m, so erhält man aus der Darstellung der ebenen Welle als Überlagerung von Zylinderwellen die Darstellung als Überlagerung von Sphäroidwellen

$$\exp\left\{i\gamma\left[\sqrt{(\xi^2-1)(1-\eta^2)}\,\sin\vartheta\cos\varphi + \xi\eta\cos\vartheta\right]\right\}$$
$$= \exp\{ik(x_1\sin\vartheta + x_3\cos\vartheta)\} \tag{35}$$
$$= \sum_{n=0}^{\infty}\ \sum_{m=-n}^{n}(2n+1)\,i^{n+2m}\,S_n^{m\,(1)}(\xi;\gamma)\,\mathrm{ps}_n^m(\eta;\gamma^2)\,\mathrm{ps}_n^{-m}(\cos\vartheta;\gamma^2)\,e^{im\varphi}.$$

3.85. Transformation von Reihenentwicklungen. Setzt man in eine der Integralbeziehungen zwischen Sphäroidfunktionen (vgl. **3.73.**, **3.83.**, **3.84.**) eine der Reihenentwicklungen nach speziellen Funktionen ein, so kann man meist gliedweise integrieren und erhält so Reihenentwicklungen von Sphäroidfunktionen nach im allgemeinen anderen speziellen Funktionen. Wir haben dies schon in **3.64.** durchgeführt, wo wir Reihen nach Zylinderfunktionen aus Reihen nach Kugelfunktionen herleiteten.

Im folgenden sei ein weiteres Beispiel angegeben.

Wir nehmen $\nu=n$, $\mu=m$ ganz, $n\geq m\geq 0$ an und setzen

$$p = 0 \qquad (n-m\ \text{gerade}),$$
$$p = 1 \qquad (n-m\ \text{ungerade}).$$

Dann kann man offenbar

$$\mathrm{Ps}_n^{-m}(z;\gamma^2) = \frac{(z^2-1)^{m/2}}{2^m m!}\,z^p A_n^{-m}(\gamma^2)\sum_{s=0}^{\infty}\frac{v_{2s}}{v_0}x^{2s} \tag{36}$$

mit
$$x^2 = z^2 - 1$$

entwickeln. Die Potenzreihen sind dabei überall konvergent. Die Koeffizienten genügen, wie man durch Einsetzen von (36) in die Sphäroiddifferentialgleichung feststellt, der Rekursion

$$(2s+2)(2s+2m+2)\,v_{2s+2} +$$
$$+ [(2s+m+p)(2s+m+p+1)-\lambda]v_{2s}+\gamma^2 v_{2s-2} = 0 \tag{37}$$
$$(s = 0, 1, 2, \ldots;\quad v_{-2}=0;\quad v_0 \neq 0)$$

und sind dadurch bis auf einen Faktor bestimmt. Man hat

$$\limsup_{s\to\infty}\sqrt[2s]{|v_{2s}|\,(2s)!} = |\gamma|. \tag{38}$$

Aus **3.32.**, (27) leitet man nun für $\nu=\mu=t=0, 1, 2, \ldots$ sofort

$$\zeta^{-t}\psi_t^{(3)}(\zeta) = \frac{(-1)^{t+1}}{2^t t!}\int_1^{i\infty e^{-i\omega}} e^{i\zeta\eta}(\eta^2-1)^t\,d\eta \tag{39}$$

her. Man erhält dann mit

$$\frac{d}{d\zeta}\left[\zeta^{-t}\,\psi_t^{(j)}(\zeta)\right] = -\,\zeta^{-t}\,\psi_{t+1}^{(j)}(\zeta)$$

die Beziehung

$$\zeta^{-t}\,\psi_{t+1}^{(3)}(\zeta) = i\,\frac{(-1)^t}{2^t t!}\int\limits_{1}^{i\infty e^{-i\omega}} e^{i\zeta\eta}(\eta^2 - 1)^t\,\eta\,d\eta. \tag{40}$$

Setzen wir jetzt (36) in die aus **3.84.**, (28) nach Reduktion des Integrationsweges auf den von $+1$ ausgehenden Strahl entstehende Integralrelation ein, so erhalten wir bei gliedweiser Integration, die wegen (38) erlaubt ist, die Entwicklung

$$\left.\begin{aligned} S_n^{m(j)}(\xi;\gamma) &= \xi^{-m}(\xi^2-1)^{m/2}\times \\[2mm] &\times\frac{i^{m-n+p}}{m!}\sum_{s=0}^{\infty}(-1)^s\,\frac{v_{2s}}{v_0}\,\Gamma(m+s+1)\left(\frac{\gamma\xi}{2}\right)^{-s}\psi_{m+s+p}^{(j)}(\gamma\xi), \end{aligned}\right\} \tag{41}$$

und zwar auf diesem Wege für $j=3$. Man gewinnt (41) für $j=4$ und damit auch für $j=1, 2$, wenn man analog an **3.84.**, (30) anknüpft. (41) konvergiert stets für $|\xi|>1$, bei $j=1$ auch für $|\xi|\leqq 1$.

Bezüglich Entwicklungen dieser Art sei auf FISHER [1], SPENCE [1] und LEITNER und SPENCE [3] verwiesen.

3.9. Ergänzungen.

3.91. Formeln zur γ-Asymptotik der Sphäroidfunktionen. Ohne Beweise geben wir noch einige asymptotische Formeln für Sphäroidfunktionen mit $n\geqq m\geqq 0$, mit reellem $\gamma\gg 1$ bzw. $\gamma^*=-i\gamma\gg 1$. Sie ergänzen die etwas andersartigen asymptotischen Entwicklungen in **3.25.**

I. Sei γ reell und $\gg 1$. Wir setzen (vgl. **3.25.**)

$$\lambda = -\gamma^2 + q\gamma + \left(m^2 - \frac{5}{8} - \frac{q^2}{8}\right) + \cdots, \qquad q = 2n - 2m + 1.$$

Sei

$$\xi = 2i\gamma\sqrt{z^2-1} - iq\arccos\frac{1}{z} + \frac{q^2+3}{8i\gamma z^2}\sqrt{z^2-1} + \cdots$$

mit

$$\sqrt{z^2-1} > 0, \qquad \arg\xi = \frac{\pi}{2}, \qquad 0 < \arccos\frac{1}{z} < \frac{\pi}{2} \qquad \text{für} \quad 1 < z < \infty.$$

Sei ferner

$$\eta = 2\gamma\left(1 - \sqrt{1-z^2}\right) + \frac{q}{2}\log\frac{1+\sqrt{1-z^2}}{2} + \cdots.$$

Dann gilt zunächst in $1 < z < \infty$

$$S_n^{m\,(3,4)}(z;\gamma) \sim \left[\frac{\pi}{2\gamma(z^2-1)}\,\frac{\xi}{\xi'}\right]^{\frac{1}{2}} H_m^{(1,2)}\left(-\frac{i}{2}\,\xi\right). \qquad (1)$$

Diese asymptotischen Darstellungen und die entsprechenden für $S_n^{m\,(1,2)}(z;\gamma)$ — für sie ist $H_m^{(1,2)}$ in (1) durch J_m bzw. N_m zu ersetzen — können oberhalb und unterhalb des Verzweigungsschnittes $-\infty < z < 1$ bis $z = \delta$ mit festem $\delta > 0$ fortgesetzt werden. Für $z \approx 1$ ergibt sich

$$S_n^{m\,(1)}(z;\gamma) \sim \left(\frac{\pi}{2\gamma}\right)^{\frac{1}{2}} \frac{1}{m!}\left(\frac{\gamma}{2}\right)^m (z^2-1)^{m/2}\left[1 - \frac{q}{2\gamma} - \frac{q^2+3}{16\gamma^2} + \cdots\right]^m. \qquad (2)$$

Ferner gilt für reelle z in $0 < |z| < 1 - \delta$ mit festem $\delta > 0$ für gerade $n-m$

$$\mathrm{ps}_n^m(z;\gamma^2) \sim (1-z^2)^{-\frac{1}{2}}(\eta')^{-\frac{1}{2}} M_{\frac{q}{4},\,-\frac{1}{4}}(\eta)\,(4\gamma)^{\frac{1}{4}}\,\mathrm{ps}_n^m(0;\gamma^2), \qquad (3)$$

für ungerade $n-m$

$$\mathrm{ps}_n^m(z;\gamma^2) \sim (1-z^2)^{-\frac{1}{2}}(\eta')^{-\frac{1}{2}} M_{\frac{q}{4},\,\frac{1}{4}}(\eta)\left(\frac{4}{\gamma}\right)^{\frac{1}{4}}\mathrm{ps}_n^{m\,\prime}(0;\gamma^2). \qquad (4)$$

Wir vermerken noch den Zusammenhang dieser WHITTAKERschen Funktionen mit den Funktionen des parabolischen Zylinders (nur für ganze $n \geq m \geq 0$)

$$M_{\frac{q}{4},\,-\frac{1}{4}}(\eta) = \pi^{-\frac{1}{2}} 2^{\frac{m-n}{2}} \eta^{\frac{1}{4}} \Gamma\left(\frac{1}{2} - \frac{n}{2} + \frac{m}{2}\right) D_{n-m}\left(\sqrt{2\eta}\right)$$

$$(n-m = \text{gerade}),$$

$$M_{\frac{q}{4},\,\frac{1}{4}}(\eta) = -\pi^{-\frac{1}{2}} \Gamma\left(-\frac{n}{2} + \frac{m}{2}\right) 2^{\frac{m-n-2}{2}} \eta^{\frac{1}{4}} D_{n-m}\left(\sqrt{2\eta}\right)$$

$$(n-m = \text{ungerade}),$$

aus dem auch der Zusammenhang von (3) bzw. (4) mit den asymptotischen Darstellungen der $\mathrm{ps}_n^m(z;\gamma^2)$ aus **3.25.**, Satz 8 ersichtlich ist. Vergleich von (2) und (3) bzw. (4) in $0 < \delta \leq z \leq 1 - \delta$ mit festem $\delta > 0$ gibt unter Anwendung der asymptotischen Darstellungen der Funktionen $J_m\left(-\frac{i}{2}\,\xi\right)$ und $D_{n-m}\left(\sqrt{2\eta}\right)$ für große positive ξ bzw. η für gerade $n-m$

$$S_n^{m\,(1)}(\pm i\,0;\gamma) \sim \left(\frac{2}{\pi}\right)^{\frac{1}{2}} e^{\pm i\pi n/2} \Gamma\left(\frac{n-m+1}{2}\right)(4\gamma)^{-\frac{n-m+2}{2}} e^\gamma \qquad (5)$$

und für ungerade $n-m$

$$S_n^{m\,(1)}(\pm i\,0;\gamma) \sim \left(\frac{2}{\pi}\right)^{\frac{1}{2}} e^{\pm i\pi(n+1)/2} \Gamma\left(\frac{n-m+2}{2}\right)(4\gamma)^{-\frac{n-m+1}{2}} e^\gamma. \qquad (6)$$

II. Sei $\gamma^* = -i\gamma$ reell und $\gg 1$. Wir setzen (vgl. **3.25.**, Satz 12)

$$\lambda = 2q\gamma^* + \tfrac{1}{2}(m^2 - 1 - q^2) + \cdots;$$

$$q = n + 1 \ \text{für gerade } n - m, \ q = n \ \text{für ungerade } n - m.$$

Sei

$$\xi = 2\gamma^*(z - 1) - q \log\frac{1+z}{2} +$$

$$+ \frac{1}{\gamma^*}\left\{\frac{q^2}{4}\left[\frac{2}{z-1}\log\frac{1+z}{2} + \frac{1}{z+1} - 2\right] + \frac{1-\mu^2}{4}\left(\frac{1}{z+1} - \frac{1}{2}\right)\right\} + \cdots$$

und

$$\eta = 2\gamma^* z + q \log\frac{1-z}{1+z} + \frac{q^2 + 1 - m^2}{2\gamma^*}\,\frac{z}{z^2-1} + \cdots.$$

Dann gilt auf der negativ imaginären z-Achse mit $\zeta = iz \geqq 0$

$$\left.\begin{aligned}
S_n^{m\,(3,4)}(-i\zeta; i\gamma^*) &\sim \left[\tfrac{1}{2}\gamma^*(1-z^2)\frac{d\eta}{dz}\right]^{-\frac{1}{2}}\exp\left[\mp\frac{n+1-q}{2}\pi \mp \frac{\eta}{2}\right] \sim \\
&\sim \frac{1}{\gamma^*}\,e^{\mp i\frac{n+1-q}{2}\pi}(1+\zeta^2)^{-\frac{1}{2}}\left[1 - \frac{q}{\gamma^*(1+\zeta^2)}\right]^{-\frac{1}{2}} \times \\
&\quad \times \exp\left[\pm i\gamma^*\zeta \mp iq\arctan\zeta \pm \frac{i\zeta}{1+\zeta^2}\frac{1}{4\gamma^*}(m^2 - 1 - q^2) + \cdots\right].
\end{aligned}\right\} \quad (7)$$

Für gerade $n - m$ wird

$$S_n^{m\,(3,4)}(-i\,0; i\gamma^*) \sim \frac{1}{\gamma^*}\left(1 + \frac{n+1}{2\gamma^*} + \cdots\right) \sim S_n^{m\,(1)}(-i\,0; i\gamma^*), \quad (8)$$

$$S_n^{m\,(3,4)\prime}(-i\,0; i\gamma^*) \sim \pm i\left(1 - \frac{n+1}{2\gamma^*} + \cdots\right). \quad (9)$$

Für ungerade $n - m$ wird

$$S_n^{m\,(3,4)}(-i\,0; i\gamma^*) \sim \mp\frac{i}{\gamma^*}\left(1 + \frac{n}{2\gamma^*}\right), \quad (10)$$

$$S_n^{m\,(3,4)\prime}(-i\,0; i\gamma^*) \sim 1 - \frac{n}{2\gamma^*} \sim S_n^{m\,(1)\prime}(-i\,0; i\gamma^*). \quad (11)$$

Ferner ist in $0 < \delta \leqq z \leqq 1$ mit einem Normierungsfaktor N_n^m und mit $2p = q - m - 1 = n - m$ für gerade $n - m$ und $= n - m - 1$ für ungerade $n - m$

$$\mathrm{ps}_n^m(z; -\gamma^{*2}) \sim N_n^m \cdot (1-z^2)^{-\frac{1}{2}}\left[\frac{\xi'(z)}{2\gamma^*}\right]^{-\frac{1}{2}}\left[-\frac{\xi(z)}{2\gamma^*}\right]^{\frac{m+1}{2}} e^{\frac{\xi}{2}} L_p^{(m)}(-\xi). \quad (12)$$

Schließlich gilt für reelle z in $-1 \leqq z \leqq 1$ und darüber hinaus durch analytische Fortsetzung

$$\left.\begin{aligned}
S_n^{m\,(1)}(z - i\,0; i\gamma^*) &\sim e^{i\frac{n-1-q}{2}\pi}2^{-\frac{q}{2}}\left(\frac{q-m-1}{2}\right)!\,(-2\gamma^*)^{\frac{m-1-q}{2}} \times \\
&\quad \times \left(1 + \frac{4q+1-m^2}{16\gamma^*}\right)e^{\gamma^*}\frac{\mathrm{ps}_n^m(z; -\gamma^{*2})}{N_n^m}.
\end{aligned}\right\} \quad (13)$$

Aus (12) ergibt sich eine in $-1+\delta \leq z \leq 1-\delta$ gültige asymptotische Darstellung für $ps_n^m(z; -\gamma^{*2})$, indem für gerade bzw. ungerade $n-m$ die mit $-z$ statt z gebildete rechte Seite in (12) zum dortstehenden Ausdruck addiert bzw. von ihm subtrahiert wird.

Für den Abstand zweier benachbarter Eigenwerte mit demselben q und m folgt für große positive γ^*

$$\Delta \lambda \sim \frac{2(4\gamma^*)^{q+1} e^{-2\gamma^*}}{p!(m+p)!} \left[1 + \frac{m^2 - (q+1)(3q+1)}{8\gamma^*} + \cdots\right]. \tag{14}$$

Zur Herleitung der obigen Ergebnisse dienen die Methoden von LANGER [1, 2, 3, 4] und CHERRY [1]. Mit ihnen können die maximalen Gültigkeitsbereiche und Fehlerabschätzungen für die obigen Formeln gewonnen werden.

3.92. Nullstellen der Sphäroidfunktionen. Wir stellen einige Sätze über die Nullstellen der Sphäroidfunktionen zusammen.

Satz 1. *Jede Sphäroidfunktion hat, mit eventueller Ausnahme der Punkte $z = \pm 1$, nur einfache Nullstellen.*

Wäre nämlich eine dieser Nullstellen mehrfach, so würden dort nach der Sphäroiddifferentialgleichung alle Ableitungen verschwinden, die Sphäroidfunktion also identisch Null sein.

Satz 2. *Für reelles γ^2 besitzen die Funktionen $ps_n^m(z, \gamma^2)$ $(n \geq m \geq 0)$ im Intervall $-1 < z < 1$ genau $n-m$ Nullstellen. Diese hängen regulär analytisch von γ^2 ab, gehen für $\gamma^2 \to 0$ in die Nullstellen von $P_n^m(z)$ über und nähern sich für $\gamma^2 \to +\infty$ den Nullstellen des HERMITEschen Polynoms* $\mathrm{He}_{n-m}(\sqrt{2\gamma}\, z)$, *für $\gamma^2 = -\gamma^{*2} \to -\infty$ den Nullstellen der beiden LAGU-ERREschen Polynome* $L_p^{(m)}(2\gamma^*(1 \pm z))$ $(2p = n-m$ *für gerade $n-m$ bzw. $= n-m-1$ für ungerade $n-m$), wozu bei ungeraden $n-m$ noch die Nullstelle $z = 0$ kommt.*

Wir verweisen hierzu auf **3.23.**, Satz 5 und **3.25.**, Satz 8 und Satz 11 und die nach Satz 8 genannte Bemerkung über den Ersatz der Approximation im Mittel durch die gleichmäßige Approximation.

Satz 3. *Für $\gamma^2 > 0$ besitzen die Funktionen $S_n^{m(j)}(z; \gamma)$, $(j = 1, 2)$ unendlich viele Nullstellen in $1 < z < \infty$. Sie lassen sich den Nullstellen von $\psi_n^{(j)}(\gamma z)$ eindeutig zuordnen und nähern sich diesen asymptotisch für $z \to \infty$ und für $\gamma \to 0$. Sie hängen regulär analytisch von γ ab.*

Satz 4. *Für $\gamma^{*2} > 0$ besitzen die Funktionen $S_n^{m(j)}(-iz; i\gamma^*)$ $(j = 1, 2)$ unendlich viele Nullstellen in $0 < z < \infty$. Sie lassen sich den Nullstellen von $\psi_n^{(j)}(\gamma z)$ eindeutig zuordnen und nähern sich diesen asymptotisch für $z \to \infty$ und für $\gamma^* \to 0$. Sie hängen regulär analytisch von γ^* ab.*

Der Beweis verläuft analog wie in **2.81.** Für einige dieser Funktionen ist der Verlauf in den Abb. 18, 19, 20 wiedergegeben.

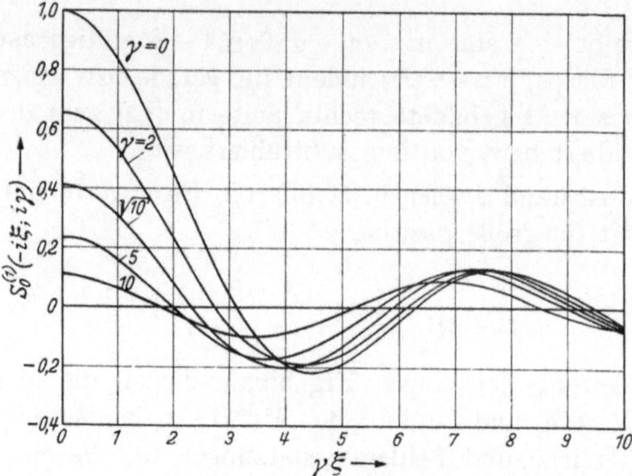

Abb. 18. Die Funktion $S_0^{0(1)}(-i\xi; i\gamma)$ für verschiedene Werte von γ, aufgetragen über $\gamma\xi$. Die Kurve für $\gamma = 10$ stimmt innerhalb der Zeichengenauigkeit mit der asymptotischen Darstellung 3.91., (7) überein. Insbesondere ist für $\gamma = 5$ bzw. 10 $S_0^{0(1)}(-i0; i\gamma) = 0{,}2287$ bzw. $0{,}1058$ gegenüber den asymptotischen Werten nach 3.91., (7) 0,22 bzw. 0,105.

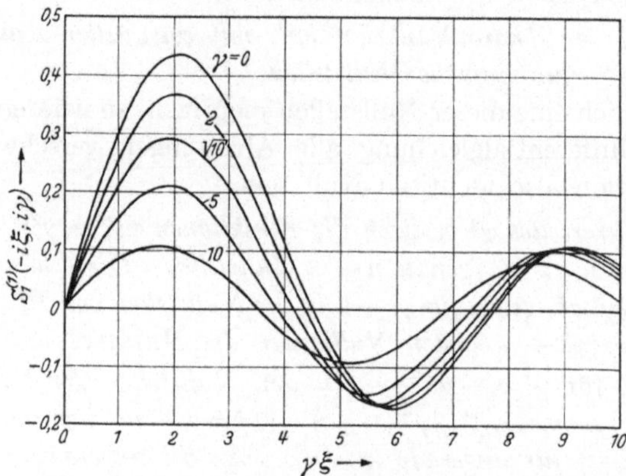

Abb. 19. Die Funktion $S_1^{0(1)}(-i\xi; i\gamma)$ für verschiedene Werte von γ, aufgetragen über $\gamma\xi$.

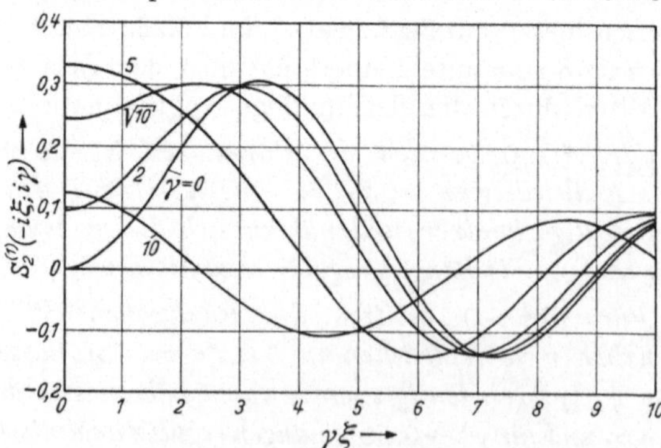

Abb. 20. Die Funktion $S_2^{0(1)}(-i\xi; i\gamma)$ für verschiedene Werte von γ, aufgetragen über $\gamma\xi$. Es ist $S_2^{0(1)}(-i0; 10i) = 0{,}1230$, während die asymptotische Darstellung 3.91., (7) 0,115 gibt. Das Maximum welches für $\gamma = 0$ bei $\gamma\xi = 3{,}34\ldots$ liegt, rückt für $\lambda = 0$, d.h. $\gamma = 4{,}099\ldots$ in den Punkt $\gamma\xi = 0$.

Für kleine γ^2 lassen sich die Nullstellen von $\mathrm{ps}_\nu^\mu(z;\gamma^2)$ und $\mathrm{qs}_\nu^\mu(z;\gamma^2)$, sowie von $S_\nu^{\mu(j)}(z;\gamma)$ analog wie in **2.85.** nach Potenzen von γ^2 entwickeln. Ist insbesondere x eine Nullstelle von $\psi_\nu^{(j)}(\gamma z)$ $(j=1,2,3,4)$, so gilt für die zugeordnete Nullstelle von $S_\nu^{\mu(j)}(z;\gamma)$

$$\gamma z = x + \frac{1}{x}\,\frac{\nu^2+\nu+\mu^2-1}{(2\nu-1)(2\nu+3)}\,\gamma^2 + O(\gamma^4).$$

Für große positive γ bzw. γ^* lassen sich die Nullstellen der Sphäroidfunktionen $S_n^{m(j)}(z;\gamma)$ bzw. $S_n^{m(j)}(-iz;i\gamma^*)$ $(j=1,2)$ in $1<z<\infty$ bzw. $0\le z<\infty$ aus den in **3.91.** angegebenen asymptotischen Darstellungen näherungsweise berechnen.

3.93. Numerische Methoden. Es ist zwischen der numerischen Berechnung des Zusammenhangs zwischen den Parametern λ,μ^2,γ^2 und dem charakteristischen Exponenten ν einerseits und der numerischen Integration der Sphäroiddifferentialgleichung bzw. der numerischen Berechung der Sphäroidfunktionen andererseits zu unterscheiden. Das erste Problem läßt sich unabhängig vom zweiten lösen, indem man von der Rekursion (8) und den Bedingungen (9) in **3.411.** oder von (10) und den Bedingungen (11) in **3.62.** oder auch **3.82.**, (11) und entsprechenden Bedingungen ausgeht. Man berechnet dann z.B. λ bei gegebenen ν,μ^2,γ^2 mit ähnlichen Rechenschemata wie in **2.87.** Auch die Verbesserung von Näherungswerten für λ oder ν kann ähnlich wie dort geschehen. Für Einzelheiten verweisen wir auf BOUWKAMP [1, 3] und BLANCH [1]. Sofern es nicht auf die gleichzeitige Berechnung von Sphäroidfunktionen ankommt, ist die Rekursion **3.411.**, (8) wegen der besonders einfachen Bauart ihrer Koeffizienten vorzuziehen, obwohl man in dem zugehörigen Rechenschema mehr Zeilen benötigt als mit der Rekursion **3.62.**, (10). Will man aber auch die Sphäroidfunktionen zu gegebenen ν,μ^2,γ^2 mit Hilfe der Entwicklungen **3.62.**, (7), (8) und **3.64.**, (42) oder **3.82.**, (12), (14) berechnen, so wird der Nachteil der größeren Kompliziertheit der Rekursion für die $a_{\nu,2r}^\mu$ oder $b_{\nu,r}^\mu$ dadurch aufgewogen, daß das Rechenschema mit einer dieser Rekursionen gleichzeitig die numerischen Werte der Entwicklungskoeffizienten $a_{\nu,2r}^\mu$ oder $b_{\nu,r}^\mu$ mitliefert. Im übrigen kann man häufig, zum mindesten um gute Näherungswerte zu gewinnen, von der Potenzreihenentwicklung **3.531.**, (6) oder von den asymptotischen Reihen in **3.25.**, Satz 9 oder Satz 12 ausgehen. Schließlich sind insbesondere für die Berechnung des charakteristischen Exponenten bei gegebenen λ,μ^2,γ^2 mit Vorteil die Produktformeln in **3.532.** verwendbar, sofern die Eigenwerte $\lambda_{\nu_0+2k}^\mu(\gamma^2)$ für einen Wert ν_0 bekannt sind; dies kommt insbesondere für $\nu_0=0$ oder 1 und ganze μ in Frage, da für sie zum Teil ausführliche Tabellen vorliegen oder vorbereitet werden (vgl. **3.94.**).

Für ganze $\nu + \mu$ oder $\nu - \mu$ kann man unter den genannten Rekursionen, eventuell mit Ersetzung von ν durch $-\nu-1$ oder bzw. und von μ durch $-\mu$, stets eine finden, die nach einer Seite abbricht. Ihre Verwendung vereinfacht die Rechnung. Für $\nu \equiv \frac{1}{2}$ (mod 1) und ganze μ besitzt die Rekursionsformel **3.411.**, (8) eine Symmetrieeigenschaft, die eine Reduktion auf eine einseitig abbrechende Rekursionsformel ermöglicht (MEIXNER und SCHÄFKE [1]).

Die numerische Berechnung der Sphäroidfunktionen selbst ist mit der Kenntnis der Koeffizienten $\alpha^{\mu}_{\nu,2k}(\gamma^2)$ bzw. $a^{\mu}_{\nu,2r}(\gamma^2)$ bzw. $b^{\mu}_{\nu,r}(\gamma,1)$ in dem Umfange geleistet, in dem Tabellen der Zylinderfunktionen und der Kugelfunktionen erster und zweiter Art zur Verfügung stehen. Hierzu ist für ganze ν insbesondere auf die Tabellen der Zylinderfunktionen mit halbzahligem Index (*Tables* [2]), für ganze ν und μ auch auf die Tabellen der Kugelfunktionen (*Tables* [1]) zu verweisen. Häufig ist es indessen zweckmäßig, die Sphäroiddifferentialgleichung direkt mit Integrieranlagen oder elektronischen Rechenmaschinen zu integrieren.

3.94. Tabellen. Die zur Zeit vorhandenen Tabellen für Eigenwerte der Sphäroiddifferentialgleichung und Entwicklungskoeffizienten der Sphäroidfunktionen (siehe hierzu das Tabellenverzeichnis von FLETCHER, MILLER und ROSENHEAD [1] und die laufenden Mitteilungen in der Zeitschrift „Mathematical Tables and other Aids to Computation") sind noch wenig umfangreich. Jedoch wird eine große Tabelle der Eigenwerte $\lambda^m_n(\gamma^2)$ für reelle γ^2 durch das Mathematical Tables Project des National Bureau of Standards, Washington, USA., vorbereitet.

Die Tabellen von STRATTON, MORSE, CHU und HUTNER [1] sind zur Zeit die ausführlichsten. Ihre Bezeichnungen unterscheiden sich von den unseren und es gilt für $\gamma^2 > 0$

$$\lambda^m_{l+m}(\gamma^2) + \gamma^2 = -A_{m,l}, \qquad \gamma^2 = c^2;$$

$$N^m_l \, ps^m_{l+m}(z;\gamma^2) = \sum_r a^m_{m+l+2r}(\gamma^2)\, P^m_{m+l+2r}(z) = \sum_{n(\geq 0)} d^l_n \, P^m_{m+n}(z)$$

und für $\gamma^2 = -\gamma^{*2} < 0$

$$\lambda^m_{l+m}(\gamma^2) - \gamma^{*2} = -B_{m,l}, \qquad \gamma^{*2} = c^2;$$

$$N^m_l \, ps^m_{l+m}(z;\gamma^2) = \sum_r a^m_{m+l+2r}(\gamma^2)\, P^n_{m+l+2r}(z) = \sum_{n(\geq 0)} f^l_n \, P^m_{m+n}(z).$$

Für beide Fälle erstrecken sich die Tabellen auf $m=0$, $l=0, 1, 2, 3$; $m=1$, $l=0, 1, 2$; $m=2$, $l=0, 1$; $m=3$, $l=0$. Für $c=\gamma=0\,(0,2)\,5,0$ bzw. $c=\gamma^*=0\,(0,2)\,5,0$ finden sich die Eigenwerte $A_{m,l}$ bzw. $B_{m,l}$ mit 5 Dezimalen und die Entwicklungskoeffizienten d^l_n bzw. f^l_n mit wenigstens fünf geltenden Ziffern. Die angegebenen Entwicklungskoeffizienten d^l_n und f^l_n mit negativem n erlauben die Berechnung der Koeffizienten $\alpha^{\mu}_{\nu,2r}(\gamma^2)$ in **3.62.**, (9).

Tabelle. *Die Koeffizienten von* $[\lambda_n^m(\gamma^2)+\gamma^2-n(n+1)]\cdot 10^{10}$ *als Potenzreihe in* γ^2 *bis zur Potenz* γ^{10}.

	γ^2	γ^4	γ^6	γ^8	γ^{10}
$m=0,\ n=0$	$+33333\ 33333$	$-1481\ 48148$	$+47\ 03116$	$+1\ 35868$	$-24280{,}96$
$n=1$	$+60000\ 00000$	$-\ 685\ 71429$	$-\ 6\ 09524$	$+\ 25896$	$+\ 872{,}80$
$n=2$	$+52380\ 95238$	$+1015\ 00918$	$-47\ 60812$	$-1\ 41089$	$+24412{,}17$
$n=3$	$+51111\ 11111$	$+\ 329\ 41763$	$+\ 5\ 95989$	$-\ 26542$	$-\ 887{,}76$
$n=4$	$+50649\ 35065$	$+\ 177\ 50507$	$+\ 53147$	$+\ 5040$	$-\ 132{,}19$
$n=5$	$+50427\ 35043$	$+\ 112\ 98966$	$+\ 11653$	$+\ 577$	$+\ 14{,}80$
$n=6$	$+50303\ 03030$	$+\ 78\ 74434$	$+\ 3655$	$+\ 150$	$+\ 0{,}94$
$n=7$	$+50226\ 24434$	$+\ 58\ 19124$	$+\ 1413$	$+\ 53$	$+\ 0{,}15$
$n=8$	$+50175\ 43860$	$+\ 44\ 82651$	$+\ 628$	$+\ 22$	$+\ 0{,}03$
$n=9$	$+50140\ 05602$	$+\ 35\ 62440$	$+\ 310$	$+\ 11$	$+\ 0{,}01$
$m=1,\ n=1$	$+20000\ 00000$	$-\ 457\ 14286$	$+12\ 19048$	$-\ 21034$	$-\ 205{,}71$
$n=2$	$+42857\ 14286$	$-\ 388\ 72692$	$+\ 1\ 44240$	$+\ 5682$	$-\ 76{,}28$
$n=3$	$+46666\ 66667$	$+\ 136\ 47587$	$-11\ 82504$	$+\ 21357$	$+\ 229{,}72$
$n=4$	$+48051\ 94805$	$+\ 119\ 02417$	$-\ 1\ 31503$	$-\ 5669$	$+\ 78{,}30$
$n=5$	$+48717\ 94872$	$+\ 88\ 94605$	$-\ 31166$	$-\ 337$	$-\ 23{,}65$
$n=6$	$+49090\ 90909$	$+\ 66\ 98782$	$-\ 10150$	$-\ 26$	$-\ 1{,}93$
$n=7$	$+49321\ 26697$	$+\ 51\ 74730$	$-\ 4008$	$+\ 6$	$-\ 0{,}34$
$n=8$	$+49473\ 68421$	$+\ 40\ 99403$	$-\ 1807$	$+\ 7$	$-\ 0{,}08$
$n=9$	$+49579\ 83193$	$+\ 33\ 20032$	$-\ 899$	$+\ 5$	$-\ 0{,}02$
$m=2,\ n=2$	$+14285\ 71429$	$-\ 194\ 36346$	$+\ 3\ 60600$	$-\ 5822$	$+\ 57{,}71$
$n=3$	$+33333\ 33333$	$-\ 224\ 46689$	$+\ 1\ 27901$	$+\ 607$	$-\ 22{,}60$
$n=4$	$+40259\ 74026$	$-\ 21\ 39874$	$-\ 3\ 09653$	$+\ 6053$	$-\ 56{,}26$
$n=5$	$+43589\ 74359$	$+\ 25\ 84894$	$-\ 1\ 04857$	$-\ 532$	$+\ 23{,}27$
$n=6$	$+45454\ 54545$	$+\ 34\ 76672$	$-\ 39401$	$-\ 205$	$-\ 1{,}22$
$n=7$	$+46606\ 33484$	$+\ 33\ 64211$	$-\ 16771$	$-\ 66$	$-\ 0{,}58$
$n=8$	$+47368\ 42105$	$+\ 30\ 05596$	$-\ 7911$	$-\ 22$	$-\ 0{,}20$
$n=9$	$+47899\ 15966$	$+\ 26\ 20834$	$-\ 4052$	$-\ 8$	$-\ 0{,}07$
$m=3,\ n=3$	$+11111\ 11111$	$-\ 99\ 76306$	$+\ 1\ 32638$	$-\ 1698$	$+\ 17{,}80$
$n=4$	$+27272\ 72727$	$-\ 138\ 70427$	$+\ 76421$	$-\ 83$	$-\ 4{,}51$
$n=5$	$+35042\ 73504$	$-\ 49\ 20040$	$-\ 92311$	$+\ 1750$	$-\ 18{,}27$
$n=6$	$+39393\ 93939$	$-\ 8\ 77352$	$-\ 54468$	$+\ 119$	$+\ 4{,}55$
$n=7$	$+42081\ 44796$	$+\ 7\ 55560$	$-\ 27781$	$-\ 32$	$+\ 0{,}53$
$n=8$	$+43859\ 64912$	$+\ 13\ 69050$	$-\ 14434$	$-\ 27$	$-\ 0{,}01$
$n=9$	$+45098\ 03922$	$+\ 15\ 48920$	$-\ 7843$	$-\ 14$	$-\ 0{,}04$
$m=4,\ n=4$	$+\ 9090\ 90909$	$-\ 57\ 79345$	$+\ 57316$	$-\ 578$	$+\ 5{,}24$
$n=5$	$+23076\ 92308$	$-\ 91\ 03323$	$+\ 44360$	$-\ 118$	$-\ 0{,}79$
$n=6$	$+30909\ 09091$	$-\ 48\ 39057$	$-\ 28865$	$+\ 570$	$-\ 5{,}53$
$n=7$	$+35746\ 60633$	$-\ 20\ 37903$	$-\ 26567$	$+\ 129$	$+\ 0{,}73$
$n=8$	$+38947\ 36842$	$-\ 5\ 30540$	$-\ 17172$	$+\ 17$	$+\ 0{,}29$
$n=9$	$+41176\ 47059$	$+\ 2\ 44418$	$-\ 10467$	$-\ 4$	$+\ 0{,}06$
$m=5,\ n=5$	$+\ 7692\ 30769$	$-\ 36\ 41329$	$+\ 27883$	$-\ 224$	$+\ 1{,}70$
$n=6$	$+20000\ 00000$	$-\ 62\ 74510$	$+\ 26419$	$-\ 80$	$-\ 0{,}07$
$n=7$	$+27601\ 80995$	$-\ 41\ 57529$	$-\ 8311$	$+\ 205$	$-\ 1{,}82$
$n=8$	$+32631\ 57895$	$-\ 23\ 01599$	$-\ 12785$	$+\ 79$	$+\ 0{,}03$
$n=9$	$+36134\ 45378$	$-\ 10\ 96495$	$-\ 10175$	$+\ 22$	$+\ 0{,}10$
$m=6,\ n=6$	$+\ 6666\ 66667$	$-\ 24\ 40087$	$+\ 14840$	$-\ 97$	$+\ 0{,}62$
$n=7$	$+17647\ 05882$	$-\ 44\ 99341$	$+\ 16310$	$-\ 49$	$+\ 0{,}04$
$n=8$	$+24912\ 28070$	$-\ 34\ 40673$	$-\ 1336$	$+\ 80$	$-\ 0{,}65$
$n=9$	$+29971\ 98880$	$-\ 22\ 21592$	$-\ 6054$	$+\ 44$	$-\ 0{,}07$
$m=7,\ n=7$	$+\ 5882\ 35294$	$-\ 17\ 14035$	$+\ 8473$	$-\ 46$	$+\ 0{,}25$
$n=8$	$+15789\ 47368$	$-\ 33\ 32431$	$+\ 10435$	$-\ 29$	$+\ 0{,}05$
$n=9$	$+22689\ 07563$	$-\ 28\ 22595$	$+\ 967$	$+\ 32$	$-\ 0{,}25$
$m=8,\ n=8$	$+\ 5263\ 15789$	$-\ 12\ 49662$	$+\ 5117$	$-\ 23$	$+\ 0{,}11$
$n=9$	$+14285\ 71429$	$-\ 25\ 35176$	$+\ 6898$	$-\ 18$	$+\ 0{,}03$
$m=9,\ n=9$	$+\ 4761\ 90476$	$-\ 9\ 38954$	$+\ 3236$	$-\ 13$	$+\ 0{,}05$

Die Tabellen von Bouwkamp [1] geben für $-\gamma^2 = 3\,(1)\,10,\ 15,\ 20,$ 25, 50, 100 die Eigenwerte $\Lambda_0, \Lambda_1, \Lambda_2, \Lambda_3$ ($\Lambda_n = \lambda_n + \gamma^2$), für dieselben $-\gamma^2$-Werte von 10 bis 100 die Eigenwerte $\Lambda_4, \Lambda_5, \Lambda_6$ und einige weitere Eigenwerte für $\gamma^2 = -25$ und -100 auf wenigstens vier Dezimalen, dazu jeweils die Entwicklungskoeffizienten $a_{n,2r}$ auf wenigstens fünf Dezimalen in der Normierung 3.62., (14). In einer weiteren Arbeit von Bouwkamp [3] sind $\Lambda_0, \Lambda_1, \Lambda_2$ für $\gamma^2 = -10\,(1)\,10$ und Λ_3 bis Λ_6 für $\gamma^2 = -10\,(1)\,0$, sowie die zugehörigen Entwicklungskoeffizienten $a_{n,2r}(\gamma^2)$ in derselben Normierung mit sechs Dezimalen wiedergegeben.

Leitner und Spence [3] geben Tabellen der Eigenwerte $\alpha_{l,m} = \lambda_l^m(\gamma^2)$ für $i\gamma = 1\,(1)\,5$ und $m = 1,\ l = 4\,(1)\,8;\ m = 2,\ l = 2,\ 4\,(1)\,9;\ m = 3,\ l = 4\,(1)\,10;\ m = 4,\ l = 4\,(1)\,11$ mit wechselnder Zahl — aber mindestens drei, meist vier bis sechs — von Dezimalen. Für dieselben γ^2, für $m = 0$, $l = 0\,(1)\,5;\ m = 1,\ l = 1\,(1)\,6;\ m = 2,\ l = 2,\ 3$ und $\eta = 0\ (0{,}1)\ 1{,}0$ sind die Funktionen $\mathrm{ps}_l^m(\eta;\gamma^2)$ auf meist vier geltende Ziffern mit Normierungsfaktoren berechnet und in Abbildungen wiedergegeben.

Schließlich finden sich bei Meixner [1] die Koeffizienten der Potenzreihenentwicklungen 3.24., (10) bis zum Koeffizienten von γ^8 auf zehn Dezimalen, der Koeffizient von γ^{10} auf 12 Dezimalen für alle ganzen n, m mit $n \geq m \geq 0$ und $n, m \leq 9$; sie sind in der umstehenden Tabelle wiedergegeben. Für diese n, m-Werte sind bei Meixner [1] auch die Reihenentwicklungen der $a_{n,2r}^m(\gamma^2)/a_{n,0}^m(\gamma^2)$ und $a_{n,2r}^{-m}(\gamma^2)/a_{n,0}^{-m}(\gamma^2)$ nach Potenzen von γ^2 bis γ^6 einschließlich mit 10 Dezimalen für die Koeffizienten berechnet.

4. Anwendungen der Mathieuschen Funktionen und der Sphäroidfunktionen.

4.1. Mechanische und elektrische Schwingungen mit periodisch veränderlichen Parametern.

4.11. Allgemeine Bemerkungen. Die Mathieusche Differentialgleichung 2.11., (1), in der Gestalt

$$\frac{d^2 y}{d t^2} + (A - B \cos \omega t)\, y = 0 \tag{1}$$

mit drei Konstanten A, B und ω ist einer einfachen physikalischen Interpretation fähig. Sie kann z.B. als Bewegungsgleichung eines Massenpunktes von einem Freiheitsgrad aufgefaßt werden, auf den eine zur Elongation y proportionale, im Rhythmus einer festen Frequenz ω harmonisch schwankende Kraft wirkt. Speziell für $A > |B|$ beschreibt sie die Bewegung eines linearen harmonischen Oszillators mit harmonisch veränderlicher Federkonstante. Diese Differentialgleichung ergibt sich auch bei vielen Problemen der Elastizitätstheorie mit harmonisch in der Zeit verlaufender äußerer Einwirkung. Dieselbe Differentialgleichung beschreibt den zeitlichen Verlauf der elektrischen Ladung auf einem Kondensator in einem Stromkreis mit der konstanten Induktivität L und der periodisch veränderlichen Kapazität $C = L^{-1}(A - B\cos\omega t)^{-1}$, wie sie näherungsweise ein Kondensatormikrophon beim Besprechen mit einem reinen Ton der Frequenz ω besitzt. Schwingungskreise mit periodisch veränderlicher Induktivität oder periodisch veränderlichem Widerstand lassen sich ebenfalls, nach geeigneter Transformation der abhängigen Veränderlichen, näherungsweise durch die Differentialgleichung (1) beschreiben, falls die Änderungen harmonisch und ihre Amplituden klein sind.

Die große Fülle von Anwendungen der MATHIEUschen Differentialgleichungen auf mechanische und elektrische Probleme von der genannten Art kann hier nur durch einige Stichworte charakterisiert werden wie kritische Drehzahlen von Kurbelwellen, Instabilität von Wellen mit nicht kreisförmigem Querschnitt, Biegeschwingungen eines Stabes unter pulsierender Axiallast, ferner die Probleme der Frequenzmodulation, der Selbsterregung und der Mitnahme, des Pendelrückkopplungsempfängers usw. (vgl. z. B. ERDÉLYI [2, 3, 4], WEIGAND [1], McLACHLAN [5], KLOTTER [2, 3] und die dort angegebene Literatur).

Allen Problemen ist gemeinsam, daß die äußere Einwirkung in der periodischen Veränderung eines Systemparameters besteht, etwa der Federkonstanten des linearen harmonischen Oszillators oder von Trägheitsmomenten oder von Induktivitäten, Kapazitäten, Widerständen. Man spricht daher auch von Erregung des Systems über einen Parameter (parametric excitation, MINORSKY [1, 2]).

Bei vielen dieser Probleme beschreibt die MATHIEUsche Differentialgleichung die wirklichen Verhältnisse nur näherungsweise, sei es, daß die periodische äußere Einwirkung nur mehr oder minder angenähert harmonisch ist und daher statt (1) die allgemeinere HILLsche Differentialgleichung mit einer willkürlichen reellen periodischen Funktion an Stelle von $\cos\omega t$ in (1) (HILL [1]) auftritt, sei es, daß das betrachtete System nur bei kleinen Abweichungen aus der Gleichgewichtslage als linear angesehen werden kann und im allgemeinen durch eine nichtlineare Differentialgleichung zu beschreiben ist, sei es, daß die periodische Einwirkung nur bei hinreichend kleinen Amplituden praktisch realisiert werden kann, während bei instabilen Bewegungen mit stark anwachsender Amplitude die notwendige Energie nicht mehr zugeführt und damit die Amplitude oder die Frequenz der Einwirkung nicht aufrecht erhalten werden kann.

Die typischen Eigenschaften solcher Systeme, vor allem die Probleme der Stabilität und Selbsterregung und die Resonanzeigenschaften lassen sich jedoch in übersichtlicher und häufig auch quantitativ brauchbarer Weise am „Modell" der MATHIEUschen Differentialgleichung studieren. Einige Beispiele werden im folgenden behandelt.

4.12. Das Pendel mit oszillierendem Aufhängepunkt. Die Bewegungsgleichung eines ebenen mathematischen Pendels der Länge l und der Masse m mit der Schwerbeschleunigung g lautet, wenn der Aufhängepunkt in vertikaler Richtung nach dem Gesetz $a \cos \omega t$ mit konstantem a, ω bewegt wird und solange die Elongation α aus der stabilen Gleichgewichtslage hinreichend klein ist

$$\ddot\alpha + \left(\frac{g}{l} - \frac{a}{l}\,\omega^2 \cos \omega\, t\right)\alpha = 0. \tag{2}$$

Die Kreisfrequenz des Pendels bei ruhendem Aufhängepunkt sei ω_0 genannt, d.h. es ist $g/l = \omega_0^2$. Mit den Abkürzungen

$$\lambda = \frac{4g}{\omega^2 l} = \frac{4\omega_0^2}{\omega^2}, \qquad h^2 = \frac{2a}{l} \tag{3}$$

und der neuen unabhängigen Veränderlichen

$$z = \tfrac{1}{2}\omega t \tag{4}$$

geht (2) in die Normalform der MATHIEUschen Differentialgleichung

$$\frac{d^2\alpha}{dz^2} + (\lambda - 2h^2 \cos 2z)\,\alpha = 0 \tag{5}$$

über. Sie läßt sich nach den in **2.** angegebenen Methoden für beliebige vorgegebene Werte von λ und h^2 integrieren.

Das Verhalten des Pendels ist verschieden, je nachdem der Punkt λ, h^2 in einem stabilen oder in einem labilen Gebiet bzw. auf einer Grenzkurve der Stabilitätskarte (Abb. 5) liegt. Im ersten Falle ist jede Lösung von (5) beschränkt und wenn nur das Maximum ihres Betrages hinreichend klein ist, so bleibt sie für alle Zeiten auch physikalisch sinnvoll. Liegt jedoch der Punkt λ, h^2 auf einer Grenzkurve oder in einem labilen Bereich der Stabilitätskarte, so nimmt die Amplitude fast jeder Lösung von (5) mit der Zeit linear oder gar exponentiell zu (vgl. **2.31.**) und nach endlicher Zeit verliert eine solche Lösung selbst bei noch so kleinen Anfangswerten von α und $\dot\alpha$ ihren physikalischen Sinn, weil dann die linearisierte Form (5) der für beliebige Elongationen α gültigen Bewegungsgleichung des Pendels

$$\frac{d^2\alpha}{dz^2} + (\lambda - 2h^2 \cos 2z)\sin \alpha = 0 \tag{6}$$

nicht mehr zulässig ist. Zwar gibt es auch auf den Grenzkurven und in den labilen Bereichen für $t \to \infty$ beschränkte Lösungen der MATHIEUschen Differentialgleichung (vgl. **2.31.**), doch schlagen sie bei noch so kleiner Störung im allgemeinen in den labilen Typ um.

Obwohl also der Gültigkeitsbereich der linearisierten Bewegungsgleichung des Pendels überschritten wird, wenn der Punkt λ, h^2 nicht in einem stabilen Gebiet der Stabilitätskarte liegt, so ist doch die Unterscheidung von stabilen und labilen λ, h^2-Punkten physikalisch von Bedeutung. Liegt nämlich λ, h^2 in einem labilen Gebiet oder auf einer Grenzkurve, so werden auch bei noch so kleinen Anfangswerten von α und $d\alpha/dz$ die Ausschläge im allgemeinen auf relativ große Werte anwachsen. In diesem Sinne kann man also das Pendel als stabil oder labil bezeichnen, je nachdem der Punkt λ, h^2 der Stabilitätskarte einem stabilen Gebiet angehört oder nicht.

Wir berechnen nun die Frequenzbereiche für welche das Pendel bei Festhalten der übrigen Parameter a, l, g nicht stabil im angegebenen Sinne ist. Wächst die Erschütterungsfrequenz ω des Aufhängepunktes von 0 bis ∞, so beschreibt der Punkt λ, h^2 in der Stabilitätskarte, Abb. 5., eine Parallele zur λ-Achse von $\lambda = \infty$ bis $\lambda = 0$. Die labilen Abschnitte dieser Geraden kann man unmittelbar aus der Stabilitätskarte ablesen. Für kleine Amplituden des Aufhängepunktes, d. h. kleine h^2 kann man sie aus **2.25.**, (36) näherungsweise ausrechnen; für die ersten labilen Bereiche folgt so

$$1 - h^2 < \lambda < 1 + h^2, \qquad 4 - \tfrac{1}{12}h^4 < \lambda < 4 + \tfrac{5}{12}h^4, \ldots \tag{7}$$

oder auf a, l, ω, ω_0 umgerechnet

$$2\left(1 - \frac{a}{l}\right) < \frac{\omega}{\omega_0} < 2\left(1 + \frac{a}{l}\right), \qquad 1 - \frac{5}{24}\frac{a^2}{l^2} < \frac{\omega}{\omega_0} < 1 + \frac{1}{24}\frac{a^2}{l^2}, \cdots . \tag{8}$$

Die Resonanzbereiche liegen also ungefähr bei den Frequenzen $\omega = 2\omega_0/n$ ($n = 1, 2, 3, \ldots$) und werden um so schmaler, je größer n und je kleiner a/l ist. Bemerkenswert ist, daß der erste und breiteste Resonanzbereich in der Nähe der doppelten Eigenfrequenz $\omega \approx 2\omega_0$ liegt.

Bei einem wirklichen Pendel werden die instabilen Bereiche wegen der stets vorhandenen Dämpfung mit wachsendem n immer mehr eingeengt und von einem durch die Stärke der Dämpfung bestimmten n ab völlig stabilisiert. Vgl. hierzu **4.13.** und Abb. 6.

Für den charakteristischen Exponenten der Differentialgleichung (2) gilt bei kleinen Werten von a/l in den stabilen Gebieten nach **2.55.**, (35)

$$\nu^2 = \lambda - \frac{h^4}{2(\lambda - 1)} + O(h^8) = 4\frac{\omega_0^2}{\omega^2} - \frac{2a^2\omega^2}{l^2(4\omega_0^2 - \omega^2)} + O\left(\frac{a^4}{l^4}\right).$$

Die allgemeine Lösung von (2) lautet daher mit zwei willkürlichen Konstanten p und q

$$\alpha = p\,\mathrm{me}_\nu z + q\,\mathrm{me}_{-\nu} z \tag{9}$$

mit $z = \omega t/2$ und [vgl. **2.25.**, (39)]

$$\mathrm{me}_{\pm\nu}\, z = e^{\pm i\omega t\nu/2}\left\{1 - \frac{a}{2l(1\pm\nu)}\, e^{i\omega t} - \frac{a}{2l(1\mp\nu)}\, e^{-i\omega t} + O\left(\frac{a^2}{l^2}\right)\right\}. \quad (10)$$

Wegen (3) und $\lambda \approx \nu^2$ ist $\omega\nu/2 \approx \omega_0$, die Bewegung erfolgt daher in guter Näherung mit der Eigenfrequenz ω_0 des ungestörten Pendels, nicht mit der der Kraft, welche die Bewegung des Aufhängepunktes veranlaßt. Sie wird aber mit der Frequenz ω moduliert und es tritt eine Folge von Seitenfrequenzen $\omega_0 \pm \omega$, $\omega_0 \pm 2\omega$, ... mit immer kleineren Amplituden auf. Man nennt das Pendel in diesem Falle *selbstgesteuert*.

Die Berechnung des charakteristischen Exponenten in den instabilen Gebieten kann für kleine a/l mittels **2.38.**, (38) erfolgen. Der periodische Faktor der Lösungen (10) der MATHIEUschen Differentialgleichung schwankt dort mit der Frequenz ω bzw. $\omega/2$, je nachdem die Nummer des instabilen Gebietes, d. h. $\Re\nu$, gerade oder ungerade ist. Dies ist aber die Frequenz der Erregung bzw. die Hälfte davon, das Pendel wird vom Rhythmus der äußeren Einwirkung *mitgenommen*.

Bemerkenswerte Verhältnisse liegen bei der Bewegung des Pendels mit harmonisch oszillierendem Aufhängepunkt in der Nähe der labilen Gleichgewichtslage $\alpha = \pi$ vor. Die Bewegungsgleichung für diesen Fall ergibt sich einfach aus (2), indem wir formal die Richtung der Schwerkraft umkehren, also g durch $-g$ ersetzen. Dann entsteht aus (2), (3) und (4)

$$\frac{d^2\alpha}{dz^2} + (\lambda - 2h^2\cos 2z)\,\alpha = 0, \quad \lambda = -\frac{4g}{\omega^2 l} = -4\,\frac{\omega_0^2}{\omega^2}, \quad h^2 = \frac{2a}{l}. \quad (11)$$

mit $\alpha = 0$ für die labile Gleichgewichtslage.

Aus der Stabilitätskarte der MATHIEUschen Differentialgleichung entnimmt man nun, daß auch für negative λ beide Lösungen von (11) beschränkt sein können.

Ist insbesondere $h^2 < 0{,}88\ldots$, so besteht Stabilität für $a_0(h^2) < \lambda < 0$, oder angenähert für $h^2 \ll 1$ nach **2.25.**, (36), wenn $-\tfrac{1}{2}h^4 < \lambda < 0$. Mit der in (11) angegebenen Bedeutung von λ und h^2 wird somit die labile Gleichgewichtslage des Pendels durch kleine harmonische Oszillationen des Aufhängepunktes stabilisiert, wenn

$$\frac{\omega}{\omega_0} > \frac{l}{a}\sqrt{2}.$$

Von den Untersuchungen zu diesem Problem erwähnen wir GREENHILL [1], VAN DER POL [1], HIRSCH [1], ERDÉLYI [1], DIESSELHORST [1], KLOTTER und KOTOWSKI [1], HAACKE [3, 4].

Eine Stabilisierung von labilen Gleichgewichtslagen durch kleine harmonische Veränderungen eines Systemparameters tritt auch bei anderen mechanischen Problemen auf; sie spielt insbesondere in der Equilibristik eine Rolle (HAMEL [1], STRUTT [2], vgl. auch **4.23.**).

4.13. Verwandte Probleme. 1. Wird der Aufhängepunkt des ebenen mathematischen Pendels in der Vertikalen gemäß $a \cos \omega t$, gleichzeitig in der Horizontalen gemäß $b \cos(\omega' t - \beta)$ bewegt, so ergibt sich als Bewegungsgleichung für den Ausschlagwinkel α

$$\ddot{\alpha} + \left(\frac{g}{l} - \frac{a}{l}\,\omega^2 \cos \omega\, t\right) \sin \alpha = \frac{b}{l}\,\omega'^2 \cos(\omega' t - \beta) \cos \alpha.$$

Für die Bewegung in der Umgebung eines festen Winkels α_0 gilt dann mit $\alpha = \alpha_0 + \delta$ in erster Näherung

$$\left. \begin{aligned} \ddot{\delta} + &\left[\left(\frac{g}{l} - \frac{a}{l}\,\omega^2 \cos \omega\, t\right) \cos \alpha_0 + \frac{b}{l}\,\omega'^2 \cos(\omega' t - \beta) \sin \alpha_0\right] \delta \\ &= \frac{b}{l}\,\omega'^2 \cos(\omega' t - \beta) \cos \alpha_0 - \left(\frac{g}{l} - \frac{a}{l}\,\omega^2 \cos \omega t\right) \sin \alpha_0. \end{aligned} \right\} \quad (12)$$

Dies ist für $\omega = \omega'$ eine inhomogene MATHIEUsche Differentialgleichung. Die Frage, ob es für $\alpha_0 \neq 0$ und $\alpha_0 \neq \pi$ beschränkte Lösungen dieser Gleichung gibt, also ob es kleine Bewegungen um eine andere Richtung als die Vertikale gibt, führt auf die Theorie der Auswanderungserscheinungen des Pendels, die für das Verhalten von Meßinstrumenten im periodisch erschütterten Gehäuse von Bedeutung ist (KLOTTER [1], KLOTTER und KOTOWSKI [1], HAACKE [3, 4]). Ist $\alpha_0 = 0$ oder $\alpha_0 = \pi$, so ist (12) auch für $\omega \neq \omega'$ eine inhomogene MATHIEUsche Differentialgleichung. Die Stabilität ihrer Lösungen geht nicht allein aus der Stabilitätskarte hervor. Vielmehr gibt es in ihren stabilen Gebieten noch zusätzliche instabile Kurven, die eigentlichen Resonanzkurven. Sie sind die Eigenwertkurven für $\nu \equiv \pm\,\omega'/\omega \,(\mathrm{mod}\ 2)$. Vgl. **2.88.** und KOTOWSKI [1].

2. Die Differentialgleichung (2) des Pendels mit vertikal oszillierendem Aufhängepunkt ist für kleine Ausschläge gegen die stabile Gleichgewichtslage bei Vorhandensein einer geschwindigkeitsproportionalen Dämpfungskraft abzuändern in

$$\ddot{\alpha} + \delta \dot{\alpha} + \left(\frac{g}{l} - \frac{a}{l}\,\omega^2 \cos \omega t\right) \alpha = 0. \quad (13)$$

δ ist eine positive Konstante. Mit

$$z = \frac{1}{2}\,\omega t, \quad \Lambda = \frac{4g}{\omega^2 l} = \frac{4\omega_0^2}{\omega^2}, \quad h^2 = \frac{2a}{l}, \quad \vartheta = \frac{\delta}{\omega}$$

wird dann

$$\frac{d^2 \alpha}{dz^2} + 2\vartheta\,\frac{d\alpha}{dz} + (\Lambda - 2h^2 \cos 2z)\,\alpha = 0. \quad (14)$$

Diese Gleichung geht mit der Substitution

$$\alpha(z) = e^{-\vartheta z}\,\beta(z), \quad \Lambda - \vartheta^2 = \lambda \quad (15)$$

in die MATHIEUsche Differentialgleichung

$$\frac{d^2\beta}{dz^2} + (\lambda - 2h^2\cos 2z)\,\beta = 0 \tag{16}$$

über. Die Lösungen $\alpha(z)$ von (14) enthalten also einen mit zunehmender Zeit exponentiell abklingenden Faktor $e^{-\vartheta z}$. Das bedeutet aber wegen **2.13.**, Satz 9, daß alle Lösungen von (16), für deren charakteristischen Exponenten $|\Im v| < \vartheta$, für $t \to \infty$ beschränkte Lösungen von (13) liefern. Die Kurven $|\Im v| = \vartheta$ in der Stabilitätskarte (vgl. Abb. 6) stellen also die Stabilitätsgrenzen für das gedämpft schwingende Pendel dar. Sie liegen in den labilen Gebieten der Stabilitätskarte, man spricht daher von einer Stabilisierung des Pendels durch Dämpfung [vgl. **2.88.**, (24)].

3. Die Bewegungsgleichungen des ebenen mathematischen Doppelpendels mit gemäß $a\cos\omega t$ vertikal oszillierendem Aufhängepunkt ergeben sich aus denen für ruhenden Aufhängepunkt, indem man überall die Schwerebeschleunigung g durch $g - a\omega^2\cos\omega t$ ersetzt (das bedeutet physikalisch die Addition von Schwerkraft und Trägheitskraft infolge des bewegten Aufhängepunktes für jeden der beiden Pendelkörper). Betrachten wir zunächst den Fall des ruhenden Aufhängepunktes und kleiner Pendelschwingungen. Die Differentialgleichungen für die Ausschlagswinkel der beiden Pendelarme sind dann linear und homogen. Durch Einführung von Normalkoordinaten x_1, x_2 (= geeignete lineare Kombinationen der Ausschlagswinkel) lassen sie sich in die Gestalt bringen

$$\ddot{x}_1 = -\frac{g}{l_1}\,x_1, \qquad \ddot{x}_2 = -\frac{g}{l_2}\,x_2. \tag{17}$$

l_1 und l_2 sind reduzierte Pendellängen, die von den Längen der beiden Pendelarme und den Massen der Pendelkörper abhängen. Vertikal bewegter Aufhängepunkt bedeutet Ersetzung von g durch $g - a\omega^2\cos\omega t$, d.h. Addition von Schwerkraft und Trägheitskraft. Damit entstehen aus (17) zwei unabhängige MATHIEUsche Differentialgleichungen. Die Stabilitätsuntersuchung der Bewegung verlangt nun die Feststellung, ob die beiden Punkte λ, $h^2 = \dfrac{4g}{\omega^2 l_1}$, $\dfrac{2a}{l_1}$ und $= \dfrac{4g}{\omega^2 l_2}$, $\dfrac{2a}{l_2}$ gleichzeitig in stabilen Gebieten der Stabilitätskarte der MATHIEUschen Differentialgleichung liegen (HAACKE [1, 2, 10]).

4.14. Die schwingende unrunde Welle. Als Beispiel aus einem anderen Problemkreis behandeln wir eine unrunde Welle der Länge l, die in zwei Lagern läuft und in der Mitte eine Scheibe der Masse m trägt. Die Nabe der Scheibe sei so geführt, daß die Welle nur in einer Richtung y ausschwingen kann. Ist E der Elastizitätsmodul des Materials der Welle, sind I_ξ und I_η ihre beiden Hauptquerschnitts-Trägheitsmomente und ist ω ihre Umlaufsfrequenz, so gilt für die Auslenkung y des Mittelpunktes der Scheibe

$$m\ddot{y} + \frac{48\,E}{l^3}\,\frac{2\,I_\xi\,I_\eta}{(I_\xi + I_\eta) + (I_\xi - I_\eta)\cos 2\omega t}\,y = 0. \tag{18}$$

Für eine Welle mit fast gleichen Trägheitsmomenten, z.B. bei nahezu kreisförmigem Querschnitt, ist $|I_\xi - I_\eta| \ll I_\xi + I_\eta$. Dann läßt sich die Differentialgleichung durch eine MATHIEUsche approximieren:

$$m\,y + \frac{48\,E}{l^3}\,\frac{2\,I_\xi\,I_\eta}{I_\xi + I_\eta}\left[1 - \frac{I_\xi - I_\eta}{I_\xi + I_\eta}\cos 2\omega t\right]y = 0. \tag{19}$$

Kürzen wir den in (19) vor der eckigen Klammer stehenden Faktor mit $m\omega_0^2$ ab, so ist ω_0 wegen $I_\xi \approx I_\eta$ praktisch die Eigenfrequenz der schwingenden, sich nicht drehenden Welle. Mit $\omega t = z$ gilt also

$$\frac{d^2 y}{dz^2} + \frac{\omega_0^2}{\omega^2}\left(1 - \frac{I_\xi - I_\eta}{I_\xi + I_\eta}\cos 2z\right)y = 0. \tag{20}$$

Aus der Stabilitätskarte der MATHIEUschen Differentialgleichung folgt nun unmittelbar die Existenz von instabilen Frequenzbereichen. Sie liegen auf der Geraden $2h^2 = \lambda\,\dfrac{I_\xi - I_\eta}{I_\xi + I_\eta}$. Für kleine $|I_\xi - I_\eta|/(I_\xi + I_\eta)$ liegen die niedrigen instabilen λ-Bereiche bei $\lambda = 1, 2, 3, \ldots$, die zugehörigen Frequenzbereiche bei $\dfrac{\omega}{\omega_0} = 1, \dfrac{1}{2}, \dfrac{1}{3}, \ldots, \dfrac{1}{n}, \ldots$. Der praktisch wichtigste instabile Frequenzbereich — die höheren instabilen Frequenzbereiche werden meist schon von einem sehr niedrigen n ab durch die stets vorhandene Dämpfung stabilisiert (vgl. **4.13.**) — genügt der Ungleichung $1 - h^2 < \lambda < 1 + h^2$ [vgl. **2.25.**, (36)] oder

$$1 - \frac{1}{2}\,\frac{|I_\xi - I_\eta|}{I_\xi + I_\eta} < \frac{\omega^2}{\omega_0^2} < 1 + \frac{1}{2}\,\frac{|I_\xi - I_\eta|}{I_\xi + I_\eta}.$$

Bemerkenswert ist, daß nicht die Lage der instabilen Bereiche sondern nur ihre Breite von $|I_\xi - I_\eta|/(I_\xi + I_\eta)$ abhängt. Für die Stabilitätsuntersuchung reicht die Approximation der Differentialgleichung (19) durch eine MATHIEUsche aus. Doch läßt sich diese Differentialgleichung auch direkt behandeln durch Wegmultiplizieren des Nenners und Ansatz einer FOURIER-Reihe mit einem Faktor $e^{i\nu\omega t}$ ($\nu = $ charakteristischer Exponent). Die Stabilitätskarte für diese Differentialgleichung hat WEIGAND angegeben. Zum obigen Problem und zur Differentialgleichung (18) vgl. auch TAYLOR [1], WEIGAND [1], MAGINNISS [1], McLACHLAN [6].

4.15. Die schwingende Saite mit harmonisch veränderlicher Spannung. Die Differentialgleichung der transversal schwingenden Saite mit der Masse μ pro Längeneinheit und der Spannung S lautet

$$\frac{\partial^2 u}{\partial t^2} = \frac{S}{\mu}\,\frac{\partial^2 u}{\partial x^2}. \tag{21}$$

$u(x, t)$ ist die Elongation an der Stelle x zur Zeit t. Die Randbedingungen sind $u = 0$ für $x = 0$ und für $x = l$ (l = Saitenlänge). Sei die Spannung der Saite harmonisch mit der Zeit veränderlich, $S = S_0 - S_1 \cos \omega t$, S_0 und S_1 sind Konstanten, $S_0 > |S_1|$ (MELDE [1], RAYLEIGH [1, 2]). Dann läßt sich die partielle Differentialgleichung (21) durch den Ansatz

$$u = X(x) \cdot T(t) \tag{22}$$

separieren und es ist

$$\frac{d^2 X}{d x^2} + k^2 X = 0, \qquad \frac{d^2 T}{d t^2} + \frac{k^2}{\mu} (S_0 - S_1 \cos \omega t) T = 0. \tag{23}$$

Soll die separierte Funktion u in (22) die Randbedingungen erfüllen, so muß dies auch die Funktion $X(x)$ tun; das bedeutet aber für den Separationsparameter k^2

$$k^2 = \frac{n^2 \pi^2}{l^2} \qquad (n = 1, 2, 3, \ldots) \tag{24}$$

und es ist

$$X(x) = X_n(x) = \sin \frac{n \pi}{l} x. \tag{25}$$

Dann lautet die zweite Differentialgleichung in (23)

$$\frac{d^2 T}{d t^2} + \frac{n^2 \pi^2}{l^2 \mu} (S_0 - S_1 \cos \omega t) T = 0. \tag{26}$$

Dies ist eine MATHIEUsche Differentialgleichung, welche durch die Substitution $\omega t = 2z$ auf die Normalform

$$\frac{d^2 T}{d z^2} + (\lambda_n - 2 h_n^2 \cos 2z) T = 0 \tag{27}$$

mit

$$\lambda_n = \frac{4 n^2 \pi^2}{l^2 \omega^2 \mu} S_0, \qquad h_n^2 = \frac{2 n^2 \pi^2}{l^2 \omega^2 \mu} S_1 \tag{28}$$

gebracht wird. Aus der Stabilitätskarte der MATHIEUschen Differentialgleichung entnimmt man wieder unmittelbar, ob die zu einem bestimmten Wert von n gehörenden Schwingungen der Saite in dem im letzten Abschnitt besprochenen Sinne stabil sind oder nicht. Die früheren Bemerkungen über Stabilisierung durch Dämpfung gelten sinngemäß auch hier.

Bezeichnet man die allgemeine Lösung von (27) mit

$$T(t) = \alpha_n y_{\mathrm{I}}\left(\frac{\omega t}{2}; \lambda_n, h_n^2\right) + \beta_n y_{\mathrm{II}}\left(\frac{\omega t}{2}; \lambda_n, h_n^2\right)$$

— α_n und β_n sind willkürliche Integrationskonstanten, y_{I} und y_{II} sind in **2.12.** definiert —, so ist auch

$$u(x, t) = \sum_{n=1}^{\infty} \sin \frac{n \pi x}{l} \left[\alpha_n y_{\mathrm{I}}\left(\frac{\omega t}{2}; \lambda_n, h_n^2\right) + \beta_n y_{\mathrm{II}}\left(\frac{\omega t}{2}; \lambda_n, h_n^2\right) \right] \tag{29}$$

unter der Voraussetzung der gleichmäßigen Konvergenz dieser Reihe bzw. der der zweiten Ableitungen nach x und t in $0 \leq x \leq l$ eine Lösung von (21). Da die Koeffizienten α_n und β_n einem beliebigen Anfangszustand der Saite, d.h. vorgegebenen Werten von $u(x, 0)$ und $\left.\dfrac{\partial u(x, t)}{\partial t}\right|_{t=0}$ angepaßt werden können (Entwicklungssätze!), so ist zugleich $u(x, t)$ in (29) die allgemeine Lösung von (21).

4.16. Biegeschwingungen eines Stabes mit pulsierender Axiallast.

Wir betrachten einen Stab von konstantem Querschnitt. Die Endpunkte seiner Mittellinie mögen auf der x-Achse bei $x = 0$ und $x = l$ liegen; sie seien beide gelenkig, an einem Ende in x-Richtung verschiebbar, gelagert. Die Mittellinie sei gekrümmt, liege in der x, y-Ebene und genüge im unbelasteten Zustand der Gleichung $y = y_0(x)$. Die statische Aus-

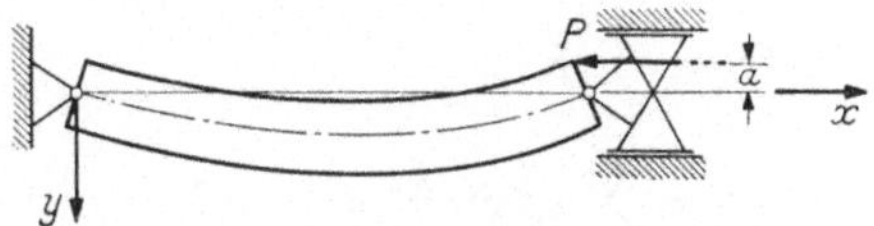

Abb. 21. Zur pulsierenden, exzentrisch im Abstand a von der Mittellinie des Balkens angreifenden Axiallast $P(t)$.

biegung unter der Wirkung einer konstanten Querkraft $Q = \mu g$ (μ = Masse pro Längeneinheit, g = Erdbeschleunigung) und einer exzentrisch am einen Ende im Abstand a von der Mittellinie angreifenden konstanten Längskraft P_0 sei $y_{st}(x)$. Schließlich sei $y = y(x, t)$ die Gleichung der Mittellinie unter dem Einfluß der konstanten Querkraft Q und der exzentrisch angreifenden, harmonisch pulsierenden Längskraft $P = P_0 + P_1 \cos \omega t$ (s. Abb. 21).

Dann lautet die Bewegungsgleichung des Stabes

$$\frac{\partial^2 y}{\partial x^2} - \frac{d^2 y_0}{d x^2} = - \frac{1}{E I} \left(M_{st}(x) + (y + a) P + M_{Tr} \right). \tag{30}$$

Hierin ist E der Elastizitätsmodul, I das Querschnittsträgheitsmoment für Ausbiegung in y-Richtung, M_{st} das statische Moment der Querkraft Q allein, $(y + a) P$ das Moment der Längskraft und M_{Tr} das Biegemoment der Trägheitskraft pro Längeneinheit $-\mu \dfrac{\partial^2 y}{\partial t^2}$. Für die statische Ausbiegung mit $P_1 = 0$ gilt

$$\frac{d^2 y_{st}}{d x^2} - \frac{d^2 y_0}{d x^2} = - \frac{1}{E I} \left(M_{st}(x) + (y_{st} + a) P_0 \right). \tag{31}$$

Setzen wir nun

$$\eta(x, t) = y(x, t) - y_{st}(x), \tag{32}$$

so resultiert durch Subtraktion von (30) und (31)

$$-E I \frac{\partial^2 \eta}{\partial x^2} = \eta P + M_{Tr} + (y_{st} + a) P_1 \cos \omega t. \tag{33}$$

Zur Integration dieser Gleichung setze man

$$\eta(x, t) = \sum_{k=1}^{\infty} v_k(t) \sin \frac{k\,\pi\,x}{l}. \tag{34}$$

Das Biegemoment der Trägheitskraft ergibt sich daraus, daß seine zweite Ableitung nach x gleich $\mu \frac{\partial^2 \eta}{\partial t^2}$ ist und daß M_{Tr} für $x=0$ und $x=l$ verschwindet, zu

$$M_{Tr} = -\mu \sum_{k=1}^{\infty} \frac{d^2 v_k}{d t^2} \left(\frac{l}{k\,\pi}\right)^2 \sin \frac{k\,\pi\,x}{l}. \tag{35}$$

Setzen wir noch

$$y_{st}(x) = \sum_{k=1}^{\infty} y_k \sin \frac{k\,\pi\,x}{l}, \quad a\,P_1 \cos \omega t = \frac{4}{\pi} a\,P_1 \cos \omega t \cdot \sum_{k=1}^{\infty} p_k \sin \frac{k\,\pi\,x}{l} \tag{36}$$

($p_k = \frac{1}{k}$ für ungerade k, $p_n = 0$ für gerade k), und führen wir die EULERsche Knicklast $P_E = E I \left(\frac{\pi}{l}\right)^2$ für Ausknicken des geraden Stabes in der y-Richtung ein, so ergibt sich durch Einsetzen von (34), (35), (36) in (33) und Koeffizientenvergleich das System von unabhängigen inhomogenen MATHIEUschen Differentialgleichungen

$$\left.\begin{array}{c} \dfrac{d^2 v_k}{d t^2} + \dfrac{1}{\mu}\left(\dfrac{k\,\pi}{l}\right)^2 (k^2 P_E - P_0 - P_1 \cos \omega t)\, v_k = \left(\dfrac{k\,\pi}{l}\right)^2 \dfrac{P_1}{\mu}\left(y_k + \dfrac{k\,a}{\pi} p_k\right) \cos \omega t \\[2ex] (k = 1, 2, 3, \ldots). \end{array}\right\} \tag{37}$$

Die FOURIER-Koeffizienten y_k lassen sich aus der Lösung von (31) berechnen.

Eigentliche Resonanz kann für jede dieser Differentialgleichungen nach **2.88.** nur auftreten, wenn ihr charakteristischer Exponent gerade ist. [Man setze $\omega t = 2z$; dann ist die rechte Seite von (37) proportional zu $e^{2iz} + e^{-2iz}$; d.h. die in **2.88.** definierte Größe ω ist gleich $+2$ bzw. -2 zu setzen.] Die Frage nach der Stabilität der Stabschwingungen läßt sich also hier einfach durch die Feststellung beantworten, ob jedes Parameterpaar (man transformiere erst $\omega t = 2z$)

$$\lambda_k = \frac{1}{\mu}\left(\frac{k\,\pi}{l}\right)^2 \frac{4}{\omega^2}(k^2 P_E - P_0), \qquad h_k^2 = \frac{1}{\mu}\left(\frac{k\,\pi}{l}\right)^2 \frac{2}{\omega^2} P_1$$

in einem stabilen Gebiet der Stabilitätskarte liegt. Da praktisch stets $|P_1| \ll P_E - P_0$ ist, so gilt

$$\left|\frac{2 h_k^2}{\lambda_k}\right| = \left|\frac{P_1}{k^2 P_E - P_0}\right| \ll 1 \qquad (k = 1, 2, 3, \ldots).$$

Die instabilen Bereiche liegen daher bei den Frequenzen

$$\omega_{kn} = \frac{k\,\pi}{l}\,\frac{1}{n}\,\sqrt{\frac{4}{\mu}\,(k^2 P_E - P_0)}$$

$$= \frac{2}{n}\,\omega_k \qquad (k = 1, 2, 3, \ldots),$$

wenn die ω_k die Eigenfrequenzen des durch die konstante Längskraft P_0 belasteten Stabes sind [siehe (37) mit $P_1 = 0$].

Eine ausführliche Diskussion dieses Problems mit Berücksichtigung der Dämpfung und numerisch durchgerechnete Beispiele finden sich bei METTLER [1, 2]. Für den speziellen Fall $Q = 0$, $y_0(x) = 0$, $a = 0$, vergleiche man auch KRYLOFF und BOGOLIOUBOFF [1] und LUBKIN und STOKER [1].

Bei verwandten Schwingungsproblemen elastischer Körper führt die Stabilitätsuntersuchung auf ein System von inhomogenen Differentialgleichungen allgemeineren Typs als (37), das in die Gestalt

$$\frac{d^2 v_k}{d t^2} + \omega_k^2 v_k + \cos \omega t \sum_{l=1}^{\infty} F_{kl} v_l = H_k \cos \omega t \qquad (k = 1, 2, 3, \ldots)$$

mit konstanten ω_k, F_{kl}, H_k gebracht werden kann. Statt dessen erhält man über die Formulierung des mechanischen Problems als Variationsproblem und über einen RITZschen Näherungsansatz ein System von endlich vielen Differentialgleichungen dieses Typs für endlich viele unbekannte Zeitfunktionen (METTLER [4, 5], WEIDENHAMMER [1]). Die Theorie solcher Differentialgleichungssysteme ist von METTLER [4], WEIDENHAMMER [2], HAACKE [7, 8, 9] untersucht worden. Analoge Differentialgleichungssysteme ergeben sich für die Stromstärken in elektrischen Netzen mit periodisch schwankenden Kapazitäten und Induktivitäten (HAACKE [5, 6]).

4.2. Systeme mit räumlich periodischer Struktur.

4.21. Die Saite mit periodischer Massenverteilung.
Eine Saite der Länge l besitze eine periodische Massenverteilung $\mu(x)$ $\left(\int_{x_1}^{x_2} \mu(x)\,dx = \right.$ Masse der Saite von x_1 bis $x_2\left.\right)$

$$\mu = \mu_0\left(1 - 2\gamma \cos \frac{\alpha \pi x}{l}\right) \qquad \left(\alpha > 0;\ -\frac{1}{2} < \gamma < \frac{1}{2}\right). \tag{1}$$

Bei konstanter Spannung S_0 lautet die Differentialgleichung für die Transversalschwingungen der Saite

$$\mu_0\left(1 - 2\gamma \cos \frac{\alpha \pi x}{l}\right) \frac{\partial^2 u}{\partial t^2} = S_0 \frac{\partial^2 u}{\partial x^2}; \tag{2}$$

die Randbedingungen sind

$$u = 0 \quad \text{für} \quad x = 0 \quad \text{und} \quad x = l. \tag{3}$$

Für die Eigenschwingungen der Frequenz ω hat u die Zeitabhängigkeit $e^{i\omega t}$. Dann folgt aus (2)

$$\frac{\partial^2 u}{\partial x^2} + \frac{\omega^2 \mu_0}{S_0}\left(1 - 2\gamma \cos\frac{\alpha \pi x}{l}\right) u = 0. \tag{4}$$

Setzen wir

$$\frac{\alpha \pi x}{2l} = z; \quad \lambda = \frac{4\omega^2}{\alpha^2 \omega_0^2}, \quad h^2 = \frac{4\omega^2}{\alpha^2 \omega_0^2}\,\gamma, \tag{5}$$

so entsteht aus (4) die MATHIEUsche Differentialgleichung in ihrer Normalform. Mit ω_0 ist die Grundfrequenz der homogenen Saite der Länge l, der Masse μ_0 pro Längeneinheit und der Spannung S_0 bezeichnet.

Die Lösung von (4) lautet daher mit den Bezeichnungen aus **2.12.**

$$A\, y_{\mathrm{I}}(z; \lambda, h^2) + B\, y_{\mathrm{II}}(z; \lambda, h^2); \tag{6}$$

die erste Randbedingung (3) führt nun auf $A = 0$, die zweite auf

$$y_{\mathrm{II}}\left(\frac{\alpha}{2}\pi; \lambda, h^2\right) = 0. \tag{7}$$

Die Lösungen dieser Gleichung untersuchen wir nur im Spezialfall ganzer α. Dann folgt nach **2.23.**, Satz 9* aus (7) für den charakteristischen Exponenten $\nu = \dfrac{2}{\alpha}, \dfrac{4}{\alpha}, \dfrac{6}{\alpha}, \dots$ Die Saitenschwingung wird also durch

$$u = C\, \mathrm{se}_{2p/\alpha}\left(\frac{\alpha \pi x}{2l}; h^2\right) \qquad (p = 1, 2, 3, \dots) \tag{8}$$

dargestellt; die Zeitabhängigkeit $e^{i\omega t}$ ist im Faktor C aufgenommen.

Die λ, h^2-Punkte zu den Eigenschwingungen liegen in den stabilen Gebieten oder, für $\dfrac{2p}{\alpha} = 1, 2, 3, \dots$, auf den ganzperiodischen Grenzkurven $\lambda = b_m(h^2)$. Man erhält die Eigenfrequenzen, indem man durch die Stabilitätskarte eine Gerade $h^2 = \gamma\,\lambda$ mit der Neigung γ gegen die λ-Achse legt, ihre Schnittpunkte mit den Kurven $\nu = \dfrac{2}{\alpha}, \dfrac{4}{\alpha}, \dfrac{6}{\alpha}, \dots$ sucht und aus den zugehörigen λ-Werten mit (5) die Eigenfrequenzen berechnet. Für $\gamma = h^2 = 0$ folgt so, daß ω ein ganzes Vielfaches von ω_0 ist, d.h. daß die Eigenfrequenzen äquidistant sind. Für $\gamma \neq 0$ zeigt die Stabilitätskarte Abb. 5 und 6 jedoch, daß sich Gruppen von Eigenfrequenzen ausbilden, mit einem mit γ zunehmenden Abstand zwischen den Gruppen.

Eine Verdoppelung der Saitenlänge bei gleicher Periode der Massenverteilung bedeutet das Auftreten von weiteren Eigenfrequenzen zu den charakteristischen Exponenten $\nu = \dfrac{1}{\alpha}, \dfrac{3}{\alpha}, \dfrac{5}{\alpha}, \ldots$, ohne daß die Gruppenstruktur sich ändert. Für $l \to \infty$ geht jede Frequenzgruppe in ein kontinuierliches Frequenzband über; ihm entsprechen die Strecken, die von der Geraden $h^2 = \gamma\,\lambda$ auf den stabilen Gebieten der Stabilitätskarte ausgeschnitten werden.

Ist $|\gamma| \ll 1$, $\alpha \gg 1$ so gilt für die langsamen Eigenschwingungen $\left(\nu = \dfrac{2}{\alpha}, \dfrac{4}{\alpha}, \ldots, \text{ mit } \nu \ll 1\right)$ — man setze (5) in **2.25.**, (35) ein und löse nach ω auf —

$$\omega = \frac{\alpha}{2}\,\nu\,\omega_0\left[1 + \frac{\nu^2}{4\,(\nu^2 - 1)}\,\gamma^2 + \cdots\right]. \tag{9}$$

Die ersten Eigenfrequenzen sind also annähernd äquidistant und von γ in erster Näherung unabhängig: Für Wellen, welche lang gegen die Periode der Massenverteilung sind, verhält sich die Saite wie eine Saite mit der mittleren homogenen Massenverteilung μ_0. Dies gilt nach (8) auch für die Eigenschwingungen $u \approx C \sin \dfrac{p\,\pi\,x}{l}$.

Es sei ausdrücklich bemerkt, daß die Eigenfrequenzen dieses Problems nichts damit zu tun haben, ob der Punkt λ, h^2 in einem stabilen oder instabilen Bereich der Stabilitätskarte liegt. In der Tat existieren für nichtganze α Eigenschwingungen mit λ, h^2 im instabilen Bereich. Vergleiche zu diesem Problem auch STRUTT [4].

4.22. Ein Knicklastproblem. Der in Abb. 22 dargestellte Stab sei an seinen Enden gelenkig gelagert und in einer Wirkungslinie, die beide Enden verbindet (x-Achse), durch eine Kraft K belastet. Eine Ausbiegung sei nur in der x, y-Ebene möglich. Die Gleichung seiner elastischen Linie lautet

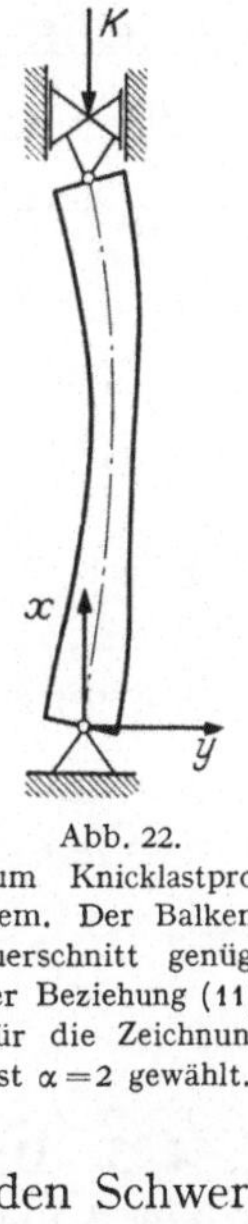

$$\frac{d^2 u}{d x^2} = \frac{M_b(x)}{E\,I(x)} \tag{10}$$

mit dem Biegemoment $M_b = -K\,u(x)$, dem Elastizitätsmodul E und dem Querschnittsträgheitsmoment $I(x)$, bezogen auf eine Achse senkrecht zur x, y-Ebene und auf den Schwerpunkt des Querschnittes an der Stelle x. Sei der Querschnitt des Stabes nun in der Weise ortsabhängig, daß

$$\frac{1}{E J} = A - 2B \cos\frac{\alpha\,\pi\,x}{l}, \qquad A > |2B| > 0. \tag{11}$$

Abb. 22.
Zum Knicklastproblem. Der Balkenquerschnitt genügt der Beziehung (11). Für die Zeichnung ist $\alpha = 2$ gewählt.

Dann ist

$$\frac{d^2 u}{d x^2} + K\left(A - 2 B \cos \frac{\alpha \pi x}{l}\right) u = 0 \tag{12}$$

und mit den Bezeichnungen

$$\frac{\alpha \pi x}{2 l} = z, \quad 4 K \frac{l^2 A}{\alpha^2 \pi^2} = \lambda, \quad 4 K \frac{l^2 B}{\alpha^2 \pi^2} = h^2 \tag{13}$$

entsteht wieder die Normalform der MATHIEUschen Differentialgleichung. Jene Lösung, welche die Randbedingungen $u = 0$ für $x = 0$ und $x = l$ bzw. $z = 0$ und $z = \frac{\alpha \pi}{2}$ erfüllt, gibt die elastische Linie des Biegungsproblems. Sie lautet also [vgl. **2.12.**, (2)]

$$u = C\, y_{\mathrm{II}}(z; \lambda, h^2) \tag{14}$$

und soll noch die Bedingung $C\, y_{\mathrm{II}}(\tfrac{1}{2}\alpha\pi; \lambda, h^2) = 0$ erfüllen. Im allgemeinen folgt daraus $C = 0$ und dann $u = 0$. Ist jedoch für die gegebenen Werte von α, λ, h^2 die Gleichung $y_{\mathrm{II}} = 0$ erfüllt, so kann C noch willkürlich sein; für diese Belastung ist also die Auslenkung des Stabes unbestimmt. Die kleinste Kraft K, für die dies eintritt, nennt man die Knicklast.

Wir nehmen der Einfachheit halber α ganz an und finden wie in **4.21.** aus $y_{\mathrm{II}} = 0$ den charakteristischen Exponenten $\nu = \frac{2}{\alpha}, \frac{4}{\alpha}, \frac{6}{\alpha}, \dots$ Zur Knicklast K gehört also der Schnitt der Kurve $\nu = \frac{2}{\alpha}$ der Stabilitätskarte Abb. 6 mit der Geraden $h^2 = \frac{B}{A}\lambda$. Mit Hilfe von **2.351.**, (25*) und (25**) erhält man für

$$\alpha = 1, \qquad \lambda = b_2(h^2), \qquad \frac{K}{K_0} = \frac{1}{4}\, b_2(h^2) = 1 - \frac{1}{3}\frac{B^2}{A^2} + \cdots,$$

$$\alpha = 2, \qquad \lambda = b_1(h^2), \qquad \frac{K}{K_0} = b_1(h^2) = 1 - \frac{B}{A} + \frac{7}{8}\frac{B^2}{A^2} + \cdots,$$

$$\alpha = n, \quad (n = 3, 4, 5, \dots), \qquad \frac{K}{K_0} = \frac{n^2}{4}\, \lambda_{2/n}(h^2) = 1 + \frac{2}{4 - n^2}\frac{B^2}{A^2} + \cdots$$

mit

$$K_0 = \frac{\pi^2}{l^2 A} = \frac{\pi^2}{l^2}\, E I.$$

4.23. Das stark fokussierende Synchrotron. Das Synchrotron ist ein Apparat zur Beschleunigung etwa von Protonen auf sehr hohe Energien. Sie werden durch ein axialsymmetrisches Magnetfeld im hohen Vakuum auf einer Kreisbahn mit festem Radius ϱ_0 geführt und durch ein elektrisches Feld beschleunigt. Für das ordnungsgemäße Arbeiten des Synchrotrons ist es notwendig, daß die Kreisbahn stabil ist, d.h. daß bei kleinen anfänglichen Abweichungen von der Kreisbahn hinsichtlich Ort und Geschwindigkeit die Bahn des Protons stets in der Nähe der Kreisbahn bleibt.

Wir orientieren uns über die Stabilitätseigenschaften des Synchrotrons — und später des stark fokussierenden Synchrotrons — indem wir von der Beschleunigung durch das elektrische Feld absehen und das Magnetfeld als zeitlich konstant annehmen. Diese Voraussetzungen rechtfertigen sich dadurch, daß die Energiezunahme des Protons und die zeitliche Änderung der magnetischen Induktion $\boldsymbol{B}$ erst nach vielen Umläufen ins Gewicht fallen. Wir betrachten also die Bewegung eines Protons in der Umgebung einer ausgezeichneten Bahn $\varrho = \varrho_0$, $z = 0$, des sog. Sollkreises; ϱ, φ, z seien Zylinderkoordinaten. Die magnetische Induktion $\boldsymbol{B}$ habe die Komponenten $B_\varrho, B_\varphi, B_z$. Die Bewegungsgleichungen lauten dann in diesen Koordinaten

$$\frac{d}{dt}\,(m\,\dot\varrho) = m\,\varrho\,\dot\varphi^2 + e\,\varrho\,\dot\varphi\,B_z - e\,\dot z\,B_\varphi, \tag{15}$$

$$\frac{d}{dt}\,(m\,\varrho^2\,\dot\varphi) = \qquad\qquad e\,\varrho\,\dot z\,B_\varrho - e\,\varrho\,\dot\varrho\,B_z, \tag{16}$$

$$\frac{d}{dt}\,(m\,\dot z) = \qquad\qquad e\,\dot\varrho\,B_\varphi - e\,\varrho\,\dot\varphi\,B_\varrho, \tag{17}$$

wenn m die Masse, e die Ladung des Protons ist. Da im zeitunabhängigen Magnetfeld die Geschwindigkeit konstant ist, so ist auch die relativistisch anzusetzende Masse zeitlich konstant.

Eine Lösung dieser Gleichungen soll also sein: $\varrho = \varrho_0$, $z = 0$. Dann folgt aus (17) $B_\varrho = 0$ auf dem Sollkreis, aus (16) $\dot\varphi = $ konstant und aus (15)

$$\omega \equiv \dot\varphi = -\frac{e}{m}\,B_z,$$

also auch $B_z = $ konstant auf dem Sollkreis.

Über das Magnetfeld setzen wir darüber hinaus zunächst nur voraus, daß es von Magneten erzeugt sei, deren Polschuhe symmetrisch zur Ebene $z = 0$ des Sollkreises liegen. Dann gehen die Feldlinien senkrecht durch die Ebene $z = 0$ und es gilt für $z = 0$ identisch $B_\varrho = B_\varphi = 0$, damit wegen div $\boldsymbol{B} = 0$ weiter $\dfrac{\partial B_z}{\partial z} = 0$ und wegen rot $\boldsymbol{B} = 0$ auch $\dfrac{\partial B_\varrho}{\partial z} = \dfrac{\partial B_z}{\partial \varrho}$.
Um die Stabilität der Kreisbahn zu untersuchen, setzen wir $\varrho = \varrho_0 + \varrho^*$, $\dot\varphi = \omega + \eta$, entwickeln $\boldsymbol{B}$ in der Umgebung des Sollkreises

$$B_\varrho(\varrho, \varphi, z) = z\,\frac{\partial B_\varrho}{\partial z} + \cdots,$$

$$B_\varphi(\varrho, \varphi, z) = z\,\frac{\partial B_\varphi}{\partial z} + \cdots,$$

$$B_z(\varrho, \varphi, z) = B + \varrho^*\,\frac{\partial B_z}{\partial \varrho} + \cdots,$$

und behandeln ϱ^*, z, η als kleine Größen. B ist der Wert von B_z auf dem Sollkreis. Die Differentialquotienten von B_ϱ, B_φ, B_z sind auf dem Sollkreis zu nehmen; sie können von φ abhängen.

Gehen wir mit diesen Ansätzen in (15), (16), (17) ein, so ergibt sich, wenn wir nur die linearen Glieder in ϱ^*, η, z und ihrer zeitlichen Ableitungen beibehalten

$$\ddot{\varrho}^* = \omega \eta \varrho_0 - \omega^2 \frac{\varrho_0}{B} \frac{\partial B_z}{\partial \varrho} \cdot \varrho^*,$$

$$\frac{d}{dt} (\varrho_0 \eta + \omega \varrho^*) = 0,$$

$$\ddot{z} = \omega^2 \frac{\varrho_0}{B} \frac{\partial B_z}{\partial \varrho} \cdot z.$$

Nach der zweiten dieser Gleichungen ist $\varrho_0 \eta = -\omega \varrho^* + \delta$ ($\delta =$ konstant); daher folgt aus der ersten Gleichung

$$\ddot{\varrho}^* + \omega^2 (1 - n) \varrho^* = \omega \delta. \tag{18}$$

Die dritte Gleichung lautet

$$\ddot{z} + \omega^2 n z = 0, \tag{19}$$

wenn wir zur Abkürzung

$$n = - \frac{\varrho_0}{B} \frac{\partial B_z}{\partial \varrho} \tag{20}$$

setzen. Die Abweichungen vom Sollkreis in axialer und radialer Richtung sind also vollkommen entkoppelt, da (18) nur ϱ^*, (19) nur z enthält.

Wir diskutieren nun die Stabilität der Bewegung für zwei wichtige Spezialfälle.

1. Ist das Magnetfeld axialsymmetrisch, $B_\varphi \equiv 0$ und B_ϱ, B_z von φ unabhängig, so ist n längs der ganzen Bahn konstant. Dafür, daß alle Lösungen von (18) und (19) beschränkt bleiben, ist notwendig und hinreichend $1 - n > 0$ und $n > 0$, oder

$$0 < - \frac{\varrho_0}{B} \frac{\partial B_z}{\partial \varrho} < 1.$$

Dies bedeutet, daß die magnetischen Feldlinien wenigstens in der Umgebung des Sollkreises konkav nach innen verlaufen und daß der Krümmungsradius der durch den Sollkreis gehenden Feldlinien für $z = 0$ größer als ϱ_0 ist.

Setzen wir im Sinne unserer Näherung $\varphi = \omega t$, so gehen (18) und (19) über in

$$\frac{d^2 \varrho^*}{d \varphi^2} + (1 - n) \varrho^* = \frac{\delta}{\omega}, \tag{21}$$

$$\frac{d^2 z}{d \varphi^2} + n z = 0. \tag{22}$$

Eine Bahn, die vom Sollkreis mit $\eta = 0$ und damit $\delta = 0$ ausgeht, schneidet wieder die Ebene $z = 0$ nach Zurücklegen des Winkels $\pi\, n^{-\frac{1}{2}}$, den Zylinder $\varrho = \varrho_0$ nach Zurücklegen des Winkels $\pi\,(1 - n)^{-\frac{1}{2}}$. Sind $\alpha = \dfrac{1}{\varrho_0}\,\dfrac{dz}{d\varphi}$ und $\beta = \dfrac{1}{\varrho_0}\,\dfrac{d\varrho^*}{d\varphi}$ die (kleinen) Winkel gegen den Sollkreis im Ausgangspunkt, so sind die maximalen Abweichungen vom Sollkreis $\varrho_0\,\alpha\, n^{-\frac{1}{2}}$ in z-Richtung, $\varrho_0\,\beta\,(1 - n)^{-\frac{1}{2}}$ in ϱ-Richtung. Die maximale Phasenabweichung von $\varphi = \omega\, t$ ergibt sich für dieses Beispiel aus dem Maximum von $\left| \int\limits_0^t \eta\,(t)\, dt \right|$ zu $\beta\,(1 - n)^{-\frac{1}{2}}$.

2. Bei dem von COURANT jr., LIVINGSTON und SNYDER [1] erdachten stark fokussierenden Synchrotron werden längs des Sollkreises N Magnete ($N = $ gerade) angebracht, deren magnetische Feldlinien abwechselnd nach innen und außen konkav sind, so daß im idealen Fall in den aufeinanderfolgenden N gleichlangen Abschnitten abwechselnd $n = n_1 < 0$ und $n = n_2 > 0$ ist. Wir ersetzen diese Funktion $n\,(\varphi)$ durch die ersten beiden Glieder ihrer FOURIER-Reihe.

$$n = \frac{n_1 + n_2}{2} + \frac{n_1 - n_2}{2}\,\frac{4}{\pi}\,\cos\frac{N}{2}\,\varphi \equiv a + b\,\cos\frac{N}{2}\,\varphi. \tag{23}$$

Man kann (23) als anderen Grenzfall des wirklichen Feldes betrachten, da durch die nicht vermeidbaren Luftspalte zwischen benachbarten Magneten eine gewisse Ausglättung des zuerst angegebenen Verhaltens von $n\,(\varphi) = n_1$ bzw. $= n_2$ erfolgt. Mit $\dfrac{N}{2}\,\varphi = 2u$ entstehen dann aus (21) und (22) die inhomogene und die homogene MATHIEUsche Differentialgleichung

$$\frac{d^2\varrho^*}{du^2} + \frac{16}{N^2}\,(1 - a - b\,\cos 2u)\,\varrho^* = \frac{\delta}{\omega}, \tag{24}$$

$$\frac{d^2 z}{du^2} + \frac{16}{N^2}\,(a + b\,\cos 2u)\,z = 0. \tag{25}$$

Die Frage nach der Stabilität der Bewegung beantwortet sich nunmehr unmittelbar aus der Stabilitätskarte: Die beiden Punkte $\lambda = \dfrac{16}{N^2}\,a$, $h^2 = \dfrac{8b}{N^2}$ und $\lambda = \dfrac{16}{N^2}\,(1 - a)$, $h^2 = \dfrac{8b}{N^2}$ müssen beide in einem stabilen Gebiet der Stabilitätskarte liegen. Diese Bedingung ist auch hinreichend; denn die konstante rechte Seite von (24) gibt nach **2.88.**, (21) kein Resonanzverhalten in einem stabilen Gebiet der Stabilitätskarte. Die stabilen Gebiete übersieht man am einfachsten, wenn man über die Stabilitätskarte Abb. 5, auf deren Achsen $\lambda = \dfrac{16a}{N^2}$ und $h^2 = \dfrac{8b}{N^2}$ aufgetragen sind, die an der h^2-Achse gespiegelte und dann um $\dfrac{16}{N^2}$ nach rechts verschobene Stabilitätskarte aufzeichnet. Wo sich die stabilen

Bereiche der ursprünglichen und der durch Spiegelung und Verschiebung gewonnenen Karten überdecken, besteht Stabilität der Bewegung auf dem Sollkreis. Das größte stabile Gebiet, das praktisch allein in Frage kommt, ist in Abb. 23 für den Grenzfall großer N wiedergegeben; es deckt sich fast mit dem entsprechenden stabilen Gebiet der HILLschen Differentialgleichung (in der Abbildung gestrichelt), welche sich ergibt, wenn man abwechselnd $n = n_1$ und $n = n_2$ setzt. Legt man den Sollkreis in die „Mitte" dieses stabilen Gebietes — also $n_1 = -n_2$, $v = \dfrac{1}{2}$ und damit $h^2 = \dfrac{16}{N^2 \pi} |n_1 - n_2| \approx 0{,}64$ — so wird $N \approx 4{,}0 |n_1|^{-\frac{1}{2}}$. Die Lösungen y_I und y_{II} der MATHIEUschen Differentialgleichung sind für diesen Fall in Abb. 24 wiedergegeben. Für eine Bahn, die bei $\varphi = 0$ mit $\eta = 0$ und damit $\delta = 0$ durch den Sollkreis geht, ist danach das Maximum von

$$z = \varrho_0\, \alpha\, \frac{d\varphi}{du}\, y_{II}(u)$$

bzw.

$$\varrho^* = \varrho_0\, \beta\, \frac{d\varphi}{du}\, y_{II}(u)$$

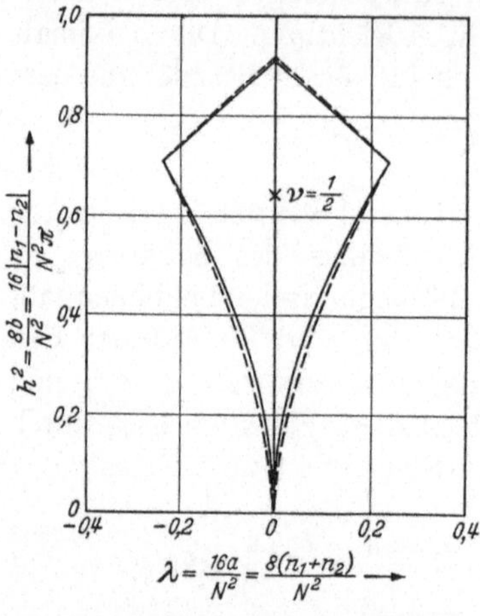

Abb. 23. Hauptstabilitätsbereich des stark fokussierenden Synchrotrons für den Grenzfall $N \gg 1$. Die gestrichelte Kurve bezieht sich auf die HILLsche Differentialgleichung mit $n(\varphi) = n_1$ bzw. n_2 abwechslungsweise in aufeinanderfolgenden gleich langen Abschnitten.

durch $7\varrho_0\,\alpha/N$ bzw. $7\varrho_0\,\beta/N$ gegeben, wenn α und β wieder die Winkel der Bahn gegen den Sollkreis bei $\varphi = 0$ bedeuten. Dieses Maximum ist also rund um einen Faktor $5/N$ kleiner als im Falle des axialsymmetrischen Magnetfeldes mit $n = 0{,}5$ (s. oben, 1. Fall). Für den maximalen Betrag der Phasenabweichung folgt hier

$$\max \left| \int_0^t \eta\, dt \right| = \max \left| \int_0^\varphi \omega\, \frac{\varrho^*}{\varrho_0} \cdot \frac{d\varphi}{\omega} \right| = \max \left| \int_0^\varphi y_{II}(u)\, \beta\, \frac{d\varphi}{du}\, d\varphi \right|$$

$$= \frac{16\beta}{N^2} \int_0^{2\pi} y_{II}(u)\, du \approx \frac{100\beta}{N^2}.$$

Die maximale Phasenabweichung $\varphi = \omega t$ ist also hier um den Faktor $71/N^2$ kleiner als in dem vorher behandelten Beispiel.

Die hier im Prinzip verständlich gemachte Reduktion der Amplitude und der Phasenabweichung gestörter Bahnen beim stark fokussierenden Synchrotron gegenüber dem Synchrotron mit axialsymmetrischem

Magnetfeld dürfte zu einer erheblichen Verbilligung von Teilchenbeschleunigern führen. Für eine Anlage mit $\varrho_0 = 250$ m, mit einem Führungsfeld $B = 14\,000$ Gß, $N = 400$ und einer zu erreichenden maximalen Teilchenenergie von 10^{11} eV wird eine Verbilligung um 90% auf etwa 10^8 DM gegenüber einem Synchrotron derselben maximalen Teilchenenergie mit axialsymmetrischem Magnetfeld geschätzt (LIVINGSTON [1]). Sie kommt wesentlich durch die viel geringere Dicke der den Sollkreis enthaltenden evakuierten Röhre und der damit viel kleineren Magnete zustande.

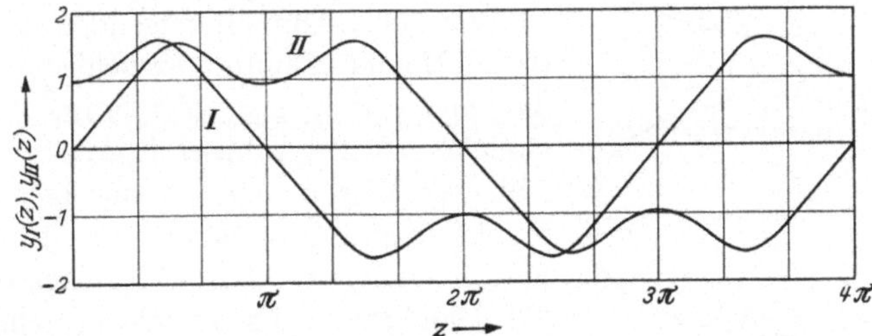

Abb. 24. Die Kurven $y_I(z) = \mathrm{ce}_\nu z / \mathrm{ce}_\nu 0$ und $y_{II}(z) = \mathrm{se}_\nu z / \mathrm{se}_\nu' 0$ für $\lambda = 0$, $h^2 \approx 0{,}9433$, $\nu = \frac{1}{2}$. Es gilt $\mathrm{ce}_\nu z = \mathrm{se}_\nu(\pi + z)$ für $\nu = \frac{1}{2}$.

Mit dem eben behandelten Problem nahe verwandt ist die Theorie des Massenspektrometers von PAUL und STEINWEDEL [1], welches durch Anwendung geeigneter elektrischer Felder mit harmonisch in der Zeit veränderlichem Anteil aus einem Ionenstrahl Ionen eines gewissen Massenbereichs auszusondern erlaubt. Dieser Bereich läßt sich wieder aus der Stabilitätskarte Abb. 5 ermitteln.

4.3. Mechanische und akustische Eigenschwingungen.

4.31. Schwingungen einer elliptischen Membran.

Die transversale Elongation $u(x, y, t)$ einer homogenen, gleichmäßig gespannten, mit kleinen Amplituden und verlustfrei schwingenden Membran, die längs einer in der x, y-Ebene liegenden Kurve eingespannt ist, genügt der partiellen Differentialgleichung

$$\frac{\partial^2 u}{\partial x^2} + \frac{\partial^2 u}{\partial y^2} = \frac{\mu}{S} \frac{\partial^2 u}{\partial t^2}, \tag{1}$$

wenn S die Spannung (= Zugkraft pro Längeneinheit), μ die Masse pro Flächeneinheit, x, y kartesische Koordinaten und t die Zeit bedeuten. Für Schwingungen mit der Zeitabhängigkeit $e^{i\omega t}$ gilt daher

$$\frac{\partial^2 u}{\partial x^2} + \frac{\partial^2 u}{\partial y^2} + k^2 u = 0 \tag{2}$$

mit

$$k = \sqrt{\frac{\mu}{S}}\,\omega. \tag{3}$$

Jene Lösungen von (2), die auf der im Endlichen liegenden Begrenzung der Membran verschwinden, nennt man ihre Eigenschwingungen. Solche gibt es nur für gewisse ausgezeichnete Werte, die Eigenwerte der Wellenzahl k. Die zugehörigen Werte von ω sind die Eigenfrequenzen der Membran. Die Eigenwerte der Wellenzahl k sind rein geometrische Größen von der Dimension einer reziproken Länge und von μ und S unabhängig.

Wir behandeln im folgenden die elliptische Membran unter verschiedenen Bedingungen und eine Membran, die von zwei konfokalen Ellipsen begrenzt ist (vgl. Abb. 25). Wegen weiterer Einzelheiten vergleiche man McLACHLAN [7]. In jedem Fall seien a und b die Halbachsen der die Membran nach außen begrenzenden Ellipse ($a \geq b$) und $\varepsilon = (1 - b^2/a^2)^{\frac{1}{2}}$ ihre numerische Exzentrizität. Für die Ellipse gelte $\xi = \xi_0$ in den elliptischen Koordinaten [vgl. **1.125.**, (18)]

$$x = c \operatorname{Cos} \xi \cos \eta, \quad y = c \operatorname{Sin} \xi \sin \eta \left.\right\} \quad (4)$$
$$(0 \leq \xi < \infty, \; 0 \leq \eta < 2\pi).$$

Es ist

$$c = a\,\varepsilon, \quad \operatorname{Cos} \xi_0 = \varepsilon^{-1}, \left.\right\} \quad (5)$$
$$a = c \operatorname{Cos} \xi_0, \quad b = c \operatorname{Sin} \xi_0.$$

Ferner sei

$$2h = k\,c = k\,a\,\varepsilon. \quad (6)$$

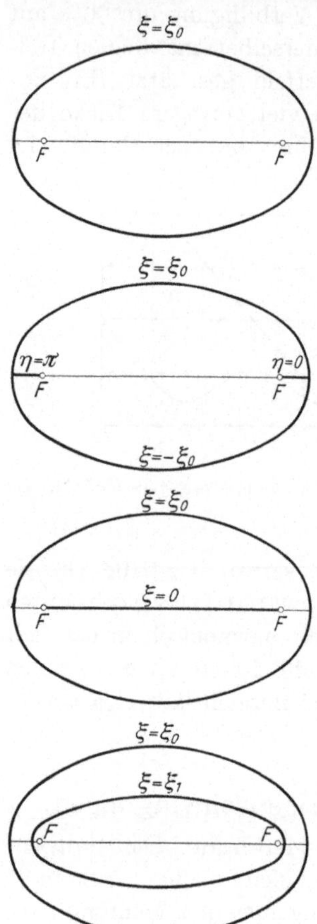

Abb. 25. Die elliptische Membran unter verschiedenen Randbedingungen. Auf den dick ausgezogenen Ellipsen bzw. Linien gilt jeweils die Randbedingung $u = 0$. Die Membran hat stets die Ellipse $\xi = \xi_0$ als äußere, im letzten Bild die Ellipse $\xi = \xi_1$ als innere Begrenzung.

Die Eigenschwingungen $u(\xi, \eta, t)$ lassen sich aus separierten zweidimensionalen Wellenfunktionen aufbauen; wir versuchen gleich einen Ansatz mit MATHIEUschen Funktionen von ganzem Index. Daraus, daß die so gewonnenen Eigenfrequenzen und Eigenfunktionen im Grenzfall $h \to 0$ in die bekannte Gesamtheit der Eigenfrequenzen und Eigenfunktionen der entsprechenden Probleme mit kreisförmiger äußerer Begrenzung übergehen (Kreis, Halbkreis, Kreisring als Membranfläche), kann man schließen, daß mit diesem Ansatz alle Eigenfunktionen erfaßt sind (s. auch **4.31.**, Abschnitt 7).

Sei also mit $u = u_m$ bzw. $u = v_{m+1}$

$$u_m = \mathrm{Ce}_m(\xi)\,[A\,\mathrm{ce}_m(\eta) + B\,\mathrm{fe}_m(\eta)] + \mathrm{Fe}_m(\xi)\,[C\,\mathrm{ce}_m(\eta) + D\,\mathrm{fe}_m(\eta)], \qquad (7\mathrm{a})$$

$$\left.\begin{aligned} v_{m+1} &= \mathrm{Se}_{m+1}(\xi)\,[A\,\mathrm{se}_{m+1}(\eta) + B\,\mathrm{ge}_{m+1}(\eta)] + \\ &\quad + \mathrm{Ge}_{m+1}(\xi)\,[C\,\mathrm{se}_{m+1}(\eta) + D\,\mathrm{ge}_{m+1}(\eta)] \end{aligned}\right\} \qquad (7\mathrm{b})$$

mit $m = 0, 1, 2, \dots$ Die Koeffizienten A, B, C, D sind von ξ, η unabhängig; der Zeitfaktor $e^{i\omega t}$ ist in ihnen aufgenommen. Das zweite Argument h^2 ist hier und auch in den folgenden Formeln, soweit aus dem Zusammenhang klar, unterdrückt.

1. *Elliptische Membran* (MATHIEU [1], MACLAURIN [1]). Besteht für die Membran neben $u = 0$ für $\xi = \xi_0$ keine zusätzliche Randbedingung, so muß die Lösung (7) in η die Periode 2π besitzen und beim Durchgang durch die Fokallinie $\xi = 0$ mit ihrer Ableitung stetig sein. Die erste Bedingung liefert für beide Ansätze $B = D = 0$, da fe_m und ge_{m+1} nicht periodisch sind. Die zweite Bedingung führt auf

$$u(\xi, \eta) = u(\xi, -\eta), \qquad \frac{\partial u(\xi, \eta)}{\partial \xi} = -\frac{\partial u(\xi, -\eta)}{\partial \xi} \qquad \text{für} \quad \xi = 0. \qquad (8)$$

Wegen $\mathrm{ce}_m(\eta; h^2) = \mathrm{ce}_m(-\eta; h^2)$, $\mathrm{se}_m(\eta; h^2) = -\mathrm{se}_m(-\eta; h^2)$ verlangt die Stetigkeit von v_{m+1} also $C = 0$ wegen $\mathrm{Ge}_m(0; h^2) \neq 0$, die Stetigkeit der Ableitung von u_m nach y entsprechend $D = 0$ wegen $\mathrm{Fe}_m'(0; h^2) \neq 0$. Die Ansätze (7) reduzieren sich daher auf

$$u_m = A\,\mathrm{Ce}_m(\xi; h^2)\,\mathrm{ce}_m(\eta; h^2), \qquad (9\mathrm{a})$$

$$v_{m+1} = A\,\mathrm{Se}_{m+1}(\xi; h^2)\,\mathrm{se}_{m+1}(\eta; h^2), \qquad (9\mathrm{b})$$

und die Randbedingung $u_m = 0$ bzw. $v_{m+1} = 0$ für $\xi = \xi_0$ führt auf

$$\mathrm{Ce}_m(\xi_0; h^2) = 0 \quad \text{bzw.} \quad \mathrm{Se}_{m+1}(\xi_0; h^2) = 0 \qquad (m = 0, 1, 2, \dots) \qquad (10)$$

oder wegen (5) und (6)

$$\mathrm{Ce}_m\!\left(\mathrm{Ar\,Cos}\,\frac{1}{\varepsilon}; \left(\tfrac{1}{2}\,k\,a\,\varepsilon\right)^2\right) = 0 \quad \text{bzw.} \quad \mathrm{Se}_{m+1}\!\left(\mathrm{Ar\,Cos}\,\frac{1}{\varepsilon}; \left(\tfrac{1}{2}\,k\,a\,\varepsilon\right)^2\right) = 0. \qquad (11)$$

Diese Gleichungen lassen sich im allgemeinen nur numerisch nach ka auflösen. Zugeordnete Werte von ξ_0 und h und damit von ka und ε lassen sich für $\mathrm{Ce}_m(\xi_0; h^2) = 0$ ($m = 0, 1, 2$) aus den Abb. 10, 11, 12 entnehmen. Für sehr kleine ε kann man die Reihenentwicklungen **2.85.**, (9) und (10) der Nullstellen von Ce_m und Se_{m+1} heranziehen; für $z \to 1$ — das sind sehr flache Ellipsen — folgert man leicht aus einem Satz von FABER [1], wonach unter allen Membranen gleichen Flächeninhalts die kreisförmige die kleinste Eigenfrequenz hat, daß in diesem Fall $h \gg 1$ ist. Man kann dann die Lösungen von (11) näherungsweise aus den h-asymptotischen Relationen **2.85.**, (11) und (12) entnehmen. Abb. 26 gibt den aus $Ce_1 = 0$ so gewonnenen Zusammenhang zwischen $k\,b$ und ε.

2. *Elliptische Membran mit $u = 0$ für $\xi = 0$.* Ist die elliptische Membran zusätzlich längs der Fokallinie festgehalten (dritter Fall der Abb. 25), so führt ebenfalls der Ansatz (7a), (7b) zum Ziel. Es bleibt die Bedingung der Periodizität in η, die Bedingungen (8) fallen jedoch weg und an ihre Stelle tritt $u = 0$ für $\xi = 0$. Es ist also wieder $B = D = 0$ in beiden Ansätzen, ferner ist $A = 0$ in (7a) und $D = 0$ in (7b). Die Ansätze (7a, b) reduzieren sich auf

$$\left.\begin{aligned} u_m &= C\,\mathrm{Fe}_m\,\xi\,\mathrm{ce}_m\,\eta \\ \text{bzw.}\quad v_{m+1} &= A\,\mathrm{Se}_{m+1}\,\xi\,\mathrm{se}_{m+1}\,\eta \end{aligned}\right\} \quad (12)$$

und die Eigenwertbedingung lautet

$$\left.\begin{aligned} \mathrm{Fe}_m(\xi_0; h^2) &= 0 \\ \text{bzw.}\quad \mathrm{Se}_{m+1}(\xi_0; h^2) &= 0. \end{aligned}\right\} \quad (13)$$

Die Nullstellen von $\mathrm{Fe}_m(\xi_0; h^2)$ sind gleich denen von

$$\mathrm{Mc}_m^{(1)}(\xi_0; h) - \frac{\mathrm{Mc}_m^{(1)}(0; h)}{\mathrm{Mc}_m^{(2)}(0; h)}\,\mathrm{Mc}_m^{(2}(\xi_0; h); \quad (13^*)$$

denn beide Funktionen in ξ_0 sind proportional, da sie der MATHIEUschen Differentialgleichung genügen und für $\xi_0 = 0$ verschwinden. Für kleine h ist [vgl. **2.76.**, (43) und (45)]

$$\mathrm{Mc}_m^{(1)}(0; h)/\mathrm{Mc}_m^{(2)}(0; h) = \begin{cases} O\left(\dfrac{1}{\log h}\right) & (m = 0), \\[2mm] O(h^{2m}) & (m = 1, 2, 3, \ldots) \end{cases}$$

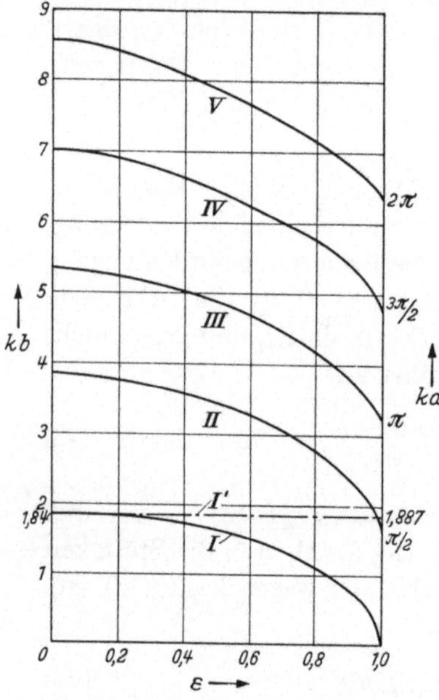

Abb. 26. Die niedrigsten Eigenwerte zur Schwingungsform $Ce_1(\xi; h^2)\,ce_1(\eta; h^2)$ der elliptischen Membran (Kurven *II* und *IV*) und des elliptischen Sees (Kurven *I, III, V*). Es ist $k\,b$ in Abhängigkeit von der Exzentrizität ε aufgetragen. Die Kurve *I'* ist äquivalent mit der Kurve *I*, jedoch ist hier $k\,a$ als Funktion von ε wiedergegeben. Zum Punkt $\varepsilon = 1$, $k\,b = 0$ gehört $h = 0{,}9433$, während auf den Kurven *II, III, IV, ...* $h \to \infty$ für $\varepsilon \to 1$ gilt.

und man gewinnt, indem man für $\mathrm{Mc}_m^{(1,2)}(\xi_0; h)$ die Reihen **2.75.**, (40) einsetzt, analog **2.85.**, (10) eine Näherung für die Nullstellen von $\mathrm{Fe}_m(\xi_0; h^2)$. Wie früher kann man auch den Fall ε nahe an 1 behandeln.

3. *Elliptische Membran mit $u = 0$ für $\eta = 0$ und $\eta = \pi$.* Ist die elliptische Membran zusätzlich zu $u = 0$ für $\xi = \xi_0$ längs der beiden Verlängerungen $\eta = 0$ und $\eta = \pi$ der Fokallinie festgehalten, so wählt man

zweckmäßiger die elliptischen Koordinaten (4) mit dem Variabilitätsbereich $-\infty < \xi < \infty$, $0 \leq \eta \leq \pi$ (vgl. **1.125.**). Die Membran wird in diesen Koordinaten durch die Kurven $\xi = \xi_0 > 0$, $\xi = -\xi_0$, $\eta = 0$, $\eta = \pi$ begrenzt (zweiter Fall der Abb. 25). Auch hier führt der Ansatz (7a, b) auf die Eigenfunktionen. Die Bedingungen (8) sind durch diese Wahl der Koordinaten von selbst erfüllt. $u = 0$ für $\eta = 0$ und $\eta = \pi$ führt in (7a) auf $A = B = C = D = 0$ wegen $\mathrm{ce}_m 0 \neq 0$, $\mathrm{fe}_m \pi \neq 0$. (7b) dagegen reduziert sich zunächst auf

$$v_{m+1} = (A \, \mathrm{Se}_{m+1}\xi + C \, \mathrm{Ge}_{m+1}\xi)\,\mathrm{se}_{m+1}\eta . \tag{14}$$

Die Randbedingung auf der elliptischen Begrenzung lautet jedoch in den jetzigen Koordinaten $u = 0$ für $\xi = \pm \xi_0$ d.h.

$$\pm A \, \mathrm{Se}_{m+1}\xi_0 + C \, \mathrm{Ge}_{m+1}\xi_0 = 0$$

und daraus folgt

$$C = 0 \quad \text{und} \quad \mathrm{Se}_{m+1}\xi_0 = 0 \quad \text{bzw.} \quad A = 0 \quad \text{und} \quad \mathrm{Ge}_{m+1}\xi_0 = 0.$$

Für $h = 0$ geht die Membran in zwei unabhängige halbkreisförmige Membranen über. Jeder Eigenwert wird also zweifach, d.h. jede Lösung von $\mathrm{Se}_{m+1}\xi_0 = 0$ löst dann auch $\mathrm{Ge}_{m+1}\xi_0 = 0$. Für kleine $h \neq 0$ besteht eine schwache Kopplung der zwei beinahe halbkreisförmigen Membranen über die kurze Fokallinie. Die dadurch bedingte Aufspaltung Δk der Eigenwerte k kann man nach den früheren Methoden berechnen. Es ergibt sich so in erster Näherung für $m = 0$

$$k a \approx x \quad \text{und} \quad a \Delta k \approx \frac{\pi \, x^2 \, \varepsilon^2}{8}\,\frac{N_1(x)}{J_1'(x)} ,$$

wenn x eine Nullstelle von $J_1(x)$ bedeutet.

4. *Elliptische Ringmembran.* Die Eigenfunktionen einer Ringmembran, die von den konfokalen Ellipsen $\xi = \xi_0$ und $\xi = \xi_1$ in den Koordinaten (4) begrenzt ist, lassen sich wieder aus dem Ansatz (7a, b) gewinnen. Die Periodizität in η führt auf $B = D = 0$; dann ergeben sich aus den Randbedingungen $u = 0$ für $\xi = \xi_0$ und ξ_1 die Eigenwertgleichungen (nach Elimination von $\mathrm{ce}_m \eta$ bzw. $\mathrm{se}_{m+1}\eta$)

$$\frac{\mathrm{Fe}_m \xi_0}{\mathrm{Ce}_m \xi_0} = \frac{\mathrm{Fe}_m \xi_1}{\mathrm{Ce}_m \xi_1} \quad \text{bzw.} \quad \frac{\mathrm{Ge}_{m+1}\xi_0}{\mathrm{Se}_{m+1}\xi_0} = \frac{\mathrm{Ge}_{m+1}\xi_1}{\mathrm{Se}_{m+1}\xi_1} .$$

Die numerische Berechnung von Eigenwerten kann durch Aufzeichnen der Funktionen $\dfrac{\mathrm{Fe}_m \xi}{\mathrm{Ce}_m \xi}$ bzw. $\dfrac{\mathrm{Ge}_{m+1}\xi}{\mathrm{Se}_{m+1}\xi}$ und Herausgreifen von Punktepaaren mit gleicher Ordinate erfolgen. So wird $\xi_1 = \xi_1(\xi_0, h)$ oder, wenn ε_1 und ε_0 die Exzentrizitäten der beiden Ellipsen, a_1 und a_0 die beiden großen Halbachsen sind, $\dfrac{1}{\varepsilon_1} = \mathrm{Cos}\,\xi_1\!\left(\mathrm{Ar\,Cos}\,\dfrac{1}{\varepsilon_0}, \dfrac{1}{2}\,k\,a_0\,\varepsilon_0\right)$. Diese Funktion ist unendlich vieldeutig.

5. Andere Membranformen. Grundsätzlich lassen sich alle Membranen, die aus zwei Hyperbelbogen $\eta = \eta_0$ und $\eta = \eta_1$ und zwei Ellipsenbogen $\xi = \xi_0$ und $\xi = \xi_1$ bestehen, mit Hilfe der MATHIEUschen Funktionen berechnen; doch ist der Ansatz (7a, b) dann nicht mehr brauchbar. An seine Stelle tritt

$$u = [A \operatorname{Me}_\nu \xi + B \operatorname{Me}_{-\nu} \xi]\, [C \operatorname{me}_\nu \eta + D \operatorname{me}_{-\nu} \eta]$$

und die Eigenwertbedingungen lauten

$$\frac{\operatorname{Me}_\nu \xi_1}{\operatorname{Me}_{-\nu} \xi_1} = \frac{\operatorname{Me}_\nu \xi_0}{\operatorname{Me}_{-\nu} \xi_0} \quad \text{und} \quad \frac{\operatorname{me}_\nu \eta_1}{\operatorname{me}_{-\nu} \eta_1} = \frac{\operatorname{me}_\nu \eta_0}{\operatorname{me}_{-\nu} \eta_0}.$$

Der charakteristische Exponent ist hier ebenfalls eine erst zu bestimmende Unbekannte (SCHUBERT [1]).

6. Elliptischer See von gleichförmiger Tiefe (JEFFREYS [4], GOLDSTEIN [1, 3], McLACHLAN [5, 7]). In weitgehend analoger Weise zum Problem der Membran lassen sich die Eigenschwingungen des Wassers in einem See von gleichförmiger Tiefe und elliptischer Begrenzung $\xi = \xi_0$, gegebenenfalls mit zusätzlichen Wänden bei $\eta = 0$ und $\eta = \pi$ bzw. bei $\xi = 0$ usw. behandeln. Die vertikale Bewegung des Wassers genügt derselben partiellen Differentialgleichung (1) mit $4/(g\,d)$ an Stelle von μ/S; g ist die Erdbeschleunigung, d die Tiefe des Sees. Die Randbedingung lautet jedoch, daß die Normalableitung von u an der Begrenzung verschwindet. Falls nur die Begrenzung $\xi = \xi_0$ vorhanden ist, folgt also die Eigenwertbedingung

$$\frac{d}{d\xi_0}\, \operatorname{Ce}_m(\xi_0; h^2) = 0 \quad \text{bzw.} \quad \frac{d}{d\xi_0}\, \operatorname{Se}_{m+1}(\xi_0; h^2) = 0. \tag{15}$$

Die niedrigsten Eigenwerte zu $\operatorname{Ce}_1'(\xi_0; h^2) = 0$ sind in Abb. 26 wiedergegeben. Für die kleinste Lösung dieser Gleichung hängt $k\,a$ fast nicht von der Exzentrizität ab.

7. Die Vollständigkeit der Eigenschwingungen. Wir geben für das Beispiel der elliptischen Membran ohne zusätzliche Bedingungen noch einen direkten Beweis dafür, daß mit dem Ansatz (7) von separierten Lösungen der Differentialgleichung (2) alle Eigenschwingungen erfaßt werden. Er läßt sich auf die anderen oben und später behandelten Eigenschwingungsprobleme übertragen.

Jede in ξ, η geschriebene Eigenschwingung ist stetig differenzierbar und 2π-periodisch in η. Zu ihr gehört ein bestimmter Wert von h^2. Sie läßt sich dann nach dem Entwicklungssatz in **2.28.** mit MATHIEU-Funktionen in η von gleichem Parameter h^2 als unendliche Reihe darstellen

$$u = \sum A_m \operatorname{Ce}_m \xi \operatorname{ce}_m \eta + \sum B_m \operatorname{Fe}_m \xi \operatorname{ce}_m \eta +$$
$$+ \sum C_m \operatorname{Se}_{m+1} \xi \operatorname{se}_{m+1} \eta + \sum D_m \operatorname{Ge}_{m+1} \xi \operatorname{se}_{m+1} \eta$$

mit von ξ, η unabhängigen Koeffizienten A_m, B_m, C_m, D_m $(m = 0, 1, 2, \ldots)$. Die angegebene ξ-Abhängigkeit von u folgt daraus, daß u der Wellengleichung genügt. Die Stetigkeit von u für $\xi = 0$ führt auf $\sum D_m \, \mathrm{Ge}_{m+1} \xi \times \mathrm{se}_{m+1} \eta \equiv 0$ für alle η; d.h. $D_m \, \mathrm{Ge}_{m+1} \xi = 0$ für $\xi = 0$ und somit $D_m = 0$. Aus der Stetigkeit der Differentialquotienten von u nach y für $\xi = 0$ folgt ebenso $B_m \, \mathrm{Fe}_m' \xi = 0$ für $\xi = 0$ und somit $B_m = 0$. Die Randbedingung $u = 0$ für $\xi = \xi_0$ liefert schließlich $\sum A_m \mathrm{Ce}_m \xi_0 \, \mathrm{ce}_m \eta + \sum C_m \, \mathrm{Se}_{m+1} \xi_0 \, \mathrm{se}_{m+1} \eta = 0$ für alle η, also $A_m \, \mathrm{Ce}_m \xi_0 = 0$, $C_m \, \mathrm{Se}_{m+1} \xi_0 = 0$ $(m = 0, 1, 2, \ldots)$. Sind die Nullstellen der $\mathrm{Ce}_m \xi$ und $\mathrm{Se}_{m+1} \xi$ $(\xi \neq 0)$ alle voneinander verschieden, so folgt aus den letzten Gleichungen, daß für eine nichttriviale Lösung (d.h. nicht alle $A_m, C_m = 0$) eine der Funktionen Ce_m, Se_{m+1} und die Koeffizienten aller übrigen Funktionen verschwinden. Ist ξ_0 eine Nullstelle von mehreren der Funktionen $\mathrm{Ce}_m \xi$, $\mathrm{Se}_{m+1} \xi$, so ist die Eigenschwingung entartet und es gibt linear unabhängige separierte Eigenfunktionen.

4.32. Eigenschwingungen von festen elastischen Körpern.

1. Die Eigenschwingungen der elliptischen Platte genügen nach Abspaltung des Zeitfaktors $e^{i \omega t}$ der partiellen Differentialgleichung

$$\frac{\partial^4 u}{\partial x^4} + 2 \frac{\partial^4 u}{\partial x^2 \partial y^2} + \frac{\partial^4 u}{\partial y^4} - k^4 u = 0. \tag{16}$$

Ist ω die Eigenfrequenz, ϱ die Dichte des Materials, E der Elastizitätsmodul, μ die POISSONSche Zahl und d die Dicke der Platte (alle diese Größen seien von x, y unabhängig), so gilt

$$k^2 = \omega^2 \frac{12 \varrho (1 - \mu)}{E \, d^2}. \tag{17}$$

Die Differentialgleichung (16) besitzt als Lösungen die Summe irgend zweier Lösungen u_1 und u_2 der partiellen Differentialgleichungen

$$\frac{\partial^2 u_1}{\partial x^2} + \frac{\partial^2 u_1}{\partial y^2} + k^2 u_1 = 0, \qquad \frac{\partial^2 u_2}{\partial x^2} + \frac{\partial^2 u_2}{\partial y^2} - k^2 u_2 = 0. \tag{18}$$

Mit den in **4.31.**, (5) und (6) eingeführten Abkürzungen ergeben sich Eigenlösungen

$$u_m = A \, \mathrm{Ce}_m(\xi; h^2) \, \mathrm{ce}_m(\eta; h^2) + B \, \mathrm{Ce}_m(\xi; -h^2) \, \mathrm{ce}_m(\eta; -h^2), \tag{19a}$$

$$v_{m+1} = A \, \mathrm{Se}_{m+1}(\xi; h^2) \, \mathrm{se}_{m+1}(\eta; h^2) + B \, \mathrm{Se}_{m+1}(\xi; -h^2) \, \mathrm{se}_m(\eta; -h^2) \tag{19b}$$

für $m = 0, 1, 2, \ldots$. Die Eigenwertgleichung für die am Rand eingespannte Platte mit $u = 0$ und $\partial u / \partial \xi = 0$ für $\xi = \xi_0$ (MACLAURIN [1]) lautet nach Elimination von A und B

$$\frac{\mathrm{Ce}_m'(\xi_0; h^2)}{\mathrm{Ce}_m(\xi_0; h^2)} = \frac{\mathrm{Ce}_m'(\xi_0; -h^2)}{\mathrm{Ce}_m(\xi_0; -h^2)} \quad \text{bzw.} \quad \frac{\mathrm{Se}_{m+1}'(\xi_0; h^2)}{\mathrm{Se}_{m+1}(\xi_0; h^2)} = \frac{\mathrm{Se}_{m+1}'(\xi_0; -h^2)}{\mathrm{Se}_{m+1}(\xi_0; -h^2)}. \tag{20}$$

Für andere Randbedingungen $\left(\text{z.B. frei schwingende Platte, } \dfrac{\partial^2 u}{\partial \xi^2} = \dfrac{\partial^3 u}{\partial \xi^3} = 0 \right.$ für $\left. \xi = \xi_0 \right)$ gewinnt man die Eigenwertgleichung in entsprechender Weise. Zusammengehörende Werte von ε, $k\,a$ findet man, indem man etwa die Kurven $Ce_m'(\xi; h^2)/Ce_m(\xi; h^2)$ und $Ce_m'(\xi; -h^2)/Ce_m(\xi; -h^2)$ für ein festes h aufzeichnet und zum Schnitt bringt; zu jedem Schnittpunkt $\xi_0 = \operatorname{Ar Cos} 1/\varepsilon$ gehört dann derselbe Wert von $2h = k\,a\,\varepsilon$. Weitere Einzelheiten zu diesem Problem finden sich bei McLACHLAN [5, 7].

2. Die freien Längsschwingungen eines dreiachsigen Ellipsoids, dessen eine Achse $2a$ groß gegen die beiden anderen Achsen $2b_1$ und $2b_2$ ist, lassen sich einfach behandeln, wenn man das Ellipsoid als Stab mit veränderlichem Querschnitt F auffaßt (KOUVELITES [1], KOUVELITES und McKEEHAN [1]). Sei die Gleichung der Ellipsoidoberfläche

$$\frac{x^2}{a^2} + \frac{y^2}{b_1^2} + \frac{z^2}{b_2^2} = 1 ; \tag{21}$$

dann ist der Querschnitt an der Stelle x

$$F = \pi\, b_1\, b_2 \left(1 - \frac{x^2}{a^2}\right). \tag{22}$$

Ist u die Verschiebung in x-Richtung an der Stelle x, so lautet die Bewegungsgleichung

$$F \varrho\, \frac{\partial^2 u}{\partial t^2} = \frac{\partial}{\partial x}\left(\frac{F}{E}\,\frac{\partial u}{\partial x}\right), \tag{23}$$

wenn ϱ die Dichte, E der Elastizitätsmodul ist. Einsetzen von F liefert mit $x = a\,\xi$

$$\frac{\partial}{\partial \xi}\left[(1 - \xi^2)\,\frac{\partial u}{\partial \xi}\right] = a^2\, E\, \varrho\,(1 - \xi^2)\,\frac{\partial^2 u}{\partial t^2}. \tag{24}$$

Für die Eigenschwingungen mit der Zeitabhängigkeit $e^{i\,\omega\,t}$ $(\omega \neq 0)$ ergibt sich mit der weiteren Abkürzung $a^2 E\, \varrho\, \omega^2 = \gamma^2$

$$\frac{\partial}{\partial \xi}\left[(1 - \xi^2)\,\frac{\partial u}{\partial \xi}\right] + (\gamma^2 - \gamma^2 \xi^2)\, u = 0. \tag{25}$$

Dies ist die Differentialgleichung der Sphäroidfunktionen mit $\mu = 0$, $\lambda = 0$.

Wir untersuchen nun den speziellen Fall, daß das Ellipsoid bei $x = 0$ festgehalten wird, d.h. daß $u = 0$ für $\xi = 0$. Als weitere Bedingung ist zu stellen, daß u endlich sei für $x = \pm a$, d.h. für $\xi = \pm 1$. Die Lösungen von (25) sind dann

$$u = \operatorname{ps}_{2n+1}(\xi; \gamma^2) \qquad (n = 0, 1, 2, \ldots),$$

wobei γ so zu bestimmen ist, daß $\lambda_{2n+1}(\gamma^2) = 0$. Näherungslösungen dieser Gleichung entnimmt man aus Abb. 13. Die genaueren Werte dieser Lösungen ergeben sich aus der zweiten Kettenbruchgleichung von **3.24.**, Satz 6 mit $\lambda = 0$, $m = 0$. Es wird

$$\omega = (E\,\varrho)^{-\frac{1}{2}}\,\frac{\pi}{2a}\cdot\frac{2\gamma}{\pi},$$

worin der Reihe nach

$$\frac{2\gamma}{\pi} = 1{,}3688;\ 3{,}4333;\ 5{,}4536;\ldots \to \frac{3}{2} + 2n \quad \text{für} \quad n \to \infty.$$

Die asymptotischen Eigenwerte $2\gamma/\pi$ ergeben sich aus der asymptotischen Lösung von (25) für große γ; für die in $\xi = +1$ reguläre Lösung gilt (ohne Beweis)

$$u \sim (\xi + 1)^{-\frac{1}{2}}\,J_0\big(\gamma\,(1 - \xi)\big) \qquad \text{mindestens in } 0 \leq \xi \leq 1.$$

Die Eigenwertgleichung lautet also $J_0(\gamma) = 0$; sie wird für große γ wie oben gelöst.

Zum Vergleich seien die Eigenfrequenzen der Longitudinalschwingungen des Stabes mit konstantem Querschnitt angegeben:

$$\omega = (E\,\varrho)^{-\frac{1}{2}}\,\frac{\pi}{2a}\,(2n + 1) \quad (n = 0, 1, 2, \ldots).$$

4.33. Akustische Eigenschwingungen und akustische Hohlleiter.

Bei Vernachlässigung von Wärmeleitung, Viskosität und anderen dissipativen Vorgängen genügen die Eigenschwingungen kleiner Amplitude (Zeitabhängigkeit $e^{i\omega t}$) einer kompressiblen Flüssigkeit oder eines Gases in einem Hohlraum der partiellen Differentialgleichung

$$\frac{\partial^2 u}{\partial x^2} + \frac{\partial^2 u}{\partial y^2} + \frac{\partial^2 u}{\partial z^2} + k^2 u = 0. \tag{26}$$

Die Wellenzahl k hängt über die Schallgeschwindigkeit $(=\omega/k)$ mit der Frequenz der Eigenschwingungen zusammen. u ist das Geschwindigkeitspotential $(v = \operatorname{grad} u)$ und proportional zur Abweichung des Druckes von seinem Mittelwert. An der Begrenzung des Hohlraumes verschwindet also die Normalableitung von u, wenn die Wandung als schallhart vorausgesetzt wird. Dies soll in **4.33.** stets geschehen.

1. Wir behandeln zunächst die akustischen Eigenschwingungen im elliptischen Zylinder, der von zwei zur Achse senkrechten Ebenen begrenzt ist (MACLAURIN [1]). In den durch **1.125.** definierten elliptisch-zylindrischen Koordinaten seien die begrenzenden Flächen $\xi = \xi_0$, $z = 0$ und $z = l$.

Es gibt separierte Eigenlösungen der Gestalt

$$u_{n,m} = A\,\mathrm{Ce}_m(\xi; h^2)\,\mathrm{ce}_m(\eta; h^2)\,\cos\frac{n\pi z}{l}, \tag{27a}$$

$$\left.\begin{array}{l} v_{n,m+1} = B\,\mathrm{Se}_{m+1}(\xi; h^2)\,\mathrm{se}_{m+1}(\eta; h^2)\,\cos\dfrac{n\pi z}{l} \\[2mm] (m = 0, 1, 2, \ldots;\ n = 1, 2, 3, \ldots) \end{array}\right\} \tag{27b}$$

mit

$$4h^2 = \left(k^2 - \frac{n^2\pi^2}{l^2}\right)c^2. \tag{28}$$

Ist a die große Halbachse des Zylinderquerschnitts und ε seine Exzentrizität, so gelten wieder die Beziehungen **4.31.**, (5). A und B sind willkürliche Konstanten, in denen der Zeitfaktor $e^{i\omega t}$ aufgenommen sein soll. Der Ansatz (27a, b) ist bereits 2π-periodisch in η und erfüllt $\partial u/\partial z = 0$ für $z = 0$ und $z = l$. Die weitere Grenzbedingung $\partial u/\partial\xi = 0$ für $\xi = \xi_0$ gibt

$$\mathrm{Ce}_m'(\xi_0; h^2) = 0 \quad \text{bzw.} \quad \mathrm{Se}_{m+1}'(\xi_0; h^2) = 0. \tag{29}$$

Diese Gleichungen geben einen (mehrdeutigen) Zusammenhang zwischen ξ_0 und h^2 und damit nach (28) zwischen ka, n, a/l und ξ_0. Wegen der Berechnung der Nullstellen von (29) sei wieder auf **2.85.** verwiesen.

2. Auf ein ähnliches Eigenwertproblem führt die Berechnung der Schallwellen in einem beiderseits unendlich langen elliptischen Zylinder $\xi = \xi_0$ (akustischer Hohlleiter). Es gibt Wellentypen der Gestalt

$$u_m = A\,\mathrm{Ce}_m(\xi; h^2)\,\mathrm{ce}_m(\eta; h^2)\,e^{i\omega t - i k_1 z}, \tag{30a}$$

$$v_{m+1} = A\,\mathrm{Se}_{m+1}(\xi; h^2)\,\mathrm{se}_{m+1}(\eta; h^2)\,e^{i\omega t - i k_1 z} \tag{30b}$$

mit $4h^2 = (k^2 - k_1^2)c^2$, k_1 beliebig reell, aber, wenn wir nur Wellen in $+z$-Richtung betrachten, $k_1 > 0$. Die Randbedingung $\partial u/\partial\xi = 0$ für $\xi = \xi_0$ liefert

$$\mathrm{Ce}_m'(\xi_0; h^2) = 0 \quad \text{bzw.} \quad \mathrm{Se}_{m+1}'(\xi_0; h^2) = 0. \tag{31}$$

Dies ist keine Eigenwertgleichung im früheren Sinne; vielmehr gibt es zu jedem Paar ξ_0, h^2, das (31) genügt, ein beliebiges kc, solange $k^2 c^2 - 4h^2 = k_1^2 c^2 > 0$ bleibt. Ein Eigenwertproblem entsteht erst, wenn wir nach dem kleinsten kc fragen, für das (31) gilt. Dann ist $k_1 = 0$. Diese kleinsten Werte von kc zu einer Lösung ξ_0, h^2 von (31) bezeichnen die untere Grenze der Wellenzahlen, für die eine Wellenausbreitung im Hohlleiter vom Typ (30a) oder (30b) überhaupt möglich ist. Das Minimum aller solchen kc-Werte für alle Paare ξ_0, h^2 aus (31) gibt eine obere Grenze der Wellenlängen, die durch den akustischen Hohlleiter hindurchgehen können.

Die Gln. (31) haben keine reellen Lösungen $\xi_0 \neq 0$ für $h^2 = 0$ oder negative h^2. Daraus folgt allgemein $k^2 > k_1^2$.

Analoge Probleme zu den letzten beiden ergeben sich durch Einführung zusätzlicher Grenzflächen (z.B. $\eta = 0$ und $\eta = \pi$, oder $\xi = 0$), auf denen die Normalableitung von u verschwindet. Sie lassen sich ähnlich behandeln wie die entsprechenden Membranprobleme in **4.31.**

3. Zur Behandlung akustischer Eigenschwingungen im gestreckten Rotationsellipsoid (HANSON [1]) führen wir die gestreckt-rotations-elliptischen Koordinaten

$$x=c\sqrt{(\xi^2-1)(1-\eta^2)}\cos\varphi, \quad y=c\sqrt{(\xi^2-1)(1-\eta^2)}\sin\varphi, \quad z=c\,\xi\,\eta \quad\Bigg\} \quad (32)$$
$$(1\leq\xi<\infty; \; -1\leq\eta\leq1; \; 0\leq\varphi<2\pi)$$

ein. Die lange Achse sei $2a$, die beiden kurzen Achsen seien je $2b$, die Exzentrizität ε und die Oberfläche des Ellipsoids $\xi=\xi_0$. Dann gilt

$$c = a\,\varepsilon, \quad \xi_0 = \frac{1}{\varepsilon}, \quad a = c\,\xi_0, \quad b = c\sqrt{\xi_0^2-1}. \quad (33)$$

Ferner sei

$$\gamma = k\,c. \quad (34)$$

Eigenschwingungen finden wir durch den Ansatz separierter Lösungen der Schwingungsgleichung (vgl. **1.133.**):

$$u_n^m = A\,S_n^{m\,(1)}(\xi;\gamma)\,\mathrm{ps}_n^m(\eta;\gamma^2)\,e^{im\varphi} \quad (n=0,1,2,\ldots; \; m=0,\pm1,\ldots,\pm n). \quad (35)$$

Sie sind im Innern des Ellipsoids, auch auf der Fokallinie $\xi=1$, stetig und beliebig oft stetig nach x, y, z differenzierbar. Das Verschwinden der Normalableitung $\partial u/\partial\xi$ für $\xi=\xi_0$ liefert die Eigenwertgleichung

$$\frac{\partial}{\partial\xi_0}\,S_n^{m\,(1)}(\xi_0;\gamma) = 0. \quad (36)$$

Ihre Lösungen lassen sich für kleine und große γ analog wie die Nullstellen von $S_n^{m\,(1)}(\xi_0;\gamma)$ in **3.92.** berechnen.

4. Beim abgeplatteten Rotationsellipsoid mit den beiden großen Halbachsen a und der kleinen Halbachse b ist überall ξ durch $-i\xi$, c durch ic zu ersetzen; ferner ist $0\leq\xi<\infty$. Statt (33) gilt nun mit $\varepsilon=\sqrt{1-b^2/a^2}$

$$c = a\,\varepsilon, \quad \xi_0 = \frac{\sqrt{1-\varepsilon^2}}{\varepsilon}, \quad a = c\sqrt{1+\xi_0^2}, \quad b = c\,\xi_0 \quad (37)$$

und (34) bleibt als $\gamma=kc$. Die Eigenwertgleichung ist jetzt

$$\frac{\partial}{\partial\xi_0}\,S_n^{m\,(1)}(-i\xi_0; i\gamma) = 0. \quad (38)$$

5. Besteht der Hohlraum aus zwei konfokalen gestreckten Rotationsellipsoiden $\xi=\xi_0$ und $\xi=\xi_1$ (Bezeichnungen wie in Abschnitt 3), so fällt die Bedingung der Stetigkeit und Differenzierbarkeit von u auf $\xi=1$ weg; der Ansatz (35) ist dann zu erweitern:

$$u_n^m = [A\,S_n^{m\,(1)}(\xi;\gamma) + B\,S_n^{m\,(2)}(\xi;\gamma)]\,\mathrm{ps}_n^m(\eta;\gamma^2)\,e^{im\varphi} \quad (39)$$

$(n = 0, 1, 2, \ldots; \quad m = 0, \pm 1, \ldots, \pm n)$. Die Randbedingungen führen nach Elimination von A, B auf die Eigenwertgleichung (Maclaurin [1])

$$\frac{S_n^{m\,(2)\,\prime}(\xi_0;\gamma)}{S_n^{m\,(1)\,\prime}(\xi_0;\gamma)} = \frac{S_n^{m\,(2)\,\prime}(\xi_1;\gamma)}{S_n^{m\,(1)\,\prime}(\xi_1;\gamma)}. \tag{40}$$

6. Wir betrachten weiter einen Hohlraum, der aus den beiden halben abgeplatteten Rotationsellipsoiden $\xi_0 \geq \xi > 0$ und $\xi_1 \leq \xi < 0$ in den Koordinaten (vgl. **1.124.**)

$$x = c \sqrt{(\xi^2+1)(1-\eta^2)}\cos\varphi, \quad y = c \sqrt{(\xi^2+1)(1-\eta^2)}\sin\varphi, \quad z = c\,\xi\,\eta \left.\right\}$$
$$(-\infty < \xi < \infty,\ 0 \leq \eta \leq 1,\ 0 \leq \varphi < 2\pi) \tag{41}$$

besteht. Sie seien über den gemeinsamen Fokalkreis $\xi = 0$ gekoppelt (vgl. Abb. 27). Dann lauten die Randbedingungen

$$\frac{\partial u}{\partial \xi} = 0 \quad \text{für} \quad \xi = \xi_0 > 0 \quad \text{und} \quad \xi = \xi_1 < 0, \quad \frac{\partial u}{\partial \eta} = 0 \quad \text{für} \quad \eta = 0. \tag{42}$$

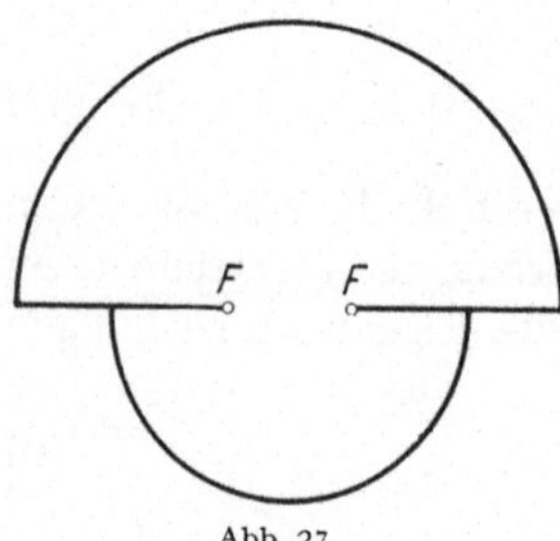

Abb. 27.
Schnitt durch zwei halbe abgeplattete konfokale Rotationsellipsoide, die über den gemeinsamen Fokalkreis gekoppelt sind.

Mit separierten Wellenfunktionen läßt sich die Randbedingung auf $\eta = 0$ nur erfüllen, wenn die η-Abhängigkeit $\mathrm{ps}^m_{|m|+2s}(\eta;\ -\gamma^2)$ mit $m = 0,\ \pm 1,\ \pm 2,\ \ldots;\ s = 0, 1, \ldots$ ist. Denn die separierten Wellenfunktionen sind Produkte einer Sphäroidfunktion mit den Argumenten $-i\xi, i\gamma$, einer weiteren mit den Argumenten $\eta, i\gamma$ und schließlich einer Exponentialfunktion $e^{im\varphi}$ mit — wegen der Eindeutigkeit von u — ganzem m. Die Sphäroidfunktion in η ist endlich in $\eta = 1$, hat verschwindende Ableitung in $\eta = 0$ wegen der Randbedingung (42), ist daher gerade in η und damit auch endlich in $\eta = -1$. Ihr unterer Index ist daher ebenfalls ganz, $\geq |m|$, und von m um eine gerade Zahl verschieden. Somit lautet der Ansatz

$$u = [A\,S^{m\,(1)}_{|m|+2s}(-i\xi;\,i\gamma) + B\,S^{m\,(2)}_{|m|+2s}(-i\xi;\,i\gamma)]\,\mathrm{ps}^m_{|m|+2s}(\eta;\ -\gamma^2)\,e^{im\varphi}. \tag{43}$$

Die Eigenwertgleichung lautet dann, wenn wir ohne Beschränkung der Allgemeinheit $m \geq 0$ voraussetzen

$$\frac{S^{m\,(1)\,\prime}_{m+2s}(-i\,\xi_0;\,i\gamma)}{S^{m\,(2)\,\prime}_{m+2s}(-i\,\xi_0;\,i\gamma)} = \frac{S^{m\,(1)\,\prime}_{m+2s}(-i\,\xi_1;\,i\gamma)}{S^{m\,(2)\,\prime}_{m+2s}(-i\,\xi_1;\,i\gamma)}. \tag{44}$$

Für $\xi_1 = 0$ verschwindet die rechte Seite, also auch die linke. Es ergibt sich dann die Eigenwertgleichung für das Halbellipsoid.

4.34. Hohlraumresonator mit Wandabsorption. Für einen akustischen Hohlraum in Gestalt eines abgeplatteten halben Rotationsellipsoids mit schallharten Wänden $\xi = \xi_0, \xi = 0, \eta = 0$, der aus dem zuletzt behandelten Hohlraum für $\xi_1 = 0$ hervorgeht, lauten die Eigenfunktionen [nach (43) mit $B = 0$ und γ_0 statt γ geschrieben]

$$u = A \, S_n^{m\,(1)}(-i\,\xi;\, i\,\gamma_0) \, \mathrm{ps}_n^m(\eta;\, -\gamma_0^2)\, e^{i\,m\,\varphi} \tag{45}$$

und die Eigenwertbedingung nach (44)

$$S_n^{m\,(1)\prime}(-i\,\xi_0;\, i\,\gamma_0) = 0. \tag{46}$$

Hierin ist $n \geq |m|$, $n - m$ gerade, $m = $ ganz.

Wir ändern nun dieses Problem ab, indem wir die Fokalkreisfläche $\xi = 0$ durch ein Material mit der akustischen Impedanz $\varrho\, V_s\, \zeta$ ersetzen ($\varrho = $ Dichte, $V_s = $ Schallgeschwindigkeit im Hohlraum). Unter $\varrho\, V_s\, \zeta$ versteht man das Verhältnis der Abweichung des Druckes vom mittleren Druck zur Normalkomponente der Geschwindigkeit an der Wand; also ist, wenn u das Geschwindigkeitspotential und somit $-i\,\omega\,\varrho\,u$ die Abweichung vom mittleren Druck bedeutet[1]

$$\varrho\, V_s\, \zeta\, \frac{\partial u}{\partial z} = -i\,\omega\,\varrho\,u \qquad (\xi = 0). \tag{47}$$

Die im allgemeinen komplexe Größe ζ charakterisiert die Beschaffenheit der Oberfläche hinsichtlich des Phasenunterschiedes und des Amplitudenverhältnisses von einfallender und reflektierter Welle. Bei fehlender Absorption ist ζ rein imaginär, für eine schallharte bzw. schallweiche Wand ist $\zeta = \infty$ bzw. $\zeta = 0$.

Durch diese Abänderung der Wandbeschaffenheit werden sich statt der Eigenwerte γ_0 von (46) andere Eigenwerte γ ergeben. Sofern echte Absorption vorliegt, d.h. ζ endlich und $\mathrm{Re}\,\zeta \neq 0$ ist, wird ω und damit auch γ komplex sein. Die Berechnung des Imaginärteils von γ bzw. ω, welcher die Abklingdauer der Eigenschwingung bestimmt, ist die Hauptaufgabe. Der Einfachheit halber beschränken wir uns auf die Behandlung der axialsymmetrischen Eigenschwingungen ($m = 0$) und auf $|\zeta| \gg 1$.

Ist γ ein Eigenwert des vorliegenden Problems, so läßt sich die zugehörige Eigenfunktion entwickeln (mit Unterdrückung des Arguments $i\gamma$ bzw. $-\gamma^2$)

$$u = \sum_{n=0}^{\infty} A_n \left[S_{2n}^{(1)}(-i\,\xi) - \frac{S_{2n}^{(1)\prime}(-i\,0)}{S_{2n}^{(2)\prime}(-i\,0)}\, S_{2n}^{(2)}(-i\,\xi) \right] \mathrm{ps}_{2n}(\eta). \tag{48}$$

Damit ist die Grenzbedingung verschwindender Normalkomponente der Geschwindigkeit auf den schallharten Teilen $\xi = \xi_0$ und $\eta = 0$ der Wandung bereits erfüllt. Für $\xi = 0$ gilt dagegen (47), also nach (41)

$$\frac{\partial u}{\partial \xi} = -\frac{i\,\omega\,a}{V_s\, \zeta}\, \eta\, u. \tag{49}$$

---

[1] Dies folgt aus der Bewegungsgleichung $\varrho\, \dfrac{d\boldsymbol{v}}{dt} = -\operatorname{grad} p$ und aus $\boldsymbol{v} = \operatorname{grad} u$ unter den Voraussetzungen kleiner Amplituden und harmonischer Zeitabhängigkeit mit der Frequenz ω.

Setzt man (48) hierin ein, multipliziert mit $\mathrm{ps}_{2l}(\eta)$ und integriert von $\eta = 0$ bis $\eta = 1$, so folgt wegen der Orthogonalität und Normierung der $\mathrm{ps}_{2n}(\eta)$ das unendliche lineare und homogene Gleichungssystem für die A_n

$$
\begin{aligned}
& -A_{2l}\, \frac{S_{2l}^{(1)'}(-i\,\xi_0)}{S_{2l}^{(2)'}(-i\,\xi_0)}\, S_{2l}^{(2)'}(-i\,0) \\
& = (2l+1)\, \frac{\omega\,a}{V_s\,\zeta}\, \sum_{n=0}^{\infty} A_{2n}\left[S_{2n}^{(1)}(-i\,0) - \frac{S_{2n}^{(1)'}(-i\,\xi_0)}{S_{2n}^{(2)'}(-i\,\xi_0)}\, S_{2n}^{(2)}(-i\,0) \right] \times \\
& \qquad \times \int_0^1 \eta\, \mathrm{ps}_{2n}(\eta)\, \mathrm{ps}_{2l}(\eta)\, d\eta,
\end{aligned}
\qquad (50)
$$

da nach **3.66.**, (65) für $\gamma \neq 0$ allgemein $S_{2l}^{(1)'}(-i\,0) = 0$ ist.

Für $\zeta = \infty$ kommen wir auf (45) und (46) zurück, d.h. es gibt nichttriviale Lösungen (48), wenn

$$
S_{2t}^{(1)'}(-i\,\xi_0) = 0, \qquad A_{2l}^{(t)} = 0 \quad \text{für} \quad l \neq t \qquad (t = 0, 1, 2, \ldots). \qquad (51)
$$

Für große $|\zeta|$ liegt es nahe, eine Entwicklung der A_{2n} und von $\gamma - \gamma_0$ nach Potenzen von $1/\zeta$ anzusetzen. Wenn man in (50) $l = t$ wählt, und beachtet, daß wegen (51)

$$
S_{2l}^{(1)'}(-i\,\xi_0;\,i\,\gamma) = (\gamma - \gamma_0)\, \frac{\partial S_{2l}^{(1)'}(-i\,\xi_0;\,i\,\gamma_0)}{\partial \gamma_0} + \cdots,
$$

so ergibt sich in erster Näherung

$$
\begin{aligned}
& -(\gamma - \gamma_0)\, \frac{\partial S_{2t}^{(1)'}(-i\,\xi_0;\,i\,\gamma_0)}{\partial \gamma_0} \cdot \frac{S_{2t}^{(2)}(-i\,0;\,i\,\gamma_0)}{S_{2t}^{(2)'}(-i\,\xi_0;\,i\,\gamma_0)} \\
& = (2t+1)\, \frac{\omega\,a}{V_s\,\zeta}\, S_{2t}^{(1)}(-i\,0;\,i\,\gamma_0) \cdot \int_0^1 \eta\, [\mathrm{ps}_{2t}(\eta)]^2\, d\eta.
\end{aligned}
$$

Die Berechnung von $\gamma - \gamma_0$ kann im Falle fast halbkugeliger Hohlräume ($\xi_0 \gg 1$) durch Entwicklung der Sphäroidfunktionen des Arguments $-i\,\xi_0$ nach Zylinderfunktionen und durch Verwendung von **3.64.**, (42) unter Beschränkung auf die für kleine γ_0 ausschlaggebenden Glieder erfolgen.

Für einen halben elliptisch-zylindrischen Hohlraum ist das entsprechende Problem (Streifen zwischen den beiden Fokallinien belegt mit einem Material der Impedanz $\varrho\, V_s\,\zeta$) von Pellam und Bolt [1] behandelt worden.

4.4. Elektromagnetische Eigenschwingungen.

4.41. Zeitlich periodische Lösungen der Maxwellschen Gleichungen. Die Maxwellschen Gleichungen des elektromagnetischen Feldes im homogenen und ladungsfreien Dielektrikum mit Feldgrößen der Zeitabhängigkeit $e^{i\omega t}$ ($\omega \neq 0$) lauten

$$
\mathrm{rot}\, \boldsymbol{E} = -i\,\omega\,\mu\,\boldsymbol{H}, \qquad \mathrm{rot}\, \boldsymbol{H} = i\,\omega\,\varepsilon\,\boldsymbol{E}. \qquad (1)
$$

E ist die elektrische, H die magnetische Feldstärke, ω ist die Frequenz des Wellenvorganges bzw. des Schwingungszustandes bei Eigenschwingungsproblemen. Die MAXWELLschen Gleichungen sind hier als Größengleichungen in einem Vierersystem von Einheiten mit

$$\mu = 1{,}256 \cdot 10^{-8}\,\frac{\text{Vs}}{\text{Acm}}\,,\qquad \varepsilon = 0{,}088\,59 \cdot 10^{-12}\,\frac{\text{As}}{\text{Vcm}}$$

für Vakuum geschrieben. Wir führen neben ω noch die Wellenzahl

$$k = \omega\,\sqrt{\varepsilon\mu}\tag{2}$$

ein.

Durch Elimination von H ergibt sich aus (1)

$$\operatorname{rot}\operatorname{rot}E = k^2\,E\,.\tag{3}$$

Es genügt also diese sog. vektorielle Schwingungsgleichung zu betrachten. H bestimmt sich dann aus der ersten Gl. (1). Umgekehrt kann man E eliminieren, erhält

$$\operatorname{rot}\operatorname{rot}H = k^2\,H\tag{4}$$

und bestimmt dann E aus der zweiten Gl. (1).

Aus (3) folgt $\operatorname{div}E = 0$ wegen $k \neq 0$, und wegen $\operatorname{rot}\operatorname{rot} = \operatorname{grad}\operatorname{div} - \Delta$ ist (3) gleichwertig mit den beiden Differentialgleichungen

$$\Delta E + k^2\,E = 0\,,\quad \operatorname{div}E = 0\,.\tag{5}$$

Die Lösung der MAXWELLschen Gln. (1) scheint damit auf die Lösung der Gleichung $\Delta E + k^2 E = 0$ zurückgeführt. Tatsächlich liegen die Dinge etwas komplizierter, da zwar die Komponenten E_x, E_y, E_z Lösungen von $\Delta u + k^2 u = 0$, sie aber wegen $\operatorname{div}E = 0$ nicht voneinander unabhängig sind. Indessen kann man auf mannigfache Weise Lösungen der MAXWELLschen Gleichungen aus Lösungen der dreidimensionalen skalaren Schwingungsgleichung $\Delta u + k^2 u = 0$ gewinnen. Beispiele sind

$$\left.\begin{aligned}E &= \frac{1}{\varepsilon}\operatorname{rot}\operatorname{rot}(r\,\Pi_1) - i\,\omega\operatorname{rot}(r\,\Pi_2)\,,\\[4pt] H &= i\,\omega\operatorname{rot}(r\,\Pi_1) + \frac{1}{\mu}\operatorname{rot}\operatorname{rot}(r\,\Pi_2)\,;\end{aligned}\right\}\tag{6}$$

$$E = \frac{1}{\varepsilon}\operatorname{rot}\operatorname{rot}\Pi\,,\quad H = i\,\omega\operatorname{rot}\Pi\,;\tag{7}$$

$$E = -i\,\omega\operatorname{rot}\Pi\,,\quad H = \frac{1}{\mu}\operatorname{rot}\operatorname{rot}\Pi\,;\tag{8}$$

$$\left.\begin{aligned}E &= \frac{1}{\varepsilon}\operatorname{rot}\operatorname{rot}(a\,\Pi_1) - i\,\omega\operatorname{rot}(a\,\Pi_2)\,,\\[4pt] H &= i\,\omega\operatorname{rot}(a\,\Pi_1) + \frac{1}{\mu}\operatorname{rot}\operatorname{rot}(a\,\Pi_2)\,;\end{aligned}\right\}\tag{9}$$

r in (6) ist der Radiusvektor von einem beliebig gewählten festen Punkt aus. Der Vektor $\mathbf{\Pi} = \{\Pi_x, \Pi_y, \Pi_z\}$ in (7) oder (8) steht auf einem konstanten Vektor $\boldsymbol{a}$ senkrecht, $\boldsymbol{a}\,\mathbf{\Pi} = 0$; $\boldsymbol{a}$ in (9) ist ebenfalls ein konstanter Vektor $\neq 0$. $\Pi_1, \Pi_2; \Pi_x, \Pi_y, \Pi_z$ sind willkürliche hinreichend oft differenzierbare Lösungen der Schwingungsgleichung, die letzten drei Größen mit der Einschränkung $\boldsymbol{a}\,\mathbf{\Pi} = 0$.

$\mathbf{\Pi}$ in (7) ist ein Hertzscher Vektor, in (8) ein Fitz-Geraldscher Vektor, dessen Komponente nach einer festen Richtung verschwindet. Π_1 und Π_2 in (6) sind die Debyeschen Potentiale.

Jede ebene elektromagnetische Welle läßt sich nach (6), (7), (8) oder (9) darstellen; durch Überlagerung ebener Wellen lassen sich mit gewissen Einschränkungen, die hier nicht erörtert werden sollen, alle Lösungen der Maxwellschen Gln. (1) darstellen.

Setzt man für die Funktionen Π_1, Π_2 bzw. Π_x, Π_y, Π_z, im letzten Falle mit der Einschränkung $\boldsymbol{a}\,\mathbf{\Pi} = 0$, konvergente Reihen nach den Funktionen

$$S_n^{m(j)}(\xi; \gamma)\,\mathrm{ps}_n^m(\eta; \gamma^2)\,e^{im\varphi} \quad \text{bzw.} \quad S_n^{n(j)}(-i\,\xi; i\,\gamma)\,\mathrm{ps}_n^m(\eta; -\gamma^2)\,e^{im\varphi} \left.\vphantom{\begin{array}{c}1\\1\end{array}}\right\} \tag{10}$$
$$(j = 1, 2, 3, 4; \ n = 0, 1, 2, \ldots; \ m = 0, \pm 1, \ldots, \pm n)$$

an, in denen ξ, η, φ gestreckt-rotationselliptische Koordinaten sind, so ergeben sich aus (6) bis (9) Lösungen der Maxwellschen Gleichungen, da die einzelnen Summanden in den Entwicklungen der Π Lösungen der Schwingungsgleichung sind. Insbesondere lassen sich die Π für jede ebene Welle in dieser Weise entwickeln (für Π_1 und Π_2 in (6) bei Meixner [5], in den anderen Fällen läuft dies bei Wahl eines geeigneten Koordinatensystems auf die Entwicklung von e^{-ikz} oder xe^{-ikz} hinaus; vgl. dazu **3.84.**, (35), Spence und Wells [1] und Flammer [2]).

Entsprechendes gilt für separierte Lösungen der Schwingungsgleichung in abgeplattet-rotationselliptischen Koordinaten.

Eine besondere Rolle spielen die solenoidalen Lösungen der Maxwellschen Gleichungen; das sind Lösungen die in einem der axialen Koordinatensysteme vom Azimutwinkel φ unabhängig sind. Sie zerfallen in E-solenoidale Lösungen mit $H_\varphi = 0$, während $\boldsymbol{E}$ nur eine φ-Komponente besitzt und in H-solenoidale Lösungen, bei denen $\boldsymbol{H}$ nur eine φ-Komponente besitzt, während $E_\varphi = 0$ ist.

Man findet, indem man die Maxwellschen Gln. (1) auf irgend eines der rotationssymmetrischen Koordinatensysteme aus **1.12.** umschreibt, Unabhängigkeit der Feldstärken von φ und weiter $H_\varphi = 0$ annimmt, schließlich die anderen Komponenten von H eliminiert, daß für die E-solenoidalen Lösungen

$$\Delta(E_\varphi\,e^{\pm i\varphi}) + k^2(E_\varphi\,e^{\pm i\varphi}) = 0 \tag{11}$$

gilt; ebenso ergibt sich für die H-solenoidalen Lösungen

$$\Delta(H_\varphi\, e^{\pm i\varphi}) + k^2(H_\varphi\, e^{\pm i\varphi}) = 0. \tag{12}$$

Es gibt daher in gestreckt-rotationselliptischen Koordinaten ξ, η, φ mit beliebigem Fokalabstand $2c$ Lösungen der MAXWELLschen Gleichungen $(n = 1, 2, 3, \ldots;\ j = 1, 2, 3, 4)$

$$\left.\begin{aligned}
E_\varphi &= A\, S_n^{1\,(j)}(\xi;\gamma)\, \mathrm{ps}_n^1(\eta;\gamma^2) \\[2mm]
H_\xi &= \frac{1}{i\,\omega\,\mu\,c\,\sqrt{\xi^2-\eta^2}}\ \frac{\partial}{\partial\eta}\left(\sqrt{1-\eta^2}\, E_\varphi\right) \\[2mm]
H_\eta &= -\frac{1}{i\,\omega\,\mu\,c\,\sqrt{\xi^2-\eta^2}}\ \frac{\partial}{\partial\xi}\left(\sqrt{\xi^2-1}\, E_\varphi\right)
\end{aligned}\right\} \tag{13}$$

und

$$\left.\begin{aligned}
H_\varphi &= A\, S_n^{1\,(j)}(\xi;\gamma)\, \mathrm{ps}_n^1(\eta;\gamma^2) \\[2mm]
E_\xi &= -\frac{1}{i\,\omega\,\varepsilon\,c\,\sqrt{\xi^2-\eta^2}}\ \frac{\partial}{\partial\eta}\left(\sqrt{1-\eta^2}\, H_\varphi\right) \\[2mm]
E_\eta &= \frac{1}{i\,\omega\,\varepsilon\,c\,\sqrt{\xi^2-\eta^2}}\ \frac{\partial}{\partial\xi}\left(\sqrt{\xi^2-1}\, H_\varphi\right).
\end{aligned}\right\} \tag{14}$$

Entsprechende Lösungen in abgeplattet-rotationselliptischen Koordinaten ξ, η, φ ergeben sich, indem man in (13) und (14) ξ durch $-i\xi$, γ durch $i\gamma$ ersetzt. In jedem Falle ist dann $\gamma = kc$. Der Koeffizient A enthält den Zeitfaktor $e^{i\omega t}$.

Die im folgenden behandelten Probleme sind Randwertprobleme mit der Randbedingung der vollkommenen Leitfähigkeit $E_{\mathrm{tang}} = 0$, d.h. die Tangentialkomponente von $\boldsymbol{E}$ verschwindet auf den begrenzenden Flächen.

4.42. Elektromagnetische Eigenschwingungen im elliptischen Zylinder. Ein elliptisch-zylindrischer Hohlraum sei in den Koordinaten des elliptischen Zylinders **1.125.** durch die Mantelfläche $\xi = \xi_0$ und die Ebenen $z = 0$ und $z = l$ abgegrenzt. Alle begrenzenden Flächen seien vollkommen leitend. Die elektromagnetischen Eigenschwingungen in diesem Hohlraum genügen dann den MAXWELLschen Gln. (1) und der Randbedingung

$$E_\eta = E_z = 0 \quad \text{für} \quad \xi = \xi_0 \quad \text{und} \quad E_\xi = E_\eta = 0 \quad \text{für} \quad z = 0 \quad \text{und} \quad z = l. \tag{15}$$

Es gibt Eigenschwingungen, für die E_z und solche für die H_z verschwindet. Sie lassen sich durch (9) mit $\Pi_1 = 0$ bzw. $\Pi_2 = 0$ darstellen, wenn $\boldsymbol{a}$ ein Einheitsvektor in $+z$-Richtung ist.

Eigenschwingungen des ersten Typs: $\Pi_1 = 0$.

Sei $i\omega\, \Pi_2 = \Psi$ gesetzt. Dann ist nach (9)

$$E_x = -\frac{\partial\Psi}{\partial y}, \qquad E_y = \frac{\partial\Psi}{\partial x}, \qquad E_z = 0 \tag{16}$$

oder in elliptisch-zylindrischen Koordinaten

$$E_\xi = - \frac{1}{c\sqrt{\mathrm{Sin}^2\,\xi + \sin^2\,\eta}}\,\frac{\partial\Psi}{\partial\eta}\,, \quad E_\eta = \frac{1}{c\sqrt{\mathrm{Sin}^2\,\xi + \sin^2\,\eta}}\,\frac{\partial\Psi}{\partial\xi}\,, \quad E_z = 0. \quad (17)$$

Ψ ist eine Lösung der dreidimensionalen Wellengleichung. Um die Randbedingungen erfüllen zu können, machen wir den speziellen Ansatz

$$\left.\begin{aligned}
\Psi &= A\,\mathrm{Ce}_m(\xi;h^2)\,\mathrm{ce}_m(\eta;h^2)\sin\frac{n\pi z}{l} \quad \text{bzw.}\\[4pt]
\Psi &= A\,\mathrm{Se}_{m+1}(\xi;h^2)\,\mathrm{se}_{m+1}(\eta;h^2)\sin\frac{n\pi z}{l}\\[4pt]
&(n = 1, 2, 3, \ldots; \quad m = 0, 1, 2, \ldots)
\end{aligned}\right\} \quad (18)$$

mit

$$4h^2 = \left(k^2 - \frac{n^2\pi^2}{l^2}\right)c^2. \quad (19)$$

Dieser Ansatz genügt bereits den Randbedingungen (15) für $z = 0$ und $z = l$. Die Randbedingung (15) für $\xi = \xi_0$ führt auf $\partial\Psi/\partial\xi = 0$ oder

$$\mathrm{Ce}_m'(\xi_0;h^2) = 0 \quad \text{bzw.} \quad \mathrm{Se}_{m+1}'(\xi_0;h^2) = 0. \quad (20)$$

Die Eigenwerte der Wellenzahl k sind also dieselben wie beim entsprechenden akustischen Resonator mit schallharter Wand [vgl. **4.33.**, (29)].

Eigenschwingungen des zweiten Typs: $\Pi_2 = 0$.

Sei in (9) $-i\omega\Pi_1 = \Psi$ gesetzt. Dann ist

$$H_\xi = - \frac{1}{c\sqrt{\mathrm{Sin}^2\,\xi + \sin^2\,\eta}}\,\frac{\partial\Psi}{\partial\eta}\,, \quad H_\eta = \frac{1}{c\sqrt{\mathrm{Sin}^2\,\xi + \sin^2\,\eta}}\,\frac{\partial\Psi}{\partial\xi}\,, \quad H_z = 0. \quad (21)$$

Für Ψ machen wir nun den Ansatz

$$\left.\begin{aligned}
\Psi &= A\,\mathrm{Ce}_m(\xi;h^2)\,\mathrm{ce}_m(\eta;h^2)\cos\frac{n\pi z}{l} \quad \text{bzw.}\\[4pt]
\Psi &= A\,\mathrm{Se}_{m+1}(\xi;h^2)\,\mathrm{se}_{m+1}(\eta;h^2)\cos\frac{n\pi z}{l}
\end{aligned}\right\} \quad (22)$$

$(n = 0, 1, 2, \ldots; \quad m = 0, 1, 2, \ldots)$. Die Definition von h^2 in (19) bleibt bestehen. Die Randbedingungen für $\boldsymbol{H}$ ergeben sich aus (15) mit Hilfe von (1) zu

$$\left.\begin{aligned}
H_z &= 0, \quad \mathrm{rot}_\xi\,\boldsymbol{H} = \mathrm{rot}_\eta\,\boldsymbol{H} = 0 \quad \text{für} \quad z = 0 \quad \text{und} \quad z = l,\\
H_\xi &= 0, \quad \mathrm{rot}_\eta\,\boldsymbol{H} = \mathrm{rot}_z\,\boldsymbol{H} = 0 \quad \text{für} \quad \xi = \xi_0.
\end{aligned}\right\} \quad (23)$$

Die ersten Bedingungen sind durch die Wahl des Faktors $\cos\frac{n\pi z}{l}$ in (22) erfüllt. Die Bedingungen für $\xi = \xi_0$ geben die Eigenwertgleichungen

$$\mathrm{Ce}_m(\xi_0;h^2) = 0 \quad \text{bzw} \quad \mathrm{Se}_{m+1}(\xi_0;h^2) = 0.$$

Die Eigenwerte der Wellenzahl k sind hier dieselben wie die des entsprechenden akustischen Resonators mit sogenannter schallweicher Wand.

Enthält der elliptisch-zylindrische Hohlraum noch vollkommen leitende Flächen bei $\eta = 0$ und $\eta = \pi$ oder bei $\xi = 0$, so lassen sich die Eigenschwingungen in ähnlicher Weise wie in **4.31.** behandeln. Das erste Beispiel führt für $\mathrm{Cos}\,\xi_0 \gg 1$ auf zwei annähernd halbkreisförmige Zylinder, die über einen schmalen Schlitz längs der Achse gekoppelt sind (BREITENHUBER [1]).

Analog zu **4.31.** ist auch die Behandlung der Eigenschwingungen in dem von zwei konfokalen Zylindern begrenzten Raum $\xi_1 \leq \xi \leq \xi_0$ und $0 \leq z \leq l$ mit vollkommen leitender Oberfläche zu erledigen.

4.43. Elektromagnetische Eigenschwingungen in rotationselliptischen Hohlräumen. Die elektromagnetischen Eigenschwingungen in einem rotationselliptischen Hohlraum mit vollkommen leitender Oberfläche sind bis jetzt nicht allgemein untersucht. Nur die solenoidalen Eigenschwingungen ($E_\xi = E_\eta = H_\varphi = 0$ oder $E_\varphi = H_\xi = H_\eta = 0$) lassen sich einfach behandeln.

E-solenoidale Eigenschwingungen im gestreckten Rotationsellipsoid.

Wir gehen von den E-solenoidalen Lösungen (13) der MAXWELLschen Gln. (1) mit $j = 1$ aus. Die Randbedingungen $E_\eta = E_\varphi = 0$ für $\xi = \xi_0$ führen unmittelbar auf die Eigenwertgleichung

$$S_n^{1\,(1)}(\xi_0; \gamma) = 0. \tag{24}$$

H-solenoidale Eigenschwingungen im gestreckten Rotationsellipsoid.

Wir legen (14) mit $j = 1$ zugrunde und finden aus den Randbedingungen $E_\eta = E_\varphi = 0$, d.h. $\mathrm{rot}_\eta \boldsymbol{H} = \mathrm{rot}_\varphi \boldsymbol{H} = 0$ für $\xi = \xi_0$:

$$\frac{d}{d\xi}\left[\sqrt{\xi^2 - 1}\,S_n^{1\,(1)}(\xi; \gamma)\right] = 0 \quad \text{für} \quad \xi = \xi_0. \tag{25}$$

Die Ergebnisse (24) und (25) übertragen sich wieder durch die Substitution $\xi \to -i\xi$, $\gamma \to i\gamma$ auf das abgeplattete Rotationsellipsoid. Numerische Ergebnisse finden sich bei NIMURA [1].

4.44. Gekoppelte Schwingungen zweier halbellipsoidischer Hohlräume. Zwei halbe konfokale abgeplattete Rotationsellipsoide mit vollkommen leitender Oberfläche seien über den gemeinsamen Fokalkreis gekoppelt, analog wie in Abb. 27. Die Randbedingungen für die elektromagnetischen Schwingungen lauten, wenn wir die abgeplattet-rotationselliptischen Koordinaten ξ, η, φ aus **1.124.** mit den Variabilitätsbereichen

$-\infty < \xi < \infty$, $0 \leq \eta \leq \pi$, $0 \leq \varphi < 2\pi$ zugrunde legen und die beiden halben Rotationsellipsoide mit $\xi = \xi_0 > 0$, $\xi = \xi_1 < 0$ bezeichnen

$$\left. \begin{aligned} E_\eta = E_\varphi = 0 \quad &\text{für} \quad \xi = \xi_0 \quad \text{und für} \quad \xi = \xi_1, \\ E_\xi = E_\varphi = 0 \quad &\text{für} \quad \eta = 0, \quad \xi_1 < \xi < \xi_0. \end{aligned} \right\} \tag{26}$$

Wir beschränken uns auf die Bestimmung der E-solenoidalen elektromagnetischen Eigenschwingungen mit $E_\xi = E_\eta = 0$ und gehen dazu von (13) mit der Substitution $\xi \to -i\xi$, $\gamma \to i\gamma$ aus. Die Randbedingung $E_\varphi = 0$ für $\eta = 0$ verlangt, daß $\mathrm{ps}_n^1(\eta; -\gamma^2)$ ungerade in η ist, d. h. $n = $ gerade und > 1. Wir schreiben dafür $2n$ mit $n = 1, 2, 3, \ldots$. Für die ξ-Abhängigkeit von E_φ benötigen wir eine Linearkombination der Funktionen $S_{2n}^{1\,(1)}$ und $S_{2n}^{1\,(2)}$ oder gleichwertig

$$\left. \begin{aligned} E_\varphi = \Big\{ A\, S_{2n}^{1\,(1)}(-i\xi; i\gamma) + \\ + B\Big[S_{2n}^{1\,(1)}(-i\xi; i\gamma) - \frac{S_{2n}^{1\,(1)\prime}(-i\,0; i\gamma)}{S_{2n}^{1\,(2)\prime}(-i\,0; i\gamma)} S_{2n}^{1\,(2)}(-i\xi; i\gamma) \Big] \Big\} \mathrm{ps}_{2n}^1(\eta; -\gamma^2). \end{aligned} \right\} \tag{27}$$

Damit $E_\varphi = 0$ für $\xi = \xi_0$ und $\xi = \xi_1$ muß gelten — die erste Sphäroidfunktion mit dem Koeffizienten A ist ungerade, die zweite mit dem Koeffizienten B ist gerade in ξ —

$$\left. \begin{aligned} S_{2n}^{1\,(1)}(i\xi_1; i\gamma) \Big[S_{2n}^{1\,(1)}(-i\xi_0; i\gamma) - \frac{S_{2n}^{1\,(1)\prime}(-i\,0; i\gamma)}{S_{2n}^{1\,(2)\prime}(-i\,0; i\gamma)} S_{2n}^{1\,(2)}(-i\xi_0; i\gamma) \Big] + \\ + S_{2n}^{1\,(1)}(-i\xi_0; i\gamma) \Big[S_{2n}^{1\,(1)}(i\xi_1; i\gamma) - \frac{S_{2n}^{1\,(1)\prime}(-i\,0; i\gamma)}{S_{2n}^{1\,(2)\prime}(-i\,0; i\gamma)} S_{2n}^{1\,(2)}(i\xi_1; i\gamma) \Big] = 0. \end{aligned} \right\} \tag{28}$$

Ist speziell $\xi_1 = -\xi_0$, d. h. sind die beiden halben Rotationsellipsoide kongruent, so werden beide Summanden einander gleich und die Eigenwertgleichung spaltet auf in

$$S_{2n}^{1\,(1)}(-i\xi_0; i\gamma) = 0, \tag{29a}$$

$$S_{2n}^{1\,(1)}(-i\xi_0; i\gamma) - \frac{S_{2n}^{1\,(1)\prime}(-i\,0; i\gamma)}{S_{2n}^{1\,(2)\prime}(-i\,0; i\gamma)} S_{2n}^{1\,(2)}(-i\xi_0; i\gamma) = 0 \tag{29b}$$

mit $n = 1, 2, 3, \ldots$ in beiden Fällen. Nennen wir die beiden großen Halbachsen a, die kleine Halbachse b, die Exzentrizität ε, so gilt **4.33.**, (37). Von schwacher Kopplung der beiden Hohlräume spricht man, wenn $c \ll a$ und $\gamma \ll 1$. Auf Grund der ersten Bedingung ist $\varepsilon \ll 1$ und $\xi_0 \gg 1$. Die zweite Bedingung bedeutet, daß die „Wellenlänge" $\frac{2\pi}{k}$ groß gegen $2\pi c$, also gegen den Umfang der Öffnung ist. (29b) lautet daher mit **3.66.**, (66), (71), (74) in erster Näherung für kleine γ

$$S_{2n}^{1\,(1)}(-i\xi_0; i\gamma) = \frac{\gamma\, n!\,(n-1)!}{2\Gamma(n+\tfrac{1}{2})\,\Gamma(n+\tfrac{3}{2})} [a_{2n,\,-2n}^1(-\gamma^2)]^2\, \psi_{2n}^{(2)}(\gamma\xi_0).$$

Ist nun γ_0 eine Lösung von (29a), so gilt ebenfalls näherungsweise

$$S_{2n}^{1\,(1)}(-i\xi_0; i\gamma) = (\gamma - \gamma_0)\frac{\partial}{\partial\gamma_0} S_{2n}^{1\,(1)}(-i\xi_0; i\gamma_0) = (\gamma - \gamma_0)\frac{\partial}{\partial\gamma_0}\psi_{2n}(\gamma_0\xi_0)$$

$$= (\gamma - \gamma_0)\,\xi_0\,\psi'_{2n}(\gamma_0\xi_0).$$

Wegen $\psi_{2n}^{(2)} = -\psi_{-2n-1}^{(1)} = -\psi_{-2n-1}$ folgt schließlich

$$\gamma - \gamma_0 = -\frac{\gamma_0\,n!\,(n-1)!}{2\,\Gamma(n+\tfrac{1}{2})\,\Gamma(n+\tfrac{3}{2})}\,[a_{2n,\,-2n}^1(-\gamma_0^2)]^2\,\frac{\psi_{-2n-1}(\gamma_0\xi_0)}{\xi_0\,\psi'_{2n}(\gamma_0\xi_0)}.$$

Für $n = 1$ insbesondere ist nach (29a) in dieser Näherung $\psi_2(\gamma_0\xi_0) = 0$, also wenn x eine Nullstelle von $\psi_2(x)$ bedeutet,

$$\psi_{-3}(x) = \left(\frac{9}{x^4} + \frac{3}{x^2} + 1\right)\psi'_2(x).$$

Ferner ist $a_{2,\,-2}^1(-\gamma_0^2) = \frac{1}{15}\gamma_0^2$ [vgl. **3.66.**, (76)] und damit wird

$$\gamma - \gamma_0 = -\frac{4\gamma_0^6}{675\pi}\left(\frac{9}{x^5} + \frac{3}{x^3} + \frac{1}{x}\right)$$

und mit **4.33.**, (37) wegen $x = \gamma_0\xi_0 \approx \gamma_0/\varepsilon$

$$\frac{k - k_0}{k_0} = -\frac{4}{675\pi}(x^4 + 3x^2 + 9)\,\varepsilon^5. \tag{30}$$

Für andere Werte von $n > 1$ ist $(k - k_0)/k_0$ proportional zu ε^{4n+1} für kleine ε.

Während (27) an der Kante $\xi = 0$, $\eta = 0$ der Koppelöffnung endlich bleibt, wird dort das Magnetfeld unendlich groß wie $(\xi^2 + \eta^2)^{-\frac{1}{2}}$. Dieses Magnetfeld ist aber in der Kante quadratisch integrabel, erfüllt damit die sog. Kantenbedingung; die gefundenen Lösungen sind daher physikalisch zulässige Eigenschwingungen (MEIXNER [6]).

4.45. Hohlleiter von elliptischem Querschnitt. Für Hohlleiter von elliptischem Querschnitt, vollkommen leitender Wand $\xi = \xi_0$ (vgl. zu den Bezeichnungen auch **4.33.**) und unendlicher Länge findet man als Lösungen der MAXWELLschen Gleichungen elektromagnetische Wellen mit dem Ansatz (17)

$$E_\xi = -\frac{1}{c\sqrt{\mathrm{Sin}^2\xi + \sin^2\eta}}\frac{\partial\Psi}{\partial\eta}, \quad E_\eta = \frac{1}{c\sqrt{\mathrm{Sin}^2\xi + \sin^2\eta}}\frac{\partial\Psi}{\partial\xi}, \quad E_z = 0, \tag{31}$$

bzw. (21)

$$H_\xi = -\frac{1}{c\sqrt{\mathrm{Sin}^2\xi + \sin^2\eta}}\frac{\partial\Psi}{\partial\eta}, \quad H_\eta = \frac{1}{c\sqrt{\mathrm{Sin}^2\xi + \sin^2\eta}}\frac{\partial\Psi}{\partial\xi}, \quad H_z = 0. \tag{32}$$

Die nicht angegebenen Komponenten der Feldstärken $\boldsymbol{H}$ bzw. $\boldsymbol{E}$ findet man dann aus den MAXWELLschen Gln. (1). Wellen der ersten Art heißen H- oder TE-Wellen (d.h. $\boldsymbol{E}$ ist transversal zur Achse des Hohlleiters), Wellen der zweiten Art heißen E- oder TH-Wellen. Setzt man nun

$$\left.\begin{aligned}\Psi &= A\,\mathrm{Ce}_m(\xi;h^2)\,\mathrm{ce}_m(\eta;h^2)\,e^{-ik_1z} \qquad \text{bzw.}\\ \Psi &= A\,\mathrm{Se}_{m+1}(\xi;h^2)\,\mathrm{se}_{m+1}(\eta;h^2)\,e^{-ik_1z}\end{aligned}\right\} \tag{33}$$

mit willkürlichem k_1 in $0 < k_1 < k$ und

$$4h^2 = (k^2 - k_1^2)\,c^2 > 0, \tag{34}$$

so führt die Randbedingung vollkommener Leitfähigkeit auf

$$\left.\begin{aligned}\mathrm{Ce}_m'(\xi_0;h^2) &= 0 \quad \text{bzw.} \quad \mathrm{Se}_{m+1}'(\xi_0;h^2) = 0 \qquad (TE\text{-Typ}),\\ \mathrm{Ce}_m(\xi_0;h^2) &= 0 \quad \text{bzw.} \quad \mathrm{Se}_{m+1}(\xi_0;h^2) = 0 \qquad (TH\text{-Typ}).\end{aligned}\right\} \tag{35}$$

Numeriert man die Nullstellen jeder dieser Funktionen mit $n = 1, 2, 3, \ldots$, so kann man die verschiedenen Wellentypen mit $TEc_{m,n}$, $TEs_{m,n}$, $THc_{m,n}$, $THs_{m,n}$ bezeichnen. Für jeden Wellentyp gibt es eine Grenzfrequenz, definiert durch $k_1 = 0$, unterhalb welcher k_1 rein imaginär wird und der Ansatz somit keine ungedämpften Wellen mehr darstellt. Die Berechnung der Grenzfrequenz erfolgt mit Hilfe von (34) und (35).

Wieder kann man einen Hohlleiter mit einem Querschnitt wie in Abb. 27 betrachten. Sind insbesondere die beiden Halbzylinder kongruent, so bleiben die Wellentypen TEc und THc aus (33) und (34) ungeändert erhalten.

An die Stelle der anderen beiden Typen tritt aber jetzt

$$\Psi = A\,\mathrm{Fe}_m(\xi;h^2)\,\mathrm{ce}_m(\eta;h^2)\,e^{-ik_1z}$$

mit $\mathrm{Fe}_m'(\xi_0;h^2) = 0$ $(TE^*\text{-Typ})$, $\qquad \mathrm{Fe}_m(\xi_0;h^2) = 0$ $(TH^*\text{-Typ}).$ $\left.\right\}$ (36)

Auch hier hat man schwache Kopplung für $h \ll 1$; die h^2-Werte für den TEc- und den TE^*-Typ und auch für den THc- und den TH^*-Typ bei gleichem k unterscheiden sich wenig. Vergleichen wir etwa den THc-Typ und den TH^*-Typ für $m = 0$. Die Eigenwertgleichung für den letzteren lautet, anders geschrieben [vgl. **4.31.**, (13) und (13*)], mit h^* statt h

$$\mathrm{Mc}_0^{(1)}(\xi_0;h^*) - \frac{\mathrm{Mc}_0^{(1)}(0;h^*)}{\mathrm{Mc}_0^{(2)}(0;h^*)}\,\mathrm{Mc}_0^{(2)}(\xi_0;h^*) = 0,$$

oder für kleine h^* nach **2.75.**, (41)

$$\mathrm{Mc}_0^{(1)}(\xi_0;h^*) - \frac{J_0(h^*)}{N_0(h^*)}\,\mathrm{Mc}_0^{(2)}(\xi_0;h^*) = 0.$$

Vergleichen wir mit der Eigenwertgleichung $\mathrm{Mc}_0^{(1)}(\xi_0;h) = 0$ für den THc-Typ, so folgt ähnlich wie in **4.31.**, indem man die Funktionen Mc durch das Hauptglied ihrer Entwicklungen **2.75.**, (41) nach Zylinderfunktionen ersetzt, die Nullstellen von $J(z)$ mit x bezeichnet und beachtet, daß $J_0(h)/N_0(h) = O\left(\dfrac{1}{\log h}\right)$

$$\frac{h^* - h}{h} \approx \frac{N_0(x)}{x\,J_0'(x)} \cdot \frac{J_0(h)}{N_0(h)}\,.$$

Die Ausbreitungsgeschwindigkeiten der beiden Wellen THc_0 und TH_0^* sind k_1/ω und k_1^*/ω, wenn k_1^* entsprechend (34) durch $4h^{*2} = (k^2 - k_1^{*2})\,c^2$ definiert ist, und es gilt $k_1^* - k_1 = 4(h - h^*)h/(k_1 c^2)$; sie sind also auch wenig verschieden. Ferner ist für kleine h, außer in der Umgebung des koppelnden Schlitzes, $\mathrm{Fe}_m(\xi; h^2) \approx \mathrm{const} \cdot \mathrm{sign}\,\xi \cdot \mathrm{Ce}_m(\xi; h^2)$. Die Überlagerung einer THc- und einer TH^*-Welle enthält also einen Faktor $A\,e^{i\omega t - ik_1 z} + A^*\,\mathrm{sign}\,\xi\,e^{i\omega t - ik_1^* z}$ mit zwei Konstanten A und A^* und stellt somit für $A = \pm A^*$ typische Schwebungen des Feldes zwischen den beiden Halbzylindern dar. Die Schwebungslänge ($=$ Abstand benachbarter Nullstellen der Amplitude des Realteils dieses Faktors) beträgt $2\pi/|k_1 - k_1^*|$. — Numerische Ergebnisse für elektromagnetische Felder in Hohlleitern mit elliptischem Querschnitt finden sich bei CHU [1].

4.5. Abstrahlungsprobleme.

4.51. Allgemeine Bemerkungen.
Bei den akustischen Abstrahlungsproblemen handelt es sich um Flächen oder Flächenstücke, die in Richtung ihrer Normalen harmonische Bewegungen mit einer im allgemeinen vom Ort abhängigen Amplitude und Phase ausführen. Die Bewegung wird als Schallwelle auf das angrenzende Gas oder die angrenzende Flüssigkeit übertragen. Für das Geschwindigkeitspotential u ($v = \mathrm{grad}\,u$) gilt bei kleinen Amplituden und bei Fehlen von Dämpfung

$$\Delta u + k^2 u = 0, \tag{1}$$

wobei $k = \omega/V_s$, $\omega =$ Kreisfrequenz, $V_s =$ adiabatische Schallgeschwindigkeit im Gas bzw. in der Flüssigkeit. Den Zeitfaktor $e^{i\omega t}$ denken wir uns wie früher in u bzw. in den auftretenden Proportionalitätsfaktoren aufgenommen. Auf den bewegten Flächen ist die Normalableitung $\partial u/\partial n$ (n zeigt von der Fläche in das Medium) eine vorgeschriebene Ortsfunktion. Sei v_0 die Normalgeschwindigkeit der Fläche. Sie enthalte neben dem Zeitfaktor gegebenenfalls einen vom Ort abhängigen komplexen Phasenfaktor vom Betrag 1. Dann ist

$$\frac{\partial u}{\partial n} = v_0\,. \tag{2}$$

Eine Reihe solcher akustischer Abstrahlungsprobleme läßt sich mit MATHIEU- oder Sphäroidfunktionen behandeln; z.B.:

1. Ein zu seiner Fläche senkrecht schwingendes unendlich langes Band mit ortsabhängiger Amplitude (NIMURA und SHIBAYAMA [1]).

2. Eine senkrecht zu ihrer Ebene schwingende Kreisscheibe mit ortsabhängiger Amplitude (**4.52.**).

3. Ein pulsierendes Rotationsellipsoid. Es führt auf ein besonders einfaches Schallfeld, wenn v_0 überall proportional zum Abstand gegen ein eng benachbartes konfokales Rotationsellipsoid ist.

4. Eine schwingende Kreisscheibe die vom Scheitelkreis eines starren Rotationshyperboloids begrenzt ist (hyperboloidisches Horn, FREEHAFER [1]) und das entsprechende zweidimensionale Problem.

5. Der schwingende unendlich lange Tragflügel in Unterschallströmung (TIMMAN [1], HASKIND [1], *Mathematical Centre* [1], TIMMAN, VAN DE VOOREN und GREIDANUS [1]).

Die elektromagnetischen Abstrahlungsprobleme sind nichts anderes als Antennenprobleme. Auch von diesen lassen sich einige mit MATHIEU oder Sphäroidfunktionen behandeln. Hierzu gehört die (elektrische oder magnetische) Dipolantenne in der Umgebung eines vollkommen leitenden elliptischen Zylinders (LUCKE [1], SINCLAIR [1]), einer vollkommen leitenden Kreisscheibe oder einer vollkommen leitenden Ebene mit kreisförmigem Loch; doch kann man diese Probleme ebenso zu den Beugungsproblemen rechnen (s. **4.64.**). Hier behandeln wir Schlitzantennen auf Rotationsellipsoiden. Dies sind vollkommen leitende Rotationsellipsoide mit einem schmalen nichtleitenden Schlitz längs eines Breitenkreises; zwischen seinen Rändern liegt eine hochfrequente elektrische Wechselspannung. Die ihr zugeordnete Wellenlänge ist als groß gegen die Schlitzbreite anzunehmen. In ähnlicher Weise läßt sich eine Schlitzantenne längs einer Mantellinie eines vollkommen leitenden elliptischen Zylinders behandeln (WONG [1]).

4.52. Das Schallfeld der Kolbenmembran. Unter Kolbenmembran versteht man eine senkrecht zu ihrer Ebene schwingende, starre, unendlich dünne Kreisscheibe $x^2 + y^2 \leq c_1^2$, $z = 0$. Auf Vorder- und Rückseite der Kolbenfläche sei [vgl. (2)]

$$\frac{\partial u}{\partial z} = v_0 \tag{3}$$

mit ortsunabhängigem v_0, das den Faktor $e^{i\omega t}$ enthält. Wir setzen voraus, daß diese schwingende Kreisscheibe noch von einem ruhenden Kreisring $c_1^2 \leq x^2 + y^2 \leq c^2$ umgeben sei. Die Aufgabe ist, die Schallabstrahlung in das umgebende, flüssige oder gasförmige, nicht absorbierende Medium zu berechnen.

Werden abgeplattet-rotationselliptische Koordinaten ξ, η, φ durch

$$x = c\sqrt{(\xi^2+1)(1-\eta^2)}\cos\varphi, \quad y = c\sqrt{(\xi^2+1)(1-\eta^2)}\sin\varphi, \quad z = c\,\xi\,\eta$$
$$(0 \leq \xi < \infty, \ -1 \leq \eta \leq 1, \ 0 \leq \varphi < 2\pi) \tag{4}$$

eingeführt, dann ist

$$\frac{\partial u}{\partial \xi} = \begin{cases} v_0 c\,\eta & \text{für} \quad \xi = 0, \quad \eta_1 < |\eta| < 1, \\ 0 & \text{für} \quad \xi = 0, \quad 0 < |\eta| < \eta_1, \end{cases} \tag{5}$$

wenn $\eta_1 = \sqrt{1 - \dfrac{c_1^2}{c^2}}$.

Wir behaupten, daß das gesuchte Schallfeld durch

$$u = v_0 c \sum_{n=0}^{\infty} b_n\, S_{2n+1}^{(4)}(-i\xi; i\gamma)\, \mathrm{ps}_{2n+1}(\eta; -\gamma^2) \tag{6}$$

mit

$$-i b_n \cdot \frac{1}{4n+3}\, S_{2n+1}^{(4)\prime}(-i\,0; i\gamma) = \int_{\eta_1}^{1} \eta\, \mathrm{ps}_{2n+1}(\eta; -\gamma^2)\, d\eta \tag{7}$$

dargestellt wird. Tatsächlich erfüllt (6) alle zu stellenden Bedingungen. u ist eine Lösung der Schwingungsgleichung, da jeder Summand eine solche ist; u ist überall endlich (die Schallschnelle $\boldsymbol{v} = \mathrm{grad}\,u$ ist zwar für $\xi = 0$, $\eta = 0$ unendlich, aber quadratisch integrierbar, so daß, wie physikalisch zu fordern, die Schallenergie in jedem endlichen Raumteil endlich ist). Ferner ist u, wie man am asymptotischen Verhalten der Sphäroidfunktionen für große ξ abliest [vgl. **1.9.** und **3.65.**, (50)] eine auslaufende Kugelwelle und schließlich erfüllt u die Randbedingung für $\xi = 0$; so sind ja gerade die Koeffizienten b_n unter Berücksichtigung der Orthogonalität und Normierung der $\mathrm{ps}_{2n+1}(\eta)$ bestimmt. Die absolut gleichmäßige Konvergenz der Reihe in (6) folgt für $\xi = 0$ aus dem Entwicklungssatz, für $\xi > 0$ dann aus [vgl. **3.66.**, (64)]

$$\limsup_{n \to \infty} \sqrt[n]{\frac{|S_{2n+1}^{(4)}(-i\xi; i\gamma)|}{|S_{2n+1}^{(4)}(-i0; i\gamma)|}} \leq \left[\xi + \sqrt{1 + \xi^2}\right]^{-1} < 1. \tag{8}$$

Für $\eta_1 = 0$, d.h. $c_1 = c$ (frei schwingende Kolbenmembran) läßt sich das Integral in (7) durch Entwicklung von $\mathrm{ps}_{2n+1}(\eta)$ nach Kugelfunktionen [vgl. **3.62.**, (7)] unter Benutzung der Orthogonalität und Normierung der Kugelfunktionen berechnen; es hat den Wert $(-1)^n \frac{1}{3} a_{2n+1,-2n}$.

Die Reihe (6) läßt sich für $0 \leq \gamma \leq 10 \left(\text{Wellenlänge} \gtrsim \dfrac{2c}{3}\right)$ sowohl im Nahfeld wie im Fernfeld mit erträglichem Aufwand numerisch auswerten. Für wesentlich größere γ ist noch kein geeignetes numerisches Verfahren bekannt. Umfangreiche numerische Ergebnisse für dieses Schallfeld mit $c_1 = c$, d.h. für die frei schwingende Kolbenmembran, und $\gamma \leq 10$ finden sich bei GUTIN [1], BOUWKAMP [1], FRITZE [1], MEIXNER und FRITZE [1], NIMURA und WATANABE [2, 3]; die letzte Arbeit behandelt numerisch auch den Fall $c_1 \neq c$, während BOUWKAMP [6] für $c = c_1$ die Reihenentwicklung der gesamten Streuintensität nach Potenzen von γ auf einem direkten Wege untersucht.

Für $c = \infty$ läßt sich zwar auch eine Entwicklung des Schallfeldes u nach Funktionen $S_n^{(4)}(-i\xi)\,\mathrm{ps}_n(\eta)$ mit c_1 an Stelle von c in der Koordinatendefinition (4) durchführen. Es besteht aber hier ein einfacherer Weg über das Rayleighsche Integral (Backhaus [1], Stenzel [1] u.a.).

4.53. Rotationsellipsoidische Ringschlitzantennen. Auf dem vollkommen leitenden Rotationsellipsoid $\xi = \xi_0$ in den gestreckt-rotationselliptischen Koordinaten ξ, η, φ **1.123.** befinde sich ein nichtleitender schmaler Spalt $\eta_1 < \eta < \eta_2$. Zwischen seinen Rändern wirke eine Wechselspannung $U = U_0\,e^{i\omega t}$; sie erzeuge im Schlitz eine elektrische Feldstärke mit der η-Komponente $E_\eta(\xi_0, \eta)$ unabhängig von φ und mit $E_\varphi = 0$. Über den Verlauf von E_η im Spalt sei zunächst keine besondere Annahme gemacht, jedoch soll gelten — und dies ist bei Schlitzen, deren Breite klein gegen die Wellenlänge ist, physikalisch zulässig —

$$U = \int_{\eta_1}^{\eta_2} E_\eta(\xi_0, \eta)\, c\, \sqrt{\frac{\xi_0^2 - \eta^2}{1 - \eta^2}}\, d\eta\,, \tag{9}$$

d.h. die Spannung ist gleich dem Linienintegral der Feldstärke von einem Schlitzrand zum anderen. Auf der übrigen Oberfläche des Rotationsellipsoids gilt wegen der vollkommenen Leitfähigkeit $E_\eta(\xi_0, \eta) = 0$.

Aus Symmetriegründen ist das außerhalb des Ellipsoids erzeugte elektromagnetische Feld H-solenoidal. Wir setzen daher nach **4.41.**, (14) an

$$H_\varphi = \sum_{n=1}^{\infty} b_n\, S_n^{1\,(4)}(\xi; \gamma)\, \mathrm{ps}_n^1(\eta; \gamma^2)\,, \tag{10a}$$

$$E_\xi = -\frac{1}{i\omega\varepsilon c}\,\frac{1}{\sqrt{\xi^2 - \eta^2}}\,\sum_{n=1}^{\infty} b_n\, S_n^{1\,(4)}(\xi; \gamma)\,\frac{\partial}{\partial\eta}\left[\sqrt{1 - \eta^2}\,\mathrm{ps}_n^1(\eta; \gamma^2)\right], \tag{10b}$$

$$E_\eta = +\frac{1}{i\omega\varepsilon c}\,\frac{1}{\sqrt{\xi^2 - \eta^2}}\,\sum_{n=1}^{\infty} b_n\,\frac{\partial}{\partial\xi}\left[\sqrt{\xi^2 - 1}\, S_n^{1\,(4)}(\xi; \gamma)\right]\mathrm{ps}_n^1(\eta; \gamma^2)\,. \tag{10c}$$

Die Wahl der Sphäroidfunktionen $S_n^{1\,(4)}$ garantiert wegen ihres asymptotischen Verhaltens, daß das elektromagnetische Feld eine auslaufende Welle ist. Die Koeffizienten b_n bestimmen sich nun aus der Bedingung für $\xi = \xi_0$

$$E_\eta(\xi, \eta) = \begin{cases} E(\xi_0, \eta) & \text{in} \quad \eta_1 < \eta < \eta_2 \\ 0 & \text{in} \quad -1 \leq \eta < \eta_1,\ \eta_2 < \eta \leq 1 \end{cases} \tag{11}$$

unter Anwendung der Orthonormierungseigenschaften der ps_n^1 aus **3.23.** Es wird

$$\frac{2}{2n+1}\, b_n\left[\sqrt{\xi_0^2 - 1}\, S_n^{1\,(4)}(\xi_0; \gamma)\right]' = i\omega\,\varepsilon\,c \int_{\eta_1}^{\eta_2} E_\eta(\xi_0, \eta)\,\sqrt{\xi_0^2 - \eta^2}\,\mathrm{ps}_n^{-1}(\eta; \gamma^2)\,d\eta. \tag{12}$$

Die Reihen (10) konvergieren auf der Ellipsoidoberfläche sehr schlecht; dies folgt bereits daraus, daß $E(\xi_0, \eta)$ bei physikalisch plausiblen Annahmen über die Feldstärkeverteilung im Schlitz eine bei $\eta = \eta_1$ und $\eta = \eta_2$ unstetige Funktion ist (vgl. die entsprechenden Verhältnisse bei Darstellung einer unstetigen Funktion durch eine FOURIER-Reihe). Für $\xi > \xi_0$ wird die Konvergenz zunehmend besser; für sehr große ξ kann man für die $S_n^{1\,(4)}(\xi; \gamma)$ die asymptotischen Darstellungen **3.65.**, (50) einsetzen und gliedweise summieren (vgl. **1.93.**).

Für schmale Schlitze und hinreichend kleine γ kommt es also für die numerische Berechnung des Fernfeldes nur auf die ersten Reihenglieder in (10) an; ihre Faktoren $\mathrm{ps}_n^1(\eta; \gamma^2)$ sind in η langsam veränderlich und daher kann (12) unter Berücksichtigung von (9) in guter Näherung geschrieben werden

$$\frac{2}{2n+1}\, b_n \left[\sqrt{\xi_0^2 - 1}\ S_n^{1\,(4)}(\xi_0; \gamma) \right]' = i\,\omega\,\varepsilon\,U \sqrt{1 - \eta_1^2}\ \mathrm{ps}_n^{-1}(\eta_1; \gamma^2). \qquad (13)$$

Der komplexe Leitwert Y dieser Antenne im Schlitz ist als Integral des komplexen POYNTINGschen Vektors über den Schlitz, dividiert durch das Quadrat der angelegten Spannung, definiert

$$Y = \frac{1}{|U|^2} \int\limits_{\eta_1}^{r_2} \int\limits_{0}^{2\pi} E_\eta(\xi_0, \eta)\ \overline{H_\varphi(\xi_0, \eta)}\ c^2 \sqrt{(\xi_0^2 - \eta^2)(\xi_0^2 - 1)}\ d\eta\, d\varphi.$$

Zu seiner Berechnung braucht man die gerade für $\xi = \xi_0$ schlecht konvergente Reihe (10a); man kann also die Näherung (13) nicht verwenden, da die $\mathrm{ps}_n^1(\eta)$ für die mit zu berücksichtigenden großen n auch im Schlitz noch stark oszillieren. Durch Subtraktion einer geeigneten Reihe mit bekannter Summe, deren Glieder den Reihengliedern in (10a) quotientenasymptotisch für $n \to \infty$ gleich werden, kann man eine Konvergenzverbesserung erzielen, die die numerische Auswertung von (10a) gerade für sehr schmale Schlitze ermöglicht (vgl. INFELD [1], KLOEPFER [1], MEIXNER und KLOEPFER [1]).

Die obigen Ergebnisse lassen sich wieder mit der Substitution $c \to ic$, $\gamma \to i\gamma$, $\xi \to -i\xi$ auf das abgeplattete Rotationsellipsoid umschreiben. Numerische Ergebnisse für ein sehr flaches Rotationsellipsoid mit $0 < \eta_1 < \eta_2 < 1$, $\eta_1 \approx \eta_2$ gibt KLOEPFER [1].

Weitere Einzelheiten über Ringschlitzantennen auf Rotationsellipsoiden und über elektrische Schwingungen von leitenden Rotationsellipsoiden findet man bei PAGE und ADAMS [1], PAGE [1], CHU und STRATTON [2], SCHELKUNOFF [1], RYDER [1], über elektrische Schwingungen in einem frei endigenden Draht bei ABRAHAM [1, 3] und M. BRILLOUIN [1].

4.54. Erzwungene elektromagnetische Schwingungen im Rotationsellipsoid. Dem oben behandelten Außenraumproblem stellen wir nun ein Innenraumproblem gegenüber. Wir berechnen das elektromagnetische Feld im Innern eines Rotationsellipsoids mit vollkommen leitender Oberfläche $\xi = \xi_0$, ausgenommen einen Spalt $\xi = \xi_0$, $\eta_1 \leq \eta \leq \eta_2$, in dem eine elektrische Feldstärke (11) vorgegeben sei. Das Ergebnis gewinnt man unmittelbar aus den Formeln des letzten Abschnittes, indem man überall die Sphäroidfunktionen vierter Art $S_n^{1\,(4)}$ durch die Sphäroidfunktionen erster Art $S_n^{1\,(1)}$ ersetzt, da nun statt der Ausstrahlungsbedingung die Bedingung der Stetigkeit und Differenzierbarkeit des Feldes in $\xi = 1$ bzw. $\xi = 0$ (letztere für das abgeplattete Rotationsellipsoid) zu fordern ist. Die Koeffizienten b_n enthalten dann nach (12) die Resonanznenner $\left[\sqrt{\xi_0^2 - 1}\, S_n^{1\,(1)}(\xi_0; \gamma)\right]'$; sie verschwinden, wenn die erregende Frequenz mit einer Eigenfrequenz des Hohlraumes für eine H-solenoidale Eigenschwingung zusammenfällt, wie **4.43.**, (25) zeigt.

Auf andere Arten der Erregung von erzwungenen Schwingungen wird in **4.65.** eingegangen.

4.6. Beugungsprobleme.

4.61. Allgemeine Bemerkungen. Mehrere wichtige Beugungsprobleme lassen sich mit Hilfe der MATHIEUschen und Sphäroidfunktionen streng lösen. Diese sind:

1. Die Beugung einer Schallwelle an schallharten oder schallweichen unendlich langen elliptischen Zylindern.

2. Die Beugung einer Schallwelle am schallharten oder schallweichen Rotationsellipsoid.

3. Die Beugung einer elektromagnetischen Welle am vollkommen leitenden unendlich langen elliptischen Zylinder. Die Lösung dieses Problems läßt sich auf die des entsprechenden akustischen Beugungsproblems zurückführen.

4. Die Beugung einer elektromagnetischen Welle an der vollkommen leitenden Kreisscheibe.

Als einfallende Wellen werden ebene Wellen oder Kugelwellen beliebigen Ausgangspunktes mit harmonischer Zeitabhängigkeit angenommen. Durch Überlagerung solcher erhält man die Lösung des Beugungsproblems für allgemeinere einfallende Wellen.

Grenzfälle der Probleme 1. bis 3. sind die Beugung einer Schallwelle am unendlich langen Streifen oder an der Kreisscheibe, oder einer elektromagnetischen Welle am unendlich langen vollkommen leitenden Streifen, indem man die eine Achse des elliptischen Zylinders bzw. die kurze Achse eines abgeplatteten Rotationsellipsoids gegen Null gehen läßt. Mit Hilfe des erweiterten BABINETschen Prinzips (BOUWKAMP [1], COPSON [1], MEIXNER [5]) gewinnt man aus diesen Grenzfällen und aus der Lösung des Problems 4 unmittelbar die Lösungen für die komplementären Beugungsprobleme: Beugung einer akustischen oder elektromagnetischen Welle am unendlichen langen Spalt oder in der kreisförmigen Öffnung in einer unendlich ausgedehnten Ebene. Von dieser wird entsprechend vorausgesetzt, daß sie schallweich oder schallhart bzw. daß sie vollkommen leitend ist. (Vgl. hierzu unter anderen SIEGER [1], STRUTT [9], MORSE und RUBENSTEIN [1], MOULLIN und PHILIPPS [1], SKAVLEM [1], HERZFELD [1], MÖGLICH [1] und die in **4.62.** bis **4.65.** angegebene Literatur.

Die Beugung einer ebenen Schallwelle am schwachabsorbierenden, fast schallharten Streifen hat PELLAM [1] untersucht. Analog läßt sich die Beugung an der schwach absorbierenden Kreisscheibe behandeln.

Das Problem der Beugung einer elektromagnetischen Welle am vollkommen leitenden (nicht zu einer Kreisscheibe entarteten) Rotationsellipsoid hat sich mit Ausnahme von Spezialfällen, die auf solenoidale Felder führen (vgl. **4.65.**), bisher einer strengen Lösung entzogen.

Eine ausführliche Übersicht über die Behandlung der genannten Probleme und eine Diskussion der Bedeutung ihrer Lösung für die allgemeine Beugungstheorie gibt BOUWKAMP [9].

Die im folgenden behandelten Beugungsprobleme lassen das Wesentliche der auch auf die übrigen Probleme anwendbaren Methoden erkennen.

4.62. Die Beugung einer ebenen Schallwelle am schallharten Rotationsellipsoid. Die harmonischen Schallwellen mit der Zeitabhängigkeit $e^{i\omega t}$ in einem Gas oder einer Flüssigkeit genügen im Falle kleiner Amplituden und bei Vernachlässigung dissipativer Vorgänge der partiellen Differentialgleichung (vgl. **4.33.**)

$$\Delta u + k^2 u = 0. \tag{1}$$

u ist das Geschwindigkeitspotential; es ist $v = \operatorname{grad} u$, wenn v die Schallschnelle, d.h. die Geschwindigkeit des Gases oder der Flüssigkeit als Funktion von Ort und Zeit bedeutet. $k = \omega/V_s$, $\omega =$ Frequenz, $V_s =$ (adiabatische) Schallgeschwindigkeit.

Beim Problem der Beugung einer Schallwelle an einem Körper handelt es sich darum, eine gegebene einfallende Welle (etwa eine ebene Welle oder eine Kugelwelle) durch eine auslaufende Kugelwelle so zu ergänzen, daß die Summe beider Wellen an der Oberfläche des beugenden Körpers einer Randbedingung vom Typ **4.34.**, (47) genügt. Ist die Oberfläche des beugenden Körpers schallhart, d.h. die akustische Impedanz unendlich, so verschwindet dort die Normalableitung $\partial u/\partial n$ von u, d.h. die Normalkomponente der Geschwindigkeit.

Die mathematische Formulierung des Problems lautet: Sei das Geschwindigkeitspotential u^e der einfallenden Welle gegeben. Dann ist eine Funktion u^b, das Geschwindigkeitspotential der gebeugten Welle, die zusammen mit u^e das gesamte Schallfeld $u = u^e + u^b$ wiedergibt, mit folgenden Eigenschaften zu bestimmen:

1. u^b genügt der Differentialgleichung (1).

2. Auf der Oberfläche des beugenden Körpers ist

$$\frac{\partial}{\partial n}\,(u^e + u^b) = 0. \tag{2}$$

3. u^b genügt der Sommerfeldschen Ausstrahlungsbedingung (Sommerfeld [1])

$$r\left(\frac{\partial u^b}{\partial r} + i\,k\,u^b\right) \to 0 \quad \text{für} \quad r \to \infty, \tag{3}$$

wenn r der Abstand von einem festen Punkt im beugenden Körper oder seiner näheren Umgebung ist.

4. u^b ist überall beschränkt und $\operatorname{grad} u$ ist im dreidimensionalen Raum überall quadratisch integrierbar.

Diese vier Bedingungen sind für die eindeutige Lösbarkeit des Problems hinreichend. Die letzte Bedingung bedeutet, daß die Energie des Schallfeldes in jedem endlichen Volumen (insbesondere also an Kanten des beugenden Körpers, an denen $v = \infty$ werden kann) endlich ist.

Wir behandeln nun speziell die Beugung einer ebenen Schallwelle am schallharten gestreckten Rotationsellipsoid. Seine Oberfläche sei in den gestreckt-rotationselliptischen Koordinaten

$$x = a\sqrt{(\xi^2-1)(1-\eta^2)}\,\cos\varphi, \quad y = a\sqrt{(\xi^2-1)(1-\eta^2)}\,\sin\varphi, \quad z = a\,\xi\,\eta \left.\begin{array}{c}\\[2pt]\end{array}\right\} \tag{4}$$
$$(0 \leq \xi < \infty;\; -1 \leq \eta \leq 1;\; 0 \leq \varphi < 2\pi)$$

durch $\xi = \xi_0$ gegeben. $2a$ ist der Abstand seiner Brennpunkte.

Ohne Beschränkung der Allgemeinheit kann die Einfallsrichtung der ebenen Welle parallel zur x, z-Ebene angenommen werden. α sei der Winkel der Richtung, aus der die Welle kommt, gegen die positive z-Achse, $\frac{\pi}{2} - \alpha$ der Winkel gegen die positive x-Achse (vgl. Abb. 28). Dann ist

$$u^e = A\,\exp\left[i\,k\,(x\sin\alpha + z\cos\alpha)\right]. \tag{5}$$

In den ortsunabhängigen Faktor A denken wir uns die Zeitabhängigkeit $e^{i\omega t}$ aufgenommen. u^e entwickeln wir nun nach Sphäroidfunktionen gemäß **3.84.**, (35)

$$u^e = A \sum_{n=0}^{\infty} \sum_{m=-n}^{n} (2n+1)\,i^{n+2m}\,S_n^{m(1)}(\xi;\gamma)\,\mathrm{ps}_n^m(\eta;\gamma^2)\,\mathrm{ps}_n^{-m}(\cos\alpha;\gamma^2)\,e^{im\varphi}. \tag{6}$$

Wir behaupten nun, daß das Geschwindigkeitspotential der gebeugten Welle lautet

$$u^b = -A \sum_{n=0}^{\infty} \sum_{m=-n}^{n} (2n+1)\, i^{n+2m} \frac{S_n^{m\,(1)\prime}(\xi_0;\gamma)}{S_n^{m\,(4)\prime}(\xi_0;\gamma)} \times \\ \times S_n^{m\,(4)}(\xi;\gamma)\, \mathrm{ps}_n^m(\eta;\gamma^2)\, \mathrm{ps}_n^{-m}(\cos\alpha;\gamma^2)\, e^{im\varphi}. \left.\right\} \quad (7)$$

Die einzelnen Reihenglieder sind Lösungen der Schwingungsgleichung; somit ist die erste Bedingung erfüllt. Die zweite Bedingung lautet hier $\partial(u^e + u^b)/\partial\xi = 0$ für $\xi = \xi_0$; sie gilt ersichtlich schon für je zwei Reihenglieder mit gleichem n, m in (6) und (7). Die SOMMERFELDsche Ausstrahlungsbedingung gilt ebenfalls, da das asymptotische Verhalten des einzelnen Reihengliedes in (7) für große ξ nach **3.65.**, (50) bis auf einen Faktor durch $e^{-i\gamma\xi}/\gamma\xi$, also e^{-ikr}/kr gegeben und der Satz in **1.93.** anwendbar ist. Die Endlichkeit von u^b folgt schließlich aus **3.24.**, (12) und **3.66.**, (64).

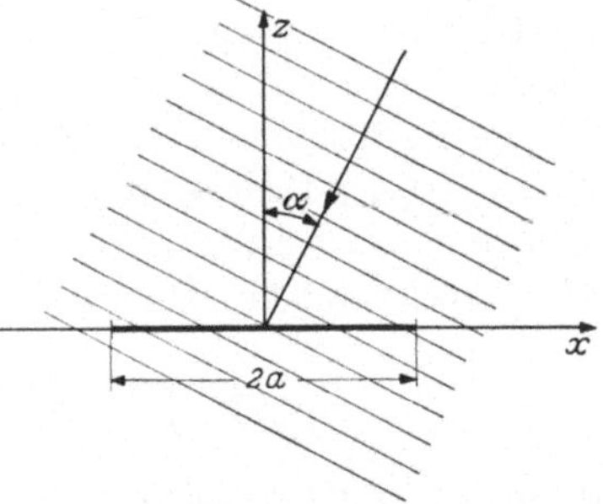

Abb. 28. Zur Beugung einer in Pfeilrichtung auf eine Kreisscheibe vom Durchmesser $2a$ einfallenden ebenen Welle.

Das entsprechende Ergebnis für die Beugung am abgeplatteten schallharten Rotationsellipsoid folgt wieder durch die Ersetzung

$$a \to ia, \quad \gamma \to i\gamma, \quad \xi \to -i\xi, \quad \xi_0 \to -i\xi_0.$$

Speziell für den Fall der Kreisscheibe als beugendem Objekt (Abb. 28) ist dann, mit $\xi_0 = 0$,

$$u^b = -A \sum_{n=0}^{\infty} \sum_{m=-n}^{n} (2n+1)\, i^{n+2m} \frac{S_n^{m\,(1)\prime}(-i0;i\gamma)}{S_n^{m\,(4)\prime}(-i0;i\gamma)} \times \\ \times S_n^{m\,(4)}(-i\xi;i\gamma)\, \mathrm{ps}_n^m(\eta;-\gamma^2)\, \mathrm{ps}_n^{-m}(\cos\alpha;-\gamma^2)\, e^{im\varphi}. \left.\right\} \quad (8)$$

Ist insbesondere $\alpha = 0$, d.h. fällt die ebene Welle senkrecht ein, so ist $\partial u^b/\partial z = -\partial u^e/\partial z = -Aik$ für $\xi = 0$. $\partial u^b/\partial z$ ist also auf der Kreisscheibe konstant. Setzt man $-Aik = v_0$, so geht u^b, wie ein Vergleich mit **4.52.** zeigt, in das Geschwindigkeitspotential der frei schwingenden Kolbenmembran über. Numerische Ergebnisse für die Beugung einer senkrecht auf eine schallharte Kreisscheibe einfallenden ebenen Welle finden sich bei BOUWKAMP [1] und MEIXNER und FRITZE [1], für die Beugung am gestreckten Rotationsellipsoid bei SPENCE und GRANGER [1]. Wegen der Behandlung des komplementären Beugungsproblems, der Beugung einer einfallenden ebenen Schallwelle an der kreisförmigen Öffnung im unendlich ausgedehnten schallharten oder schallweichen ebenen Schirm, sei ebenfalls auf BOUWKAMP [1] verwiesen. Erwähnt seien in diesem Zusammenhang noch die Untersuchungen von Mac-Laurin [1], Hanson [1], Spence [1], Leitner [1], Storruste [1, 2], Storruste und Wergeland [1], Awatani [1].

4.63. Die Rayleighsche Scheibe. Die Theorie der Rayleighschen Scheibe besteht in der Berechnung des zeitlich gemittelten Drehmomentes, das eine ebene Schallwelle auf eine schallharte Kreisscheibe ausübt. Hierbei ist zu beachten, daß die ebene Schallwelle durch die Kreisscheibe gestört wird und daß daher für die Berechnung des Drehmomentes die Überlagerung von einfallender und gebeugter Schallwelle zugrunde zu legen ist.

Die Hydrodynamik kompressibler Medien liefert für den zeitlichen Mittelwert des Druckes in der harmonischen Schallwelle in erster Näherung (vgl. Kotani [1]) bis auf einen ortsunabhängigen Term, der für die Berechnung des Drehmomentes keine Rolle spielt:

$$\bar{p} = \frac{\varrho_0}{2} \left\{ \frac{1}{V_s^2} \overline{\left(\frac{\partial u_r}{\partial t} \right)^2} - \overline{(\operatorname{grad} u_r)^2} \right\}. \tag{9}$$

ϱ_0 ist die mittlere Dichte, V_s die Schallgeschwindigkeit. Querstriche bedeuten zeitliche Mittelung. u_r ist hier das reelle Geschwindigkeitspotential, da u quadratisch in (9) eingeht. Das auf die Scheibe ausgeübte Drehmoment um die y-Achse ist

$$M_y = \int x \, \bar{p} \, dF; \tag{10}$$

wir haben dabei die Koordinaten wie in Abb. 28 gewählt. Die Integration ist über beide Seiten der Kreisscheibe zu erstrecken; die Flächenelemente sind vektoriell, d.h. auf der Oberseite positiv, auf der Unterseite negativ zu rechnen. Die einfallende Welle sei gleich dem Realteil von u^e aus (5), also

$$\Re u^e = |A| \cos(\omega t + k x \sin \alpha + k z \cos \alpha + \delta);$$

δ ist eine Phasenkonstante. Die gebeugte Welle ist dann gleich dem Realteil von u^b aus (7). Schreibt man $u_r = \Re u = \frac{1}{2}(u + \bar{u})$, so folgt

$$M_y = \frac{\varrho_0}{4} \int \left\{ k^2 u \bar{u} - \operatorname{grad} u \cdot \operatorname{grad} \bar{u} \right\} x \, dF. \tag{11}$$

Wir zerlegen nun das Geschwindigkeitspotential u in das der einfallenden Welle u^e und in das der gebeugten Welle u^b. Es ist nach (6) und (8)

$$u^e_{z=+0} = u^e_{z=-0}; \quad u^b_{z=+0} = -u^b_{z=-0}. \tag{12}$$

Setzt man $u = u^e + u^b$ in (11) ein, so bleibt wegen (12) und wegen $dF_{z=+0} = -dF_{z=-0}$

$$M_y = \varrho_0 \, \Re \int (k^2 \bar{u}^e u^b - \operatorname{grad} \bar{u}^e \operatorname{grad} u^b) x \, dF, \tag{13}$$

worin das Integral nur mehr über die Oberseite $z = +0$ der Scheibe zu erstrecken ist. Anwendung des zweidimensionalen GREENschen Satzes gibt wegen $u^b = 0$ am Scheibenrand [vgl. (8)] nach geringer Umformung unter Verwendung des Ausdruckes (5) für u^e

$$M_y = - k \varrho_0 \, \Re e \, i \int \bar{u}^b \frac{d}{d\alpha} (\cos \alpha \cdot \bar{u}^e) \, dF. \tag{14}$$

Einsetzen von u^e aus (5) und u^b aus (8) führt schließlich unter Anwendung der Integralbeziehung **3.84.**, (33) auf

$$M_y = - 2 a^3 \, U^2 \, \varrho_0 \sin \alpha \sum_{n=0}^{\infty} \sum_{m=-n}^{n} C_n^m \, \mathrm{ps}_n^m (\cos \alpha; -\gamma^2) \, \mathrm{ps}_n^{-m} (\cos \alpha; -\gamma^2), \tag{15}$$

in der $U^2 = \tfrac{1}{2} k^2 A^2$ das Quadratmittel der Schallschnelle und

$$C_n^m = \frac{2\pi}{\gamma^3} (2n + 1) \, \Im\mathfrak{m} \, \frac{S_n^{m(1)\prime}(-i0; i\gamma)}{S_n^{m(4)\prime}(-i0; i\gamma)}$$

bedeuten.

Für kleine γ, d.h. große Wellenlängen ergibt eine Reihenentwicklung nach Potenzen von γ^2

$$M_y = - \frac{4}{3} \varrho_0 \, a^3 \, U^2 \left[\sin 2\alpha + \gamma^2 \left(\frac{1}{5} \sin 2\alpha + \frac{1}{30} \sin 4\alpha \right) + \right.$$
$$\left. + \gamma^4 \left(\frac{79}{4200} \sin 2\alpha + \frac{47}{3150} \sin 4\alpha + \frac{1}{1400} \sin 6\alpha \right) + O(\gamma^6) \right].$$

Wegen Einzelheiten der Rechnung und bezüglich numerischer Ergebnisse vergleiche man KOTANI [1].

4.64. Die Beugung elektromagnetischer Dipolwellen an der vollkommen leitenden Kreisscheibe. Wir legen abgeplattet-rotationselliptische Koordinaten η, ξ, φ

$$x = a \sqrt{(\xi^2 + 1)(1 - \eta^2)} \cos\varphi, \qquad y = a \sqrt{(\xi^2 + 1)(1 - \eta^2)} \sin\varphi, \qquad z = a \xi \eta$$
$$(0 \leq \xi < \infty, \ -1 \leq \eta \leq 1, \ 0 \leq \varphi < 2\pi)$$

zugrunde. An der Stelle ξ_0, η_0, φ_0 $(\xi_0 \neq 0)$ befinde sich ein schwingender elektrischer Dipol mit einem zur x, y-Ebene parallelen Dipolmoment $\boldsymbol{p} = \{p_x, p_y, 0\}$. $\boldsymbol{p}$ enthalte den Zeitfaktor $e^{i\omega t}$. Das elektromagnetische Feld des schwingenden Dipols läßt sich mit **4.41.**, (7) aus dem HERTZschen Vektor

$$\boldsymbol{\Pi}^e = \frac{\boldsymbol{p}}{4\pi R} e^{-ikR} \tag{16}$$

herleiten. R ist der Abstand vom Ort des Dipols.

Die Störung dieses elektromagnetischen Feldes durch eine vollkommen leitende Kreisscheibe $\xi = 0$ läßt sich beschreiben, indem man zur einfallenden Dipolwelle E^e, H^e ein elektromagnetisches Feld E^b, H^b hinzufügt, das folgende Bedingungen erfüllt:

1. Da das Gesamtfeld $E = E^e + E^b$, $H = H^e + H^b$ den Maxwellschen Gln. **4.41.**, (1) zu genügen hat, die einfallende Welle für sich diese Eigenschaft besitzt, so muß auch das Feld E^b, H^b den Maxwellschen Gleichungen genügen.

2. Auf der Oberfläche der Kreisscheibe gilt die Bedingung der vollkommenen Leitfähigkeit, wonach die tangentielle Komponente von $E^e + E^b$ verschwindet; es ist also

$$E^e_x + E^b_x = 0, \qquad E^e_y + E^b_y = 0 \quad \text{für} \quad \xi = 0. \tag{17}$$

3. E^b, H^b hat in großer Entfernung den Charakter einer auslaufenden Kugelwelle, d.h. es ist (Müller [1])

$$\left. \begin{array}{l} r\{\omega\,\varepsilon\,\boldsymbol{n} \times \boldsymbol{E}^b - k\,\boldsymbol{H}^b\} \to 0 \\ r\{\omega\,\mu\,\boldsymbol{n} \times \boldsymbol{H}^b + k\,\boldsymbol{E}^b\} \to 0 \end{array} \right\} \quad \text{für} \quad r \to \infty. \tag{18}$$

r ist etwa der Abstand vom Mittelpunkt der Scheibe, $\boldsymbol{n}$ ist ein Einheitsvektor in radialer Richtung; ferner ist

$$k = \omega\,\sqrt{\varepsilon\,\mu}.$$

4. Die elektromagnetische Energiedichte $\dfrac{\varepsilon}{2}\,\boldsymbol{E}^2 + \dfrac{\mu}{2}\,\boldsymbol{H}^2$ ist in jedem endlichen Volumen integrierbar; hierdurch wird die Ordnung des Unendlichwerdens von E und H an der Kante der Kreisscheibe eingeschränkt. (Die Notwendigkeit einer Bedingung dieser Art hat zum erstenmal Bouwkamp [2] klar ausgesprochen.)

Diese Bedingungen bestimmen das gebeugte elektromagnetische Feld E^b, H^b eindeutig (Meixner [6]). E i n e Lösung, welche diesen Bedingungen genügt, ist also zugleich d i e Lösung des Beugungsproblems.

Wir versuchen, das gebeugte Feld aus einen Hertzschen Vektor $\boldsymbol{\Pi}^b$ herzuleiten, dessen z-Komponente verschwindet. Die obigen Bedingungen 1. bis 4. übersetzen wir in diesen Hertzschen Vektor und verschärfen sie noch etwas.

1. $\varPi^b_x$ und $\varPi^b_y$ genügen der Differentialgleichung

$$\Delta\,\varPi^b_{x,\,y} + k^2\,\varPi^b_{x,\,y} = 0. \tag{19}$$

2. Auf der Kreisscheibe ist mit $\boldsymbol{\Pi} = \boldsymbol{\Pi}^e + \boldsymbol{\Pi}^b$ nach **4.41.**, (7) für $\xi = 0$

$$\left. \begin{array}{l} \dfrac{\partial}{\partial x}\left(\dfrac{\partial \varPi_x}{\partial x} + \dfrac{\partial \varPi_y}{\partial y}\right) + k^2\,\varPi_x = 0, \\[3mm] \dfrac{\partial}{\partial y}\left(\dfrac{\partial \varPi_x}{\partial x} + \dfrac{\partial \varPi_y}{\partial y}\right) + k^2\,\varPi_y = 0. \end{array} \right\} \tag{20}$$

3. Π_x^b und Π_y^b genügen beide der SOMMERFELDschen Ausstrahlungsbedingung **4.62.**, (3).

4. Π_x, Π_y sind überall endlich und an der Kante $\xi = \eta = 0$ der Kreisscheibe gilt

$$
\left.
\begin{aligned}
\frac{\partial}{\partial \xi}\left[e^{i\varphi}(\Pi_x - i\Pi_y) + e^{-i\varphi}(\Pi_x + i\Pi_y)\right] &= 0, \\
\frac{\partial}{\partial \eta}\left[e^{i\varphi}(\Pi_x + i\Pi_y) + e^{-i\varphi}(\Pi_x - i\Pi_y)\right] &= 0.
\end{aligned}
\right\}
\tag{21}
$$

Man kommt auf diese Bedingungen, indem man für Π_x, Π_y, Entwickelbarkeit vorausgesetzt, Potenzreihen in ξ, η ansetzt, aus dem Bestehen der Wellengleichung (19) für Π_x, Π_y Aussagen über die ersten Entwicklungskoeffizienten herleitet, dann rot Π und rot rot Π nach **1.124.**, (17*) bildet und die Bedingungen dafür aufstellt, daß E und H höchstens wie $\tau^{-\frac{1}{2}}$ unendlich werden, wenn τ der Abstand von der Kante der Kreisscheibe ist (vgl. MEIXNER [6]). Es genügt im übrigen, die Bedingungen (21) für den HERTZschen Vektor der gebeugten Welle Π^b allein zu fordern, da die elektromagnetischen Feldstärken der einfallenden Welle für sich am Rand der Kreisscheibe endlich sind.

Um die gebeugte Welle zu finden, entwickeln wir erst (16) mit Hilfe von **3.83.**, (27) nach Sphäroidfunktionen

$$
\left.
\begin{aligned}
\Pi^e = &-\frac{ik}{4\pi}\,p \sum_{m=-\infty}^{\infty} \sum_{n=|m|}^{\infty} (2n+1)\, S_n^{m\,(1)}(-i\xi;\, i\gamma)\, S_n^{m\,(4)}(-i\xi_0;\, i\gamma) \times \\
&\times (-1)^m\, \mathrm{ps}_n^m(\eta;\, -\gamma^2)\, \mathrm{ps}_n^{-m}(\eta_0;\, -\gamma^2)\, e^{im(\varphi-\varphi_0)}.
\end{aligned}
\right\}
\tag{22}
$$

Diese Entwicklung gilt für $\xi < \xi_0$. Für $\xi > \xi_0$ sind in ihr ξ und ξ_0 zu vertauschen. Wir definieren nun einen HERTZschen Vektor Π^1 zu

$$
\Pi^1 = \frac{ik}{4\pi}\,p \sum_{m=-\infty}^{\infty} L_m\, e^{im(\varphi-\varphi_0)}
\tag{23}
$$

mit

$$
\left.
\begin{aligned}
L_m = L_{-m} = &\sum_{n=|m|}^{\infty} (2n+1)\, \frac{S_n^{m\,(1)}(-i0;\, i\gamma)}{S_n^{m\,(4)}(-i0;\, i\gamma)}\, S_n^{m\,(4)}(-i\xi;\, i\gamma) \times \\
&\times S_n^{m\,(4)}(-i\xi_0;\, i\gamma)\,(-1)^m\, \mathrm{ps}_n^m(\eta;\, -\gamma^2)\, \mathrm{ps}_n^{-m}(\eta_0;\, -\gamma^2)\, e^{im(\varphi-\varphi_0)}.
\end{aligned}
\right\}
\tag{24}
$$

Ersichtlich genügt Π^1 den für Π^b gestellten Bedingungen 1., 2., 3.: Die Komponenten erfüllen die Schwingungsgleichung (19), die Ausstrahlungsbedingung **4.62.**, (3) wegen des Faktors $S_n^{m\,(4)}(-i\xi;\, i\gamma)$ und schließlich die Oberflächenbedingung (20), da nach der Konstruktion von Π^1 gilt: $\Pi^e + \Pi^1 = 0$ für $\xi = 0$; damit verschwinden aber auch alle Differentialquotienten nach x und y.

Π^1 ist aber nicht die allgemeinste Lösung zu den Bedingungen 1., 2., 3. Vielmehr gibt es einen HERTZschen Vektor Π^2 mit $\Pi_z^2 = 0$, der der

Schwingungsgleichung und der SOMMERFELDschen Ausstrahlungsbedingung genügt, und der für sich die Oberflächenbedingung (20) befriedigt. Er enthält noch abzählbar viele unbestimmte Parameter. Sie sind so zu wählen, daß $\mathbf{\Pi}^1 + \mathbf{\Pi}^2$ auch den Kantenbedingungen (21) genügt.

Zur Berechnung von Π_x^2, Π_y^2 integrieren wir erst die Differentialgleichungen (20) in x, y. Sie sind, jetzt für Π_x^2, Π_y^2 angeschrieben, gleichwertig mit dem System von Differentialgleichungen

$$\frac{\partial \Pi_x^2}{\partial y} = \frac{\partial \Pi_y^2}{\partial x}, \qquad \left(\frac{\partial^2}{\partial x^2} + \frac{\partial^2}{\partial y^2} + k^2\right)\Pi_{x,y}^2 = 0. \tag{25}$$

Wir integrieren sie in ebenen Polarkoordinaten $x = \varrho \cos\varphi$, $y = \varrho \sin\varphi$. Aus der Schwingungsgleichung folgt (vgl. **1.137.**)

$$\Pi_x^2 + i\,\Pi_y^2 = \sum_{m=-\infty}^{\infty} \alpha_m J_m(k\varrho)\,e^{im\varphi}; \qquad \Pi_x^2 - i\,\Pi_y^2 = \sum_{m=-\infty}^{\infty} \beta_m J_m(k\varrho)\,e^{im\varphi}.$$

Die erste Differentialgleichung in (25) liefert dann $\beta_{m-1} = -\alpha_{m+1}$. Wir schreiben daher

$$\Pi_x^2 \pm i\,\Pi_y^2 = e^{\pm i\varphi_0} \sum_{m=-\infty}^{\infty} i^m\, v_{m\mp1}\, J_m(k\varrho)\, e^{im(\varphi-\varphi_0)} \tag{26}$$

mit zunächst unbestimmten Koeffizienten v_m.

Setzen wir

$$\Pi_x^2 \pm i\Pi_y^2 = e^{\pm i\varphi_0} \sum_{m=-\infty}^{\infty} v_{m\mp1}\, N_m\, e^{im(\varphi-\varphi_0)} \tag{27}$$

mit

$$\left.\begin{aligned} N_m = N_{-m} &= \sum_{m=-\infty}^{\infty} (2n+1)\, i^n\, \frac{S_n^{m\,(1)}(-i0;i\gamma)}{S_n^{m\,(4)}(-i0;i\gamma)} \times \\ &\quad \times S_n^{m\,(4)}(-i\xi;i\gamma)(-1)^m\, \mathrm{ps}_n^m(\eta;-\gamma^2)\, \mathrm{ps}_n^{-m}(0;-\gamma^2), \end{aligned}\right\} \tag{28}$$

so sind also Π_x^2, Π_y^2 Lösungen der dreidimensionalen Schwingungsgleichung (19), erfüllen die SOMMERFELDsche Ausstrahlungsbedingung **4.62.**, (3) und für $\xi = 0$ ergibt sich (26) wegen [vgl. **3.84.**, (34)]

$$J_m\!\left(\gamma\sqrt{1-\eta^2}\right) = J_m(k\varrho) = \sum_{n=|m|}^{\infty} (2n+1)\, i^{n+m} \times$$
$$\times S_n^{m\,(1)}(-i0;i\gamma)\, \mathrm{ps}_n^m(\eta;-\gamma^2)\, \mathrm{ps}_n^{-m}(0;-\gamma^2).$$

Mit $\mathbf{\Pi}^b = \mathbf{\Pi}^1 + \mathbf{\Pi}^2$ besitzen wir also eine Mannigfaltigkeit von Vektorfeldern $\mathbf{\Pi}^b$, die den ersten drei Bedingungen genügen. Es bleibt nun noch die Kantenbedingung zu erfüllen. Die zweite Beziehung in (21) ist von selbst erfüllt, da bei Einsetzen von $\mathbf{\Pi}^1$ aus (23) und $\mathbf{\Pi}^2$ aus (27) jedes

Reihenglied ein Produkt $S_n^{m\,(1)}(-i\,0)\,\mathrm{ps}_n^{m\,\prime}(0)$ enthält, dessen erster Faktor für ungerade $n-m$, dessen zweiter Faktor für gerade $n-m$ verschwindet.

Die erste, identisch in φ zu erfüllende Beziehung (21) führt auf

$$v_m\left(\frac{\partial N_{m-1}}{\partial \xi} + \frac{\partial N_{m+1}}{\partial \xi}\right)$$
$$= -\frac{i\,k}{4\pi}\,(p_x + i\,p_y)\,e^{-i\varphi_0}\,\frac{\partial L_{m+1}}{\partial \xi} - \frac{i\,k}{4\pi}\,(p_x - i\,p_y)\,e^{i\varphi_0}\,\frac{\partial L_{m-1}}{\partial \xi},$$

in der alle Ableitungen nach ξ für $\xi=\eta=0$ zu nehmen sind. Führt man diese Ableitungen an den Reihen (24) und (28) durch, so ergeben sich durch Anwendung der WRONSKI-Determinanten **3.65.**, (53) noch Vereinfachungen.

Damit sind nun die Koeffizienten v_m und der HERTZsche Vektor $\mathbf{\Pi}^2$ eindeutig bestimmt. $\mathbf{\Pi}^1 + \mathbf{\Pi}^2$ ist der HERTZsche Vektor des durch die Beugung an der Kreisscheibe bedingten Zusatzfeldes zur einfallenden Dipolwelle (16).

Wir schließen noch einige Bemerkungen an.

1. Rückt der schwingende Dipol ins Unendliche, so ergibt sich aus den gewonnenen Formeln die gebeugte Welle für eine auf die Kreisscheibe einfallende ebene Welle (MEIXNER und ANDREJEWSKI [1], FLAMMER [3]).

2. Erhebliche Vereinfachungen treten ein, wenn der schwingende Dipol auf der Achse der Kreisscheibe (etwa $\eta_0 = +1$) liegt. Dann verschwinden alle L_m für $m \neq 0$ und es bleiben nur die Koeffizienten v_1 und v_{-1}.

3. Die oben angewandte Methode läßt sich auch einfach auf den Fall übertragen, daß die z-Komponente des Dipolmomentes p nicht verschwindet (MEIXNER [12]).

4. Durch Differentiationen nach den kartesischen Koordinaten des Dipolortes erhält man die Lösung für das Problem der Beugung einer beliebigen elektrischen oder magnetischen Multipolstrahlung an der vollkommen leitenden Kreisscheibe.

5. Auf Grund des verallgemeinerten BABINETschen Prinzips (COPSON [1], MEIXNER [5]) gewinnt man aus der Lösung des Beugungsproblems für die Kreisscheibe unmittelbar die Lösung für das Problem der Beugung einer magnetischen Dipolwelle (und damit wieder beliebiger elektrischer oder magnetischer Multipolstrahlung) an der kreisförmigen Öffnung in der unendlich ausgedehnten vollkommen leitenden Ebene (MEIXNER [12]).

6. Die gewonnenen Endformeln lassen sich numerisch verhältnismäßig leicht im Bereich $\gamma \leq 10$, d.h. für Wellenlängen, die größer

als etwa ein Drittel des Scheiben- bzw. Öffnungsdurchmessers sind, auswerten. Numerische Ergebnisse für senkrecht auf die Kreisscheibe bzw. die kreisförmige Öffnung auftreffende ebene elektromagnetische Wellen mit $\gamma \leq 10$ finden sich bei ANDREJEWSKI [1, 2, 3].

4.65. Beugungsprobleme mit solenoidalen elektromagnetischen Feldern.

Auch die Beugung von elektrischer oder magnetischer Dipolstrahlung am vollkommen leitenden Rotationsellipsoid läßt sich streng behandeln, wenn Ort und Richtung des schwingenden Dipols in der Rotationsachse des Ellipsoids liegen. Allgemeiner lassen sich auch Fälle mit um diese Achse symmetrischer Verteilung von Dipolen durchrechnen (Beispiele bei LEITNER und SPENCE [1, 2] und MEIXNER [12]).

Wir beschränken uns auf einen schwingenden elektrischen Dipol an der Stelle ξ_0, $\eta_0 = +1$ in den gestreckt-rotationselliptischen Koordinaten ξ, η, φ aus **1.123.** Die Oberfläche des leitenden Ellipsoids sei $\xi = \xi_1$ und es gelte $\xi_0 > \xi_1$. Das Dipolmoment p_z (einschließlich des Zeitfaktors $e^{i\omega t}$) liege in z-Richtung. Das Magnetfeld der einfallenden Dipolwelle besitzt dann nur eine φ-Komponente:

$$H_\varphi^e = -\frac{1}{4\pi}\,\omega\,k^2\,p_z\,P_1^1(\cos\Theta)\,\psi_1^{(4)}(kR).$$

Man gewinnt sie aus $\boldsymbol{H}^e = i\,\omega\,\mathrm{rot}\,\boldsymbol{\Pi}^e$, wenn man $\boldsymbol{\Pi}^e$ aus **4.64.**, (16) einsetzt und $\boldsymbol{p} = \{0, 0, p_z\}$ wählt. R, Θ, φ sind Kugelkoordinaten vom Ort des Dipols aus, derart, daß die Richtung $\Theta = 0$ die Richtung der positiven z-Achse ist. Wir entwickeln H_φ^e mit Hilfe von **3.83.**, (26) nach Sphäroidfunktionen

$$\left.\begin{aligned}
H_\varphi^e = {}&- \frac{\omega k^2}{4\pi\gamma}\,p_z\,(\xi_0^2 - 1)^{-\frac{1}{2}}\times\\
&\times \sum_{n=1}^{\infty} (2n+1)\,S_n^{1\,(4)}(\xi_0;\gamma)\,S_n^{1\,(1)}(\xi;\gamma)\,\mathrm{ps}_n^1(\eta;\gamma^2)\,A_n^{-1}(\gamma^2).
\end{aligned}\right\} \tag{29}$$

Diese Entwicklung gilt für $\xi < \xi_0$. Für $\xi > \xi_0$ sind rechts vom Summenzeichen ξ und ξ_0 zu vertauschen.

Die Bedingung der vollkommenen Leitfähigkeit bedeutet, daß auf dem Rotationsellipsoid die Komponenten E_η, E_φ der elektrischen Feldstärke, d.h. die η- und φ-Komponente von $\mathrm{rot}\,\boldsymbol{H} = \mathrm{rot}\,(\boldsymbol{H}^e + \boldsymbol{H}^b)$ verschwinden, wenn $\boldsymbol{H}^b$ wieder das Magnetfeld der gebeugten Welle ist. Aus Symmetriegründen folgt, daß mit $\boldsymbol{H}^e$ auch $\boldsymbol{H}^b$ H-solenoidal ist. Also bleibt nur die Bedingung, daß die η-Komponente von $\mathrm{rot}\,(\boldsymbol{H}^e + \boldsymbol{H}^b)$ verschwindet, d.h. aber

$$\frac{\partial}{\partial\xi}\left[\sqrt{\xi^2 - 1}\,(H_\varphi^e + H_\varphi^b)\right] = 0 \quad\text{für}\quad \xi = \xi_1. \tag{30}$$

Man verifiziert nun leicht, daß

$$H_\varphi^b = \frac{\omega k^2}{4\pi\gamma}\, p_z (\xi_0^2 - 1)^{-\frac{1}{2}} \times$$
$$\times \sum_{n=1}^{\infty} (2n+1)\,\frac{[1]}{[4]}\, S_n^{1\,(4)}(\xi;\gamma)\, S_n^{1\,(4)}(\xi_0;\gamma)\, \mathrm{ps}_n^1(\eta;\gamma^2)\, A_n^{-1}(\gamma^2) \quad\Biggr\} \quad (31)$$

mit
$$[j] = \frac{\partial}{\partial\xi_1}\,[(\xi_1^2 - 1)^{\frac{1}{2}}\, S_n^{1\,(j)}(\xi_1;\gamma)] \quad (32)$$

allen an das gebeugte Feld zu stellenden Forderungen Genüge leistet: H_φ^b genügt der Differentialgleichung **4.41.**, (12) der H-solenoidalen Felder, verhält sich in großer Entfernung wie eine auslaufende Welle und erfüllt (30). Das zugehörige elektrische Feld ergibt sich aus der MAXWELLschen Gleichung rot $\boldsymbol{H} = i\,\omega\,\varepsilon\,\boldsymbol{E}$.

Wir stellen diesem Außenraumproblem ein verwandtes Innenraumproblem gegenüber.

Liegt der schwingende elektrische Dipol mit dem Magnetfeld (29) im rotationselliptischen Hohlraume mit vollkommen leitender Wand $\xi = \xi_1$ — dann ist $\xi_0 < \xi_1$ —, so errechnet sich das durch die Existenz der Wand bedingte, überall im Hohlraum endliche Zusatzfeld H_φ^b zu

$$H_\varphi^b = \frac{\omega k^2\, p_z}{4\pi\gamma}\,(\xi_0^2 - 1)^{-\frac{1}{2}} \sum_{n=1}^{\infty} (2n+1)\,\frac{[4]}{[1]}\, S_n^{1\,(1)}(\xi;\gamma)\, S_n^{1\,(1)}(\xi_0;\gamma)\, \mathrm{ps}_n^1(\eta;\gamma^2)\, A_n^{-1}(\gamma^2),$$

wobei wieder die Abkürzung (32) verwandt ist. Ersichtlich ist auch hier die Grenzbedingung (30) erfüllt; ferner ist H_φ^b als Summe über die im ganzen Hohlraum, insbesondere für $\xi = 1$, regulären Produkte $S_n^{1\,(1)}(\xi)\,\mathrm{ps}_n^1(\eta)$ dargestellt. Dies bedingt das Auftreten der Resonanznenner [1] [siehe (32)], deren Verschwinden nach **4.43.**, (25) gerade die Eigenwertgleichung für die H-solenoidalen Eigenschwingungen gibt.

4.7. Wellenmechanische Probleme.

4.71. Zur Elektronentheorie der Metalle. Das Verhalten der Leitungselektronen in einem Metall läßt sich in einer für viele Überlegungen brauchbaren Näherung durch die Annahme beschreiben, daß sich die Elektronen unabhängig voneinander in einem dreifach periodischen räumlichen Potential mit der potentiellen Energie $V(\boldsymbol{r})$ bewegen. Die SCHRÖDINGERsche Wellengleichung dieses Problemes ist dann eine partielle HILLsche Differentialgleichung

$$\frac{\partial^2 u}{\partial x^2} + \frac{\partial^2 u}{\partial y^2} + \frac{\partial^2 u}{\partial z^2} + \frac{2\mu}{\hbar^2}\,(W - V(\boldsymbol{r}))\, u = 0; \quad (1)$$

$\mu = $ Elektronenmasse, $\hbar = $ PLANCKsches Wirkungsquantum dividiert durch 2π. Für die potentielle Energie gilt

$$V(\boldsymbol{r} + l\,\boldsymbol{a}_1 + m\,\boldsymbol{a}_2 + n\,\boldsymbol{a}_3) = V(\boldsymbol{r}), \quad (2)$$

wenn die drei Vektoren $\boldsymbol{a}_1$, $\boldsymbol{a}_2$, $\boldsymbol{a}_3$ eine Zelle des Raumgitters der Metallionen aufspannen und l, m, n beliebige ganze Zahlen sind. Zugelassen sind nur solche Lösungen von (1), die im ganzen Raum beschränkt sind; die Werte W, für welche solche Lösungen existieren, sind die zulässigen Werte der Elektronenenergie. In Wirklichkeit ist jedes Metallstück von endlicher Ausdehnung; wenn wir unendliche Ausdehnung annehmen, so gehen in den folgenden Überlegungen nur im allgemeinen unwesentliche Feinheiten verloren [z.B. die Existenz von Oberflächenzuständen, d.h. Lösungen von (1), die von der Oberfläche weg nach innen sehr rasch abfallen].

Über viele Eigenschaften der Differentialgleichung (1) und damit der Elektronen in einem realen Metall kann man sich qualitativ orientieren, indem man den speziellen Fall eines kubischen Gitters mit der Länge a des Elementarwürfels und einer potentiellen Energie

$$V(\boldsymbol{r}) = 6\,V_0 + 2\,V_0 \left[\cos\frac{2\pi x}{a} + \cos\frac{2\pi y}{a} + \cos\frac{2\pi z}{a}\right] \tag{3}$$

($V_0 > 0$) studiert (vgl. Strutt [5], Morse [1]).

Die potentielle Energie hat Minima $V = 0$ in den Gitterpunkten

$$x = (\tfrac{1}{2} + l)\,a, \qquad y = (\tfrac{1}{2} + m)\,a, \qquad z = (\tfrac{1}{2} + n)\,a$$

(l, m, n beliebig ganz). Dort nehmen wir den Sitz der Gitterionen an. Die Maxima der potentiellen Energie sind $12\,V_0$; dagegen die Höhen der Potentialschwellen zwischen zwei nächstbenachbarten Atomen $4\,V_0$. Über die Höhe der Potentialschwelle kann man eine einfache Aussage machen, wenn man annimmt, daß der Verlauf der potentiellen Energie in unmittelbarer Umgebung eines Gitterions nicht vom Abstand der Gitterpunkte abhängen soll, d.h. wenn die quadratischen Glieder einer Entwicklung von $V(\boldsymbol{r})$ in der Umgebung von $x = y = z = a/2$ von a unabhängig sind. Dann ist $V_0 = a^2 \varkappa$ mit von a unabhängiger Konstanten $\varkappa$.

Die Schrödingersche Wellengleichung (1) läßt sich für diese potentielle Energie in den Variablen x, y, z separieren; indem man für $u(x, y, z)$ den Ansatz

$$u = X(x)\,Y(y)\,Z(z)$$

macht, ergibt sich

$$\frac{d^2 X}{d x^2} + \frac{2\mu}{\hbar^2}\left(W_x - 2V_0 - 2V_0\cos\frac{2\pi x}{a}\right) X = 0 \tag{1a}$$

$$\frac{d^2 Y}{d y^2} + \frac{2\mu}{\hbar^2}\left(W_y - 2V_0 - 2V_0\cos\frac{2\pi y}{a}\right) Y = 0 \tag{1b}$$

$$\frac{d^2 Z}{d z^2} + \frac{2\mu}{\hbar^2}\left(W_z - 2V_0 - 2V_0\cos\frac{2\pi z}{a}\right) Z = 0 \tag{1c}$$

mit Parametern W_x, W_y, W_z, die der Bedingung

$$W = W_x + W_y + W_z$$

genügen. Dies sind drei MATHIEUsche Differentialgleichungen. Ihre Normalform nehmen sie an, wenn wir

$$x = \frac{a}{\pi}\,\xi, \qquad y = \frac{a}{\pi}\,\eta, \qquad z = \frac{a}{\pi}\,\zeta;$$

$$\lambda_x = \frac{2\,\mu\,a^2}{\hbar^2\,\pi^2}\,(W_x - 2V_0), \qquad \lambda_y = \frac{2\,\mu\,a^2}{\hbar^2\,\pi^2}\,(W_y - 2V_0), \qquad \lambda_z = \frac{2\,\mu\,a^2}{\hbar^2\,\pi^2}\,(W_z - 2V_0); \tag{4}$$

$$h^2 = \frac{2\,\mu\,V_0}{\hbar^2}\,\frac{a^2}{\pi^2}$$

setzen. Die gesuchten separierten Lösungen von (1) sind dann

$$u(x, y, z) = \mathrm{me}_{\nu_x}(\xi, h^2)\,\mathrm{me}_{\nu_y}(\eta, h^2)\,\mathrm{me}_{\nu_z}(\zeta, h^2)$$

mit beliebigen reellen ν_x, ν_y, ν_z. Die zugehörige Energie ist

$$W = \frac{\hbar^2\,\pi^2}{2\,\mu\,a^2}\left[\lambda_{\nu_x}(h^2) + \lambda_{\nu_y}(h^2) + \lambda_{\nu_z}(h^2)\right] + 6\,V_0.$$

Die weitere Diskussion dieses Problems beschränken wir auf das eindimensionale Gitter, d.h. auf die eindimensionale SCHRÖDINGER-Gleichung (1a), in der wir W statt W_x schreiben.

Die erlaubten Energiewerte sind dann

$$W = \frac{\hbar^2\,\pi^2}{2\,\mu\,a^2}\,\lambda_\nu(h^2) + 2\,V_0 = \frac{\hbar^2\,\pi^2}{2\,\mu\,a^2}\,(\lambda_\nu(h^2) + 2h^2) = 2\,V_0\left(1 + \frac{\lambda_\nu(h^2)}{2h^2}\right). \tag{5}$$

λ_ν kann, da ν reell ist, beliebige Werte in den stabilen Gebieten der Stabilitätskarte zu dem aus (4) folgenden Wert von h^2 annehmen. Die erlaubten Energiewerte erfüllen also Bereiche, die man in der Metalltheorie als Energiebänder bezeichnet. Sie werden mit zunehmender Höhe $4\,V_0$ der Potentialschwelle schmaler.

Wir zeichnen diese Energiebänder in Abb. 29 unter der Voraussetzung $V_0 = \varkappa a^2$ als Funktionen des Atomabstandes a, oder was auf dasselbe hinausläuft, als Funktionen von $h^{\frac{1}{2}}$ auf, da nach (4) h^2 proportional zu a^4 ist. Da V_0 selbst proportional zu h ist, kommt dies auf die Zeichnung der erlaubten (schraffierten) Werte von $w \equiv h + \frac{\lambda_\nu(h^2)}{2h}$ als Funktion von $h^{\frac{1}{2}}$ hinaus. Überdies ist die Kurve $w = 2h$ (Parabel) eingezeichnet, auf der die Energie $W = 4\,V_0$ ist. Grob kann man sagen, daß zu jedem h die erlaubten Energien unterhalb der Schwellenenergie $4\,V_0$ in schmalen Bändern konzentriert sind, während oberhalb $4\,V_0$ die verbotenen Energiebereiche schmal sind. Die Kurve $w = 2h$ bezeichnet also etwa die Mitte zwischen den Grenzfällen, in denen sich die Mathieuschen Funktionen durch Funktionen des parabolischen Zylinders (Atomeigenfunktionen) und durch Funktionen $e^{\pm i\nu x}$ (ebene Wellen, freie Elektronen) darstellen lassen.

Die Koeffizienten $c_{2r}^{\nu}(h^2)$ der Entwicklung der Funktionen $\mathrm{me}_\nu\,\xi$ nach den Funktionen $e^{i(\nu+2r)\xi}$ haben in diesem Problem eine anschauliche physikalische Bedeutung. Einer ebenen Welle $e^{ipx/\hbar}$ entspricht nach der Quantenmechanik der Impuls p. Die Funktion

$$\mathrm{me}_\nu\,\xi = \sum_{r=-\infty}^{\infty} c_{2r}^{\nu}(h^2)\, e^{i(\nu+2r)\,\pi x/a}$$

ist demnach aus den Impulsen

$$p_r = (\nu + 2r)\,\pi\,\hbar/a$$

$$(r = 0, \pm 1, \pm 2, \ldots)$$

aufgebaut. Das Quadrat des Koeffizienten c_{2r}^{ν} gibt die Wahrscheinlichkeit, mit der der Impuls p_r in dieser Welle enthalten ist, wenn wir die Normierung **2.23.**, (12) bzw. (20) voraussetzen. Die Impulse p_r bilden also ein lineares Gitter mit der Gitterkonstanten $2\pi\,\hbar/a$ in der Impulsskala, mit der Gitterkonstanten 2 in der $(\nu+2r)$-Skala. Man nennt es das reziproke Gitter des Atomgitters. Die Gesamtheit der normierten Koeffizienten c_{2r}^{ν} ist die sog. Impulseigenfunktion zum Energiewert W_ν.

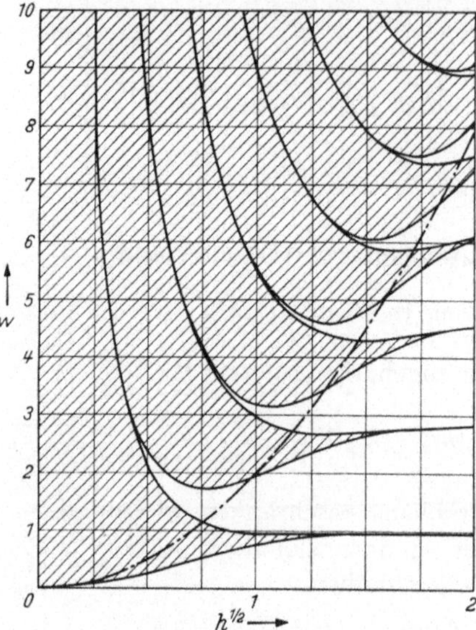

Abb. 29. Die erlaubten Energiebänder (schraffiert) für Elektronen im periodischen Potential $V = 2V_0\left(1 + \cos\dfrac{2\pi x}{a}\right)$. Die Darstellung ist mit der Stabilitätskarte Abb. 4 äquivalent. In ihr ist $w = h + \dfrac{\lambda_\nu(h^2)}{2h}$ gegen $h^{\frac{1}{2}}$ aufgetragen. Beim wellenmechanischen Problem ist die Abszisse proportional zur Gitterkonstanten, die Ordinate zur Energie. Die Parabel $w = 2h$ ist punktiert.

Wir ändern nun die Bezeichnung der Mathieuschen Funktionen $\mathrm{me}_\nu\,\xi$ und ihrer Entwicklungskoeffizienten etwas ab, indem wir schreiben

$$\mathrm{me}_\nu^{(n)}\,\xi = (-1)^n \sum_{r=-\infty}^{\infty} c_{\nu+2r}^{(n)}\, e^{i(\nu+2r)\,\xi} \qquad (n = 0, 1, 2, \ldots). \tag{6}$$

n ist die Nummer des Energiebandes bzw. Stabilitätsbereiches der Stabilitätskarte, der von den Kurven $a_n(h^2)$ und $b_{n+1}(h^2)$ $(h^2 > 0$ vorausgesetzt) begrenzt ist. ν ist der mod 2 auf das Intervall $-1 \leq \nu < 1$ reduzierte charakteristische Exponent (vgl. **2.34.**). Die Gesamtheit der Impulsgitter für alle ν in $-1 \leq \nu < 1$ überdeckt dann einfach die ganze p-Achse. Wir bezeichnen diese in $-\infty < \sigma < \infty$ definierte Funktion $c_\sigma^{(n)}$

als Impulsfunktion des n-ten Energiebandes. Mit den früher definierten, gemäß **2.23.**, (20) und (21) festgelegten Koeffizienten c_{2r}^{ν} hängen die Impulsfunktionen so zusammen:

$$c_{\nu+2r}^{(n)} = (-1)^n\, c_{2r-2l}^{\nu+2l} \tag{7}$$

mit

$$\text{(I)} \qquad 2l = n, \qquad\qquad 0 \leqq \nu < 1$$

$$\text{(II)} \qquad 2l = n+1, \qquad -1 \leqq \nu < 0$$

$$\text{(III)} \qquad 2l = -n, \qquad\quad -1 \leqq \nu < 0$$

$$\text{(IV)} \qquad 2l = -n-1, \qquad 0 \leqq \nu < 1.$$

Hieraus folgt

$$c_{\nu+2r}^{(n)} = (-1)^n\, c_{-\nu-2r}^{(n)}.$$

Die Tabelle zeigt die Zuordnung von $n, l, \nu' = \nu + 2l$ für die vier Fälle.

$\nu' =$	-4	-3	-2	-1	0	1	2	3	4
	$n=4$	$n=3$	$n=2$	$n=1$	$n=0$	$n=0$	$n=1$	$n=2$	$n=3$	$n=4$
	$\nu'=\nu-4$		$\nu'=\nu-2$		$\nu'=\nu$		$\nu'=\nu+2$		$\nu'=\nu+4$
	$l=-2$		$l=-1$		$l=0$		$l=1$		$l=2$
	III	IV	III	IV	III	I	II	I	II	I

Der Faktor $(-1)^n$ in (7) bewirkt, daß die $c_{\nu+2r}^{(n)}$ in Abhängigkeit vom unteren Index stetig sind. Aus der Entwicklung **2.67.**, (26) schließt man auf die Orthonormierung

$$\sum_{n=0}^{\infty} c_{\sigma}^{(n)}\, c_{\sigma+2r}^{(n)} = \begin{cases} 0 & \text{für} \quad r \neq 0, \\ 1 & \text{für} \quad r = 0. \end{cases}$$

Mit den WANNIERschen Funktionen

$$a^{(n)}(\xi) = \tfrac{1}{2}(-1)^n \int\limits_{-\infty}^{\infty} e^{i\nu\xi}\, c_{\nu}^{(n)}\, d\nu$$

aus **2.34.** gilt

$$\mathrm{me}_{\nu}^{(n)}\,\xi = \sum_{p=-\infty}^{\infty} a^{(n)}(\xi - p\pi)\, e^{i\nu p\pi}. \tag{8}$$

Diese von WANNIER [1] eingeführten Funktionen sind für starke Bindung nichts anderes als Eigenfunktionen des einzelnen Atoms; sie erlauben also über (8) die Eigenfunktionen der Metallelektronen aus Atomeigenfunktionen aufzubauen. Für fast freie Elektronen gilt dies zwar nicht mehr, immerhin überdecken die Funktionen auch hier nur wenige Atome. In diesen Eigenschaften liegt ihre Bedeutung für die Metalltheorie.

Wegen weiterer Einzelheiten, wegen der Übertragung dieser Überlegungen auf zwei- und dreidimensionale Gitter und bezüglich der Anwendung auf die Elektronentheorie der Metalle vgl. SLATER [1].

4.72. Das mathematische Pendel in der Quantenmechanik. Wenn auch die quantenmechanische Behandlung des makroskopischen ebenen mathematischen Pendels physikalisch nichts Neues gibt, so illustriert sie doch den Zusammenhang zwischen Quantenmechanik und klassischer Mechanik an einem der wichtigsten mechanischen Probleme, zum anderen bringt sie eine weitere anschauliche Realisierung der MATHIEUschen Differentialgleichung und der Eigenschaften ihrer Lösungen, vor allem für große Werte der Parameter.

Wir zählen hier den Winkel der Pendellage von der labilen Gleichgewichtslage aus und bezeichnen die Hälfte davon mit z. Für die stabile Gleichgewichtslage ist dann $z \equiv \pi/2 \,(\mathrm{mod}\,\pi)$. Sind m, l, g die Masse des Pendelkörpers, die Pendellänge und die Schwerebeschleunigung, so sind kinetische und potentielle Energie durch

$$E_{\mathrm{kin}} = 2m\,l^2\,\dot z^2, \qquad E_{\mathrm{pot}} = m\,g\,l\,\cos 2z$$

gegeben. Die Gesamtenergie ist $W = m\,g\,l\,\cos 2z_0$, wenn z_0 die Umkehrstelle der klassischen Pendelschwingung bedeutet. Ersetzt man $\dot z$ durch den zugeordneten Impuls $\partial E_{\mathrm{kin}}/\partial \dot z = p_z$, so wird $E_{\mathrm{kin}} = p_z^2/8m\,l^2$ und der Übergang zur Quantenmechanik durch die Ersetzung $p_z \to \dfrac{\hbar}{i}\,\dfrac{\partial}{\partial z}$ vollzogen. Dann entsteht für die Wellenfunktion u aus dem Energiesatz $E_{\mathrm{kin}} + E_{\mathrm{pot}} = W$ die SCHRÖDINGERsche Wellengleichung

$$\frac{d^2 u}{d z^2} + 2h^2(\cos 2z_0 - \cos 2z)\,u = 0$$

mit $h^2 = 4m^2\,l^3\,g/\hbar^2$. Dies ist die MATHIEUsche Differentialgleichung in ihrer Normalform mit $\lambda \equiv 2h^2 \cos 2z_0$. Aus physikalischen Gründen kommen nur jene Lösungen in Betracht, die vom Ort eindeutig abhängen, d.h. die in z die Periode π haben; das sind also die Lösungen $\mathrm{ce}_{2n}\,z$ und $\mathrm{se}_{2n+2}\,z$ mit $n = 0, 1, 2, \ldots$ und mit den zugehörigen Eigenwerten $2h^2 \cos 2z_0 = a_{2n}$ bzw. b_{2n+2}.

Für ein makroskopisches Pendel ist h^2 außerordentlich groß. Ist die Pendelbewegung eine eigentliche Schwingung mit reellem z_0 (zwischen 0 und $\pi/2$ ohne Beschränkung der Allgemeinheit), so gilt $-2h^2 < \lambda < 2h^2$. Im aperiodischen Fall ist $z_0 = 0$, also $\lambda = 2h^2$; bei umlaufender Bewegung ist z_0 rein imaginär und daher $\lambda > 2h^2$.

Nach der Wellenmechanik läßt sich die Wellenfunktion u näherungsweise als

$$u \sim w(z)\,e^{\pm i\,S(z)/\hbar} \tag{9}$$

darstellen, wenn $S(z)$ die Lösung der HAMILTON-JACOBIschen Differentialgleichung

$$\left(\frac{\partial S}{\partial z}\right)^2 = p_z^2 = 2\,\hbar^2 h^2 (\cos 2 z_0 - \cos 2 z) \tag{10}$$

und $|u|^2\, dz = |w(z)|^2\, dz$ proportional zur mittleren Aufenthaltsdauer auf einem Bereich dz der Bahn ist, so wie sie sich nach der klassischen Mechanik berechnet. (9) versagt dort, wo w'/w oder w''/w auf einer Strecke von der Größe der Materiewellenlänge nicht annähernd konstant sind. Das trifft beim vorliegenden Problem in den Umkehrpunkten der Bahn zu, sofern solche existieren. Aus der klassischen Bewegungsgleichung des Pendels folgt unmittelbar

$$w(z) = (\cos 2 z_0 - \cos 2 z)^{-\frac{1}{4}},$$

während nach (10)

$$S(z)/\hbar = h \int^z \sqrt{2}\,(\cos 2 z_0 - \cos 2\zeta)^{\frac{1}{2}}\, d\zeta.$$

Sind keine Umkehrpunkte vorhanden und daher $\lambda > 2 h^2$ (genauer $\lambda > 2 h^2 + M\,\lambda^{\frac{1}{3}}$ mit einer positiven konstanten M, vgl. LANGER [2]), so ergibt sich so die auch schon aus **2.351.** bekannte asymptotische Darstellung der Lösungen der MATHIEUschen Differentialgleichung. Auf die anderen Fälle gehen wir hier nicht ein, verweisen deswegen vielmehr auf CONDON [1] für die physikalische, auf LANGER [2] für die mathematische Seite des Problems.

4.73. Der gehemmte symmetrische Rotator. Wir betrachten ein starres Molekül mit ruhend gedachtem Schwerpunkt. Die Hauptträgheitsachsen durch den Schwerpunkt bilden ein mit dem Molekül fest verbundenes kartesisches Koordinatensystem x, y, z. Die Trägheitsmomente um die drei Achsen seien I_x, I_y, I_z und es sei speziell $I_x = I_y$. Führen wir zur Beschreibung der Lage des x, y, z-Systems gegen ein raumfestes kartesisches X, Y, Z-Koordinatensystem EULERsche Winkel Φ, Ψ, Θ ein, so ist die kinetische Energie des Rotators nach der klassischen Mechanik

$$E_{\mathrm{kin}} = \tfrac{1}{2} I_x (\dot\Theta^2 + \sin^2\Theta \cdot \dot\Psi^2) + \tfrac{1}{2} I_z (\dot\Phi + \cos\Theta \cdot \dot\Psi)^2, \tag{11}$$

oder wenn man die Impulse $p_\Theta = \partial E_{\mathrm{kin}}/\partial\Theta$ usw. einführt

$$E_{\mathrm{kin}} = \frac{1}{2 I_x}\, p_\Theta^2 + \frac{1}{2 I_z}\, p_\Phi^2 + \frac{1}{2 I_x \sin^2\Theta}\,(p_\Psi - \cos\Theta \cdot p_\Phi)^2.$$

Die SCHRÖDINGERsche Wellengleichung des Rotators ergibt sich nun, indem man unter Annahme einer potentiellen Energie $E_{\mathrm{pot}}(\Theta, \Phi, \Psi)$ den Energiesatz $E_{\mathrm{kin}} + E_{\mathrm{pot}} = W$, $W = $ Energiekonstante, anschreibt, die Impulse durch Impulsoperatoren ersetzt und von rechts mit einer

Wellenfunktion $U(\Theta, \Phi, \Psi)$ multipliziert, und zwar ist nach den Regeln der Quantenmechanik, auf das vorliegende Problem angewandt, zu setzen

$$\left. \begin{aligned} &p_\Phi \to \frac{\hbar}{i}\frac{\partial}{\partial\Phi}\,, \qquad p_\Psi \to \frac{\hbar}{i}\frac{\partial}{\partial\Psi}\,, \\[2mm] &p_\Theta^2 = \frac{1}{\sin\Theta}\cdot p_\Theta \sin\Theta \cdot p_\Theta \to \frac{1}{\sin\Theta}\frac{\hbar}{i}\frac{\partial}{\partial\Theta}\left[\sin\Theta\,\frac{\hbar}{i}\frac{\partial}{\partial\Theta}\right]; \end{aligned} \right\} \tag{12}$$

$\hbar$ ist wieder das durch 2π dividierte PLANCKsche Wirkungsquantum. So entsteht die SCHRÖDINGERsche Wellengleichung, in der wir noch u für $\cos\Theta$ schreiben:

$$\left. \begin{aligned} (1-u^2)\frac{\partial^2 U}{\partial u^2} - 2u\frac{\partial U}{\partial u} &+ \frac{1}{1-u^2}\left(\frac{\partial}{\partial\Psi} - u\frac{\partial}{\partial\Phi}\right)^2 U + \frac{I_x}{I_z}\frac{\partial^2 U}{\partial\Phi^2} + \\[2mm] &+ \frac{2I_x}{\hbar^2}\left(W - E_{\mathrm{pot}}(\Theta,\Phi,\Psi)\right)U = 0. \end{aligned} \right\} \tag{13}$$

Ihre Energieeigenwerte sind jene, für die eine eindeutige und überall endliche Lösung U existiert.

Wir beschränken uns nun auf lineare Moleküle mit $I_z = 0$. Die potentielle Energie ist dann aus Symmetriegründen von Φ unabhängig, die kinetische Energie (11) enthält nunmehr nur die Winkelgeschwindigkeiten $\dot\Theta, \dot\Psi$, in der SCHRÖDINGER-Gleichung fallen alle Glieder mit $\partial/\partial\Phi$ weg und die Wellenfunktion U ist ebenfalls von Φ unabhängig. Physikalisch bedeutet dies, daß im Falle $I_z = 0$ zur Anregung der Rotation um die z-Achse, der eine von Φ abhängige Wellenfunktion U entsprechen würde, eine unendlich große Energie erforderlich wäre. Die SCHRÖDINGER-Gleichung (13) reduziert sich dann auf

$$(1-u^2)\frac{\partial^2 U}{\partial u^2} - 2u\frac{\partial U}{\partial u} + \frac{1}{1-u^2}\frac{\partial^2 U}{\partial\Psi^2} + \frac{2I_x}{\hbar^2}\left(W - E_{\mathrm{pot}}(\Theta,\Psi)\right)U = 0.$$

Ist E_{pot} auch noch von Ψ unabhängig, so lassen sich die Eigenfunktionen $U(u,\Psi)$ dieser Gleichung separieren, die Ψ-Abhängigkeit ist durch einen Faktor $e^{im\Psi}$ $\left(m = \text{ganz wegen der Eindeutigkeit von } U(u,\Psi) = U(u,\Psi+2\pi)\right)$ gegeben und für U resultiert die Differentialgleichung

$$(1-u^2)\frac{d^2 U}{du^2} - 2u\frac{dU}{du} + \left[-\frac{m^2}{1-u^2} + \frac{2I_x}{\hbar^2}W - \frac{2I_x}{\hbar^2}E_{\mathrm{pot}}(\Theta)\right]U = 0. \tag{14}$$

Ist speziell

$$E_{\mathrm{pot}}(\Theta) = \tfrac{1}{2}V_0(1 - \cos 2\Theta) = V_0(1 - u^2), \qquad V_0 > 0, \tag{15}$$

so ist (14) die Differentialgleichung der Sphäroidfunktionen mit

$$\lambda = \frac{2I_x}{\hbar^2}W, \qquad -\gamma^2 = \frac{2I_x}{\hbar^2}V_0.$$

Eine physikalische Realisierung dieses Problems ist etwa ein aus gleichartigen Molekülen aufgebauter Kristall, in dem die Kräfte zwischen den Atomen im einzelnen Molekül die Kräfte zwischen den Atomen verschiedener Moleküle stark überwiegen; der Kristall läßt sich dann in erster Näherung als eine Ansammlung von starren Molekülen auffassen, die vermöge der schwachen zwischenmolekularen Kräfte eine regelmäßige räumliche Ordnung einnehmen. Die Drehbewegung des einzelnen Moleküls ist ebenso wie seine Translationsbewegung, von der wir aber hier absehen wollen, durch das Vorhandensein der Nachbarmoleküle behindert. Bei unserem Ansatz (15) hängt die potentielle Energie des Moleküls gegenüber seiner Umgebung nur von Winkel Θ der Molekülachse gegen eine gewisse im Kristall festliegenden Richtung ab; sie besitzt zwei gleichtiefe Minima, zwischen denen eine Potentialschwelle der Höhe V_0 liegt.

Die Eigenwerte der Energie lassen sich für den Ansatz (15) sofort aus den Eigenwertkarten Abb. 13—17 ablesen. Für

$$-\gamma^2 = \frac{2 I_x}{\hbar^2} V_0 \ll 1 \quad \text{ist} \quad \frac{2 I_x}{\hbar^2} W \approx n(n+1) \qquad (n = |m|, |m|+1, \ldots)$$

[vgl. **3.24.**, (10)]; für große positive $-\gamma^2$ ist nach **3.252.**, Satz 12

$$\frac{2 I_x}{\hbar^2} W \approx 2q \left(\frac{2 I_x V_0}{\hbar^2} \right)^{\frac{1}{2}} + \frac{1}{2} (m^2 - 1 - q^2)$$

mit $q = n+1$ für $n - m = $ gerade, $q = n$ für $n - m = $ ungerade. Im ersten Fall sind die Eigenwerte annähernd die des freien symmetrischen Rotators, im zweiten Fall die des harmonischen Oszillators.

Eine ausführliche Diskussion dieser Verhältnisse und eineAnwendung auf kristallisierten Wasserstoff hat unter gewissen Vereinfachungen PAULING [1] gegeben; vgl. auch STERN [1].

4.74. Gehemmte innere Rotationen von Molekülen. Wir betrachten nun ein freies Molekül aus zwei starren Atomgruppen, die gegeneinander um eine Achse rotieren können, auf der auch der Schwerpunkt S des ganzen Moleküls liege. Ein Beispiel hierfür ist das C_2H_6-Molekül mit den beiden CH_3-Gruppen.

Die Rotationsachse sei als z-Achse gewählt; x_1, y_1, z und x_2, y_2, z seien zwei kartesische Koordinatensysteme vom Schwerpunkt aus, die in je einer der Atomgruppen festliegen. Die Trägheitsellipsoide der einzelnen Atomgruppen 1 und 2 bezüglich S seien rotationssymmetrisch um die z-Achse, die Trägheitsmomente $I_{x_1} = I_{y_1}, I_{z_1}$ und $I_{x_2} = I_{y_2}, I_{z_2}$. Zur Beschreibung der Moleküllage führen wir EULERsche Winkel Θ, Ψ, Φ_1 und Θ, Ψ, Φ_2 ein. Θ, Ψ geben die Richtung der Molekülachse, Φ_1 und Φ_2 die Drehwinkel der beiden Atomgruppen um die Molekülachse an. Die gesamte kinetische Energie setzt sich dann aus zwei Ausdrücken der Gestalt **4.73.**, (11) zusammen:

$$E_{\mathrm{kin}} = \tfrac{1}{2} I_x (\dot\Theta^2 + \sin^2\Theta \cdot \dot\Psi^2) + \tfrac{1}{2} I_{z_1} (\dot\Phi_1 + \cos\Theta \cdot \dot\Psi)^2 + \tfrac{1}{2} I_{z_2} (\dot\Phi_2 + \cos\Theta \cdot \dot\Psi)^2.$$

Hierin ist $I_x = I_{x_1} + I_{x_2}$. Statt der Winkel Φ_1 und Φ_2 führen wir nun zwei neue Winkel Φ und Φ' ein gemäß

$$\Phi = \frac{I_{z_1}}{I_z}\Phi_1 + \frac{I_{z_2}}{I_z}\Phi_2 \qquad (I_z = I_{z_1} + I_{z_2}), \qquad \Phi' = \Phi_2 - \Phi_1. \qquad (16)$$

Φ' gibt also die relative Lage der einen Atomgruppe gegen die andere an. Dann wird

$$E_{\mathrm{kin}} = \tfrac{1}{2} I_z (\dot\Phi + \cos\Theta \cdot \dot\Psi)^2 + \tfrac{1}{2} I_x (\dot\Theta^2 + \sin^2\Theta \cdot \dot\Psi^2) + \tfrac{1}{2} I' \dot\Phi'^2. \qquad (17)$$

Führt man wieder statt der Winkelgeschwindigkeiten die Impulse ein und ersetzt diese ihrerseits gemäß (12) durch die quantenmechanischen Impulsoperatoren, so entsteht mit der potentiellen Energie $E_{\mathrm{pot}}(\Theta, \Psi, \Phi, \Phi')$ die Schrödingersche Wellengleichung

$$\left\{ \frac{\partial}{\partial u}(1-u^2)\frac{\partial}{\partial u} + \frac{I_x}{I_z}\frac{\partial^2}{\partial\Phi^2} + \frac{I_x}{I'}\frac{\partial^2}{\partial\Phi'^2} + \frac{1}{1-u^2}\left(\frac{\partial}{\partial\Psi} - u\frac{\partial}{\partial\Phi}\right)^2 + \right.$$
$$\left. + \frac{2 I_x}{\hbar^2}(W - E_{\mathrm{pot}})\right\} U = 0. \qquad (18)$$

Darin haben wir gesetzt

$$\cos\Theta = u, \qquad \frac{I_{z_1} I_{z_2}}{I_z} = I'.$$

Da das Molekül als frei, d.h. ohne Einwirkung äußerer Kräfte vorausgesetzt war, so kann die potentielle Energie nur von der inneren Koordinate Φ' abhängen. Die Differentialgleichung (18) läßt sich daher separieren und es folgt, wie eine einfache Rechnung zeigt,

$$U = e^{i(n\Phi + m\Psi)} X(u)\, Y(\Phi'), \qquad (19)$$

worin X und Y den beiden gewöhnlichen Differentialgleichungen

$$\frac{d}{du}\left[(1-u^2)\frac{dX}{du}\right] + \left[-\frac{(m-nu)^2}{1-u^2} + j(j+1) - n^2\right] X = 0, \qquad (20)$$

$$\frac{I_x}{I'}\frac{\partial^2 Y}{\partial\Phi'^2} + \left[\frac{2 I_x}{\hbar^2}(W - E_{\mathrm{pot}}) - \frac{I_x}{I_z} n^2 + n^2 - j(j+1)\right] Y = 0 \qquad (21)$$

genügen. $j(j+1)$ ist der Separationsparameter.

Die Eigenfunktion U muß eindeutig sein; sie reproduziert sich also, wenn man Ψ durch $\Psi + 2\pi$ und ebenso wenn man gleichzeitig Φ_1, Φ_2 durch $\Phi_1 + 2\pi$, $\Phi_2 + 2\pi$ und damit Φ durch $\Phi + 2\pi$, Φ' durch sich selbst ersetzt. Das bedeutet aber, daß n und m ganz sind. Damit weiter die Eigenfunktion U in $u = \pm 1$ (d.h. in $\Theta = 0$ und $\Theta = \pi$) endlich bleibt, muß j ganz sein; es genügt, da in (19) und (20) nur $j(j+1)$ auftritt, sich auf $j = 0, 1, 2, \ldots$ zu beschränken. Dann wird

$$X = (1-u)^{|m-n|/2}\,(1+u)^{|m+n|/2}\;{}_2F_1\!\left(\frac{|m+n|}{2} + \frac{|m-n|}{2} + j + 1,\right.$$

$$\left.\frac{|m+n|}{2} + \frac{|m-n|}{2} - j;\; |m-n| + 1;\; \frac{1-u}{2}\right).$$

Die hypergeometrische Funktion ${}_2F_1$ ist somit ein Polynom in u.

Die Diskussion der Differentialgleichung (21) erfordert zusätzliche Voraussetzungen über die potentielle Energie. Beschränken wir uns auf Moleküle vom Typ C_2H_6, so hängt sie von Φ' in solcher Weise ab, daß sie sich nach Drehung der einen CH_3-Gruppe gegen die andere um $120° = 2\pi/3$ reproduziert, d.h. nach diesem Drehwinkel die CH_3-Gruppe mit sich selbst zur Deckung kommt. Wir setzen noch spezieller voraus, daß sie durch einen Ansatz

$$E_{\text{pot}} = \tfrac{1}{2}V_0(1 - \cos 3\Phi')$$

gegeben ist. Dann ist aber (21) eine MATHIEUsche Differentialgleichung, welche durch die Substitution

$$\Phi' = \frac{2}{3}z,\quad \frac{4}{9}\left[\frac{2I'}{\hbar^2}\left(W - \frac{1}{2}V_0\right) - \frac{I'}{I_z}n^2 + \left(n^2 - j(j+1)\right)\frac{I'}{I_x}\right] = \lambda,$$

$$-\frac{4}{9}\cdot\frac{2I'}{\hbar^2}\cdot\frac{1}{2}V_0 = 2h^2$$

in die Normalform übergeführt wird. h^2 ist eine für das Molekül charakteristische Konstante, in welche I' und die Höhe V_0 der Potentialschwelle zwischen zwei Minima der potentiellen Energie eingehen.

Die zulässigen Werte von λ bestimmen sich nun daraus, daß die gesamte Eigenfunktion U auch bei Ersetzung von Φ_1 durch $\Phi_1 + 2\pi k$, von Φ_2 durch $\Phi_2 + 2\pi l$ mit beliebigen ganzen k und l ungeändert bleiben muß. Dies bedeutet aber nach (16) Ersetzung von Φ durch $\Phi + 2\pi(kI_{z_1} + lI_{z_2})/I_z$, von Φ' durch $\Phi' + 2\pi(l-k)$. Es muß also nach (19) sein

$$e^{2\pi i n(kI_{z_1}+lI_{z_2})/I_z}\,Y\!\left(\Phi' + 2\pi(l-k)\right) = Y(\Phi')$$

oder, wenn wir die gesuchte Lösung von (21) zunächst einfach mit me z bezeichnen,

$$\text{me}\left(z + (l-k)\,3\pi\right) = e^{2\pi i n(kI_{z_1}+lI_{z_2})/I_z}\cdot\text{me }z$$

$$= e^{2\pi i n(l-k)I_{z_2}/I_z}\cdot\text{me }z.$$

Die Eigenfunktionen von (21) sind also nach **2.23.**, Satz 9* MATHIEUsche Funktionen mit dem charakteristischen Exponenten $\nu \equiv 2n I_{z_2}/(3 I_z) \pmod{\frac{2}{3}}$. Bei Gleichheit von I_{z_1} und I_{z_2}, wie sie bei C_2H_6 vorliegt, ist daher

$$\mathrm{me}\,(z + 3\,\pi) = (-1)^n \,\mathrm{me}\,z \quad\text{und}\quad \nu \equiv \frac{n}{3}\left(\mathrm{mod}\,\frac{2}{3}\right).$$

Für gerade n ergeben sich so die Werte $3\nu = 2s$, für ungerade n die Werte $3\nu = 2s + 1$ $(s = 0, 1, 2, \ldots)$.

Die Eigenwerte der Energie des symmetrischen Rotators mit innerer Rotation sind daher nach (21) für $I_{z_1} = I_{z_1}$

$$W_\nu(n, j, s) = \frac{1}{2}V_0 + \frac{\hbar^2}{2I_z}n^2\left(1 - \frac{I_z}{I_x}\right) + \frac{\hbar^2}{2I'}j(j+1) + \frac{9\hbar^2}{8I'}\lambda(s, n),$$

wobei in der Bezeichnung von **2.22.**

$$\lambda(s, n) = \begin{cases} \lambda_{2s/3} & (h^2) & \text{für gerade } n, \\ \lambda_{(2s+1)/3} & (h^2) & \text{für ungerade } n. \end{cases}$$

Die Theorie dieses Problems geht auf NIELSEN [1] und TELLER und WEIGERT [1] zurück und hat verschiedene Verallgemeinerungen erfahren; vgl. CRAWFORD [1], GLOCKLER [1], PITZER [1], E. B. WILSON [1] u. a.

Literaturverzeichnis.

ABRAHAM, M.: [1]: Die elektrischen Schwingungen um einen stabförmigen Leiter, behandelt nach der MAXWELLschen Theorie. Ann. Phys. **66**, 435—472 (1898). [2]: Über einige bei Schwingungsproblemen auftretende Differentialgleichungen. Math. Ann. **52**, 81—112 (1899).

ABRAMOWITZ, M.: [1]: Asymptotic expansions of spheroidal wave functions. J. Math. Phys. **28**, 195—199 (1949).

ANDREJEWSKI, W.: [1]: Strenge Theorie der Beugung ebener elektromagnetischer Wellen an der vollkommen leitenden Kreisscheibe und an der kreisförmigen Öffnung im vollkommen leitenden ebenen Schirm. Numerische Ergebnisse. Naturwiss. **38**, 406—407 (1951). [2]: Die Beugung elektromagnetischer Wellen an der leitenden Kreisscheibe und an der kreisförmigen Öffnung im leitenden ebenen Schirm. Diss. Aachen 1952. [3]: Die Beugung elektromagnetischer Wellen an der leitenden Kreisscheibe und an der kreisförmigen Öffnung im leitenden ebenen Schirm. Z. angew. Phys. **5**, 178—186 (1953).

ARAKAWA, H.: [1]: LOVE waves in elliptic cylindrical coordinates. Proc. Phys.-Math. Soc. Japan, III. s. **15**, 73—85 (1933).

ASCOLI, G.: [1]: Sopra un estensione dell' equasione di WHITTAKER per le funsione di MATHIEU. Ist. Lombardo Sci. Lett. R. Accad. Sci. Mat. Nat (3) **10 (79)**, 155—160 (1946).

AWATANI, J.: [1]: On the acoustic radiation pressure on a circular disc. Mem. Inst. Sci. Industr. Res. Osaka Univ. **9**, 24—36 (1952).

BABER, W. G., and H. R. HASSÉ: [1]: The two centre problem in wave mechanics. Proc. Cambr. Phil. Soc. **31**, 564—581 (1935).

BACKHAUS, H.: [1]: Das Schallfeld der kreisförmigen Kolbenmembran. Ann. Phys. **5**, 1—35 (1930).

BANACH, S.: [1]: Opérations linéaires. Warszawa 1932.

BARANOV, V.: [1]: Contribution á l'étude des fonctions de MATHIEU normées. Thèse Doct. Sci. math. Paris 1941.

BARROW, W. L.: [1]: Frequency modulation and the effects of a periodic capacity variation in a nondissipative oscillatory circuit. Proc. Inst. Radio Engrs., N. Y. **21**, 1182—1202 (1933). [2]: On the oscillations of a circuit having a periodically varying capacitance. Proc. Inst. Radio Engrs., N.Y. **22**, 201 (1934).

BARROW, W. L., D. B. SMITH and F. W. BAUMANN: [1]: Oscillatory circuits having periodically varying parameters. J. Frankl. Inst. **221**, 403 und 509 (1936).

BETHE, H. A.: [1]: A method for treating large perturbations. Phys. Rev. **54**, 955—967 (1938).

BICKLEY, W. G.: [1]: Notes on MATHIEU functions. 1. A class of hyperbolic MATHIEU functions. Phil. Mag. **30**, 312—322 (1940). [2]: The tabulation of MATHIEU functions. Math. Tables and other Aids to Computation **1**, 409—419 (1945).

BICKLEY, W. G., and N. W. MCLACHLAN: [1]: MATHIEU functions of integral order and their tabulation. Math. Tables and other aids to Computation **2**, 1—11 (1946).

BLANCH, G.: [1]: On the computation of MATHIEU functions. J. Math. Phys. **25**, 1—20 (1946). [2] Siehe *Tables* [3].

Bock, Ph.: [1]: Inaug.-Diss. Prag 1932.

Bödewadt, U. T.: [1]: Schwingungen bei periodisch veränderlichem Ohmschen Widerstand. Z. angew. Math. Mech. 19, 146—153 (1939).

Borg, G.: [1]: Stability of a certain class of linear differential equations. Ark. Math., Astr. Fysik 31, 1 (1944).

Bouwkamp, C. J.: [1]: Theoretische en numerieke behandeling van de buiging door een ronde opening. Diss. Groningen. Groningen-Batavia 1941. [2]: A note on singularities occurring at sharp edges in electromagnetic diffraction theory. Physica 12, 467—474 (1946). [3]: On spheroidal wave functions of order zero. J. Math. Phys. 26, 79—92 (1947). [4]: A note on Mathieu functions. Proc., Kon. Nederl. Akad. Wetensch. 51, 891—893 (1948). [5]: On the characteristic values of spheroidal wave functions. Philips Res. Rep. 5, 87—90 (1950). [6]: On the freely vibrating circular disk and the diffraction by circular disks and apertures. Physica 16, 1—16 (1950). [7]: On the diffraction of electromagnetic waves by small circular disks and holes. Philips Res. Rep. 5, 401—422 (1950). [8]: On the theory of spheroidal wave functions of order zero. Proc., Kon. Nederl. Akad. Wetensch. 53, 931—944 (1950). Indagationes Math. 12, Fasc 3 (1950). [9]: Diffraction Theory. Rep. Progr. Physics 17, 35—100 (1954).

Brainerd, J. G.: [1]: Note on modulation. Proc. Inst. Radio Engrs., N.Y. 28, 136—139 (1940).

Brainerd, J. G., and C. N. Weygandt: [1]: Solutions of Mathieu's equations. Phil. Mag. 30, 458—477 (1940). [2]: Stability of oscillations in systems obeying Mathieu's equation. J. Frank. Inst. 233, 134—142 (1942).

Braunbek, W.: [1]: Der symmetrische Kreisel mit zeitlich periodischem Richtmoment. Z. angew. Math. Mech. 33, 174—188 (1953).

Breitenhuber, L.: [1]: Über einige streng integrierbare Fälle elektromagnetischer Koppelschwingungen zweier Hohlraumresonatoren. Acta physica Austriaca 5, 45—68 (1951).

Bremekamp, H.: [1]: Over de periodieke oplossingen der vergelijking van Mathieu. Nieuw Arch. Wiskde. 15, 138—146 (1925). [2]: On the solution of Mathieu's equation. Nieuw Arch. Wiskde. 15, 292—301 (1927).

Brillouin, M.: [1]: Théorie d'un alternateur auto-éxcitateur. L'éclairage électrique 11, 49—59 (1897). [2]: Propagation de l'électricité, S. 326ff. Paris 1904.

Brillouin, L.: [1]: Les électrons libres dans les métaux et le rôle des réflexions de Bragg. J. de Physique et le Radium VII, 1, 377—400 (1930). [2]: A practical method for solving Hill's equation. Quart. Appl. Math. 6, 167—178 (1948). [3]: Die Quantenstatistik und ihre Anwendung auf die Elektronentheorie der Metalle. Berlin: 1931.

Bruns, H.: [1]: Über eine Differentialgleichung der Störungstheorie. Astr. Nachr. 106, 194—203 (1883).

Burgess, A. G.: [1]: Determinants connected with the periodic solutions of Mathieu equations. Proc. Edinburgh Math. Soc. 33, 122—138 (1915).

Butts, W. H.: [1]: The elliptic cylinder function of class K. Amer. J. Math. 30, 129—155 (1908).

Byuler, G. A.: [1]: On the integral representation of Mathieu functions. Bull. Math. Mech. Inst. Univ. Tomsk 3, 191—197 (1946).

Campbell, G. A.: [1]: Physical theory of the electric wave filter. Bell Syst. Tech. J. 1, 1 (1922).

Campbell, M. R.: [1]: Sur les solutions de période $2s\pi$ de l'équation de Mathieu associée. C. R. Acad. Sci., Paris 223, 123—125 (1946). [2]: Sur une géneralisation des fonctions de Mathieu normées. C. R. Acad. Sci., Paris 222, 269—271

(1946). [3]: Recherches d'équations integrales et de la valeur asymptote des fonctions de Mathieu associées. C. R. Acad. Sci., Paris 222, 1069—1071 (1946). [4]: Comportement asymptotique des fonctions de Mathieu associées pour des paramètres infiniment grands. C. R. Acad. Sci., Paris 225, 371—373 (1947). [5]: Sur une forme des fonctions de Mathieu (et de Mathieu associées) de periode $2s\,\pi$. C. R. Acad. Sci., Paris 224, 1322—1324 (1947). [6]: Sur les développements en séries de Bessel des fonctions de Mathieu associées de periode $2s\,\pi$. C. R. Acad. Sci., Paris 226, 300—302 (1948). [7]: Sur une catégorie remarquable de solutions de l'équation de Mathieu associée. C. R. Acad. Sci., Paris 226, 2114—2116 (1948). [8]: Sur une expression remarquable des solutions de periode $2K\pi$ de l'équation de Mathieu associée. Bull. Soc. Math. France 77, 1—9 (1949). [9]: Contribution a l'étude des solutions de l'équation de Mathieu associée. Bull. Soc. Math. France 78, 185—218 (1950). [10]: Sur quelques équations de la physique mathématique. Bull. Sci. math. II 74, 145—153 (1950). [11]: Équations intégrales des fonctions de Mathieu associées et applications. Bull. Soc. Math. France 78, 219—233 (1950). [12]: Sur un cas de confluence des fonctions de Mathieu associées. C. R. Acad. Sci., Paris 234, 695—697 (1952).

Carson, J. R.: [1]: Notes on the theory of modulation. Proc. Inst. Radio Engrs., N.Y. 10, 57—64 (1922).

Chakravarty, S. K.: [1]: Quantisation under two centres of force. I. The hydrogen molecular ion. Phil. Mag. 28, 423—434 (1939).

Cherry, T. M.: [1]: Uniform asymptotic formulae for functions with transition points. Trans. Amer. Math. Soc. 68, 224—257 (1950).

Chu, L. J.: [1]: Electromagnetic waves in elliptic hollow pipes of metal. J. Appl. Phys. 9, 583—591 (1938).

Chu, L. J., and J. A. Stratton: [1]: Elliptic and spheroidal wave functions. J. Math. Phys. 20, 259—309 (1941). [2]: Steady-state solutions of electromagnetic field problems. III. Forced oscillations of a prolate spheroid. J. Appl. Phys. 12, 241—248 (1941).

Condon, E. U.: [1]: The physical pendulum in quantum mechanics. Phys. Rev. 31, 891—894 (1928).

Copson, E. T.: [1]: An integral equation method of solving plane diffraction problems. Proc. Roy. Soc. Lond. 186, 100—118 (1946).

Courant, E. D., M. S. Livingston and H. S. Snyder: [1]: The strong focusing synchroton. — A new high energy accelerator. Phys. Rev. 88, 1190—1196 (1952).

Crawford jr., B. L.: [1]: The partition functions and energy levels of molecules with internal torsional motions. J. Chem. Phys. 8, 273—281 (1940).

Cunningham, W. J.: [1]: The growth of subharmonic oscillations. J. Acoust. Soc. Amer. 23, 418—422 (1951).

Curtis, M. F.: [1]: The existence of the functions of the elliptic cylinder. Ann. of Math. 20, 23—34 (1918/19).

Dannacher, S.: [1]: Zur Theorie der Funktionen des elliptischen Zylinders. Inaug.-Diss. Zürich 1906.

Davies, T. V.: [1]: An investigation of the flow of a viscous fluid past a flat plate, using elliptic coordinates. Phil. Mag. 31, 283 (1941).

Dhar, S. C.: [1]: On the solutions of Mathieu's equations of the second kind. Tôhoku Math. J. 19, 175—182 (1921). [2]: Convergence of second solutions of Mathieu's equations. Bull. Calcutta Math. Soc. 10 (1921). [3]: Integral equations for elliptic cylinder functions. J. Dept. Sci. Calcutta Univ. 3, 251 (1922). [4]: On elliptic cylinder functions of the second kind. Amer. J. Math.

45, 208—221 (1923). [5]: On certain integral equations and the expansion of the elliptic cylinder functions in BESSEL's harmonics. Tôhoku Math. J. **24**, 40—47 (1924). [6]: On certain expansions of elliptic cylinder functions. J. Indian Math. Soc. **16**, 227—240 (1926). [7]: On certain integral equations of the second kind and the construction of MATHIEU functions. Bull. Calcutta Math. Soc. **18**, 111 (1927). [8]: MATHIEU functions. Calcutta: Univ. Press 1928. [9]: On the expansion of MATHIEU functions in a series of BESSEL-functions. Phil. Mag., VII. s. **17**, 1031—1038 (1934).

DIESSELHORST, H.: [1]: Über zitternde Bewegungen. Ann. Phys. (5) **32**, 205—210 (1938).

DÖRR, J.: [1]: Zwei Integralgleichungen erster Art, die sich mit Hilfe MATHIEU-scher Funktionen lösen lassen. Z. angew. Math. Phys. **3**, 427—439 (1952).

DOUGALL, J.: [1]: The solution of MATHIEU's differential equation. Proc. Edinburgh Math. Soc. **34**, 176—196 (1916). [2]: On the solutions of MATHIEU's differential equation and their asymptotic expansions. Proc. Edinburgh Math. Soc. **41**, 26—48 (1923). [3]: The solutions of MATHIEU's differential equation: Representation by contour integrals and asymptotic expansions. Proc. Edinburgh Math. Soc. **44**, 57—71 (1926).

DUFFAHEL, M. DE: [1]: Some hyperspace harmonic analysis, problems introducing extensions of MATHIEU's equations. Bull. Calcutta Math. Soc. **27**, 201—206 (1935).

DUSL, K.: [1]: Sur la construction des fonctions de MATHIEU avec l'aide de l'équation différentielle de LAMÉ. Acad. Tchèque Sci., Bull. Int. **33**, 32—36 (1932).

EBERLEIN, W. F.: [1]: Characteristic values of spheroidal wave functions. Phys. Rev. **74**, 190—191 (1948).

ERDÉLYI, A.: [1]: Über die kleinen Schwingungen eines Pendels mit oszillierendem Aufhängepunkt. Z. angew. Math. Mech. **14**, 235—247 (1934); **16**, 171—182 (1936). [2]: Über die freien Schwingungen in Kondensatorkreisen mit periodisch veränderlicher Kapazität. Ann. Phys. **19**, 585—622 (1934). [3]: Über die freien Schwingungen in Schwingungskreisen mit periodisch veränderlicher Selbstinduktivität. Hochfrequenztechn. **46**, 73—77 (1935). [4]: Über die rechnerische Ermittlung von Schwingungsvorgängen in Kreisen mit periodisch schwankenden Parametern. Arch. Elektrotechn. **29**, 473—489 (1935). [5]: Über die Integration der MATHIEUschen Differentialgleichung durch LAPLACEsche Integrale. Math. Z. **41**, 653—664 (1936). [6]: Bemerkungen zur Integration der MATHIEUschen Differentialgleichung durch LAPLACEsche Integrale. Compositio Math. **5**, 435—446 (1938). [7]: On certain expansions of the solutions of MATHIEU's differential equation. Proc. Cambr. Phil. Soc. **38**, 28—33 (1942).

FABER, G.: Beweis, daß unter allen homogenen Membranen von gleicher Fläche und gleicher Spannung die kreisförmige den tiefsten Grundton gibt. S. Ber. Bayr. Akad. Wiss. 4 S. (1923).

FEENBERG, E., and K. C. HAMMACK: [1]: A note on RAINWATER's spheroidal nuclear model. Phys. Rev. **81**, 285 (1951).

FISHER, E.: [1]: Some differential equations involving three-term recursion formulas. Phil. Mag. **24**, 245—256 (1937).

FLAMMER, C.: [1]: Prolate spheroidal wave functions. Stanford Research Institute Technical Report No. 16. 1952. [2]: The vector wave function solution of the diffraction of electromagnetic waves by circular disks and apertures. I. Oblate spheroidal vector wave functions. J. Appl. Phys. **24**, 1218—1223 (1953). [3]: II. The diffraction problems. J. Appl. Phys. **24**, 1224—1231 (1953).

FLETCHER, A. F., J. C. P. MILLER and L. ROSENHEAD: [1]: An index of mathematical tables. New York 1946.

FLOQUET, G.: [1]: Sur les équations différentielles linéaires à coefficients périodiques. Ann. École norm. sup. **12**, 47 (1883).

FREEHAFER, J. E.: [1]: The acoustical impedance of an infinite hyperbolic horn. J. Acoust. Soc. Amer. **11**, 467—476 (1940).

FRITZE, U.: [1]: Die strenge Berechnung des Schallfeldes der frei schwingenden Kolbenmembran in Membrannähe und Vergleich mit den Ergebnissen der KIRCHHOFFschen Näherungsrechnung. Diss. Aachen 1948.

FUCHS, F.: [1]: Beiträge zur Theorie der elektrischen Schwingungen eines leitenden Rotationsellipsoides. Diss. München 1906.

GEPPERT, H., und H. L. SCHMID: [1]: Konfokale Ellipsoidschalen als elektromagnetischer Hohlraumresonator. Ber. Z.W.B. 1944.

GLOCKLER, G.: [1]: The RAMAN effect. Rev. Mod. Phys. **15**, 111—173 (1943).

GOLDSTEIN, S.: [1]: MATHIEU functions. Trans. Cambr. Phil. Soc. **23**, 303—336 (1927). [2]: A note on certain approximate solutions of linear differential equations of second order, with application to the MATHIEU equation. Proc. Lond. Math. Soc. **28**, 81—90 (1928). [3]: The free oscillations of water in a canal of elliptic plan. Proc. Lond. Math. Soc. **28**, 91—101 (1928). [4]: The second solution of MATHIEU's differential equation. Proc. Cambr. Phil. Soc. **24**, 223—230 (1928). [5]: On the asymptotic expansion of the characteristic numbers of the MATHIEU equation. Proc. Roy. Soc. Edinburgh **49**, 210—233 (1929).

GRANGER, S., and R. D. SPENCE: [1]: Energy levels of a spheroidal nuclear well. Phys. Rev. **83**, 460—461 (1951).

GRAY, H. J., R. MERWIN and J. G. BRAINERD: [1]: Solution of the MATHIEU equation. Amer. Inst. Elect. Engrs. **67**, 429—441 (1948).

GREENHILL, G.: [1]: Problem der Gleichgewichtslagen eines Pendels, dessen Aufhängepunkt in Erschütterungen versetzt wird. Rep. a. Mem. **1915**, No. 238.

GUTIN, L.: [1]: Über das Schallfeld der Kolbenstrahler. Techn. Phys. USSR. **4**, 404—413 (1937).

HAACKE, W.: [1]: Untersuchungen über die Stabilisierung eines Doppelpendels mit periodisch erschüttertem Aufhängepunkt. Z. angew. Math. Mech. **30**, 233—234 (1950). [2]: Die stabilen Lagen eines n-fachen ebenen Pendels mit vertikal periodisch erschüttertem Aufhängepunkt. Z. angew. Math. Mech. **31**, 259—260 (1951). [3]: Bemerkungen zur Stabilisierung eines physikalischen Pendels. I. Z. angew. Math. Mech. **31**, 161—169 (1951). [4]: Bemerkungen zur Stabilität eines physikalischen Pendels. Zweite Mitteilung. Z. angew. Math. Mech. **31**, 333—338 (1951). [5]: Über die freien Schwingungen in n-fachen Netzwerken mit pulsierenden Parametern. Arch. elektr. Übertr. **6**, 114—119 (1952). [6]: Ein Stabilitätskriterium für Schwingungen in n-fachen Netzen mit pulsierenden Parametern. Arch. elektr. Übertr. **6**, 515—519 (1952). [7]: Eine Bemerkung zur Theorie der Stabilität erzwungener Schwingungen elastischer Körper von Herrn METTLER. Z. angew. Math. Mech. **32**, 1—2 (1952). [8]: Über die Stabilität eines Systems von gewöhnlichen linearen Differentialgleichungen zweiter Ordnung mit periodischen Koeffizienten, die von Parametern abhängen. I. Math. Z. **56**, 65—79 (1952). [9]: Über die Stabilität eines Systems von gewöhnlichen linearen Differentialgleichungen zweiter Ordnung mit periodischen Koeffizienten, die von Parametern abhängen. II. Math. Z. **57**, 34—45 (1952). [10]: Die stabilen Lagen eines ebenen n-fachen Pendels mit vertikal periodisch erschüttertem Aufhängepunkt. J. reine angew. Math. **190**, 51—64 (1952).

HAMEL, G.: [1]: Über die lineare Differentialgleichung zweiter Ordnung mit periodischen Koeffizienten. Math. Ann. **73**, 371—412 (1913).

HAENTZSCHEL, E.: [1]: Beitrag zur Theorie der Funktionen des elliptischen und des Kreis-Cylinders. Progr. d. 3. Städt. h. Bürgersch., 19 S. Berlin 1889. [2]: Studien über die Reduktion der Potentialgleichung auf gewöhnliche Differentialgleichungen. Berlin 1893.

HALMOS, P. H.: [1]: Measure theory. New York 1951.

HANSON, E. T.: [1]: Ellipsoidal functions and their application to some wave problems. Phil. Trans. Roy. Soc. Lond. A 232, 223—283 (1933).

HARRISON, W. J.: [1]: On the motion of spheres, circular and elliptic cylinders through viscous liquid. Trans. Cambr. Phil. Soc. 23, 71—88 (1924).

HARTENSTEIN, H.: [1]: Über die Integration der Differentialgleichung $\dfrac{\partial^2 f}{\partial x^2}+\dfrac{\partial^2 f}{\partial y^2}=k^2 f$ für Polar- und elliptische Koordinaten. Inaug.-Diss. Leipzig 1887.

HASIMOTO, H.: [1]: On the flow of a viscous fluid past an inclined elliptic cylinder at small REYNOLD's numbers. J. Phys. Soc. Japan 8, 653—661 (1953).

HASKIND, M. D.: [1]: Schwingungen eines Tragflügels in einer Unterschallströmung (Russisch). Prikl. Mat. I. Mekh. 9, 129—146 (1947).

HAUPT, O.: [1]: Über lineare homogene Differentialgleichungen zweiter Ordnung mit periodischen Koeffizienten. Math. Ann. 79, 278—285 (1919).

HEINE, E.: [1]: Handbuch der Kugelfunktionen, 2 Bde. Berlin 1878 u. 1881.

HERZFELD, K. F.: [1]: Über die Beugung von elektromagnetischen Wellen an gestreckten vollkommen leitenden Rotationsellipsoiden. S.-B. Akad. Wiss. Wien 120, 1587 (1911).

HIDAKA, K.: [1]: Tables for computing the MATHIEU functions of odd order $se_1(x, \Theta)$, $ce_1(x, \Theta)$, $se_3(x, \Theta)$, ..., $se_7(x, \Theta)$, $ce_7(x, \Theta)$ and derivatives. Mem. Imp. Marine Observ. Kobe Japan 6, 137—157 (1936).

HILL, G. W.: [1]: On the part of motion of the lunar perigee, which is a function of the mean motions of the sun and the moon. Acta math. 8, 1 (1886).

HILLE, E.: [1]: On the zeros of the MATHIEU functions. Proc. Lond. Math. Soc. 23, 185—237 (1924). [2]: Functional analysis and semi-groups. Amer. Math. Soc. Coll. Publ. New York 31 (1948).

HIRSCH, P.: [1]: Das Pendel mit oszillierendem Aufhängepunkt. Z. angew. Math. Mech. 10, 41—52 (1930).

HOBSON, E. W.: [1]: The theory of spherical and ellipsoidal harmonics. Cambridge. Univ. Press 1931.

HORN, J.: [1]: Über lineare Differentialgleichungen mit einem veränderlichen Parameter. Math. Ann. 52, 340—362 (1899).

HUMBERT, P.: [1]: MATHIEU functions of higher order. Proc. Edinburgh Math. Soc. 40, 27 (1922). [2]: Fonctions de LAMÉ et fonctions de MATHIEU. Fascicule X du Mémorial des sciences mathématiques. Paris 1926. [3]: Some hyperspace harmonic analysis problems introducing extensions of MATHIEU's equation. Proc. Roy. Soc. Edinburgh 46, 206—209 (1926). [4]: Images des fonctions de MATHIEU. C. R. Acad. Sci., Paris 225, 715—716 (1947). [5]: Les fonctions de MATHIEU et le calcul symbolique. Bull. Sci. math. II 72 (I), 23—32 (1948).

HYLLERAAS, E. A.: [1]: Über die Elektronenterme des Wasserstoffmoleküls. Z. Physik 71, 739—763 (1931).

INCE, E. L.: [1]: The elliptic cylinder functions of the second kind. Proc. Edinburgh Math. Soc. 32, 2—13 (1914/15). [2]: General solution of HILL's equation. Month. Not. Roy. Astr. Soc. 75, 436 (1915). [3]: Further notes on the general solution of HILL's equation. Month. Not. Roy. Astr. Soc. 78, 141 (1916). [4]: On the connexion between linear differential systems and integral equations. Proc. Roy. Soc. Edinburgh 42, 43—53 (1921/22). [5]: A proof of the impossibility of the co-existence of two MATHIEU functions. Proc. Cambr. Phil. Soc. 21, 117—120 (1922). [6]: A linear differential equation with periodic coefficients. Proc. Lond. Math. Soc. 23, 56—74 (1924). [7]: Associated MATHIEU functions. Proc. Edinburgh Math. Soc. 41, 94 (1923). [9]: The real zeros of solutions of a linear differential equation with periodic coefficients. Proc. Lond. Math. Soc. 25, 53—58 (1924). [10]: Researches into the characteristic numbers of the MATHIEU equation. I. Proc. Roy. Soc. Edinburgh 46, 20—29 (1925). [11]: Researches into the characteristic numbers of the MATHIEU equation. II. Proc. Roy. Soc. Edinburgh 46, 316—322 (1926). [12]: Periodic solutions of a linear differential equation of the second order with periodic coefficients. Proc. Cambr. Phil. Soc. 23, 44—46 (1926). [13]: The second solution of the MATHIEU equation. Proc. Cambr. Phil. Soc. 23, 47—49 (1926). [14]: Ordinary Differential Equations. London 1927. [15]: Researches into the characteristic numbers of the MATHIEU equation. III. Proc. Roy. Soc. Edinburgh 47, 294—301 (1927). [16]: The MATHIEU equation with numerically large parameters. J. Lond. Math. Soc. 2, 46 (1927). [17]: MATHIEU functions of stable type. Phil. Mag. 6, 547 (1928). [18]: Tables of the elliptic cylinder functions. Proc. Roy. Soc. Edinburgh 52, 355—423 (1932). [19]: Zeros and turning points of elliptic cylinder functions. Proc. Roy. Soc. Edinburgh 52, 424—433 (1932). [20]: Relations between the elliptic cylinder functions. Proc. Roy. Soc. Edinburgh 59, 176—183 (1939).

INFELD, L.: [1]: The influence of the width of the gap upon the theory of antennas. Quart. Appl. Math. 5, 113—132 (1947).

JAFFÉ, G.: [1]: Zur Theorie des Wasserstoffmolekülions. Z. Physik 87, 535—544 (1934).

JAHNKE-EMDE: [1]: Tafeln höherer Funktionen. Leipzig 1948.

JEFFREYS, H.: [1]: On certain approximate solutions of linear differential equations of the second order. Proc. Lond. Math. Soc. 23, 428—436 (1924). [2]: On certain solutions of MATHIEU's equation. Proc. Lond. Math. Soc. 23, 437—448 (1924). [3]: On the modified MATHIEU's equation. Proc. Lond. Math. Soc. 23, 449—454 (1924). [4]: Free oscillations of water in an elliptical lake. Proc. Lond. Math. Soc. 23, 455—476 (1924).

JOHNSON, V. A.: [1]: Correction for nuclear motion in H_2^+. Phys. Rev. 60, 373—377 (1941).

KLOEPFER, W.: [1]: Theorie der Kreisscheibenantennen. Diss. Aachen 1952.

KLOTTER, K.: [1]: Über die Fehlweisungen von Meßgeräten unter der Wirkung von Erschütterungen. 1. Teil, Fehlweisungen der Geräte mit exzentrisch gelagerten Meßsystemen, insbesondere der Magnetkompasse. Jahrbuch 1939 der dtsch. Luftfahrtforschung, S. III 3—11. [2]: Stabilisierung und Labilisierung durch Schwingungen. Forsch. Ing.-Wes. 12, 209—225 (1941). [3]: Technische Schwingungslehre. Bd. I, Einfache Schwinger und Schwingungsmeßgeräte. Berlin-Göttingen-Heidelberg. 1951.

KLOTTER, K., und G. KOTOWSKI: [1]: Über die Stabilität der Bewegung des Pendels mit oszillierendem Aufhängepunkt. Z. angew. Math. Mech. 19, 289—296 (1939).

KOEHLER, J. S., und D. M. DENNISON: [1]: Hindered rotation in methyl alcohol. Phys. Rev. 57, 1006—1021 (1940).

KOENIG, H. D.: [1]: Calculation of characteristic values for periodic potentials. Phys. Rev. 44, 657—665 (1933).

KOTANI, M.: [1]: An acoustical problem relating to the theory of RAYLEIGH disc. Proc. Phys.-Math. Soc. Japan, III. s., 15, 30—57 (1933).

KOTOWSKI, G.: [1]: Lösungen der inhomogenen MATHIEUschen Differentialgleichung mit periodischer Störfunktion beliebiger Frequenz (mit besonderer Berücksichtigung der Resonanzlösungen). Z. angew. Math. Mech. **23**, 213—229 (1943).

KOUVELITES, J. S.: [1]: Free longitudinal vibration of a prolate ellipsoid, clamped centrally. Quart. Appl. Math. **9**, 105—108 (1951).

KOUVELITES, J. S., and L. W. MCKEEHAN: [1]: Magnetostrictive vibration of prolate spheroids. Ni-Fe and Ni-Cu Alloys. Phys. Rev. **86**, 898—904 (1952).

KRAMERS, H. A.: [1]: Das Eigenwertproblem im eindimensionalen periodischen Kraftfeld. Physica **2**, 483—490 (1935).

KREUSER, P.: [1]: Über das Verhalten der Integrale homogener linearer Differenzengleichungen im Unendlichen. Diss. Tübingen, Borna-Leipzig (1914).

KRYLOFF, N., and N. BOGOLIOUBOFF: [1]: Influence of resonance in transverse vibrations of rods caused by periodic normal forces at one end. Ukrain. Sci. Res. Inst. Armament, Recueil Kiev **1935**.

KUPRADZE, V. D.: [1]: Sur les fonctions de MATHIEU-HANKEL. Trav. Inst. phys.-math. Stekloff **4**, 77—86 (1933). [2]: Grundprobleme der mathematischen Beugungstheorie (russisch). Moskau u. Leningrad 1935.

LAMBE, C. G., and D. R. WARD: [1]: Some differential equations and associated integral equations. Quart. J. Math., Oxford Ser. **5**, 81—97 (1934).

LANGER, R. E.: [1]: The asymptotic solutions of certain linear ordinary differential equations of the second order. Trans. Amer. Math. Soc. **36**, 90—106 (1934). [2]: The solutions of the MATHIEU equation with a complex variable and at least one parameter large. Trans. Amer. Math. Soc. **36**, 637—695 (1934). [3]: The asymptotic solutions of ordinary linear differential equations of the second order with special reference to the STOKES phenomenon. Bull. Amer. Math. Soc. **40**, 545—582 (1934). [4]: On the asymptotic solutions of ordinary differential equations with reference to the STOKES' phenomenon about a singular point. Trans. Amer. Math. Soc. **37**, 397—416 (1935).

LEITNER, A.: [1]: Diffraction of sound by a circular disk. J. Acoust. Soc. Amer. **21**, 331—334 (1949).

LEITNER, A., and R. D. SPENCE: [1]: Effect of a finite groundplane on antenna radiation. Phys. Rev. **79**, 199 (1950). [2]: Effect of a circular groundplane on antenna radiation. J. Appl. Phys. **21**, 1001—1006 (1950). [3]: The oblate spheroidal wave functions. J. Frankl. Inst. **249**, 299—321 (1950).

LERCH, M.: [1]: Sur le problème du cylindre elliptique. C. R. Acad. Sci., Paris **142**, 1325—1328 (1906). [2]: Bemerkung über Funktionen des elliptischen Zylinders. Jber. dtsch. Math.-Ver. **15**, 403—404 (1906).

LEVY, H.: [1]: Analysis of an empiric function into its quasi-periodic constituents. Proc. Lond. Math. Soc. **25**, 487—494 (1926).

LEWIS, T.: [1]: Solutions of OSEEN's extended equations for circular and elliptic cylinders and a flat plate. Quart. J. Math., Oxford Ser. **9**, 21—31 (1938).

LINDEMANN, C. L. F.: [1]: Über die Differentialgleichung der Funktionen des elliptischen Zylinders. Math. Ann. **22**, 117—123 (1883).

LIVINGSTON, ST.: [1]: Strong-focusing synchrotron-design and cost data. Nucleonics **11**, 12—15 (1953).

LOTZ, I.: [1]: Korrektur des Abwindes in Windkanälen mit kreisrunden oder elliptischen Querschnitten. Luftfahrtforsch. **12**, 250—264 (1935).

LUBKIN, S., and J. J. STOKER: [1]: Stability of columns and strings under periodically varying forces. Quart. Appl. Math. **1**, 215—236 (1943).

LUCKE, W. S.: [1]: Electric dipoles in the presence of elliptic and circular cylinders. J. Appl. Phys. **22**, 14—19 (1951).

Macdonald, J. H.: [1]: The differential equation of the elliptic cylinder. Trans. Amer. Math. Soc. **29**, 647—682 (1927).

Maclaurin, R. C.: [1]: On the solution of the equation $(\nabla^2 + k^2)\,\psi = 0$ in elliptic coordinates and their physical applications. Trans. Cambr. Phil. Soc. **17**, 41—108 (1898).

Maginniss, F. J.: [1]: Sinusoidal variation of a parameter in simple series circuit. Proc. Inst. Radio Engrs., N.Y. **29**, 25—28 (1941).

Magnus, W., und F. Oberhettinger: [1]: Formeln und Sätze für die speziellen Funktionen der mathematischen Physik. Berlin 1943; 2. Aufl. 1948.

Marković, Ž.: [1]: Sur les fonctions de Mathieu de période π. Acad. Sci. des Slaves du sud de Zagreb (Croatic) **21**, 34—58 (1925). [2]: Sur la non-existence simultanée de deux fonctions de Mathieu. Proc. Cambr. Phil. Soc. **23**, 203—205 (1926). [3]: Sur les solutions de l'équation différentielle linéaire du second ordre à coefficient périodique. Proc. Lond. Math. Soc. **31**, 417—438 (1930).

Marshall, W.: [1]: The asymptotic representation of the elliptic cylinder function. Amer. J. Math. **31**, 311—336 (1909). [2]: Determination of the arbitrary constants, which appear in the asymptotic expansions for the functions of the elliptic cylinder. Proc. Edinburgh Math. Soc. **40**, 2—8 (1921).

Mathem. Centrum, Amsterdam, Computation Department: [1]: The oscillating wing in a subsonic flow. Mehrere Berichte, 1949—1951. [2]: Expansions of $B_m^{(n)}$ and a_n into power series with respect to t. Siehe auch Math. Rev. **13**, 345 (1952).

Mathieu, É.: [1]: Mémoire sur le mouvement vibratoire d'une membrane de forme elliptique. J. Math. pures appl. **13**, 137—203 (1868). [2]: Cours de physique mathématique. Paris 1873.

Matsumoto, T.: [1]: Note on the integral representations of Mathieu functions. Mem. Coll. Sci. Univ. Kyoto, Ser. A **27**, 133—137 (1952).

McLachlan, N. W.: [1]: Computation of the solution of Mathieu's equation. Phil. Mag. **36**, 403—414 (1945). [2]: Hill's differential equation. Math. Gaz. **29**, 68—69 (1945). [3]: Heat conduction in elliptical cylinder and an analogous electromagnetic problem. Phil. Mag. **36**, 600—609 (1945); **37**, 216 (1946). [4]: Mathieu functions and their classification. J. Math. Phys. **25**, 209—240 (1946). [5]: Theory and application of Mathieu functions. Oxford 1947. [6]: Computation of the solutions of $(1 + 2\varepsilon \cos 2z)\,y'' + \Theta\,y = 0$; frequency modulation functions. J. Appl. Phys. **18**, 723—731 (1947). [7]: Vibrational problems in elliptical coordinates. Quart. Appl. Math. **5**, 289—297 (1947). [8]: Mathieu functions of fractional order. J. Math. Phys. **26**, 29—41 (1947). [9]: Application of Mathieu's equation to stability of non-linear oscillator. Math. Gaz. **35**, 105—107 (1951).

Meissner, E.: [1]: Über Schüttelschwingungen in Systemen mit periodisch veränderlicher Elastizität. Schweiz. Bauztg. **72**, 95 (1918).

Meixner, J.: [1]: Die Laméschen Wellenfunktionen des Drehellipsoids. Ber. Z.W.B. Nr. 1952, 1944. 80 S. Lamé's wave functions of the ellipsoid of revolution. Techn. Memos. Nat. Adv. Comm. Aeoronaut., No. 1224, S. iii+102, Washington 1949. [2]: Neuere Ergebnisse über Sphäroid-Funktionen. Z. angew. Math. Mech. **25/27**, 137—138 (1947). [3]: Asymptotische Entwicklung der Eigenwerte und Eigenfunktionen der Differentialgleichungen der Sphäroidfunktionen und der Mathieuschen Funktionen. Z. angew. Math. Mech. **28**, 304—310 (1948). [4]: Reihenentwicklungen vom Siegerschen Typus für die Sphäroid-Funktionen. Arch. Math. Oberwolfach **1**, 432—440 (1949). [5]: Strenge Theorie der Beugung elektromagnetischer Wellen an der vollkommen leitenden Kreisscheibe. Z. Naturforsch. **3**a, 506—518 (1948). [6]: Die Kantenbedingung in der Theorie der Beugung elektromagnetischer Wellen an vollkommen leitenden ebenen Schirmen. Ann. Phys. (6) **6**, 1—9 (1949). [7]: Über das asymptotische Verhalten von Funktionen, die durch Reihen nach Zylinderfunktionen dargestellt werden können. Math. Nachr. **3**, 9—13 (1949). [8]: Reihenentwicklungen von Produkten zweier MATHIEUschen Funktionen nach Produkten von Zylinder- und Exponentialfunktionen. Math. Nachr. **3**, 14—19 (1949). [9]: Reihenentwicklungen von Produkten zweier Sphäroidfunktionen nach Produkten von Zylinder- und Kugelfunktionen. Math. Nachr. **3**, 193—207 (1950). [10]: Klassifikation, Bezeichnung und Eigenschaften der Sphäroidfunktionen. Math. Nachr. **5**, 1—18 (1951). [11]: Integralbeziehungen zwischen MATHIEUschen Funktionen. Math. Nachr. **5**, 371—378 (1951). [12]: Theorie der Beugung elektromagnetischer Wellen an der vollkommen leitenden Kreisscheibe und verwandte Probleme. Ann. Phys. (6) **12**, 227—236 (1953).

MEIXNER, J., und W. ANDREJEWSKI: [1]: Strenge Theorie der Beugung ebener elektromagnetischer Wellen an der vollkommen leitenden Kreisscheibe und an der kreisförmigen Öffnung im vollkommen leitenden ebenen Schirm. Ann. Phys. (6) **7**, 157—168 (1950).

MEIXNER, J., und U. FRITZE: [1]: Das Schallfeld in der Nähe der frei schwingenden Kolbenmembran. Z. angew. Phys. **1**, 535—542 (1949).

MEIXNER, J., und W. KLOEPFER: [1]: Theorie der ebenen Ringspaltantenne. Z. angew. Phys. **3**, 171—178 (1951).

MEIXNER, J., und F. W. SCHÄFKE: [1]: Eigenwertkarten der Sphäroiddifferentialgleichung. Arch. Math. Oberwolfach (1954), im Druck.

MELDE, F.: [1]: Über die Erregung stehender Wellen eines fadenförmigen Körpers. Poggendorffs Ann. **109**, 193—215 (1860); **111**, 513—537 (1860).

MEKSYN, D.: [1]: Solution of OSEEN's equations for an inclined elliptic cylinder in a viscous fluid. Proc. Roy. Soc. Lond. **162**, 232—251 (1937).

METTLER, E.: [1]: Biegeschwingungen eines Stabes unter pulsierender Achsiallast. Mitt. Forsch.-Anst. Gutehoffn., Oberhausen (Rhld.) **8**, 1—15 (1940). [2]: Biegeschwingungen eines Stabes mit kleiner Vorkrümmung, exzentrisch angreifender pulsierender Axiallast und statischer Querbelastung. Forschungsber. Geb. Stahlbaues **4**, 1—23 (1941). [3]: Über die Stabilität erzwungener Schwingungen elastischer Körper. Ing.-Arch. **13**, 97—103 (1942). [4]: Allgemeine Theorie der Stabilität erzwungener Schwingungen elastischer Körper. Ing.-Arch. **17**, 418—449 (1949). [5]: On the problem of non-linear vibrations of elastic bodies. IUTAM Symposium über nicht-lineare Schwingungen. Porquerolles 1951.

MILES, W.: [1]: On certain integral equations in diffraction theory. J. Math. Phys. **28**, 223—226 (1950).

MINORSKY, N.: [1]: On parametric excitation. J. Frankl. Inst. **240**, 25—46 (1945). [2]: Parametric excitation. J. Appl. Phys. **22**, 49—54 (1951).

MÖGLICH, F.: [1]: Beugungserscheinungen an Körpern von ellipsoidischer Gestalt. Ann. Phys. **83**, 609—734 (1927).

MORSE, P. M.: [1]: The quantum mechanics of electrons in crystals. Phys. Rev. **35**, 1310—1324 (1930). [2]: Addition formulae for spheroidal wave functions. Proc. Nat. Acad. Sci., U.S.A. **21**, 56—62 (1935).

MORSE, P. M., and P. J. RUBENSTEIN: [1]: The diffraction of waves by ribbons and by slits. Phys. Rev. **54**, 895—898 (1938).

MOULLIN, E. B., and F. M. PHILLIPS: [1]: On the current induced in a conducting ribbon by the incidence of a plane electromagnetic wave. Proc. Inst. Electr. Engrs., Part IV **99**, 137—150 (1952).

MULHOLLAND, H. P., and S. GOLDSTEIN: [1]: The characteristic numbers of the MATHIEU equation with purely imaginary parameters. Phil. Mag. **8**, 834—840 (1929).

Müller, Cl.: [1]: Zur mathematischen Theorie elektromagnetischer Schwingungen. Abh. dtsch. Akad. Wiss. **1950**, Nr. 3.

Neusinger, H.: [1]: Experimentelle Untersuchung eines quasiharmonischen Schwingers. Akust. Z. **5**, 11—26 (1940).

Nicholson, J. W.: [1]: Spheroidal wave-functions. Proc. Roy. Soc. Lond. A **107**, 43—60 (1925).

Nielsen, H. H.: [1]: The torsion oscillator-rotator in the quantum mechanics. Phys. Rev. **40**, 445—456 (1932).

Nimura, T.: [1]: Resonance frequency of spheroidal cavity resonator. Sci. Rep. Res. Inst. Tôhoku Univ. **1/2**, 73—90 (1951).

Nimura, T., and K. Shibayama: [1]: The radiation impedance of ribbon type sound radiators and the vibro-motive forces on them. Rep. Res. Inst. Elect. Comm. Tôhoku Univ. **3**, No. 2 (1951).

Nimura, T., and Y. Watanabe: [1]: Tables of the spheroidal wave functions. Rec. Elec- a. Comm-Engng. Conversations Tôhoku Univ. **18**, No. 16—17. [2]: Effects of a finite circular baffle board on acoustic radiation. Techn. Rep. Tôhoku Imp. Univ. Sendai **14**, 79—93 (1950). [3]: Effect of a finite circular baffle board on acoustic radiation. J. Acoust. Soc. Amer. **25**, 76—80 (1953).

Niven, C.: [1]: On the conduction of heat in ellipsoids of revolution. Phil. Trans. Roy. Soc. Lond. **171**, 117—161 (1881).

Numerov, B.: [1]: La méthode d'extrapolation à l'intégration numérique des équations différentielles linéaires du second ordre. Bull. Acad. Sci. URSS., VII. s. **1932**, Nr. 1, 1—8.

Page, L.: [1]: The electrical oscillations of a prolate spheroid II., III. Phys. Rev. **65**, 98—117 (1944).

Page, L., und N. I. Adams: [1]: The electrical oscillations of a prolate spheroid. Paper I. Phys. Rev. **53**, 819—831 (1938).

Papas, C. H., and R. King: [1]: Surface currents on a conducting sphere excited by a dipole. J. Appl. Phys. **19**, 808—816 (1948).

Paul, W., und H. Steinwedel: [1]: Ein neues Massenspektrometer ohne Magnetfeld. Z. Naturforsch. **8a**, 448—450 (1953).

Pauling, L.: [1]: The rotational motion of molecules in crystals. Phys. Rev. **36**, 430—443 (1930).

Pellam, J. R.: [1]: Sound diffraction and absorption by a strip of absorbing material. J. Acoust. Soc. Amer. **11**, 396—400 (1940).

Pellam, J. R., and R. H. Bolt: [1]: The absorption of sound by small areas of absorbing materials. J. Acoust. Soc. Amer. **12**, 24—30 (1940).

Pitzer, K. S.: [1]: Thermodynamic functions for molecules having restricted internal rotations. J. Chem. Phys. **5**, 469—472 (1937).

Plemelj, J.: [1]: Die Lösung der linearen Differentialgleichung als Funktion akzessorischer Parameter. Izvjes a, Zagreb, **1923**, Nr. 15—18, 32—35.

Pockels, F.: [1]: Über die partielle Differentialgleichung $\Delta u + k^2 u = 0$ und deren Auftreten in der mathematischen Physik. Leipzig, 1891.

Poincaré, J. H.: [1]: Méthodes nouvelles de la mécanique celeste, Kap. 17. Paris, 1893. [2]: Sur les groupes des équations linéaires. Acta math. **4**, 201—311 (1884).

Pol, B. van der: [1]: Stabiliseering door kleine trillingen. Physica **5**, 157—162 (1925).

Pol, B. van der, and M. J. O. Strutt: [1]: On the stability of the solutions of Mathieu's equation. Phil. Mag. **5**, 18—38 (1928).

Poole, E. G. C.: [1]: On certain classes of Mathieu functions. Proc. Lond. Math. Soc. **20**, 374—388 (1921). [2]: Some notes on the spheroidal wave functions. Quart. J. Math., Oxford **49**, 309—321 (1923).

PRIESTLEY, H. J.: [1]: On some solutions of the wave equation. Proc. Lond. Math. Soc. **20**, 37—50 (1922).

RAINWATER, J.: [1]: Nuclear energy level argument for a spheroidal nuclear model. Phys. Rev. **79**, 432—434 (1950).

RAMAN, C. V.: [1]: Experimental investigations on the maintenance of vibrations. Proc. Indian Assoc. Cultivat. Sci. Bull. **6**, 1 (1912).

RAY, M.: [1]: Vibration of elliptical cylinder in viscous fluid. Z. angew. Math. Mech. **16**, 99—108 (1936).

RAYLEIGH, LORD: [1]: On maintained vibrations. Sci. Papers **2**, 188—193 (Cambridge, 1900). [2]: On the maintenance of vibrations by forces of double frequency, and on the propagation of waves through a medium endowed with a periodic structure. Phil. Mag. **24**, 145—159 (1887). Sci. Papers **3**, 1—14 (Cambridge, 1902).

REISSNER, E., and H. F. SAGOCI: [1]: Forced torsional oscillations of an elastic half-space. I. J. Appl. Phys. **15**, 652—654 (1944).

RIESZ, F., und B. v. SZ. NAGY: [1]: Leçons d'analyse fonctionnelle. Budapest 1952.

ROSENHEAD, L.: [1]: Aerofoil in a wind tunnel of elliptic section. Proc. Roy. Soc. Lond. A **140**, 579—604 (1933).

RYDBECK, O. E. H.: [1]: The spherical and spheroidal wave functions. Trans. Chalmers Univ. Techn. Gothenburg **1945**, No. 43.

RYDER, R. M.: [1]: The electrical oscillations of a perfectly conducting prolate spheroid. J. Appl. Phys. **13**, 327—343 (1942).

SAGOCI, H. F.: [1]: Forced torsional oscillations of an elastic half-space. II. J. Appl. Phys. **15**, 655—662 (1944).

SANDEMAN, I.: [1]: The mathematical representation of the energy levels of the secondary spectrum of hydrogen. Proc. Roy. Soc. Edinburgh **53**, 347—353 (1933).

SANUKI, M., and K. TANI: [1]: The wall interference of a wind tunnel of elliptic cross section. Proc. Phys.-Math. Soc. Japan **14**, 592—603 (1932).

SÄRCHINGER, E.: [1]: Beitrag zur Theorie der Funktionen des elliptischen Zylinders. Inaug.-Diss. Leipzig 1894.

SCHÄFKE, F. W.: [1]: Zur Parameterabhängigkeit beim Anfangswertproblem für gewöhnliche lineare Differentialgleichungen. Math. Nachr. **3**, 20—39 (1949). [2]: Über die Stabilitätskarte der MATHIEUschen Differentialgleichung. Math. Nachr. **4**, 175—183 (1950). [3]: Zur Parameterabhängigkeit bei gewöhnlichen linearen Differentialgleichungen mit singulären Stellen der Bestimmtheit. Math. Nachr. **6**, 45—50 (1951). [4]: Über Eigenwertprobleme mit zwei Parametern. Math. Nachr. **6**, 110—124 (1951). [5]: Das Additionstheorem der MATHIEUschen Funktionen. Math. Z. **58**, 436—447 (1953). [6]: Eine Methode zur Berechnung des charakteristischen Exponenten einer HILLschen Differentialgleichung. Z. angew. Math. Mech. **33**, 279—280 (1953). [7]: Verbesserte Konvergenz- und Fehlerabschätzungen für die Störungsrechnung. Z. angew. Math. Mech. **33**, 255—259 (1953). [8]: Einige Stabilitätskriterien. Z. angew. Math. Mech. **33**, 283—285 (1953).

SCHELKUNOFF, S. A.: [1]: Advanced antenna theory. New York u. London 1952.

SCHMID, H. L.: [1]: Störungsrechnung bei dreigliedrigen Rekursionen. I. Math. Nachr. **1**, 377—398 (1948). [2]: Störungsrechnung bei dreigliedrigen Rekursionen. II. Math. Nachr. **2**, 35—44 (1949).

SCHUBERT, J.: [1]: Über die Integration der Differentialgleichung $(\nabla^2 + k^2)\, u = 0$ für Flächenstücke, die von konfokalen Ellipsen und Hyperbeln begrenzt werden. Inaug.-Diss. Königsberg 1886.

SHASTRI, N. A.: [1]: On the expansion of BESSEL functions in a series of MATHIEU functions and on a property of MATHIEU functions. J. Indian Math. Soc., N. s. 1, 29—40 (1933).

SIEGER, B.: [1]: Die Beugung einer ebenen elektrischen Welle an einem Schirm von elliptischem Querschnitt. Ann. Phys. (4) 27, 626—664 (1908).

SIMONS, J. C., and J. C. SLATER: [1]: Electromagnetic resonant behavior of a confocal spheroidal cavity system in the microwave region. J. Appl. Phys. 23, 29—31 (1952).

SINCLAIR, G.: [1]: The patterns of antennas located near cylinders of elliptical cross section. Proc. Inst. Radio Engrs., N.Y. 39, 660—668 (1951).

SIPS, R.: [1]: Représentation asymptotique des fonctions de MATHIEU et des fonctions d'onde sphéroidales. Trans. Amer. Math. Soc. 66, 93—134 (1949). [2]: Solution générale de l'équation de MATHIEU. I. Bull. Soc. Roy. Sci. Liège 18, 220—235 (1949). II. Bull. Soc. Roy. Sci. Liège 18, 289—299 (1949). [3]: Convergence des séries représentant les fonctions de MATHIEU et les fonctions d'onde sphéroidales. I. Bull. Soc. Roy. Sci. Liège 18, 498—515 (1949). II. Bull. Soc. Roy. Sci. Liège 19, 55—71 (1950). III. Bull. Soc. Roy. Sci. Liège 19, 107—118 (1950). [4]: Détermination directe de l'exposant caractéristique de l'équation de HILL. Bull. Soc. Roy. Sci. Liège 19, 406—416 (1950). [5]: Les constantes caractéristiques de l'équation intégrale des fonctions de MATHIEU. Bull. Soc. Roy. Sci. Liège 21, 141—157 (1952). [6]: Recherches sur les fonctions de MATHIEU. Bull. Soc. Roy. Sci. Liège 22, 341—355, 374—387, 444—455, 530—540 (1953); 23, 37—47, 90—103 (1954).

SKAVLEM, ST.: [1]: On the diffraction of scalar plane waves by a slit of infinite length. Arch. Math. Naturvid. B 51, 61—80 (1950).

SLATER, J. C.: [1]: A soluble problem in energy bands. Phys. Rev. 87, 807—835 (1952).

SOMMERFELD, A.: [1]: Die GREENsche Funktion der Schwingungsgleichung. Jber. dtsch. Math.-Ver. 21, 309—353 (1913).

SOWERBY, L.: [1]: The couple on a rotating spheroid in a slow stream. Proc. Cambr. Phil. Soc. 49, 327—332 (1953).

SPENCE, R. D.: [1]: The diffraction of sound by circular disks and apertures. J. Acoust. Soc. Amer. 20, 380—386 (1948).

SPENCE, R. D., and S. GRANGER: [1]: The scattering of sound from a prolate spheroid. J. Acoust. Soc. Amer. 23, 701—706 (1951).

SPENCE, R. D., and C. P. WELLS: [1]: Vector wave functions. Comm. Pure Appl. Math. 4, 95—104 (1951).

STEENSHOLT, G.: [1]: Numerische Berechnung der Potentialkurven des Wasserstoffmolekülions. Avh. Norske Vid. Akad. Oslo 1936, Nr. 4, 1—16.

STENZEL, H.: [1]: Leitfaden zur Berechnung von Schallvorgängen. Berlin 1939.

STEPHENSON, A.: [1]: On a class of forced oscillations. Quart. J. Math. Oxford 37, 353—360 (1906). [2]: New type of dynamical stability. Proc. Manchester Phil. Soc. 52, No. 8 (1908).

STERN, T. E.: [1]: The symmetric spherical oscillator, and the rotational motion of homopolar molecules in crystals. Proc. Roy. Soc. Lond. A 130, 551—557 (1931).

STIELTJES, T. J.: [1]: Quelques remarques sur l'intégration d'une équation differentielle. Astr. Nachr. 109, 145—152, 261—266 (1884).

STIER, H. CH.: [1]: Zur Deutung des RAMSAUER-Effektes bei symmetrischen zweiatomigen Molekülen. Z. Physik 76, 439—470 (1932).

STORRUSTE, A.: [1]: Transmission of waves through circular apertures. Norske Vid. Selsk. Forh. 21, 84—87 (1949). [2]: Scattering of waves by circular discs. Norske Vid. Selsk. Forh. 21, 88—91 (1949).

406   Literaturverzeichnis.

STORRUSTE, A., and H. WERGELAND: [1]: On two complementary diffraction problems. I. Circular hole and disc in confocal coordinates. Norske Vid. Selsk. Forh. **21**, 38—42 (1949). II. Transmission of sound through a circular hole. Norske Vid. Selsk. Forh. **11**, 43—48 (1949).

STRATTON, J. A.: [1]: Spheroidal functions. Proc. Nat. Acad. Sci., U.S.A., **21**, 51—56 (1935). [2]: Electromagnetic theory, S. 375—387. New York u. London 1941.

STRATTON, J. A., P. M. MORSE, L. J. CHU and R. A. HUTNER: [1]: Elliptic cylinder and spheroidal wave functions. New York 1941.

STRUTT, M. J. O.: [1]: Wirbelströme im elliptischen Zylinder. Ann. Phys. **84**, 485—506 (1927). [2]: Stabiliseering en labiliseering door trillingen. Physica **7**, 265—271 (1927). [3]: Der Verlauf der Grenzkurven zwischen labilen und stabilen Lösungsgebieten der MATHIEUschen Differentialgleichung. Math. Ann. **99**, 625—628 (1928). [4]: Eigenschwingungen einer Saite mit sinusförmiger Massenverteilung. Ann. Phys. **85**, 129—136 (1928). [5]: Zur Wellenmechanik des Atomgitters. Ann. Phys. **86**, 319—324 (1928). [6]: Skineffekt in zylindrischen Leitern. Ann. Phys. **85**, 781—793 (1928). [7]: Magnetische Feldverdrängung und Eigenzeitkonstanten. Ann. Phys. **85**, 866—880 (1928). [8]: Der charakteristische Exponent der HILLschen Differentialgleichung. Math. Ann. **101**, 559—569 (1929). [9]: Beugung einer ebenen Welle an einem Spalt von endlicher Breite. Z. Physik **69**, 597—617 (1931). [10]: LAMÉSche, MATHIEUsche und verwandte Funktionen in Physik und Technik. Ergebn. Math. u. Grenzgeb. **1**, 199—323 (1932). [11]: Die HILLsche Differentialgleichung im komplexen Gebiet. Nieuw Arch. Wiskde. **18**, 31—55 (1935). Abstr.: C. R. Acad. Sci. Paris **198**, 1008—1011 (1934). [12]: Grenzen voor de eigenwaarden bij problemen van HILL. I. Eigenwaarden met de kleinste moduli. Versl. Ned. Akad. Wet. **52**, 83—90 (1943). II. Eigenwaarden van willekeurige orde. Versl. Ned. Akad. Wet. **52**, 97—104 (1943). [13]: Eigenwaarde-krommen bij problemen van HILL. I. Algemeen verloop der krommen. Versl. Ned. Akad. Wet. **52**, 153—162 (1943). II. Asymptotisch verloop der krommen. Versl. Ned. Akad. Wet. **52**, 212—222 (1943). [14]: Eigenfuncties bij problemen van HILL. I. Volledigheid van de stelsels der periodieke en bijna periodieke eigenfuncties. Versl. Ned. Akad. Wet. **52**, 488—496 (1943). II. Ontwikkelingsformules in reeksen van periodieke en van bijna periodieke eigenfuncties. Versl. Ned. Akad. Wet. **52**, 584—591 (1943). [15]: Reelle Eigenwerte verallgemeinerter HILLscher Eigenwertaufgaben 2. Ordnung. Math. Z. **49**, 593—643 (1944). [16]: On HILL's problems with complex parameters and a real periodic function. Proc. Roy. Soc. Edinburgh A **62**, 278—296 (1948).

SVARTHOLM, N.: [1]: Über das wellenmechanische Zweizentrenproblem. Z. Physik **111**, 186—194 (1938). [2]: Die Lösung der FUCHSschen Differentialgleichung zweiter Ordnung durch hypergeometrische Polynome. Math. Ann. **116**, 413—421 (1939).

Tables: [1]: Tables of associated LEGENDRE functions. New York: Columbia Univ. Press 1945. [2]: Tables of spherical BESSEL functions, Bd. I u. II. New York: Columbia Univ. Press 1947. [3]: Tables relating to MATHIEU functions: Characteristic values, coefficients and joining factors. New York: Columbia Univ. Press 1951.

TAYLOR, H. D.: [1]: Critical speed behavior of unsymmetrical shafts. J. Appl. Mech. **7**, 71 (1940).

TELLER, E.: [1]: Über das Wasserstoffmolekülion. Z. Physik **61**, 458—480 (1930).

TELLER, E., und K. WEIGERT: [1]: Die spezifische Wärme des gehemmten eindimensionalen Rotators. Nachr. Göttingen **1933**, 218—231.

THOMSON, W. (LORD KELVIN): [1]: On the stability of periodic motion. Nature, Lond. **46**, 384 (1892). [2]: On instability of periodic motion. Proc. Roy. Soc. Lond. A **50**, 194 (1892).

TIMMAN, R.: [1]: Beschouwingen over de luchtkrachten op trillende vliegtuig-vleugels. Diss. Delft 1946.

TIMMAN, R. A., I. VAN DE VOOREN and J. H. GREIDANUS: [1]: Aerodynamic coefficients of an oscillating airfoil in two-dimensional subsonic flow. J. Aeron. Sci. **18**, 797—803 (1951).

TISSERAND, F.: [1]: Sur une équation differentielle relative au calcul des pertur-bations. Bull. Astr. **9**, 102 (1892). [2]: Traité de méchanique céleste. Bd. 3, S. 1. 1894.

TOMOTIKA, S., and T. AOI: [1]: The steady flow of a viscous fluid past an elliptic cylinder and a flat plate at small REYNOLDS numbers. Quart. J. Mech. a. Appl. Math. **6**, 290—312 (1953).

URBAN, P.: [1]: Über die Bestimmung gewisser Eigenwerte der Wellenmechanik. Ann. Phys. (5) **32**, 471—488 (1938).

VARMA, R. S.: [1]: On MATHIEU functions. J. Indian Math. Soc. **19**, 49—53 (1931). [2]: An integral involving the elliptic cylinder function. Phil. Mag. **12**, 280—282 (1931).

VEDELER, G.: [1]: A MATHIEU equation for ships rolling among waves. I. Norske Vid. Selsk. Forh. **22**, 114—119 (1949). II. Norske Vid. Selsk. Forh. **22**, 119—123 (1949).

VOGTS, J.: [1]: Der gyroskopische Einfluß der Luftschraube auf die Schwingungen des elastisch gelagerten Triebwerkes. Forsch.-Ber. Nr. 1211, Techn. Hochschule Darmstadt.

VOLK, O.: [1]: Entwicklung der Funktionen einer komplexen Variablen nach den Funktionen des elliptischen Zylinders. Stuttgart 1920. [2]: Über die Ent-wicklung von Funktionen einer komplexen Veränderlichen nach Funktionen, die einer linearen Differentialgleichung zweiter Ordnung mit einem Parameter genügen. Math. Ann. **86**, 296—316 (1922).

WANNIER, H. G.: [1]: Connection formulas between the solutions of MATHIEU's equation. Quart. Appl. Math. **11**, 33—59 (1953).

WATSON, G. N.: [1]: The convergence of series in MATHIEU's functions. Proc. Edinburgh Math. Soc. **33**, 25—30 (1915). [2]: Theory of BESSEL functions. 1944.

WEBER, H.: [1]: Über die Integration der partiellen Differentialgleichung $\dfrac{\partial^2 u}{\partial x^2} + \dfrac{\partial^2 u}{\partial y^2} + k^2 u = 0$. Math. Ann. **1**, 1—36 (1869).

WEIDENHAMMER, F.: [1]: Der eingespannte, axial pulsierend belastete Stab als Stabilitätsproblem. Ing.-Arch. **19**, 162—191 (1951). [2]: Resonanzlösung inhomogener MATHIEU'scher Systeme. Z. angew. Math. Mech. **32**, 154—156 (1952).

WEIGAND, A.: [1]: Einführung in die Berechnung rheolinearer (quasiharmonischer) Schwingungsvorgänge. Ber. Z.W.B. Nr. 1495, 1941.

WEINSTEIN, D. H.: [1]: Characteristic values of the MATHIEU equation. Phil. Mag. **20**, 288—294 (1935).

WHITTAKER, E. T.: [1]: On the functions associated with elliptic cylinder in har-monic analysis. Proc. Internat. Congr. Math. Cambr. **1**, 366 (1912). [2]: On the general solution of MATHIEU's equation. Proc. Edinburgh Math. Soc. **32**, 75—80 (1914). [3]: On a class of differential equations whose solutions satisfy integral equations. Proc. Edinburgh Math. Soc. **32**, 14—23 (1914). [4] On the recurrence formulae for MATHIEU functions. J. Lond. Math. Soc. **4**, 88—96 (1929).

WHITTAKER, E. T., und G. N. WATSON: [1]: A course of modern analysis, S. 404 bis 428. Cambridge: Univ. Press 1927.

WIESMAN, C.: [1]: Beiträge zur Theorie des elliptischen Zylinders. Inaug.-Diss. Zürich 1909.

WILSON, A. H.: [1]: A generalised spheroidal wave equation. Proc. Roy. Soc. Lond. A **118**, 617—635, 635—647 (1928).

WILSON, E. B.: [1]: The present status of the statistical method of calculating thermodynamic functions. Chem. Rev. **27**, 17—38 (1940).

WIMAN, A.: [1]: Über die reellen Lösungen der linearen Differentialgleichungen zweiter Ordnung. Ark. Math. Astr. Fys. **12**, No. 14, 22 S. (1917).

WINTER, J.: [1]: Sur une application de la théorie des perturbations de SCHRÖDINGER à un problème ou la dégénérescence persiste jusgu'à l'approximation n (équation de MATHIEU). C. R. Acad. Sci., Paris **196**, 667—669 (1933).

WOINOWSKY-KRIEGER, S.: [1]: Über die Biegeschwingungen eines Kreisrings unter gleichmäßig verteiltem pulsierendem radialem Druck. Ing.-Arch. **13**, 90—96 (1942). [2]: Kippschwingungen und dynamische Kippstabilität der I-Träger bei Belastung durch Endmomente. Ing.-Arch. **13**, 197—210 (1942).

WONG, J. Y.: [1]: Radiation conductance of axial and transverse slots in cylinders of elliptical cross section. Proc. Inst. Radio Engrs., N.Y. **41**, 1172—1177 (1953).

YOUNG, A. W.: [1]: On the quasi-periodic solutions of MATHIEU's differential equation. Proc. Edinburgh Math. Soc. **32**, 81—90 (1914).

ZIA-UD-DIN, M.: [1]: On some relations in MATHIEU functions. J. Indian Math. Soc., N. s. **1**, 182—185 (1935).

Verzeichnis der wichtigsten Funktionssymbole.

I. MATHIEUsche Funktionen.

Symbol	Definition	Haupteigenschaften
	Seite	Seite
$A_{2r+p}^{2n+p}(h^2)$ $(p=0,1)$	116	122, 141, 143, 188, 189
$a_m(h^2)$	109	109, 118, 119, 120, 125, 133, 139, 152
$B_{2r+p}^{2n+p}(h^2)$ $(p=0,1)$	116	122, 141, 143, 188, 189
$b_m(h^2)$	109	109, 118, 119, 120, 125, 133, 139, 152
$c_{2r}^{\nu}(h^2)$	111	106, 115, 117, 121, 183
$Ce_m(z;h^2)$	195	196 ff., 205
$Ce_\nu(z;h^2)$	130	115, 116, 181, 187
$ce_m(z;h^2)$	116	123, 125, 144, 183, 185, 186, 187 ff., 197 ff., 203, 205, 206
$ce_\nu(z;h^2)$	115	115, 116
$Fe_m(z;h^2)$	196	196 ff., 205
$fe_m(z;h^2)$	189	190 ff., 197 ff., 205
$Ge_m(z;h^2)$	196	196 ff., 205
$ge_m(z;h^2)$	189	190 ff., 198 ff., 205
$\lambda_\nu(h^2$	107—110	105 ff., 117 ff., 125, 133, 139, 152, 158 ff.
$M_\nu^{(j)}(z;h)$	168	169 ff., 176 ff., 181, 185, 187, 200 ff.
$Mc_m^{(j)}(z;h)$	200	200 ff.
$Me_\nu(z;h^2)$	130	181
$me_\nu(z;h^2)$	111, 114	101 ff., 105 ff., 111, 114, 125, 127, 128, 183
$Ms_m^{(j)}(z;h)$	200	200 ff.
$Se_m(z;h^2)$	195	196 ff., 205
$Se_\nu(z;h^2)$	130	115, 116, 181, 187
$se_m(z;h^2)$	116	123, 125, 144, 183, 185, 186, 187 ff., 198 ff., 203, 205, 206
$se_\nu(z;h^2)$	115	115, 116
$y_I(z;\lambda,h^2)$	99	99 ff., 108, 197 ff., 210
$y_{II}(z;\lambda,h^2)$	99	99 ff., 108, 197 ff., 210

II. Sphäroidfunktionen.

Symbol	Definition	Haupteigenschaften
	Seite	Seite
$A_\nu^\mu(\gamma^2)$	288	288, 289, 291, 296
$a_{\nu,\,2r}^\mu(\gamma^2)$	284	285, 286, 297, 300
$\alpha_{\nu,\,2r}^\mu(\gamma^2)$	277	277 ff., 281, 282
$b_{\nu,\,r}^\mu(\gamma,\alpha)$	307	308, 311
$K_\nu^\mu(\gamma)$	298	299
$\lambda_n^m(\gamma^2)$	235	235 ff., 239 f., 243, 246, 269 ff., 316 ff., 323
$\lambda_\nu^\mu(\gamma^2)$	268	269 ff.
$\mathrm{ps}_n^m(z;\gamma^2)$	237	237 ff., 243, 247, 312 ff., 317 ff.
$\mathrm{Ps}_\nu^\mu(z;\gamma^2)$	283	284, 286 ff., 305, 307
$\mathrm{ps}_\nu^\mu(z;\gamma^2)$	283	284, 287 f., 305, 307
$\mathrm{Qs}_\nu^\mu(z;\gamma^2)$	283	285, 286 ff., 299, 305, 307, 313
$\mathrm{qs}_\nu^\mu(z;\gamma^2)$	283	285, 287 f., 307
$\widetilde{\mathrm{Qs}}_\nu^\mu(z;\gamma^2)$	281	282, 283, 295 ff., 299, 305, 307
$S_\nu^{\mu\,(j)}(z;\gamma)$	292	292 ff., 305 ff., 313 ff., 317 f.
$V_\nu^\mu(\gamma)$	295	296 ff.

III. Andere spezielle Funktionen.

Symbol	Bezeichnung	Erstes Vorkommen	Bewiesene Haupteigenschaften
		Seite	Seite
$J_\nu(z)$	Bessel-Funktionen	175	247 f.
$\mathfrak{Z}_\nu^{(j)}(z)$	Zylinderfunktionen	34	
$H_\nu^{(1)}(z),\,H_\nu^{(2)}(z)$	Hankel-Funktionen	93	
$\psi_\nu^{(j)}(z)$		34	
$\mathfrak{P}_\nu^\mu(z)$	Kugelfunktionen	253	253 ff.
$\mathfrak{Q}_\nu^\mu(z)$	Kugelfunktionen zweiter Art	253	253 ff.
$\mathfrak{Q}_\nu(\eta)$		252	253 ff. 256 ff.
$D_n(x)$	Funktionen des parabolischen Zylinders	136	143
$L_p^{(m)}(x)$	Laguerresche Polynome	244	
$M_{\varkappa,\,\alpha}(\xi)$	Whittakersche Funktionen	210	
${}_2F_1(\alpha,\beta;\gamma;z)$	hypergeometrische Funktionen	252	

<h1 style="text-align:center">Namen- und Sachverzeichnis.</h1>

Einführung in die höhere Mathematik

Vorlesungen an der Universität Berlin (1920—1934) von **Georg Feigl †**, bearbeitet und herausgegeben von **Hans Rohrbach,** o. Professor der Mathematik an der Universität Mainz. Mit 19 Abbildungen. VIII, 375 Seiten Gr.-8°. 1953.
Ganzleinen DM 26.80

Vorlesungen über Integral- und Differentialrechnung

Von Dr. phil. **Georg Prange †,** Professor der Mathematik an der Technischen Hochschule Hannover. Herausgegeben von Dr. phil. **Werner von Koppenfels †,** Professor der Mathematik.

Erster Band: **Funktionen einer reellen Veränderlichen**

Mit 140 Abbildungen. XV, 436 Seiten Gr.-8°. 1943. Neudruck 1948. DM 27.—

Zweiter Band. Von Professor Dr. **K. H. Weise,** Kiel.

Praktische Mathematik für Ingenieure und Physiker

Von Dr.-Ing. **R. Zurmühl,** Darmstadt. Mit 114 Abbildungen. XI, 481 Seiten Gr.-8°. 1953. Ganzleinen DM 28.50

Konforme Abbildung

Von Dipl.-Ing., Dr. phil. **Albert Betz,** Direktor des Max-Planck-Instituts für Strömungsforschung und Professor an der Universität Göttingen. Mit 276 Bildern. VIII, 359 Seiten Gr.-8°. 1948. DM 36.—

Integralgleichungen. Einführung in Lehre und Gebrauch

Von Dr. phil. **Georg Hamel,** o. Professor an der Technischen Universität Berlin-Charlottenburg. Zweite, berichtigte Auflage. Mit 19 Abbildungen im Text. VIII, 166 Seiten Gr.-8°. 1949. DM 15.60

Integraltafeln. Sammlung unbestimmter Integrale elementarer Funktionen

Von Dr.-Ing. **W. Meyer zur Capellen,** Aachen. VIII, 292 Seiten Gr.-8° 1950. Ganzleinen DM 36.—

Ergebnisse der angewandten Mathematik

Unter Mitwirkung der Schriftleitung des „Zentralblatt für Mathematik" herausgegeben von Professor Dr. **F. Lösch,** Stuttgart.

Erstes Heft: **Die praktische Behandlung von Integral-Gleichungen**

Von Dr. habil. **H. Bückner,** Berlin. Mit 1 Textabbildung. VI, 127 Seiten Gr.-8°. 1952. DM 18.60

Zweites Heft: **Die konfluente hypergeometrische Funktion**

Mit besonderer Berücksichtigung ihrer Anwendungen.

Von **Herbert Buchholz,** apl. Professor an der Technischen Hochschule Darmstadt, wissenschaftlicher Mitarbeiter und Referent beim Fernmeldetechnischen Zentralamt der Deutschen Bundespost. Mit 9 Textabbildungen. XVI, 234 Seiten Gr.-8°. 1953. DM 36.—